全国高职高专公共基础课规划教材

大学物理

(第3版)

宋明玉　主　编

清华大学出版社
北　京

内 容 简 介

本书是根据教育部关于理工科大学物理的教学要求并结合高职类专业的特点和要求，在《大学物理(第2 版)》的基础上改编修订的。本书在吸收国内外同类教材优点的同时融入作者多年的教学经验，既保证物理学知识体系的完整性，又突出以物理学的思想和方法来分析问题、解决问题的综合能力培养的特点。增补和修改了一些物理学在相关交叉学科的发展和应用实例，尽量使覆盖专业面广些，以满足不同专业的需求。

全书共分 15 章，分别介绍了物理学导论、质点的运动与力、运动的守恒量与守恒定律、刚体的定轴转动、机械振动、机械波、热力学基础、气体动理论基础、真空中的静电场、静电场中的导体与电介质、恒定电流的磁场、磁场中的磁介质、电磁感应及电磁波、波动光学基础、狭义相对论基础、量子物理基础。增补和修改了一些与工程技术相关的例题和习题，每章习题都给出了参考答案。

本书可作为高职类不同专业、成人教育相应专业的大学物理课程教学的教材和自学用书，也可作为教师和相关人员的参考书。

图书在版编目(CIP)数据

大学物理/宋明玉主编. —3 版. —北京：清华大学出版社，2019（2021. 7 重印）
(全国高职高专公共基础课规划教材)
ISBN 978-7-302-52972-9

Ⅰ. ①大… Ⅱ. ①宋… Ⅲ. ①物理学—高等职业教育—教材 Ⅳ. ①O4

中国版本图书馆 CIP 数据核字(2019)第 085498 号

责任编辑：汤涌涛
装帧设计：刘孝琼
责任校对：吴春华
责任印制：宋 林
出版发行：清华大学出版社
网 址：http://www.tup.com.cn, http://www.wqbook.com
地 址：北京清华大学学研大厦 A 座 邮 编：100084
社 总 机：010-62770175 邮 购：010-62786544
投稿与读者服务：010-62776969, c-service@tup.tsinghua.edu.cn
质量反馈：010-62772015, zhiliang@tup.tsinghua.edu.cn
课件下载：http://www.tup.com.cn, 010-62791865
印 装 者：北京嘉实印刷有限公司
经 销：全国新华书店
开 本：185mm×260mm 印 张：20 字 数：483 千字
版 次：2009 年 10 月第 1 版 2019 年 7 月第 3 版 印 次：2021 年 7 月第 6 次印刷
定 价：59.00 元

产品编号：082661-02

第 3 版前言

物理学是其他自然科学和工程技术的基础，是人类文明的基石。有人说物理学是科技之母、理性之光，既能派生出许多应用性的专业和技术，又沉淀了浓厚的人文精神和美学色彩。

良好的物理基础是研究其他自然科学与工程技术科学的基本保障。物理学所阐述的基本原理、基本知识、基本思想、基本规律和基本方法，是学生学习后续专业课的保障。学好物理学，能全面提高学生科学素质和科学研究能力，能拓展学生的科学思维方法。大学物理课程是理工类各专业的必修公共基础课，在培养学生科学世界观、科学思维方法、严谨求实的科学态度和追求真理的科学精神，运用物理规律解决实际问题的能力，增强创新意识和独立获取知识的能力等方面起着重要的作用。

本书仍保持《大学物理(第 2 版)》课程体系结构，在总结同类教材的优点和作者多年教学经验的基础上，尽量处理好与中学物理知识的自然过渡衔接，使定理的推导论证符合学生认知发展过程的普遍规律，尽量避免繁杂的数学运算使学生产生畏难情绪。将原第 16 章物理学原理在工程技术中的应用介绍分解到对应的章节，便于学生对所学知识的及时巩固和拓展。适当增改了一些与物理学的发展交叉和应用的实例及课堂、课后思考的阅读讨论内容，以激励学生丰富课外阅读知识，开阔视野，陶冶情操。对各章习题进行了适当删改，并给出了参考答案。

第 3 版仍设“*”号部分内容，可根据实际教学课时量酌情处理。

编者感谢清华大学出版社的编辑的支持，感谢长江大学物理与光电学院大学物理精品课程组教师们的支持和帮助。

由于编者学识和教学经验有限，书中难免存在不当和疏漏之处，恳请各位读者批评指正。

编　者

第 1 版前言

在 20 世纪，物理学的基本概念和技术已被应用到所有的自然科学领域。物理学与其他自然科学学科之间的边缘领域，一定意义上是当代自然科学中最有可能获得丰硕成果的领域。

20 世纪以来，随着近代物理学的迅猛发展，陆续发展了近代原子分子物理学、原子核物理学与核技术、原子核能的利用、激光物理和激光技术、半导体物理和器件、固体组件、超导电物理与技术、光电子学技术、X 射线技术、粒子物理等，以此又推动了计算机科学技术和信息与通信科学技术的发展，并且形成了各种有关的新科学技术产业。激光物理学的发展是在信息、能源、交通、环境等技术部门广泛应用的现代激光技术发展的基础上，低温物理学的发展是在材料、信息、能源等技术部门获得广泛应用的现代超导技术发展的基础上，它们大大推动了现代社会的发展。

20 世纪的发展历程表明：物理学是技术进步的主要源泉，物理学是自然科学和工程技术科学的基础，是现代高新技术的基础。它所阐述的物理学基本原理、基本知识、基本思想、基本规律和基本方法，是学生学习后续专业课的保障。学好物理学，能全面提高学生科学素质和科学研究能力，能拓展学生的科学思维方法。进入 21 世纪，我国的高等教育已从“精英教育”逐步走向大众教育，为适应新形势下科学技术的发展对人才培养的新要求，高等教育强化基础教育课程。另外，随着科学技术的发展，学科之间的交叉与结合尤为突出，物理学正进一步与生物学、化学、材料科学、医学等学科领域发展和结合，因此良好的物理基础是学好其他自然科学与工程技术科学的基本保障。物理学教育对于提高大学生科学素质的作用是任何其他学科都无法取代和比拟的。大学物理课程是理工类各专业的必修公共基础课，在培养学生辩证唯物主义世界观、科学的发展观等方面起着重要的作用。

本书在保证大学物理课程体系的完整性、科学性、系统性的条件下，以“加强基础、提高能力、理论联系实际”为原则，注重陈述物理学的基本知识、基本概念、基本定律和原理，突出物理学知识结构体系的完美。在介绍经典物理和近代物理基础知识的同时，加强物理原理与现代科学技术相联系的知识及在工程技术中的应用实践，以适应高职类院校对大学物理课程的教学需要，培养基础扎实、具有创新能力的工程技术人才的需要。本书的主要特点概述如下。

(1) 参照教育部非物理类专业基础课程教学指导委员会制定的要求，结合高职类专业特点，精选了内容，总结我们大学物理省级精品课程的分层次(理、工、农、医、专)教学

的经验，密切注意与中学物理知识的衔接，适度把握知识的难度，尽量避开复杂、烦琐的数学推导，注重利用物理基本原理解决工程技术中的实际问题的能力培养。

(2) 教材中物理概念的阐述，定理、定律的表述简洁、准确，逻辑思维严谨，文字流畅，易读、易学、易懂，在物理学导论中增加了必备的数学基础知识。

(3) 教材贯穿了理论联系实际的原则，增加了一些物理基础知识和原理在工程技术中的实践应用实例的介绍，以阅读材料的形式编排，丰富学生的知识面，提高学生应用理论知识解决实际问题的能力，培养学生的创新能力。

(4) 本书精选了例题和习题，习题难度适宜。例题的分析解答注重引导培养学生的科学思维方法和分析问题、解决问题的能力，有助于提高学生独立获取知识的能力，培养他们的科学素质。

编者感谢长江大学物理科学与技术学院的大学物理精品课程组杨长铭等全体教师的倾力支持和帮助，感谢清华大学出版社的大力帮助和相关人员的辛勤劳动。

由于编者学识和教学经验有限，编写时间仓促，书中难免存在不当和疏漏之处，恳请各位读者批评指正。

编　者

目　　录

第 0 章　物理学导论

时间和空间是人类探究的永恒主题。如果你不懂得自然界的规律，就不会领略到周围世界的奥妙之所在。物理学是最基础的关于自然的学问，它完美地展示了自然界中万事万物是如何巧妙地近乎完美地联系在一起的。物理学不仅仅包括自然知识，还包括对自然的态度、研究自然的方法以及建立关于自然的理论体系。同时，它对人们改造自然、推动社会发展也起着极其重要的作用。物理学研究内容和方法的特殊性，使得物理学教育成为培养大学生科学文化素质的最有效手段。

本章将从物理学发展的历程出发，简述什么是物理学、物理学的研究内容及其在社会发展和科学技术革命中的地位和作用；学习物理学的意义和方法以及物理学未来的发展趋势。本章还介绍量纲和单位制及有关矢量运算的一些必备基础知识。

0.1　物理学及其发展概况

物理学既是自然科学中最早发展、最为成熟的基础性学科，也是现代技术的重要基础，已成为人类文明的重要组成部分。从物质的运动形式角度出发，物理学研究内容可以分为机械运动、热运动、电磁和光运动、微观粒子运动，并形成了与之对应的力学、热学、电磁学、光学、量子理论等分支学科。各分支学科之间既相对独立，又互相渗透，形成了彼此密切联系的统一的课程体系。

0.1.1　物理学是自然科学的基础

Physics(物理)一词的最早起源可追溯到物理学家亚里士多德的著作 *Physics* 的书名，中文“物理”一词是源于庄子的“判天地之美，析万物之理”。物理学的始祖伽利略，创立了科学研究方法——实验与逻辑推理相结合的方法，使物理学从哲学领域独立分离出来，成为自然科学的基石。牛顿建立了宇宙的经典力学图像，其中最精彩绝伦的是万有引力定律。麦克斯韦在总结电磁实验的基础上，用神奇的麦克斯韦方程组描述了宇宙的经典电磁图像。20 世纪最伟大的科学家爱因斯坦的相对论的诞生，使人类对时间和空间、能量和质量有了更深刻的认识，在文化和科学上构建了一个全新的物理图景。

0.1.2　物理学的研究内容

物质、运动和相互作用是我们认识自然的三个最基本的观点。物理学是研究自然界一切物质的基本结构和物质运动最一般规律的科学，探索分析大自然所发生的现象，以了解其规则。物理学注重于研究物质、能量、空间、时间以及它们间的相互关系。它的研究对象几乎包含一切事物，大至宇宙，小至基本粒子，具体的与抽象的。在空间标度上，它从

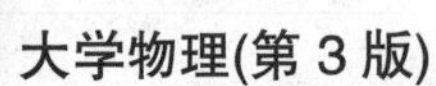

宇宙的范围(150 亿光年)到夸克的线度(10^{-20} m)；在时间标度上，从宇宙的起源(150 亿年)到夸克的寿命 (10^{-25} s)；在速度尺度上，从静止的物体到光速($3\times10^{8}\ \mathrm{m\cdot s^{-1}}$)。如今甚至衍生出了社会物理学、金融物理学等应用学科。

0.1.3 物理学的发展简介

人类对浩瀚无垠的宇宙结构及天体运动规律的认识，大致经历了“盖天说”“浑天说”“地心说”到哥白尼的“日心说”的发展历程，逐渐形成了科学的认识体系。物理学的建立就是从力学开始的，以牛顿定律为基础的力学理论称为牛顿力学或经典力学。经典物理学由力学、热学、电磁学和光学组成。按照物理学本身发展的规律和不同时期的研究方法，可把物理学发展的历史大体分为三个时期。

(1) 古代物理(经验物理)学时期。

17 世纪以前，最初的物理学是融合在哲学之中的，是人们在生产活动中直接感知的有关天文、力、热、声、光(几何光学)等经验的肤浅描述与积累，在研究方法上主要是表面的观察、直觉观察与哲学的猜测性思辨。

(2) 经典物理(近代物理)学时期。

17 世纪之后的两个世纪，近代物理学之父伽利略首创了思想实验与科学推理方法。牛顿总结的三大定律和万有引力定律是物理学发展的重要里程碑。这一时期也是电学的大发展时期，法拉第用实验的方法完成了电与磁的相互转化，并创造性地提出了“场”的思想与概念。麦克斯韦在法拉第研究的基础上，完成了电与磁的完美统一。

直到 1900 年，开尔文提出在物理学阳光灿烂的天空中飘浮着“两朵小乌云”——迈克尔逊·莫雷实验寻找“以太”的失败和黑体辐射研究中遇到的“紫外线灾难”。正是这“两朵乌云”最终导致了物理学在烈火和暴风雨中涅槃，建起了现代物理学两座更加美丽壮观的堡垒。

(3) 现代物理学时期。

20 世纪初，从“以太”学说中诞生了相对论。爱因斯坦创造性地提出了狭义相对论，揭示了物质、时间和空间是紧密关联的，提出了运动物质长度收缩、时间膨胀的观点，永久性地解决了光速不变的难题，彻底颠覆了牛顿的绝对时空观，完成了人类历史上一次伟大的时空革命。在等效原理和广义协变原理的假设基础上创立的广义相对论，揭示了万有引力的本质，即物质的存在导致时空弯曲。

从“紫外线灾难”学说中诞生了量子力学。普朗克引入了“能量子”的假设，标志着量子物理学的诞生。量子力学与相对论的产生成为现代物理学发展的主要标志，其研究对象由低速到高速、由宏观到微观，深入广袤无垠的宇宙深处和物质结构的内部，对宏观世界的结构、运动规律和微观物质的运动规律的认识，产生了重大变革。

0.1.4 物理学的发展趋势

随着现代物理学的飞速发展，产生了量子场论、原子核物理学、粒子物理学、半导体物理学、低温与超导物理、激光物理、凝聚态物理、材料物理、现代宇宙学、现代物理技

术等分支学科。当代物理学的交叉学科如化学物理、生物物理、大气物理、地球物理、海洋物理等的发展也越来越广泛、深入，物理学日渐趋于成熟。在未来，物理学研究领域将继续朝着时空尺度的极端方向和复杂系统的方向发展。

0.2　改变世界的物理学

物理学的进展密切联系着工业、农业等的发展，也与人类文明的进步息息相关。从电话的发明到当代互联网络实现的实时通信和如今的 4G、5G 时代，从蒸汽机车的制造成功到磁悬浮列车的投入运行，从晶体管的发明到纳米级集成电路的发展，航天航海技术的发展等，这些无不体现着物理学对社会进步与人类文明的贡献。

0.2.1　物理学与科学技术

如表 0.1 所示，近两百年来与物理学有关的重大科技发现或发明，都与物理学的应用有着非常密切的关系。物理学是各项科学技术的基础，可以说是物理学改变了世界。

表 0.1　近两百年来与物理学有关的科技发现或发明

年　份	科技发现或发明及其代表人物
1803	道尔顿提出近代原子学说
19 世纪 60 年代	发现元素周期律
1895	发现 X 射线(伦琴)
1896	发现放射性(贝克勒尔)
1897	发现电子(J.J.汤姆逊)
1898	提炼钋和镭(居里夫人)
1900	量子论诞生(普朗克)
1901	发明无线电报(马可尼)
1905	建立狭义相对论，光的量子论(爱因斯坦)
1911	发现原子核(卢瑟福)，发现超导(昂内斯)
1913	建立原子模型(波尔)
1915	建立广义相对论(爱因斯坦)
1925—1926	建立量子力学(海森伯、薛定谔)
1932	发现中子(查特威克)
1939	发现裂变(哈恩、斯特拉斯曼)
1942	第一个核反应堆建成(费米)
1945	原子弹爆炸(奥本海默等)
1947	发明晶体管(肖克莱、巴丁、布拉顿)
1947—1955	从电子管计算机到晶体管计算机
1957	人造卫星上天(苏联)

续表

年　份	科技发现或发明及其代表人物
1958—1960	发明激光(汤斯、肖洛、梅曼等)
1961	载人飞船上天(加加林)
1969	登上月球(阿姆斯特朗等)
1970年以后	光纤通信逐步实用化
1972—1978	研制成大规模集成电路计算机
1978年以后	计算机(电脑)大量普及
1986	发现高温超导(贝特洛兹、缪勒等)

(1) 物理学与三次工业革命。

物理学的发展导致了历史上三次工业革命，现代工业及科学发展离不开物理学理论。17世纪，牛顿的划时代巨著《自然哲学之数学原理》，奠定了整个经典物理学的基础。17—18世纪的第一次工业革命，就是建立在牛顿力学和热力学发展的基础上，其标志是以蒸汽机(见图0.1)为代表的一系列机械的产生和应用，促进了手工业生产转向机器化大生产，大大解放了生产力，使机械制造业和加工业取代了农牧业而成为产业结构中的核心支柱产业，并直接导致了火车、轮船的发明。

(a) 瓦特蒸汽机复制模型

(b) 瓦特改良后的蒸汽机车

图0.1　瓦特蒸汽机的发展

19世纪的第二次工业革命是建立在物理学电磁理论发展的基础上。电磁感应现象的发现奠定了电力工业最重要的基础，其标志是发电机、电动机、电灯、电话、无线电、电视、雷达等的发明和应用，引起了工业电气化革命，使人们进入了使用和开发电能的新时代，极大促进了社会生产力的发展，引起了社会经济结构和生产结构的巨大变革。同时，电磁场理论的发展拓展了科学研究领域，带动了一些新兴学科和相关交叉学科的发展。

20世纪的第三次工业革命则是建立在近代物理学的相对论和量子力学的基础上(见图0.2)，其标志是以信息技术为代表的一系列新学科、新材料、新能源(核能)、新技术(空间、生物工程)的兴起和发展。20世纪40年代开始进入原子能、微电子技术、激光、生物工程、计算机技术、航天技术等应用时代。随着量子理论与信息技术革命的进一步发展，新的科学技术项目还在不断增长，许多新兴工业犹如雨后春笋般迅速产生和发展壮大起来，将给社会和我们的生活带来越来越深远的影响。

(2) 物理学与航天技术。

航天技术是探索、开发和利用太空以及地球以外天体的综合性工程技术，包括对大型运载火箭、巨型卫星、宇宙飞船、航天飞机、空间资源、空间运输与通信、遥感遥测及空间军事技术的研究与开发。从航天器的发射到成功顺利回收都离不开物理学，宇航科技显然是建立在数学、物理、化学、机械、电子与计算机、材料、通信、生物和医学等科学技术的基础之上的。知识经济将孕育空前发达的宇航科技，使人类向广阔宇宙进军和遨游太空的梦想成为现实。

图 0.2　爱因斯坦和质能方程

(3) 物理学与新材料技术。

新材料是发展信息、航天、能源、生物等高新技术的重要物质基础。例如，光电子信息材料、先进复合材料和特种功能材料等。物理学是探索物质不同层次微观结构理论和材料设计的指导，使人类未来能按照自己的需要设计并制造具有多种奇异功能的新材料(见图 0.3 和图 0.4)。

图 0.3　可任意弯折的纳米手机

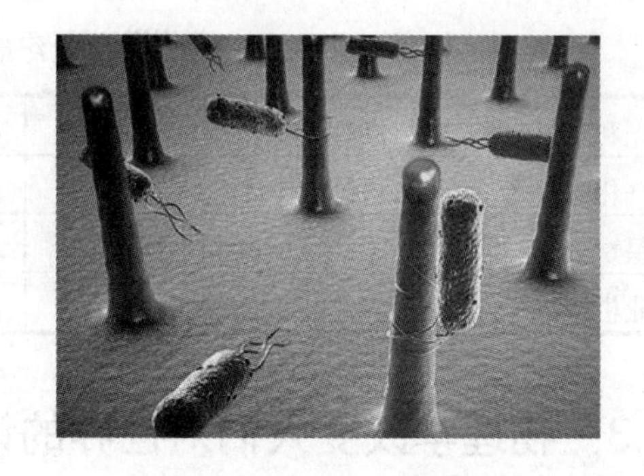

图 0.4　纳米人工绿叶的问世

(4) 物理学与生物医学技术。

磁场对生物体的活动及生理、生化过程有一定的影响，利用生物磁场和磁场间的生物效应，如磁疗法、核磁共振成像、激光、X 射线成像、超声诊断仪等在临床医疗上已有广泛的应用。自从利用 X 射线成像技术发现了 DNA 模型——双螺旋模型，基因遗传工程或重组 DNA 技术得到了发展和应用。

如今，科学家们利用纳米技术，已经可以操纵单个的生物大分子。纳米医学是用纳米技术解决医学问题的学科。应用纳米技术可将微型的诊断仪器植入人体内，随血液在体内巡航探测，实时将体内信息传送到体外的记录装置，使诊断更精确，并及时发现病毒、细菌的入侵，预防和消除传染病；应用纳米技术可将常规治疗药物纳米化，以提高药效、减少用量、降低副作用，使治疗更有效；纳米机器人可疏通血栓，杀死癌细胞和监视体内的病变，进行人体器官修复和基因装配工作等。因此，纳米医学能够改善人类的整个生命系统的质量。

(5) 物理学与海洋技术。

地球物理为开发海洋资源、探测海底深部地质结构、勘测地震海啸等提供了基础理论和技术指导，如多普勒声呐定位、潮汐理论、海洋声学研究、海洋光学、用流体动力学的方法来研究海洋环流、海洋电磁理论等。

现代科学技术正以惊人的速度发展，而在物理学中每一项科学的发现都成为新技术发明或生产方法改进的基础和动力。

0.2.2 物理学改善人们的物质生活

远古时代，人们的生活方式可以形象地描绘为：“交通基本靠走，通信基本靠吼，照明基本靠油……”而如今，陆海空国际运输网络化正日益发展成熟，通信有了更先进的激光、量子通信技术；农耕已基本实现了机械化和电气化，各种高科技的安保电子设备不知疲劳地昼夜高效率地执勤；取暖有了空调和电暖水暖器……是物理学彻底改善了人们的物质生活，提高了人们的生活品质。在 2000 年，美国工程院曾经评选出的 20 世纪最伟大的 20 项工程中，几乎都与物理学的发展密切相关。如表 0.2 所示，其中星号的多少表示与物理学的相关度的大小，不难看出，物理学对改善人类生活方式的巨大贡献。

表 0.2 20 世纪最伟大的 20 项工程

激光和光纤***	高性能材料***	微电子***	计算机**	医疗技术**
电气化**	核技术**	因特网**	摄影**	家用电器**
卫星*	无线电广播和电视**	电话**	汽车*	飞机*
农业机械化*	石油和石油化工*	空调和冰箱*	自来水系统*	高速公路*

0.2.3 物理学改变人们对世界的认识

物理学的发展过程就是人类对整个客观物质世界的认识过程。从经典物理学体系的完善到近代物理学——相对论和量子力学的诞生，使人类对物质世界的认识深入微观领域，组成物质的粒子模型有强子、轻子和传播子。宇宙学形成模型——“热大爆炸模型”，用已知的物理学规律，非常简单地描述了宇宙的性质、运动和演化，说明空间是与物质联系在一起的，物质的存在会导致时空弯曲。2011 年诺贝尔物理学奖就证明了宇宙正在加速膨胀。随着量子物理理论的进一步成熟和发展，物理学对人类生活的影响将越来越显著。

0.3 物理学与人才培养

高等职业技术教育肩负着培养我国各类高素质技能型专门人才的重任。要使我们培养出的人才能在当今进一步深化改革的大潮中，在实现中国梦的伟大历程中，走在飞速发展的科学技术前列，具有时代创新精神和能力，就必须加强基础理论尤其是物理知识的学习。

0.3.1　物理学的特征

物理学是一门以实验为基础的学科，是理论与实验相结合的科学，要用“模型”回答问题。物理学是一门定量的科学，物理教育也是一种科学素质教育。当代物理学研究的综合性、深入性、复杂性、创新性和可应用性变得更加具有时代特点。

(1) 物理学本身已经发展成一个相当庞大的学科，如高能物理(又称粒子物理)、原子核物理、等离子体物理、凝聚态物理、原子分子物理、光物理、声学、计算物理和理论物理等若干相对独立的分支学科，将成为不断地涌现出新思想、新原理、新方法和新技术的源泉。

(2) 当代物理学正在微观、宏观和复杂系统这三个基本方向上把人类对自然界的认识推进到前所未有的深度和广度，并通过提供理论方法、实验手段和新型材料推动科学技术的进步和社会的发展，甚至会改变人类思维模式。

(3) 物理学的基础研究和应用开发的相互结合将变得更加紧密。首先是计算机的广泛应用和计算技术的不断创新给物理学的研究开拓了新的领域，还有实验工具正在走向可探测和操纵单个原子、分子的水平(如扫描隧道显微镜、纳米技术、激光冷却技术等)；另外，飞秒激光技术提供的高时间分辨率等，为新的基础研究领域的开拓提供了必要条件和能力。近几年，量子技术的飞速发展更是为新的基础研究领域的开拓锦上添花。

0.3.2　物理学是科学的世界观和方法论的基础

每一个新的物理概念和物理规律的确立都是人类认识上的一个飞跃，对旧有的传统观念、意识的冲击与突破，从而改变着人们的世界观。比如普朗克的能量子假设，突破了“能量连续化”的传统观念；爱因斯坦的狭义相对论，突破了牛顿的绝对时空观的束缚。

物理学理论的形成是科学的思想与科学的方法论相结合的结果，所以学习物理更应该学习科学形成过程的方法论。

0.3.3　学习物理学的方法

物理学是逻辑严谨的自然学科，学习物理的核心是学习物理思想和解决问题的方法、手段，这不仅是为后续课程服务、为专业服务，更是为了提高自身科学素质，对终身学习和发展都有着不可忽视的作用，同时要注意以下几点。

(1) 学习物理知识要注意知识的整体性、发展性和迁移性。从整体上、逻辑上协调地学习物理学，不要只学习分散的知识，注意它们的整体性、关联性和逻辑性。

(2) 学习物理方法和先进的科学观念，诸如观察、实验、模拟、演绎、归纳、分析、综合、类比、理想化、假说等科学研究方法，培养严谨的科学态度和精神。

(3) 关注物理理论和方法在交叉学科和工程技术中的应用，将理论应用于实践。

(4) 学会鉴赏物理学定律的优美、简洁、和谐以及辉煌。

(5) 学会物理思想与数学工具的融合、一般规律与特殊事实、主要与次要、传统的和

现代的推理方式等。培养分析问题和解决问题的能力，提高科学素质，努力实现知识、能力和素质的协调发展。

0.4 单位制和量纲

物理学是严谨的、定量的自然科学。为了确切定量地表述物质的属性和物质运动的状态及其变化过程，需要建立或定义许多物理量，如密度、速度、力、电流强度、动量等。而物质运动的基本规律，在物理学中通常是由某些原理、定律或定理来表述的，它们反映了有关物理量之间的相互关系。物理定理或理论的建立，需要利用各种仪器去测定有关的物理量，进行各式各样的度量，这必然涉及单位及量纲问题。1984 年，国务院颁布实行了以国际单位制(SI)为基础的法定单位制。

物理量的种类众多，但不全是相互独立的，因此在度量物理量时，不必给所有的物理量规定单位。人们从众多物理量中挑选出几个作为基本量的物理量，并规定相应的标准——单位和测量方法。其他物理量就可以由基本量推导而出，称为导出量。建立在这样一套基本量之上的单位体系称为单位制。

对基本量的选择不是唯一的，应选择尽量少的物理量并用最简单的表述对其进行定义，同时还应兼顾测量的精确性和易得性。力学中只有三个基本量：长度 L、质量 M、时间 T。在国际单位制中，选择了七个基本量，规定了它们的基本单位和基本量纲，如表 0.3 所示。

表 0.3 国际单位制(SI)中的基本单位

物理量名称	单位名称		单位符号	基本量的量纲
	中 文	英 文		
长度	米	meter	m	L
质量	千克	kilogram	kg	M
时间	秒	second	s	T
电流	安培	ampere	A	I
热力学温度	开尔文	kelvin	K	θ
物质的量	摩尔	mole	mol	N
发光强度	坎德拉	candela	cd	J

由物理量的基本关系式和基本量的单位、量纲可以确定其他物理量的单位和量纲，这些量的单位称为导出单位。

利用这些基本量纲，根据有关的定义或定律导出的其他物理量的量纲，称为导出量纲，它可以用基本量纲幂的乘积形式所组成的量纲式表示。任意一个物理量 Q 的量纲式记为 $\dim Q$，力学量的量纲为

$$\dim Q = L^{\alpha} M^{\beta} T^{\gamma}$$

式中，α、β、γ 称为量纲指数，如果 α、β、γ 中有一个不等于零，就说明 Q 是一个有量纲

的量。量纲可用于不同单位制之间的换算，各个量纲符号可以像代数量一样处理，进行合并或相消。例如：

体积的量纲 $\dim V = L^3M^0T^0 = L^3$；

力的量纲是 $\dim F = \dim(m \cdot a) = M \cdot LT^{-2} = MLT^{-2}$；

速度的量纲是 $\dim v = \dim\left(\frac{s}{t}\right) = LM^0T^0 / L^0M^0T = LT^{-1}$。

而且能够相加减的每一项或列入同一方程(等式)中的每一项，必须是具有相同量纲的物理量(同类量)。这就要求：凡是根据物理学基本定律推导出来的方程，其中每一项的量纲必须一致。这一结论称为物理方程的量纲一致性原理。

另外，在工程建设和科学研究中，量纲还可用于量纲分析，通过比较物理方程两边各项的量纲来检验方程的正确性，从而探求一些复杂物理现象的规律。

0.5　矢量和标量简介

0.5.1　矢量和标量

物理学中经常会涉及两类物理量，如时间、质量、能量、温度等只有大小而没有方向的代数量，这类物理量称为标量。

另一类物理量，如位移、速度、力、动量等既有大小又有方向，而且合成时遵从平行四边形法则的量，这类物理量称为矢量。

矢量常用粗体字母 $\boldsymbol{A}$ 或带有箭头的字母 $\vec{A}$ 表示。作图时，常用一条有向线段表示，如图 0.5 所示。线段的方向表示矢量 $\boldsymbol{A}$ 的方向，线段的长短表示矢量 $\boldsymbol{A}$ 的大小，也叫矢量 $\boldsymbol{A}$ 的模，用 $|\boldsymbol{A}|$ 或 A 表示。

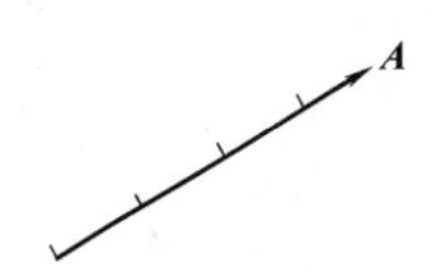

图 0.5　矢量的图示

如规定有一单位方向矢量 $\boldsymbol{e}_A$，即该矢量的方向与矢量 $\boldsymbol{A}$ 的方向相同，大小为一个单位长度，则矢量 $\boldsymbol{A}$ 可表示为

$$\boldsymbol{A} = |\boldsymbol{A}|\,\boldsymbol{e}_A \tag{0.1}$$

若把矢量在空间沿任何方向平移，矢量的大小和方向都不会改变，矢量的这一性质称为矢量的平移不变性。这是以后学习中要常用到的一个重要性质。

0.5.2　矢量的运算

1. 矢量相加

利用平行四边形法则求合矢量的方法叫作矢量相加的平行四边形法则。如图 0.6 所示，设有两个矢量 $\boldsymbol{A}$ 和 $\boldsymbol{B}$，求它们的合成矢量的方法是：将两个矢量的起点平移到交于一点，以这两个矢量为一平行四边形的两邻边作平行四边形，所得平行四边形的共点对角线即代表矢量 $\boldsymbol{A}$ 与 $\boldsymbol{B}$ 的和。用矢量表达式表示为

$$\boldsymbol{C} = \boldsymbol{A} + \boldsymbol{B}$$

式中，$\boldsymbol{C}$ 称为合矢量(有时也称矢量和)，$\boldsymbol{A}$ 和 $\boldsymbol{B}$ 则称为 $\boldsymbol{C}$ 的两个分矢量。

矢量的合成法则用几何图表示为图 0.6(a)所示的平行四边形法则；也可用图 0.6(b)所示的三角形法则表示，即将矢量 $\boldsymbol{A}$ 与 $\boldsymbol{B}$ 平移后首尾相接，由 $\boldsymbol{A}$ 的起点到 $\boldsymbol{B}$ 的终点的矢量就是合矢量 $\boldsymbol{C}$ 。

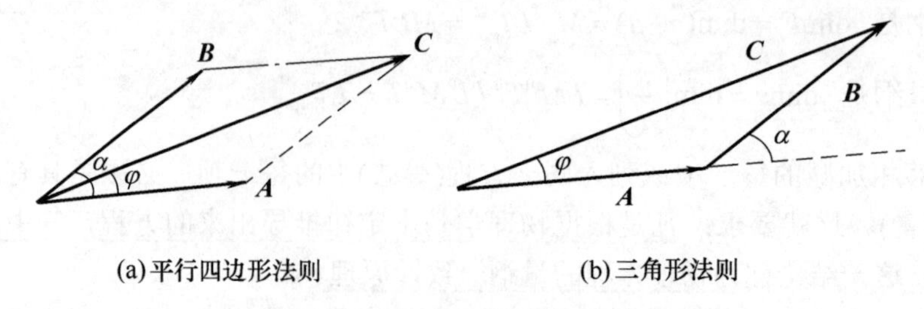

(a) 平行四边形法则　　(b) 三角形法则

图 0.6　矢量的相加

由几何知识得合矢量 $\boldsymbol{C}$ 的大小为

$$C=\sqrt{A^2+B^2+2AB\cos\alpha}$$

合矢量 $\boldsymbol{C}$ 的方向用夹角 φ 表示为

$$\varphi=\arctan\frac{B\sin\alpha}{A+B\cos\alpha}$$

如果是多个矢量相加，比如多个力 F_1，F_2，F_3，…，F_n 的合成，可以简化成如下的多边形法则。以图 0.7 为例，这 n 个力作用于同一点 O，求这 n 个力的合力(合矢量 $\boldsymbol{F}$)时，可以从 $\boldsymbol{F}_1$ 出发，利用矢量的平移不变性将各矢量依次首尾相连地画出，最后从第一个矢量 $\boldsymbol{F}_1$ 的始端至最末一个矢量 $\boldsymbol{F}_n$ 的终端画一个矢量 $\boldsymbol{F}$，则矢量 $\boldsymbol{F}$ 就是各分力矢量 $\boldsymbol{F}_1$，$\boldsymbol{F}_2$，$\boldsymbol{F}_3$，…，$\boldsymbol{F}_n$ 的合力(合矢量)，其矢量的表达式可写为

$$\boldsymbol{F}=\boldsymbol{F}_1+\boldsymbol{F}_2+\boldsymbol{F}_3+\cdots+\boldsymbol{F}_n$$

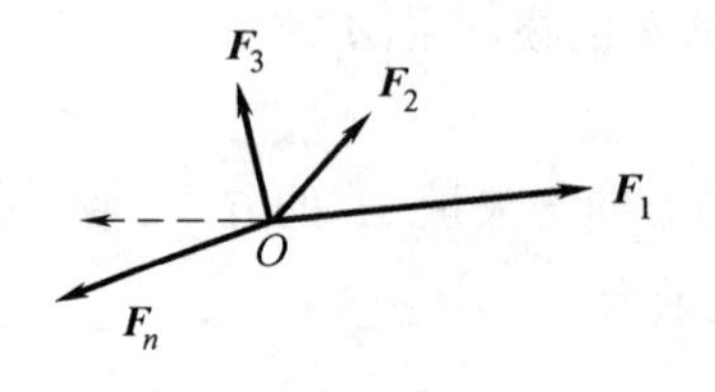

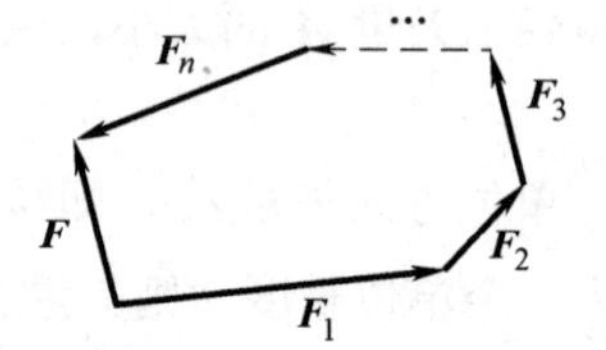

(a) 多个矢量的合成　　(b) 矢量合成的多边形法则

图 0.7　多个矢量的合成

2．矢量相减

两个矢量 $\boldsymbol{A}$ 与 $\boldsymbol{B}$ 相减也是一个矢量，表示为 $\boldsymbol{C}=\boldsymbol{A}-\boldsymbol{B}$，且有

$$\boldsymbol{C}=\boldsymbol{A}-\boldsymbol{B}=\boldsymbol{A}+(-\boldsymbol{B})$$

用矢量相加的法则可知结果如图 0.8 所示。

3．矢量乘积

1)　矢量的标积

矢量 $\boldsymbol{a}$ 与 $\boldsymbol{b}$ 的标积(也称点积)是一个标量，其值等于矢量的模 a、b 与它们之间夹角 α 的余弦的乘积，写为

$$\boldsymbol{a}\cdot\boldsymbol{b}=ab\cos\alpha \tag{0.2}$$

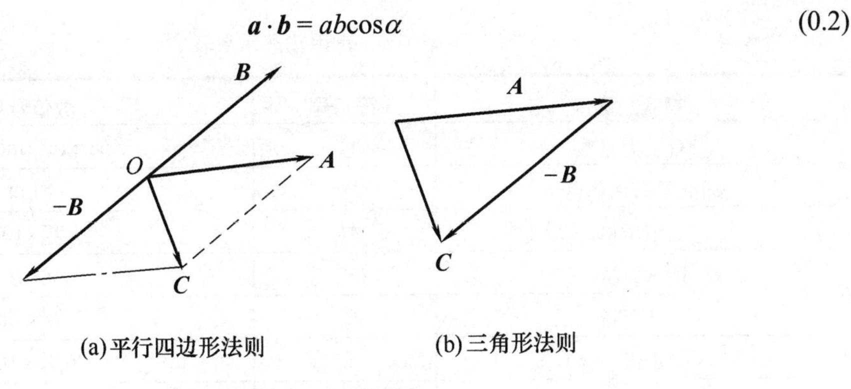

(a) 平行四边形法则　　(b) 三角形法则

图 0.8　矢量的相减

2)　矢量的矢积

矢量的矢积也称叉积，其结果仍是一矢量，将两矢量 $\boldsymbol{a}$、$\boldsymbol{b}$ 的矢积用矢量 $\boldsymbol{C}$ 表示为

$$\boldsymbol{C}=\boldsymbol{a}\times\boldsymbol{b}$$

矢量 $\boldsymbol{C}$ 的方向由右手螺旋法则确定：平伸右手让大拇指与其余四指垂直，当右手四指从 $\boldsymbol{a}$ 经小于 180° 夹角的方向转向矢量 $\boldsymbol{b}$，则右手拇指的指向就是矢量 $\boldsymbol{a}$、$\boldsymbol{b}$ 的矢积 $\boldsymbol{C}$ 的方向。即矢量 $\boldsymbol{C}$ 垂直于以矢量 $\boldsymbol{a}$、$\boldsymbol{b}$ 为两邻边的平行四边形所在的平面，如图 0.9 所示。

矢量 $\boldsymbol{C}$ 的大小为

$$C=|\boldsymbol{C}|=ab\sin\alpha \tag{0.3}$$

即矢量 $\boldsymbol{a}$ 与 $\boldsymbol{b}$ 的矢积是一个新矢量，其大小等于两矢量的模 a、b 与它们之间夹角 α 的正弦的乘积。

图 0.9　矢量的矢积

矢量的运算满足如下运算规则：

①　$\boldsymbol{a}\cdot\boldsymbol{b}=\boldsymbol{b}\cdot\boldsymbol{a}=ab\cos\alpha$；　　$\boldsymbol{a}\cdot\boldsymbol{a}=a^2$

在直角坐标系中，$\boldsymbol{a}\cdot\boldsymbol{b}=a_xb_x+a_yb_y+a_zb_z$

②　$\boldsymbol{a}\times\boldsymbol{b}=-(\boldsymbol{b}\times\boldsymbol{a})$

③　$\boldsymbol{a}\times(\boldsymbol{b}+\boldsymbol{c})=\boldsymbol{a}\times\boldsymbol{b}+\boldsymbol{a}\times\boldsymbol{c}$

④　$\dfrac{\mathrm{d}}{\mathrm{d}t}(\boldsymbol{a}\cdot\boldsymbol{b})=\boldsymbol{a}\cdot\dfrac{\mathrm{d}\boldsymbol{b}}{\mathrm{d}t}+\dfrac{\mathrm{d}\boldsymbol{a}}{\mathrm{d}t}\cdot\boldsymbol{b}$

⑤　$\dfrac{\mathrm{d}}{\mathrm{d}t}(\boldsymbol{a}\times\boldsymbol{b})=\boldsymbol{a}\times\dfrac{\mathrm{d}\boldsymbol{b}}{\mathrm{d}t}+\dfrac{\mathrm{d}\boldsymbol{a}}{\mathrm{d}t}\times\boldsymbol{b}$

0.6　常用的物理常数摘录

本书常用的物理常数如表 0.4 所示。

表 0.4　常用物理常数表

物 理 量	符　号	数值及单位
万有引力常数	G	$6.67\times10^{-11}\ \mathrm{m^3\cdot kg^{-1}\cdot s^{-2}}$
标准重力加速度	g	$9.81\ \mathrm{m\cdot s^{-2}}$
太阳质量	M_s	$1.99\times10^{30}\ \mathrm{kg}$
地球质量	M_e	$5.98\times10^{24}\ \mathrm{kg}$
月球质量	M_m	$7.35\times10^{22}\ \mathrm{kg}$
太阳赤道半径	R_s	$6.96\times10^{8}\ \mathrm{m}$
地球赤道半径	R_e	$6.38\times10^{6}\ \mathrm{m}$
光年	l_y	$0.946\times10^{16}\ \mathrm{m}$
真空中的光速	c	$3.00\times10^{8}\ \mathrm{m\cdot s^{-1}}$
真空电容率	ε_0	$8.85\times10^{-12}\ \mathrm{C^2\cdot N^{-1}\cdot m^{-2}}$
电子电荷	e	$1.60\times10^{-19}\ \mathrm{C}$
电子质量	m_e	$9.11\times^{-31}\ \mathrm{kg}$
质子质量	m_p	$1.67\times10^{-27}\ \mathrm{kg}$
中子质量	m_n	$1.67\times10^{-27}\ \mathrm{kg}$
真空磁导率	μ_0	$4\pi\times10^{-7}\ \mathrm{N\cdot A^{-2}}$
标准大气压	P	$1.013\times10^{5}\ \mathrm{Pa}$
阿伏伽德罗常数	N_A	$6.02\times10^{23}\ \mathrm{mol^{-1}}$
摩尔气体常数	R	$8.31\mathrm{J\cdot mol^{-1}\cdot K^{-1}}$
玻耳兹曼常数	k	$1.38\times10^{-23}\ \mathrm{J\cdot K^{-1}}$
摩尔体积	V_m	$22.4\times10^{-3}\ \mathrm{m^3\cdot mol^{-1}}$
普朗克常数	h	$6.63\times10^{-34}\ \mathrm{J\cdot s}$
里德伯常数	R_b	$1.097\times10^{7}\ \mathrm{m^{-1}}$
氘核质量	m_d	$3.34\times10^{-27}\ \mathrm{kg}$
μ 子质量	m_μ	$1.88\times10^{-28}\ \mathrm{kg}$
玻尔半径	r_0	$0.529\times10^{-10}\ \mathrm{m}$
康普顿波长	λ_c	$2.43\times10^{-12}\ \mathrm{m}$
斯特藩—玻耳兹曼常数	σ	$5.67\times10^{-8}\ \mathrm{W\cdot m^{-2}\cdot K^{-4}}$
维恩位移定律常数	b	$2.90\times10^{-3}\ \mathrm{m\cdot K}$

第 1 章　质点的运动与力

人类对力学的研究历史悠久，早在战国时期，我国的史书《墨经》中就有关于运动和时间先后的描述。物理学的建立就是从力学开始的，以牛顿定律为基础的力学理论称为牛顿力学或经典力学。从普遍的机械到天体运动，都需要用经典力学理论精确计算。此外，经典力学向邻近学科的渗透，又产生了许多新兴学科，如生物力学、地球力学、流体力学、爆炸力学、宇宙气体动力学等。

自然界存在着各种形态的物质，运动是物质的固有属性。物质都在相互联系、相互作用下处于永恒的运动和发展中，物质的运动形式又是多种多样的。在各种运动形态中，最普遍、最简单的运动是机械运动。本章主要介绍物体的机械运动与力的关系，从描述物体的运动形式出发，研究其运动规律——核心是建立运动方程，继而可得出物体在任意时刻的位置、速度、加速度等，包括质点的曲线运动和相对运动，然后研究物体间的相互作用以及这种相互作用所引起的物体运动状态变化的规律及改变的原因。

1.1　质点运动的描述

1.1.1　物理模型　坐标系

1. 参考系　坐标系

自然界中所有的物体都在不停地运动，物体的运动存在于人们的意识之外。绝对静止的物体是不存在的，这就是物质运动的绝对性。大到银河系星体的运动，小到分子、原子、电子的运动均是如此。但是，运动的描述却是相对的。为了描述一个物体的运动，必须选择另一个运动物体或几个虽正在运动但相互间保持相对静止的物体作为参考，这个被选作参考的物体称为**参考系**。如研究地面上物体的运动，常以地面或静止在地面上的某物体为参考系；而研究宇宙飞船的运动，则常以太阳为参考系。

参考系选定之后，为了定量地描述一个物体相对于此参考系的位置，需要在此参考系上建立固定的**坐标系**。在解决实际问题时最常用的有笛卡儿直角坐标系、极坐标、柱坐标、球坐标等，如图 1.1 所示。对于同一种运动，由于参考系选择的不同，所表现的运动形式就不同，即运动的描述具有相对性。

【注意】参考系不一定是静止的。

2. 质点

任何物体都有一定的大小、形状、质量和内部结构，即便是很小的分子、原子以及其他微观粒子也不例外。一般来说，物体运动时，内部各点的运动情况常常是不同的。因此，为了简化问题，当研究的物体其大小和形状与运动无关，即物体运动时不发生变形、不

做转动，此时物体上各点的运动情况都相同，就可以用物体上任一点的运动来代表整个物体的运动。此时就可以把该物体近似地当作一个只有质量而没有大小和形状的**理想模型——质点**。这是物理学研究问题常用的思维方法——建立理想模型。实际应用中，当物体的线度相对于作用的距离而言可以忽略不计时，这个物体就可以当作一个质点了。在力学中还有另一个物理模型——刚体，我们将在第 3 章中作介绍。

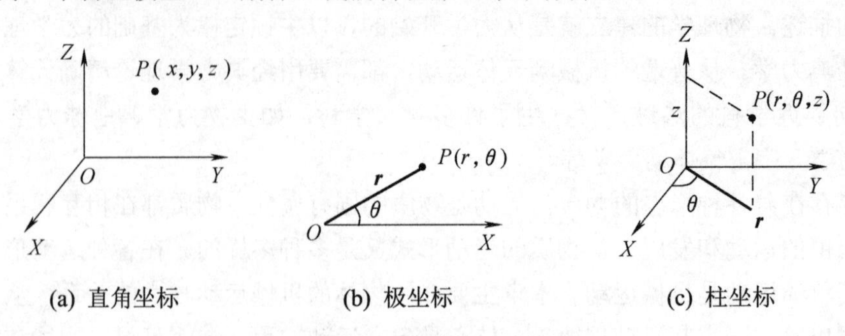

图 1.1　常用的坐标系

1.1.2　质点运动的描述

1. 位置矢量

运动的质点任一时刻在空间的位置都可以用一个矢量来描述。如果在选定的参考系上建立直角坐标系，空间任一点 P 的位置可以从原点 O 向 P 点作一矢量 $\boldsymbol{r}$，如图 1.2 所示，$\boldsymbol{r}$ 的端点就是质点的位置，$\boldsymbol{r}$ 的大小和方向完全确定了质点相对参考系的位置，称为**位置矢量**，简称**位矢**或**矢径**。

P 点的直角坐标(x, y, z)为位矢 $\boldsymbol{r}$ 沿 x、y、z 坐标轴的投影，用 $\boldsymbol{i}$、$\boldsymbol{j}$、$\boldsymbol{k}$ 分别表示沿三个坐标轴 x、y、z 正方向的单位矢量，则位矢的矢量表达式为

$$\boldsymbol{r} = x\boldsymbol{i} + y\boldsymbol{j} + z\boldsymbol{k} \tag{1.1}$$

P 点矢径 $\boldsymbol{r}$ 的大小为

$$r = |\boldsymbol{r}| = \sqrt{x^2 + y^2 + z^2} \tag{1.2}$$

用 α、β、γ 分别表示位矢 $\boldsymbol{r}$ 与三个坐标轴 x、y、z 的夹角，则位矢 $\boldsymbol{r}$ 的方向余弦可由下式确定：

$$\cos\alpha = \frac{x}{r},\quad \cos\beta = \frac{y}{r},\quad \cos\gamma = \frac{z}{r} \tag{1.3}$$

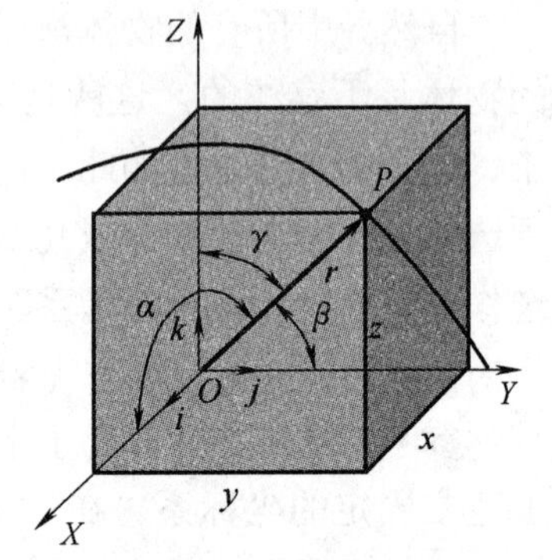

图 1.2　位矢的描述

其中 $r = |\boldsymbol{r}|$ 为位矢 $\boldsymbol{r}$ 的模。国际单位制中，位矢的单位是米(m)。

2. 运动方程

质点 P 的位矢 $\boldsymbol{r}$ 是随时间变化的，在直角坐标系中的矢量表示为

$$\boldsymbol{r}(t) = x(t)\boldsymbol{i} + y(t)\boldsymbol{j} + z(t)\boldsymbol{k} \tag{1.4}$$

分量表达式为

$$\left.\begin{aligned} x &= x(t) \\ y &= y(t) \\ z &= z(t) \end{aligned}\right\} \tag{1.5}$$

式(1.5)所表示的是质点在直角坐标系中的位置随时间变化的关系，称为质点的运动方程或运动函数。已知质点的运动方程，就能确定任意时刻质点的位置。把运动质点所经空间各点连成曲线，就构成质点运动的轨迹，如图 1.3 所示。

从式(1.5)中消去 t，就得到描述质点运动的轨迹方程 $f(x，y，z)=0$。

例如，一质点的运动方程为

$$x = R\cos\omega t, \quad y = R\sin\omega t$$

从两式中消去 t 得质点的轨迹方程为 $x^2 + y^2 = R^2$，表示该质点做半径为 R 的圆周运动。

3．位移　速度　加速度

1)　位移 $\Delta \boldsymbol{r}$

质点运动时位置将随时间变化。设 t 时刻质点位于 A 点，位矢为 $\boldsymbol{r}_1$，经过 Δt 时间后质点运动到了 B 点，位矢为 $\boldsymbol{r}_2$。Δt 时间内质点的位置变化如图 1.4 所示，Δs 表示物体的路程，即运动路径的长度。

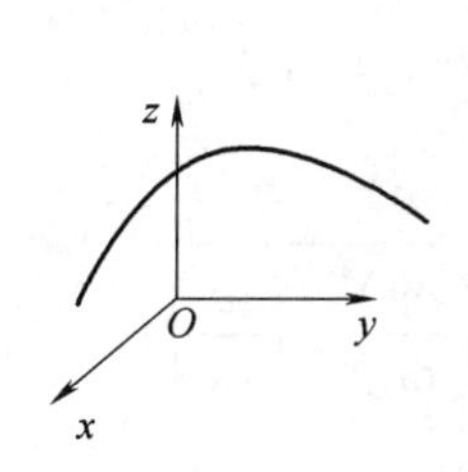

图 1.3　质点运动的轨迹

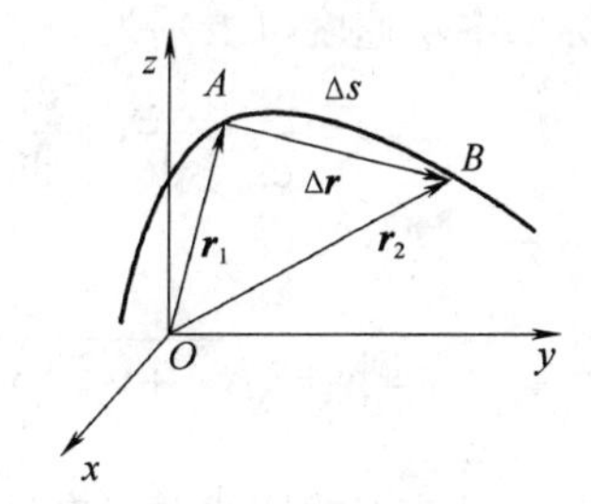

图 1.4　位移与路程

质点在运动过程中，其始末位置的位矢改变量，称为质点的**位移**，用矢量符号 $\Delta \boldsymbol{r}$ 表示。如图 1.4 所示，质点的位移为

$$\Delta \boldsymbol{r} = \boldsymbol{r}_2 - \boldsymbol{r}_1 = \overrightarrow{AB} \tag{1.6}$$

即可用由起点 A 指向终点 B 的有向线段 $\overrightarrow{AB}$ 表示。其中

$$\boldsymbol{r}_1 = x_1\boldsymbol{i} + y_1\boldsymbol{j} + z_1\boldsymbol{k}, \quad \boldsymbol{r}_2 = x_2\boldsymbol{i} + y_2\boldsymbol{j} + z_2\boldsymbol{k}$$

则

$$\Delta \boldsymbol{r} = (x_2 - x_1)\boldsymbol{i} + (y_2 - y_1)\boldsymbol{j} + (z_2 - z_1)\boldsymbol{k} = \Delta x\boldsymbol{i} + \Delta y\boldsymbol{j} + \Delta z\boldsymbol{k} \tag{1.7}$$

即当质点运动一段时间 Δt 后发生的位移 $\Delta \boldsymbol{r}$ 是在三个坐标轴 x、y、z 轴上的位移分量 Δx、Δy、Δz 的合矢量。

一般情况下，路程与位移大小关系为 $\Delta s \geqslant |\Delta \boldsymbol{r}|$，当物体做直线运动时等号才成立。当运动时间 $\Delta t \to 0$ 时，质点的微小位移记为 $\mathrm{d}\boldsymbol{r}$，称为元位移。质点的微小路程为 $\mathrm{d}s$，称为元路程，并且有 $|\mathrm{d}\boldsymbol{r}| = \mathrm{d}s$，从图 1.5 中可看出，$|\Delta \boldsymbol{r}| \geqslant \Delta r$。

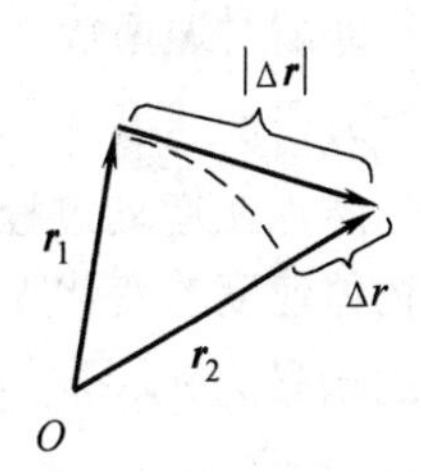

图 1.5　位移的大小

2)　速度

如果一个物体在 Δt 时间内发生了位移 $\Delta \boldsymbol{r}$，就用速度描述在

这段时间内物体运动的平均快慢程度，包括运动快慢及方向的变化。因此速度是矢量，既有大小又有方向。

(1) 平均速度。

我们定义质点的位移$\Delta\boldsymbol{r}$与运动所需时间 Δt 的比值，称为物体在这段时间内的平均速度。其表达式为

$$\overline{\boldsymbol{v}}=\frac{\Delta\boldsymbol{r}}{\Delta t}\quad(\text{矢量})\tag{1.8}$$

平均速度的大小为$|\overline{\boldsymbol{v}}|=\dfrac{|\Delta\boldsymbol{r}|}{\Delta t}$，方向与位移$\Delta\boldsymbol{r}$同向。

(2) 瞬时速度。

平均速度只能对质点的位置在一段时间Δt内的变化情况作一粗略描述，为精确描述质点的运动状态，取Δt无限趋于零时的平均速度的极限值，就能精确地描述t时刻质点运动的快慢与方向，就是该时刻的瞬时速度，简称速度，用矢量$\boldsymbol{v}$表示。其数学表达式为

$$\boldsymbol{v}=\lim_{\Delta t\to 0}\frac{\Delta\boldsymbol{r}}{\Delta t}=\frac{\mathrm{d}\boldsymbol{r}}{\mathrm{d}t}\tag{1.9}$$

即速度等于位矢对时间的一阶导数。

在直角坐标系中，速度可表示为

$$\boldsymbol{v}=\frac{\mathrm{d}\boldsymbol{r}}{\mathrm{d}t}=\frac{\mathrm{d}x}{\mathrm{d}t}\boldsymbol{i}+\frac{\mathrm{d}y}{\mathrm{d}t}\boldsymbol{j}+\frac{\mathrm{d}z}{\mathrm{d}t}\boldsymbol{k}=v_x\boldsymbol{i}+v_y\boldsymbol{j}+v_z\boldsymbol{k}\tag{1.10}$$

速度的大小为

$$v=|\boldsymbol{v}|=\sqrt{v_x^{\ 2}+v_y^{\ 2}+v_z^{\ 2}}=\sqrt{\left(\frac{\mathrm{d}x}{\mathrm{d}t}\right)^2+\left(\frac{\mathrm{d}y}{\mathrm{d}t}\right)^2+\left(\frac{\mathrm{d}z}{\mathrm{d}t}\right)^2}\tag{1.11}$$

速度的方向为沿该点的切线并指向质点的运动方向。

(3) 平均速率和瞬时速率。

描述质点运动时，也常用速率来描述。我们把质点在时间Δt内的路程Δs与时间Δt的比值叫作质点在该段时间内的平均速率，即单位时间内走过的路程，是标量，定义式为

$$\overline{v}=\frac{\Delta s}{\Delta t}\tag{1.12}$$

当Δt无限减小而趋于零时，平均速率的极限值即为瞬时速率。其表达式为

$$v=\lim_{\Delta t\to 0}\frac{\Delta s}{\Delta t}=\frac{\mathrm{d}s}{\mathrm{d}t}\tag{1.13}$$

即瞬时速率等于质点运动的路程对时间的一阶导数。

3) 加速度

质点在运动过程中不同的位置，通常会有不同的速度，如图 1.6(a)所示。那么如何描述物体速度的变化呢？设质点在 A 点的速度为$\boldsymbol{v}_1$，经历时间 Δt 后在 B 点的速度为$\boldsymbol{v}_2$，速度的增量为$\Delta\boldsymbol{v}=\boldsymbol{v}_2-\boldsymbol{v}_1$。描述质点运动速度变化快慢(包括大小和方向的变化)的物理量称为加速度。

与平均速度的定义相似，Δt时间内的平均加速度为速度增量与所需时间的比值，即

$$\overline{\boldsymbol{a}}=\frac{\boldsymbol{v}_2-\boldsymbol{v}_1}{t_2-t_1}=\frac{\Delta\boldsymbol{v}}{\Delta t} \tag{1.14}$$

也就是 Δt 时间内的速度的平均变化率。同理，为了精确地描述质点在任意时刻 t 或者任意位置时的速度的变化率，应该取 $\Delta t\to 0$，用瞬时加速度表示为

$$\boldsymbol{a}=\lim_{\Delta t\to 0}\frac{\Delta\boldsymbol{v}}{\Delta t}=\frac{\mathrm{d}\boldsymbol{v}}{\mathrm{d}t} \tag{1.15}$$

又因为 $\boldsymbol{v}=\mathrm{d}\boldsymbol{r}/\mathrm{d}t$，所以得

$$\boldsymbol{a}=\frac{\mathrm{d}\boldsymbol{v}}{\mathrm{d}t}=\frac{\mathrm{d}^2\boldsymbol{r}}{\mathrm{d}t^2} \tag{1.16}$$

即质点在某时刻的加速度等于该时刻质点速度矢量对时间的一阶导数，或位矢对时间的二阶导数。

在直角坐标系中，加速度的各分量表达式为

$$\boldsymbol{a}=\frac{\mathrm{d}\boldsymbol{v}}{\mathrm{d}t}=\frac{\mathrm{d}v_x}{\mathrm{d}t}\boldsymbol{i}+\frac{\mathrm{d}v_y}{\mathrm{d}t}\boldsymbol{j}+\frac{\mathrm{d}v_z}{\mathrm{d}t}\boldsymbol{k}=a_x\boldsymbol{i}+a_y\boldsymbol{j}+a_z\boldsymbol{k} \tag{1.17}$$

即质点的加速度 $\boldsymbol{a}$ 是沿三个坐标轴方向的各分加速度 a_x、a_y、a_z 的合矢量。

加速度大小为

$$a=|\boldsymbol{a}|=\sqrt{a_x{}^2+a_y{}^2+a_z{}^2}=\sqrt{\left(\frac{\mathrm{d}v_x}{\mathrm{d}t}\right)^2+\left(\frac{\mathrm{d}v_y}{\mathrm{d}t}\right)^2+\left(\frac{\mathrm{d}v_z}{\mathrm{d}t}\right)^2}$$
$$=\sqrt{\left(\frac{\mathrm{d}^2x}{\mathrm{d}t^2}\right)^2+\left(\frac{\mathrm{d}^2y}{\mathrm{d}t^2}\right)^2+\left(\frac{\mathrm{d}^2z}{\mathrm{d}t^2}\right)^2} \tag{1.18}$$

加速度的方向就是当 Δt 趋于零时，速度矢量的增量 $\Delta\boldsymbol{v}$ 的极限方向，一般与速度矢量的方向不同，如图 1.6(b)所示。质点做曲线运动时，加速度的方向总是指向轨迹曲线凹的一侧。例如，抛体运动中的速度与加速度方向如图 1.7 所示。

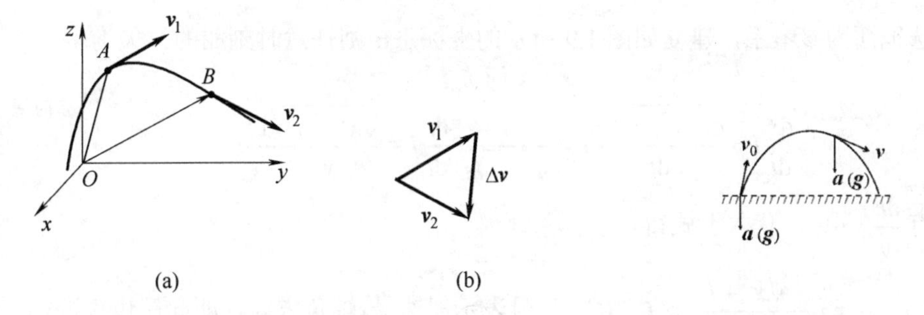

图 1.6　速度及其增量　　图 1.7　抛体运动的速度与加速度方向

任一曲线运动都可以分解成沿 x、y、z 轴三个各自独立的直线运动的叠加，这就是运动的独立性原理及运动的叠加原理。

【小结】描述质点运动的物理量有位矢 $\boldsymbol{r}$、位移 $\Delta\boldsymbol{r}$、速度 $\boldsymbol{v}$、加速度 $\boldsymbol{a}$，它们之间的关系如下。

(1) 四个量都是矢量，有大小和方向。加减运算遵循平行四边形法则。

(2) 注意矢量的瞬时性，$\boldsymbol{r}$、$\boldsymbol{v}$、$\boldsymbol{a}$ 是某一时刻的瞬时量，而 $\Delta\boldsymbol{r}$ 是过程量。

(3) 注意$\Delta \boldsymbol{r}$与Δr的区别、$\Delta \boldsymbol{r}$与Δs的区别。

(4) 相对性：不同参考系中，同一质点运动描述不同；不同坐标系中，具体表达形式不同。

【例 1-1】滑雪运动员以速率v_0=110 km·h^{-1}离开水平滑雪道飞入空中，着陆的斜坡与水平地面成 45° 夹角，如图 1.8 所示。求运动员着陆时沿斜坡飞出的距离 L。在实际的跳跃中，运动员所到达的位置通常比计算值要小，这是为什么？

解：建立如图 1.8 所示坐标系，$v_0 = 110\ \text{km}\cdot\text{h}^{-1} = 30.6\ \text{m}\cdot\text{s}^{-1}$，运动员着陆点的坐标为

$$x = v_0 t = L\cos 45^\circ,\quad y = L\sin 45^\circ = \frac{1}{2}gt^2$$

解得
$$t = \frac{2v_0}{g}$$

运动员沿斜坡飞出的距离
$$L = \frac{v_0 t}{\cos 45^\circ} = \frac{2{v_0}^2}{g\cos 45^\circ} = 268(\text{m})$$

实际上运动员飞行的距离达不到理论值是因为受空气阻力的影响。

【例 1-2】 如图 1.9 所示，湖中有一条小船，岸边有人用绳子通过岸上高于水面 h 的滑轮拉船，设人收绳的速率为v_0。求船的速度 $\boldsymbol{v}$ 和加速度 $\boldsymbol{a}$ 与船离岸边的距离 x 的关系。

分析：已知位移(距离 $\boldsymbol{x}$)，求速度与加速度，要用微分法。

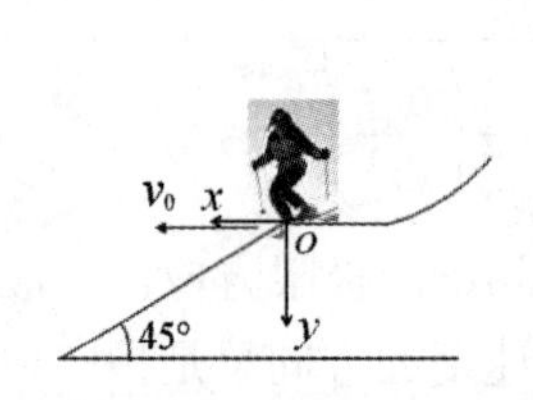

图 1.8　例 1-1 图

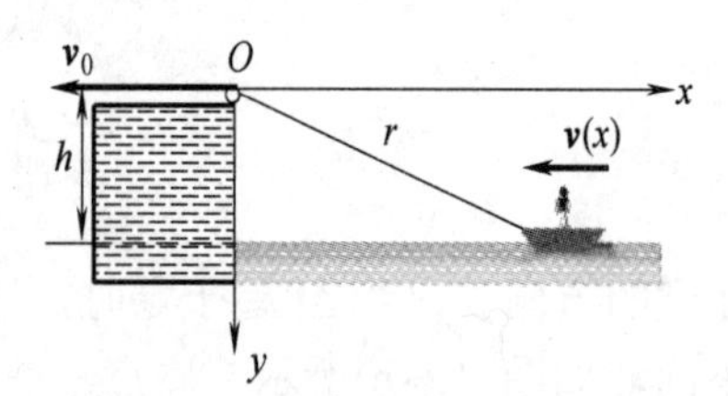

图 1.9　例 1-2 图

解：选地面为参考系，建立如图 1.9 所示的坐标系，则任意时刻船的位矢为

$$\boldsymbol{r} = x\,\boldsymbol{i} + h\,\boldsymbol{j}$$

船速
$$\boldsymbol{v} = \frac{\mathrm{d}x}{\mathrm{d}t}\boldsymbol{i} = \frac{\mathrm{d}(\sqrt{r^2 - h^2})}{\mathrm{d}t}\boldsymbol{i} = \frac{r}{\sqrt{r^2 - h^2}}\frac{\mathrm{d}r}{\mathrm{d}t}\boldsymbol{i} = \frac{\sqrt{x^2 + h^2}}{x}\frac{\mathrm{d}r}{\mathrm{d}t}\boldsymbol{i}$$

人收绳时有$\dfrac{\mathrm{d}r}{\mathrm{d}t} = -v_0$，代入上式得

$$\boldsymbol{v} = -\frac{\sqrt{x^2 + h^2}}{x}v_0\,\boldsymbol{i}$$ （“−”号表示船速沿x轴负方向，即向岸边靠近)

船行的加速度为
$$\boldsymbol{a} = \frac{\mathrm{d}\boldsymbol{v}}{\mathrm{d}t} = -v_0\frac{\mathrm{d}(\sqrt{x^2 + h^2}/x)}{\mathrm{d}t}\boldsymbol{i} = -\frac{v_0^2 h^2}{x^3}\boldsymbol{i}$$

【例 1-3】 用积分法求匀加速直线运动的速度与位移公式。已知质点沿 x 轴以匀加速度 $\boldsymbol{a}$ 做直线运动，$t = 0$ 时，$v = v_0$，$x = x_0$。

分析：已知加速度，求速度与位移，要用积分法。

解：物体做一维直线运动，可直接用标量式表示。

由加速度的定义　　$\boldsymbol{a}=\dfrac{\mathrm{d}v}{\mathrm{d}t}$

分离变量得　　$\mathrm{d}v=\boldsymbol{a}\mathrm{d}t$

由初始条件，上式两边积分　　$\int_{v_0}^{v}\mathrm{d}v=\int_0^t\boldsymbol{a}\mathrm{d}t$

得

$$v=v_0+\boldsymbol{a}t \tag{1.19}$$

式(1.19)即为匀加速直线运动的速度公式。

又由　　$v=\dfrac{\mathrm{d}x}{\mathrm{d}t}$

分离变量得　　$\mathrm{d}x=v\mathrm{d}t=(v_0+\boldsymbol{a}t)\mathrm{d}t$

由初始条件，上式两边积分　　$\int_{x_0}^{x}\mathrm{d}x=\int_0^t(v_0+\boldsymbol{a}t)\mathrm{d}t$

得位移

$$\Delta x=x-x_0=v_0t+\frac{1}{2}\boldsymbol{a}t^2 \tag{1.20}$$

式(1.20)即为匀加速直线运动的位移公式。

将式(1.19)与式(1.20)中的 t 消去可得

$$v^2-v_0^2=2\boldsymbol{a}\Delta x \tag{1.21}$$

式(1.21)为匀加速直线运动的位移—速度关系式。

【例 1-4】 一人在灯下以匀速率 v 沿水平直线行走，灯距地面高度为 h_1，此人身高为 h_2，如图 1.10 所示。则他的头顶在地上的影子 M 点沿地面移动的速率 v_M 是多少？

解： 建立坐标系如图 1.10 所示，设头在地上的影子 M 的位置为 x，头顶所在位置为 x_2。

由几何知识　　$\dfrac{x-x_2}{x}=\dfrac{h_2}{h_1}$

即：　　$(h_1-h_2)x=h_1x_2$

两边对 t 微分　　$(h_1-h_2)\dfrac{\mathrm{d}x}{\mathrm{d}t}=h_1\dfrac{\mathrm{d}x_2}{\mathrm{d}t}$

$$(h_1-h_2)v_M=h_1v$$

所以　　$v_M=\dfrac{h_1}{h_1-h_2}v$

图 1.10　例 1-4 图

因此，我们在行走时常看见自己的影子移动得要快一些。

1.2　平面曲线运动　圆周运动

物体运动的轨迹在一个平面内是曲线运动，称为平面曲线运动。若物体在平面内做如图 1.11 所示的任意曲线运动，用自然坐标系描述物体的运动会更方便。在自然坐标系中，将一个矢量正交分解成两个相互垂直的分量，这两个分量的方向是变化的。如图 1.11 所示，在轨道曲线上任取一点为坐标原点，以“弯曲轨道”s 为坐标轴，作相互垂直的单位矢量 $\boldsymbol{\tau}$、$\boldsymbol{n}$，其中 $\boldsymbol{\tau}$ 沿曲线方向，称为切向单位矢量；$\boldsymbol{n}$ 称为法向单位矢量(指向轨道的凹侧)。P 处的坐标即为轨道的长度 s (自然坐标)，则物体在自然坐标系中的运动方程为 $s=s(t)$。

1.2.1 切向加速度和法向加速度

设质点t时刻位于A点处，速度为$\boldsymbol{v}_1$，经Δt时间后到达B点，速度为$\boldsymbol{v}_2$，速度增量$\Delta\boldsymbol{v}=\boldsymbol{v}_2-\boldsymbol{v}_1$，速度大小和方向均在改变，如图1.12所示。

由加速度定义
$$\boldsymbol{a}=\frac{\mathrm{d}(v\boldsymbol{\tau})}{\mathrm{d}t}=\frac{\mathrm{d}v}{\mathrm{d}t}\boldsymbol{\tau}+v\frac{\mathrm{d}\boldsymbol{\tau}}{\mathrm{d}t} \tag{1.22}$$

按矢量的正交分解法，式(1.22)中第一项$\frac{\mathrm{d}v}{\mathrm{d}t}\boldsymbol{\tau}$表示速度大小的改变，方向沿切向($\boldsymbol{\tau}$)，称为切向加速度，表示为
$$\boldsymbol{a}_\tau=\frac{\mathrm{d}v}{\mathrm{d}t}\boldsymbol{\tau} \tag{1.23}$$

即切向加速度大小等于速率对时间的导数，方向沿轨道的切线方向。

式(1.22)中第二项$v\frac{\mathrm{d}\boldsymbol{\tau}}{\mathrm{d}t}$表示速度方向的改变，方向应该沿法向($\boldsymbol{n}$)，称为法向加速度，用$\boldsymbol{a}_\mathrm{n}$表示，即：
$$\boldsymbol{a}_\mathrm{n}=v\frac{\mathrm{d}\boldsymbol{\tau}}{\mathrm{d}t} \tag{1.24}$$

下面讨论$\frac{\mathrm{d}\boldsymbol{\tau}}{\mathrm{d}t}$是多少？在如图1.13所示的切向单位矢量三角形图中，单位方向矢量$\boldsymbol{\tau}_1,\boldsymbol{\tau}_2$的大小为1，则有
$$\frac{\mathrm{d}\boldsymbol{\tau}}{\mathrm{d}t}=\lim_{\Delta t\to 0}\frac{\Delta\boldsymbol{\tau}}{\Delta t}=\lim_{\Delta t\to 0}\frac{\Delta\theta\cdot 1}{\Delta t}\boldsymbol{n}=\frac{\mathrm{d}\theta}{\mathrm{d}t}\boldsymbol{n}$$

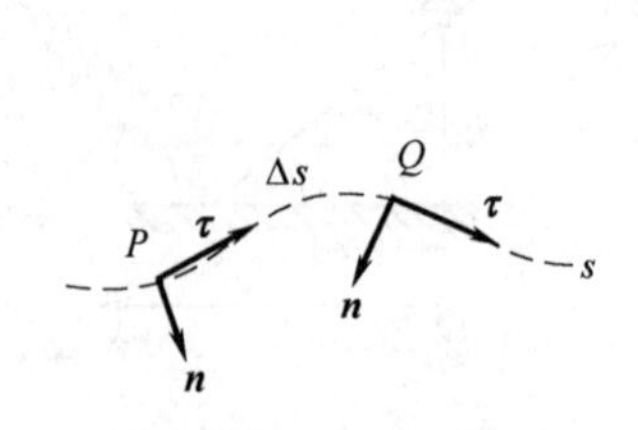

图1.11 自然坐标系

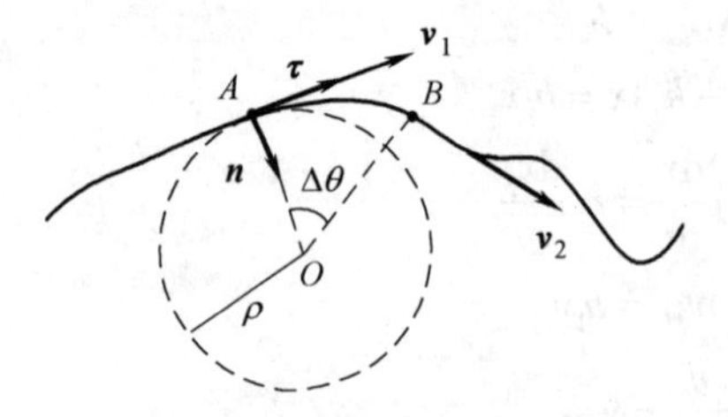

图1.12 自然坐标系中速度描述

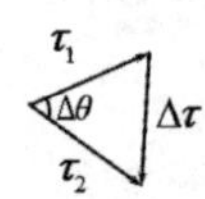

图1.13 速度切向单位矢量变化率

又因$\frac{\mathrm{d}\theta}{\mathrm{d}t}=\frac{\mathrm{d}\theta}{\mathrm{d}s}\frac{\mathrm{d}s}{\mathrm{d}t}=v\frac{\mathrm{d}\theta}{\mathrm{d}s}$，将$\mathrm{d}s=\rho\mathrm{d}\theta$代入得法向加速度为
$$\boldsymbol{a}_\mathrm{n}=\frac{v^2}{\rho}\boldsymbol{n} \tag{1.25}$$

其中，ρ表示曲率半径。式(1.25)说明法向加速度大小等于速率平方除以曲率半径，方向沿轨道的法线指向凹侧。则曲线运动的加速度为
$$\boldsymbol{a}=\boldsymbol{a}_\tau+\boldsymbol{a}_\mathrm{n}=\frac{\mathrm{d}v}{\mathrm{d}t}\boldsymbol{\tau}+\frac{v^2}{\rho}\boldsymbol{n} \tag{1.26}$$

加速度的大小为
$$a=|\boldsymbol{a}|=\sqrt{(a_\tau)^2+(a_\mathrm{n})^2}\ =\sqrt{(\mathrm{d}v/\mathrm{d}t)^2+(v^2/\rho)^2} \tag{1.27}$$

加速度的方向由 $\boldsymbol{a}$ 与法向加速度分量 $\boldsymbol{a}_n$ 的夹角表示为

$$\tan\beta=\frac{a_\tau}{a_n} \tag{1.28}$$

加速度方向总是指向曲线的凹侧，如图 1.14 所示。

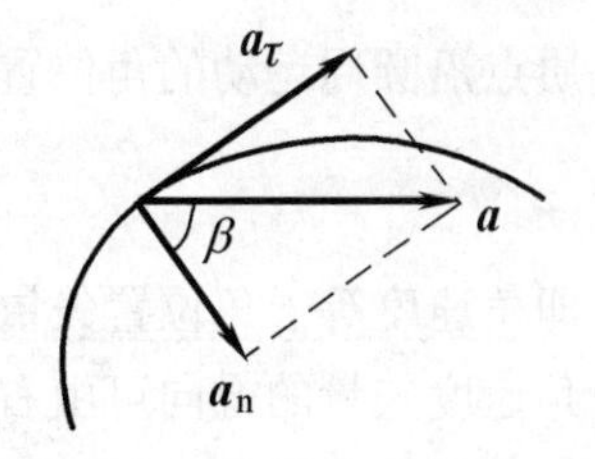

图 1.14 曲线运动的加速度方向

【例 1-5】 一抛射体的初速度为 v_0，抛射角为 θ，则抛射点、最高点以及落地点的切向加速度、法向加速度和曲率半径各是多少？

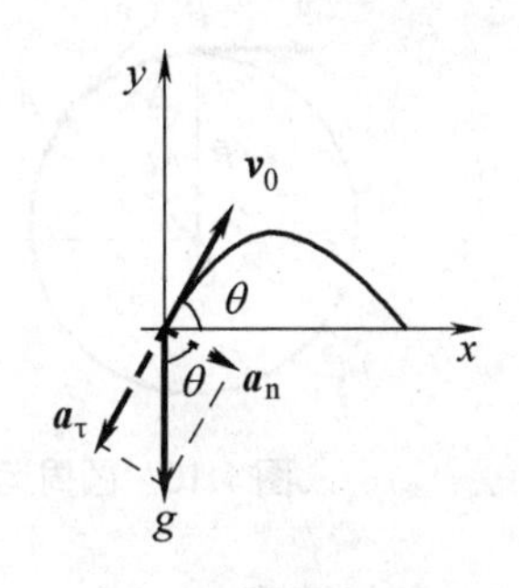

图 1.15 例 1-5 图

解：抛射体做曲线运动，如图 1.15 所示。

(1) 在抛射点：切向加速度 $a_\tau=-g\sin\theta$

法向加速度为 $a_n=g\cos\theta=\dfrac{v_0^2}{\rho_1}$

曲率半径为 $\rho_1=\dfrac{v_0^2}{g\cos\theta}$

(2) 最高点：$a_\tau=0$，$a_n=g=\dfrac{(v_0\cos\theta)^2}{\rho_2}$

则 $\rho_2=\dfrac{(v_0\cos\theta)^2}{g}$

(3) 落地点：$a_\tau=g\sin\theta$，$a_n=g\cos\theta=\dfrac{v_0^2}{\rho_3}$

则 $$\rho_3=\frac{v_0^2}{g\cos\theta}=\rho_1$$

1.2.2 圆周运动 角量

圆周运动是曲率半径为恒量的曲线运动，是曲线运动的特例，其曲率半径为圆的半径 R，因此圆周运动的加速度为

$$\boldsymbol{a}=\frac{\mathrm{d}v}{\mathrm{d}t}\boldsymbol{\tau}+\frac{v^2}{R}\boldsymbol{n} \tag{1.29}$$

其中法向加速度 $\boldsymbol{a}=\dfrac{v^2}{R}\boldsymbol{n}$ 的方向指向圆心，常称为向心加速度。对于匀速率圆周运动有 $v=c$ (恒量)，速度大小不变，即切向加速度为零，只有法向加速度分量，因此匀速率圆周运动的加速度常称为向心加速度。

如前所述，描述质点的直线运动用位移、速度、加速度等物理量，而描述质点的圆周运动用角量表示更方便简捷。

如图 1.16 所示，设做圆周运动的质点时刻 t 在位置 A 处，角位置坐标用 $\boldsymbol{\theta}$ 表示，在 $t+\Delta t$ 时刻质点位于 B 处，角位置坐标用 $\boldsymbol{\theta}+\Delta\boldsymbol{\theta}$ 表示，角位移为 $\Delta\boldsymbol{\theta}$。

角位移 $\Delta\boldsymbol{\theta}$ 为矢量，质点沿逆时针方向转动，角位移 $\Delta\boldsymbol{\theta}$ 取正值，质点沿顺时针方向转动，角位移 $\Delta\boldsymbol{\theta}$ 取负值。

1．角速度

质点沿圆周运动的角位置坐标随时间的变化率称为圆运动的角速度，用$\boldsymbol{\omega}$表示。

$$\boldsymbol{\omega}=\lim_{\Delta t\to 0}\frac{\Delta\boldsymbol{\theta}}{\Delta t}=\frac{\mathrm{d}\boldsymbol{\theta}}{\mathrm{d}t} \tag{1.30}$$

即角速度等于角位置矢量对时间的一阶导数。角速度的单位为弧度·秒$^{-1}$ (rad·s^{-1})。

角速度矢量的方向可由右手判定。如图 1.17 所示，弯曲的四指指向质点转动的方向，与四指垂直的大拇指的指向即角速度矢量的方向。

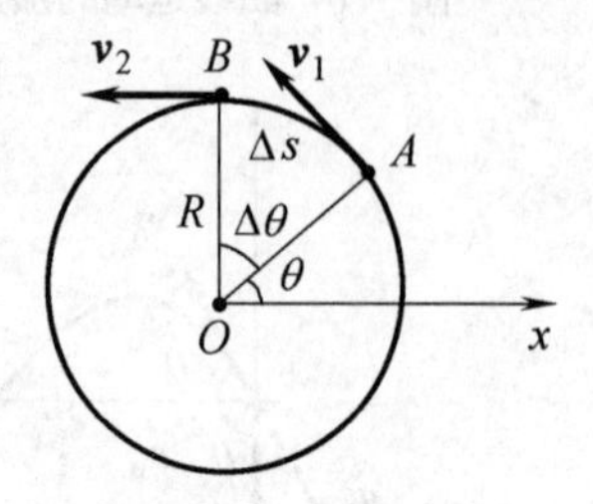

图 1.16　圆周运动

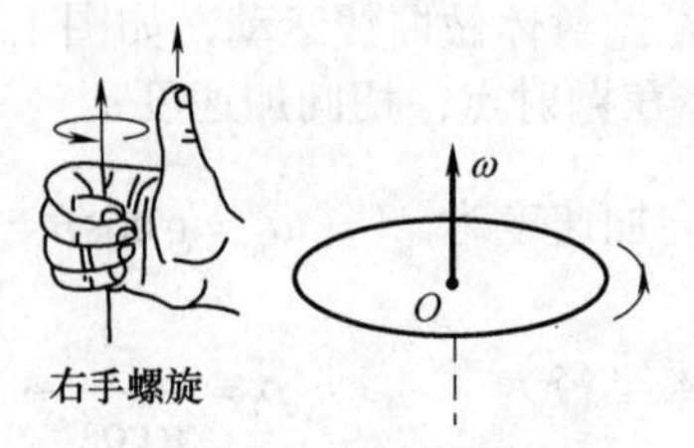

图 1.17　角速度矢量的方向

2．角加速度

与定义加速度相似，质点圆运动的角加速度为角速度随时间的变化率，用$\boldsymbol{\beta}$表示

$$\boldsymbol{\beta}=\lim_{\Delta t\to 0}\frac{\Delta\boldsymbol{\omega}}{\Delta t}=\frac{\mathrm{d}\boldsymbol{\omega}}{\mathrm{d}t}=\frac{\mathrm{d}^2\boldsymbol{\theta}}{\mathrm{d}t^2} \tag{1.31}$$

角加速度等于角速度对时间的一阶导数，或角位置对时间的二阶导数。

角加速度的单位是弧度·秒$^{-2}$(rad·s^{-2})。

对匀速率圆周运动，有$\boldsymbol{\omega}$是恒量，角加速度$\boldsymbol{\beta}=0$。

用例 1-3 的方法可以证明：对匀变速圆周运动，$\boldsymbol{\beta}$是恒量，其运动规律为

$$\left.\begin{aligned}&\boldsymbol{\omega}=\boldsymbol{\omega}_0+\boldsymbol{\beta}t\\&\Delta\boldsymbol{\theta}=\boldsymbol{\theta}-\boldsymbol{\theta}_0=\boldsymbol{\omega}_0 t+\frac{1}{2}\boldsymbol{\beta}t^2\\&\boldsymbol{\omega}^2=\boldsymbol{\omega}_0^{\ 2}+2\boldsymbol{\beta}\Delta\boldsymbol{\theta}\\&\bar{\boldsymbol{\omega}}=\frac{\boldsymbol{\omega}_0+\boldsymbol{\omega}}{2}\text{(匀变速率圆周运动的平均角速度)}\end{aligned}\right\} \tag{1.32}$$

请读者自己证明。

1.2.3　线量与角量的关系

如图 1.16 所示，由几何知识不难得出以下算式。

(1)　圆运动的路程与角位移　　$\Delta s=R\Delta\theta$　　(1.33)

(2)　圆运动的线速度与角速度　　$v=\dfrac{\mathrm{d}s}{\mathrm{d}t}=\dfrac{R\mathrm{d}\theta}{\mathrm{d}t}=R\omega$　　(1.34)

(3) 线加速度与角速度(角加速度)之间的关系

切向加速度
$$a_\tau = \frac{\mathrm{d}v}{\mathrm{d}t} = \frac{\mathrm{d}(\omega R)}{\mathrm{d}t} = R\frac{\mathrm{d}\omega}{\mathrm{d}t} = R\beta \tag{1.35}$$

法向加速度
$$a_\mathrm{n} = \frac{v^2}{R} = \omega^2 R \tag{1.36}$$

【例 1-6】如图 1.18 所示有一个半径 r=1m 的圆盘可以绕其固定水平轴自由转动，一根轻绳绕在圆盘的边缘，另一端拴着一物体 M。在重力作用下 M 由静止开始下降。已知重物在开始下落的 2s 内下降了 0.4m。求重物 M 在开始下降后的 3s 末，圆盘边缘上任一点的切向加速度和法向加速度。

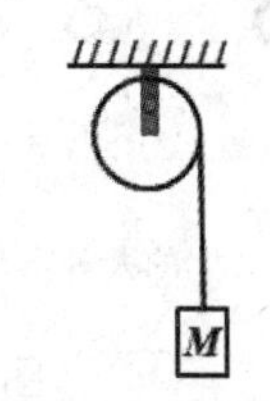

图 1.18　例 1-6 图

解：圆盘边缘上任一点的切向加速度、线速度与重物下降的加速度和线速度相同。

重物下落时有
$$h = \frac{1}{2}at^2$$

圆盘边缘上任一点的切向加速度
$$a_\tau = a = \frac{2h}{t^2} = \frac{2\times 0.4}{2^2}\mathrm{m}\cdot\mathrm{s}^{-2} = 0.2\mathrm{m}\cdot\mathrm{s}^{-2}$$

圆盘边缘上任一点的线速度　$v = at = 0.2\mathrm{m}\cdot\mathrm{s}^{-1}\times 3 = 0.6\mathrm{m}\cdot\mathrm{s}^{-1}$

则 3s 末圆盘边缘上任一点的法向加速度为
$$a_\mathrm{n} = \frac{v^2}{r} = \frac{0.6^2}{1}\mathrm{m}\cdot\mathrm{s}^{-2} = 0.36\mathrm{m}\cdot\mathrm{s}^{-2}$$

1.3　相 对 运 动

前面我们已经知道了同一质点的运动在不同的参考系中有不同的描述，即位移、速度等表达式会不同。如图 1.19 所示，从匀速行驶的车上竖直向上抛出的小球，以运动的车为参考系描述，小球做竖直上抛运动，轨迹是直线；而以地面为参考系，观察到小球的运动轨迹却是抛物线。因此在实际问题的研究中，我们需要把运动在一个参考系中的描述变换到另一个参考系中去，这就需要研究两个参考系之间的坐标变换关系。

设有两个惯性参考系 S 和 S' (满足牛顿定律的参考系为惯性系)，其中相对于观察者静止的坐标系为 S 系，而 S' 系相对于 S 系沿 x 轴正方向以速度 $\boldsymbol{u}$ 做匀速直线运动。t 时刻质点位于 P 处，P 点在 S 系、S' 系中的位矢分别为 $\boldsymbol{r}$ 、$\boldsymbol{r}'$，如图 1.20 所示。经 Δt 时间后，质点运动到 Q 点处，用 $\boldsymbol{r}_{O'}$ 表示 S' 系中的坐标原点 O' 相对于 S 系的坐标原点 O 的位移。在 S 系中观察，质点是从 $P\to Q$，在 S' 系中观察，质点是从 $P'\to Q$，位移分别为 $\Delta\boldsymbol{r}$ 、$\Delta\boldsymbol{r}'$。

由矢量知识有
$$\boldsymbol{r} = \boldsymbol{r}_{O'} + \boldsymbol{r}' \tag{1.37}$$
$$\Delta\boldsymbol{r} = \Delta\boldsymbol{r}_{O'} + \Delta\boldsymbol{r}' \tag{1.37a}$$

设质点对 S 系的速度为 $\boldsymbol{v}$，加速度为 $\boldsymbol{a}$；对 S' 系的速度为 $\boldsymbol{v}'$，加速度为 $\boldsymbol{a}'$ 。

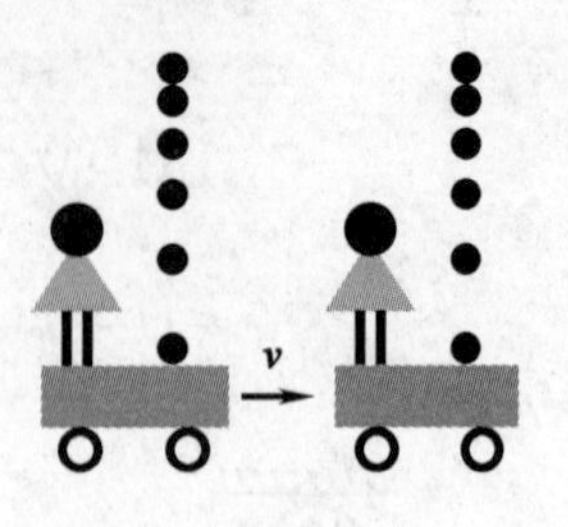

(a) 车上的人观察

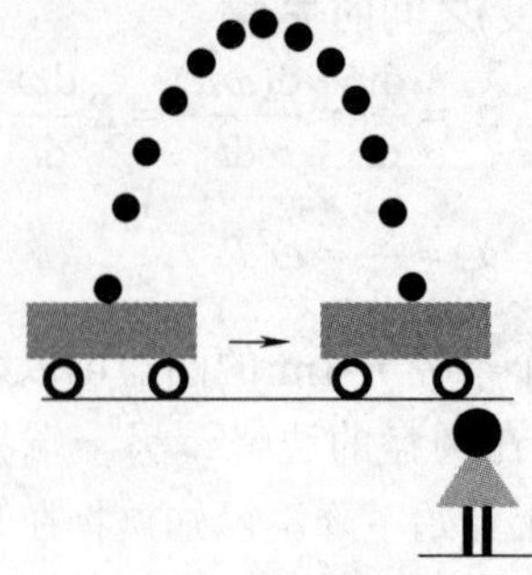

(b) 地面上的人观察

图 1.19　相对运动的描述

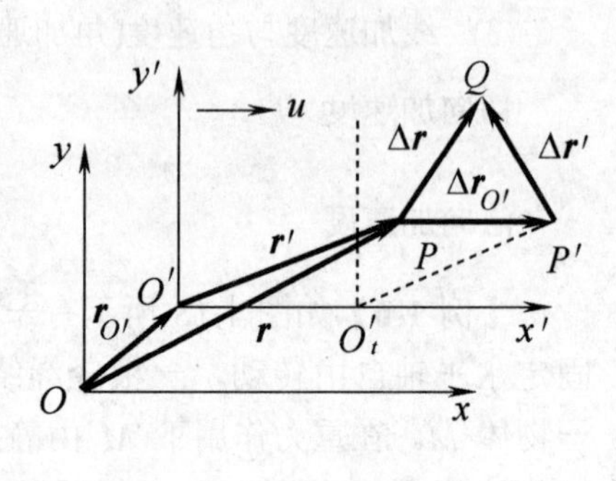

图 1.20　相对运动的位移

由速度的定义，对式(1.37)求导得

$$\frac{\mathrm{d}\boldsymbol{r}}{\mathrm{d}t}=\frac{\mathrm{d}\boldsymbol{r}_{O'}}{\mathrm{d}t}+\frac{\mathrm{d}\boldsymbol{r}'}{\mathrm{d}t}$$

即

$$\boldsymbol{v}=\boldsymbol{u}+\boldsymbol{v}' \tag{1.38}$$

式(1.38)称为两惯性坐标系间的伽利略速度变换式。

对式(1.38)两边求导

$$\frac{\mathrm{d}\boldsymbol{v}}{\mathrm{d}t}=\frac{\mathrm{d}\boldsymbol{u}}{\mathrm{d}t}+\frac{\mathrm{d}\boldsymbol{v}'}{\mathrm{d}t}$$

得

$$\boldsymbol{a}=\boldsymbol{a}_{O'}+\boldsymbol{a}' \tag{1.39}$$

因 $\boldsymbol{u}$ 为恒矢量，则

$$\frac{\mathrm{d}\boldsymbol{u}}{\mathrm{d}t}=\boldsymbol{a}_{O'}=0$$

式(1.39)可变为

$$\boldsymbol{a}=\boldsymbol{a}' \tag{1.40}$$

式(1.40)说明，在做相对匀速直线运动的参考系中观测同一质点的运动时，所测得的加速度相等。

如果 A、B、C 三个质点相互间有相对运动存在，则得出以下结论。

(1) A 相对于 B 的运动速度 $\boldsymbol{v}_{AB}$ 与 B 相对于 A 的运动速度 $\boldsymbol{v}_{BA}$ 满足

$$\boldsymbol{v}_{AB}=-\boldsymbol{v}_{BA} \tag{1.41}$$

(2) A 相对于 B 的运动速度 $\boldsymbol{v}_{AB}$，B 相对于 C 的运动速度 $\boldsymbol{v}_{BC}$，A 相对于 C 的运动速度 $\boldsymbol{v}_{AC}$ 满足

$$\boldsymbol{v}_{AC}=\boldsymbol{v}_{AB}+\boldsymbol{v}_{BC} \tag{1.42}$$

【小结】描述质点的相对运动时，位移、速度、加速度等物理量的下标的写法可总结为：“左对左，右对右，中对中”，或“前对前，后对后，中对中”。

【例 1-7】 一运输木材的卡车在行驶中遇到大雨，雨滴是以 $5\mathrm{m\cdot s^{-1}}$ 的速度竖直下落，木材紧靠车的挡板放置，如图 1.21(a)所示，设挡板顶部距木材表面高 h=1m，木材长 l 为 1m。为了使木材不淋雨，问卡车应以多大的速度行驶？

解： 如图 1.21 所示，由题意可知，为了使木材不淋雨，则雨滴相对于卡车的速度方向夹角必须满足 $\theta=\arctan\dfrac{h}{l}=45^\circ$。

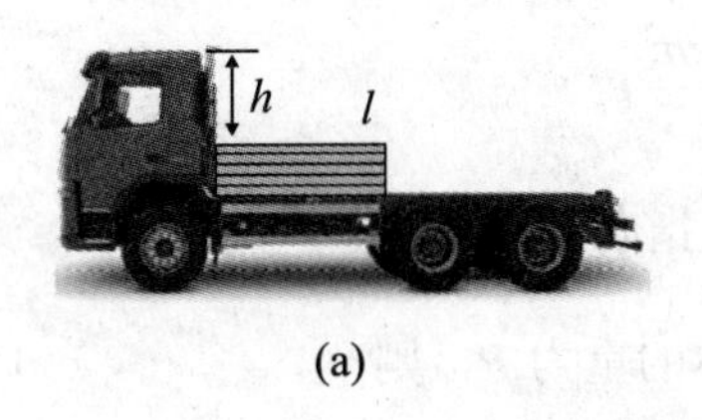

(a)

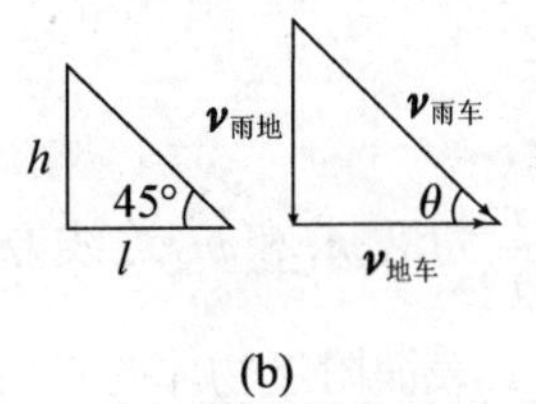

(b)

图 1.21　例 1-7 图

由相对运动，车、雨滴与地面之间的速度关系如图 1.21(b)所示，则有：

$$v_{地对车}=v_{雨对地}\cot\theta=5\mathrm{m\cdot s^{-1}}$$

所以

$$v_{车对地}=-v_{地对车}=-5\mathrm{m\cdot s^{-1}}$$

即卡车以 $5\mathrm{m{\cdot}s^{-1}}$ 的速度即时速为 18km 行驶，木材就不会被雨淋湿。

1.4　力学中几种常见的力

什么是力？经验告诉我们，力对外有两种表现，一种是改变物体的运动状态，另一种是改变物体的形状。简单地说，是力驱动宇宙间的万物运动，改变它们的运动状态。自然界普遍存在着四种基本的相互作用的力，它们分别是电磁作用力、万有引力、强相互作用力和弱相互作用力。宏观上我们只能感受万有引力和电磁力，而强相互作用力和弱相互作用力只作用在约 10^{-15} m 的尺度上。由于原子和分子都是由电荷组成的系统，所以它们之间的作用力基本上都是电荷间的电磁力。而物体之间的弹力和摩擦力及气体的压力、浮力、黏性力等都是相邻原子或分子之间作用力的宏观表现，因此基本也属于电磁力。

虽然力在人们的生活中无处不在，但以前由于人们相信古希腊思想家亚里士多德的“运动必须推导”的教条，把力看作运动的起因，一直阻碍了力学的发展。直到 16 世纪，伽利略在做了大量的关于自由落体、单摆等实验之后才结束了持续两千多年来的错误认识，得出了力是改变物体运动状态的原因的正确结论。关于这四种自然力的和谐“超统一”理论是当今乃至今后科学家们关注的前沿课题。

下面简单介绍几种力学中常见的力——万有引力、弹性力和摩擦力。

1.4.1　万有引力

牛顿通过观察思考苹果树上掉下来的苹果，提出“月亮为什么不掉到地球上来？”把天上和地上的运动的相似性统一起来，用统一性原理总结出著名的万有引力定律。

自然界的任何两个物体之间都存在相互作用的吸引力——万有引力。在两个相距为 r、质量分别为 m_1 和 m_2 的质点间的万有引力，其大小与它们的质量乘积成正比，与它们之间距离 r 的平方成反比，方向沿着它们的连线，即

$$F=G\frac{m_1m_2}{r^2} \tag{1.43}$$

其中 G 为引力常量，$G=6.67\times10^{-11}\mathrm{N\cdot m^2\cdot kg^{-2}}$，写成矢量形式为

$$\boldsymbol{F}=G\frac{m_1m_2}{r^2}\boldsymbol{e}_r \tag{1.44}$$

式中，$\boldsymbol{e}_r=\frac{\boldsymbol{r}}{r}$ 为沿 m_1 和 m_2 连线方向的单位矢量，指向引力中心。

地球对其表面附近物体的吸引力近似等于物体的重力 P，则

$$P=G\frac{Mm}{R^2}=mg \tag{1.45}$$

式中，m、M 分别是物体和地球的质量，R 为地球半径，所以重力加速度为

$$g=\frac{P}{m}=G\frac{M}{R^2} \tag{1.46}$$

地球表面附近 $g=\frac{GM_{\mathrm{E}}}{R^2}\approx 9.8\mathrm{m\cdot s^{-2}}$。

【课外阅读】 **牛顿的自然哲学思想概要**

牛顿在《自然哲学的数学原理》中，提出了四条《哲学中的推理法则》。

1. 简单性原理：除那些真实而已足够说明其现象者外，不必再去寻求自然界事物的其他原因。

2. 因果性原理：对于自然界中同一类结果，必须尽可能归之于同一种原因。

3. 统一性原理：物体的属性，凡是既不能增强也不能减弱者，又为我们实验所能及的范围的一切物体所具有者，就应视为所有物理的普遍属性。

4. 真理性原理：在实验哲学中，我们必须把那些从各种现象中运用一般归纳而导出的命题看作是完全正确的或很接近于真实的，虽然可以想象出任何相反的假说，但是在没有出现其他现象足以使之更为正确或者出现例外之前，仍然应当给予如此的对待。

牛顿说："我把这部著作叫作《自然哲学的数学原理》，因为哲学的全部任务看来就在于从各种运动现象来研究各种自然之力，而后用这些力去论证其他的现象。"

1.4.2 弹性力

物体间有相互接触发生形变时，物体因形变而产生的欲使物体恢复其原有形状的力叫弹性力。常见的弹性力有弹簧的弹力、绳的张力、固体的正压力等。其中弹簧的弹性力遵守胡克定律

$$f=-kx \tag{1.47}$$

下面分析绳索中的张力。在一段绳子上取长度为 l 的微元质量 Δm，两侧分别受弹力为 $\boldsymbol{T}_1$、$\boldsymbol{T}_2$，如图 1.22 所示。设绳的质量密度为 ρ，由牛顿第二定律有

$$\boldsymbol{T}_2-\boldsymbol{T}_1=\Delta m\boldsymbol{a}=\rho l\boldsymbol{a}$$

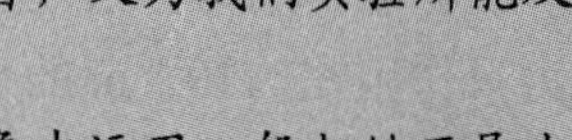

Δm T_1 T_2

图 1.22 绳中的张力

对任一段绳子，只有 $\rho=0$ 时，$\Delta m=0$，才有 $T_2=T_1$。即只有绳子的质量可忽略不计时(轻绳)，才有绳子中各处张力相等。否则，在一般情况下绳子中各处张力不相等。

1.4.3　摩擦力

相互接触的物体做相对运动或有相对运动趋势时，它们之间产生的力叫作摩擦力。摩擦力常分为静摩擦力和滑动摩擦力。

1. 静摩擦力

当两个相互接触的物体彼此之间保持相对静止，且沿接触面有相对运动趋势时，在接触面之间会产生一对阻止上述运动趋势的力，称为静摩擦力。

静摩擦力的大小随引起相对运动趋势的外力而变化。以 μ_0 表示静摩擦因数，F_N 表示接触面间的正压力大小，最大静摩擦力的大小为

$$f_{max} = \mu_0 F_N \tag{1.48}$$

2. 滑动摩擦力

两物体相互接触，并有相对滑动时，在两物体接触处出现的相互作用的摩擦力，称为滑动摩擦力。设 μ_f 为滑动摩擦因数，N 为接触面间的正压力，滑动摩擦力的大小表示为

$$F_f = \mu_f N \tag{1.49}$$

滑动摩擦因数 μ_f 略小于静摩擦因数 μ_0。

3. 流体阻力

当物体穿过液体或气体(统称流体)运动时，会受到流体阻力，该阻力与运动物体速度方向相反，大小随速度的变化而变化。常见的流体阻力简要介绍如下。

(1) 当物体速度不太大时，流体为层流，阻力大小与物体运动速率成正比 $f = bv$，如图 1.23(a)所示。

(2) 当物体穿过流体的速率超过某限度时(低于声速)，流体出现旋涡(湍流)，这时流体阻力大小与物体运动速率的平方成正比 $f = cv^2$，如图 1.23(b)所示。

(3) 当物体与流体的相对速度提高到接近空气中的声速时，流体阻力将迅速增大 $f \propto v^3$，如图 1.23(c)所示。

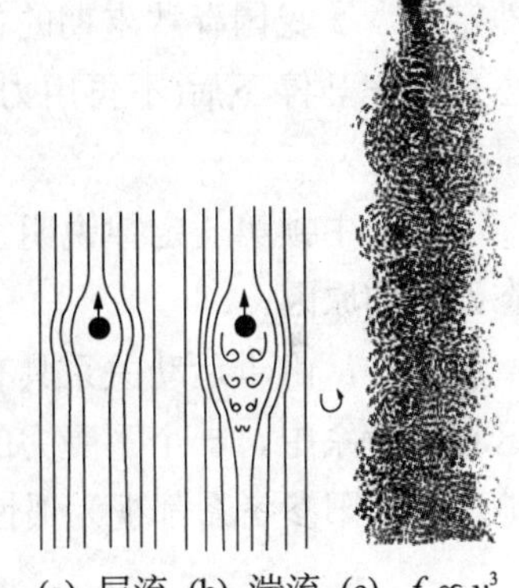

(a) 层流 (b) 湍流 (c) $f \propto v^3$

图 1.23　流体的阻力

流体阻力在设计汽车、火车、飞机、轮船等交通工具和航天等工程技术中，是一个至关重要的因素。

1.5　牛顿运动定律

牛顿在伽利略等人对力学研究的基础上，进行了深入的分析和研究，总结出了三条运动定律，于 1686 年在《自然哲学的数学原理》一书中发表，统称为牛顿运动定律，它是动力学的基础。虽然牛顿定律一般是对质点而言的，但因为复杂的物体通常可看成是质点的组合，所以由牛顿运动定律可以推导出刚体、流体等的运动规律，从而形成完整的经典力学体系。

后人在评价牛顿的贡献时，英国著名诗人 Pope 写道：自然界和自然界的规律隐藏在黑暗中，上帝说："让牛顿去吧！"于是一切成为光明。而牛顿称自己是站在巨人的肩膀上，"如果说我比其他人看得远一点的话，那是因为我站在巨人的肩上。""我不知世人将如何看待我，但是在我看来，我不过像一个在海边玩耍的孩子，为时而发现一块比平常光滑的石子或美丽的贝壳而感到高兴。但那浩瀚的真理之海洋，却还在我的面前未曾发现呢。"牛顿发明的望远镜如图1.24所示。

图 1.24　牛顿发明望远镜

1.5.1　牛顿第一定律

任何物体在不受外力作用时，将保持静止或做匀速直线运动状态。这一定律称为牛顿第一定律，也叫惯性定律，数学表达式为

$$\boldsymbol{F}=\mathbf{0}\text{ 时，}\boldsymbol{v}=\text{恒矢量}$$

牛顿第一定律引入了力与物体惯性的概念，揭示力对外的表现，包含的物理意义有以下两方面。

(1) 牛顿第一定律说明了任何物体都存在惯性，即任何物体都具有保持其运动状态不变的性质，这个性质称为物体的惯性，是物质的固有属性。因此，牛顿第一定律也称为惯性定律。在我国春秋末期的古籍《考工记》中就曾写着："马力既竭，辀犹能一取焉。"意思是在马停下后(不再用力拉车)，车子还能继续走一小段路程，这就是关于惯性现象的早期记录。

(2) 牛顿第一定律说明了改变运动状态需要力，维持运动靠惯性，即力是引起运动状态改变的原因。

此外，由于运动关系具有相对性，牛顿第一定律还定义了一种参考系——惯性系。在这种参考系中，一个不受力的物体将保持其静止或匀速直线运动的状态不变。实验表明，地球和太阳参考系都视为惯性系。

1.5.2　牛顿第二定律

由牛顿第一定律可知，物体受到外力作用将改变运动状态，即产生加速度。那么物体运动状态的改变与外力究竟是何关系呢？

物体运动时具有速度，我们定义物体的质量与运动速度的乘积叫作物体的动量，用 $\boldsymbol{P}$ 表示为

$$\boldsymbol{P}=m\boldsymbol{v} \tag{1.50}$$

牛顿第二定律表述为：动量为 $\boldsymbol{P}$ 的物体，在合外力 $\boldsymbol{F}$ 的作用下，其动量随时间的变化率应当等于作用于物体的合外力，即

$$\boldsymbol{F}=\frac{\mathrm{d}\boldsymbol{P}}{\mathrm{d}t}=\frac{\mathrm{d}(m\boldsymbol{v})}{\mathrm{d}t} \tag{1.51}$$

式(1.51)是牛顿第二定律的微分形式。当物体低速运动时($v\ll c$)，物体的质量为不依

赖于速度的常量，式(1.51)为

$$\boldsymbol{F}=m\frac{\mathrm{d}\boldsymbol{v}}{\mathrm{d}t}=m\boldsymbol{a} \tag{1.52}$$

从式(1.52)可以看出，力是物体产生加速度的原因。由加速度的定义，在直角坐标系中，式(1.52)可表述为

$$\boldsymbol{F}=m\frac{\mathrm{d}v_x}{\mathrm{d}t}\boldsymbol{i}+m\frac{\mathrm{d}v_y}{\mathrm{d}t}\boldsymbol{j}+m\frac{\mathrm{d}v_z}{\mathrm{d}t}\boldsymbol{k} \tag{1.53}$$

即

$$\boldsymbol{F}=ma_x\boldsymbol{i}+ma_y\boldsymbol{j}+ma_z\boldsymbol{k} \tag{1.54}$$

其中，$\boldsymbol{F}=\sum\boldsymbol{F}_i$ 表示物体受到的合外力。

牛顿第二定律揭示了力、质量、加速度这三个物理量之间的定量联系，为力学的定量研究奠定了基础。牛顿第二定律是一个瞬时关系式，即外力、加速度都是质点运动过程中同一时刻的物理量。值得注意的是，牛顿第二定律只适用于惯性系中的质点。

在实际应用时，经常用分量式。直角坐标系中，合外力的各分量为

$$\left.\begin{aligned}F_x&=ma_x\\F_y&=ma_y\\F_z&=ma_z\end{aligned}\right\}\qquad\text{或}\qquad F_x=m\frac{\mathrm{d}^2x}{\mathrm{d}t^2};\ F_y=m\frac{\mathrm{d}^2y}{\mathrm{d}t^2};\ F_z=m\frac{\mathrm{d}^2z}{\mathrm{d}t^2} \tag{1.55}$$

在自然坐标系中，

$$\left.\begin{aligned}F_\tau&=ma_\tau=m\frac{\mathrm{d}v}{\mathrm{d}t}\quad(\text{切向})\\F_\mathrm{n}&=ma_\mathrm{n}=m\frac{v^2}{\rho}\quad(\text{法向})\end{aligned}\right\} \tag{1.56}$$

1.5.3　牛顿第三定律

日常生活经验告诉我们，任何时候，如果一个物体对另一个物体施加力的作用，则另一个物体必定同时对这个物体也施加力的作用。牛顿第三定律表述为：两个物体之间的作用力 $\boldsymbol{F}$ 和反作用力 $\boldsymbol{F}'$沿同一直线，大小相等、方向相反，分别作用在两个物体上。数学表达式为

$$\boldsymbol{F}=-\boldsymbol{F}' \tag{1.57}$$

牛顿第三定律指出：

(1)　作用力和反作用力互以对方为自己存在的条件，同时存在、同时消失，任何一方都不能孤立地存在。

(2)　作用力和反作用力分别作用在两个物体上。

(3)　作用力和反作用力总是属于同种性质的力，不是平衡力。

例如，星体之间的万有引力是一对相互作用与反作用的引力；马拉车与车反过来作用于马的力是一对弹力；车与路面的相互作用力是一对摩擦力；磁体与磁铁之间是一对相互作用的电磁力等。

*【课后思考】

1. 牛顿三大定律给我们什么启示？

2. 牛顿物理学有哪些局限性？

当物体运动速率很高时(接近光速)，当所描写的体系很小时(微观体系)，当所描述的物质系统很大时，或引力很强时，牛顿的万有引力、运动定律和牛顿的时空观就不完全正确了，将由新的理论来代替。

1.6 牛顿运动定律的应用举例

牛顿运动定律揭示了运动与力的关系和本质。在解决实际问题时应注意，牛顿三大定律往往交替应用，一般可分为两类情形。

(1) 已知作用于质点的外力，求质点的运动情况，如位置 $\boldsymbol{r}(t)$、速度 $\boldsymbol{v}(t)$、加速度 $\boldsymbol{a}(t)$ 等。

(2) 已知质点的运动情况求其受力。

在实际问题中，常常是两者综合兼而有之。

【例 1-8】 如图 1.25(a)所示，质量为 1200kg 的汽车在一弯道上行驶，速率为 $25\text{m}\cdot\text{s}^{-1}$，弯道的水平半径为 400m，弯道坡度为 $\theta=6^\circ$。求：(1)作用于汽车上的水平法向力与摩擦力；(2)如果汽车与轨道间的静摩擦因数为 0.9，要使汽车无侧向滑动，汽车在此弯道上行驶的最大速率是多少？

解： (1) 如图 1.25(b)所示，汽车所受的重力为 mg，路面的支持力为 N，摩擦力为 f。

由牛顿定律有：

水平方向 $$N\sin\theta+f\cos\theta=m\frac{v^2}{R} \quad ①$$

竖直方向 $$N\cos\theta-f\sin\theta-mg=0 \quad ②$$

联立式①、②解得：$f=m\dfrac{v^2}{R}\cos\theta-mg\sin\theta=635\text{N}$

作用于汽车上的水平法向力 $f_\text{n}=m\dfrac{v^2}{R}=1200\times\dfrac{25^2}{400}\text{N}=1.88\text{kN}$

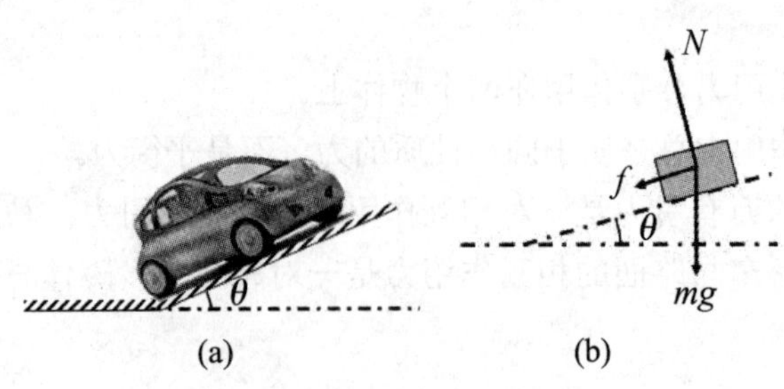

图 1.25 例 1-8 图

(2) 由式①、②可知，汽车的速率最大时对应的摩擦力也最大，且

$$v_{\max}=\sqrt{\frac{Rg(\sin\theta+\mu\cos\theta)}{\cos\theta-\mu\sin\theta}}=\sqrt{\frac{400\times9.8(\sin6^\circ+0.9\cos6^\circ)}{\cos6^\circ-0.9\sin6^\circ}}\text{m}\cdot\text{s}^{-1}=66\text{m}\cdot\text{s}^{-1}$$

【例 1-9】 质量为 m 的小球，在水中受到的浮力为常力 F，当它从静止开始沉降时，受到水的黏滞阻力为 $f=kv$(k 为常数)。试证明小球在水中竖直沉降的速度 v 与时间 t 的关系为 $v=\dfrac{mg-F}{k}\left(1-\mathrm{e}^{-\frac{kt}{m}}\right)$，式中 t 为从沉降开始计算的时间。

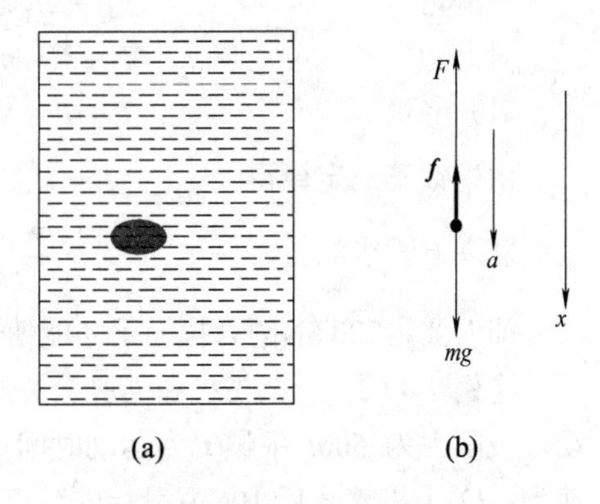

图 1.26　例 1-9 图

证明：小球的受力如图 1.26 所示，重力 mg、浮力 F、黏滞阻力 $f=kv$。

建立坐标如图 1.26 (b)所示，由牛顿第二定律可知

$$mg-f-F=m\frac{\mathrm{d}v}{\mathrm{d}t}$$

分离变量得

$$\frac{\mathrm{d}v}{(mg-kv-F)/m}=\mathrm{d}t$$

由初始条件：t=0 时 v=0，两边积分得 $\displaystyle\int_0^v\frac{\mathrm{d}v}{(mg-kv-F)/m}=\int_0^t\mathrm{d}t$

$$-\frac{m}{k}\int_0^v\frac{\mathrm{d}(mg-kv-F)}{(mg-kv-F)}=\int_0^t\mathrm{d}t$$

即

$$\ln(mg-kv-F)\big|_0^v=-\frac{kt}{m}$$

所以

$$v=\frac{mg-F}{k}\left(1-\mathrm{e}^{-\frac{kt}{m}}\right)$$

【例 1-10】 如图 1.27(a)所示，人的质量 $m_1=60\text{kg}$，升降机的质量 $m_2=30\text{kg}$，站在升降机上的人要想拉住升降机使之不动，他要用多大的力拉住绳子？绳子和滑轮质量忽略不计。

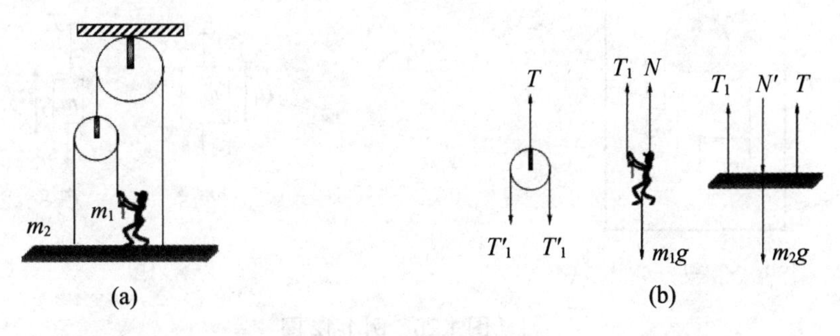

图 1.27　例 1-10 图

解：分别对滑轮、人和升降机作受力分析，如图 1.27(b)所示，不计滑轮和绳子的质量，绳子中各处的张力相等。要使升降机不动即整个装置保持静止，由牛顿第二定律分别有：

对滑轮 $T-2T_1'=0$

对人 $T_1+N-m_1g=0$

对升降机 $T_1+T-N'-m_2g=0$

由牛顿第三定律得 $T_1=T_1'$

联立方程求解得 $T_1=\dfrac{m_1+m_2}{4}g=220.5\text{N}$

即人要用220.5N的力拉绳子才能使升降机静止不动。

【例 1-11】 一架飞机和驾驶员总质量为 1000kg，飞机以 $55\text{m}\cdot\text{s}^{-1}$ 的速率着陆后开始制动，设阻力为 500t 牛顿(t 为运动时间)，不计空气的升力。求：(1)飞机着陆 10s 后飞机的速率；(2)飞机着陆后 10s 内滑行的距离。

解：(1) 由牛顿第二定律有 $F=m\dfrac{\mathrm{d}v}{\mathrm{d}t}=-500t$

分离变量并积分有 $\int_{v_0}^{v}\mathrm{d}v=\int_0^t-\dfrac{500t}{m}\mathrm{d}t$

则着陆 10s 后的速率为 $v=v_0-\dfrac{250t^2}{m}=55-\dfrac{t^2}{4}=30\text{m}\cdot\text{s}^{-1}$

将 $v_0=55\text{m}\cdot\text{s}^{-1}$，$m=1000\text{kg}$，$t=10\text{s}$ 代入得：$v=30\text{m}\cdot\text{s}^{-1}$

(2) 又 $\int_{x_0}^{x}\mathrm{d}x=\int_0^t v\mathrm{d}t=\int_0^t\left(55-\dfrac{t^2}{4}\right)\mathrm{d}t$

着陆后 10s 内飞机滑行的距离为 $s=x-x_0=55t-\dfrac{t^3}{12}=466.7\text{m}$

【例1-12】 设电梯中有一质量可以忽略的滑轮，跨过滑轮用轻绳分别挂着质量为 m_1、m_2 的重物，且 $m_1>m_2$，如图1.28(a)所示。不计滑轮与轻绳间的摩擦，求下列情况下绳中拉力T和 m_1 相对于电梯的加速度 a_t。

(1) 电梯匀速上升；*(2) 电梯匀加速上升。

解：(1) 以地面为参考系，m_1、m_2 分别受力如图1.28(b)所示。

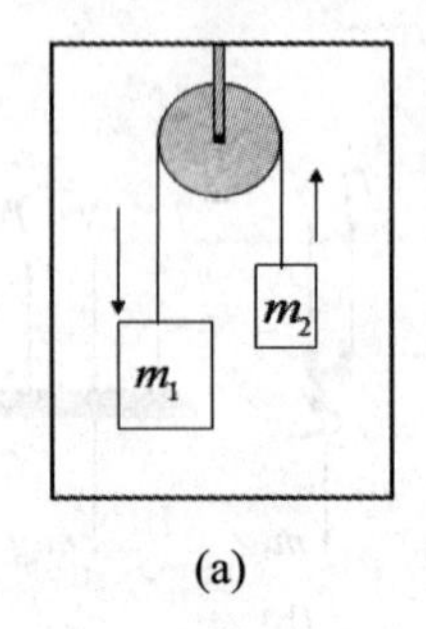

(a)

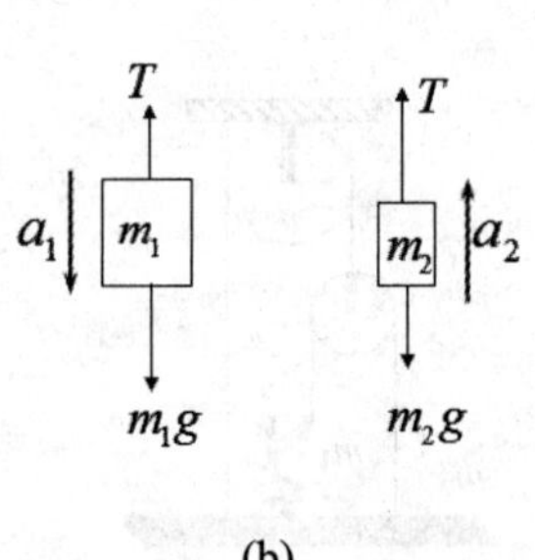

(b)

图 1.28 例 1-12 图

电梯匀速上升时，两物体的加速度与电梯对地的加速度都相等，均为a_t。

由牛顿第二定律有

对m_1： $$m_1 g - T = m_1 a_1 \quad ①$$

对m_2： $$T - m_2 g = m_2 a_2 \quad ②$$

联立式①、②解得

$$a_t = a_1 = a_2 = \frac{m_1 - m_2}{m_1 + m_2} g$$

$$T = \frac{2m_1 m_2}{m_1 + m_2} g$$

* (2) 电梯以加速度a加速上升时，由相对运动有

m_1对地面的加速度： $$a_1 = a_t - a$$

m_2对地面的加速度： $$a_2 = a + a_t$$

由牛顿第二定律有：

$$m_1 g - T = m_1 (a_t - a) \quad ③$$

$$T - m_2 g = m_2 (a + a_t) \quad ④$$

联立式③、④解得 $$a_t = \frac{m_1 - m_2}{m_1 + m_2}(a + g)\text{；} \qquad T = \frac{2m_1 m_2}{m_1 + m_2}(a + g)$$

*【讨论】(1) 如果电梯以加速度a下降时，情况又如何？

(2) 当$a = g$时，又会出现什么情况？

【课外阅读与应用】

1. 摩擦与自锁——螺旋千斤顶

螺旋千斤顶是一种常用的机械。你了解它的力学原理吗？

根据摩擦定律，最大静摩擦力$F_{\max}$与法向力F_{N}之间的数量关系为

$$F_{\max} = \mu F_{\mathrm{N}} \quad (1.58)$$

式中，摩擦因数μ取决于相互接触物体表面的材料性质及表面状况。

如图 1.29 所示，滑块m静止于斜坡上，逐渐增大斜面的倾角θ，直到θ等于某特定值φ时，物体达到将动未动的临界静止状态，此时的摩擦力为最大静摩擦力。

滑块m的平衡方程为 $$\begin{cases} F_{\mathrm{N}} - mg\cos\varphi = 0 \\ F_{\max} - mg\sin\varphi = 0 \end{cases}$$

由方程组和式(1.58)解出

$$\mu = \tan\varphi \quad (1.59)$$

式中，φ称为摩擦角。显然，$\theta \leqslant \varphi$时，滑块m保持静止状态，$\theta > \varphi$时，滑块m由静止开始下滑。

摩擦角这一物理量被广泛应用于工农业生产和日常生活中，例如，螺旋千斤顶。

螺旋千斤顶的构造如图 1.30(a)所示，它是靠用力推手柄 1，使螺杆 2 的螺纹沿底座 3 的螺纹槽(相当于螺母)慢慢旋进而顶起重物 4，并要在举起重物后，重物和螺杆不会自动下降，可在任意位置保持平衡。要实现这点，必须满足自锁条件。

螺旋可以看成是绕在一圆柱体上的斜面，如图 1.30(b)所示，螺纹升角α，相当于斜面的倾角θ，螺母相当于斜面上的物块，加于螺母的轴向荷载相当于物块的重力 P，螺旋与螺母之间有正压力和摩擦力作用。由前面的讨论可知，螺旋的自锁条件是螺纹升角$\alpha \leqslant \varphi$。如果选用 45#钢或 50#钢作为螺杆，螺母的材料用青铜或铸铁，螺杆与螺母之间的摩擦因数μ=0.1，则$\varphi = \arctan 0.1 = 5^\circ 43'$。

为保证螺旋千斤顶自锁，一般取螺纹升角$\alpha = 4^\circ \sim 5^\circ 43'$。

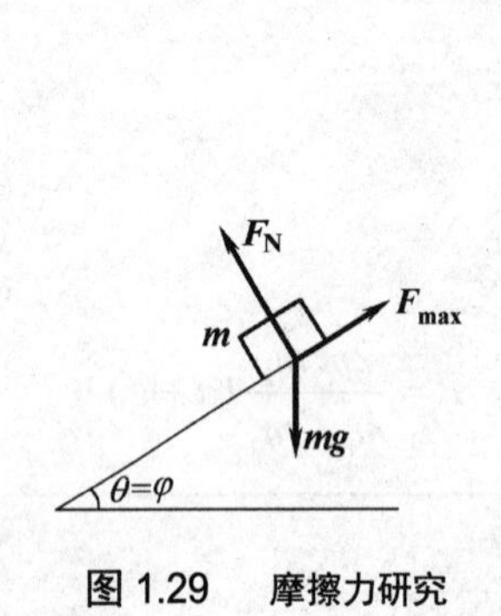

图 1.29 摩擦力研究

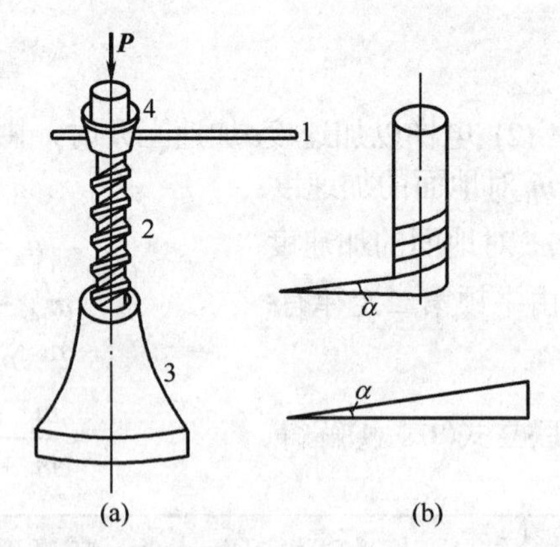

图 1.30 螺旋千斤顶构造

2. 高台跳水游泳池的深度设计

高台跳水是常见的体育比赛竞技项目，下面以 10m 高台跳水如何确定水深做一简要分析。运动员自起跳到落水前的运动可看作是自由落体，其落到水面时的速度$v_0 = \sqrt{2gh} = \sqrt{2\times 9.8\times 10}\text{m}\cdot\text{s}^{-1} = 14.0\text{m}\cdot\text{s}^{-1}$。

运动员入水后，除受到向下的重力外，还受到向上的浮力和水的阻力作用。重力与浮力大小几乎相等(因人体的密度和水的密度几乎相等)，则运动员所受合外力即为水的阻力。

设水的阻力大小为
$$f = bv^2$$
式中，$b = c\rho A$，$\rho = 1.0\times 10^3 \text{kg}\cdot\text{m}^{-3}$为水的密度，$A$=0.08m^2 为运动员的身体与运动方向垂直的截面积，c 为阻力系数。运动员的手和腿以伸直的姿势入水时阻力较小，取阻力系数 c=0.25，则$b = 0.25\times 10^3 \times 0.08 = 20\text{kg}\cdot\text{m}^{-1}$。

选水面为坐标原点，铅垂向下为 x 轴正向，根据牛顿第二定律得
$$m\frac{\mathrm{d}v}{\mathrm{d}t} = -bv^2$$

把$\mathrm{d}t = \dfrac{\mathrm{d}x}{v}$代入上式得
$$\frac{\mathrm{d}v}{v} = -\frac{b}{m}\mathrm{d}x$$

两边积分
$$\int_{v_0}^{v}\frac{\mathrm{d}v}{v} = -\frac{b}{m}\int_0^x \mathrm{d}x$$

得
$$x = \frac{m}{b}\ln\frac{v_0}{v}$$

如果运动员的质量$m = 50\text{kg}$，当其速率减小到$v = 2.0\text{m}\cdot\text{s}^{-1}$时翻身，并以脚蹬池底上

浮，则 $x=\frac{50}{20}\ln\frac{14}{2}\text{m}=4.9\text{m}$。

实际上，运动员从 10m 跳台跳下，会深入水中 4.8～5.0m 处。因此，国际跳水规则规定：10m 高台跳水台前端下面的水深为 4.50～5.00m。水太浅对运动员不安全，水太深不利于运动员顺利完成翻身后脚蹬池底的动作。

习　题　1

1.1　一人能在静水中以 $1.10\text{m}\cdot\text{s}^{-1}$ 的速度划船前行。他要横渡一条宽为 $1.00\times10^3\text{m}$、水流速度为 $0.55\text{m}\cdot\text{s}^{-1}$ 的大河。(1)他若要到达正对岸，应如何确定划行方向？到达正对岸需要多少时间？(2)如果想用最短的时间过河，又该如何确定划行方向？到达对岸的位置如何？

1.2　以下四种运动，加速度保持不变的运动是_________。

(A) 单摆运动　　(B) 圆周运动

(C) 抛体运动　　(D) 匀速率曲线运动

1.3　在 y 轴上运动的质点，运动方程为 $y=4t^2-2t^3$，则质点返回原点的时刻为______。

1.4　一质点在平面上运动，已知质点位置矢量的表达式为 $\boldsymbol{r}=at^2\boldsymbol{i}+bt^2\boldsymbol{j}$(其中 a、b 为常量)，则该质点的加速度为_________。

1.5　一质点做直线运动，某时刻的瞬时速度为 $v=2\text{m}\cdot\text{s}^{-1}$，瞬时加速度为 $a=-2\text{m}\cdot\text{s}^{-2}$，则 1s 后质点的速度为_______。

(A) 0　　(B) −2m/s　　(C) 2m/s　　(D) 不能确定

1.6　物体通过两个连续相等位移的平均速度分别为 $\overline{v}_1=10\text{m}\cdot\text{s}^{-1}$，$\overline{v}_2=15\text{m}\cdot\text{s}^{-1}$，若物体做直线运动，则在整个过程中物体的平均速度为______。

1.7　一物体从某高度以 $\boldsymbol{v}_0$ 的速度水平抛出，已知它落地时的速度大小为 v_τ，那么它运动的时间是______。

1.8 已知质点的运动方程为 $\boldsymbol{r}=2t^2\boldsymbol{i}+3t\boldsymbol{j}$ (SI)，则 $t=1\text{s}$ 时，其加速度是多少？

1.9 质点沿 XOY 平面做曲线运动，其运动方程为 $x=2t$，$y=19-2t^2$，则质点位置矢量与速度矢量恰好垂直的时刻为______。

1.10　下列情况不可能存在的是______。

(A) 速率增加，加速度大小减少　　(B) 速率减少，加速度大小增加

(C) 速率不变而有加速度　　(D) 速率增加而无加速度

(E) 速率增加而法向加速度大小不变

*1.11 足球比赛中在发任意球时，设发球运动员在正对球门前 25.0m 处以 $20.0\text{m}\cdot\text{s}^{-1}$ 初速率发任意球。已知球门高为 3.44m，他应以多大的踢射角踢球才能直接射进球门？

1.12　如图 1.31 所示，一只质量为 m 的猴，原来抓住一根用绳吊在天花板上的质量为 M 的直杆，悬线突然断开，小猴则沿杆子竖直向上爬，以保持它离地面的高度不变，此时直杆下落的加

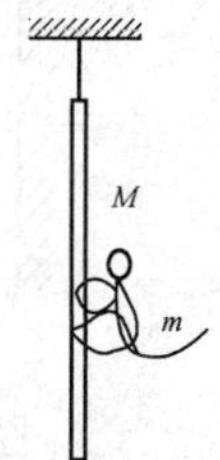

图 1.31　习题 1.12 图

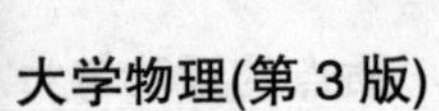

速度为______。

1.13　如图 1.32 所示，竖立的圆筒形转笼，半径为 R，绕中心轴 OO' 转动，物块 A 紧靠在圆筒的内壁上，物块与圆筒间的摩擦因数为 μ，要使物块 A 不下落，圆筒的角速度 ω 至少应为______。

1.14　已知水星的半径是地球半径的 0.4 倍，质量为地球的 0.04 倍，设在地球上的重力加速度为 g，则水星表面上的重力加速度为______。

1.15　如图 1.33 所示，假使物体沿着铅直面上圆弧轨道下滑，轨道是光滑的，在从 A 至 C 的下滑过程中，下面说法正确的是______。

(A) 它的加速度方向永远指向圆心　(B) 它的速率均匀增加
(C) 它的合外力大小变化，方向永远指向圆心
(D) 它的合外力大小不变　(E) 轨道支持力大小不断增加

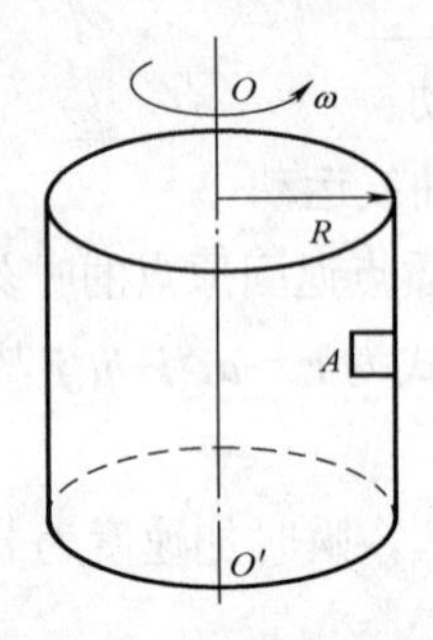

图 1.32　习题 1.13 图

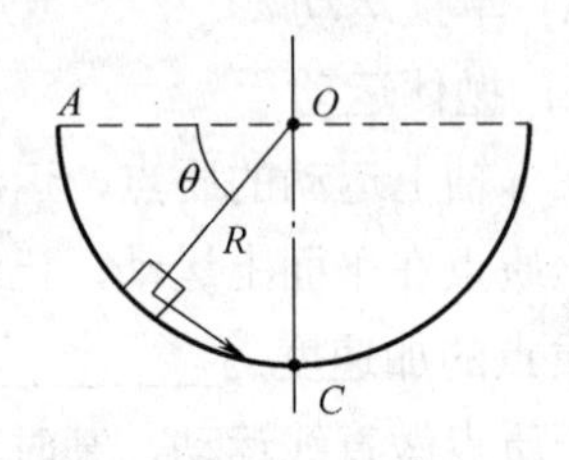

图 1.33　习题 1.15 图

1.16　在生物实验室中用来分离不同种类分子的超级离心机的转速是 $4\times10^4\,\mathrm{r\cdot min^{-1}}$，在这种离心机的转子内离轴 10cm 处的一个大分子的向心加速度是重力加速度的多少倍？

1.17　如图 1.34(a)所示，$m_A > \mu m_B$ 时，算出 m_B 向右的加速度大小为 a，去掉 m_A 而以拉力 $T= m_A g$ 代之，如图 1.34(b)所示，算出 m_B 的加速度 a'，则______。

(A) $a > a'$　(B) $a = a'$　(C) $a < a'$　(D) 无法判断

1.18　把一块砖轻放在原来静止的斜面上不往下滑动，如图 1.35 所示。斜面与地面之间无摩擦，则______。

(A) 斜面保持静止　(B) 斜面向左运动
(C) 斜面向右运动　(D) 无法判断斜面是否运动

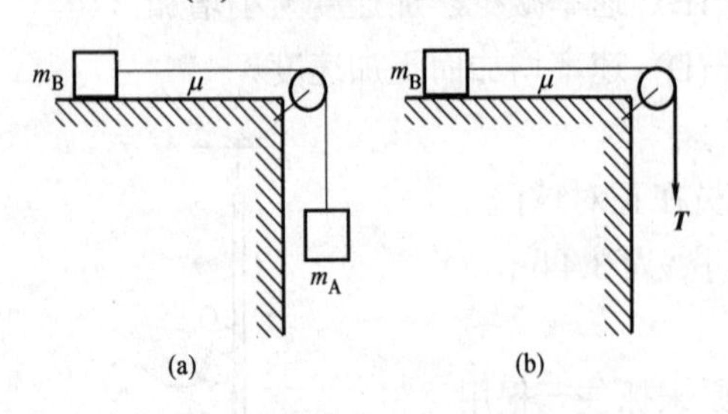

图 1.34　习题 1.17 图

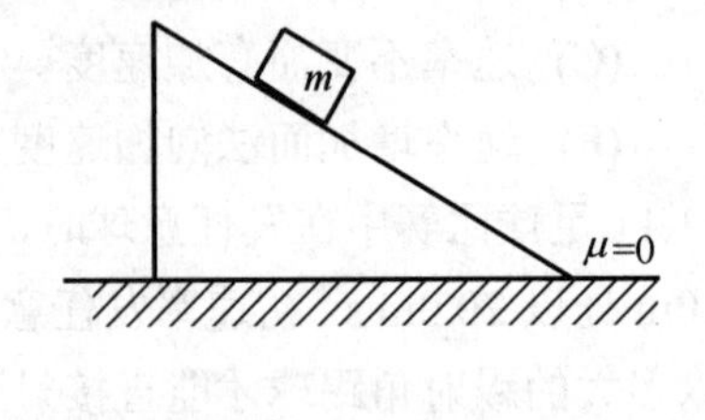

图 1.35　习题 1.18 图

1.19　如图 1.36 所示，弹簧秤挂一滑轮，滑轮两边分别挂一质量为 m 和 $2m$ 的物体，

绳子与滑轮的质量忽略不计，轴承处摩擦忽略不计。在 m 及 $2m$ 的运动过程中，弹簧秤的读数为______。

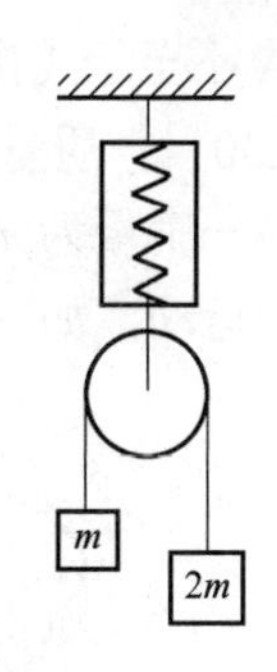

图 1.36　习题 1.19 图

1.20　如图 1.37 所示，手提一根下端系着重物的轻弹簧，竖直向上做匀加速运动，当手突然停止运动的瞬间，物体将______。

(A)　向上做加速运动

(B)　向上做匀速运动

(C)　立即处于静止状态

(D)　在重力作用下向上做减速运动

1.21　一质点做匀速圆周运动，半径为 r，角速度为 ω，则直角坐标系下质点的运动学方程为__________；位矢为__________；自然坐标下质点的运动学方程为________。

1.22　一辆卡车为了超车，以 $90\text{km}\cdot\text{h}^{-1}$ 驶入左侧逆行道时突然发现前方 80m 处有一辆小汽车迎面驶来。假定小汽车车速是 $65\text{km}\cdot\text{h}^{-1}$，也同时看到了准备超车的卡车。设两名司机的反应时间都是 0.70s，他们制动后的加速度均为$-7.5\text{m}\cdot\text{s}^{-2}$。这两辆车会相撞吗？

1.23　如图 1.38 所示，一质点 P 从 O 点出发以匀速率 v 做顺时针转向的圆周运动，圆的半径为 r，当它走过 2/3 圆周时，走过的路程是____________，这段时间内的平均速度大小为_____________，平均速率是__________。

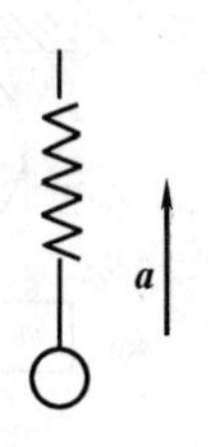

图 1.37　题 1.20 图

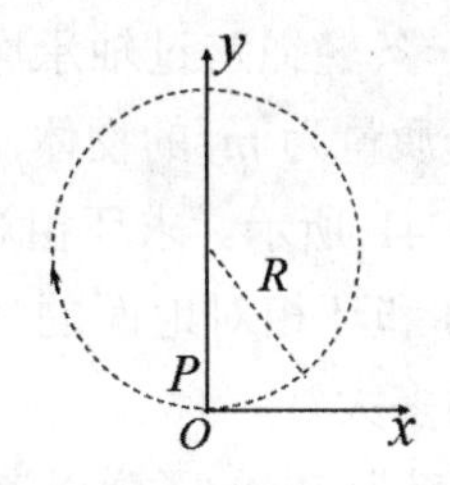

图 1.38　习题 1.23 图

1.24　一人骑摩托车跳越一条大沟，他能以与水平成 30° 角、其值为 $30\text{m}\cdot\text{s}^{-1}$ 的初速度从一边起跳，刚好到达另一边，则可知此沟的宽度为___________m。

1.25　在 x 轴上做变加速直线运动的质点，已知其初速度为 v_0，初始位置为 x_0，加速度为 $a=Ct^2$ (其中 C 为常量)，则其速度与时间的关系 v=_________________，运动方程为 x=_______________。

1.26　一小球沿斜面向上运动，其运动方程为 $s=5+4t-t^2$(SI)，则小球运动到最高点的时刻为 t =______________s。

1.27　一质点沿 x 轴运动，$v=1+3t^2$ (SI)，若 t=0 时，质点位于原点，则质点的加速度 a =_______________(SI)；质点的运动方程为 x =___________________(SI)。

1.28　一质点的运动方程为 $\boldsymbol{r}=A\cos\omega t\boldsymbol{i}+B\sin\omega t\boldsymbol{j}$，其中 A、B、ω为常量，则质点的加速度矢量 $\boldsymbol{a}$=___________________，轨迹方程为_________________________。

1.29　如图 1.39 所示，一水平圆盘，半径为 r，边缘放置一质量为 m 的物体 A，它与圆盘的静摩擦因数为μ，圆盘绕中心轴 OO'转动。当其角速度ω 小于或等于_________时，

物体 A 不至于飞出。

1.30　一质量为 m_1 的物体拴在长为 l_1 的轻绳上，绳子的另一端固定在光滑水平桌面上，另一质量为 m_2 的物体用长为 l_2 的轻绳与 m_1 相接，二者均在桌面上做角速度为ω的匀速圆周运动，如图 1.40 所示，则 l_1，l_2 两绳上的张力 T_1=________；T_2=________。

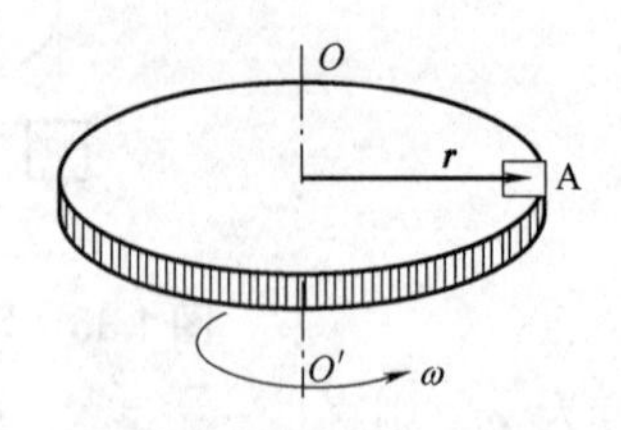

图 1.39　习题 1.29 图

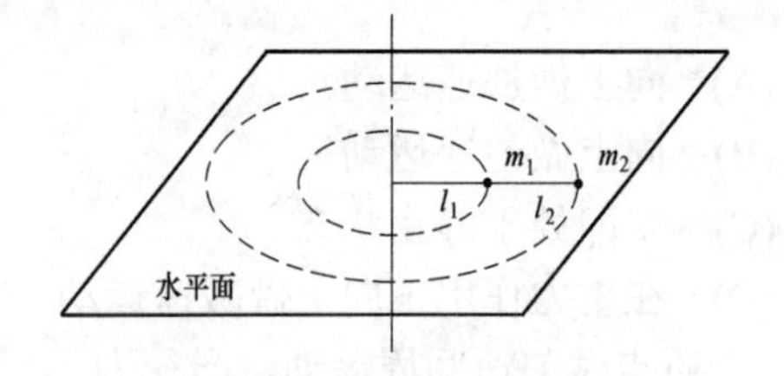

图 1.40　习题 1.30 图

1.31　质点沿半径 R=1m 的圆周运动，某时刻角速度ω=1rad·s^{-1}，角加速度α=1rad·s^{-2}，则质点速度和加速度的大小分别是多少？

1.32　一艘正在沿直线行驶的电艇，在发动机关闭后，其加速度方向与速度方向相反，大小与速度平方成正比，即 $dv/dt=-kv^2$，式中 k 为常数。试证明电艇在关闭发动机后又行驶 x 距离时的速度为 $v=v_0e^{-kx}$，其中 v_0 是发动机关闭时的速度。

1.33　绳子的一端系着一金属小球，另一端用手握着，使其在竖直平面内做匀速圆周运动，球在哪一点时绳子的张力最大？在哪一点时绳子的张力最小？为什么？

*1.34　一条轻绳跨过轴承摩擦可忽略的轻滑轮，在绳的一端挂一质量为 m_1 的物体，在另一侧有一质量为 m_2 的环，如图 1.41 所示。求环相对于绳以恒定的加速度 a_2 滑动时，物体和环相对地面的加速度各为多少？环与绳之间的摩擦力多大？

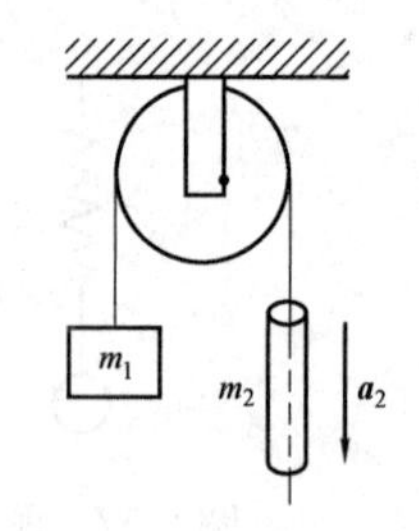

图 1.41　习题 1.34 图

1.35　质量为 m 的子弹以速度 $\mathbf{v}_0$ 水平射入沙土中，设子弹所受的阻力与速度成正比，比例系数为 k，忽略子弹的重力，求：(1) 子弹射入沙土后，速度随时间变化的函数关系式；(2) 子弹射入沙土的最大深度。

1.36　一架轰炸机在俯冲后沿一竖直面内的圆周轨道飞行，如图 1.42 所示，如果飞机的飞行速率为一恒值 v=640km·h^{-1}，为使飞机在最低点的加速度不超过重力加速度的 7 倍(7g)，则此圆周轨道的最小半径 R 是多少？若驾驶员的质量为 70kg，在最小圆周轨道的最低点，他的视重(即人对座椅的压力) N是多少？

1.37　一辆铁路平板货车装有货物，以 30km·h^{-1} 的速度行驶，突然遇到障碍要紧急刹车，为使货物不发生滑动，火车的最短刹车路程是多少？已知货物与车底板之间静摩擦因数为 0.25。

1.38　某探险者被一山涧挡住了去路，他仔细观察发现山涧对面有一棵大树，于是他将拴有绳子的锚投掷到对面的大树上并固定，将绳子的另一端拴在腰上，然后荡过了山涧。试说明探险者在荡过山涧时绳子的张力在何处最大？

1.39　如图 1.43 所示，一根绳子穿过光滑桌面上的小孔，两端分别系着质量为 m、M 的小球，使 m 在桌面上做匀速率的圆周运动。问：m 在桌面上圆周运动的速率 v 与圆运动的半径 r 之间满足什么关系时才能使 M 静止不动？

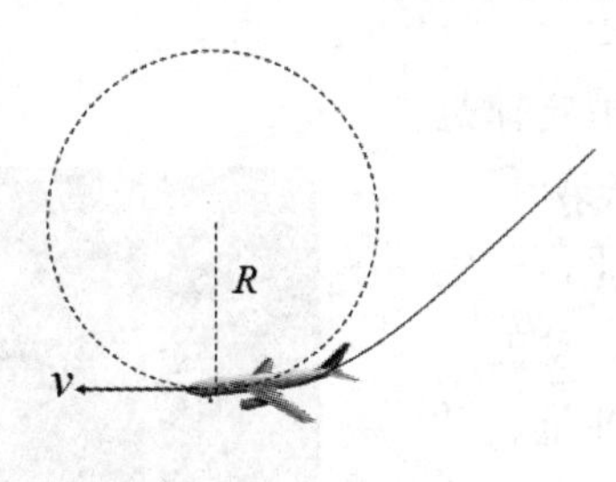

图 1.42　习题 1.36 图

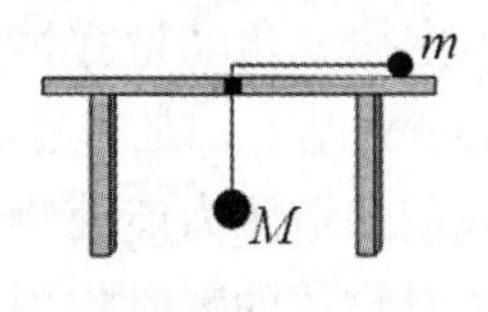

图 1.43　习题 1.39 图

1.40　一人站在地面上用枪瞄准悬挂在树上的木偶，当子弹从枪口射出时，木偶正好从树上由静止自由下落。试说明为什么子弹总可以射中木偶？

1.41　一架飞机在水平地面的上方以 $174\mathrm{m\cdot s^{-1}}$ 的速率垂直俯冲，假定飞机以圆形路径脱离俯冲，而飞机可以承受的最大加速度为 $78.4\mathrm{m\cdot s^{-2}}$。为了避免飞机撞到地面，求飞机开始脱离俯冲的最低高度(假设整个运动中速率恒定)。

第2章　运动的守恒量与守恒定律

动量守恒定律、角动量守恒定律、能量转换与守恒定律是物理学大厦的三大基石，是自然界普遍存在的规律。在第 1 章的学习中，我们知道了力能使物体的运动状态发生变化，产生加速度，是力对物体的瞬时作用效应。本章研究力与运动的过程关系，即力对物体作用的时间和空间累积效应——冲量、动量和动量定理、功和能的关系，以及力学中的守恒定律——动量守恒定律、能量转换与守恒定律等。动量守恒定律和机械能守恒定律，揭示了在物体运动变化过程中保持不变的东西。这些守恒定律常被人们用作处理动力学问题的出发点，使问题的处理简单、方便，而不必知道物理过程的细节，就可以由初始条件推演出过程结束时的运动情况。动量守恒定律的应用十分广泛，比如航空航天中卫星的发射过程，图 2.1 所示为待发射的火箭。

图 2.1　待发射的火箭

2.1　动量与冲量

本节讨论物体持续受力作用一段时间之后，其运动状态的变化，即力与运动过程的关系，也就是力的时间累积效应，要用新的物理量——**冲量**来描述。经验表明，要使速度相同的两辆车停下来，质量大的车就比质量小的车要困难些；如要使质量相同的两辆车停下来，速度快的车就要比速度慢的车要困难些。如果两辆车的速度和质量都不相同，则不能简单地判断哪辆车先停下来。因此，在研究物体运动状态的改变时，必须同时考虑物体的速度和质量这两个因素，才能准确全面地描述物体运动状态的改变。为此我们引入了**动量**的概念。

2.1.1　动量

物体的质量 m 与速度 $\boldsymbol{v}$ 的乘积，称为动量，用 $\boldsymbol{P}$ 表示。其表达式为

$$\boldsymbol{P}=m\boldsymbol{v} \tag{2.1}$$

国际单位制中，动量的单位是：千克·米·秒$^{-1}$(kg·m·s^{-1})，量纲为 MLT^{-1}。

牛顿第二定律的微分形式

$$\boldsymbol{F}=\frac{\mathrm{d}\boldsymbol{P}}{\mathrm{d}t}=\frac{\mathrm{d}(m\boldsymbol{v})}{\mathrm{d}t}=m\boldsymbol{a}\ (\text{宏观物体低速运动时}) \tag{2.2}$$

即质点所受的合外力等于质点动量对时间的变化率。

2.1.2　冲量

力对物体作用的时间积累效应称为冲量，是矢量，用符号 $\boldsymbol{I}$ 表示。

设物体受合外力为 $\boldsymbol{F}$，作用于物体一段极短的时间 $\mathrm{d}t$，其动量的增量为 $\mathrm{d}\boldsymbol{P}$。

由式(2.2)得

$$\boldsymbol{F}\mathrm{d}t = \mathrm{d}\boldsymbol{P} \tag{2.3}$$

当物体作用时间间隔为 $t_1 \to t_2$ 时，外力的冲量应由式(2.3)积分得

$$\int_{t_1}^{t_2} \boldsymbol{F}\mathrm{d}t = \int_{p_1}^{p_2} \mathrm{d}\boldsymbol{P} = m\boldsymbol{v}_2 - m\boldsymbol{v}_1 \tag{2.4}$$

式(2.4)说明，力作用的时间积累效应是使物体的动量发生改变，且冲量等于动量的改变量。冲量 $\boldsymbol{I}$ 的方向与作用于物体的合外力 $\boldsymbol{F}$ 的方向相同。

【注意】对于变力的冲量，如图 2.2 所示，设变化的外力 $\boldsymbol{F}_i$ 作用的时间相对应为 Δt_i 时，冲量 $\boldsymbol{I}$ 为每段作用力与其作用时间乘积之和。

$$\boldsymbol{I} = \boldsymbol{F}_1\Delta t_1 + \boldsymbol{F}_2\Delta t_2 + \cdots + \boldsymbol{F}_n\Delta t_n = \sum_i \boldsymbol{F}_i\Delta t_i \tag{2.5}$$

变力的冲量 $\boldsymbol{I}$ 的方向如图 2.2 所示，由矢量的合成法则确定，与物体速度变化的方向相同，它与瞬时力 $\boldsymbol{F}_i$ 的方向不同。

当外力连续变化时，外力的冲量表述式(2.5)可改写为

$$\boldsymbol{I} = \int_{t_1}^{t_2} \boldsymbol{F}\mathrm{d}t \tag{2.6}$$

冲量在直角坐标系中的分量式为

$$\left.\begin{aligned} I_x &= \int_{t_1}^{t_2} F_x \mathrm{d}t \\ I_y &= \int_{t_1}^{t_2} F_y \mathrm{d}t \\ I_z &= \int_{t_1}^{t_2} F_z \mathrm{d}t \end{aligned}\right\} \tag{2.7}$$

国际单位制中，冲量的单位是牛顿·秒(N·s)，量纲为 MLT^{-1}。

如果作用于物体的变力 $\boldsymbol{F}$ 随时间变化的关系如图 2.3 所示，则式(2.7)表示的就是变力曲线下所包围的面积，表达了冲量的几何意义。即外力 $\boldsymbol{F}$ 的冲量在数值上等于 $F-t$ 图线与坐标轴 t 所围的面积。

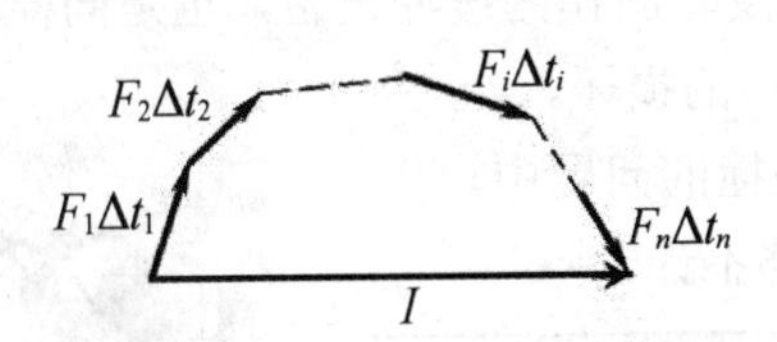

图 2.2　变力的冲量

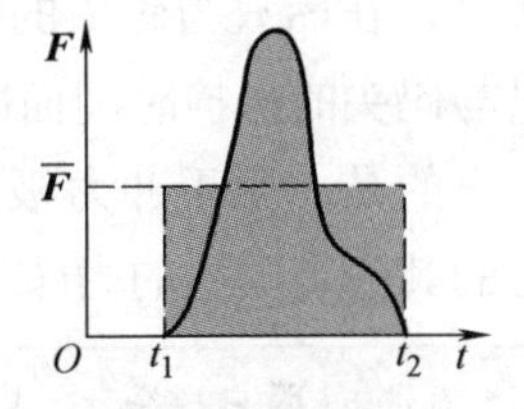

图 2.3　平均冲力

2.1.3　质点的动量定理

由式(2.4)得冲量与动量改变量之间的关系为

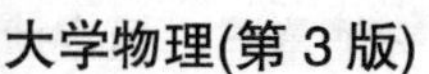

$$I = \int_{t_1}^{t_2} F\mathrm{d}t = P_2 - P_1 = mv_2 - mv_1 \tag{2.8}$$

即质点所受合外力的冲量，等于该质点动量的增量，这就是质点的动量定理。

动量定理在直角坐标系中的分量表达式为

$$\left.\begin{aligned} I_x &= \int_{t_1}^{t_2} F_x \mathrm{d}t = mv_{2x} - mv_{1x} \\ I_y &= \int_{t_1}^{t_2} F_y \mathrm{d}t = mv_{2y} - mv_{1y} \\ I_z &= \int_{t_1}^{t_2} F_z \mathrm{d}t = mv_{2z} - mv_{1z} \end{aligned}\right\} \tag{2.9}$$

即外力沿某方向的分力作用的冲量等于它在该方向的动量的增量。

当 F 为恒力时，有 $I = F\Delta t$ 。

动量定理在研究打击、碰撞和爆炸等问题中应用特别广泛。在打击和碰撞时，两物体间相互的作用力称为冲力。冲力的特点是作用时间极短，冲力很大。冲力变化情况比较复杂，很难把每一瞬间的冲力测量出来。只要知道两物体在碰撞前后的动量，根据动量定理，就可求出物体所受的冲量；若能测量出碰撞的作用时间，就可求出两物体碰撞时的**平均冲力** $\overline{F}$，方法如下。

由动量定理可知，平均冲力 $\overline{F}$ 的冲量为

$$I = \int_{t_1}^{t_2} \overline{F}\mathrm{d}t = P_2 - P_1 \tag{2.10}$$

则平均冲力为

$$\overline{F} = \frac{1}{t_2 - t_1}\int_{t_1}^{t_2} F\mathrm{d}t = \frac{P_2 - P_1}{t_2 - t_1} = \frac{mv_2 - mv_1}{t_2 - t_1} \tag{2.11}$$

平均冲力的大小及几何意义如图 2.3 所示，从图中可看出 $\int_{t_1}^{t_2} F\mathrm{d}t = \overline{F}(t_2 - t_1)$ 。

由式(2.11)可知，冲击和碰撞时的冲力不仅取决于动量的改变，而且也与作用的时间长短有关。若作用时间越短，动量改变越大，则碰撞时的冲力也越大。例如，用锤子敲击铁钉的过程，铁锤的动量在极短时间内产生显著变化，提供给铁钉巨大的冲击力；又如当人从高空往下跳时，落地的速度较大，而与地面的作用时间又很短，于是在极短的时间内动量的改变量很大，故地面对人体的冲击力也很大，就会使人受伤。因此，为了减小这个冲力对人的伤害，我们可以在地面上垫软垫或沙土，延长人体与地面冲击时的作用时间，相应地减小地面对人体的冲击力而避免受伤。又如，在运输易碎物品时，往往需要在包装物品时在中间填塞许多碎纸屑、泡沫等，这都是为了延长碰撞时间、减小碰撞时的冲力。轮船停靠码头时，在船只与码头的接触处都装上橡皮轮胎作为缓冲设备，也是同样的道理，以延长船只与码头的碰撞时间而减小撞击力对船体的损坏。

值得提出的是，由于冲力极大，在冲击和碰撞的问题中，作用于质点上的其他有限大的力(如重力)常常可忽略不计。

【思考】 你还能列举日常生活中关于冲力利弊的其他实例吗?

【例 2-1】 如图 2.4 所示，一质量为 51.0kg 的人在高空作业时不慎从高空跌落下来，被安全带保护而悬挂在空中。设此时他跌落的高度为 2.0m，安全带缓冲作用时间为 0.50s，则安全带对

图 2.4 例 2-1 图

人体的平均冲力是多少？

解： 以竖直向下为正方向，人从高空跌落至 2.0m 高的过程是自由落体运动，此时速度为$v_0 = \sqrt{2gh}$。

设此时安全带缓冲的冲力为$\overline{F}$，则由动量定理有

$$(mg - \overline{F})\Delta t = 0 - mv_0$$

$$\overline{F} = mg + \frac{m\sqrt{2gh}}{\Delta t} = 1.14 \times 10^3 \mathrm{N}$$

【说明】重锤的作用时间越短，冲力就越大，此时重锤的重力和冲力相比很小，几乎可以忽略不计了。因此在很多冲力作用的问题中，常可以把物体的重力忽略以使问题简化。

在牛顿第二定律$\boldsymbol{F} = m\boldsymbol{a}$中，物体的质量是一定的，该表达式成立。在实际日常生活和工程技术中，变质量问题大量存在，这类问题需根据动量定理建立关于变质量物体的运动方程来求解。例如，洒水车因不断向外洒水而质量减小；雨滴和冰雹在降落的过程中质量变大；火箭发射过程中燃烧的气体不断喷出，以及例 2-2 中的运煤车等。

【例 2-2】 一辆装煤车以 $3\,\mathrm{m \cdot s^{-1}}$ 的速率从煤斗下面经过，从煤斗注入车厢中的煤粉的速率为$5\,\mathrm{t \cdot s^{-1}}$。若车厢的速度保持不变，不计摩擦，求汽车牵引力的大小。

解： 煤粉落入车厢前水平方向的速度为零，落入后与车厢一起以共同的速度 v 沿水平方向运动。

因为 $$F = \frac{\mathrm{d}P}{\mathrm{d}t} = \frac{\mathrm{d}m}{\mathrm{d}t} \cdot v$$

则在水平方向 $$F = \frac{\mathrm{d}m}{\mathrm{d}t} v = 5 \times 10^3 \times 3\mathrm{N} = 1.5 \times 10^4 \mathrm{N}$$

汽车牵引力的大小为$1.5 \times 10^4 \mathrm{N}$。

2.1.4　质点系的动量定理

先讨论最简单的只有两个质点的系统。如图 2.5 所示，质量为 m_1 的物体受系统外的作用力为$\boldsymbol{F}_1$、内力为$\boldsymbol{f}_1$；质量为 m_2 的物体受系统外的作用力为$\boldsymbol{F}_2$、内力为$\boldsymbol{f}_2$。

在$t_1 \to t_2$时间内，设两质点在始、末时刻t_1、t_2时的动量分别为$\boldsymbol{P}_{10}$、$\boldsymbol{P}_{20}$、$\boldsymbol{P}_1$、$\boldsymbol{P}_2$。

由质点的动量定理，两质点所受的冲量分别为

对m_1： $$\int_{t_1}^{t_2} (\boldsymbol{F}_1 + \boldsymbol{f}_1)\mathrm{d}t = \boldsymbol{P}_1 - \boldsymbol{P}_{10} \tag{2.12}$$

对m_2： $$\int_{t_1}^{t_2} (\boldsymbol{F}_2 + \boldsymbol{f}_2)\mathrm{d}t = \boldsymbol{P}_2 - \boldsymbol{P}_{20} \tag{2.13}$$

将式(2.12)和式(2.13)相加得

$$\int_{t_1}^{t_2} (\boldsymbol{F}_1 + \boldsymbol{f}_1 + \boldsymbol{F}_2 + \boldsymbol{f}_2)\mathrm{d}t = (\boldsymbol{P}_1 + \boldsymbol{P}_2) - (\boldsymbol{P}_{10} + \boldsymbol{P}_{20}) \tag{2.14}$$

根据牛顿第三定律，在任一瞬时，内力总是成对产生，且等值反向，其矢量和$\boldsymbol{f}_1 + \boldsymbol{f}_2 = 0$，代入式(2.14)，得

$$\int_{t_1}^{t_2}(\boldsymbol{F}_1+\boldsymbol{F}_2)\mathrm{d}t=(\boldsymbol{P}_1+\boldsymbol{P}_2)-(\boldsymbol{P}_{10}+\boldsymbol{P}_{20}) \tag{2.15}$$

式(2.15)左边表示只有两个质元的系统合外力的冲量，右边第一项表示系统质点的末动量之和，第二项表示系统质点的初动量之和。

将上述结果推广到多个质点组成的系统，则有

$$\int_{t_1}^{t_2}\sum \boldsymbol{F}_i\mathrm{d}t=\sum \boldsymbol{P}_i-\sum \boldsymbol{P}_{i0} \tag{2.16}$$

或

$$\boldsymbol{I}=\boldsymbol{P}-\boldsymbol{P}_0 \tag{2.16a}$$

也就是说，作用于质点系统的合外力的冲量等于系统动量的增量，这一表述称为质点系的动量定理。

应强调的是，作用于系统的合外力是作用于系统的所有外力的矢量和，只有外力才对系统的动量有贡献，系统的内力只会改变某个质点的动量，但是不会改变整个系统的总动量。如图 2.6 所示，两个相对静止站立的滑冰运动员，互相用力推对方一下，两人就会相对滑开。每个人的动量都改变了(内力作用的结果)，但对两人组成的系统而言，系统的总动量仍然保持不变——为零。

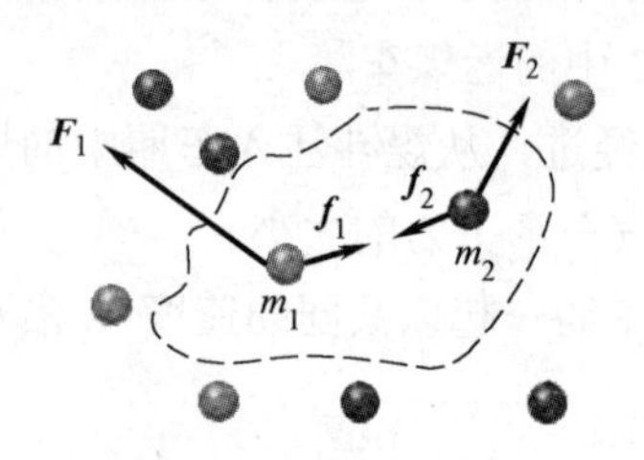

图 2.5　两个质点的动量定理

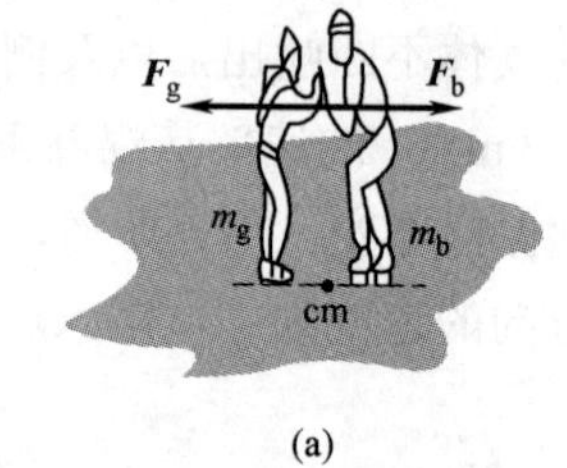

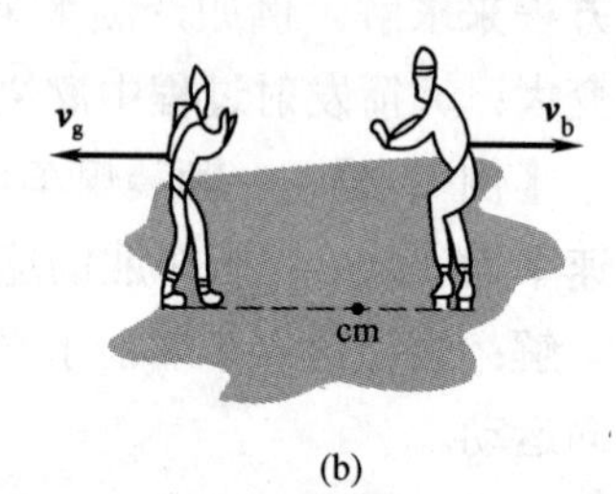

图 2.6　内力不改变系统的总动量

2.1.5　质点系的动量守恒定律

由质点系的动量定理式(2.16)可知，当系统所受合外力为零时，即$\sum \boldsymbol{F}_i=0$，系统的动量改变量$\sum \boldsymbol{P}_i-\sum \boldsymbol{P}_{i0}=0$，即系统的总动量保持不变，这就是系统的动量守恒定律。具体表述为：当系统所受合外力为零时，系统的总动量保持不变。其表达式为

$$\sum \boldsymbol{F}_i=0\text{时，}\sum_i \boldsymbol{P}_i=\sum_i m_i\boldsymbol{v}_i=\text{常矢量} \tag{2.17}$$

动量守恒定律在直角坐标系中的分量表达式为

$$\left.\begin{aligned}\sum F_x=0,\ \sum_i P_{ix}=\sum_i m_i v_{ix}=\text{常量}\\ \sum F_y=0,\ \sum_i P_{iy}=\sum_i m_i v_{iy}=\text{常量}\\ \sum F_z=0,\ \sum_i P_{iz}=\sum_i m_i v_{iz}=\text{常量}\end{aligned}\right\} \tag{2.18}$$

式(2.18)说明质点系在某方向合外力的分量为零时，该方向的动量是守恒的。

在动量守恒定律的应用中，守恒条件是合外力为零。值得注意的是，在类似于碰撞、打击这些问题中，系统所受的合外力虽然并不为零，但与系统的内力相比较，远远小于系统的内力，这时外力对系统动量变化的影响极小，常可以忽略不计，因此近似认为系统

的动量守恒。

以上导出的动量定理和动量守恒定律是在牛顿运动定律的基础上得到的，因此只适用于惯性参考系，表达式中的速度(动量)均是相对于同一个惯性参考系而言的。但是，动量守恒定律比牛顿运动定律应用更加普遍。近代科学实验和理论均表明：在自然界中，大到天体间的相互作用，小到质子、中子、电子等微观粒子间的相互作用，动量守恒定律均能适用，它是自然界最普遍、最基本的定律之一。

【例 2-3】 如图 2.7 所示火箭起飞时从尾部喷出的气体的质量和速率分别为 $600\,\mathrm{kg\cdot s^{-1}}$ 和 $3000\,\mathrm{m\cdot s^{-1}}$，设火箭的质量为 50t，求火箭获得的加速度的大小。

解： 以竖直向上为运动正方向，以火箭和喷射气体为系统，设 t 时刻火箭与喷射气体质量分别是 m、$\mathrm{d}m$，对地的速度为 v。

$t+\mathrm{d}t$ 时刻，喷射气体以相对速度 u 喷出，对地速度为 $v-u$。

图 2.7　例 2-3 图

系统 t 时刻动量　$P_1=(m+\mathrm{d}m)v$

$t+\mathrm{d}t$ 时刻动量　$P_2=m(v+\mathrm{d}v)+\mathrm{d}m(v-u)$

$\mathrm{d}t$ 时间内系统受重力为　$F=-(m+\mathrm{d}m)g$

由动量定理得　$F\mathrm{d}t=P_2-P_1$

整理得　$m\mathrm{d}v=u\mathrm{d}m-mg\mathrm{d}t$　(忽略 $\mathrm{d}m\mathrm{d}t$)

火箭的加速度为

$$a=\frac{\mathrm{d}v}{\mathrm{d}t}=\frac{u\mathrm{d}m}{m\mathrm{d}t}-g=\frac{3000}{50\times10^3}\times600\mathrm{m\cdot s^{-2}}-9.8\mathrm{m\cdot s^{-2}}=26.2\mathrm{m\cdot s^{-2}}$$

【课堂讨论】(1) 假设你处在摩擦可以忽略不计的结冰的湖面上，周围又无其他可利用的工具，你如何依靠自己的努力返回湖岸呢？

(2) 人从大船上很容易跳上岸，而从小船上则不那么容易跳上岸，为什么？

【例 2-4】 一质量均匀分布的柔软细绳铅直地悬挂着，绳的下端刚好触到水平桌面上，如果把绳的上端放开，绳将落在桌面上。试证明在绳下落的过程中，任意时刻作用于桌面的压力，等于已落到桌面上的绳重力的 3 倍。

证明： 取如图 2.8 所示坐标。设 t 时刻已有 x 长的柔绳(总长 L)落至桌面，随后的 $\mathrm{d}t$ 时间内将有质量为 $\mathrm{d}m=\rho\mathrm{d}x=\frac{M}{L}\mathrm{d}x$ 的柔绳以 $\mathrm{d}x/\mathrm{d}t$ 的速率碰到桌面而停止，它的动量变化率为

$$\frac{\mathrm{d}P}{\mathrm{d}t}=\frac{0-\rho\mathrm{d}x\cdot\frac{\mathrm{d}x}{\mathrm{d}t}}{\mathrm{d}t}$$ (一维运动可直接用标量表示)

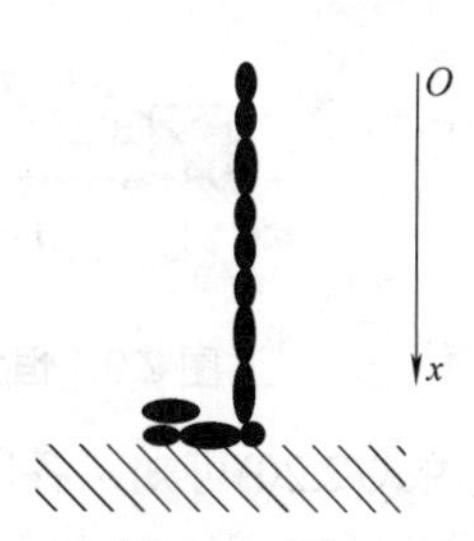

图 2.8　例 2-4 图

根据动量定理，桌面对柔绳的冲力为

$$F'=\frac{\mathrm{d}P}{\mathrm{d}t}=\frac{-\rho\mathrm{d}x\cdot\frac{\mathrm{d}x}{\mathrm{d}t}}{\mathrm{d}t}=-\rho v^2$$

柔绳对桌面的冲力由牛顿第三定律可得

$$\boldsymbol{F}=-\boldsymbol{F}'$$

即
$$F = \rho v^2 = \frac{M}{L} v^2$$
下落的柔绳做自由落体运动，与桌面冲击时的速度大小为
$$v^2 = 2gx$$
即冲力大小为
$$F = 2Mgx / L$$
而已落到桌面上的柔绳的重量为
$$mg = Mgx/L$$
所以作用于桌面的总压力大小 $F_{总} = F + mg = 2Mgx/L + Mgx/L = 3mg$ （得证）

【课后思考】为什么说以同样速率行驶的汽车下坡时刹车比在平路上刹车更危险?

2.2 功

在 2.1 节中我们讨论了力对物体作用的时间累积效应是使物体的动量发生变化。本节我们将研究力对物体作用发生了一段位移，我们说力对物体做了功，即力的空间累积效应。而做功必定会引起物体能量的改变。

2.2.1 功

如图 2.9 所示，物体在外力 $\boldsymbol{F}$ 的持续作用下，产生了一定的位移 $\Delta\boldsymbol{r}$，则该力做的功表示为
$$W = F\cos\theta \cdot |\Delta\boldsymbol{r}| = \boldsymbol{F} \cdot \Delta\boldsymbol{r} \tag{2.19}$$
式中，θ 为外力 $\boldsymbol{F}$ 与位移矢量 $\Delta\boldsymbol{r}$ 间的方向夹角。

当物体的位移无限小时，用**元位移** $\mathrm{d}\boldsymbol{r}$ 表示，则这段过程中所做的功称为**元功**，用 $\mathrm{d}W$ 表示为
$$\mathrm{d}W = \boldsymbol{F} \cdot \mathrm{d}\boldsymbol{r} \tag{2.20}$$
国际单位制中，功的单位是焦耳(J)，量纲为 $\mathrm{ML^2T^{-2}}$。

若作用于物体上的力是变力，物体做曲线运动，如图 2.10 所示，则变力沿曲线做的功应是各段元位移变力所做功的代数和。

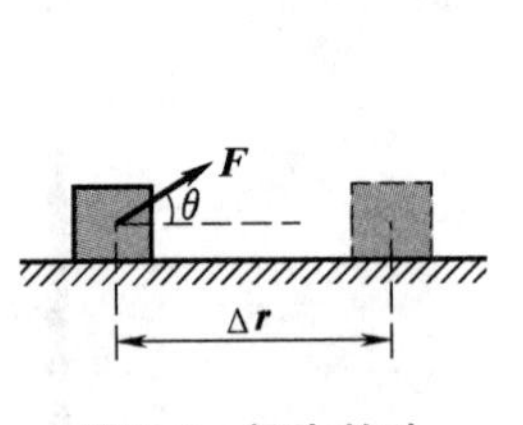

图 2.9　恒力的功

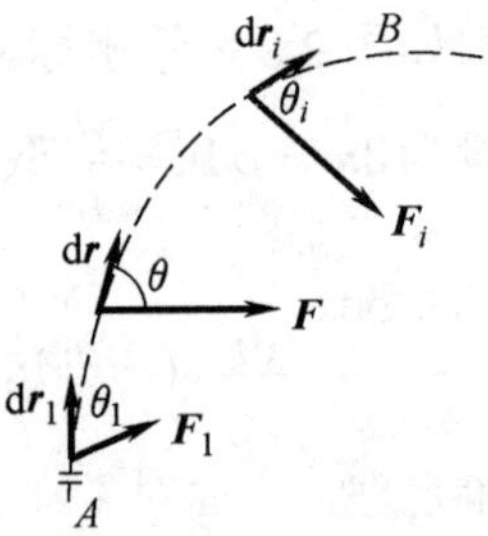

图 2.10　变力的功

由式(2.20)可知，各段元位移 $\mathrm{d}\boldsymbol{r}_i$ 变力所做的功分别为
$$\mathrm{d}W_i = \boldsymbol{F}_i \cdot \mathrm{d}\boldsymbol{r}_i \tag{2.21}$$
那么，物体从 A 到 B 的整段运动过程，变力做功为各段元位移做功的代数和，即

$$W=\int_a^b \mathrm{d}W=\int_a^b \boldsymbol{F}\cdot\mathrm{d}\boldsymbol{r} \tag{2.22}$$

这是功的一般定义式。

在直角坐标系中，　$\boldsymbol{F}=F_x\boldsymbol{i}+F_y\boldsymbol{j}+F_z\boldsymbol{k}$，　$\mathrm{d}\boldsymbol{r}=\mathrm{d}x\boldsymbol{i}+\mathrm{d}y\boldsymbol{j}+\mathrm{d}z\boldsymbol{k}$

式(2.22)可表示为

$$W=\int_a^b (F_x\mathrm{d}x+F_y\mathrm{d}y+F_z\mathrm{d}z) \tag{2.23}$$

式中，F_x、F_y、F_z 分别表示外力 $\boldsymbol{F}$ 沿三个坐标轴的分量，$\mathrm{d}x$、$\mathrm{d}y$、$\mathrm{d}z$ 分别表示元位移 $\mathrm{d}\boldsymbol{r}$ 沿三个坐标轴的分量。

实际问题中，物体常常是同时受多个外力 $\boldsymbol{F}_1$、$\boldsymbol{F}_2$、…、$\boldsymbol{F}_n$ 的作用，则合外力 $\boldsymbol{F}$ 做的功为

$$\begin{aligned} W&=\int_A^B \boldsymbol{F}\cdot\mathrm{d}\boldsymbol{r}\\ &=\int_A^B (\boldsymbol{F}_1+\boldsymbol{F}_2+\cdots+\boldsymbol{F}_n)\cdot\mathrm{d}\boldsymbol{r}\\ &=\int_A^B \boldsymbol{F}_1\cdot\mathrm{d}\boldsymbol{r}+\int_A^B \boldsymbol{F}_2\cdot\mathrm{d}\boldsymbol{r}+\cdots+\int_A^B \boldsymbol{F}_n\cdot\mathrm{d}\boldsymbol{r}\\ &=W_1+W_2+\cdots+W_n \end{aligned} \tag{2.24}$$

即合力对物体所做的功等于其中各个分力分别对该物体所做功的代数和。

【注意】　功是一个过程量，与路径有关。

2.2.2　功率

为了表征各种机械设备如发动机、机床等的做功效率，引入功率这个物理量。功率是描述物体做功快慢的物理量。外力在单位时间内所做的功就是功率。

设在 Δt 时间内完成的功为 ΔW，那么在这段时间内的**平均功率**为

$$\overline{P}=\frac{\Delta W}{\Delta t} \tag{2.25}$$

时间间隔 $\Delta t\to 0$ 时的平均功率即为该时刻的**瞬时功率**，为

$$P=\lim_{\Delta t\to 0}\frac{\Delta W}{\Delta t}=\frac{\mathrm{d}W}{\mathrm{d}t} \tag{2.26}$$

将式(2.20) $\mathrm{d}W=\boldsymbol{F}\cdot\mathrm{d}\boldsymbol{r}$ 代入式(2.26)可得功率的另一表达形式为

$$P=\boldsymbol{F}\cdot\frac{\mathrm{d}\boldsymbol{r}}{\mathrm{d}t}=\boldsymbol{F}\cdot\boldsymbol{v}=\boldsymbol{F}\cos\theta\cdot\boldsymbol{v} \tag{2.27}$$

即瞬时功率等于力在速度方向的分量和速度大小的乘积。

当外力 $\boldsymbol{F}$ 与速度 $\boldsymbol{v}$ 方向一致时，$P=F\cos 0^\circ\cdot v=Fv$。

例如，汽车发动机的功率 P 是恒定的，因此，使用汽车变速箱中的低挡(慢速)，则驱动力 $\boldsymbol{F}$ 较大，所以司机在汽车启动或爬坡时，总是调到低挡行驶。

在直角坐标系中，式(2.27)可表示为

$$P=\boldsymbol{F}\cdot\boldsymbol{v}=F_xv_x+F_yv_y+F_zv_z \tag{2.28}$$

国际单位制中，功率的单位为瓦特，简称瓦(W)或千瓦(kW)，1kW=10^3W；功率的量纲为 $\mathrm{ML^2T^{-3}}$。

在工程技术中，功常用电子伏特(eV)单位，它们间的换算关系为 $1\text{eV}=1.6\times10^{-19}\text{J}$。在电工技术中，功和功率的单位还常用 1kW·h =1 度电来表述，即

$$1\text{kW}\cdot\text{h}=1000\text{W}\times3600\text{s}=3.6\times10^6\text{J}=1\text{度(电)}$$

【例 2-5】一底面积为 50m²，深度为 1.5m 的长方体蓄水池，若池里水的表面低于地面 5m 时要将水全部抽到地面上来，抽水机要做多少功？设抽水机的效率为 80%，输入功率为 35kW，则将水池抽干需要多少时间？

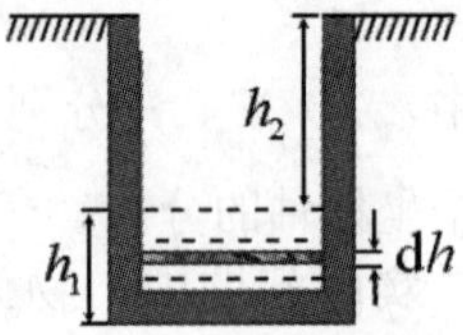

解：这是个变力做功过程，需要积分。

如图 2.11 所示，水深为 $h_1=1.5\text{m}$，水面离地面 $h_2=5\text{m}$，将 $\text{d}h$ 深的水层抽到地面上需做的功为 $\text{d}A=\rho shg\text{d}h$。

图 2.11　例 2-5 图

将水全部抽干需做的功为

$$A=\int\text{d}A=\int_{h_2}^{h_1+h_2}\rho shg\text{d}h=\rho sgh_1\left(\frac{h_1}{2}+h_2\right)$$

$$=4.23\times10^6\text{J}$$

设抽水机输入功率为 P，抽干池中水需要时间 t，则有

$$A=Pt\eta$$

因此　$t=\dfrac{A}{P\eta}=\dfrac{4.23\times10^6}{35\times10^3\times0.8}\text{s}=151\text{s}$

2.3 动能定理

2.3.1 质点的动能和动能定理

力对物体做功的效应是使物体的运动状态改变。那么，两者间的定量关系如何呢？这就是本节将要讨论的问题。

如图 2.12 所示，质量为 m 的物体在外力 $\boldsymbol{F}$ 的作用下，沿曲线从 a 运动到 b，速度由 v_a 变为 $\boldsymbol{v}_b$，将外力 $\boldsymbol{F}$ 分解成沿曲线的切向和法向的分量 F_τ、F_n，由功的定义可知，外力的法向分量 F_n 是不做功的，只有切向分量 F_τ 做功，即质点的整段过程外力做功为

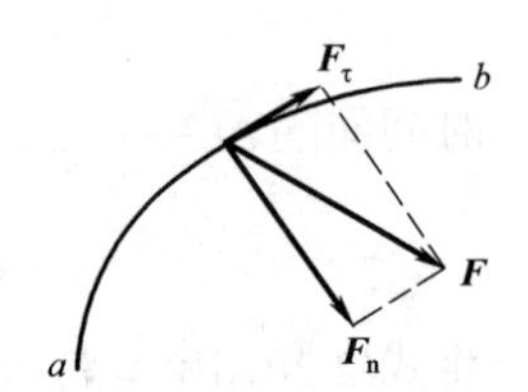

图 2.12　动能定理

$$W_{ab}=\int_a^b\boldsymbol{F}\cdot\text{d}\boldsymbol{r}=\int_a^bF_\tau|\text{d}\boldsymbol{r}|=m\int_a^ba_\tau|\text{d}\boldsymbol{r}| \tag{2.29}$$

将 $a_\tau=\dfrac{\text{d}v}{\text{d}t}$，　$|\text{d}\boldsymbol{r}|=v\text{d}t$ 代入式(2.29)可得：

$$W_{ab}=m\int_a^b\frac{\text{d}v}{\text{d}t}\cdot v\text{d}t=m\int_{v_a}^{v_b}v\cdot\text{d}v=\frac{1}{2}mv_b^2-\frac{1}{2}mv_a^2 \tag{2.30}$$

可见，合外力对质点做功的结果，是使得 $\frac{1}{2}mv^2$ 这个物理量获得了增量，该量是由各时刻的运动状态决定的，我们把它称为质点的动能，用 E_k 表示。

式(2.30)表明合外力对质点所做的功等于质点动能的增量，这就是质点的动能定理。

2.3.2　质点系的动能定理

我们先以两个质元的简单系统为例进行讨论。设有两个质元 m_1、m_2 组成一个封闭系统，两质元受系统内力 $\boldsymbol{f}_1$ 、$\boldsymbol{f}_2$ 和系统外力 $\boldsymbol{F}_1$ 、$\boldsymbol{F}_2$ 作用。在运动过程中，各质元初速度分别为 v_{1A}、v_{2A}，末速度分别为 v_{1B}、v_{2B}。对两质元分别由动能定理式(2.30)进行计算。

对 m_1：
$$\int_A^B \boldsymbol{F}_1 \cdot \mathrm{d}\boldsymbol{r}_1 + \int_A^B \boldsymbol{f}_1 \cdot \mathrm{d}\boldsymbol{r}_1 = \frac{1}{2}m_1 v_{1B}^2 - \frac{1}{2}m_1 v_{1A}^2 \tag{2.31}$$

对 m_2：
$$\int_A^B \boldsymbol{F}_2 \cdot \mathrm{d}\boldsymbol{r}_2 + \int_A^B \boldsymbol{f}_2 \cdot \mathrm{d}\boldsymbol{r}_2 = \frac{1}{2}m_2 v_{2B}^2 - \frac{1}{2}m_2 v_{2A}^2 \tag{2.32}$$

将式(2.31)与式(2.32)相加得
$$\begin{aligned}&\int_A^B \boldsymbol{F}_1 \cdot \mathrm{d}\boldsymbol{r}_1 + \int_A^B \boldsymbol{f}_1 \cdot \mathrm{d}\boldsymbol{r}_1 + \int_A^B \boldsymbol{F}_2 \cdot \mathrm{d}\boldsymbol{r}_2 + \int_A^B \boldsymbol{f}_2 \cdot \mathrm{d}\boldsymbol{r}_2 \\ &= \left(\frac{1}{2}m_1 v_{1B}^2 + \frac{1}{2}m_2 v_{2B}^2\right) - \left(\frac{1}{2}m_1 v_{1A}^2 + \frac{1}{2}m_2 v_{2A}^2\right)\end{aligned} \tag{2.33}$$

式(2.33)左边表示系统所有外力、内力功的和，右边表示系统各质元末动能总和 E_{kB} 与系统初动能总和 E_{kA} 的差值 ΔE_{k} 。即质点系所有外力和内力对质点系做的功之和等于质点系总动能的增量，此结论称为质点系动能定理。记作：
$$W_{外} + W_{内} = E_{\mathrm{k}B} - E_{\mathrm{k}A} = \Delta E_{\mathrm{k}} \tag{2.33a}$$

【注意】(1) 内力能改变系统的总动能，但不能改变系统的总动量。
(2) 动能是状态量，任一运动状态对应一定的动能。
(3) ΔE_{k} 为动能的增量，增量可正可负，由做功的正负而定。
(4) 动能是质点因运动而具有的做功本领。

另外，动能定理是在牛顿定律的基础上得出的，所以它只适用于惯性系。在不同的惯性系中，质点的位移、速度是不同的，因此功和动能都具有相对性，其值的大小取决于参考系。如一颗飞行的子弹，对于与它以同样速度运动的飞机上的驾驶员来说是毫无威胁的(子弹对飞行员的动能为零)；但对于静止或行走在地面上的人而言，子弹的动能足以穿入人的身体，危及人的生命，不可忽视。

【例 2-6】一个质量 15g 的子弹，以 200 $\mathrm{m \cdot s^{-1}}$ 的速度射入一固定的木板内，如阻力与射入木板的深度成正比 $f = -kx$ ，且 $k = 5.0\times10^3\,\mathrm{N \cdot cm^{-1}}$ 。求子弹射入木板的深度 l。

解：以子弹 m 为研究对象，在射入深度为 l 时阻力做功 A 为
$$A = \int_l f\mathrm{d}x = \int_0^l -kx\mathrm{d}x = -\frac{1}{2}kl^2$$

由动能定理有
$$-\frac{1}{2}kl^2 = 0 - \frac{1}{2}mv_0^2$$

故
$$l = \sqrt{\frac{m}{k}}v_0 = \sqrt{\frac{15\times10^{-3}}{5.0\times10^5}}\times200\mathrm{m} = 3.46\times10^{-2}\,\mathrm{m}$$

2.4　保守力　势能

2.4.1　保守力做功

在对各种力做功进行计算时，发现有一类力做功具有很特殊的性质，它们做功的大小只与物体的始末位置有关，而与物体所经历的路径无关，我们把这类力叫作保守力。

常见的典型保守力有重力、万有引力、弹力、静电场力等。在物理学中，除了这些保守力外，还有一些与保守力特性相反的力，称为非保守力，通常也叫作耗散力，如摩擦力等，做功是与路径有关的。下面讨论力学中几种常见的保守力的功和相应的势能。

1．重力的功

设质量为 m 的物体在重力 $\boldsymbol{P}=m\boldsymbol{g}$ 作用下沿任意曲线由 a 点经 d 点运动到 b 点，取地面为坐标原点，如图 2.13 所示，a 点、b 点相对于地面的高度用 z_a、z_b 表示。

在任意元位移 $\mathrm{d}\boldsymbol{r}$ 中，重力 $\boldsymbol{P}$ 所做的元功为

$$\mathrm{d}W=m\boldsymbol{g}\cdot\mathrm{d}\boldsymbol{r} \tag{2.34}$$

则由 a 点运动到 b 点的过程中，重力 $\boldsymbol{P}$ 所做的总功为

$$W=\int\mathrm{d}W=\int_a^b m\boldsymbol{g}\cdot\mathrm{d}\boldsymbol{r}=\int_a^b(-mg)\boldsymbol{k}\cdot(\mathrm{d}x\boldsymbol{i}+\mathrm{d}y\boldsymbol{j}+\mathrm{d}z\boldsymbol{k})=\int_{z_a}^{z_b}-mg\mathrm{d}z=-(mgz_b-mgz_a) \tag{2.35}$$

从计算中可以看出，如果物体从 a 点沿其他的路径(如 acb)运动到 b 点，所做的功仍表示为式(2.35)。可见，重力做功只与物体的始末位置 z_a、z_b 有关，而与物体所经历的路径无关，即重力是保守力。

在图 2.13 中，把物体运动的路径分为 adb、bca 两段，在曲线 adb 段，重力做功为式(2.35)；在曲线 bca 段，重力做功由式(2.35)得

$$W_{bca}=-(mgz_a-mgz_b)=-W_{adb} \tag{2.36}$$

所以，物体沿闭合路径一周，重力 $\boldsymbol{P}$ 做的功为

$$W=W_{adb}+W_{bca}=0$$

或写为

$$\oint\boldsymbol{P}\cdot\mathrm{d}\boldsymbol{r}=0 \tag{2.37}$$

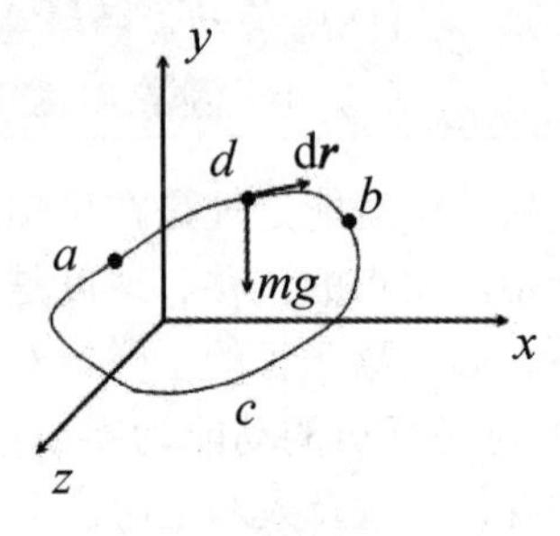

图 2.13　重力的功

也就是说，在重力场中，物体沿任意闭合路径运动一周时，重力做功为零。这是保守力做功的特点，因此重力是保守力。

2．万有引力的功

设两个物体的质量分别为 M、m，两质点之间在万有引力作用下做相对运动时，以物体 M 所在处为原点，M 指向 m 的方向为矢径的正方向，如图 2.14 所示。m 受的引力方向与矢径方向相反。

m 在完成元位移 $\mathrm{d}\boldsymbol{l}$ 时，万有引力 $\boldsymbol{F}$ 所做的元功为

$$\mathrm{d}W_F = \boldsymbol{F}\cdot\mathrm{d}\boldsymbol{l} = -G\frac{Mm}{r^3}\boldsymbol{r}\cdot\mathrm{d}\boldsymbol{l}$$

由图 2.14 可见：$\boldsymbol{r}\cdot\mathrm{d}\boldsymbol{l} = r|\mathrm{d}\boldsymbol{l}|\cos\theta = r\mathrm{d}r$　　(2.38)

这样，物体 m 从 a 点运动到 b 点，万有引力所做的总功为

$$W_F = \int_a^b \boldsymbol{F}\cdot\mathrm{d}\boldsymbol{l} = -\int_{r_a}^{r_b} G\frac{Mm}{r^3}\boldsymbol{r}\cdot\mathrm{d}\boldsymbol{l}$$

$$= -\int_{r_a}^{r_b} G\frac{Mm}{r^3}r\mathrm{d}r = -GMm\left(\frac{1}{r_a}-\frac{1}{r_b}\right) \tag{2.39}$$

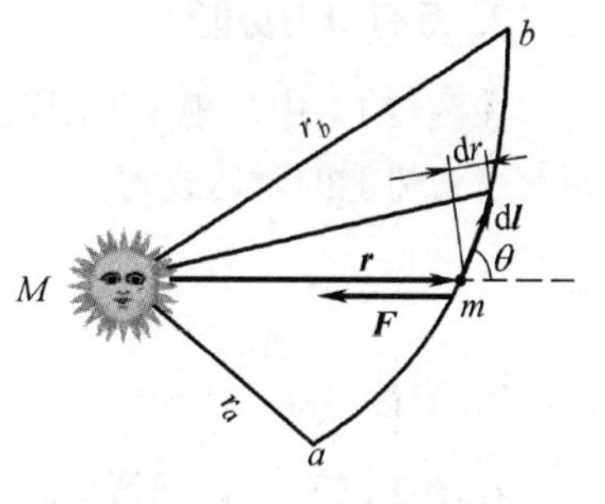

图 2.14　万有引力的功

式(2.39)表明，万有引力的功只与物体的始末位置有关，而与运动路径无关。因此万有引力也是保守力。

3. 弹力的功

设有一劲度系数为 k 的轻弹簧，一端固定，另一端连接一质量为 m 的质点放在水平光滑桌面上，如图 2.15 所示。O 点为弹簧原长时的位置，叫作**平衡位置**，设为坐标原点。设 a、b 两点为弹簧运动时伸长后的两个不同的位置，其坐标分别为 x_a、x_b，也表示物体在这两个位置时弹簧的伸长量。

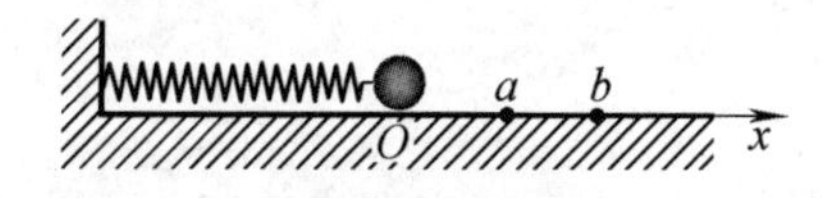

图 2.15　弹力的功

任意位置 x 时，物体受弹力为　　$\boldsymbol{F} = -k\boldsymbol{x}$

当物体由 a 运动到 b 时，弹力做功为

$$W = \int_{x_a}^{x_b} -kx\mathrm{d}x = \frac{1}{2}kx_a^2 - \frac{1}{2}kx_b^2 \tag{2.40}$$

可见，弹性力做功只与物体的始末位置 x_a、x_b 有关，即弹力是保守力。

2.4.2　势能

在机械运动范围内的能量，除了动能还有势能。由于万有引力、重力、弹性力均是保守力，因此可以引入势能的概念。我们把与物体位置有关的能量称为物体的势能。例如，高山上的瀑布能带动发电机发电，说明位于高处的物体具有能量，能够对外做功。

势能概念的引入是以物体处于保守力场为依据的，只有保守力场中才存在仅由位置决定的势能函数，且势能的量值只有相对意义。必须选定了势能零点，才能确定某点的势能值。因此，我们规定物体在某点所具有的势能等于将物体从该点移至零势能点保守力所做的功。零势能点的选择可依具体问题而定。

1. 重力势能

在图 2.13 中，以地面为零势能点，由势能的定义，物体在 a、b 两点的重力势能分别为

$$E_{\mathrm{p}a} = mgz_a\text{，}\quad E_{\mathrm{p}b} = mgz_b \tag{2.41}$$

2. 万有引力势能

在图 2.14 中，规定无限远处的 b 点为零势能点，由式(2.39)的结果及势能的定义可得万有引力势能的表达式为

$$E_{\mathrm{p}} = -G\frac{Mm}{r} \tag{2.42}$$

3. 弹性势能

在图 2.15 中，以弹簧原长为零势能点，物体在任意位置 x(形变量)处的弹性势能为

$$E_{\mathrm{p}} = \frac{1}{2}kx^2 \tag{2.43}$$

综上所述，可得出保守力做功等于对应势能增量的负值，即

$$W_{保} = \int_a^b \boldsymbol{F}_{保} \cdot \mathrm{d}\boldsymbol{r} = E_{\mathrm{p}a} - E_{\mathrm{p}b} \tag{2.44}$$

国际单位制中，势能的单位与功的单位相同。应该注意的是，势能属于具有保守力相互作用的质点系统的。

2.5 机械能守恒定律　能量守恒与转换定律

2.5.1 功能原理

设物体从初态 A 运动到末态 B，由动能定理式(2.33a)可得 $W_{外}+W_{内}=E_{\mathrm{k}B}-E_{\mathrm{k}A}$，而内力分保守内力和非保守内力，即

$$W_{内} = W_{保内}+W_{非保内}$$

则有

$$W_{外}+W_{保内}+W_{非保内} = E_{\mathrm{k}B}-E_{\mathrm{k}A} \tag{2.45}$$

又由式(2.44)得

$$W_{保内} = E_{\mathrm{p}A}-E_{\mathrm{p}B}$$

所以

$$W_{外}+W_{非保内} = (E_{\mathrm{k}B}+E_{\mathrm{p}B}) - (E_{\mathrm{k}A}+E_{\mathrm{p}A})$$

定义　物体的动能与势能之和为物体的机械能，表示为

$$E = E_{\mathrm{k}} + E_{\mathrm{p}} \tag{2.46}$$

因此得

$$W_{外}+W_{非保内} = E_B - E_A \tag{2.47}$$

式中，E_A、E_B 分别为系统初、末态的机械能。式(2.47)表明，质点系在运动过程中所受外力的功与系统内非保守力的功的总和等于系统机械能的增量，称为功能原理。

2.5.2 机械能守恒定律

由式(2.47)可知，如 $W_{外}=0$，$W_{非保内}=0$ 或 $W_{外}+W_{非保内}=0$，则

$$E_B = E_A = 常量$$

即在只有保守内力做功的情况下(或外力与非保守内力做功为零)，质点系的机械能保持不变。这就是质点系的**机械能守恒定律**。

表 2.1 所示为几种常见保守力的势能与势能曲线。

表 2.1　几种常见保守力的势能与势能曲线

重力势能	万有引力势能	弹性势能
选地面为势能零点	选无穷远处为势能零点	选无形变处为势能零点
$E_p=\int_{z_a}^{0}-mg\mathrm{d}z=mgz_a=mgh$	$E_p=\int_{r}^{\infty}-GMm\frac{\mathrm{d}r}{r^2}=-GMm\frac{1}{r}$	$E_p=\int_{x}^{0}-kx\mathrm{d}x=\frac{1}{2}kx^2$
E_p, $E_p=mgh$, O, h	E_p, O, r, $E_p=-GMm\frac{1}{r}$	$E_p=\frac{1}{2}kx^2$, E_p, O, x

2.5.3　能量守恒定律

亥姆霍兹(1821—1894)，德国物理学家和生理学家(见图 2.16)于 1874 年发表了《论力守恒》的演讲，首先系统地以数学方式阐述了自然界各种运动形式之间都遵守能量守恒这条规律，是能量守恒定律的创立者之一。

图 2.16　亥姆霍兹

对一个与自然界无任何联系的系统来说，系统内各种形式的能量可以相互转换，但是不论如何转换，能量既不能产生，也不能消灭。即一个封闭系统内经历任何变化时，该系统的所有能量的总和保持不变，这是普遍的**能量守恒定律**。

2.5.4　功能原理及能量守恒定律应用举例

用功能原理及能量守恒定律求运动参量(***r***，***v***，***a***)和力 ***F***，一般较简便，注意掌握方法，基本步骤如下。

(1)　分析题意选系统，注意机械能守恒条件为 $W_{外}+W_{非保内}=0$。

(2)　根据过程、状态计算功能。

(3)　应用功能关系、守恒定律列方程求解。

【例 2-7】　一弹性系数为 k 的轻弹簧原长 l_0，上端固定后竖直悬挂，下端系一质量为 m 的物体，先用手托住物体使弹簧保持原长，然后将物体释放。物体到达最低位置时弹簧的最大伸长量和弹力分别是多少？物体经过平衡位置时的速率多大？

解：以弹簧原长处为坐标原点和零势能点，设物体从原长下落距离 y 时的速度为 v，弹簧与地球系统机械能守恒，得

$$-mgy+\frac{1}{2}ky^2+\frac{1}{2}mv^2=0 \qquad ①$$

物体到达最低位置时有　　$v=0,\quad y=y_{\max}$

代入式①得 $y_{\max} = 2mg / k$

此时对应弹力也为最大：$f_{\max} = ky_{\max} = 2mg$

物体经过平衡位置时有 $mg = ky_0$ ②

设此时物体的速度为v_0，由机械能守恒得

$$-mgy_0 + \frac{1}{2}ky_0{}^2 + \frac{1}{2}mv_0{}^2 = 0 \quad ③$$

将式②代入式③得： $v_0 = \sqrt{\frac{m}{k}}g$

【**例 2-8**】如图 2.17 所示，在一弯曲管中，稳流着不可压缩的密度为 ρ 的流体。$p_a = p_1$、$S_a = A_1$，$p_b = p_2$，$v_a = v_1$，$v_b = v_2$，$S_b=A_2$。求流体的压强p和速率v之间的关系。

解：如图 2.17 所示，取某时刻流体中的某段流体为研究对象，在极短时间 dt 内从 a 处流到 b 处。稳流流体无黏性，管壁的摩擦也忽略不计。因此，流体只受重力和内部压力的作用。

建立坐标如图 2.17 所示，在时间 dt 内a处、b处流体分别移动$\mathrm{d}x_1$、$\mathrm{d}x_2$，则流体内部压力做功为

$$\mathrm{d}W_p = p_1 A_1 \mathrm{d}x_1 - p_2 A_2 \mathrm{d}x_2$$

流体的体积为 $A_1\mathrm{d}x_1 = A_2\mathrm{d}x_2 = \mathrm{d}V$

则 $\mathrm{d}W_p = (p_1 - p_2)\mathrm{d}V$

流体重力做功为 $\mathrm{d}W_g = -\mathrm{d}m \cdot g(y_1 - y_2) = -\rho \cdot g(y_1 - y_2)\mathrm{d}V$

由动能定理得

$$\left.\begin{aligned} &(p_1 - p_2)\mathrm{d}V - \rho \cdot g(y_2 - y_1)\mathrm{d}V = \frac{1}{2}\rho\mathrm{d}Vv_2^2 - \frac{1}{2}\rho\mathrm{d}Vv_1^2 \\ &p_1 + \rho gy_1 + \frac{1}{2}\rho v_1^2 = p_2 + \rho gy_2 + \frac{1}{2}\rho v_2^2 = \text{常量} \\ &p + \rho gy + \frac{1}{2}\rho v^2 = \text{常量} \end{aligned}\right\} \quad (2.48)$$

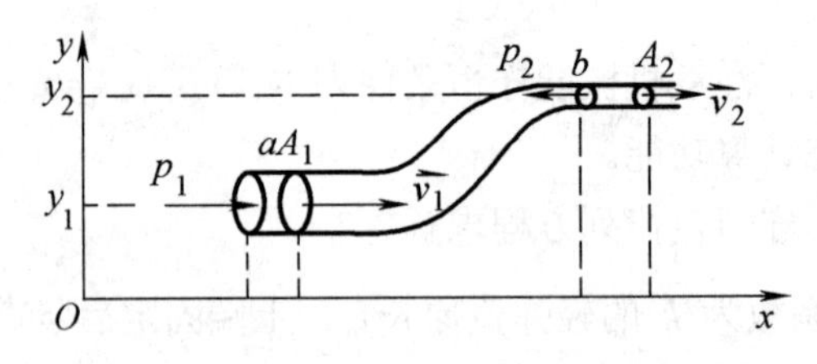

图 2.17 例 2-8 图

式(2.48)表明，在同一管道中任何一点处，流体每单位体积的动能和势能以及压强之和是个常量，这个结论称为伯努利方程，它是流体力学的基本定律。对做稳定流动的理想流体，用此方程确定流体内部压力和速度有很大的实际意义，在水利、制船、航空等工程都有广泛的应用。

【课后思考】 (1) 飞机是人类受到鹰在天空自由飞翔的启迪而发明的。你能根据所学过的伯努利原理说明飞机机翼的升力是如何产生的吗?

(2) 火车站和地铁的站台为何要设置醒目的黄色预警线?

(3) 生活在非洲地带的聪明的犬鼠为了避暑，常在地面下打通一个“U形通道”，作为它天然的避暑空调系统，如图2.18所示。你能说明这天然空调系统的工作原理吗?

图2.18 非洲犬鼠的“天然空调”

(4) 华丽的“香蕉球”的奥秘——足球运动员踢出的弧线球的“弧线”怎么解释?

(5) 两只在大海上航行的船，为什么不能隔得太近?两只船为什么不能平行前进?据记载1912年秋，当时世界上最大的远洋货轮“奥林匹克”号在大海上航行时遇到另一艘比它小很多的铁甲巡洋舰“豪克”号正在距它约100m处平行向前行驶，结果“豪克”忽然失去了控制似的被强大的引力牵引着一头撞上了“奥林匹克”号，硬生生撞出一个大窟窿，最终酿成一场严峻的海难事故，如图2.19所示。这是为什么呢?

图2.19 “奥林匹克”号与铁甲巡洋舰“豪克”号相撞

【课外阅读与应用】

汽车的动力学

轮子的发明使人类的交通摆脱了仅靠人力和畜力的原始运输状态。蒸汽机的发明又催生了汽车的诞生。那么汽车的动力是如何产生的?有人说，这是由于汽车发动机产生的驱动力使汽车启动。然而从牛顿力学知道，静止的物体需要有外力作用，使其产生加速度，才能运动起来。汽车发动机的力是内力，内力不会使物体产生加速度。那么，汽车依靠什么外力驱动呢?

1．汽车的驱动力

汽车发动机内的燃气压力推动汽缸内的活塞，经过一套传动机构传到后轮上，对后轮作用一个驱动力矩 M，如图 2.20(a)所示。该力矩使后轮做顺时针转动，从而使轮子与地面的接触点有向后滑动的趋势，结果地面对后轮作用一个向前的摩擦力 f_1，这个力就是使汽车启动的外力。所以汽车驱动力是地面给汽车的摩擦力。前轮是被动轮，它与地面相接触的点有向前滑动的趋势，使得地面对前轮作用一个向后的摩擦力 f_2，它是阻碍汽车前进的外力。显然，地面对后轮必须提供足够大的摩擦力，使 $f_1>f_2$，汽车才能获得向前的加速度而启动。否则尽管发动机开动，后轮在转动，汽车仍不能前进，这就是常见的打滑现象。从能量角度看，在不打滑的情况下，车轮与地面的摩擦力是静摩擦力，它并不做功。汽车的驱动是发动机的内力做功使汽车获得动能，而摩擦力仅是实现内力做功的条件，并不是摩擦力做功使汽车获得动能。

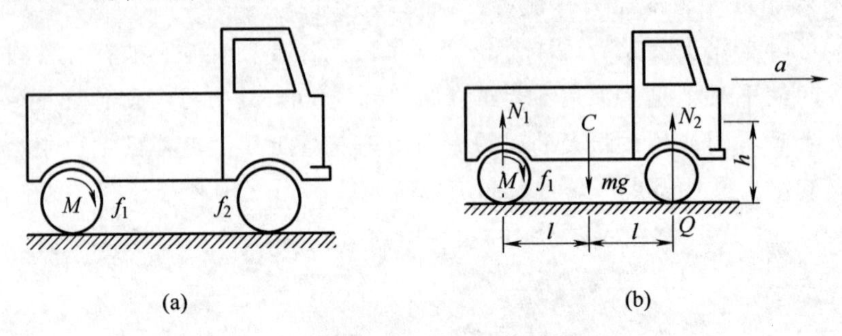

图 2.20　汽车的驱动力示意图

2．汽车的打滑

为简单起见，略去前轮的摩擦力，讨论地面与后轮的摩擦因数 μ 至少应为多大才能避免打滑。如图 2.20(b)所示，设汽车质量为 m，前后轮相距 $2l$，质心 C 距前后轮等距，离地面高度为 h。假若地面给后轮和前轮的支承力分别为 N_1 和 N_2，地面给后轮向前的摩擦力为 f_1，汽车向前的加速度为 a，则由质心运动定律及牛顿定律，得

再从绕质心轴的转动定律，得

$$\left.\begin{aligned} &\boldsymbol{f}_1 = m\boldsymbol{a} \\ &\boldsymbol{N}_1 + \boldsymbol{N}_2 - m\boldsymbol{g} = 0 \\ &\boldsymbol{f}_1 h + \boldsymbol{N}_2 l - \boldsymbol{N}_1 l = 0 \end{aligned}\right\} \tag{a}$$

联立解上三式得:

$$\left.\begin{aligned} &\boldsymbol{N}_1 = \frac{m}{2}\left(\boldsymbol{g} + \frac{h\boldsymbol{a}}{l}\right) \\ &\boldsymbol{N}_2 = \frac{m}{2}\left(\boldsymbol{g} - \frac{h\boldsymbol{a}}{l}\right) \end{aligned}\right\} \tag{b}$$

后轮不打滑的条件为 $f_1 \leqslant \mu N_1$，即

$$ma \leqslant \mu\frac{m}{2}\left(g + \frac{ha}{l}\right)$$

所以

$$\mu \geqslant \frac{2la}{gl + ha}$$

在下雨或路上结冰的时候，摩擦因数会大大减小，以致μ的条件不能满足，因此会发生打滑现象。

3. 翻车的动力学分析

从式(a)和式(b)可以看出，随着加速度 $\boldsymbol{a}$ 的增大，N_1增大，而 N_2减小，这表明地面对后轮的支承力增加，对前轮的支承力减小。支承力是被动力，支承力变化是轮胎对地面的压力变化引起的。也就是说，随着加速度 $\boldsymbol{a}$ 的增大，后轮对地面的压力增加，前轮对地面的压力减小，这意味着车尾下沉，车头上抬；反之，在汽车刹车减速时，加速度 $\boldsymbol{a}$ 变为负值，这时后轮对地面的压力减轻，前轮对地面的压力加重，结果车头下沉，车尾上抬。如果汽车刹车过猛，以致$|a|>\dfrac{gl}{h}$，则$N_1<0$，这意味着后轮离地而腾起。这时，汽车刹车引起的惯性力$\boldsymbol{F}'=m\boldsymbol{a}$对前轮与地面接触点 Q 的力矩已大于重力对 Q 点的力矩，即$mah>mgl$，因而整个汽车会绕Q点顺时针方向转动，就会造成重大翻车事故。

习　题　2

2.1　在光滑的水平面上，有质量分别为m_1和m_2的两个小球位于弹性系数为 k 的轻弹簧两端，如图 2.21 所示。现以等值反向的两个水平力F_1、F_2分别同时作用于两小球上，则对两球和弹簧组成的系统在运动过程中动量是否守恒？ 机械能是否守恒？

2.2　质量为 m 的铁锤竖直落下，打在木桩上后停止。设打击时间为Δt，打击前铁锤速率为v，则在打击木桩的时间内，铁锤所受平均合外力的大小为______。

2.3　如图 2.22 所示是阿特伍德机测物体的重力加速度装置。细绳无弹性，绳子、滑轮的质量及滑轮的摩擦均忽略不计。将两个质量分别为 m_1、m_2 的物体从静止同时释放，测得m_2加速滑落距离x时获得的速度大小为v，则物体的重力加速度为______。

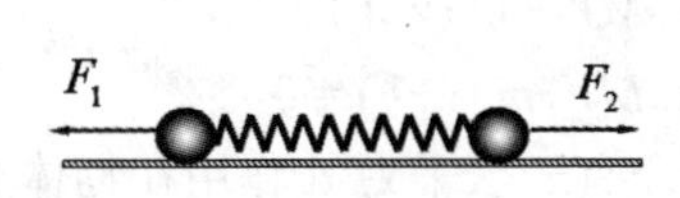

图 2.21　习题 2.1 图

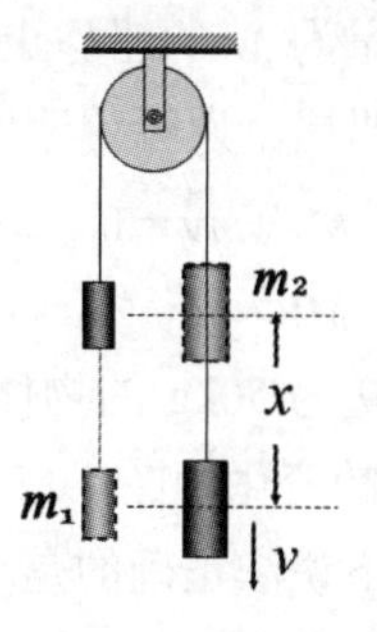

图 2.22　习题 2.3 图

2.4　今有一劲度系数为k的轻弹簧，竖直放置，下端悬一质量为m的小球，开始时使弹簧为原长而小球恰好与地接触。今将弹簧上端缓慢地提起，直到小球刚能脱离地面为止，在此过程中外力做功是多少？

2.5　如图 2.23 所示，一斜面固定在卡车上，斜面上放一物块，在卡车沿水平方向加速启动的过程中，物块在斜面上无相对滑动。说明在此过程中摩擦力对物块的冲量方向是怎样的？

2.6 速度为 v 的子弹打穿一块木板后速度为零，设木板对子弹的阻力是恒定的。那么，当子弹射入木板的深度等于其厚度的一半时，子弹的速度是多大？

2.7 一水平放置的轻弹簧，劲度系数为 k，一端固定，另一端系一质量为 m 的滑块A，A 旁又有一质量相同的滑块 B，如图 2.24 所示。设两滑块与桌面间无摩擦，若用外力将 A、B 一起推压使弹簧压缩距离为 d 而静止，然后撤销外力，则 B 离开 A 时的速度大小为______。

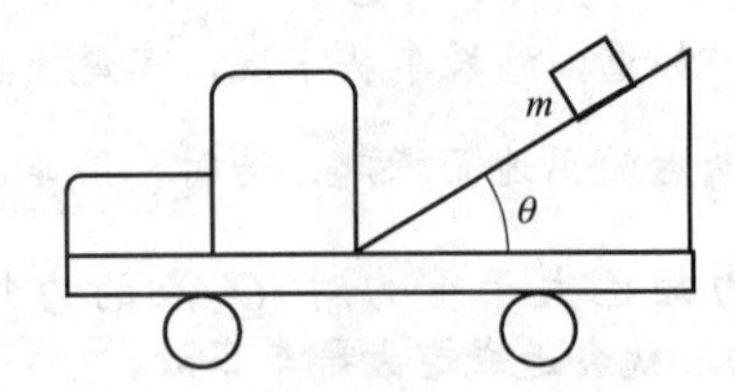

图 2.23 习题 2.5 图

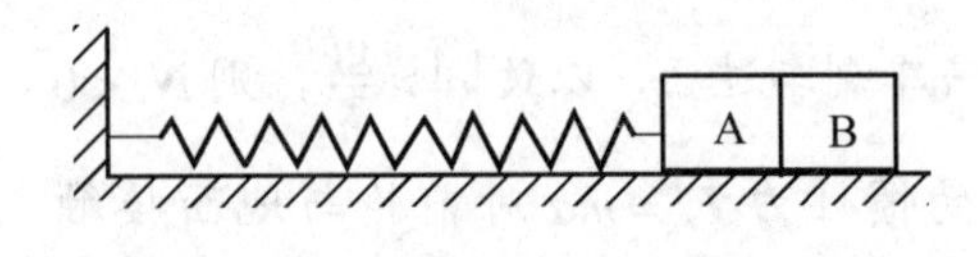

图 2.24 习题 2.7 图

2.8 用水平力把一个物体压着靠在粗糙的竖直墙面上保持静止，当外力逐渐增大时，物体所受的静摩擦力的大小将如何变化？

2.9 以下说法正确的是______。

(A) 大力的冲量一定比小力的冲量大　(B) 小力的冲量可能比大力的冲量大

(C) 速度大的物体动量一定大　(D) 质量大的物体动量一定大

2.10 做匀速圆周运动的物体运动一周后回到原处，这一周期内物体的动量是否守恒？合外力是否为零？合外力的冲量是否为零？

2.11 质量为 m 的一艘宇宙飞船关闭发动机返回地球时，可认为该飞船只在地球的引力场中运动。已知地球质量为 M，万有引力恒量为 G，则当它从距地球中心 R_1 处下降到 R_2 处时，飞船增加的动能应等于______。

2.12 质量为 M 的船静止在平静的湖面上，一质量为 m 的人在船上以相对于船的速度 v 从船头走到船尾。设船的速度为 V，则用动量守恒定律列出的方程为______。

(A) $MV+mv=0$　(B) $MV=m(v+V)$

(C) $MV=mv$　(D) $MV+m(v+V)=0$

2.13 质量为 50kg 的物体静止在光滑水平面上，今有一水平力 F 作用在物体上，力 F 的大小随时间的变化如图 2.25 所示，则在 t=60s 的时刻，物体速度的大小为______ $m \cdot s^{-1}$。

2.14 以下说法正确的是______。

(A) 功是标量，能也是标量，不涉及方向问题

(B) 某方向的合力为零，功在该方向的投影必为零

(C) 某方向合外力做的功为零，该方向的机械能守恒

(D) 物体的速度大，合外力做的功多，物体所具有的功也多

2.15 以下说法**错误**的是______。

(A) 势能的增量大，相关的保守力做的正功多

(B) 势能是属于物体系的，其量值与势能零点的选取有关

(C)　功是能量转换的量度

(D)　物体速率的增量大，合外力做的正功多

2.16　如图 2.26 所示，1/4 圆弧轨道(质量为 M)与水平面光滑接触，一物体(质量为 m)自轨道顶端滑下，M 与 m 间有摩擦。M 与 m 组成系统的总动量及水平方向动量是否守恒？系统机械能是否守恒？

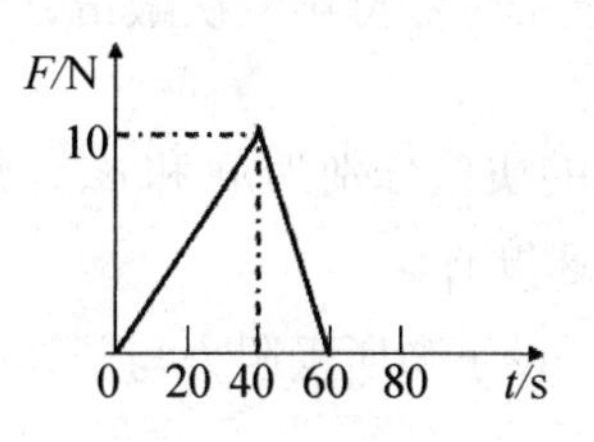

图 2.25　习题 2.13 图

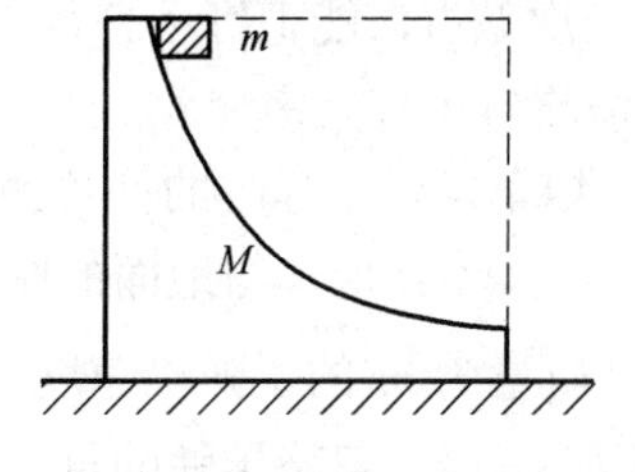

图 2.26　习题 2.16 图

2.17　悬挂在天花板上的弹簧下端挂一重物 M，如图 2.27 所示。开始物体在平衡位置 O 以上一点 A 处。(1) 手把住 M 缓慢下放至平衡点；(2) 手突然放开，物体自己经过平衡点。合力做的功分别为 A_1、A_2，则有 A_1_____A_2(填>，<，=)。

2.18　假设在最好的刹车条件下，汽车轮在路面上只有滑动而无滚动。试求质量为 m 的汽车以速率 v 沿水平道路前进时刹车后要停下来所需要的最短距离。(设路面的滑动摩擦因数为μ)

2.19　如图 2.28 所示，两块并排的木块 A 和 B，质量分别为 m_1 和 m_2，静止地放在光滑的水平面上，一子弹水平地穿过两木块。设子弹穿过两木块所用的时间分别为Δt_1 和 Δt_2，木块对子弹的阻力为恒力 $\boldsymbol{F}$，则子弹穿出后，木块 A 的速度大小为_______，木块 B 的速度大小为_______。

2.20　如图 2.29 所示，一质点在几个力的作用下，沿半径为 R 的圆周运动，其中一个力是恒力 $\boldsymbol{F}_0$，方向始终沿 x 轴正向，即 $\boldsymbol{F}_0= F_0\boldsymbol{i}$。当质点从 A 点沿逆时针方向走过 3/4 圆周到达 B 点时，$\boldsymbol{F}_0$ 所做的功为 W=____________。

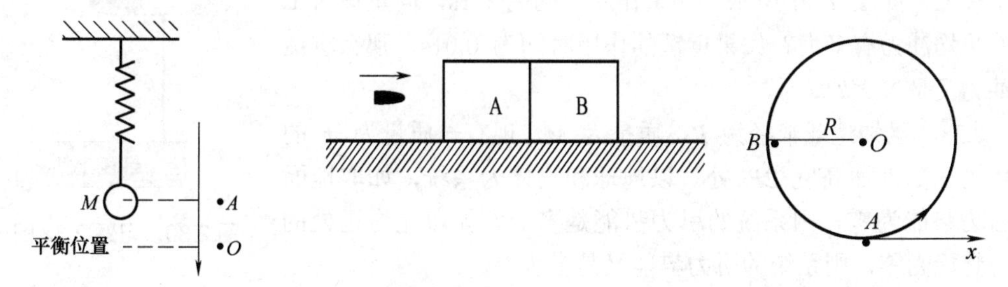

图 2.27　习题 2.17 图　　图 2.28　习题 2.19 图　　图 2.29　习题 2.20 图

2.21　力 $\boldsymbol{F} = x\,\boldsymbol{i} +3y^2\boldsymbol{j}$ (SI) 作用于运动方程为 $x = 2t$ (SI)做直线运动的物体上，则 0～1s 内力 $\boldsymbol{F}$ 做的功为 W=______________J。

2.22　一运动员(m=60kg)做立定跳远，在平地上可跳 5m 远。若让其站在质量为 140kg 的小车上以与地面完全相同的姿势做立定向地下跳远，忽略小车的高度，则他可跳______m。

2.23　一长为 l 质量为 m 的匀质链条，放在光滑的桌面上，若其长度的 1/5 悬挂于桌边下，将其慢慢拉回桌面，需做的功为__________。

2.24　在弹性限度内，如果将弹簧的伸长量增大为原来的两倍，则弹簧的弹性势能将如何变化？为什么？

2.25　用铁锤把钉子敲入墙面木板，设木板对钉子的阻力与钉子进入木板的深度成正比。若第一次敲击，能把钉子打入木板 1cm，第二次敲击时保持第一次敲击钉子的速度，问第二次能将钉子打入多深？

2.26　炮车发射炮弹时的仰角为 θ，设炮车和炮弹的质量分别为 m_1 和 m_2，炮弹出口时速度大小为 v，不计炮车与地面的摩擦，求炮车的反冲速度 v_1。

2.27　质量为 m 的子弹以速度 v_0 水平射入沙土中，设子弹所受阻力与子弹的速度成正比，比例系数为 k，忽略子弹的重力。求：

(1) 子弹射入沙土后，速度随时间变化的函数关系；(2) 子弹射入沙土的深度为多少？

2.28　一人从 10m 深的水井中提水，开始时桶中装有 10kg 的水，由于桶漏水，每提升 1m 就要漏去 0.2kg 的水，求水桶被匀速提升到井口时人所做的功。

2.29　一质量为 m 的陨石从距地面高 h 处由静止开始落向地面。设地球质量为 M，半径为 R，忽略空气阻力，求：

(1) 陨石下落过程中万有引力的功是多少？(2) 陨石落地的速度多大？

2.30　质量为 m 的汽车沿 x 轴正方向运动，初始位置 $x_0=0$，从静止开始加速。若其发动机的功率 P 维持不变，且不计阻力的条件下，试证明：

(1) 汽车速度的表达式为 $v=\sqrt{2Pt/m}$；

(2) 汽车位置的表达式为 $x=\sqrt{8P/(9m)}\,t^{3/2}$。

2.31　一小船质量为 100kg，船头至船尾长 3.6m，质量为 50kg 的人从船尾走到船头时，船头将移动多少距离？水的阻力忽略不计。

2.32　质量为 0.3t 的重锤，从 1.5m 高处自由下落到受锻压的工件上，如图 2.30 所示。如果作用时间为 0.1s，问重锤对工件的平均冲力有多大？如果重锤的作用时间为 0.01s，那么重锤的冲力又是多大？

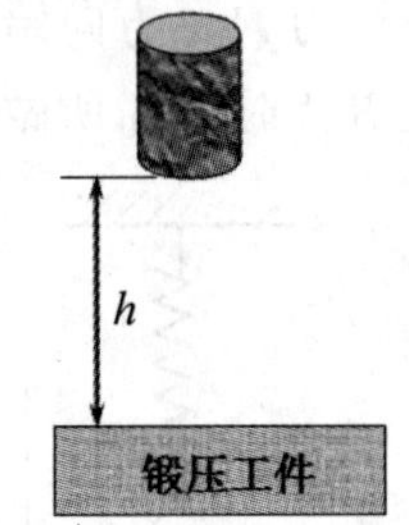

图 2.30　习题 2.32 图

2.33　已知地球半径为 R，质量为 M，现有一质量为 m 的物体处在离地面高度 $2R$ 处。以地球和物体为系统，如取地面的引力势能为零，则系统的引力势能是多少？如取无穷远处的引力势能为零，则系统的引力势能又是多少？

第 3 章　刚体的定轴转动

前面我们已经研究学习了物体可看成是质点(理想模型)的机械运动，这是远远不够的。在大多数情况下，物体是既有形状又有大小的，运动过程中既有平动又有转动，而且还会发生形变，甚至还有更复杂的运动。比如飞出去的手榴弹、跳水运动员跳水时的运动，就是重心的平动+绕重心轴的转动等。为简化问题，我们采用与质点模型同样的方法，把运动过程中形变不显著的固体，或是物体内任意两点之间的距离保持不变的物体称为刚体，它是考虑物体的形状和大小，但忽略物体的形变的理想模型。本章就在质点力学的基础上，研究刚体在外力、力矩作用下的平动、转动，其中最简单的是刚体绕定轴转动的动力学规律，为进一步研究更复杂的机械运动奠定基础。

3.1　刚体运动的描述

3.1.1　刚体的运动

刚体是指在外力作用下，形状和大小都不发生变化的物体，可看成是由许多任意两质点间距离保持不变的特殊质点组合而成的。刚体内每一质元的运动都服从质点的运动规律，把构成刚体的全部质元的运动加以综合，就可得出刚体运动的规律。一般而言，平动和转动是刚体的基本运动。例如，铁饼运动员扔出的铁饼在空中的飞行、士兵投出的手榴弹、车轮的运动等都是属于物体质心的平动加绕质心的转动的复杂运动。

1．刚体的平动

刚体在运动过程中，如果内部所有质元都保持完全相同的运动状态，称为刚体的平动，如图 3.1 所示，刚体内任意两质元 A、B 的运动状态完全一样，即质元的位移、线速度 $\boldsymbol{v}$、加速度 $\boldsymbol{a}$、运动轨迹等都相同。因此，刚体的平动规律可由刚体内任意质元(质点)的运动来表述。

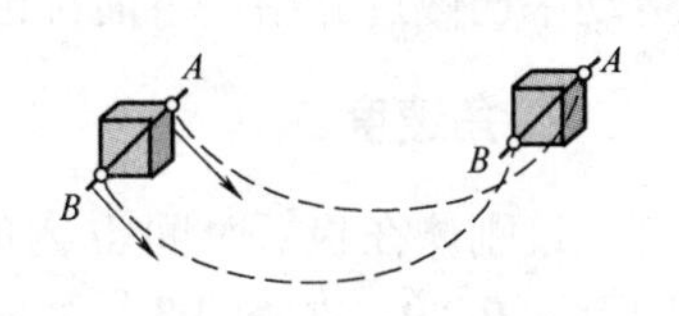

图 3.1　刚体的平动

2．刚体的转动

刚体运动时，如果刚体内各个质元都绕同一直线做圆周运动，这种运动称为刚体的转动，这一直线称为刚体的转轴。例如，机床上飞轮的转动、电动机的转子绕轴旋转、旋转式门窗的开和关、地球的公转和自转等，如图 3.2 所示。刚体的转动分定轴转动和非定轴转动两种。如果刚体的转轴相对于我们选取的参考系是固定不动的，就称为刚体绕固定轴的转动，简称定轴转动。例如，车轮的转动、直升机机翼的转动、滑轮的转动、陀螺的运动等。

综上所述，一般刚体的运动均可看成是刚体质心的平动与绕刚体质心的转动的合成。

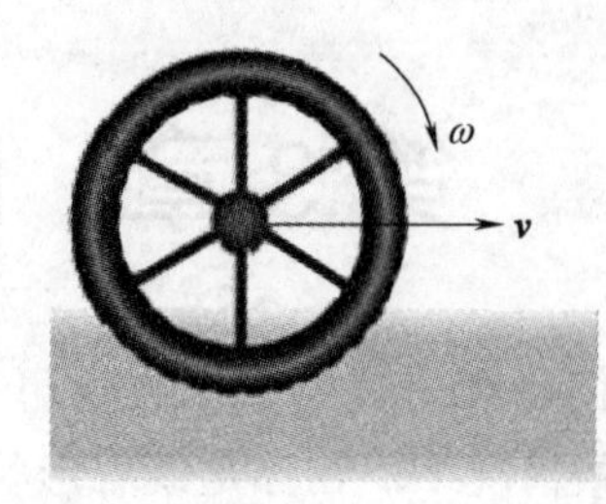

图 3.2　刚体转动的实例

3.1.2　描述刚体转动的角量

刚体定轴转动时，刚体内的各质元均绕定轴做圆周运动，故用角量描述刚体的运动很方便。

1. 角坐标 $\theta=\theta(t)$

刚体做定轴转动时，刚体上各点都绕同一直线(转轴)做圆周运动，而轴本身在空间的位置不变，这时刚体中任一质元都在某个垂直于转轴的平面内做圆周运动，如图 3.3 所示。由于刚体内各质元所在的位置不同，因此各质元的运动轨迹是圆心在转轴上的半径大小不等的圆周。在同一时间内，各质元转过的圆弧长也不等。由于刚体内各质元的相对位置保持不变，因此各质元的半径所扫过的圆弧角却是相同的。我们就可用这个转角来描述整个刚体的转动快慢，此转角就称为刚体的角位移。在刚体转动时，刚体内各点不仅角位移相同，而且角速度、角加速度也都相同。因此，我们以前讨论过的质点的角位移$\Delta\theta$、角速度ω、角加速度β等概念，对刚体的定轴转动都是适用的。至于刚体内各质元的线位移、线速度、线加速度，则因各点到转轴的距离(半径)不同而各不相同。角位移$\Delta\theta$、角速度ω、角加速度β这些角量与线位移、线速度、线加速度这些线量的关系，在质点的圆周运动中已做过介绍。下面讨论刚体转动的角速度矢量。

2. 角速度 ω

设刚体在极短时间 $\mathrm{d}t$ 内的角位移为$\mathrm{d}\theta$，且规定沿逆时针方向转动$\theta>0$，沿顺时针方向转动$\theta<0$，如图 3.3 所示，角位移$\Delta\theta=\theta(t+\Delta t)-\theta(t)$。

定义角速度矢量的大小为

$$\omega=\lim_{\Delta t\to 0}\frac{\Delta\theta}{\Delta t}=\frac{\mathrm{d}\theta}{\mathrm{d}t} \tag{3.1}$$

角速度$\boldsymbol{\omega}$的方向：规定为沿转轴的方向，指向与刚体转动方向之间的关系按右手螺旋法则确定，如图 3.4 所示，即弯曲的四指指向刚体转动的方向，则与四指垂直的大拇指的指向就是角速度矢量的方向。刚体定轴转动(一维转动)的转动方向可以用角速度的正负来表示，如图 3.5 所示。

3. 角加速度

由第 1 章圆周运动的知识可知，我们同样可以定义刚体的角加速度大小为

$$\beta = \frac{d\omega}{dt} = \frac{d^2\theta}{dt^2} \tag{3.2}$$

角加速度 β 的单位：弧度·秒$^{-2}$(rad·s^{-2})。

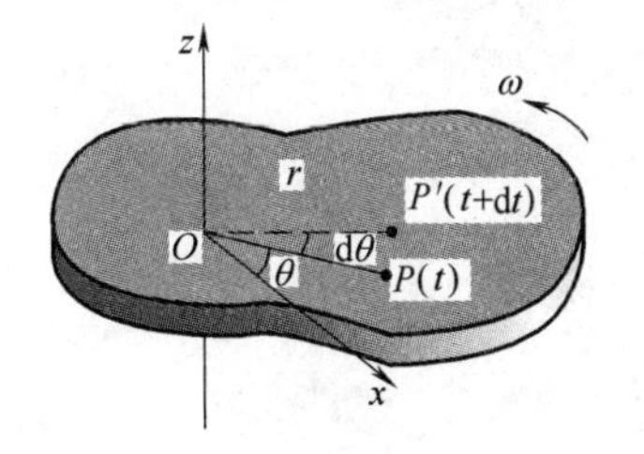

图 3.3 刚体的转动的角量描述

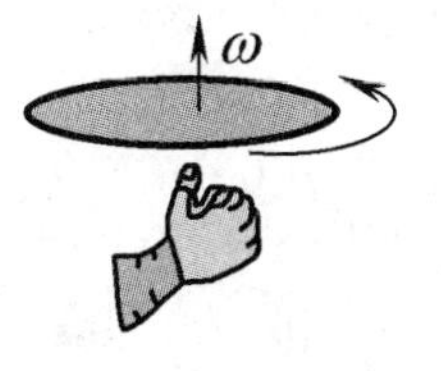

图 3.4 角速度的方向

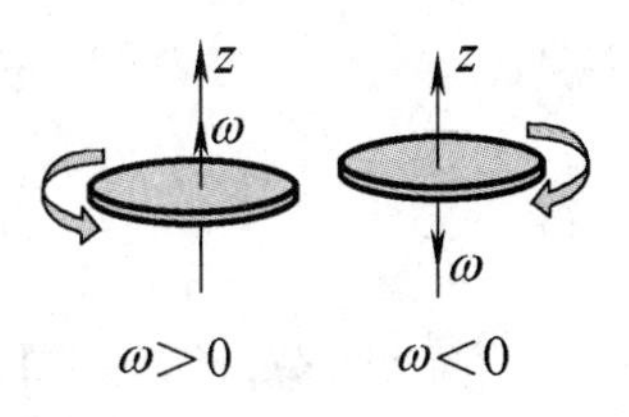

图 3.5 角速度的符号表示

离转轴的距离为 r 的质元的线速度与刚体的角速度的大小关系为

$$v = \omega r \tag{3.3}$$

加速度与刚体的角加速度、角速度的关系为

$$a_n = r\omega^2 \tag{3.4}$$

$$a_\tau = \frac{dv}{dt} = r\frac{d\omega}{dt} = r\beta \tag{3.5}$$

当刚体绕定轴转动时，如果在任意相等时间间隔内角速度的增量都相等，这种变速转动就是刚体的匀变速转动，其角加速度 β 为一恒量。设 t=0 时刻的初角速度为 ω_0，t 时刻的角速度为 ω，用 $\Delta\theta$ 表示刚体从 0 到 t 时间内的角位移，那么匀变速转动的运动规律可表示为

$$\omega = \omega_0 + \beta t \tag{3.6}$$

$$\Delta\theta = \omega_0 t + \frac{1}{2}\beta t^2 \tag{3.7}$$

$$\omega^2 - \omega_0^2 = 2\beta\Delta\theta \tag{3.8}$$

注：式(3.8)请读者自己证明。

【例 3-1】 一圆柱形转子可绕垂直其横截面通过中心的轴转动，从静止开始经过 300s 后，角速度 ω=18000r·min^{-1}，已知角加速度 β 与时间成正比。在这段时间内，转子转过了多少转？

解：已知角加速度为 $\beta = Ct$

由角加速度定义 $\beta = \frac{d\omega}{dt} = Ct$

即 $d\omega = Ct\,dt$

两边积分 $\int_0^\omega d\omega = C\int_0^t t\,dt$

解得 $\omega = \frac{1}{2}Ct^2$

由题设条件可知 t=300s 时，$\omega = 18000 \times \frac{2\pi}{60}\text{rad}\cdot\text{s}^{-1} = 600\pi\text{rad}\cdot\text{s}^{-1}$。

则 $$C=\frac{2\omega}{t^2}=\frac{2\times600\pi}{300^2}=\frac{\pi}{75}$$

角速度为 $$\omega=\frac{\pi}{150}t^2$$

又 $$\omega=\frac{\mathrm{d}\theta}{\mathrm{d}t}$$

得 $$\mathrm{d}\theta=\omega\mathrm{d}t=\frac{\pi}{150}t^2\mathrm{d}t$$

两边积分 $$\int_0^\theta\mathrm{d}\theta=\frac{\pi}{150}\int_0^t t^2\mathrm{d}t$$

解得 $$\theta=\frac{\pi}{450}t^3$$

在0～300s内，转过的转数为 $N=\frac{\theta}{2\pi}=\frac{\pi}{2\pi\times450}\times300^3\,\mathrm{r}=3\times10^4\,\mathrm{r}$。

【注意】这里可用类比法将我们熟悉的匀变速直线运动规律与匀变速转动规律进行比较。你能总结出匀变速转动的角位移、角速度的表达式吗？还有角位移-角速度的关系式？

3.2 刚体绕定轴的转动定律

3.1节讨论了刚体的运动学问题，用角位移、角速度、角加速度来描述刚体的转动规律。本节将讨论刚体绕定轴转动的动力学问题，即刚体转动状态改变的原因是什么？刚体转动的角加速度与什么有关？定轴转动定律给出了刚体定轴转动的动力学基本方程。

3.2.1 力矩

在质点动力学中，由牛顿第二定律可知，质点的运动状态的改变是因为受到外力的作用。那么，刚体的转动状态的改变也是因为外力的作用吗？在日常生活中，我们都有这样的经验：推开门窗时，如果力的作用线通过转轴或平行于转轴，无论你用多大的力都是无法使门窗转动的。并且开启和关闭门窗时，施力的方向是相反的，即力的大小、方向和力的作用点相对于门框转轴的位置，是决定门窗转动效果的几个重要因素。因此，刚体转动时，其转动状态的改变不仅与作用力的大小有关，而且还与作用力的方向和力的作用点有关。为此，我们引入力矩这个物理量来表示。

如图3.6所示，外力 $\boldsymbol{f}$ 作用于刚体上的 P 点，过 P 点作垂直于转轴 Oz 的平面与轴的交点为 O，我们称此平面为转动平面。一般而言，外力 $\boldsymbol{F}$ 不在转动平面内，如图3.7所示。

若外力 $\boldsymbol{f}$ 在转动平面内(见图3.6)，P 点的矢径为 $\boldsymbol{r}$，力 $\boldsymbol{f}$ 的作用线与转轴的垂直距离为 d，P 处质元的运动是在转动平面内、以 O 为圆心的圆周运动，则力 $\boldsymbol{f}$ 对转轴 Oz 的力矩 $\boldsymbol{M}_z$ 为

$$\boldsymbol{M}_z=\boldsymbol{r}\times\boldsymbol{f} \tag{3.9}$$

力矩 $\boldsymbol{M}_z$ 是矢量，其大小为

$$M_z = fr\sin\theta = fd \tag{3.10}$$

其中，$d = r\sin\theta$，是外力 $\boldsymbol{f}$ 的作用线到转轴的垂直距离，称为力 $\boldsymbol{f}$ 的力臂。

将外力 $\boldsymbol{f}$ 分解为沿圆周切向分力 $\boldsymbol{f}_\tau$ 和法向分力 $\boldsymbol{f}_\mathrm{n}$，其中法向分力 $\boldsymbol{f}_\mathrm{n}$ 过转轴，对刚体的转动无影响，即力矩为零。只有垂直于转轴的切向分力 $\boldsymbol{f}_\tau$ 才可能改变转动状态，即产生力矩，则式(3.10)可表示为

$$M_z=(f\sin\theta)r=f_\tau r \tag{3.11}$$

式(3.11)表明，外力 $\boldsymbol{f}$ 对转轴 Oz 的力矩大小等于力 $\boldsymbol{f}$ 在垂直于轴的转动平面内的分力 $\boldsymbol{f}_\tau$的大小与力臂的乘积。

力矩 $\boldsymbol{M}_z$ 的方向，由式(3.9)满足右手螺旋法则。力矩的单位是牛顿·米(N·m)。

如果外力 $\boldsymbol{F}$ 不在转动平面内，如图 3.7 所示，因只有在转动平面内的力才能产生转动，才可能改变刚体定轴转动的转动状态(本章涉及的外力如无特别说明，都可以认为是在转动平面内的力)。可把力分解为平行和垂直于转轴方向的两个分量 $\boldsymbol{F}_z$、$\boldsymbol{F}_\perp$，即

$$\boldsymbol{F} = \boldsymbol{F}_z + \boldsymbol{F}_\perp$$

式中，平行于转轴方向的分量 $\boldsymbol{F}_z$ 对转轴的力矩为零，故外力 $\boldsymbol{F}$ 对转轴的力矩为

$$\boldsymbol{M}_z = \boldsymbol{r} \times \boldsymbol{F}_\perp$$

力矩大小为 $M_z = rF_\perp \sin\theta$，方向沿转轴 z 的正向，如图 3.7 所示。

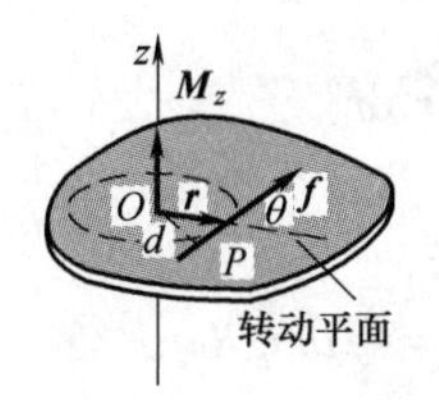

图 3.6　刚体的转动平面

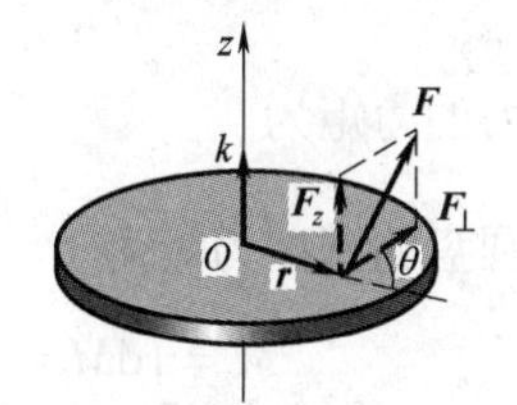

图 3.7　刚体转动的力矩

若刚体同时受几个外力 $\boldsymbol{F}_1$，$\boldsymbol{F}_2$，$\boldsymbol{F}_3$,…，$\boldsymbol{F}_n$ 作用，则产生的合力矩为

$$\begin{aligned}\boldsymbol{M}_z &= \boldsymbol{r}\times\boldsymbol{F} = \boldsymbol{r}\times(\boldsymbol{F}_1+\boldsymbol{F}_2+\cdots+\boldsymbol{F}_n)\\ &=\boldsymbol{r}\times\boldsymbol{F}_1+\boldsymbol{r}\times\boldsymbol{F}_2+\cdots+\boldsymbol{r}\times\boldsymbol{F}_n\\ &=\boldsymbol{M}_1+\boldsymbol{M}_2+\cdots+\boldsymbol{M}_n\end{aligned} \tag{3.12}$$

式(3.12)表明，合外力的力矩等于各外力力矩的矢量和。

对定轴转动，力矩的方向沿转轴只有两个方向，可以分别用正负号表示，因此矢量式(3.12)可简化为标量表示

$$M = M_1 + M_2 + \cdots + M_n \tag{3.13}$$

即刚体做定轴转动时，合力矩是各分力产生的力矩的代数和。

另外，刚体作为由无数质元组成的质点系统，刚体内任意两质元 i、j 之间相互作用的一对内力 $\boldsymbol{F}_{ij}$、$\boldsymbol{F}_{ji}$ 对转轴的合力矩为零，如图 3.8 所示。

$\boldsymbol{M}_{ij} = -\boldsymbol{M}_{ji}$，这是因为刚体内成对内力大小相等，方向相反，力的作用线相同，则其力臂必相同，故力矩大小相等，方向相反，即一对内力对转轴的合力矩为零。

由于刚体中的内力都是成对出现的，则整个刚体的合内力矩为零。

【例 3-2】 半径为 R，质量为 m 的均匀圆盘在水平桌面上绕垂直于盘面的中心轴转动，盘与桌面间的摩擦因数为μ，求转动中摩擦力矩的大小。

解：如图 3.9 所示，设圆盘厚度为 h，以圆盘轴心为圆心取半径为 r、宽为 $\mathrm{d}r$ 的微圆环，其质量为

$$\mathrm{d}m = \rho \mathrm{d}V = \frac{m}{\pi R^2 h} h 2\pi r \mathrm{d}r$$

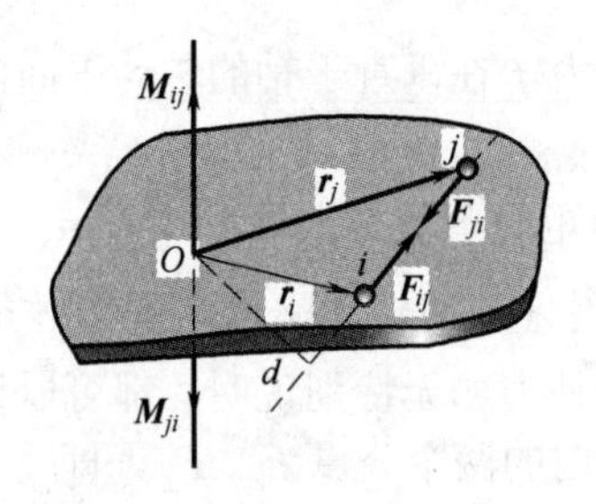

图 3.8 一对内力的力矩

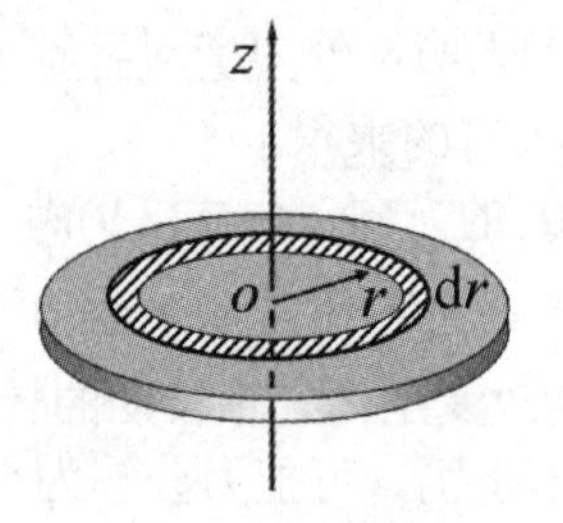

图 3.9 例 3-2 图

圆环对桌面的压力为 $\mathrm{d}N = \mathrm{d}m \cdot g = \dfrac{2mrg}{R^2}\mathrm{d}r$

圆环与桌面间的摩擦力为 $\mathrm{d}f = \mu \mathrm{d}N = \dfrac{2\mu mg}{R^2} r\mathrm{d}r$

该摩擦力的力矩为 $\mathrm{d}M = r\mathrm{d}f \sin 90^\circ = \dfrac{2\mu mg}{R^2} r^2 \mathrm{d}r$

则整个圆盘的摩擦力矩为

$$M = \int \mathrm{d}M = \int_0^R \frac{2\mu mg}{R^2} r^2 \mathrm{d}r = \frac{2\mu mg}{R^2}\frac{1}{3}R^3 = \frac{2}{3}\mu mgR$$

3.2.2 刚体定轴转动定律

现在我们知道了刚体转动的原因是有外力矩的作用，那么外力矩与刚体产生的转动角加速度之间有何关系呢？首先以单个质点与转轴刚性连接为例来讨论。

如图 3.10 所示，设质量为 m 的质点受外力 $\boldsymbol{F}$ 作用沿轴 z 转动。如前述，将外力 $\boldsymbol{F}$ 分解成切向分力 $\boldsymbol{F}_\tau$ 和法向分力 $\boldsymbol{F}_\mathrm{n}$，转动的角加速度为 $\boldsymbol{\beta}$，则由牛顿运动定律可得

$$\boldsymbol{F}_\tau = m\boldsymbol{a}_\tau = mr\boldsymbol{\beta}$$

质元转动的力矩大小由式(3.11)得

$$\boldsymbol{M} = r\boldsymbol{F}_\tau = mr^2\boldsymbol{\beta} \tag{3.14}$$

式(3.14)表明，质点转动的力矩大小等于质点的质量与质元到转轴距离的平方及转动角加速度之积。

刚体作为由无数质元组成的质点系统，刚体对定轴转动时外力矩与角加速度的关系可由下述方法导出。

如图 3.11 所示，设刚体中某质元 Δm_i 受外力 $\boldsymbol{F}_i$ 和内力 $\boldsymbol{f}_i$ 作用，质元 Δm_i 在转动平面内对 O 点的矢径为 $\boldsymbol{r}_i$。外力 $\boldsymbol{F}_i$ 与矢径 $\boldsymbol{r}_i$ 的方向夹角为 θ_i，内力 $\boldsymbol{f}_i$ 与矢径 $\boldsymbol{r}_i$ 的方向夹角为 φ_i。

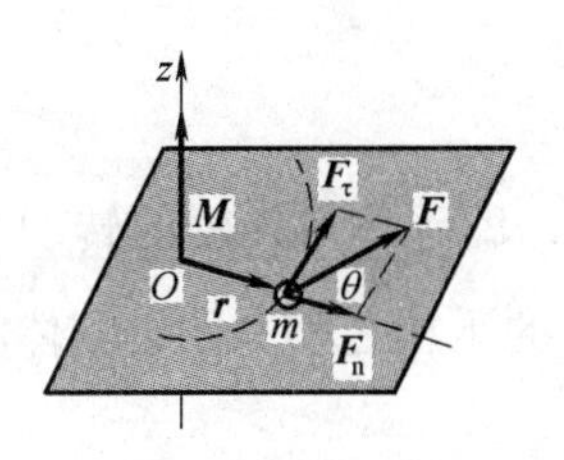

图 3.10　单个质点与转轴刚性连接

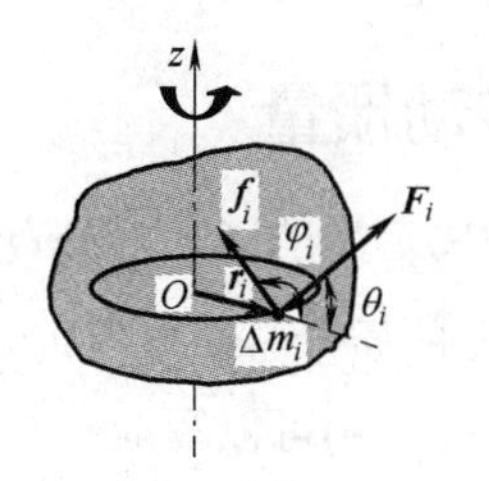

图 3.11　刚体对定轴的转动

对质元Δm_i应用牛顿第二定律可得

$$\boldsymbol{F}_i + \boldsymbol{f}_i = \Delta m_i \boldsymbol{a}_i \tag{3.15}$$

式中，$\boldsymbol{a}_i$为质元Δm_i的加速度。

由于只有在转动平面内的切向分力才有力矩(法向分力的力矩为零)，故只考虑切向分力的作用。式(3.15)的切向分量式为

$$\boldsymbol{F}_i \sin\theta + \boldsymbol{f}_i \sin\varphi = \Delta m_i \boldsymbol{a}_{i\tau} \tag{3.16}$$

将$\boldsymbol{a}_{i\tau} = \boldsymbol{r}_i\boldsymbol{\beta}$代入式(3.16)，并两边同乘以$\boldsymbol{r}_i$得

$$\boldsymbol{F}_i\boldsymbol{r}_i \sin\boldsymbol{\theta}_i + \boldsymbol{f}_i\boldsymbol{r}_i \sin\varphi_i = \Delta m_i \boldsymbol{r}_i^2 \boldsymbol{\beta} \tag{3.17}$$

显然，式中$\boldsymbol{F}_i\boldsymbol{r}_i \sin\theta_i$是质元$\Delta m_i$受到的外力矩，$\boldsymbol{f}_i\boldsymbol{r}_i \sin\varphi_i$是质元$\Delta m_i$受到的内力矩。

对刚体上的所有质元受到的力矩求和，即对式(3.17)两边求和得

$$\sum_i \boldsymbol{F}_i\boldsymbol{r}_i \sin\theta_i + \sum_i \boldsymbol{f}_i\boldsymbol{r}_i \sin\varphi_i = \sum_i \Delta m_i \boldsymbol{r}_i^2 \boldsymbol{\beta}$$

因内力力矩和为零，即$\sum_i \boldsymbol{f}_i\boldsymbol{r}_i \sin\varphi_i = 0$，则上式变为

$$\sum_i \boldsymbol{F}_i\boldsymbol{r}_i \sin\theta_i = \sum_i \Delta m_i \boldsymbol{r}_i^2 \boldsymbol{\beta} \tag{3.18}$$

式(3.18)左边表示刚体的合外力矩$\boldsymbol{M}$，右边式中的$\sum_i \Delta m_i \boldsymbol{r}_i^2$叫作刚体对定轴 OZ 的转动惯量，用J表示为

$$J = \sum \Delta m_i \boldsymbol{r}_i^2 \tag{3.19}$$

则式(3.18)可改写为

$$\boldsymbol{M} = J\boldsymbol{\beta} = J\frac{\mathrm{d}\boldsymbol{\omega}}{\mathrm{d}t} \tag{3.20}$$

即刚体在合外力矩的作用下，所获得的角加速度$\boldsymbol{\beta}$与合外力矩的大小成正比，与刚体的转动惯量成反比，此结论叫刚体的转动定律。矢量表达式为

$$\boldsymbol{M} = J\boldsymbol{\beta} \tag{3.21}$$

这里要说明的是：式(3.21)中$\boldsymbol{M}$、J、$\boldsymbol{\beta}$必须是对同一固定转轴而言，定轴转动时M、β均可表示为代数量。

【注意】 把刚体的转动定律$\boldsymbol{M} = J\boldsymbol{\beta}$与质点的牛顿定律$\boldsymbol{F} = m\boldsymbol{a}$比较，不难看出，二者地位相当，质量$m$反映质点的平动惯性，转动惯量 J 反映刚体的转动惯性；合外力(力矩)是物体改变运动(平动和转动)状态的原因。

在解决有关刚体的转动问题时，常常需要正确计算刚体的转动惯量。

3.2.3 转动惯量

由式(3.19)定义的$J=\sum \Delta m_i r_i^2$称为刚体的转动惯量，即刚体对转轴的转动惯量等于组成刚体各质元的质量Δm_i与各质元到转轴的距离平方r_i^2的乘积之和。如果刚体的质量是连续分布的，式(3.19)可以写成积分形式如下：

$$J=\int r^2 \mathrm{d}m \tag{3.22}$$

式中，dm为质元的质量，r为该质元dm到转轴的距离。

由式(3.22)可以看出，与转动惯量J有关的因素有刚体的质量分布、转轴的位置及刚体的形状。对质量连续分布的刚体，由刚体质量分布的不同，式(3.22)中的质元质量dm表示就不同。当质量为线分布时，$\mathrm{d}m=\lambda \mathrm{d}l$；当质量为面分布时，$\mathrm{d}m=\sigma \mathrm{d}s$；当质量为体分布时，$\mathrm{d}m=\rho \mathrm{d}V$。$\lambda$、$\sigma$、$\rho$分别为刚体质量分布的线密度、面密度和体密度。

国际单位制中，转动惯量的单位是千克·米^2(kg·m^2)。下面举例说明常见刚体的转动惯量的计算方法。

【例 3-3】 一质量为m、长为l的均匀长棒，求通过棒中心并与棒垂直的轴的转动惯量。

解：以棒的中点为坐标原点建立如图3.12(a)所示坐标系，在任一位置x处取长为dx的质元，质量为$\mathrm{d}m=\lambda \mathrm{d}x=\dfrac{m}{l}\mathrm{d}x$。

该质元对中心轴的转动惯量，由式(3.19)可得　$\mathrm{d}J=x^2\mathrm{d}m=\lambda x^2\mathrm{d}x$

整个长棒对中心轴的转动惯量为　$J=\int \mathrm{d}J=\int_{-l/2}^{l/2}\lambda x^2\mathrm{d}x=\dfrac{1}{12}\lambda l^3=\dfrac{1}{12}ml^2$

用J_c表示刚体过质心O的转动惯量为　$J_c=\dfrac{1}{12}ml^2$　①

【讨论】若转轴平移到棒的端点，如图3.12(b)所示，棒对端点的转动惯量J'又是多少？同理不难得出

$$J'=\int_0^l \lambda x^2\mathrm{d}x=\frac{1}{3}ml^2 \quad ②$$

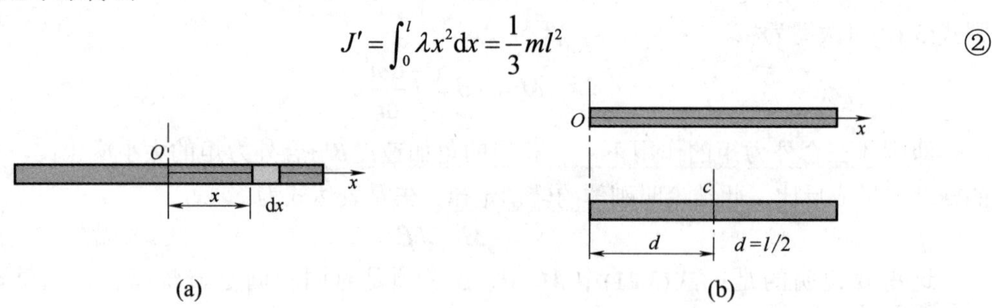

图3.12　例3-3图

比较式①、式②两结论，如图3.12(b)所示，设两平行转轴的距离为d，则有

$$J'=\frac{1}{12}ml^2+m\left(\frac{l}{2}\right)^2=\frac{1}{3}ml^2=J_c+md^2 \tag{3.23}$$

将此结论推广，以J_c为刚体通过质心的转动惯量，d是过质心的转轴到另一平行转轴

的垂直距离，式(3.23)可改写为

$$J = J_{c} + md^2 \tag{3.24}$$

即刚体对任一转轴的转动惯量等于刚体对通过质心并与该轴平行的轴的转动惯量 J_c 加上刚体质量与两平行轴间距离 d 的二次方的乘积。此式叫作转动惯量的平行轴定理。

【例 3-4】 求质量为 m、半径为 R 的细圆环绕通过中心并与圆面垂直的转轴的转动惯量。

解：如图 3.13 所示，在细圆环上取质元 $\mathrm{d}m$，它与转轴的距离等于圆环半径，其转动惯量为

$$J = \int r^2 \mathrm{d}m = \int R^2 \mathrm{d}m = R^2 \int \mathrm{d}m = mR^2$$

由此可导出以下结论。

(1) 如图 3.14 所示，薄圆筒(不计厚度)对中心轴的转动惯量为

$$J = \int r^2 \mathrm{d}m = \int R^2 \mathrm{d}m = mR^2$$

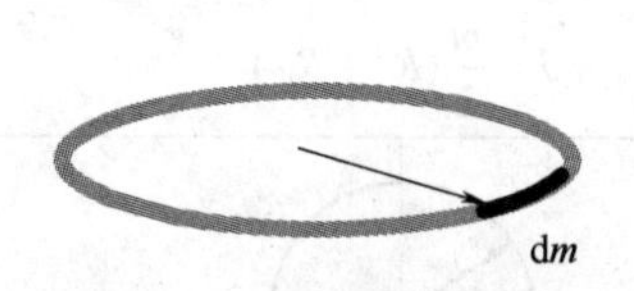

图 3.13　圆环的转动惯量

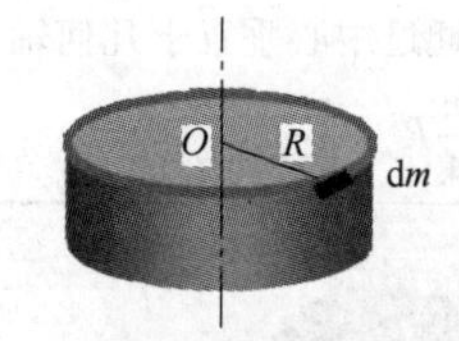

图 3.14　薄圆筒的转动惯量

(2) 如图 3.15 所示为匀质圆盘对中心轴的转动惯量。

圆盘的质量面密度 $\sigma = \dfrac{m}{\pi R^2}$，在圆盘上取半径 r、宽 $\mathrm{d}r$ 的细圆环，该圆环的面积为 $\mathrm{d}s = 2\pi r \mathrm{d}r$，质量为 $\mathrm{d}m = \sigma \mathrm{d}s = \sigma 2\pi r \mathrm{d}r$。

圆环对中心轴的转动惯量为

$$\mathrm{d}J = r^2 \mathrm{d}m = \sigma 2\pi r^3 \mathrm{d}r$$

则圆盘对中心轴的转动惯量为

$$J = \int \mathrm{d}J = \int_0^R \sigma 2\pi r^3 \mathrm{d}r = \frac{1}{4} \times \sigma 2\pi R^4 = \frac{1}{2} mR^2$$

图 3.15　薄圆盘的转动惯量

从例 3-4 可知：刚体的转动惯量与刚体的质量分布有关。常见刚体的转动惯量如表 3.1 所示。

表 3.1　常见刚体的转动惯量

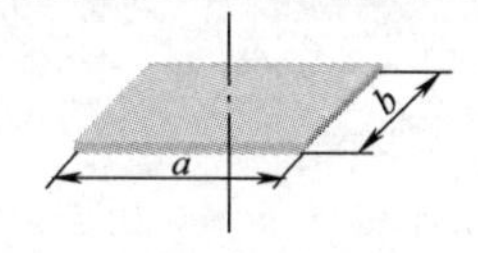 匀质矩形薄板 转轴通过中心垂直板面 $J = \dfrac{m}{12}(a^2 + b^2)$	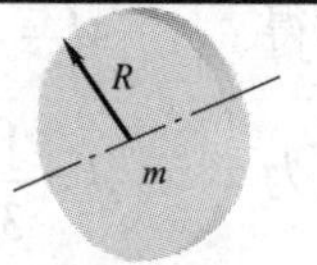 匀质薄圆盘 转轴通过中心垂直盘面 $J = \dfrac{m}{2} R^2$

续表

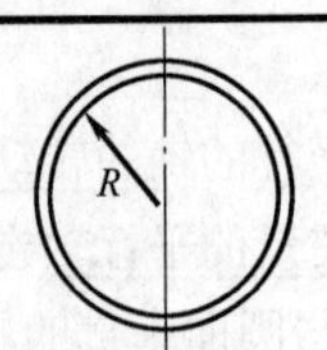 匀质细圆环 转轴沿环的直径 $J=\frac{m}{2}R^2$	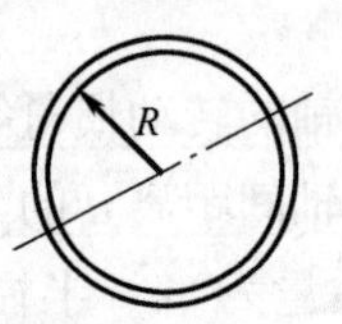 匀质细圆环 转轴通过中心垂直环面 $J=mR^2$
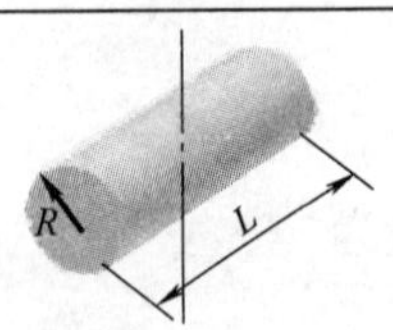 匀质圆柱体 转轴通过中心垂直于几何轴 $J=\frac{m}{4}R^2+\frac{m}{12}L^2$	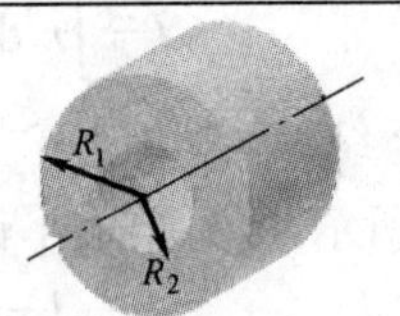 匀质厚圆筒 转轴沿几何轴 $J=\frac{m}{2}(R_1^{\ 2}+R_2^{\ 2})$
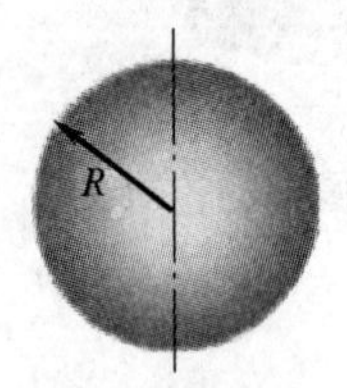 转轴沿直径的球体 $J=\frac{2m}{5}R^2$	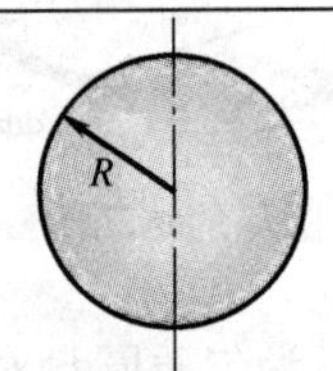 匀质薄球壳 转轴通过球心 $J=\frac{2m}{3}R^2$

3.2.4　刚体定轴转动的应用举例

【例 3-5】细杆长为l，质量为m，求从竖直位置由静止转到θ角时的角加速度和角速度。

解：细杆受重力$\boldsymbol{P}$和支持力$\boldsymbol{N}$作用，如图3.16所示。

外力的合力矩为　$M=M_{\mathrm{P}}+M_{\mathrm{N}}=mg\cdot\frac{1}{2}l\sin\theta$

由刚体的转动定律得　$M=J\beta=\frac{1}{2}mgl\sin\theta$

而细棒的转动惯量为　$J=\frac{1}{3}ml^2$

由以上两式可得　$\beta=\frac{\mathrm{d}\omega}{\mathrm{d}t}=\frac{3g}{2l}\sin\theta$

由 $\mathrm{d}t=\frac{\mathrm{d}\theta}{\omega}$ 可得　$\omega\mathrm{d}\omega=\frac{3g}{2l}\sin\theta\mathrm{d}\theta$

利用初始条件 $t=0$，$\theta_0=0$，$\omega_0=0$ 对上式积分：$\int_0^{\omega}\omega\mathrm{d}\omega=\frac{3g}{2l}\int_0^{\theta}\sin\theta\mathrm{d}\theta$

解得在 θ 角时的角速度为 $\omega=\sqrt{\frac{3g}{l}(1-\cos\theta)}$

【例 3-6】 实验室常用二次落体法测飞轮的转动惯量，如图 3.17 所示。设飞轮的质量为 m，半径为 R，求圆盘飞轮的转动惯量。

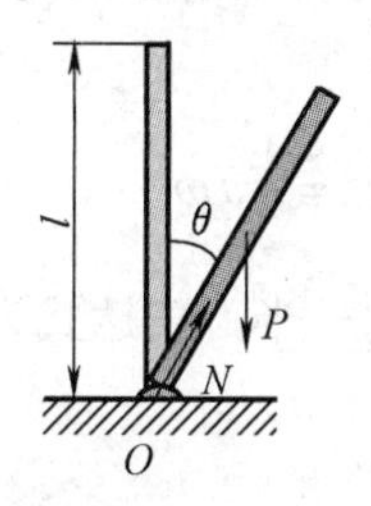

图 3.16 例 3-5 图

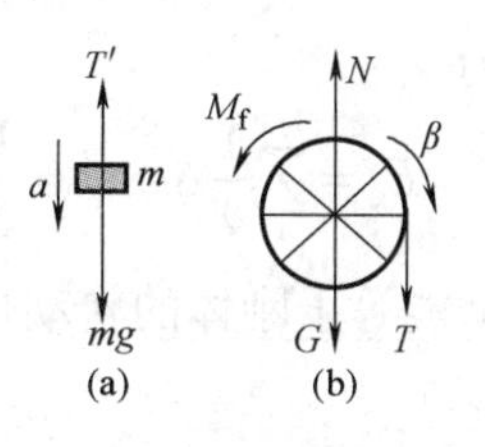

图 3.17 例 3-6 图

解：如图 3.17(a)所示，实验中让落体从固定的高度 h 落下，测出两次不同落体的质量 m_1、m_2 及下落的时间 t_1、t_2 就能测出飞轮的转动惯量。具体分析如下。

如图 3.17 所示，设落体运动的加速度为 a，受重力和绳的拉力；飞轮受拉力矩和阻力矩作用，由动力学规律分别有以下结论。

对落体 m： $mg-T=ma$ ①

对飞轮 M： $TR-M_{\mathrm{f}}=J\beta$ ②

由运动学关系有 $a=R\beta$ ③

$$h=\frac{1}{2}at^2 \quad ④$$

联立式①～式④解得

第一次测量： $J=(T_1R-M_{\mathrm{f}})\frac{R}{a_1}$ ⑤

式中，$a_1=\frac{2h}{t_1^2}$，$T_1=m_1(g-a_1)$。

第二次测量： $J=(T_2R-M_{\mathrm{f}})\frac{R}{a_2}$ ⑥

式中，$a_2=\frac{2h}{t_2^2}$，$T_2=m_2(g-a_2)$。

联立式⑤、式⑥得 $J=\frac{R^2(T_1-T_2)}{a_1-a_2}$ ⑦

因此，只要测出两次不同落体的质量 m_1、m_2 及下落的固定高度 h 和时间 t_1、t_2，就能计算出飞轮的转动惯量。

【课堂讨论】 如图 3.18 所示的(a)、(b)两图中，滑轮转动的角加速度是否相同？为什么？

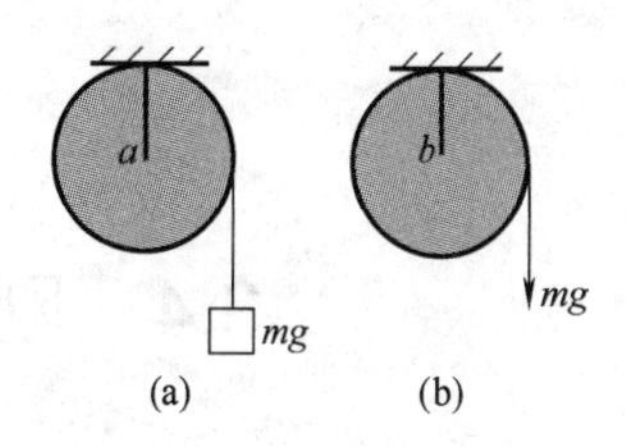

图 3.18 转动惯量的比较

3.3 刚体的动能和势能

3.3.1 刚体定轴转动的动能

刚体定轴转动时具有动能，等于刚体上所有质元的动能之和。

设刚体上任一质元质量为Δm_i，速度为v_i，角速度为ω，与转轴的距离为r_i，所有质元的动能之和为

$$E_k=\sum_i\frac{1}{2}\Delta m_i v_i^2=\frac{1}{2}\sum_i\Delta m_i(r_i\omega)^2=\frac{1}{2}\left(\sum_i\Delta m_i r_i^2\right)\omega^2=\frac{1}{2}J\omega^2$$

即刚体的转动动能等于刚体的转动惯量J与角速度ω平方之积的一半，表达式为

$$E_k=\frac{1}{2}J\omega^2 \tag{3.25}$$

3.3.2 刚体的重力势能

刚体的重力势能等于组成刚体的各质元的重力势能之和。

如图3.19所示，c表示刚体的质心位置，在刚体内任取一个质元Δm_i的势能为

$$E_{pi}=\Delta m_i g h_i \tag{3.26}$$

式中，h_i为该质元的高度。整个刚体的重力势能为

$$E_{p重}=\sum E_{pi}=\sum_i\Delta m_i g h_i=g\left(\sum_i\Delta m_i h_i\right)=mgh_c \tag{3.27}$$

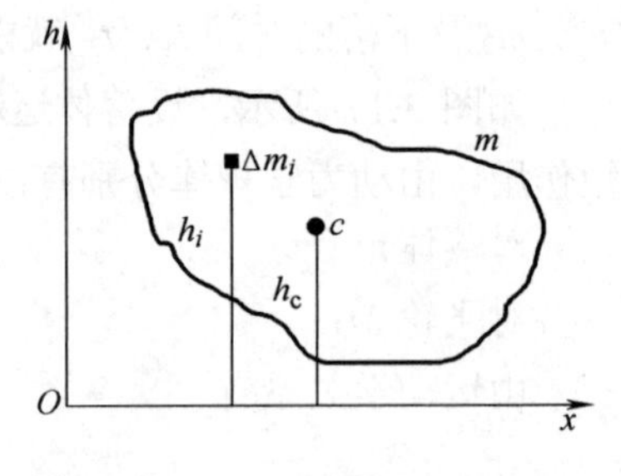

图3.19 刚体的重力势能

式中，$h_c=\dfrac{\sum_i\Delta m_i h_i}{\sum_i\Delta m_i}=\dfrac{\sum_i\Delta m_i h_i}{m}$表示刚体质心的高度。

式(3.27)表明：一个不太大的刚体的重力势能相当于它的全部质量都集中在质心时所具有的势能。

3.3.3 刚体的机械能守恒定律

对于含有刚体的系统，如果在运动过程中只有保守内力做功，则此系统的机械能守恒，即

$$E=\frac{1}{2}J\omega^2+mgh_c=常量 \tag{3.28}$$

3.4 刚体的角动量　角动量守恒定律

刚体转动时，力矩改变了刚体的转动状态。在第1章中我们知道了外力作用于质点的时间累积效应使质点的动量发生了变化。那么力矩对刚体作用的时间累积效应是什么呢？

3.4.1　质点对轴的角动量(动量矩)

如图 3.20 所示，设某时刻质量为 m 的质点相对于惯性系中给定的 O 点的位矢是 $\boldsymbol{r}$，速度为 $\boldsymbol{v}$，动量为 $m\boldsymbol{v}$，$\boldsymbol{r}$ 与 $m\boldsymbol{v}$ 的方向夹角为 θ，则质点的位矢 $\boldsymbol{r}$ 与其动量 $m\boldsymbol{v}$ 的矢积称为质点对定点 O 的角动量，也叫动量矩，用 $\boldsymbol{L}$ 表示。

$$\boldsymbol{L} = \boldsymbol{r} \times m\boldsymbol{v} \tag{3.29}$$

显然，动量矩是描述质点运动状态($\boldsymbol{r}$, $m\boldsymbol{v}$)的函数。

动量矩的大小 $L = mvr\sin\theta$，方向由右手螺旋法则确定。

作为一个特例，当质点在垂直于 Oz 轴的平面内做半径为 r 的圆周运动时，如图 3.21 所示。设角速度为 $\boldsymbol{\omega}$，由式(3.29)求得质点对圆心的动量矩大小为

$$L = rmv = mr^2\omega \tag{3.30}$$

将质点的转动惯量 $J = mr^2$ 代入式(3.30)，且考虑动量矩矢量的方向，则矢量表达式为

$$\boldsymbol{L} = J\boldsymbol{\omega} \tag{3.31}$$

即动量矩等于转动惯量与角速度之积。

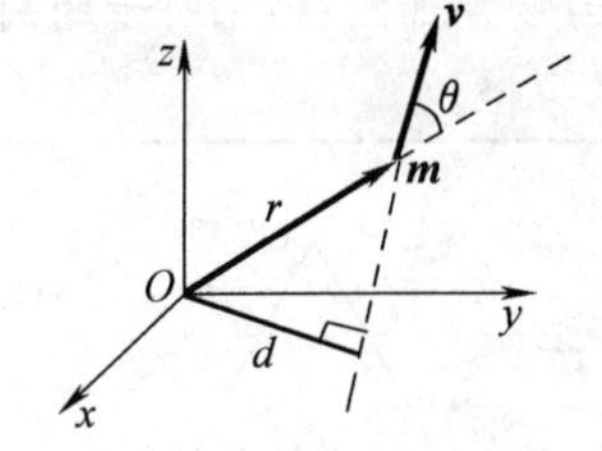

图 3.20　质点的角动量

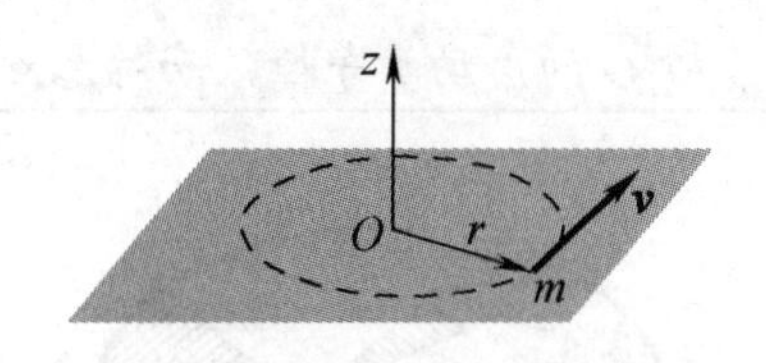

图 3.21　质点做圆周运动时的角动量

3.4.2　质点的角动量(动量矩)定理

当质点相对于参考点 O 运动时，其位矢 $\boldsymbol{r}$ 和动量 $m\boldsymbol{v}$ 都在随时间改变，即质点的角动量 $\boldsymbol{L}$ 也在变。那么 $\boldsymbol{L}$ 随时间如何变化？

对式(3.29)求导，得

$$\frac{\mathrm{d}\boldsymbol{L}}{\mathrm{d}t} = \frac{\mathrm{d}}{\mathrm{d}t}(\boldsymbol{r} \times m\boldsymbol{v}) \tag{3.32}$$

由于

$$\frac{\mathrm{d}}{\mathrm{d}t}(\boldsymbol{r} \times m\boldsymbol{v}) = \boldsymbol{r} \times \frac{\mathrm{d}}{\mathrm{d}t}(m\boldsymbol{v}) + \frac{\mathrm{d}\boldsymbol{r}}{\mathrm{d}t} \times m\boldsymbol{v} \tag{3.33}$$

由牛顿运动定律可知 $\boldsymbol{F} = \dfrac{\mathrm{d}(m\boldsymbol{v})}{\mathrm{d}t}$，且 $\dfrac{\mathrm{d}\boldsymbol{r}}{\mathrm{d}t} \times \boldsymbol{v} = \boldsymbol{v} \times \boldsymbol{v} = 0$ 代入式(3.33)右边等于 $\boldsymbol{r} \times \boldsymbol{F}$。而由力矩的定义 $\boldsymbol{M} = \boldsymbol{r} \times \boldsymbol{F}$，故式(3.32)变为

$$\frac{\mathrm{d}\boldsymbol{L}}{\mathrm{d}t} = \boldsymbol{M} \tag{3.34}$$

式(3.34)表明：作用于质点的合力对参考点 O 的力矩，等于质点对该点 O 的动量矩(角动量)对时间的变化率。

式(3.34)还可改写为

$$\boldsymbol{M}\mathrm{d}t = \mathrm{d}\boldsymbol{L} \tag{3.35}$$

式中，$\boldsymbol{M}\mathrm{d}t$ 叫冲量矩， $\boldsymbol{M}$ 和 $\boldsymbol{L}$ 应对同一参考点而言，且只适用于惯性系。

式(3.35)的积分形式为

$$\int_{t_1}^{t_2} \boldsymbol{M}\mathrm{d}t = \boldsymbol{L}_2 - \boldsymbol{L}_1 \tag{3.35a}$$

即对同一参考点 O，质点所受的冲量矩等于质点动量矩的增量——质点的动量矩定理。

3.4.3 质点的角动量守恒定律

式(3.34)中，若 $\boldsymbol{M}=0$，则 $\boldsymbol{L}=\boldsymbol{r}\times m\boldsymbol{v}=$恒矢量 。即当质点所受力对参考点 O 的合力矩为零时，质点对该参考点 O 的动量矩为一恒矢量，称为质点的角动量守恒定律。这一定律在天体力学和原子物理学中有很重要的应用。例如，应用质点的角动量守恒定律可以证明开普勒第二定律：行星与太阳的连线在相同时间内扫过相等的面积，如图 3.22 所示。

【注意】角动量守恒定律与惯性系中参考点的选择有关。质点在同样外力的作用下，对某参考点力矩为零，而对另一参考点力矩可能不为零。如图 3.23 所示的圆锥摆对圆心 O 的角动量守恒，而对悬点 O' 的角动量就不守恒。

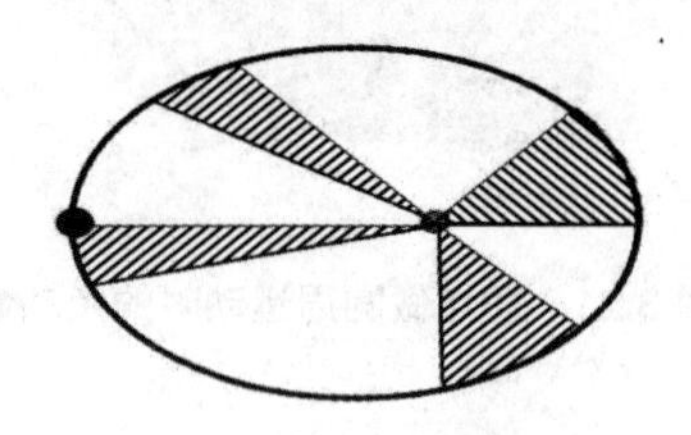

图 3.22　开普勒第二定律

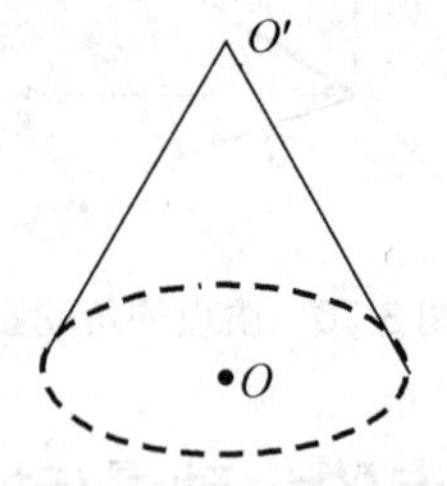

图 3.23　圆锥摆的角动量

【例 3-7】 用角动量守恒定律证明开普勒第二定律：行星与太阳的连线在相同时间内扫过相等的面积。

证明：如图 3.24 所示，设行星的质量为 m，它相对太阳的距离为 r，由角动量守恒定律得

$$L = J\omega = mr^2\frac{\mathrm{d}\varphi}{\mathrm{d}t} = \text{常量}$$

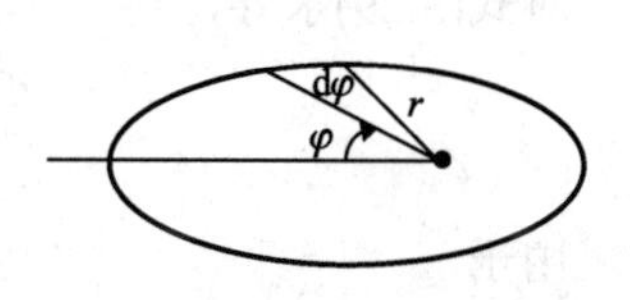

图 3.24　例 3-7 图

而行星在 $\mathrm{d}t$ 时间内扫过的面积 $\mathrm{d}s$ 为

$$\mathrm{d}s = \frac{1}{2}r\mathrm{d}l = \frac{1}{2}r^2\mathrm{d}\varphi$$

单位时间内扫过的面积为

$$\frac{\mathrm{d}s}{\mathrm{d}t} = \frac{1}{2}\frac{L}{m} = \text{常量}$$

3.4.4　刚体定轴转动的角动量

刚体绕定轴的角动量等于刚体上所有质元对轴的角动量的和。如图 3.25 所示，刚体上的某个质元Δm_i对 z 轴(或 O 点)的角动量为

$$\boldsymbol{L}_i = r_i \Delta m_i \boldsymbol{v}_i = r_i^2 \Delta m_i \boldsymbol{\omega}$$

所以刚体绕此轴的角动量为

$$\boldsymbol{L} = \sum \boldsymbol{L}_i = \sum_i \Delta m_i r_i^2 \boldsymbol{\omega} = J\boldsymbol{\omega}$$

整个刚体对 Z 轴的角动量矢量表达式为

$$\boldsymbol{L} = J\boldsymbol{\omega} \tag{3.36}$$

与质点的角动量表达式(3.31)完全相同。

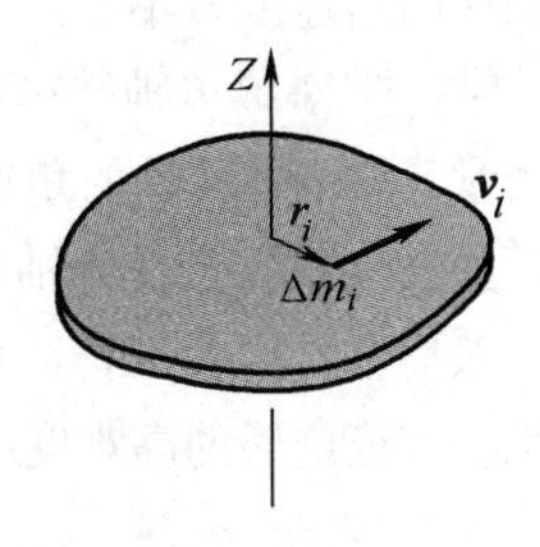

图 3.25　刚体的角动量

3.4.5　刚体定轴转动的角动量定理

将质点的角动量定理应用于刚体上的任一质元i有

$$\boldsymbol{M}_i = \frac{\mathrm{d}\boldsymbol{L}_i}{\mathrm{d}t} = \frac{\mathrm{d}}{\mathrm{d}t}(\Delta m_i r_i^2 \boldsymbol{\omega})$$

式中，$\boldsymbol{M}_i$表示 i 质元受到的合力矩，是该质元的外力矩与内力矩的和，$\boldsymbol{M}_i = \boldsymbol{M}_{i外} + \boldsymbol{M}_{i内}$。而刚体的内力矩和为零，因此，刚体上所有质元的力矩和为

$$\boldsymbol{M} = \sum \boldsymbol{M}_i = \sum \boldsymbol{M}_{i外} + \sum \boldsymbol{M}_{i内} = \sum \boldsymbol{M}_{i外} \tag{3.37}$$

将质元的角动量定理式(3.34)代入式(3.37)

$$\boldsymbol{M} = \sum \boldsymbol{M}_{i外} = \frac{\mathrm{d}}{\mathrm{d}t}(\sum \boldsymbol{L}_i) = \frac{\mathrm{d}\boldsymbol{L}}{\mathrm{d}t} = \frac{\mathrm{d}}{\mathrm{d}t}(J\boldsymbol{\omega}) \tag{3.38}$$

即刚体绕某定轴转动时，作用于刚体的合外力矩等于刚体绕此定轴的角动量随时间的变化率，称为刚体的角动量定理。

式(3.38)中当 J 为恒量时，$\boldsymbol{M} = J\frac{\mathrm{d}\boldsymbol{\omega}}{\mathrm{d}t} = J\boldsymbol{\beta}$。正是刚体绕定轴的转动定律，故式(3.38)是转动定律的另一种表达形式。

再看刚体的力矩对时间的累积效应：　$\boldsymbol{M}\mathrm{d}t = \mathrm{d}\boldsymbol{L}$

两边积分得

$$\int_{t_1}^{t} \boldsymbol{M}\mathrm{d}t = \int_{L_1}^{L_2} \mathrm{d}\boldsymbol{L} = \boldsymbol{L}_2 - \boldsymbol{L}_1 = J_2\boldsymbol{\omega}_2 - J_1\boldsymbol{\omega}_1 \tag{3.39}$$

式(3.39)表明：作用在刚体上的冲量矩等于刚体角动量的增量。与质点的角动量定理式(3.35)完全相同。

3.4.6　刚体的角动量守恒定律

如果式(3.39)中 $\boldsymbol{M} = 0$，则有 $\boldsymbol{L} = J\boldsymbol{\omega}$ =恒量。

如果刚体所受合外力矩为零，或者不受外力矩作用，刚体的角动量保持不变，称为刚体的角动量守恒定律。

在冲击、碰撞等问题中，因内力矩$M_{i内}$恒大于外力矩$M_{i外}$，即外力矩$\boldsymbol{M}_{i外}\approx 0$，所以角动量近似守恒，$\boldsymbol{L}\approx$常量。

常见的角动量守恒问题的几种情形如下。

(1) 单个刚体绕定轴转动时，若转动惯量J不变，刚体的合外力矩为零，由式(3.39)得知刚体的角速度$\boldsymbol{\omega}$不变，即刚体做匀角速转动。

(2) 刚体绕定轴转动时，若转动惯量J可变，角动量守恒时有$\boldsymbol{L}=J_1\boldsymbol{\omega}_1=J_2\boldsymbol{\omega}_2$，即转动惯量$J$与刚体转动的角速度成反比。如图3.26所示，花样滑冰运动员和芭蕾舞演员表演时，如要完成以自身为轴高速旋转的动作，必须先伸开两臂，使转动惯量较大，其转速较小；然后突然收拢双臂，使转动惯量尽量减小，从而获得尽可能大的旋转速度。在完成腾空跳跃快速旋转的高难度动作时也是双臂、双腿尽量收拢。

图3.26　花样滑冰与走钢丝中的角动量守恒应用

【讨论】高空走钢丝的杂技演员手里通常都拿着一根很长的细棒是为什么？如图3.26所示。还有在我们的日常生活中，有医生经过研究发现，睡在阳台上的猫时常有不小心摔下楼的情况发生，但往往从高楼层摔下的猫反而比从低楼层摔下来的猫受伤程度轻，这又如何解释？

角动量守恒定律是自然界的一个基本定律，应用非常广泛，如直升机的螺旋桨、回转仪的定向原理等。

自然界中存在着多种守恒定律，如我们已经知道的动量守恒定律、能量守恒定律、角动量守恒定律、质量守恒定律，还有以后将学习到的电荷守恒定律等。

【例3-8】 我国1970年4月24日发射的第一颗人造地球卫星，其近地点离地面的距离为$4.39\times10^5\,\mathrm{m}$，远地点离地面的距离为$2.38\times10^6\,\mathrm{m}$。试计算卫星在近地点和远地点的速率。设地球半径为$6.38\times10^6\,\mathrm{m}$。

解： 设人造卫星和地球的质量分别为m、M，卫星在近地点和远地点时距地球中心的距离分别为r_1、r_2。

人造卫星只受到地球的万有引力(有心力)作用，运行过程中角动量守恒。

又由于卫星在近地点和远地点的速度方向均与椭圆径矢垂直，则有

$$mv_1r_1=mv_2r_2$$

卫星与地球系统机械能守恒，即

$$\frac{1}{2}mv_1^2 - G\frac{mM}{r_1} = \frac{1}{2}mv_2^2 - G\frac{mM}{r_2}$$

联立上面两式可解得

$$v_1 = \sqrt{\frac{2GMr_2}{r_1(r_1+r_2)}} = 8.11\times10^3\,\mathrm{m\cdot s^{-1}}$$

$$v_2 = \frac{r_1}{r_2}v_1 = 6.31\times10^3\,\mathrm{m\cdot s^{-1}}$$

【例 3-9】 如图 3.27 所示，一质量为 m 的小球由一根绳索系着，以角速度 ω_0 在无摩擦的水平面上绕半径为 r_0 的圆周运动。如在绳的另一端作用一竖直向下的拉力 F，小球则以半径为 $r_0/2$ 的圆周运动。求：小球新的角速度 ω_1。

解：小球受合外力为绳的拉力是有心力，不产生力矩。因此小球的角动量守恒：

$$J_0\omega_0 = J_1\omega_1$$

即

$$mr_0^2\omega_0 = m\left(\frac{r_0}{2}\right)^2\omega_1$$

解得

$$\omega_1 = 4\omega_0$$

【例 3-10】 如图 3.28 所示，一杂技演员 P 由距水平跷板高为 h 处自由下落到跷板的一端 A，并把跷板另一端的演员 N 弹了起来。演员 N 可弹起多高？

设跷板是匀质的，长度为 l，质量为 m，跷板可绕中部支撑点 C 在竖直平面内转动，演员的质量均为 m。假定演员 P 落在跷板上，与跷板的碰撞是完全非弹性碰撞。

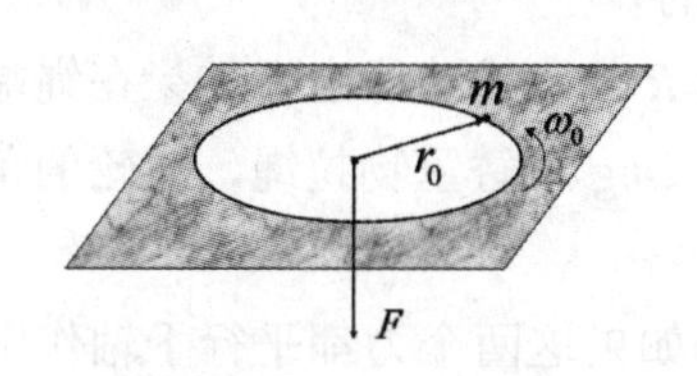

图 3.27　例 3-9 图

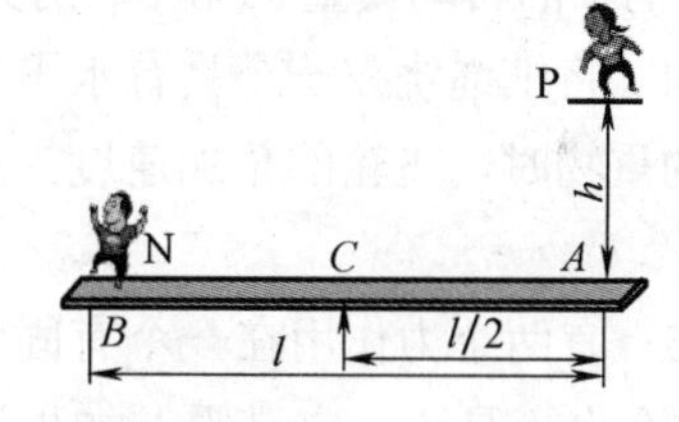

图 3.28　例 3-10 图

解：碰撞前演员 P 落在 A 点的速度 $v_{\mathrm{P}} = (2gh)^{1/2}$，碰撞后的瞬间，演员 P、N 具有相同的线速度 $u = \frac{l}{2}\omega$。

演员 P、N 和跷板组成的系统，角动量守恒

$$mv_{\mathrm{P}}\frac{l}{2} = J\omega + 2mu\frac{l}{2} = \frac{1}{12}m'l^2\omega + \frac{1}{2}ml^2\omega$$

解得：

$$\omega = \frac{mv_{\mathrm{P}}l/2}{m'l^2/12 + ml^2/2} = \frac{6m(2gh)^{1/2}}{(m'+6m)l}$$

演员 N 以速度 u 起跳，达到的高度为

$$h' = \frac{u^2}{2g} = \frac{l^2\omega^2}{8g} = \left(\frac{3m}{m'+6m}\right)^2 h$$

【课后思考】1. 为什么直升机除螺旋桨外还有尾翼？直升机为何设计成双桨的？

2. 如图 3.29 所示，滑轮质量、滑轮与绳子的摩擦均忽略不计，一人用力往上爬，一人抓紧绳子不动，问谁先到达终点？为什么？设两人的体重一样。

3. 你有过骑三轮车的经验吗？习惯了骑自行车的人在骑三轮车时尤其是在三轮车转弯时，会感觉非常别扭，与骑自行车转弯的感觉完全不一样。这是为什么？

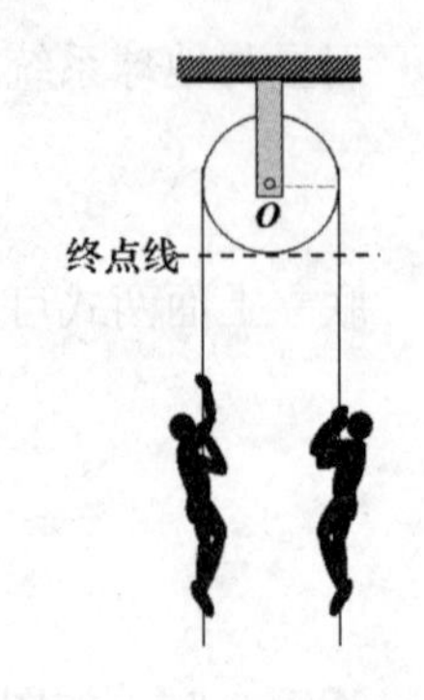

图 3.29　两人谁先到终点

习　题　3

3.1　刚体对轴的转动惯量与哪些因素有关？

3.2　一圆盘绕过盘心且与盘面垂直的轴 O 以角速度ω按图 3.30 所示方向转动，若将两个大小相等、方向相反但不在同一条直线上的力 $\boldsymbol{F}$ 沿盘面同时作用到圆盘上，则圆盘的角速度ω将如何变化？

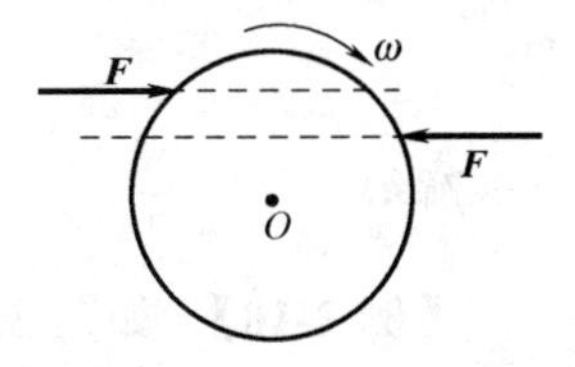

图 3.30　习题 3.2 图

3.3　有两个半径相同、质量相等的细圆环 A 和 B，A 环的质量分布均匀，B 环的质量分布不均匀，它们对通过环心并与环面垂直的轴的转动惯量 J_A 和 J_B 的大小关系是怎样的？

3.4　将细绳绕在一个具有水平光滑轴的半径为 R 的飞轮边缘上，如果在绳端挂一质量为 m 的重物时，飞轮的角加速度为β_1。如果以拉力 $2mg$ 代替重物拉绳，飞轮的角加速度是多少？

3.5　有两个力作用在一个有固定轴的刚体上，如果这两个力都平行于轴作用时，它们对轴的合力矩是否一定是零？如果这两个力都垂直于轴作用时，它们对轴的合力矩是否一定是零？当这两个力的合力为零时，它们对轴的合力矩是否一定是零？当这两个力对轴的合力矩为零时，它们的合力是否一定是零？能否举例说明？

3.6　均匀细棒 OA 可绕通过其一端 O 而与棒垂直的水平固定光滑轴转动，如图 3.31 所示。现使棒从水平位置由静止开始自由下落，在棒摆动到竖直位置的过程中，角速度如何变化？角加速度如何变化？

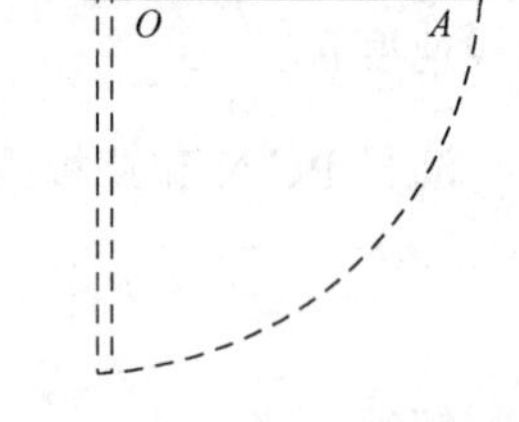

图 3.31　习题 3.6 图

3.7　刚体角动量守恒的充分而必要的条件是什么？在实际的应用中近似条件如何处理？

3.8　有一半径为 R 的水平圆转台，可绕通过其中心的竖直固定光滑轴转动，转动惯量为 J，开始时转台以匀角速度ω_0转动，此时有一质量为 m 的人站在转台中心，随后人沿半径向外跑去，当人到达转台边缘时，转台的角速度是多少？

3.9　在定轴转动中，如果合外力矩的方向与角速度的方向一致，则合力矩增大时，物体角速度是否一定增大？物体角加速度是否一定增大？

3.10　银河系中有一天体是均匀球体，其半径为 R，绕其对称轴自转的周期为 T，由于引力凝聚的作用，体积不断收缩，则一万年以后该天体的自转周期和动能如何变化？

3.11　半径为 r =1.5m 的飞轮做匀变速转动，初角速度 ω_0 =10rad·s^{-1}，角加速度 β = −5rad·s^{-2}，则在 t =________时角位移为零，而此时边缘上点的线速度 v =________。

3.12　半径为 20cm 的主动轮，通过皮带拖动半径为 50cm 的被动轮转动，皮带与轮之间无相对滑动，主动轮从静止开始做匀加速转动。在 4s 内被动轮的角速度达到 8π rad·s^{-1}，则主动轮在这段时间内转过了________圈。

3.13　如图 3.32 所示一长为 L 的轻质细杆，两端分别固定质量为 m 和 $2m$ 的小球，此系统在竖直平面内可绕过中点 O 且与杆垂直的水平光滑轴(O 轴)转动，开始时杆与水平成 60° 角，处于静止状态。无初转速地释放后，杆-球这一刚体系统绕 O 轴转动的转动惯量 J=________。释放后，当杆转到水平位置时，刚体受到的合外力矩 M=________；角加速度 β=________。

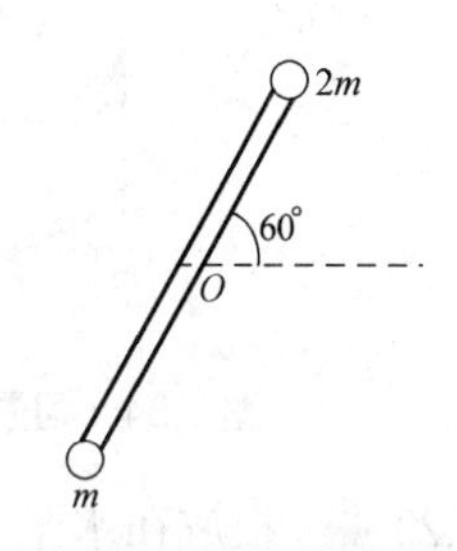

图 3.32　习题 3.13 图

3.14　将一质量为 m 的小球，系于轻绳的一端，绳的另一端穿过光滑水平桌面上的小孔用手拉住，先使小球以角速度 ω_1 在桌面上做半径为 r_1 的圆周运动，然后缓慢将绳下拉，使半径缩小为 r_2，在此过程中小球的动能增量是________。

3.15　一飞轮以角速度 ω_0 绕轴旋转，飞轮对轴的转动惯量为 J_1；另一静止飞轮突然被同轴地啮合到转动的飞轮上，该飞轮对轴的转动惯量为前者的 2 倍，啮合后整个系统的角速度 ω =________。

3.16　设地球卫星绕地球做圆周运动，则在运动过程中，卫星对地球中心的角动量是否守恒？卫星的动能是否守恒？动量是否守恒？地球-卫星系统的机械能是否守恒？

3.17　有两个飞轮，一个是木质的 A 轮，周围镶上铁质的轮缘；另一个是铁质的 B 轮，周围镶上木质的轮缘。若这两个飞轮的半径相同，总质量也相等。则哪个飞轮的转动惯量大？如果它们以相同的角速度旋转，则哪个飞轮的转动动能大？

3.18　设想在人造地球卫星上有一个窗口，此窗口远离地球，若欲使卫星中的宇航员依靠自己的能力从窗口看到地球，这位宇航员怎样做才能使窗口朝向地球呢？

3.19　一质量为 m_L、长为 L 的细棒与一质量为 m_0、半径为 R 的球组成如图 3.33 所示的刚体系统。问对经过棒端且与棒垂直的轴的转动惯量是多少？

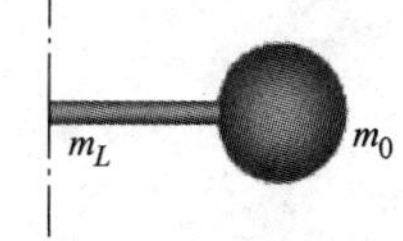

图 3.33　习题 3.19 图

3.20　如图 3.34 所示，一燃气轮机在试车时，燃气作用在涡轮上的力矩是 M= 2.03×10^{3}N·m，涡轮的转动惯量为 25.0kg·m^2. 当轮的转速由 2.80×10^{3}r·min^{-1} 增大到 1.12×10^{4}r·min^{-1} 时，要经历多长时间？

3.21　如图 3.35 所示，有一飞轮，半径为 r=20cm，可绕水平轴转动，在轮上绕一根很长的轻绳，若在自由端系一质量 m_1=20g 的物体，此物体匀速下降；若系 m_2=50g 的物体，则此物体在 10s 内由静止开始加速下降 40cm。设摩擦阻力矩保持不变，求摩擦阻力矩、飞轮的转动惯量以及绳系重物 m_2 后的张力。

*3.22　如图 3.36 所示的系统，两物体的质量 $m_1 = 50\text{kg}$，$m_2 = 40\text{kg}$，滑轮的质量 $M = 16\text{kg}$，半径为 $r = 0.1\text{m}$，斜面是光滑的，倾角为 $\theta = 30^\circ$，绳与滑轮间无相对滑动，转轴摩擦不计。求：(1) 绳中的张力；(2) 设运动开始时，m_1 距地面的高度为 1m，则需多长时间 m_1 到达地面？

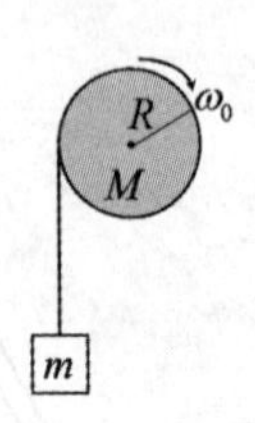

图 3.34　习题 3.20 图

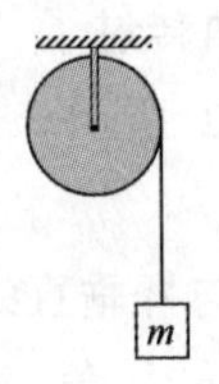

图 3.35　习题 3.21 图

*3.23　一根放在水平光滑桌面上的质量均匀的木棒，可绕通过其一端的竖直光滑固定轴 O 转动。棒的质量为 $m = 1.5\text{kg}$，长度为 $L = 1.0\text{m}$，转动惯量为 $J = \frac{1}{3}mL^2$。初始时棒静止，现有一水平运动的子弹垂直射入棒的另一端并留在棒内，如图 3.37 所示，子弹的质量为 $m_1 = 0.020\text{kg}$，速率为 $v = 400\text{m}\cdot\text{s}^{-1}$，求：

(1) 棒开始和子弹一起转动时的角速度。

(2) 设棒转动时受到大小为 $M_\text{f} = 4.0\text{N}\cdot\text{m}$ 的恒定阻力矩作用，则棒能转过多大的角度？

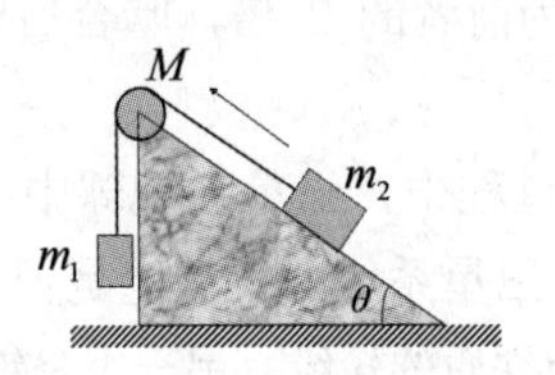

图 3.36　习题 3.22 图

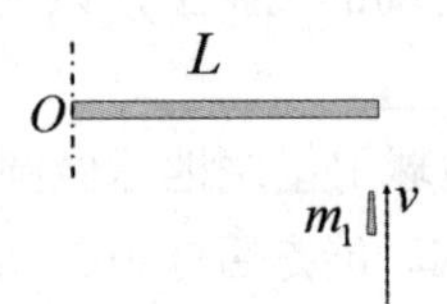

图 3.37　习题 3.23 图

第4章　机 械 振 动

在现代科学技术领域，振动和波动理论是建筑力学、声学、地震学、无线电技术、光学及近代物理等学科的基础。广义的振动是指任何一个物理量(物体的位置、电流强度、电场强度、磁场强度等)在某一定值附近周期性变化的现象。在自然界和日常生活中，常遇到有些物体在某一定位置(中心)附近做来回往复的运动，这种运动称为机械振动。例如，昆虫鸟类翅膀的振动、钟摆的摆动、内燃机汽缸内活塞的往复运动、心脏的跳动、一切发声物体的运动等。振动有各种不同的形式，如机械振动、电磁振荡(电路中的电流、电压、电荷量、电场强度或磁场强度在某一定值附近随时间做周期性变化)等。按振动系统的受力和能量转换情况，振动可以分为自由振动和受迫振动两大类。自由振动又分为无阻尼的自由振动和有阻尼的振动。其中最基本、最简单的振动是无阻尼的自由简谐振动，任何一个复杂的振动都可以是一些简谐振动的合成叠加。本章主要介绍简谐振动的运动特征、描述和运动规律，能量特征，简谐运动的合成以及简单介绍阻尼振动和受迫振动及应用。

4.1　简谐振动及描述

物体运动时，如果离开平衡位置的位移(或摆动的角位移)随时间变化的规律是余弦函数(或正弦函数)，这种运动就称为简谐振动，简称谐振动。在忽略空气阻力、不计摩擦力的情况下，弹簧振子的小幅振动、单摆的微小摆动都是简谐振动。下面就以弹簧振子为例研究简谐振动的基本特征及其运动规律。

4.1.1　简谐振动的基本特征

如图 4.1 所示，将水平弹簧一端固定，另一端系一质量为 m 的物体，放在光滑的水平面上，组成弹簧-物体系统，简称弹簧振子。设弹簧原长时(自然长度)的位置为 O，此点是物体受力的平衡点，称平衡位置。弹簧的劲度系数为 k，当物体在平衡位置的两侧时，物体就在弹性恢复力和惯性两个因素互相制约下，以平衡位置 O 点为中心，不断地重复相同的周期性运动，这就是简谐振动。

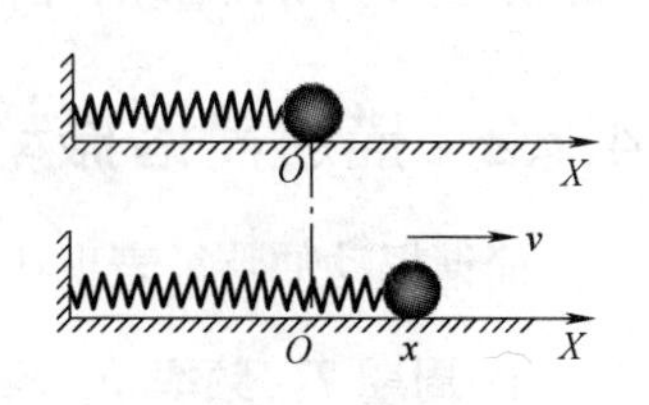

图 4.1　弹簧振子

1. 弹簧振子的振动方程

如图 4.1 所示，物体离开平衡位置的位移为 $\boldsymbol{x}$ 时，由胡克定律及牛顿第二定律可得物体的瞬时加速度

$$\boldsymbol{a}=\frac{\boldsymbol{f}}{m}=-\frac{k}{m}\boldsymbol{x}$$

由运动学知识有$\boldsymbol{a}=\mathrm{d}^2\boldsymbol{x}/\mathrm{d}t^2$，代入上式得

$$\frac{\mathrm{d}^2\boldsymbol{x}}{\mathrm{d}t^2}+\frac{k}{m}\boldsymbol{x}=0 \tag{4.1}$$

令$\omega^2=\dfrac{k}{m}$，ω只与弹簧自身的因素即弹簧振子的质量m、弹簧的劲度系数k有关，而与初始条件无关。因此，ω称为弹簧振子系统的固有角频率，则式(4.1)可改写为

$$\frac{\mathrm{d}^2\boldsymbol{x}}{\mathrm{d}t^2}+\omega^2\boldsymbol{x}=0 \tag{4.2}$$

式(4.2)称为简谐振动微分方程。凡是运动规律满足上述二阶线性常微分方程的振动，都称为简谐振动，其通解为

$$x=A\cos(\omega t+\varphi_0) \tag{4.3}$$

式(4.3)称为简谐振动的运动方程，即振子离开平衡位置的位移$\boldsymbol{x}$随时间t按余弦函数(或正弦函数)规律变化，常称此为简谐振动的运动学特征。其中积分常数A和φ_0由初始条件确定。

【课堂思考】乒乓球和皮球在地面上下跳动、小球在光滑碗底所做的小幅滚动是否为简谐振动？你还能举出日常生活中见到的物体做简谐振动的例子吗？

2. 简谐振动的速度　加速度

由简谐运动的位移$x=A\cos(\omega t+\varphi_0)$ (A、φ_0为待定系数)，其速度为

$$v=\frac{\mathrm{d}x}{\mathrm{d}t}=-\omega A\sin(\omega t+\varphi_0)=\boldsymbol{v}_{\mathrm{m}}\cos\left(\omega t+\varphi_0+\frac{\pi}{2}\right) \tag{4.4}$$

加速度为

$$a=\frac{\mathrm{d}v}{\mathrm{d}t}=-\omega^2A\cos(\omega t+\varphi_0)=a_{\mathrm{m}}\cos(\omega t+\varphi_0+\pi)=-\frac{k}{m}x \tag{4.5}$$

式中，$v_{\mathrm{m}}=\omega A$、$a_{\mathrm{m}}=\omega^2A$分别为速度、加速度的最大值(常称为速度、加速度振幅)。

从式(4.5)可以看出，简谐振动的加速度与其位移总是大小成正比、方向相反。

4.1.2　描述简谐振动的特征量

简谐振动的特征表现在运动具有周期性，可用周期T、频率ν或角频率ω表示。

1. 周期T　频率ν　角频率ω

物体完成一次全振动所需的时间称为周期，用T表示。国际单位制中，周期的单位是秒(s)。

物体在单位时间内完成全振动的次数称为频率，用ν表示。国际单位制中，频率的单位是赫兹(Hz)，且周期T、频率ν之间满足关系式$\nu=1/T$。

实际应用中，常把物体在$2\pi\mathrm{s}$内的振动次数称为角频率或圆频率，用ω表示，则周期、频率、角频率三者间的关系为

$$\omega=\frac{2\pi}{T}=2\pi\nu \tag{4.6}$$

对弹簧振子，$\omega^2=\dfrac{k}{m}$，因此其周期和频率分别为

$$T=2\pi\sqrt{\frac{m}{k}}，\quad \nu=\frac{1}{2\pi}\sqrt{\frac{k}{m}} \tag{4.7}$$

由于振子的质量和弹簧的劲度系数均为系统固有的量，因而这种由系统本身性质所决定的周期或频率称为固有周期或固有频率，与其他因素无关。

2. 振幅 A

简谐振动物体离开平衡位置的最大位移的绝对值，称为振幅，用 A 表示，国际单位制为米(m)，其大小由初始条件确定。如式(4.4)中的速度振幅 $v_m=\omega A$；式(4.5)中的加速度振幅 $a_m=\omega^2 A$ 等。

3. 相位 $\omega t+\varphi_0$

由简谐振子的位移、速度、加速度的表达式 $x=A\cos(\omega t+\varphi_0)$、$v=v_m\cos\left(\omega t+\varphi_0+\dfrac{\pi}{2}\right)$、$a=a_m\cos(\omega t+\varphi_0+\pi)$ 可知，当振幅 A 和角频率 ω 一定时，质点的位移、速度、加速度都取决于量($\omega t+\varphi_0$)。我们称 $\omega t+\varphi_0$ 为时刻 t 的相位，即不同时刻 t 质点的相位不同，其位移、速度、加速度也都不同，所以说相位是描述质点的运动状态的物理量。

$t=0$ 时的相位称为初相，用 φ_0 表示。设 $t=0$ 时位移为 $\boldsymbol{x}_0$，速度为 $\boldsymbol{v}_0$，称为初始条件。

由式(4.3)和式(4.4)得

$$x_0=A\cos\varphi_0 \tag{4.8}$$

$$v_0=-A\omega\sin\varphi_0 \tag{4.9}$$

联立式(4.8)、式(4.9)可解得

$$A=\sqrt{x_0^{\ 2}+\left(\frac{v_0}{\omega}\right)^2} \tag{4.10}$$

$$\tan\varphi_0=-\frac{v_0}{\omega x_0} \tag{4.11}$$

这样，由初始条件确定了 A 和 φ_0，ω(或 ν、T)由系统本身的性质决定，因此简谐振动方程就被唯一确定。常称 A、φ_0、ω (或 ν、T)为描述简谐运动的三要素。

简谐振动方程除了可以写成式(4.3)的标准形式外，利用式(4.6)还可写成下面两种形式：

$$x=A\cos(2\pi t/T+\varphi_0) \tag{4.12}$$

$$x=A\cos(2\pi\nu\, t+\varphi_0) \tag{4.13}$$

【例 4-1】 如图 4.2 所示，$m=2\times10^{-2}$kg，弹簧的静止形变为 $\Delta l=9.8$cm，$t=0$ 时，$x_0=-9.8$cm，$v_0=0$。

(1) 取开始振动时为计时零点，写出振动方程。

(2) 若取 $x_0=0$，$\boldsymbol{v}>0$ 为计时零点，写出振动方程，并计算振动频率。

解：(1) 振子只受重力和弹簧的弹力作用，弹簧系统平衡时，设弹簧的伸长量为 Δl，由牛顿第二定律得

$$mg=k\Delta l$$

则 $$k=mg/\Delta l$$

取平衡位置为坐标原点，向下为轴建立坐标，如图4.2所示。

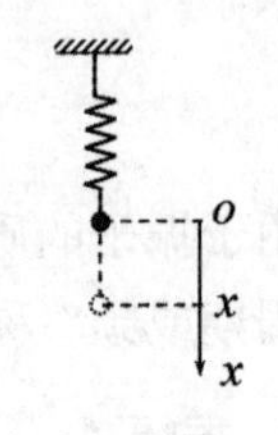

图4.2　例4-1图

在任意时刻，振子向下的位移为x，振子受合外力为

$$f=mg-k(\Delta l+x)=-kx$$

即振子系统受合外力为准弹性力，所以是简谐振动(说明竖直方向的弹簧振子与水平方向的弹簧振子的动力学特征完全相同)。

设振动方程为　$x=A\cos(\omega t+\varphi_0)$

则系统的固有角频率　$\omega=\sqrt{\dfrac{k}{m}}=\sqrt{\dfrac{g}{\Delta l}}=\sqrt{\dfrac{9.8}{0.098}}\text{rad}\cdot\text{s}^{-1}=10\text{rad}\cdot\text{s}^{-1}$

由初始条件得　$A=\sqrt{x_0^2+\left(\dfrac{v_0}{\omega}\right)^2}=0.098\text{m}$

$$\varphi_0=\arctan\left(-\frac{v_0}{\omega x_0}\right)=0\text{或}\pi$$

又由初始条件可知　$x_0=A\cos\varphi_0=-0.098<0$

所以$\cos\varphi_0<0$，取$\varphi_0=\pi$　($\varphi_0=0$不合题意应舍去)

振子的振动方程为　$x=9.8\times10^{-2}\cos(10t+\pi)$

(2)　按题意，$t=0$时，$x_0=0$，$v_0>0$，即$x_0=A\cos\varphi_0=0$，得

$$\cos\varphi_0=0,\ \varphi_0=\pi/2\ \text{或}\ 3\pi/2$$

又因　$v_0=-A\omega\sin\varphi_0>0$，则$\sin\varphi_0<0$，应取　$\varphi_0=3\pi/2$。

振动方程为　$x=9.8\times10^{-2}\cos(10t+3\pi/2)$

振动的固有频率　$\nu=\dfrac{\omega}{2\pi}=\dfrac{1}{2\pi}\sqrt{\dfrac{g}{\Delta l}}=1.6\text{Hz}$

计算说明：对同一简谐振动取不同的计时起点，初相φ_0不同，但ω、A不变。

【例4-2】 如图4.3(a)所示，振动系统由一劲度系数为k的轻弹簧，一半径为R、转动惯量为J的定滑轮和一质量为m的物体所组成。使物体略偏离平衡位置后放手，任其振动，试证明物体做简谐振动，并求其周期T。

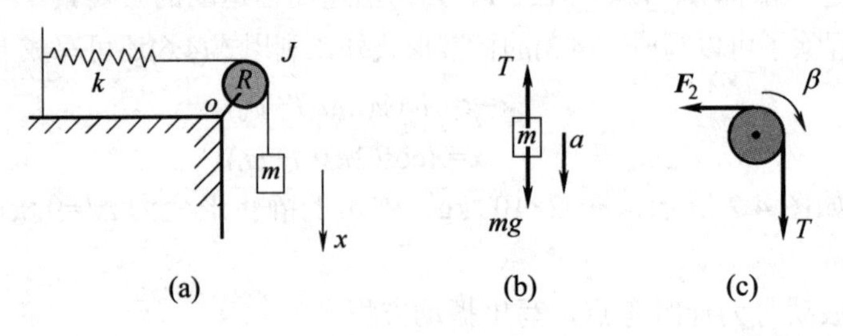

图4.3　例4-2图

解：质点m、滑轮受力如图4.3(b)、(c)所示。质点受重力mg、绳的弹力$\boldsymbol{T}$作用；滑轮是刚体，受绳的弹力T和弹簧的弹力$\boldsymbol{F}_2$作用。

设m在平衡位置时，弹簧伸长量为Δl，取此时的平衡位置为坐标原点，位移轴ox如

图 4.3(a)所示。由牛顿第二定律可知，系统平衡时有

$$mg - k\Delta l = 0 \quad ①$$

当 m 有位移 x 时，有

$$mg - T = ma \quad ②$$

对滑轮由刚体的转动定律有

$$(T - F_2)R = J\frac{a}{R} \quad ③$$

其中

$$F_2 = k(\Delta l + x) \quad ④$$

联立式①～式④解得

$$-kx = \left(m + \frac{J}{R^2}\right)a \quad ⑤$$

将 $a = \dfrac{\mathrm{d}^2 x}{\mathrm{d}t^2}$ 代入式⑤得

$$\frac{\mathrm{d}^2 x}{\mathrm{d}t^2} + \frac{k}{m + (J/R^2)}x = 0 \quad ⑥$$

由式⑥可知系统做简谐振动，其固有角频率为 $\omega = \sqrt{\dfrac{k}{m + (J/R^2)}}$

因此，该简谐振动的周期为 $T = \dfrac{2\pi}{\omega} = 2\pi\sqrt{\dfrac{m + (J/R^2)}{k}}$

4.1.3　旋转矢量法

如图 4.4 所示，在直角坐标系中，作一矢量 $\boldsymbol{A}$(称振幅矢量)，其大小等于振幅的大小，方向为从坐标原点出发，使它在 Oxy 平面上绕坐标原点 O 做逆时针匀速转动，角速度为 ω，该矢量的端点 M 在 x 轴上的投影点 P 的运动即为简谐运动。

矢量 $\boldsymbol{A}$ 的端点在 x 轴上的投影对应振子的位置坐标 $x = A\cos(\omega t + \varphi_0)$，旋转矢量 $\boldsymbol{A}$ 在任一时刻 t 与 x 轴正向的夹角就是振动的相位 $\varphi = \omega t + \varphi_0$。

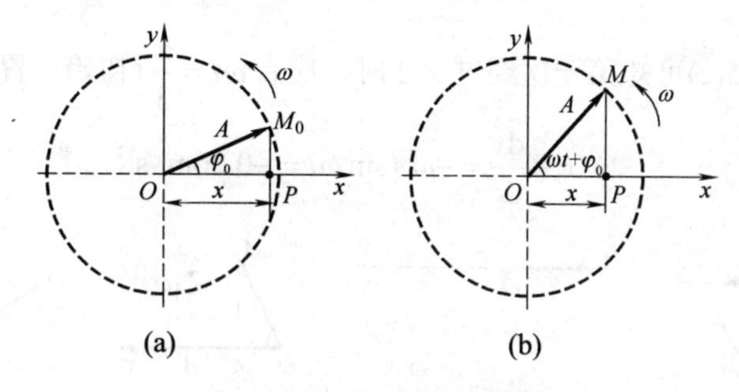

图 4.4　简谐振动的旋转矢量图示法

用旋转矢量图示法描述简谐运动时，各物理量对应关系如表 4.1 所示。

表 4.1　旋转矢量描述简谐振动

简谐运动	旋转矢量
振幅　A	旋转矢量 $\boldsymbol{A}$ 的模
角频率　ω	$\boldsymbol{A}$ 旋转的匀角速度
初相　φ_0	$\boldsymbol{A}$ 的初始角坐标
相位 $\omega t + \varphi_0$	矢量 $\boldsymbol{A}$ 的角坐标

同理：速度矢量 $\boldsymbol{v}$、加速度矢量 $\boldsymbol{a}$ 也可用旋转矢量来表示(略)。

利用旋转矢量法可以方便地比较两个振动的相位、求初相、进行两个振动的合成。

【例 4-3】 一轻弹簧的右端连着一物体，弹簧的劲度系数为 $k=0.72\text{N}\cdot\text{m}^{-1}$，物体的质量 m=20g。

(1) 把物体从平衡位置向右拉到 x=0.05m 处，停下后再释放，求简谐运动方程。

(2) 求物体从初位置运动到第一次经过 $A/2$ 处时的速率。

(3) 如果物体在 x=0.05m 处时速度不等于零，而是具有向右的初速度 $v_0=0.30\text{m}\cdot\text{s}^{-1}$，求其运动方程。

解：(1) 由题意，$x_0=0.05\text{m}$，$v_0=0$

振动的角频率 $\omega=\sqrt{\dfrac{k}{m}}=\sqrt{\dfrac{0.72}{0.02}}\text{rad}\cdot\text{s}^{-1}=6.0\text{rad}\cdot\text{s}^{-1}$

振幅 $A=\sqrt{x_0^2+\dfrac{v_0^2}{\omega^2}}=x_0=0.05\text{m}$

初相位 φ_0 为 $\tan\varphi_0=\dfrac{-v_0}{\omega x_0}=0$

得 $\varphi_0=0$ 或 π

由旋转矢量图知初相 φ_0 应取 $\varphi_0=0$，如图 4.5(a)所示。

所以运动方程为 $x=0.05\cos(6t)$

(2) 由运动方程 $x=\dfrac{A}{2}=A\cos(\omega t)$

得 $\omega t=\dfrac{\pi}{3}$ 或 $-\dfrac{\pi}{3}$

由旋转矢量图 4.5(c)可知第一次经过 $A/2$ 时，应有 $\omega t=\dfrac{\pi}{3}$(初始位置 x=+0.05m)，则

$$v=\frac{\mathrm{d}x}{\mathrm{d}t}=-\omega A\sin\omega t=-0.26\text{m}\cdot\text{s}^{-1}$$

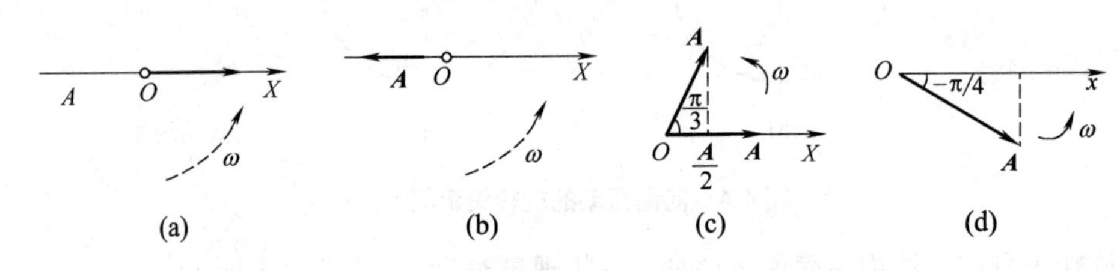

图 4.5 例 4-3 图

(3) 设运动方程为：$x=A'\cos(6t+\varphi_0)$，因 $x_0=0.05\text{m}$，$v_0=0.30\ \text{m}\cdot\text{s}^{-1}=-A'\omega\sin\varphi_0>0$，解得

$$A'=\sqrt{x_0^2+\frac{v_0^2}{\omega^2}}=0.07$$

由 $t=0$ 时，$x_0=A'\cos\varphi_0$，即 $0.05=0.07\cos\varphi_0$，解得 $\varphi_0=-\dfrac{\pi}{4}$ 或 $\dfrac{3}{4}\pi$。

同理，由旋转矢量图 4.5(d)可知，应取 $\varphi_0=-\dfrac{\pi}{4}$。

则运动方程为
$$x = 0.07\cos\left(6t - \frac{\pi}{4}\right)$$

4.2　常见的几种简谐振动

4.2.1　弹簧振子

如 4.1.1 小节所述的弹簧振子的运动是典型的简谐运动，此处不再赘述。

4.2.2　单摆和复摆

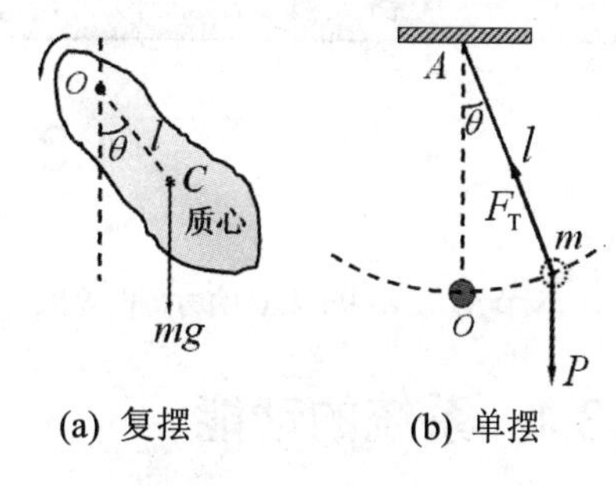

(a) 复摆　　(b) 单摆

图 4.6　复摆与单摆

如图 4.6(a)所示，只在重力作用下绕一固定轴 O 做小摆角摆动的刚体称为复摆，也叫物理摆。那么，复摆的摆动是否是简谐运动呢？对刚体的摆动(转动)，其位移用刚体质心的角位移 θ 表示，力矩平衡时，摆的重心在轴的正下方(虚线所示位置)。摆动过程中的任一时刻 t，摆的质心到悬点的连线与平衡位置的夹角为 θ，即角位移的大小。规定偏离平衡位置时沿逆时针方向的角位移为正。

设刚体的转动惯量为 J，由刚体的转动定律可知，对转轴 O 的合外力矩为
$$M = -mgl\sin\theta = J\beta = J\frac{\mathrm{d}^2\theta}{\mathrm{d}t^2}$$
式中，负号表示力矩的方向与角位移的方向相反。

摆角很小时，有 $\sin\theta \approx \theta$，则
$$-mgl\theta = J\frac{\mathrm{d}^2\theta}{\mathrm{d}t^2}$$
即
$$\frac{\mathrm{d}^2\theta}{\mathrm{d}t^2} + \frac{mgl}{J}\theta = 0$$

令上式中 $\frac{mgl}{J} = \omega^2$，上式可写为
$$\frac{\mathrm{d}^2\theta}{\mathrm{d}t^2} + \omega^2\theta = 0 \tag{4.14}$$

式(4.14)是刚体复摆运动的微分方程。其通解为
$$\theta = \theta_{\mathrm{m}}\cos(\omega t + \varphi_0) \tag{4.15}$$

因此，复摆的运动是角谐振动。且复摆的摆动周期为
$$T = \frac{2\pi}{\omega} = 2\pi\sqrt{\frac{J}{mgl}} \tag{4.16}$$

如果此物理摆可以看作是一个质点，设悬点连接物体的悬线长为 l，如图 4.6(b)所示，则这个振动系统称为单摆，因此单摆的摆动也是一个简谐运动。由于单摆对 O 的转动惯量

为 $J=ml^2$，代入式(4.16)中得单摆的周期为

$$T=2\pi\sqrt{\frac{ml^2}{mgl}}=2\pi\sqrt{\frac{l}{g}} \tag{4.17}$$

单摆的频率为

$$\nu=\frac{1}{2\pi}\sqrt{\frac{g}{l}} \tag{4.17a}$$

【课后讨论】如果单摆的摆线趋于无线长，则单摆的周期会怎样？应该如何解释？由此可见，任何物理模型的条件均不可忽视。

4.3 简谐运动的能量

本节继续以图 4.1 所示弹簧振子为例讨论简谐运动系统的能量，包括动能和势能。

4.3.1 系统的动能

设简谐运动的物体的位移为 $x=A\cos(\omega t+\varphi_0)$，则其速率为 $v=-\omega A\sin(\omega t+\varphi_0)$。

由动能的定义可知，物体的动能为 $E_k=\frac{1}{2}mv^2$，将 $v=-\omega A\sin(\omega t+\varphi_0)$ 代入得

$$E_k=\frac{1}{2}m[-\omega A\sin(\omega t+\varphi_0)]^2=\frac{1}{2}kA^2\sin^2(\omega t+\varphi_0) \tag{4.18}$$

即弹簧振子系统的动能是随时间周期性变化的。物体的位移为零时，即物体通过平衡位置(弹簧形变量最小为零)时动能最大 $E_{k\max}=\frac{1}{2}kA^2$，在最大位移处(弹簧形变量最大)动能最小 $E_{k\min}=0$。

4.3.2 系统的势能

弹簧振子系统的势能是弹簧的弹性势能，由定义得 $E_p=\frac{1}{2}kx^2$，将 $x=A\cos(\omega t+\varphi_0)$ 代入得

$$E_p=\frac{1}{2}kx^2=\frac{1}{2}kA^2\cos^2(\omega t+\varphi_0) \tag{4.19}$$

即弹簧振子系统的势能也是随时间周期性变化的。位移最大时(弹簧形变量最大)，势能达最大值 $E_{p\max}=\frac{1}{2}kA^2$；位移最小时(弹簧形变量最小为零)，势能达最小值 $E_{p\min}=0$。

式(4.18)、式(4.19)说明简谐振动的动能和势能是时间的周期性函数。

4.3.3 系统的机械能

振动系统的机械能为动能与势能的总和，由式(4.18)、式(4.19)相加得

$$E=E_k+E_p=\frac{1}{2}kA^2 \tag{4.20}$$

即弹簧振子的总能量与振幅的平方成正比，k、A 是常量，因此可以用振幅表示振动的强弱程度。

由式(4.18)、式(4.19)、式(4.20)说明：简谐振动系统的动能与势能可相互转化，在平衡位置时动能最大，势能为零；在最大位移时，动能为零，势能达到最大值。但整个过程中系统的总机械能保持不变，即系统的机械能守恒。这种能量和振幅保持不变的振动称为无阻尼自由振动。

简谐振动能量与时间的关系如图 4.7 所示(设初相位 $\varphi_0 = 0$)。势能曲线表示 E_p 随 x 的变化关系，总机械能为恒量，因此动能也能在图中表示，如图 4.8 所示。

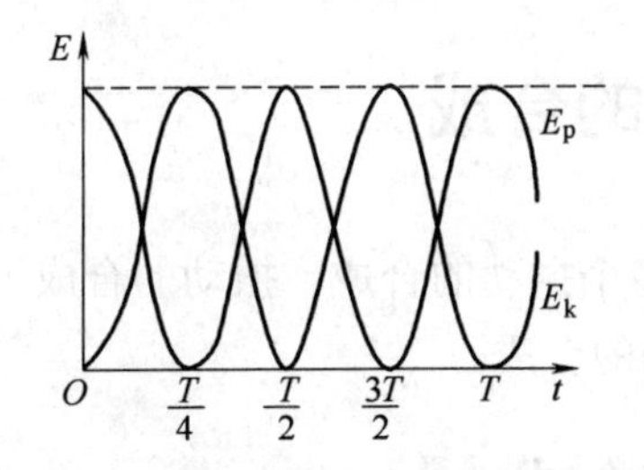

图 4.7　简谐振动的能量图

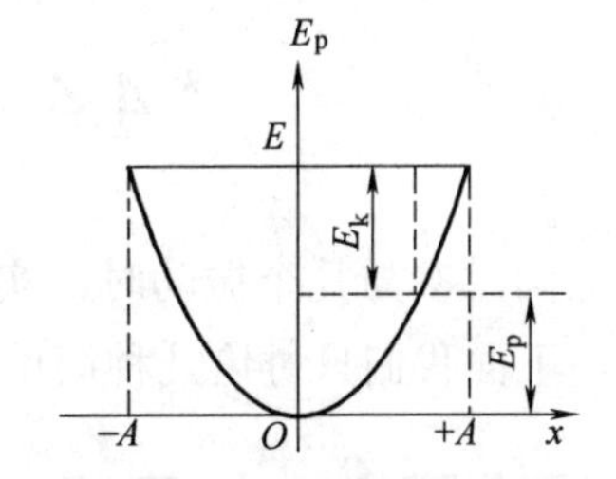

图 4.8　简谐振动的势能曲线

【例 4-4】 定滑轮的半径为 R，转动惯量为 J，轻绳绕过滑轮一端与固定的轻弹簧相连。弹簧的劲度系数为 k，另一端挂质量为 m 的物体。现将 m 从平衡位置向下拉一微小距离后放手。试由振动系统机械能守恒证明物体做简谐振动，并求其振动周期。(设绳与滑轮摩擦及空气阻力可忽略)

解： 设物体的平衡点为坐标原点，向下为 x 轴正向建立坐标，如图 4.9 所示。

平衡时弹簧的伸长量为 x_0，得 $kx_0 = mg$。

当物体在 x 点时，其速度为 v。

取平衡点为重力势能零点，系统的机械能守恒，得

$$E = \frac{1}{2}mv^2 + \frac{1}{2}J\omega^2 - mgx + \frac{1}{2}k(x + x_0)^2 \quad ①$$

利用 $v = R\omega$，$kx_0 = mg$ 化简式①得

$$\frac{1}{2}\left(m + \frac{J}{R^2}\right)v^2 + \frac{1}{2}kx^2 = E - \frac{1}{2}kx_0^2 = \text{常量}$$

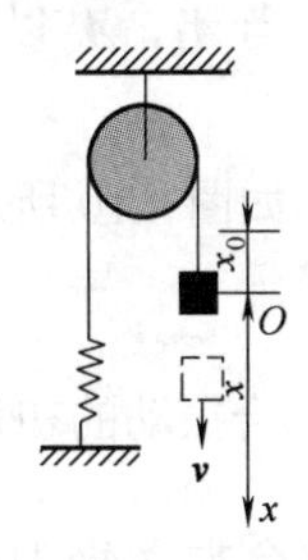

图 4.9　例 4-4 图

令 $m' = m + \dfrac{J}{R^2}$ 代入上式得

$$\frac{1}{2}m'v^2 + \frac{1}{2}kx^2 = \text{常量} \quad ②$$

式②两边对 t 求导：$m'v\dfrac{\mathrm{d}v}{\mathrm{d}t} + kx\dfrac{\mathrm{d}x}{\mathrm{d}t} = 0$　　③

任意时刻　　$v = \dfrac{\mathrm{d}x}{\mathrm{d}t} \neq 0$

式③约去 v 后得

$$\frac{\mathrm{d}v}{\mathrm{d}t}+\frac{k}{m'}x=0$$

即 $\frac{\mathrm{d}^2x}{\mathrm{d}t^2}+\omega^2x=0$，说明物体做简谐振动。其中 $\omega=\sqrt{\frac{k}{m'}}=\sqrt{\frac{k}{m+\frac{J}{R^2}}}$ 为系统的固有角频率。

系统振动周期为
$$T=\frac{2\pi}{\omega}=2\pi\sqrt{\frac{J+mR^2}{kR^2}}$$

说明：此例中由简谐振动系统的能量守恒来分析判别系统是否做简谐振动的方法，称为能量法。

*4.4 简谐运动的合成

当质点同时参与几个振动时，实际的运动则是多个振动的合成。振动的合成一般是比较复杂的，下面我们只讨论几种简单的一维简谐振动的合成。

4.4.1 两个同方向、同频率简谐运动的合成

设某质点同时参与两个沿 x 方向的简谐运动，它们的振动频率 ω 相同，运动方程分别为 $x_1=A_1\cos(\omega t+\varphi_1)$，$x_2=A_2\cos(\omega t+\varphi_2)$，则两个振动的合位移 x 应在同一方向 x 上，即

$$x=x_1+x_2$$

这两个振动的合成方法，可以用三角函数的和差化积，也可以用旋转矢量法合成。下面介绍用旋转矢量法合成的方法。

当 $\boldsymbol{A}_1$、$\boldsymbol{A}_2$ 以相同的频率 ω 旋转时，合矢量 $\boldsymbol{A}$ 也以相同的频率 ω 旋转，其合位移为

$$\boldsymbol{x}=\boldsymbol{x}_1+\boldsymbol{x}_2=\boldsymbol{A}\cos(\omega t+\varphi) \tag{4.21}$$

如图4.10所示，由几何知识得合振动的振幅

$$A=\sqrt{A_1^2+A_2^2+2A_1A_2\cos(\varphi_2-\varphi_1)} \tag{4.22}$$

合振动的初相
$$\tan\varphi=\frac{A_1\sin\varphi_1+A_2\sin\varphi_2}{A_1\cos\varphi_1+A_2\cos\varphi_2} \tag{4.23}$$

合振动仍为简谐振动，角频率与各分振动相同，振幅 A、初相 φ 如式(4.22)、式(4.23)所示。其中 $\varphi_2-\varphi_1$ 称为两振动的相位差，在这里也就是初相差。

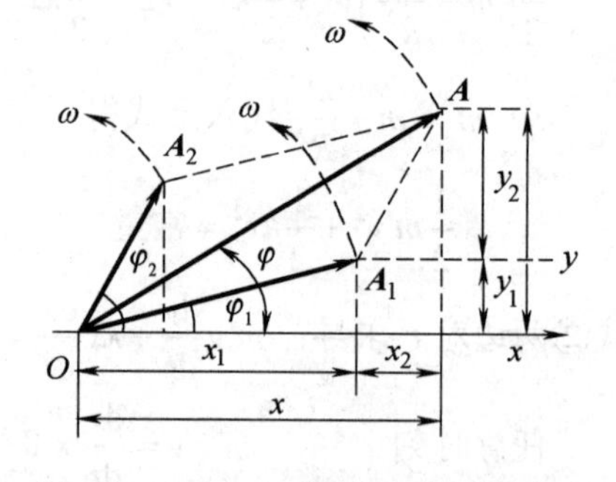

图4.10 同方向、同频率振动的合成

【讨论】

(1) 若相位差 $(\varphi_2-\varphi_1)=2k\pi(k=0,\pm1,\pm2,\cdots)$，则合振幅为 $A=\sqrt{A_1^2+A_2^2+2A_1A_2}=A_1+A_2$，此时两分振动同相位，合振动加强，合振幅最大。

(2) 若相位差 $(\varphi_2-\varphi_1)=(2k+1)\pi(k=0,\pm1,\pm2,\cdots)$，则合振幅为 $A=\sqrt{A_1^2+A_2^2-2A_1A_2}=|A_1-A_2|$，此时两分振动反相位，合振动减

弱，合振幅最小。

(3) 一般情况下，两分振动既不同相位也不反相位，合振幅居于最大与最小之间。

$$|A_1-A_2| < A < (A_1+A_2)$$

同方向同频率简谐运动的合成常用于分析声波、光波及电磁波的干涉和衍射现象。

4.4.2 两个同方向、不同频率简谐运动的合成

由于两振动频率不同，则它们的相位差不恒定，合振动一般不是简谐运动。为方便讨论，设某时刻两振动相位差为零时作为计时起点，此时

$$x_1 = A_1(\cos\omega_1 t) = A_1\cos(2\pi\nu_1 t)，\quad x_2 = A_2(\cos\omega_2 t) = A_2\cos(2\pi\nu_2 t)$$

为简单起见，设 $A_1 = A_2$，则

$$x = x_1 + x_2 = A_1\cos(\omega_1 t) + A_1\cos(\omega_2 t) = A_1(\cos\omega_1 t + \cos\omega_2 t)$$

$$= 2A_1\cos\left(\frac{\omega_2-\omega_1}{2}t\right)\cos\left(\frac{\omega_2+\omega_1}{2}t\right) \tag{4.24}$$

可认为合振动是振幅为$\left|2A_1\cos\left(\frac{\omega_2-\omega_1}{2}t\right)\right|$、频率为$\frac{\omega_2+\omega_1}{2}$的振动。

(1) 若振幅、初相都变，是非谐振动。

(2) 若两振动的频率都很小，频率差也很小时，$\Delta\omega = \omega_2 - \omega_1 \sim \omega_1$(或$\omega_2$)，合振幅 A 变化周期与振动周期接近，x 变化极快，无稳定的振幅。

(3) 若 $\Delta\omega \ll \omega_1$ 时，$|\omega_2-\omega_1| \ll (\omega_2+\omega_1)$或$|\nu_2-\nu_1| \ll (\nu_2+\nu_1)$，即表示两个高频振动。则式 (4.24) 中的 $\cos\left(\frac{\omega_2-\omega_1}{2}t\right)$ 随 t 缓变，$\cos\left(\frac{\omega_2+\omega_1}{2}t\right)$ 随 t 速变。即合振幅 $A=\left|2A_1\cos\left(\frac{\omega_2-\omega_1}{2}t\right)\right|$ 变化极慢，可观测到振幅 A 时而增强、时而减弱的现象，如图 4.11 所示。

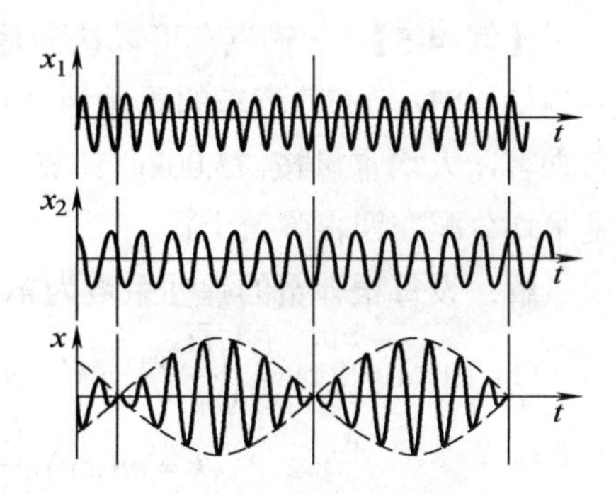

图 4.11 同方向不同频率简谐运动的合成

4.4.3 拍

式(4.24)表示两个频率较大且频率差极小的同方向简谐振动的合成时产生的使振动周期性加强与减弱的现象称为拍，如图 4.12 所示。如果这两个频率是由两个声波发出的，则我们就可以听到时强时弱的声音效果。这样的拍现象可以用一个简单的实验来演示。取两只频率相同的音叉，在其中一只音叉上套上一个小铁圈，改变它的频率(微小改变)，先分别敲击这两只音叉，分别可以听到均匀的声强；然后同时敲击这两只音叉，听到的是“嗡……”“嗡……”

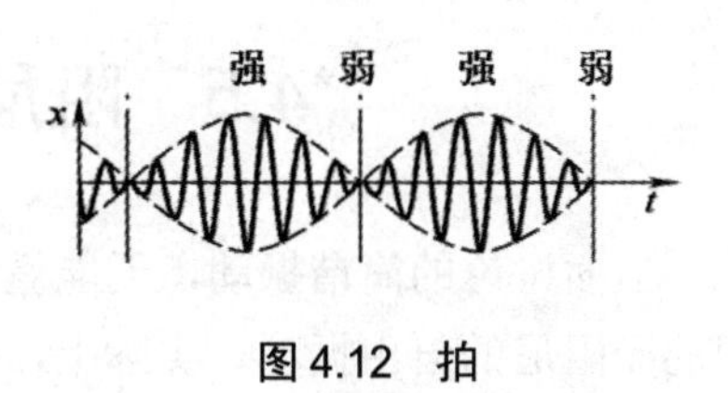

图 4.12 拍

“嗡……”的时强时弱的声音，这就是拍现象。下面进行定量分析。

为方便理论分析，令两振幅相等，即 $A_1=A_2$，取初始时刻为两振动的初相均为零的时刻。

(1) 拍的振幅。

式(4.24)的合振动表达式中，随时间周期性缓慢变化的项表示振幅，即拍的振幅为

$$A=\left|2A_1\cos\left(\frac{\omega_2-\omega_1}{2}t\right)\right| \tag{4.25}$$

(2) 拍频。

单位时间内合振动加强(或减弱)的次数称拍频。

设拍变化的周期为T'，如图 4.12 所示，可知：$\frac{\omega_2-\omega_1}{2}T'=\pi$

振幅周期性变化的频率：$\nu=\frac{1}{T'}=\frac{\omega_2-\omega_1}{2\pi}=\nu_2-\nu_1$

即拍频

$$\nu_{拍}=\nu_2-\nu_1 \tag{4.26}$$

所以拍的频率等于两分振动的频率之差。拍现象在实际生活中有许多应用，如用音叉的振动来校准乐器；双簧管就是利用两个簧片振动频率的微小差别来产生颤动的拍音，演奏出优美柔和富有感情的音乐；调整乐器时，使它和标准音叉出现的拍音消失来校准乐器；利用拍的规律测定超声波的频率，制造拍振荡器；在无线电技术中，可用来测定无线电波频率和调制高频振荡的振幅和频率；还可以用于汽车速度检测器、地面卫星跟踪等。

【例 4-5】 一辆汽车可以认为是被支撑在四根完全相同的弹簧上沿铅直方向振动，频率为 3.00Hz。(1)若汽车的质量为 1450kg，则每根弹簧的弹性系数是多少？(2)若车上有 5 名乘客，人均重量按 73.00kg 计算，人-车系统的振动频率又是多少？(设车和人的重量都是平均分配在四根弹簧上)

解： 设每根弹簧的弹性系数为 k，四根弹簧并联的等效弹性系数为$k'=4k$。

(1) 由 $\omega=2\pi\nu=\sqrt{\frac{k'}{m}}$ 得：$k'=m(2\pi\nu)^2=4k$

$$k=m(\pi\nu)^2=1450\times(3\pi)^2=1.288\times10^5\,\mathrm{N\cdot m}$$

(2) 人-车系统的总质量为 $M=1815\mathrm{kg}$

人-车系统的振动频率为 $\nu=\frac{1}{2\pi}\sqrt{\frac{4k}{M}}=\frac{1}{2\pi}\sqrt{\frac{4\times1.288\times10^5}{1815}}\mathrm{Hz}=2.68\mathrm{Hz}$

*4.5 阻尼振动 受迫振动 共振

前面讨论的简谐振动，无能量消耗，振幅都不随时间变化，即物体做等幅振动，是理想的无阻尼的自由振动。实际上，任何振动系统运动时，总要受到阻力的作用，系统的能量会不断损耗，振幅将逐渐减小。这样的振动称为阻尼振动。

4.5.1　阻尼振动

振动系统的能量随时间减小的振动称为阻尼振动或减幅振动。阻尼振动中，系统要克服阻力做功使系统的动能转化为热能；同时振动的能量在向周围辐射出去。

以悬挂在黏滞性液体中的弹簧振子为例，如图 4.13 所示。系统振动时，振子速度 v 不太大时，振子受黏性阻力 $f=-\gamma v$。

振子的动力学方程为

$$-kx-\gamma\frac{\mathrm{d}x}{\mathrm{d}t}=m\frac{\mathrm{d}^2x}{\mathrm{d}t^2}$$

即

$$\frac{\mathrm{d}^2x}{\mathrm{d}t^2}+2\beta\frac{\mathrm{d}x}{\mathrm{d}t}+\omega_0^2x=0 \tag{4.27}$$

式中，$\omega_0=\sqrt{\dfrac{k}{m}}$ 称为系统的固有角频率，$\beta=\dfrac{\gamma}{2m}$ 称为阻尼因子。

式(4.27)的通解分下面几种情形进行讨论。

(1)　欠阻尼 $\beta<\omega_0$ 时，得

$$x=A_0\mathrm{e}^{-\beta t}\cos(\omega t+\varphi_0) \tag{4.28}$$

其中 $\omega=(\omega_0^2-\beta^2)^{1/2}<\omega_0$ 为减幅振动(非谐振动)，如图 4.14(a)所示。

(2)　过阻尼 $\beta>\omega_0$ 时，得

$$x=c_1\mathrm{e}^{-\left(\beta-\sqrt{\beta^2-\omega_0^2}\right)t}+c_2\mathrm{e}^{-\left(\beta-\sqrt{\beta^2-\omega_0^2}\right)t} \tag{4.29}$$

阻尼过大，在未完成一次振动以前，能量就已消耗掉，振动系统将不振动，缓慢回到平衡点，如图 4.14(b)所示。

(3)　临界阻尼 $\beta=\omega_0$ 时，得

$$x=(c_1+c_2t)A_0\mathrm{e}^{-\beta t} \tag{4.30}$$

临界阻尼是使系统能以最短时间返回平衡位置，而恰好不做往复运动的阻尼，如图 4.14(c)所示。

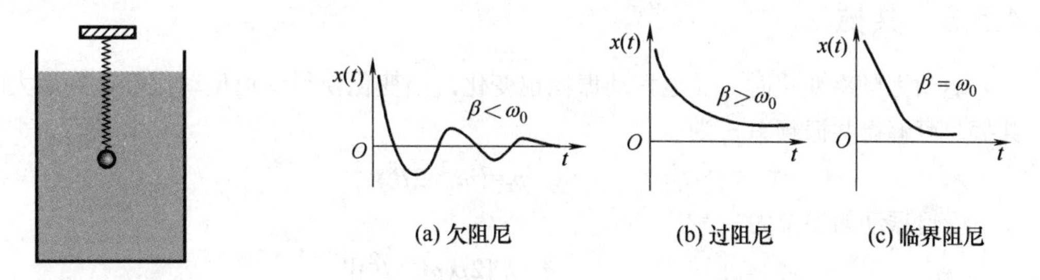

图 4.13　黏性液体中的弹簧振子

图 4.14　阻尼振动

在一些工程技术设备中，常利用改变阻尼的方法来控制系统的振动情况，如图 4.15 所示为阻尼振动的比较图。如天平调衡、灵敏电流计的阻尼装置，就是要使仪器在临界阻尼状态下工作，使指针尽快回到平衡位置。各类机器的避振器，多采用一系列的阻力装置，使频繁的撞击变为缓慢的振动并迅速衰减，以保护机器设备。

4.5.2 受迫振动

实际的振动系统，阻尼总是客观存在的，因能量的不断损耗，振动最终会停下来。因此，为使振动维持下去，必须给系统补充能量。通常是给系统作用于一周期性变化的外力，称为驱动力或策动力。那么，系统在外界驱动力的持续作用下的振动称为受迫振动。

同样以图 4.13 所示阻尼弹簧振子为例，设外界驱动力为

$$F=F_0\cos(pt) \tag{4.31}$$

阻力为 $f_r=-\gamma v=-\gamma \mathrm{d}x/\mathrm{d}t$，则系统的动力学微分方程为

$$F_0\cos(pt)-\gamma\frac{\mathrm{d}x}{\mathrm{d}t}-kx=m\frac{\mathrm{d}^2x}{\mathrm{d}t^2}$$

令 $\omega_0^2=\dfrac{k}{m}$，$2\beta=\dfrac{\gamma}{m}$，$f_0=F_0/m$，上式变为

$$\frac{\mathrm{d}^2x}{\mathrm{d}t^2}+2\beta\frac{\mathrm{d}x}{\mathrm{d}t}+\omega_0^2x=f_0\cos(pt) \tag{4.32}$$

稳定后有解：

$$x=A\cos(pt+\varphi) \tag{4.33}$$

从式(4.33)得出，受迫振动以驱动力频率 p 振动，稳定后是等幅振动，如图 4.16 所示。

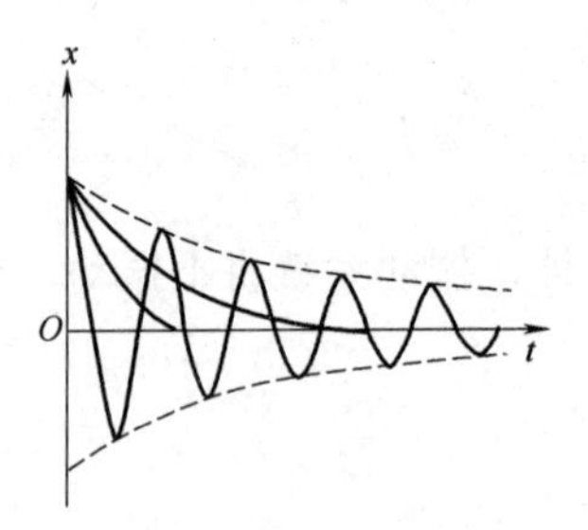

图 4.15 阻尼振动比较

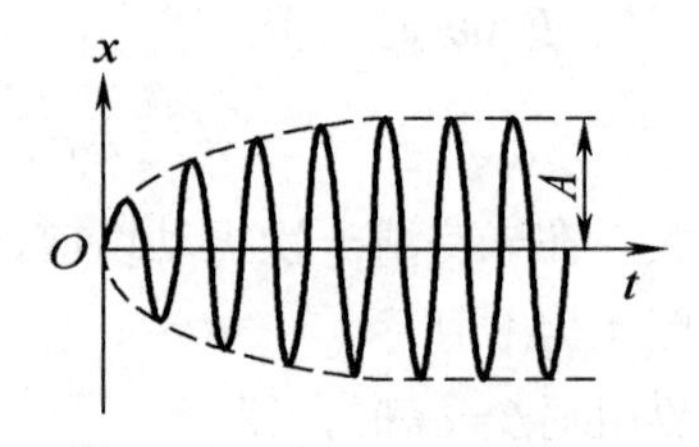

图 4.16 受迫振动

4.5.3 共振

驱动力频率变化时，受迫振动振幅也变化，当变化使得受迫振动振幅达到最大时称为共振。可解得共振频率 p_r 为

$$p_r=(\omega_0{}^2-2\beta^2)^{1/2} \tag{4.34}$$

受迫振动的振幅为

$$A_r=h/[2\beta(\omega_0{}^2-\beta^2)]^{1/2} \tag{4.35}$$

当 $\beta\ll\omega_0$(或 $\beta\to 0$)时得

$$p_r\approx\omega_0 \tag{4.36}$$

即驱动力频率等于固有频率时，受迫振动的振幅达到最大值。

【例 4-6】 火车在行驶时，车轮每经过两条铁轨的连接缝处时就受到一次冲击，使装在弹簧上的车厢上下振动一次。设铁轨长为 25m，车厢弹簧每受重力 1.0×10^3kg 即压缩 1.6mm，车厢重 55×10^3kg，试求火车的危险车速(即振动振幅达到最大)。

解：火车与铁轨接触运动的频率　$\omega=\dfrac{2\pi}{T}=2\pi\Big/\left(\dfrac{l}{v}\right)=2\pi v/l$

火车弹簧的固有频率　$\omega_0=\sqrt{\dfrac{k}{m}}=\sqrt{\dfrac{1.0\times10^3\times9.8/1.6\times10^{-3}}{55\times10^3}}\text{rad}\cdot\text{s}^{-1}=10.5\text{rad}\cdot\text{s}^{-1}$

忽略阻尼 $\gamma\to0$，共振时 $\omega=\omega_0$ 出现危险。即

$$2\pi v/l=10.5$$

则危险车速为　$v=\dfrac{l}{2\pi}\times10.5\text{m}\cdot\text{s}^{-1}=\dfrac{25}{2\times3.14}\times10.5\text{m}\cdot\text{s}^{-1}=42\text{m}\cdot\text{s}^{-1}=150\text{km}\cdot\text{h}^{-1}$

由此可知，要提高车速，可从两方面考虑：一是增大铁轨的长度 l 采用无缝连接；二是减小车厢弹簧的固有周期，即改变 k、m。

共振现象普遍存在于声、光、电及无线电、医学等各个领域乃至微观世界，用途极广，但也有危害。如收音机“调谐”选台，就是利用电共振。工程建筑中应避免共振的危害。如 1904 年，一队俄国士兵齐步通过彼得堡的一座大桥时，由于产生共振使桥坍塌；1940 年，美国华盛顿州的塔科马悬索桥因大风引起的振荡作用与桥发生共振而坍塌。

习　题　4

4.1　一质点做简谐振动，振动方程为 $x=A\cos(\omega t+\varphi)$，当时间 $t=T/2$(T 为周期)时，质点的速度大小为_________。

4.2　把单摆摆球从平衡位置向位移正方向拉开，使摆线与竖直方向成一微小角度 θ，然后由静止放手任其振动，从放手时开始计时，若用余弦函数表示其运动方程，则该单摆振动的初相位为_________。

4.3　轻弹簧上端固定，下系一质量为 m_1 的物体，稳定后在 m_1 的下边又系一质量为 m_2 的物体，于是弹簧又伸长了 Δx，若将 m_2 移去，并令其振动，则振动周期为_________。

4.4　一个质点做简谐振动，振幅为 A，在起始时刻质点的位移为 $A/2$，且向 x 轴的正方向运动，代表此简谐振动的旋转矢量图为图 4.17 中哪一个？_________

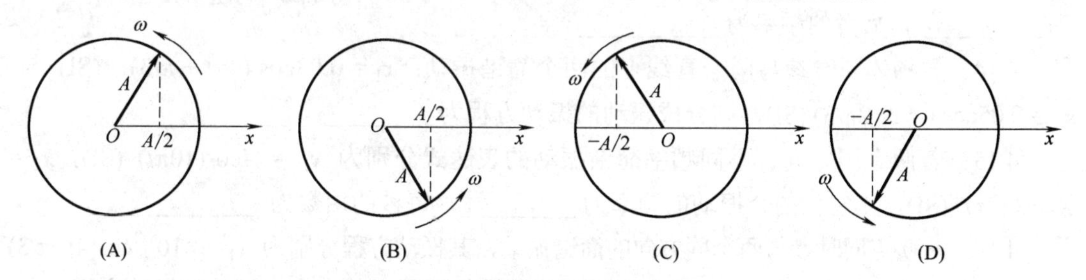

图 4.17　习题 4.4 图

4.5　劲度系数分别为 k_1 和 k_2 的两个轻弹簧，各与质量为 m_1 和 m_2 的重物连成弹簧振子，然后将两个振子串联悬挂并使之振动起来，如图 4.18 所示，若 k_1/m_1 与 k_2/m_2 接近，实验上会观察到拍的现象，则拍的周期应为_________。

4.6 有一悬挂的弹簧振子，振子是一个条形磁铁，当振子上下振动时，条形磁铁穿过一个闭合导体圆线圈 A(见图4.19)，则此振子将做什么运动？

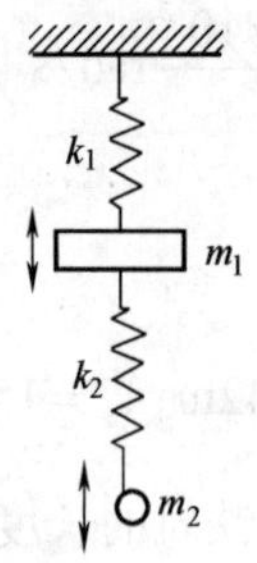

图4.18 习题4.5图

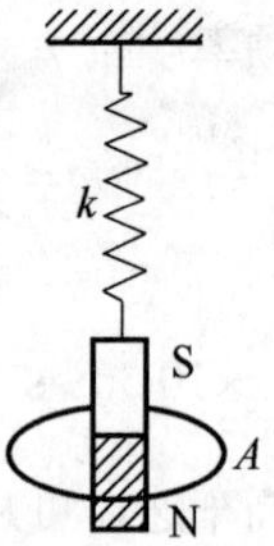

图4.19 习题4.6图

4.7 一弹簧的弹性系数为 $1.3\text{N}\cdot\text{cm}^{-1}$，振幅为2.4cm，则该弹簧振子的机械能是多少？

4.8 把一个在地球上走得很准的摆钟搬到月球上，取月球上的重力加速度为 $g/6$，这个摆钟的分针走过一周(1h)，实际上所经历的时间是________。

4.9 有两个振动，$x_1=A_1\cos\omega t$，$x_2=A_2\sin\omega t$，则合振动的振幅为________。

4.10 质量为 m 的物体和一个轻弹簧组成弹簧振子，其固有振动周期为 T，当它做振幅为 A 的自由简谐振动时，其振动能量 E 为________。

4.11 用40N的力拉一轻弹簧，可使其伸长20cm，此弹簧下应挂________kg的物体，才能使弹簧振子做简谐振动的周期 $T=0.2\pi\text{s}$。

4.12 两个同方向的简谐振动曲线如图4.20所示，合振动的振幅为________，合振动的振动方程为________。

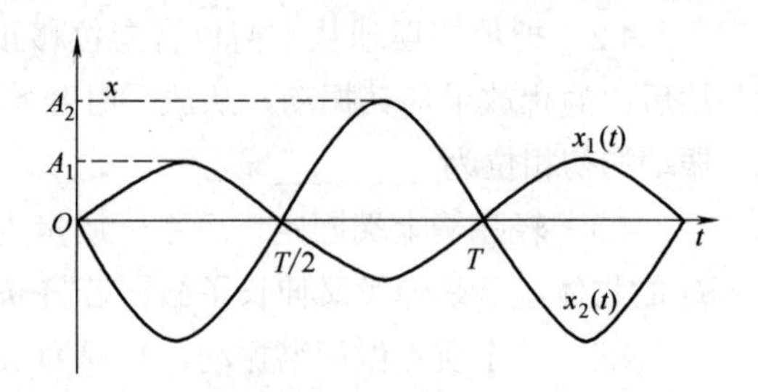

图4.20 习题4.12图

4.13 弹簧振子的无阻尼自由振动是简谐振动，同一振子在做简谐振动的驱动力作用下的稳定受迫振动也是简谐振动。两者在频率(或周期，或圆频率)上的不同是，前者的频率为________，后者的频率为________。

4.14 一物体同时参与同一直线上的两个简谐振动：$x_1 = 0.03\cos(4\pi t + \pi/3)$ (SI) 与 $x_2 = 0.05\cos(4\pi t-2\pi/3)$ (SI)，则合成振动的振动方程为________。

4.15 若两个同方向、不同频率简谐振动的表达式分别为 $x_1 = A\cos(10\pi t)$ (SI)，$x_2 = A\cos(12\pi t)$ (SI)，则它们的合振动的频率为________，每秒的拍数为________。

4.16 一质点同时参与两个同方向的简谐振动，其振动方程分别为 $x_1=5\times10^{-2}\cos(4t+\pi/3)$ (SI)，$x_2=3\times10^{-2}\sin(4t-\pi/6)$ (SI)，画出两振动的旋转矢量图，并求合成振动的振动方程。

4.17 一质量为0.20kg的质点做简谐振动，其运动方程为 $x = 0.60\cos(5t-\pi/2)$ (SI)。求：(1) 质点的初速度；(2)质点在正向最大位移一半处所受的力。

4.18 一质点做简谐振动的圆频率为 ω，振幅为 A，当 $t=0$ 时质点位于 $x=A/2$ 处且朝 x 轴正方向运动，试画出此振动的旋转矢量图。

4.19　在一轻弹簧下端悬挂 m_0=100g 的砝码时，弹簧伸长 8cm，现在这根弹簧下端悬挂 m=250g 的物体，构成弹簧振子。将物体从平衡位置向下拉动 4cm，并给以向上的初速度大小为 21cm·s^{-1} (t=0 时)，选 x 轴向下为正方向，试求振动方程的数值式。

4.20　同一弹簧振子，在光滑水平面上做简谐振动和在竖直面内做简谐振动的频率是否相同？如果把它放在光滑的斜面上，是否还做简谐振动？其频率是否改变？为什么？

4.21　设喇叭的膜片做简谐振动，频率为 440Hz，其最大位移为 0.75mm。试求：

(1) 角频率；(2) 最大速度值；(3) 最大加速度值。

4.22　两个弹簧振子的弹簧相同，两振子的质量之比为 4∶1，经推动后，二者以同样的振幅做自由振动，求：

(1) 两振动的周期之比；

(2) 两振动的能量之比。

第5章 机 械 波

我们生活在“波的海洋”里。当人们每天清晨醒来时，接触外部世界的第一个信息就是光(波)，它只是电磁波频谱中极窄的一段；第二个信息就是声音，空气中传来的各种声波……在当今高度信息化的社会里，各种信息的获取及传播都离不开波，尤其是电磁波。

振动在媒质中的传播过程叫波动，简称波，波动是物质运动中很普遍的一种运动形式。声波、水波、电磁波都是物理学中常见的波，各种类型的波有其特殊性，但也有普遍的共性。例如，声波需要介质才能传播，电磁波却可在真空中传播，甚至于光波有时可以直接把它看作粒子——光子的运动。

机械振动在弹性介质中的传播称为机械波。本章以平面简谐波为例介绍机械波的一些物理概念、波的能量、波的干涉、驻波及多普勒效应等知识。

5.1 机械波的形成和传播

5.1.1 机械波的产生和传播

1. 机械波的产生

气体、固体、液体统称为弹性介质，某处质点的机械振动通过弹性介质中的弹性力，将振动由近及远地传播开去，就形成机械波。因此机械波产生的条件为：一是有做机械振动的物体，如声带、乐器等，称为波源；二是传播振动状态的弹性介质，将各质点以弹性力相互联系着，这样在介质弹性力的作用下，介质中一个质点的振动引起邻近质点的振动，此邻近质点的振动又引起较远质点的振动，以此类推，于是机械振动就以一定的速度由近及远地向各个方向传播出去，形成机械波。

2. 横波与纵波

按质点在介质中的振动方向与波的传播方向之间的关系，把波分为横波和纵波两种基本形式。在波动中，媒质质元的振动方向和波的传播方向相互垂直的波称为横波。抖动柔软的细绳时产生的绳波，电磁波也是横波。横波有波峰、波谷。

媒质质元的振动方向和波的传播方向相互平行的波称为纵波。弹簧中的波、声波是纵波。纵波有密部、疏部。

一般实际的波多是复杂波，如水波、地震波等。复杂波可分解为横波与纵波，是一系列横波和纵波的合成。因此，任一复杂波都可分解为横波与纵波来进行研究。

3. 波是相位的传播

振动在介质中传播时，各振动质元并不随波迁移，迁移(传递)的是振动状态和能量。如麦浪翻滚时，麦苗本身并不迁移一样。也就是说，“上游”的质点依次带动“下游”的

质点振动，介质中各质点的位置并不随波“前进”，而是各自在其平衡位置附件做周期性振动。如图 5.1 所示，沿波的传播方向，某时刻 a 点的振动状态将在下一时刻于“下游”的 b 处出现，即 b 处质点比 a 处质点的振动相位落后 $\Delta\varphi=\frac{2\pi}{\lambda}\Delta x$。因此，波动是振动状态的传播，是相位的传播。

5.1.2　波动的描述

1. 波线　波面

波能传播到的空间被称为波场。为了形象地描述波在空间的传播，我们把波的传播方向称为波射线或波线，可用一条带箭头的直线表示；某时刻介质内振动相位相同的点组成的面称为波阵面(或相面)；任一时刻波源最初振动状态在各方向上传到的点的轨迹称为波前，波前是最前面的波面。波面是平面的叫平面波，波面是球面的叫球面波，波面是柱面的叫柱面波。在各向同性的介质中，波线与波面垂直。如图 5.2 所示为几种常见波的波线与波面示意图。

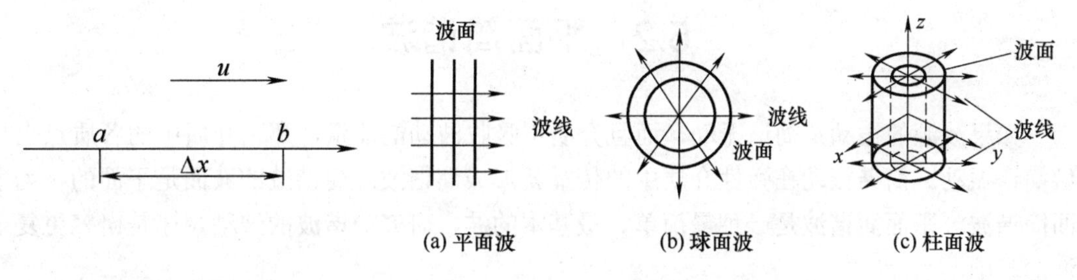

图 5.1　振动的传播

图 5.2　波线与波面

2. 描述波动特征的物理量

(1)　波长 λ。

波长是描述波的空间周期性的物理量。在同一波线上，振动相位相同的两个相邻波阵面之间的距离叫一个波长。或振动在一个周期中传播的距离，称为波长，用 λ 表示，国际单位制是米(m)。横波的波长等于两相邻波峰或波谷之间的距离，如图 5.3(a)所示；纵波的波长等于两相邻波密或波疏中心之间的距离，如图 5.3(b)所示。

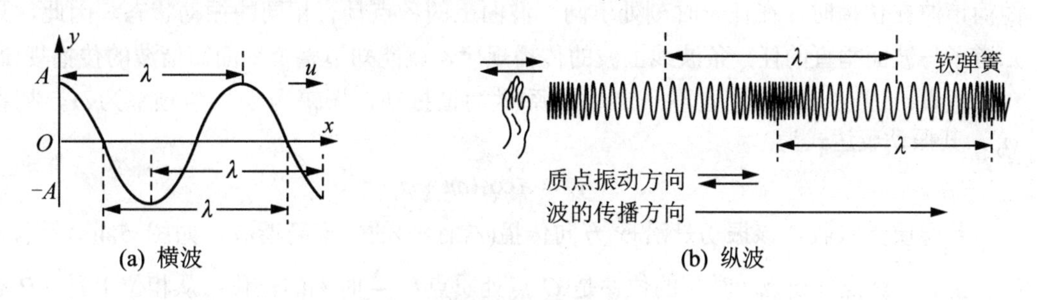

图 5.3　横波与纵波的波长

(2) 波速 u。

单位时间某种一定的振动状态(或振动相位)所传播的距离称为波速，也称相速。国际单位制是米·秒$^{-1}$($m\cdot s^{-1}$)。例如，声波在空气中传播速度为$340m\cdot s^{-1}$，在水中传播速度为$1500m\cdot s^{-1}$，在钢铁中传播速度为$5000m\cdot s^{-1}$。波速取决于介质的性质(弹性模量和密度)。

(3) 周期 T。

周期和频率是描述波动的时间周期性的物理量。波动传播一个波长所需的时间或一个完整的波通过波线上某一点所需要的时间叫作波的周期 T。这样由定义可以得到波长 λ、波速 u 与周期 T 之间的关系为

$$T=\frac{\lambda}{u} \quad 或 \quad u=\frac{\lambda}{T} \tag{5.1}$$

(4) 频率 ν。

媒质质点(元)的振动频率，即单位时间内质点振动的次数，或单位时间内波动所传播的完整波的数目。一般情况下，波的周期(频率)等于波源的振动周期(频率)。波在不同介质中，周期(频率)不变，波长λ改变。波在空间和时间上的周期性，通过波速u联系起来。

5.2 平面简谐波

如果波源的振动是简谐振动，而且介质不吸收波动的能量，那么介质中的各质点也将做简谐振动。简谐振动在弹性介质中的传播就形成简谐波。简谐波的波面是平面的称为平面简谐波。平面简谐波是一种最简单、最基本的波，研究简谐波的波动规律是研究更复杂波的基础。

5.2.1 平面简谐波的波函数

为了定量地描述波在空间的传播，我们用数学函数表达式来表示介质中各质点的振动状态随时间变化的关系，这个数学表达式就称为波函数。即媒质中任意空间位置 x 处的质元在任意时刻 t 的位移 $y(x, t)$称为波函数，也称波动方程。若波速 u 为恒量，则从整体上看，整个波以速度u向前推进，所以又称这种波为行波(波形在“跑动”)。

下面以柔软细绳中的横波为例说明平面简谐波的波函数(可当作一维简谐波研究)。平面简谐波在传播时，在任一时刻处于同一波面上的各点具有相同的振动状态。因此，只要知道了与波面垂直的任一条波线上波的传播规律，就能知道整个平面简谐波的传播规律。

假设：原点 O 处质元(不一定是振源)做简谐振动，振幅为 A，角频率为ω，初相为φ_0，其振动表达式为

$$y_0 = A\cos(\omega t+\varphi_0) \tag{5.2}$$

若媒质无吸收，该振动是沿$+x$方向传播(右行波)的一维简谐波，如图 5.4(a)所示。从时间上看，P 点处质点 t 时刻的位移是 O 点处质点$t-\dfrac{x}{u}$时刻的位移；从相位上看，P 点处质点振动相位比 O 点处质点振动相位落后$\omega\dfrac{x}{u}$，即任意点 P 处质点的振动方程为

$$y_P(x,t)=A\cos\left[\omega\left(t-\frac{x}{u}\right)+\varphi_0\right]$$

(a) 右行波　　(b) 左行波

图 5.4　右行波和左行波

因此任意位置的质点的运动函数，可写为

$$y(x,t)=A\cos\left[\omega\left(t-\frac{x}{u}\right)+\varphi_0\right] \tag{5.3}$$

式(5.3)称为右行波的波函数，也称为波动方程。

同理，若质点的振动沿 x 轴负向传播，如图 5.4(b)所示，则 P 点处质点振动相位比 O 点处质点振动相位超前 $\omega\dfrac{x}{u}$，即 $y_P=y_0(t+\Delta t)=A\cos\left[\omega\left(t+\dfrac{x}{u}\right)+\varphi_0\right]$，则得沿 x 轴负向传播的平面简谐波(左行波)的波函数为

$$y(x,t)=A\cos\left[\omega\left(t+\frac{x}{u}\right)+\varphi_0\right] \tag{5.4}$$

利用 $\omega=2\pi/T=2\pi\nu$，$u=\lambda/T$，式(5.3)、式(5.4)的波动方程还可表示为

$$y=A\cos\left[2\pi\left(\frac{t}{T}\mp\frac{x}{\lambda}\right)+\varphi_0\right] \tag{5.5a}$$

$$y=A\cos\left[\omega t\mp\frac{2\pi x}{\lambda}+\varphi_0\right] \tag{5.5b}$$

$$y=A\cos\left[2\pi\left(\nu t\mp\frac{x}{\lambda}\right)+\varphi_0\right] \tag{5.5c}$$

式中，负号表示波沿x轴正向传播(右行波)，正号表示波沿x轴负向传播(左行波)。

【注意】波速与质元的振动速度是不同的。

5.2.2　波函数的物理意义

1. x 一定，t 变化

在波函数(5.4)的表达式中，令 $\varphi'=\dfrac{\omega}{u}x+\varphi_0$，则波函数(5.4)可以写为 $y=A\cos(\omega t+\varphi')$。该式表示空间任意位置 x 点处的质点其位移随时间变化($y-t$)的关系，即某质点的振动方程，如图 5.5(a)所示。

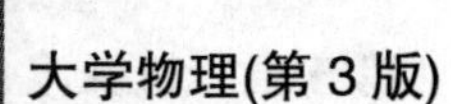

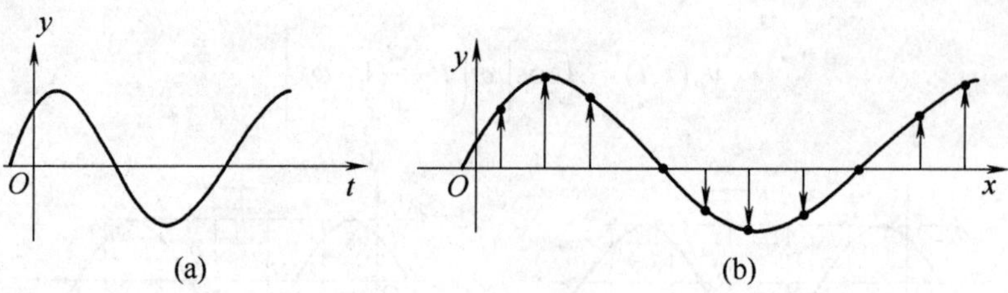

图 5.5　波函数的物理意义

2. t一定，x变化

在波函数(5.4)的表达式中，令$\varphi''=\omega t+\varphi_0=C$ (定值)，则波函数(5.4)表达式可以改写为$y=A\cos\left[\dfrac{\omega x}{u}+\varphi''\right]$，表示该时刻波的传播方向上，不同位置$x$处的各质点偏离平衡位置的位移情况($y$-$x$的关系)，即此时刻的波形，如图5.5(b)所示。

3. x、t都变化

方程表示在不同时刻各质点的位移，即不同时刻的波形，体现了波的传播，表明波形传播和分布的时空周期性。

因此从形式上看，波动是波形的传播；从实质上看，波动是振动的传播，即振动状态(相位)的传播。

【例 5-1】 已知波动方程 y=5cosπ(2.5t−0.01x)，求波长、周期和频率，长度单位为cm，其他为(SI)。

解：方法一(比较系数法)：

将波动方程改写为$y=5\cos 2\pi\left(\dfrac{2.5}{2}t-\dfrac{0.01}{2}x\right)$，与$y=A\cos 2\pi\left(\dfrac{t}{T}-\dfrac{x}{\lambda}\right)$比较得

$$T=\frac{2}{2.5}=0.8\text{s}\,,\quad \lambda=\frac{2}{0.01}=200\text{cm}\,,\quad u=\frac{\lambda}{T}=250\text{cm}\cdot\text{s}^{-1}$$

方法二(由各物理量的定义求解，请读者自己完成)。

【例 5-2】 一平面简谐波以速度$u=20\ \text{m}\cdot\text{s}^{-1}$沿直线传播，如图5.6所示，波线上点$A$的简谐运动方程$y_A=3\times10^{-2}\cos(4\pi t)$ (SI)。求：(1) 以A为坐标原点，写出波动方程；(2) 以B为坐标原点，写出波动方程。

u
8m　5m　9m
C　B　A　D　x

图 5.6　例 5-2 图

解：(1) 以A为坐标原点，$u=20\ \text{m}\cdot\text{s}^{-1}$，$A=3\times10^{-2}\text{m}$，$T=0.5\text{s}$，$\varphi_0=0$，$\lambda=uT=10\text{m}$，

由$y=A\cos\left[2\pi\left(\dfrac{t}{T}-\dfrac{x}{\lambda}\right)\right]$得波动方程为

$$y=3\times10^{-2}\cos 2\pi\left(\frac{t}{0.5}-\frac{x}{10}\right)$$

(2) 以B为坐标原点，写出波动方程。

方法一：因B点比A点的相位超前，有

$$\varphi_B-\varphi_A=-2\pi\frac{x_B-x_A}{\lambda}=-2\pi\frac{-5}{10}=\pi$$

得 B 的振动方程　　$y_B=3\times10^{-2}\cos(4\pi t+\pi)\,\mathrm{m}$

则 B 点的振动向右传播的波函数为　$y=3\times10^{-2}\cos\left[2\pi\left(\frac{t}{0.5}-\frac{x}{10}\right)+\pi\right]$

方法二： 以 A 为原点的波动方程为　$y=3\times10^{-2}\cos2\pi\left(\frac{t}{0.5}-\frac{x}{10}\right)$

将 $x_B=-5\mathrm{m}$ 代入上式得 B 点的振动方程：$y_B=3\times10^{-2}\cos(4\pi t+\pi)$

波动方程为：$y=3\times10^{-2}\cos\left[4\pi t+\pi-\frac{2\pi x}{\lambda}\right]=3\times10^{-2}\cos\left[2\pi\left(\frac{t}{0.5}-\frac{x}{10}\right)+\pi\right]$

【例 5-3】 一平面简谐波以波速 $u=0.50\mathrm{m\cdot s^{-1}}$ 沿 x 轴负向传播，t=2s 时刻的波形如图 5.7 所示，求原点的振动方程。

解： 设波动方程为

$$y=A\cos\left[\omega\left(t+\frac{x}{u}\right)+\varphi_0\right]\text{(左行波)}$$

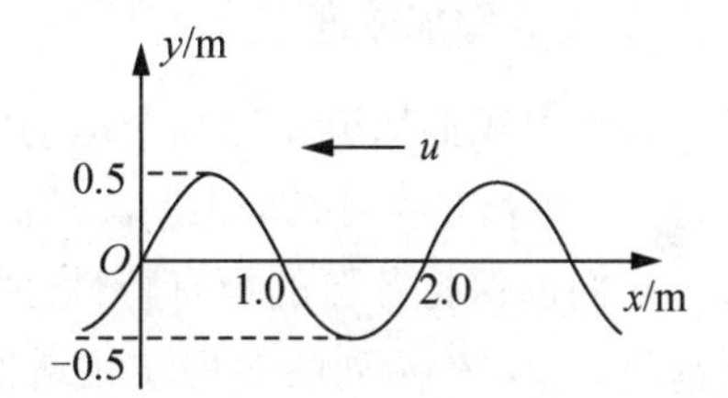

图 5.7　例 5-3 图

由图 5.7 可知，$\lambda=2.0\mathrm{m}$，$A=0.5\mathrm{m}$，$\omega=2\pi u/\lambda=0.5\pi\mathrm{rad\cdot s^{-1}}$。

T=2s 时，$x=0$处，$y=0=0.5\cos(\pi+\varphi_0)$。且质点向正方向运动，则 $\pi+\varphi_0=\frac{3}{2}\pi$，所以 $\varphi_0=\frac{\pi}{2}$。则原点的振动方程为

$$y=0.5\cos\left(0.5\pi t+\frac{\pi}{2}\right)$$

【小结】 已知振动或波动的特征量及某点 M 的振动状态，求波函数的一般思路与方法如下。

(1) 根据特征量和某点 M(坐标为 a)的振动状态，写出该点的振动方程 $y=A\cos(\omega t+\varphi_M)$。

(2) 确定波线上任一点 P(坐标为 x)和已知 M 点之间的相位关系(超前或滞后)。

(3) 写出波函数：$y=A\cos\left[\omega t+\varphi_M\mp\frac{2\pi}{\lambda}(x-a)\right]$。

5.3　惠更斯原理　波的干涉

5.3.1　惠更斯原理

在波的传播过程中，波源的振动是通过介质中的质点依次振动传播出去的。因此媒质中波动传到的各质元，都可以看作是发射子波的新的波源，在其后任一时刻，子波所形成

的包络面(指与所有子波的波前相切的曲面)就是新的波面，也就是新的波前，这就是惠更斯原理。

根据惠更斯原理，只要知道某一时刻的波前，就可用几何作图的方法确定下一时刻的波前。惠更斯原理解决了波的传播方向的问题。如图 5.8 所示是平面波和球面波的波面。

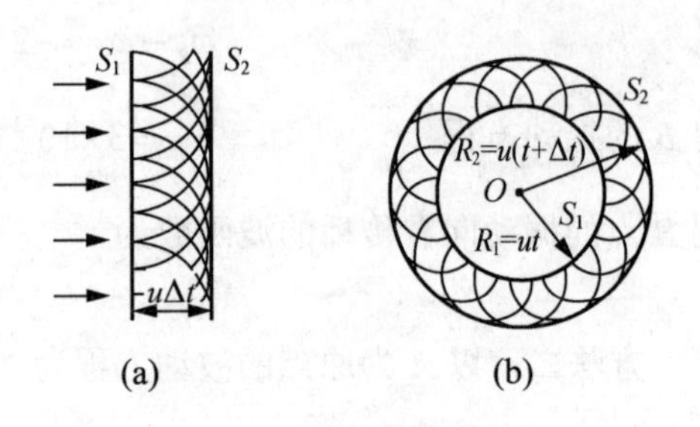

图 5.8 平面波和球面波的波面

【课外思考】 根据惠更斯原理，用作图法求出反射波、折射波的传播方向。

5.3.2 波的叠加原理、波的干涉

1. 波的叠加原理

力学中我们知道，当几个运动的物体在空间某处相遇时，因互相碰撞而改变它们的运动方向、速度的大小(即动量)。然而实验和理论都证明：(1) 几列波在同一媒质中传播相遇时，它们都保持各自的原有特性(振动方向、频率、波长等)，并沿着各自的原传播方向继续前进；(2) 在两列或多列波相遇处，介质质元的位移是两列或多列波在该点引起的分振动位移的矢量和。

这个规律叫作波的叠加原理。如图 5.9 所示是一列正弦波或余弦波与一列锯齿波的叠加。

复杂波是若干特定简谐波的叠加，如我们能分辨不同的声音正是这个原因。叠加原理的重要性在于可以将任一复杂波分解为简谐波的组合。

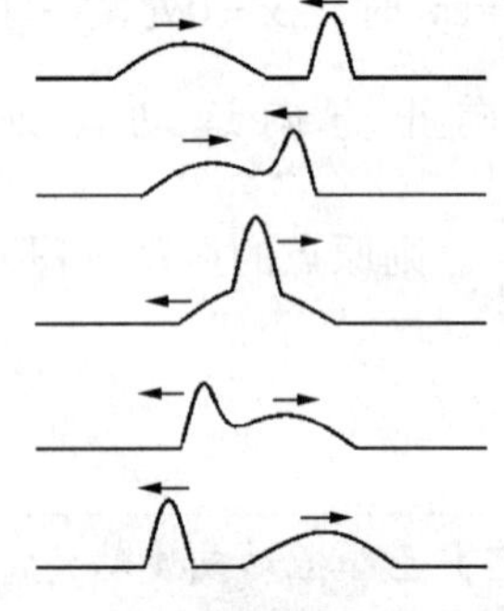

图 5.9 波的叠加原理

2. 波的干涉

一般来说，几列波在空间相遇时叠加的情况很复杂。波的干涉是波叠加的特殊情形。

我们把两列频率相同、振动方向相同、相位相同或相差恒定的波称为相干波。若两列相干波相遇叠加时，叠加区域的某些位置上的振动始终加强，而在另一些位置上的振动始终减弱的现象称为波的干涉。如图 5.10 所示是水箱中水波的干涉图样。

从波的叠加原理出发，应用同方向、同频率振动的合成结论来分析干涉加强与减弱的现象。

设有两个相距较近的相干波源 S_1 和 S_2 做简谐振动的运动方程分别为

$$y_1 = A_1\cos(\omega t + \varphi_1),\quad y_2 = A_2\cos(\omega t + \varphi_2)$$

当两列波在 P 点相遇时，如图 5.11 所示，各自引起的分振动的运动学方程为

$$y_1 = A_1\cos\left(\omega t + \varphi_1 - 2\pi\frac{r_1}{\lambda}\right),\quad y_2 = A_2\cos\left(\omega t + \varphi_2 - 2\pi\frac{r_2}{\lambda}\right)$$

A_1和A_2分别为两分振动在P点的振幅，$\varphi_1-2\pi\frac{r_1}{\lambda}$和$\varphi_2-2\pi\frac{r_2}{\lambda}$分别为其初相位。

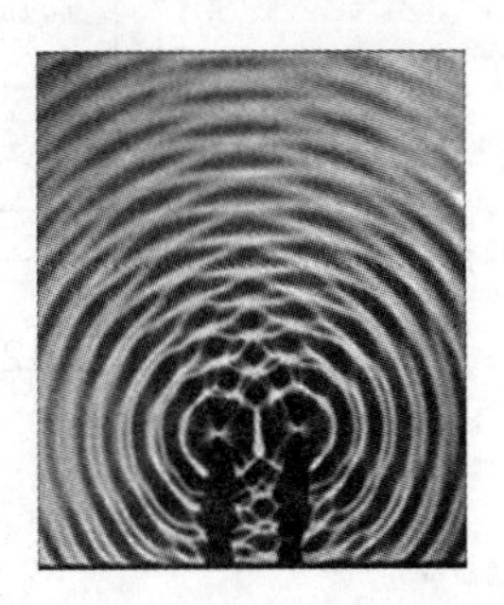

图 5.10　水波的干涉实验图

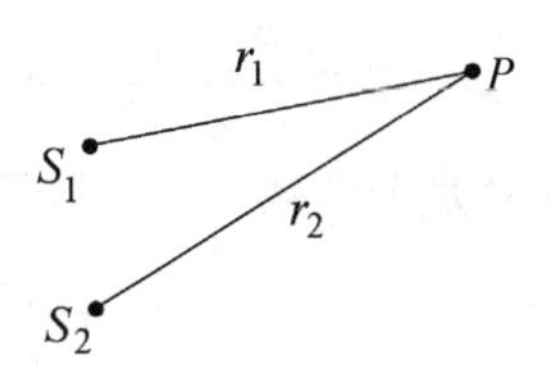

图 5.11　波的干涉

其合振动方程为　　$y=y_1+y_2=A\cos(\omega t+\varphi)$

其中，合振幅A和初相φ分别为

$$A=\sqrt{A_1^2+A_2^2+2A_1A_2\cos\left(\varphi_2-\varphi_1-2\pi\frac{r_2-r_1}{\lambda}\right)}$$

$$\varphi=\arctan\frac{A_1\sin\left(\varphi_1-\dfrac{2\pi r_1}{\lambda}\right)+A_2\sin\left(\varphi_2-\dfrac{2\pi r_2}{\lambda}\right)}{A_1\cos\left(\varphi_1-\dfrac{2\pi r_1}{\lambda}\right)+A_2\cos\left(\varphi_2-\dfrac{2\pi r_2}{\lambda}\right)}$$

则两列相干波在空间任一点P的合振动振幅A也不随时间变化，说明两列相干波在空间相遇时，空间各处的振动强度是稳定的。

干涉加强(相长)和干涉减弱(相消)的条件为

$$\left.\begin{aligned}&\Delta\varphi=\varphi_2-\varphi_1-2\pi\frac{r_2-r_1}{\lambda}=\pm2k\pi，k=0,1,2,\cdots，\text{干涉加强，此时}A=A_1+A_2\\&\Delta\varphi=\varphi_2-\varphi_1-2\pi\frac{r_2-r_1}{\lambda}=\pm(2k+1)\pi，k=0,1,2,\cdots，\text{干涉减弱，此时}A=|A_1-A_2|\end{aligned}\right\}\tag{5.6}$$

式中，波源到P点的距离r_1、r_2叫波程，两波程之差r_2-r_1叫波程差，常表示为

$$\delta=r_2-r_1$$

如果$\varphi_1=\varphi_2$，则

$$\left.\begin{aligned}&\delta=r_2-r_1=\pm2k\frac{\lambda}{2}，k=0,1,2,\cdots，\quad\text{干涉加强}\\&\delta=r_2-r_1=\pm(2k+1)\frac{\lambda}{2}，k=0,1,2,\cdots，\text{干涉减弱}\end{aligned}\right\}\tag{5.7}$$

当波程差为零或等于半波长的偶数倍时，两振动的位相相同，合振动的振幅最大。

当波程差为半波长的奇数倍时，两振动的位相相反，合振动的振幅最小。

干涉现象在光学、声学、近代物理都有广泛的应用。

【例 5-4】　如图 5.12 所示，A、B两点为同一介质中两相干波源，其振幅皆为 5cm，频率皆为 100Hz，但当点A为波峰时，点B恰为波谷。设波速为$10\,\mathrm{m\cdot s^{-1}}$，试写出由$A$、$B$发出的两列波传到点$P$时干涉的结果。

解：依题意，波长为 $\lambda = \dfrac{u}{\nu} = \dfrac{10}{100} = 0.10\,(\text{m})$

B 点到 P 点的波程为 $BP = \sqrt{15^2 + 20^2} = 25\,(\text{m})$

设 A 点的相位较 B 点超前：

$$\Delta\varphi = \varphi_B - \varphi_A - 2\pi\frac{BP - AP}{\lambda} = -\pi - 2\pi\frac{25-15}{0.1} = -201\pi$$

因此点 P 是干涉减弱，合振幅 $A = |A_1 - A_2| = 0$ 。

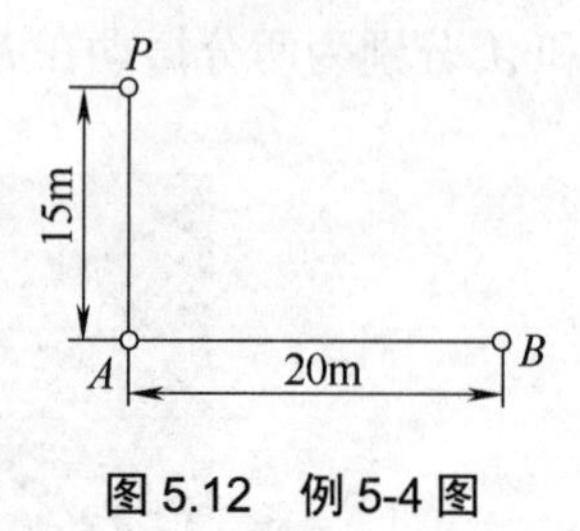

图 5.12 例 5-4 图

5.4 驻 波

驻波是干涉的特例，两个振幅相同、频率相同，在同一条直线上沿相反方向传播的波产生的干涉是一种特殊的干涉现象，其合成波称为驻波。

5.4.1 驻波的产生

1. 驻波实验

一根张紧的弦线，左端 A 固定，右端连接一振子，当振子做上下振动时，该弦将如何运动呢？如图 5.13 所示的实验观察到：调节振子频率为合适的值时，弦线分段做稳定振动，这种现象称为驻波。

振子引起的弦线右端的振动沿弦向左传播，在固定端 A 产生反射，反射波和入射波相遇相干叠加的结果就形成了驻波。

2. 产生驻波的条件

产生驻波需具备以下条件。

(1) 两列相干波。

(2) 两列波的振幅相同。

(3) 两列波在同一直线上沿相反的方向传播。

实验室常用的是入射波与反射波的叠加产生驻波。

3. 驻波的基本特征

从实验中可以观察到驻波有以下特点。

(1) 驻波波形不朝任何方向移动，质元做分段稳定振动。

(2) 驻波中有些质点始终静止不动(振幅为零)，如图 5.14 中的 1、3、5、7 点，称为波节；有些质点的振幅始终最大，如图 5.14 中的 2、4、6 点，称为波腹。

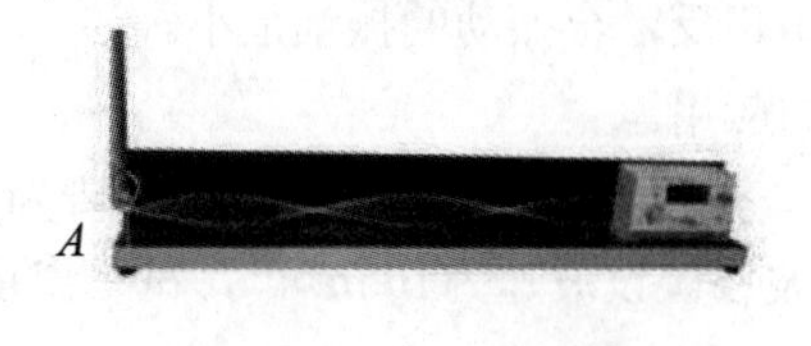

图 5.13 驻波实验

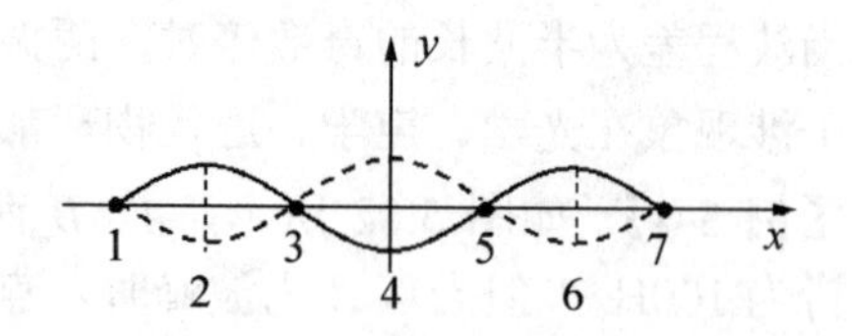

图 5.14 驻波的波节与波腹

(3) 驻波中波腹和波节都是等间隔排列的，如图 5.14 所示，间距为半个波长。

5.4.2　驻波的波函数

以弦线上的驻波为例分析驻波的波函数。设两列相干波分别沿 x 轴正、负方向传播，其波函数为

$$y_1 = A\cos 2\pi\left(\nu t - \frac{x}{\lambda}\right),\quad y_2 = A\cos 2\pi\left(\nu t + \frac{x}{\lambda}\right)$$

由波的叠加原理，合成波的波函数为

$$y = y_1 + y_2 = A\left[\cos 2\pi\left(\nu t - \frac{x}{\lambda}\right) + \cos 2\pi\left(\nu t + \frac{x}{\lambda}\right)\right]$$

即

$$y = 2A\cos\left(2\pi\frac{x}{\lambda}\right)\cos(2\pi\nu t) \tag{5.8}$$

式(5.8)由两项组成：前一项只与位置有关，称为驻波的振幅因子；后一项只与时间有关，称为简谐振动因子。由此可见，在形成驻波时，波线上各质元都以同一频率 ν 做简谐振动，但是不同质元的振幅随其位置做周期性的变化，下面我们做具体分析和讨论。

1．驻波的振幅

从式(5.8)可见，驻波的振幅为 $\left|2A\cos 2\pi\frac{x}{\lambda}\right|$，它随质元的位置 x 周期性变化。

(1) 当 $2\pi\frac{x}{\lambda} = (2k+1)\frac{\pi}{2}$ 或 $x = (2k+1)\frac{\lambda}{4}$ 时，振幅为零，这些点是驻波的波节。

相邻波节间的距离为

$$\Delta x = x_{k+1} - x_k = [2(k+1)+1]\frac{\lambda}{4} - (2k+1)\frac{\lambda}{4} = \frac{\lambda}{2} \tag{5.9}$$

即相邻两波节间的距离是半个波长。

(2) 若 $2\pi\frac{x}{\lambda} = k\pi$ 或 $x = 2k\frac{\lambda}{4}$ 时振幅最大，这些点就是驻波的波腹。不难得出：相邻波腹间的距离也是半个波长。

由以上讨论可知：波节处的质元振动的振幅为零，始终处于静止状态；波腹处的质元振动的振幅最大，其值为 $2A$；其他各处质元的振幅介于零与最大值之间，相邻波节或波腹间的距离均为 $\frac{\lambda}{2}$，等间距分布，如图 5.14 所示。

2. 驻波的相位

实验表明，弦上驻波不仅做分段振动，而且每一段作为一个整体同步振动；而相邻两段弦的振动相位相反。

由驻波方程式(5.8)可知，$\cos\left(2\pi\frac{x}{\lambda}\right)$ 在波节两侧总是反号(由余弦函数的周期性决定)，则在节点两侧质元的位移或振动速度总是反向的。由此可知，节点两侧各质元振动的相位总是相反的。节点两侧的质元总是同时、反向到达最大值，又同时、反向回到平衡位置；

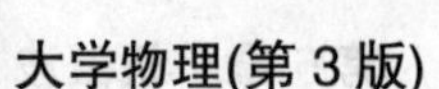

而任何两节点之间的质元位移总是同号，振动速度总是同号，它们同时、同向达到最大值，又同时、同向回到平衡位置，总是同步调变化，即相位总是相同的，如图 5.15 所示。

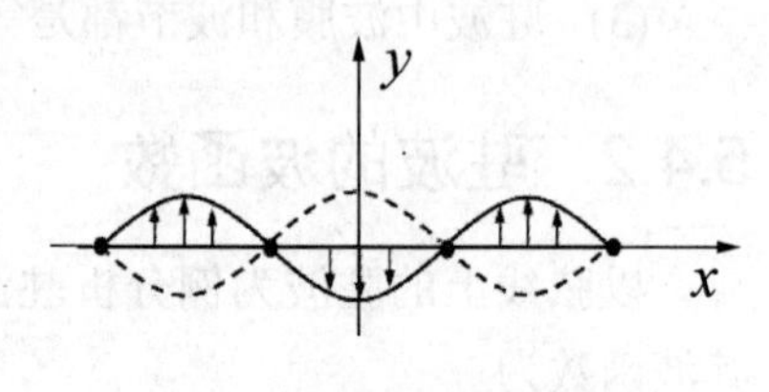

图 5.15 驻波的相位特征

因此得结论：

(1) 在一个波节两边的各质点，振动相位总是相反的。

(2) 在两个相邻波节之间各质点，振动相位总是相同的。

即驻波的相位与坐标无关，与行波随位置依次落后不同，即驻波的相位不向前传播。质元做分段稳定的振动，波形不向前推移，因此称为“驻”波。驻波实际上是一种特殊的振动现象。

5.4.3 相位跃变 半波损失

实验表明，入射波在固定点处反射，形成波节，如图 5.13 所示的 A 点；在自由端反射，形成波腹。如图 5.16 所示的实验，声波在水中传播，经过空气反射在水中形成驻波时，反射点是波腹；而经过玻璃界面反射在水中形成驻波时，反射点是波节。反射点形成波节还是波腹，取决于该处两种介质密度的大小、入射角的大小和波速等。

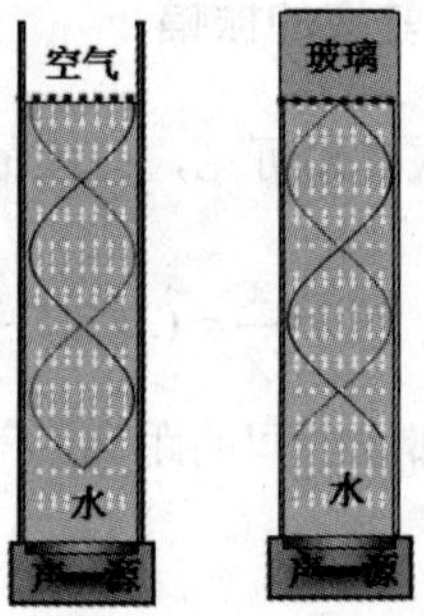

图 5.16 声波在水中传播的相位跃变

把介质的密度ρ与波速 u 的乘积ρu 称为波阻，用 Z 表示。波阻较大的介质称为波密介质，波阻较小的介质称为波疏介质。

在波垂直于界面入射时，若从波疏介质传向波密介质，并在界面处反射，则在反射处形成波节；相反，若从波密介质传向波疏介质，并在界面处反射，则在反射处形成波腹。要在两种介质的分界面处形成波节，入射波和反射波必须在此处的相位相反，即反射波在分界面上相位突变了π。由于在同一波线上相距半个波长的两点间相位差为π，因此波从波密介质反射回波疏介质时，如同损失(或增加)了半个波长的波程，常常将这种相位突变π的现象形象地称为“半波损失”。

由此可知，如图 5.16 所示的实验中，声波在水中传播，在与空气的界面上反射时，是从波密介质到波疏介质的反射，无相位的突变即半波损失，因此反射点与入射波的终点相位相同，合振动加强，形成的是波腹；而声波到达玻璃界面反射时，声波是从波疏介质到波密介质的反射，因此反射点有相位突变即半波损失，反射点与入射波的终点相位相反，合振动减弱，则反射点形成的是波节。

5.4.4　驻波的能量

以柔软的细绳中的驻波为例，如图 5.17(a)所示，考察两相邻波节 a、b 之间的各个质元，当各质元的位移都达到最大值时，各质元的速度为零，因而动能为零，这时驻波的全部能量是势能，且波节位置处相对形变最大，因而势能最大；波腹位置处，因形变最小(为零)，势能也最小(为零)，驻波的能量集中在波节附近。

当介质中各质点到达平衡位置时，如图 5.17(b)所示，各质点的形变均为零，因而势能为零，这时驻波的全部能量是动能。波节处质点不动，速度为零，动能为零；波腹处质点速度最大，动能最大。驻波的能量集中在波腹附近。

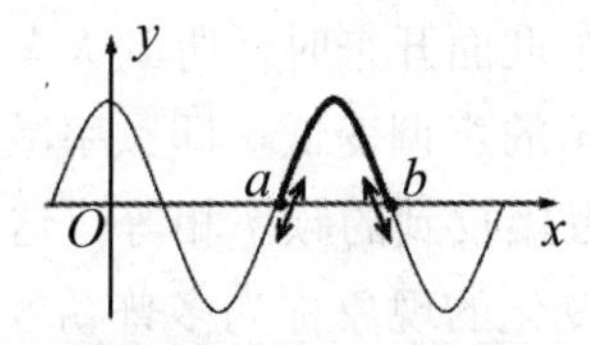

(a) 各质元在最大位移处

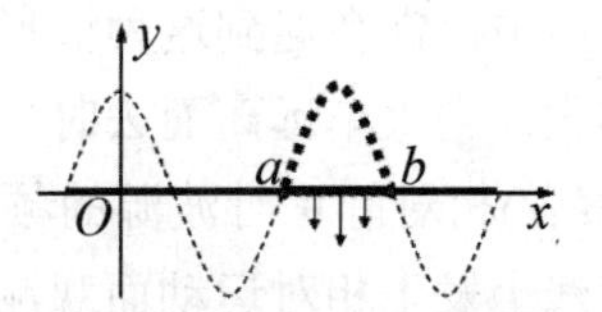

(b) 各质元在平衡位置处

图 5.17　驻波的能量分布

因此，介质在振动过程中动能和势能不断转换，在转换过程中，能量不断地由波腹附近转移到波节附近，再由波节附近转移到波腹附近。驻波的能量不向外传播，故把这种现象称为“驻波”非常形象贴切。这也是驻波与行波的显著区别。

【例 5-5】 两列波在一很长的弦线上传播，设其波动方程为

$$y_1 = 0.06\cos\frac{\pi}{2}(x-8.0t)\,\text{m}, \qquad y_2 = 0.06\cos\frac{\pi}{2}(x+8.0t)\,\text{m}$$

求：(1) 各波的频率、波长、波速。

(2) 这两列波相遇能形成驻波吗？如果能，请问波节和波腹的位置如何分布？

解：(1) 由波动方程可知：$\omega = 4\pi\ \text{rad}\cdot\text{s}^{-1}$，$u = 8\text{m}\cdot\text{s}^{-1}$，则

频率　$\nu = \dfrac{\omega}{2\pi} = 2\text{Hz}$，　　　波长　$\lambda = \dfrac{u}{\nu} = \dfrac{8}{2} = 4\text{m}$

(2) 这两列波满足驻波的形成条件，能产生驻波。则弦线上的合成驻波方程为

$$y = y_1 + y_2 = 0.12\cos\frac{\pi x}{2}\cos 4\pi t$$

波节位置为 $\cos\dfrac{\pi x}{2} = 0$，即

$$\frac{\pi x}{2} = (2k+1)\frac{\pi}{2}$$

解得　　$x = (2k+1)\text{m}$，$(k = 0, \pm1, \pm2, \cdots)$

波腹位置为 $\left|\cos\dfrac{\pi x}{2}\right| = 1$，即

$$\frac{\pi x}{2} = k\pi$$

解得 $x = 2k\text{m}$，$k = 0, \pm 1, \pm 2, \cdots$

【课外阅读与思考】 1. 请读者自行分析下列几种驻波现象。

①“鱼洗”之谜；②锣鼓或者喇叭膜上的驻波；③气体火焰驻波。

2. 家用微波炉可以用来测电磁波的波长。请设计一个实验方案，从而估算电磁波的波速。

5.5 多普勒效应

在日常生活中，常会遇到这种情形：当一列火车迎面开来时，听到火车汽笛的声调变高，即频率增大；当火车远离而去时，听到火车汽笛的声调变低，即频率减小。只有波源与接收器(观察者)相对静止时波源的频率才与观察者接收到的频率相等。这种由于波源或观察者同一直线上发生相对运动而观测到频率发生变化的现象称为多普勒效应。多普勒效应是奥地利物理学家多普勒(C. Doppler)在 1842 年发现的。

5.5.1 波源 S 相对于介质静止，观察者 A 以速度 v_0 相对于介质运动

设波源的频率为ν，声波在介质中的传播速度为 u，如图 5.18 所示，图中两相邻波面之间的距离为一个波长。当观察者以速度 v_0 向着波源运动时，在单位时间内，原来在观察者处的波面向右传播了 u 的距离，同时观察者向左移动了 v_0 的距离，这相当于波通过观察者的总距离为 $u+v_0$(相当于波以速度 $u+v_0$ 通过观察者)。因此在单位时间内通过观察者的完整波的个数(即频率)为

$$\nu' = \frac{u+v_0}{\lambda} = \frac{u+v_0}{uT}$$

或

$$\nu' = \frac{u+v_0}{u}\nu > \nu \tag{5.10}$$

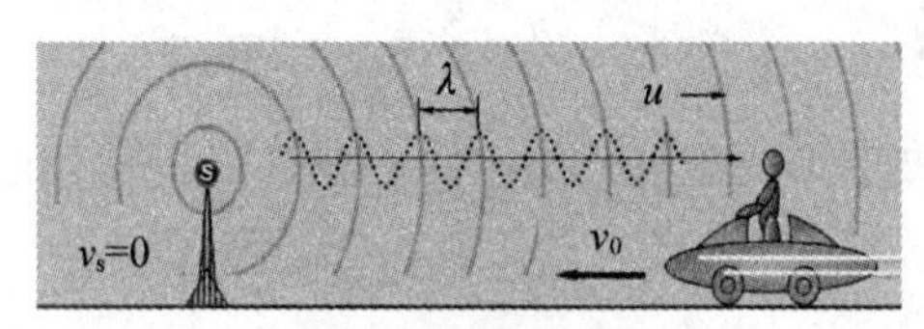

图 5.18 波源静止

观察者接收的频率为原来的$(1+v_0/u)$倍，变大了。

同理可分析得到：当观察者以速度 v_0 远离波源运动时，此时 v_0 为负值，观察者接收到的频率为

$$\nu' = \frac{u-v_0}{u}\nu < \nu \tag{5.11}$$

显然，观察者接收到的频率降低了。

5.5.2　观察者相对于介质静止，波源 S 以速度 v_s 相对于介质运动

如图 5.19 所示，设波源向着观察者运动。因为波在介质中的传播速度与波源的运动无关，振动一旦从波源发出，由惠更斯原理可知，它就在介质中以球面波的形式向四周传播，球心就在发生该振动时波源所在的位置。经过时间 T，波源向前移动了一段距离 v_sT，显然下一个波面的球心向右移动了 v_sT 距离。以后每个波面的球心都向右移动了 v_sT 的距离，使得依次发出的波面都向右“挤”紧了，这就相当于通过观察者所在处的波的波长比原来缩短了 v_sT，即观察者接收到的波长实际为$\lambda'=\lambda-v_sT$，如图 5.20 所示。

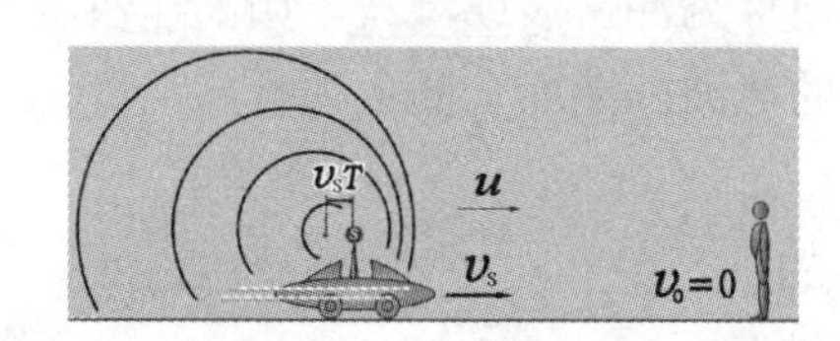

图 5.19　观察者静止

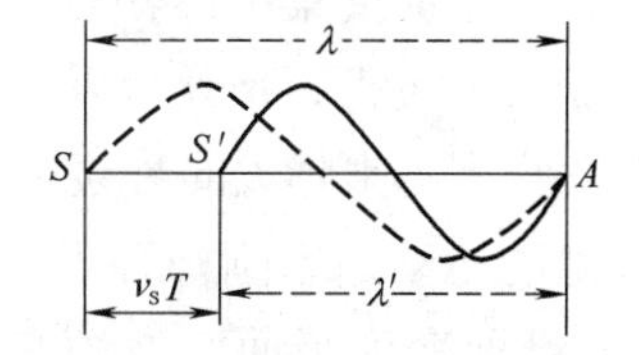

图 5.20　观察者实际接收到的波长λ'

因此在单位时间内通过观察者的完整波的个数为

$$\nu'=\frac{u}{\lambda-v_sT}=\frac{u}{(u-v_s)T}$$

或

$$\nu'=\frac{u}{u-v_s}\nu>\nu \tag{5.12}$$

可见观察者接收的频率升高了，为原来频率的 $u/(u-v_s)$倍。

同理，当波源 S 以速度 v_s 背着(远离)观察者运动时，v_s 为负值，可以得到

$$\nu'=\frac{u}{u+v_s}\nu<\nu \tag{5.13}$$

显然，观察者接收的频率降低了。

5.5.3　波源 S 和观察者同时相对于介质运动

根据 5.5.1 节和 5.5.2 节的讨论可知，当波源和观察者都相对于介质运动时，改变频率的因素有两个：一个是波源 S 的移动使波长变为$\lambda'=\lambda-v_sT$；另一个是观察者的移动，使波在单位时间内通过观察者的总距离变为 $u+v_0$，所以观察者接收到的频率为

$$\nu'=\frac{u+v_0}{u-v_s}\nu \tag{5.14}$$

式中，观察者向着波源运动时 v_0 为正，观察者背着波源运动时 v_0 为负；波源向着观察者运动时 v_s 为正，波源背着观察者运动时 v_s 为负。

总之，波源与观察者相互接近时，就会产生频率升高的多普勒效应；波源与观察者彼此远离时，则会产生频率降低的多普勒效应。多普勒效应在电磁波中也存在。

【思考】 若波源与观察者不沿二者连线运动时情况会怎样？如图 5.21 所示。

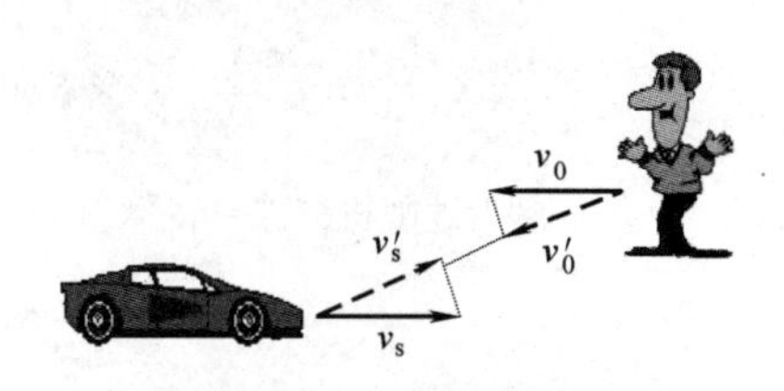

图 5.21　观察者不在波源运动方向上

多普勒效应只发生在相对运动的连线方向上。

*5.5.4 冲击波

当波源的运动速度 v_s 超过波速 u 时，根据式(5.14)可得频率小于零，此时失去意义，多普勒公式不再成立。这时波源就会冲出自身发出的波阵面，在波源的前方不可能有任何波动产生。它所发出的波的一系列波面的包络是一个圆锥体，所有的波面都将被压缩在波源后方的狭小锥体(马赫锥)之内，锥体的顶角α称为马赫角，如图 5.22 所示。在这个圆锥面上，波的能量高度集中，容易造成巨大的破坏，称为冲击波或激波。如高速快艇在其两侧激起的舷波，飞机、炮弹等以超音速飞行生成的声波。地面上的人先看到飞机无声地掠过，然后才听到越来越大的轰轰巨响。

当波源的运动速率刚好等于波速时，马赫锥的顶角$\alpha=\pi$，锥面变为平面。波源在各时刻发射的波几乎与波源自身共处于同一平面，这时冲击波的能量非常集中，强度和破坏力极大，可使空气的密度、温度急剧变化，并产生高温、高压，足以损伤耳膜和内脏，打碎窗户上的玻璃，甚至摧毁建筑物等，这种现象称为“声爆”或“音爆”。例如，火药及核爆炸时、火箭飞行中都会在空气中激起强烈的冲击波。再如，飞机刚好以声速飞行时，机体所产生的任一振动都将尾随在机体附近，并引起机身的共振，给飞行带来危险。因此，超音速飞机在飞行时都要尽快越过这道“音障”。如图 5.23 所示是各种冲击波形成的“音爆云”。

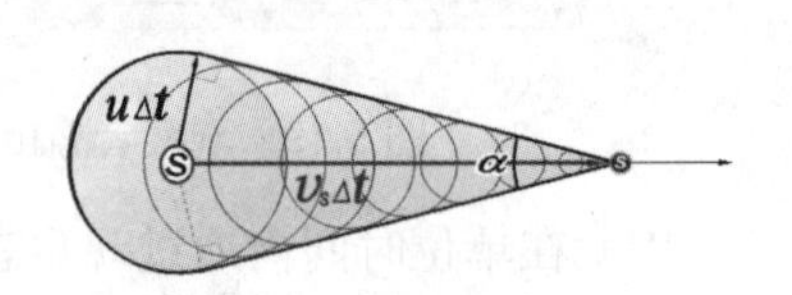

图 5.22 马赫锥

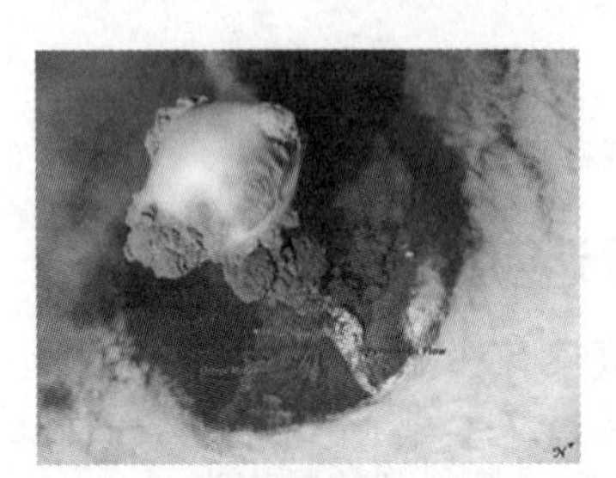

(a) 火山爆发形成的冲击波

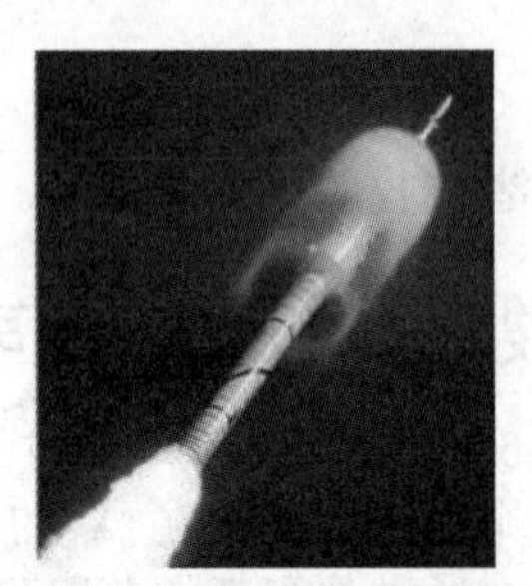

(b) 火箭发射时形成的“音爆云”

(c) 超音速战机突破“音障”

(d) 核弹爆炸形成的冲击波

图 5.23 各种冲击波形成的“音爆云”

【例 5-6】 车上一警笛发射频率为 1500Hz 的声波，该车正以 $20\text{m}\cdot\text{s}^{-1}$ 的速度向某方向

运动，某人以 $5\text{m}\cdot\text{s}^{-1}$ 的速度跟踪其后，已知空气中的声速为 $330\text{m}\cdot\text{s}^{-1}$。求该人听到的警笛发声频率以及在警笛后方空气中声波的波长。

解： 设没有风。已知 ν=1500Hz，u=$330\text{m}\cdot\text{s}^{-1}$，观察者向着警笛运动，应取 v_0=$5\text{m}\cdot\text{s}^{-1}$，而警笛背着观察者运动，应取 v_s=$20\text{m}\cdot\text{s}^{-1}$，因而该人听到的频率为

$$\nu'=\frac{u+v_0}{u-v_s}\nu=\frac{330+5}{330+20}\times1500=1436(\text{Hz})$$

警笛后方的空气并不随波前进，相当于 v_0=0，因此其后方空气中声波的频率为

$$\nu'=\frac{u}{u-v_s}\nu=\frac{330}{330+20}\times1500=1414(\text{Hz})$$

相应的波长为

$$\lambda'=\frac{u}{\nu'}=\frac{330}{1414}=0.233(\text{m})$$

【例 5-7】 高速公路上的测速仪发出频率为100kHz 的超声波，当汽车向着测速仪行驶时，测速仪接收到从汽车反射回来的波的频率为110kHz，如图 5.24 所示。已知空气中的声速为$u=330\text{m}\cdot\text{s}^{-1}$，求汽车的行驶速度。

图 5.24　例 5-7 图

解： (1) 汽车为接收器，汽车接收到的测速仪频率为$\nu'=\dfrac{u+v_0}{u}\nu$。

(2) 汽车为反射波源，测速仪接收到的频率为

$$\nu''=\frac{u}{u-v_s}\nu'=\frac{v_0+u}{u-v_s}\nu=110\text{kHz}$$

将$\nu=100\text{kHz}$，$u=330\text{m}\cdot\text{s}^{-1}$代入上式得车速为

$$v_0=v_s=\frac{\nu''-\nu}{\nu''+\nu}u=15.7\text{m}\cdot\text{s}^{-1}=56.6\text{km}\cdot\text{h}^{-1}$$

多普勒效应的应用非常广泛，如多普勒声呐定位、多普勒超声诊断、多普勒雷达测速、多普勒血流计、用于贵重物品和机密室的防盗系统、卫星跟踪系统等，可参阅有关书籍[①]。

习　题　5

5.1　频率为 100Hz，传播速度为 $300\text{m}\cdot\text{s}^{-1}$ 的平面简谐波，波线上两点振动的相位差为 $\pi/3$，则此两点相距____________。

5.2　一平面简谐波在弹性媒质中传播，在某一瞬时，媒质中某质元正处于平衡位置，此时它的动能是否最大？势能是否最大？

5.3　如图 5.25 所示，两相干波源 S_1 和 S_2 相距$\lambda/4$(λ为波长)，S_1 的位相比 S_2 的位相超前

① 马文蔚等. 物理学原理在工程技术中的应用[M]. 3 版. 北京：高等教育出版社，1995.

$\pi/2$，在 S_1、S_2 的连线上，S_1 外侧各点(如 P 点)两波引起的两谐振动的位相差是________。

5.4　在波长为λ的驻波中，两个相邻波腹之间的距离为________。

5.5　某时刻驻波波形曲线如图 5.26 所示，则 a、b 两点的相位差是________。

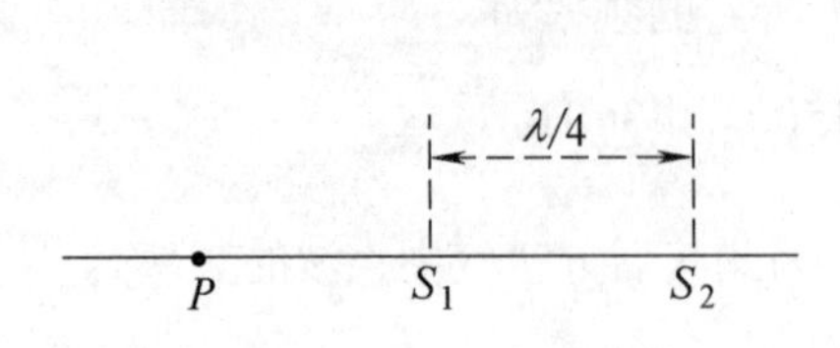

图 5.25　习题 5.3 图

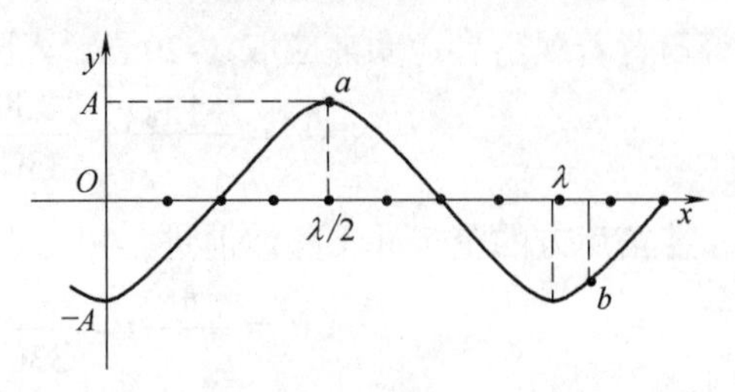

图 5.26　习题 5.5 图

5.6　如果在长为 L、两端固定的弦线上形成驻波，则此驻波的基频波长为________。

5.7　一机车汽笛频率为 750Hz，机车以 $90\text{km}\cdot\text{h}^{-1}$ 的速度远离静止的观察者，观察者听到声音的频率是(设空气中声速为 $340\text{m}\cdot\text{s}^{-1}$)________。

5.8　下面几种说法中正确的是(　　)。

(A)　机械振动一定能产生机械波

(B)　质点振动的速度和波的传播速度相等

(C)　质点振动的周期和波的周期数值是相等的

(D)　波动方程中的坐标原点是选取在波源位置的

5.9　以波速 u 沿 x 轴逆向传播的简谐波 t 时刻的波形如图 5.27 所示，此时图中 A、B、C、D 各点的运动方向如何？

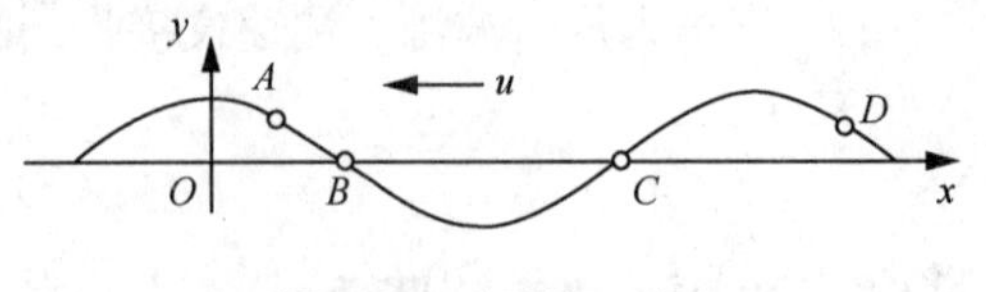

图 5.27　习题 5.9 图

5.10　一简谐波的频率为 5×10^4Hz，波速为 $1.5\times10^3\text{m}\cdot\text{s}^{-1}$，在传播路径上相距 5×10^{-3}m 的两点之间的振动相位差为____________。

5.11　一平面简谐机械波在媒质中传播时，若某媒质元在 t 时刻的能量是 10J，则在($t+T$) (T 为波的周期)时刻该媒质元的振动动能是______________。

5.12　两相干波源 S_1、S_2 之间的距离为 20m，两波的波速为 $c=400\text{m}\cdot\text{s}^{-1}$，频率 $\nu=100$Hz，振幅相等，$A=0.02$m，并且已知 S_1 的相位比 S_2 的相位超前π，则 S_1 与 S_2 连线中点的振幅为____________。

5.13　A、B 是简谐波波线上的两点，已知 B 点的位相比 A 点落后$\pi/3$，A、B 两点相距 0.5m，波的频率为 100Hz，则该波的波长λ = _______ m，波速 u = _________ $\text{m}\cdot\text{s}^{-1}$。

5.14　为测定某音叉 C 的频率，选取频率已知且与 C 接近的另两个音叉 A 和 B，已知 A 的频率为 800Hz，B 的频率是 797Hz，进行下面试验：

第一步，使音叉 A 和 C 同时振动，测得拍频为每秒 2 次。

第二步，使音叉 B 和 C 同时振动，测得拍频为每秒 5 次。

由此可确定音叉 C 的频率为 ________________。

5.15　相对于空气为静止的声源振动频率为ν_S，接收器 R 以速率ν_R远离声源，设声波在空气中传播速度为u，那么接收器收到的声波频率ν_R=______________。

5.16　波动方程 $y = A\cos\omega(t - x/u)$ 中的 x/u 表示什么？如果把它写成 $y = A\cos\left(\omega t - \dfrac{\omega x}{u}\right)$，$\dfrac{\omega x}{u}$ 又表示什么？

5.17　波源向着观察者运动和观察者向着波源运动，都会产生观察者接收到的频率增高的多普勒效应。这两者的区别在哪里？

5.18　一简谐波，振动周期 T=1/2s，波长λ=10m，振幅 A=0.1m。当 t=0 时刻，波源振动的位移恰好为正方向的最大值，若坐标原点和波源重合，波沿 x 正方向传播。求：

(1)　此波的表达式。

(2)　$t_1 = T/4$ 时刻，$x_1 = \lambda/4$ 处质点的位移。

5.19　两相干波分别沿 BP、CP 方向传播，它们在 B 点和 C 点的振动表达式分别为 $y_B = 0.2\cos2\pi t$　(SI)，$y_C = 0.3\cos(2\pi t + \pi)$　(SI)。已知 BP=0.4m，CP=0.5m，波速 u=0.2m·s^{-1}，则 P 点合振动的振幅为多少？

5.20　如果在固定端 x=0 处反射的反射波方程为 $y_2 = A\cos2\pi(\nu t - x/\lambda)$，试求入射波的方程。

5.21　火车以 90km·h^{-1} 的速度行驶，它的汽笛的频率为 500Hz。一个人站在铁轨旁，当火车从他身边驶过时，他听到的汽笛声频率变化是多大？设声速是 340m·s^{-1}。

第6章 热力学基础

早期人们对热现象的认识是模糊的。热是什么？热量是什么物体传递的？曾经的热质说认为热是存在于物质中不生不灭的永恒存在的流质，也称为热质，温度高的物体包含的热质就多，温度低的物体包含的热质就少，那么温度高的物体向温度低的物体传热就是热质从热质多的物体上流动到了热质少的物体上。

组成物质的分子的无规则热运动，是自然界的另一种基本的运动形式。在前面的力学中，我们学习了用牛顿定律分析解决机械运动的问题。第 6 章和第 7 章将研究物质的热现象和热运动规律，用宏观的热力学和微观的统计力学方法来研究。热力学是研究热现象的宏观理论，是以实验为基础，在热力学第一定律和第二定律的基础上，用严密的逻辑推理和总结归纳方法得出普遍而可靠的重要规律和结论。本章主要以理想气体为例，从做功和能量转换的观点出发，研究物质热现象的宏观性质和规律；讨论热力学第一定律、第二定律的物理基础和描述方法及应用。

本章的主要内容有：平衡态、准静态过程，内能、功、热量等基本概念，热力学第一定律及在各种等值过程中的应用，循环过程及效率，热力学第二定律及统计意义等。

6.1 热力学基本概念

6.1.1 热力学系统

由大量粒子组成的宏观物体或物体系，称为热力学系统，该系统以外的物质或环境称为外界(相对于系统而言)。系统与外界之间可以发生相互作用，如热传递、质量和能量的交换等。

热力学系统常分为孤立系统、封闭系统和开放系统。孤立系统是指系统与外界之间既无物质交换又无能量交换的系统；封闭系统是指系统与外界之间没有物质交换，只有能量交换的系统；开放系统是指系统与外界之间既有物质交换又有能量交换的系统。本章主要研究比较简单的热力学封闭系统的性质和规律。

6.1.2 状态参量

力学中用位矢、速度、加速度描述物体的运动状态。同理，热学中描述一个热力学系统在任意时刻所处状态的物理量统称为热力学系统的状态参量。常用的宏观物理量有体积 V、压强 P 和温度 T。

1. 体积 V

体积 V 是系统的几何参量，是指气体分子到达的空间，就是容器的容积。国际单位制中，体积的单位为立方米(m^3)，常用的单位有升(L)，$1m^3=10^3L$。

2. 压强 P

压强 P 是热力学系统的力学参量。容器中分子的无规则热运动，除分子间的碰撞外，分子与器壁之间也不断碰撞，对容器壁产生压力，分子作用于容器壁每单位面积上的正压力即气体的压强。国际单位制中，压强的单位是帕斯卡(Pa)，常用的单位还有大气压(atm)、毫米汞柱(mmHg)，且 $1\text{atm} = 760\text{mmHg} = 1.013\times10^5\text{Pa}$。

3. 温度 T

日常生活中我们都有过这样的感受：在寒冷的冬天，当用手握住一个热水杯时，冷手将逐渐变热，而水杯逐渐变冷。这个现象说明热会从水杯传到手上，最终达到一个冷热相同的状态。此时这两个物体(热力学系统)具有相同的物理属性——温度。温度是描述系统冷热状态的物理量，其定量测量必须使用温度计并定义温标。

温标是温度的数值表示方法，日常生活中常用摄氏温标，表示的温度为摄氏温度(t ℃)。此外热学中规定用热力学温标(又称开尔文温标，也叫绝对温标)，所表示的温度为热力学温度，用 T 表示，单位是开尔文(K)。

国际上规定水的冰点温度为 273.16K，所有分子都停止运动的状态为绝对零度(显然这是不可能达到的)，两者间的关系为

$$T(\text{K}) = t^{\circ}\text{C} + 273.16 \tag{6.1}$$

6.1.3　平衡态

热力学系统宏观上表现为两种基本状态：平衡态和非平衡态。在无外界影响下，热力学系统所有可观察的宏观性质不随时间改变，此时称热力学系统处于平衡态，否则为非平衡态。平衡态是一种热动平衡，处在平衡态的大量分子仍在做热运动，但是系统的宏观量不随时间改变。平衡态是所有自发热力学过程的终点。

如图 6.1(a)所示，A、B 两热力学系统用一绝热板隔开，A、B 互不影响各自达到平衡态。若 A、B 两系统用一导热板隔开，如图 6.1(b)所示，则 A、B 之间通过热量的传递能达到共同的热平衡状态。

实际的热力学系统不可能完全不受外界影响，宏观性质也不可能绝对不变，因此平衡态是一种理想状态。

如果系统 A 和系统 B 分别与系统 C 的同一状态处于热平衡，如图 6.2 所示，那么，当 A 与 B 接触时它们也必然是处于热平衡，即处于热平衡的多个系统必具有相同的温度，或具有相同温度的多个系统放在一起，它们也必处于热平衡。

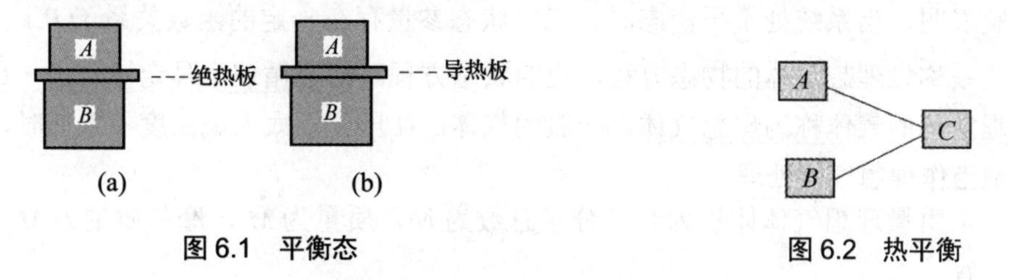

图 6.1　平衡态　　　　图 6.2　热平衡

6.1.4 准静态过程

热力学系统在外界影响下，从一个平衡态过渡到另一个平衡态的变化过程，称为热力学过程，简称过程。热力学过程因中间状态不同，分为准静态过程和非准静态过程。由一系列连续的平衡态构成的过程称为平衡过程或准静态过程，是指系统从一个平衡态到另一个平衡态过程中，所有中间态都可以近似地看作是平衡态的过程，它是一种理想的过程。一切实际过程，当过程无限缓慢进行时都可近似地看作是准静态过程。如图 6.3 所示，外力无限缓慢压缩汽缸内的气体时的过程可视为准静态过程。

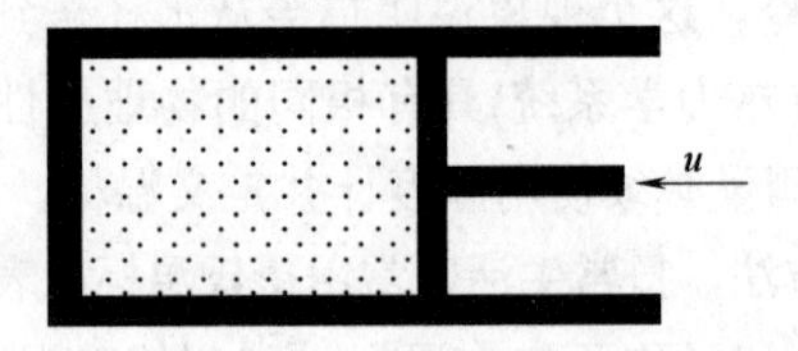

图 6.3　气体无限缓慢压缩过程是准静态过程

非准静态过程是指系统从一平衡态到另一平衡态，过程中所有中间态为非平衡态的过程。如两温度分别为 T_1、T_2 的热源直接接触达到热平衡的过程，不是准静态过程。在热力学中，平衡态和准静态过程的概念起着重要作用。

在 P-V 图上，一点代表一个平衡态，一条连续曲线代表一个准静态过程，如图 6.4 所示。这条曲线的方程(数学表达式)称为过程方程，如图 6.5 所示是常见的几种等值过程曲线。

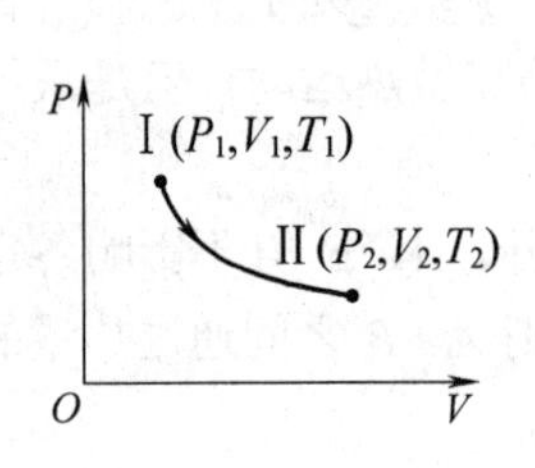

图 6.4　平衡态与过程曲线

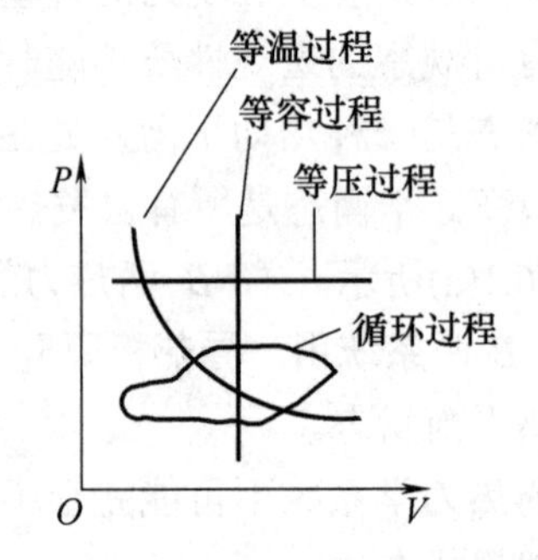

图 6.5　几种准静态等值过程曲线

6.1.5 理想气体的物态方程

实验表明，当系统处于平衡态时，三个状态参量存在一定的函数关系 $f(P,V,T)=0$，把这种关系称为理想气体的物态方程，也叫状态方程。把遵循玻意耳定律、盖·吕萨克定律、查理定律的气体称为理想气体。一般的气体，在压强不太大、温度不太低时，我们都可近似地当作理想气体处理。

设一定质量理想气体体积为 V，分子总数为 N，质量为 M，摩尔质量为 M_{mol}。状态变化时，有

$$PV = \frac{M}{M_{\mathrm{mol}}}RT = \nu RT \tag{6.2}$$

式(6.2)称为理想气体的物态方程。其中 $R = 8.31\mathrm{J}\cdot\mathrm{mol}^{-1}\cdot\mathrm{K}^{-1}$ 称为普适气体常量，$\nu = \dfrac{M}{M_{\mathrm{mol}}}$ 为物质的摩尔数。

设每个分子质量为 m，系统的分子数密度 $n = N/V$，则摩尔数还可表示为

$$\nu = \frac{M}{M_{\mathrm{mol}}} = \frac{N\cdot m}{N_{\mathrm{A}}\cdot m} = \frac{N}{N_{\mathrm{A}}} \tag{6.3}$$

式中，$N_{\mathrm{A}} = 6.02\times 10^{23}\cdot\mathrm{mol}^{-1}$ 为阿伏伽德罗常数。

因此式(6.2)还可表示为

$$PV = \nu RT = \frac{N}{N_{\mathrm{A}}}RT = N\frac{R}{N_{\mathrm{A}}}T = NkT \tag{6.4}$$

或者

$$P = \frac{N}{V}kT = nkT \tag{6.5}$$

式中，k 为玻耳兹曼常数，$k = \dfrac{R}{N_{\mathrm{A}}} = 1.38\times 10^{-23}\,\mathrm{J}\cdot\mathrm{K}^{-1}$。

式(6.5)表明，理想气体的压强 P 与温度 T、气体分子数密度 n 成正比。这一关系式是大量实验现象总结出来的宏观规律。这一规律的微观解释将在第 7 章气体动理论中介绍。

6.2　内能　功和热量

6.2.1　准静态过程的功

众所周知，外界对系统做功时，系统的能量会发生变化。做功是表征物体状态变化的物理量，如摩擦升温就是机械功转化为热能，电加热是电功转化为热能，使物体的内能增加。

如图 6.6 所示，以汽缸中气体的无限缓慢压缩过程为例，研究准静态过程气体对外界做功。设活塞面积为 S，且接触面光滑。当活塞在外力作用下移动微小位移 $\mathrm{d}l$ 时，系统对外界所做的元功为

$$\mathrm{d}A = F\mathrm{d}l = PS\mathrm{d}l = P\mathrm{d}V \tag{6.6}$$

$\mathrm{d}V$ 是活塞移动微小位移 $\mathrm{d}l$ 时，汽缸中气体体积的改变量。则系统体积由 V_1 变为 V_2 的全过程，系统对外界做总功为

$$A = \int \mathrm{d}A = \int_{V_1}^{V_2} P\mathrm{d}V \tag{6.7}$$

因为该过程可视为准静态过程，故 $P_{\mathrm{e}} = P$。

由式(6.6)可知，若体积膨胀，$\mathrm{d}V > 0$，$\mathrm{d}A > 0$，表示系统对外做正功；若体积压缩，$\mathrm{d}V < 0$，$\mathrm{d}A < 0$，表示系统对外做负功，即外界对系统做功；若 $\mathrm{d}V = 0$，$\mathrm{d}A = 0$，表示系统不做功。

如图 6.7 所示的准静态过程，由积分意义可知，功 $A = \int_{V_1}^{V_2} P\mathrm{d}V$ 的大小等于 P-V 图上过程曲线 $P_{(V)}$ 下所包围的面积。这样把抽象的物理公式用形象的数学图形表示出来，体现了

数学与物理的完美结合。比较图中 a、b 两过程 $\text{I} \to a \to \text{II}$ 和 $\text{I} \to b \to \text{II}$ 可知，后者做功要大。这表明做功的数值不仅与初态和末态有关，而且还依赖于所经历的中间过程，即功与过程的路径有关，因此功是过程量。

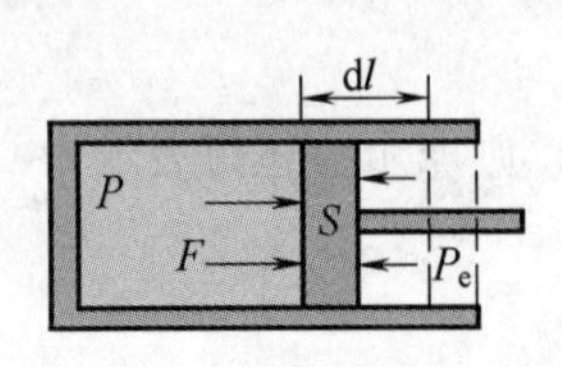

图 6.6　准静态过程的功

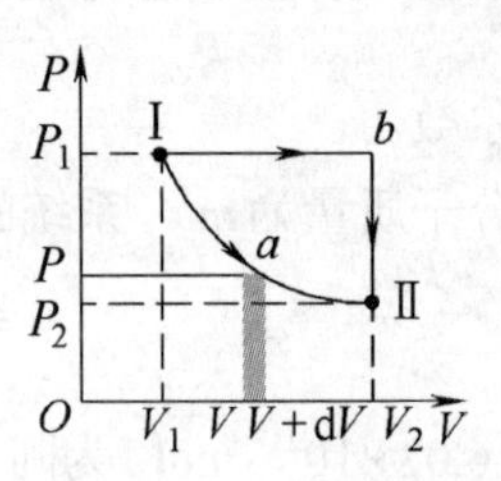

图 6.7　准静态过程功的几何意义

6.2.2　准静态过程中热量的计算

系统和外界温度不同，就会有热量的传递，或称能量交换。做功和传热都可以改变系统的状态，是能量传递的不同方式。热量和做功一样也是过程量。实验表明，改变热力学系统的状态，做功和传热是等效的。因此有热功当量 $1\text{cal} = 4.18\text{J}$，但二者的本质是不同的。传热是由于系统与外界温度不一致而发生的能量传递，而做功是通过物体的宏观位移来完成的，是机械能转变为热能的过程。

1mol 物质温度每升高 1K 所吸收的热量称为摩尔热容，用 C_{m} 表示，单位是焦耳每摩尔开尔文($\text{J}\cdot\text{mol}^{-1}\cdot\text{K}^{-1}$)。设 1mol 的物质温度升高 $\text{d}T$ 时吸热为 $\text{d}Q$，则

$$C_{\text{m}} = \frac{\text{d}Q}{\text{d}T} \tag{6.8}$$

当质量为 M 的系统温度变化 $\text{d}T$ 时，系统吸收的热量为

$$\text{d}Q = \frac{M}{M_{\text{mol}}} C_{\text{m}} \text{d}T = \nu C_{\text{m}} \text{d}T \tag{6.9}$$

$\text{d}Q > 0$，表示系统从外界吸热；$\text{d}Q < 0$，表示系统向外界放热。

系统温度从 $T_1 \to T_2$ 的全过程，系统吸热

$$Q = \int_{T_1}^{T_2} \text{d}Q = \frac{M}{M_{\text{mol}}} C_{\text{m}} (T_2 - T_1) = \nu C_{\text{m}} (T_2 - T_1) \tag{6.9a}$$

6.2.3　内能

热力学中把系统处于某状态所具有的能量称为系统的内能。系统内能的改变方式和途径有做功和热传递。气体动力学理论中，给定理想气体的内能只是温度的单值函数。在热力学中，表征与做功和传热有关的系统状态的物理量称为内能，用 E 表示，它仅是系统状态的单值函数 $E = E(T,V)$。理想气体的内能为

$$E = \frac{i}{2} \frac{M}{M_{\text{mol}}} RT = \frac{i}{2} \nu RT \tag{6.10}$$

气体状态变化时，内能 E 变化。E 只由始末状态决定，与过程无关，是状态量。其中 i 是气体的自由度，详见第 7 章。

6.3　热力学第一定律

做功和热传递都能改变系统的内能，且通常情况下两者是同时进行的。设某一过程，系统从外界吸热 Q，对外界做功 A，系统内能从初始态 E_1 变为末态 E_2，则由能量守恒定律，系统吸收的热量一部分对外做功，另一部分同时使系统的内能增加，即

$$Q = E_2 - E_1 + A \tag{6.11}$$

对于状态的无限小变化过程：

$$dQ = dE + dA \tag{6.12}$$

对准静态的气体系统，做功为 $A = \int_{V_1}^{V_2} P dV$，代入式(6.11)得

$$Q = E_2 - E_1 + \int_{V_1}^{V_2} P dV \tag{6.13}$$

式(6.11)～式(6.13)称为热力学第一定律。它是包含热量在内的能量转换与守恒定律，是自然界普遍存在的规律，适用于任何系统的任何过程(不管是否为准静态过程)。

热力学第一定律是在 19 世纪 40 年代确定了热功当量以后才建立起来的。在这以前，有人企图设计一种永动机，使系统不断地经历状态变化而仍回到初始状态($\Delta E = E_2 - E_1 = 0$)，同时在这过程中，无须外界任何能量的供给而能不断地对外做功。这种永动机称为第一类永动机。所有这种企图，经过无数次的尝试，都以失败而告终。即第一类永动机是不可能实现的。这是用否定的方式表述热力学第一定律。

热力学第一定律也提供了一个通过测量宏观功来确定内能和所吸收的热量的方法。应该注意的是，热力学第一定律中各量的符号规定及含义。

$Q > 0$，表示系统从外界吸热；$Q < 0$，表示系统向外界放热。

$A > 0$，表示系统对外做功；$A < 0$，表示系统对外做负功，即外界对系统做功。

$\Delta E > 0$，表示系统内能增加；$\Delta E < 0$，表示系统内能减少。

【例 6-1】 如图 6.8 所示，一热力学系统由状态 a 沿 acb 过程到达状态 b 时，吸热 560J，对外做功 356J。

(1) 如它沿 adb 过程到达状态 b 时，对外做功 220J，求它吸收的热量。

(2) 当它由状态 b 沿曲线 ba 返回状态 a 时，外界做功 282J，求它吸收的热量，是吸热还是放热？

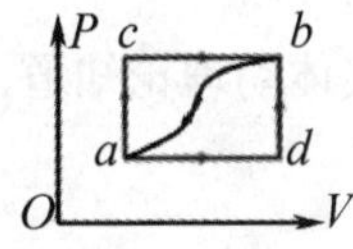

图 6.8　例 6-1 图

解：对过程 acb，由热力学第一定律得

$$Q_1 = \Delta E_{ba} + A_1$$

则　$\Delta E_{ba} = Q_1 - A_1$=560–356=204J>0(内能增加)

(1) 对过程 adb，同理得

$$Q_2 = \Delta E_{ba} + A_2 = 204+220= 424\text{J}>0\ (\text{吸热})$$

(2) 对曲线过程 ba，内能增量为 $\Delta E_{ab} = -\Delta E_{ba} = -204\text{J}$，得

$$Q_3 = \Delta E_{ab} + A_3 = -204 - 282 = -486\text{J} < 0\ (\text{放热})$$

6.4 热力学第一定律在理想气体等值过程中的应用

热力学第一定律确定了系统在状态变化过程中功、热量及内能之间的关系，作为应用之一，我们讨论理想气体几个典型的等值过程中功、热量及内能之间的关系。

6.4.1 等体过程

1. 等体过程的功

如图 6.9 所示，一定质量为 M 的理想气体系统从初态(P_1,V_1,T_1)经准静态过程到末态(P_2,V_1,T_2)，由于等体过程中的体积不变，由式(6.7)得出等体过程中气体对外界不做功。等体过程的过程曲线如图 6.9(a)、(b)所示。

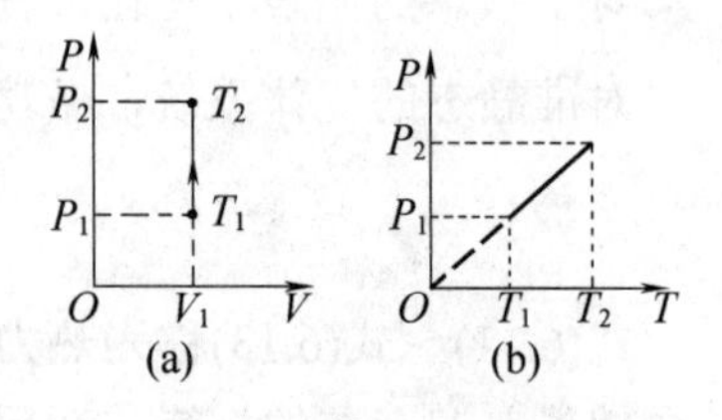

图 6.9 等体过程曲线

2. 等体过程的吸热

由热力学第一定律可知，系统吸收的热量全部使内能增加，对微小过程有 $dQ_V = dE$。

引入理想气体的定体摩尔热容 C_V：设有 1mol 的理想气体，吸取热量 dQ_V，温度升高 dT。

由摩尔热容的定义，气体的定体摩尔热容为体积不变条件下的摩尔热容量。

$$C_V = \frac{dQ_V}{dT} \tag{6.14}$$

则系统 ν mol 气体全过程吸热为

$$Q_V = \nu\int C_V dT = \nu C_V (T_2 - T_1) = \nu C_V \Delta T \tag{6.15}$$

3. 等体过程的内能变化

等体过程内能的变化由热力学第一定律得 $E_2 - E_1 = Q = \nu C_V \Delta T$ (6.16)

对微小过程：

$$dE = \nu C_V dT \tag{6.17}$$

式(6.17)对任何过程都成立。

由气体动理论知道，内能为

$$E = \nu\frac{i}{2}RT \tag{6.18}$$

或

$$dE = \nu\frac{i}{2}RdT \tag{6.19}$$

比较式(6.16)和式(6.18)得

$$C_V = \frac{i}{2}R \tag{6.20}$$

式中 i 为分子的自由度(第 7 章会介绍)。式(6.20)表明，理想气体的定体摩尔热容只与分子的自由度有关。对单原子分子气体，$C_V = \frac{3}{2}R = 12.5\text{J}\cdot(\text{mol}^{-1}\cdot\text{K}^{-1})$；刚性双原子分子气体 $C_V = \frac{5}{2}R = 20.8\text{J}\cdot(\text{mol}^{-1}\cdot\text{K}^{-1})$；刚性三原子或多原子分子气体 $C_V = \frac{6}{2}R = 25\text{J}\cdot(\text{mol}^{-1}\cdot\text{K}^{-1})$。

综上所述，等体过程系统不做功，若系统从外界吸收热量，系统内能就增加；若系统向外界放热，系统内能就减少。

6.4.2　等压过程

若系统的压强在状态变化过程中保持不变，这个过程称为等压过程，如图 6.10 所示。

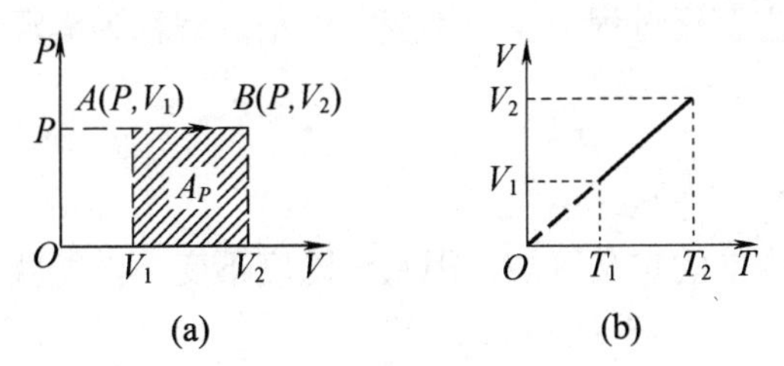

图 6.10　等压过程曲线

1. 等压过程的功

在等压过程中，由于压强不变，P 为恒量，所以等压过程中气体做功为

$$A=\int_{V_1}^{V_2} P\mathrm{d}V=P(V_2-V_1) \tag{6.21}$$

将理想气体的物态方程 $PV=\nu RT$ 代入得

$$A=\nu R(T_2-T_1) \tag{6.22}$$

2. 等压过程的内能变化

等压过程中的内能改变，由内能的定义得　$\mathrm{d}E=\nu C_V\mathrm{d}T$　(6.23)

或

$$E_2-E_1=\nu C_V(T_2-T_1)=\nu C_V\Delta T \tag{6.24}$$

3. 等压过程的吸热

由热力学第一定律可知，系统吸收热量

$$Q_P=E_2-E_1+A=\nu(C_V+R)(T_2-T_1) \tag{6.25}$$

引入理想气体的定压摩尔热容 C_P：气体在等压过程中，温度每升高 1K 所需吸收的热量。

设 1mol 气体，在等压过程中，温度升高 dT 时吸取热量 dQ_P，则气体的定压摩尔热容为

$$C_P=\frac{\mathrm{d}Q_P}{\mathrm{d}T} \tag{6.26}$$

由此对图 6.10 所示的全过程有　$Q_P=\nu C_P(T_2-T_1)$　(6.27)

比较式(6.25)和式(6.27)得出　$C_P=C_V+R=\dfrac{i+2}{2}R$　(6.28)

式(6.28)称为迈耶公式。此式说明，在等压过程中，温度升高 1K 时，1mol 的理想气体比等体过程要多吸取 8.31J 的热量，用来转换为气体膨胀时对外所做的功。

热力学中还常用到比热容比的概念，是指气体的定压摩尔热容与定体摩尔热容的比值，用 γ 表示，也叫绝热系数。

$$\gamma=\frac{C_P}{C_V}>1 \tag{6.29}$$

对单原子理想气体 $C_P=\frac{5}{2}R$，$\gamma=1.67$，刚性双原子理想气体 $C_P=\frac{7}{2}R$，$\gamma=1.4$(详见第 7 章)。

6.4.3　等温过程

若系统的温度在状态变化过程中保持不变，这个过程称为等温过程，如图 6.11 所示为等温过程曲线。

1. 等温过程的内能

在等温过程中，由内能的定义可知，因系统温度不变，内能就不变，即 $\Delta E=0$。

2. 等温过程的功

由理想气体状态方程 $PV=\nu RT$ 可知

$$P_1V_1=P_2V_2=PV$$

其中 P、V 为状态 1 到状态 2 之间的任一中间状态的状态参量，则等温过程的功为

$$A=\int_{V_1}^{V_2}P\mathrm{d}V=\int_{V_1}^{V_2}\frac{P_1V_1}{V}\mathrm{d}V=P_1V_1\int_{V_1}^{V_2}\frac{\mathrm{d}V}{V}=\nu RT\ln\frac{V_2}{V_1} \tag{6.30}$$

又由 $P_1V_1=P_2V_2\Rightarrow\frac{V_2}{V_1}=\frac{P_1}{P_2}$ 代入式(6.30)得

$$A=\nu RT\ln\frac{P_1}{P_2} \tag{6.31}$$

3. 等温过程的吸热

等温过程吸热，由热力学第一定律得出

$$Q_T=A=\nu RT\ln\frac{V_2}{V_1}=\nu RT\ln\frac{P_1}{P_2} \tag{6.32}$$

式(6.32)表明，等温过程中系统从外界吸收的热量全部用于系统对外做功，不论吸收多少热量，温度都不会升高。

【例 6-2】 如图 6.12 所示氮气(N_2)的准静态变化过程，已知参量 $M=2.8\times10^{-3}\mathrm{kg}$，$P_1=1\mathrm{atm}$，$T_1=300\mathrm{K}$，$P_2=3\mathrm{atm}$，$P_3=1\mathrm{atm}$，$V_4=\frac{V_3}{2}$，过程 2→3 是等温过程。求整个过程的 ΔE、A、Q。

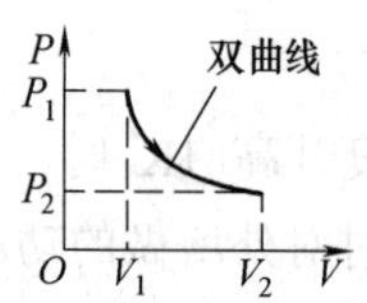

图 6.11　等温过程曲线

图 6.12　例 6-2 图

解：先求各状态参量：$\nu=\frac{M}{M_{\mathrm{mol}}}=0.1\mathrm{mol}$

$V_1 = \nu \dfrac{RT_1}{P_1} = 2.46\times10^{-3}\text{m}^3$； $V_2 = V_1$，$T_2 = \dfrac{P_2}{P_1}T_1 = 900\text{K}$；

$T_3 = T_2$，$V_3 = \dfrac{P_2}{P_3}V_2$； $V_3 = 3V_2 = 7.38\times10^{-3}\text{m}$； $V_4 = \dfrac{1}{2}V_3 = 3.69\times10^{-3}\text{m}^3$；

$T_4 = \dfrac{V_4}{V_3}T_3 = 450\text{K}$。

先计算各分过程的ΔE、A、Q。

1→2 等体过程： $A_{12} = 0$；

$$Q_{12} = \Delta E_{12} = 0.1C_V(T_2 - T_1) = 1248\text{J}\left(其中C_V = \frac{i}{2}R\right)$$

2→3 等温过程： $A_{23} = Q_{23} = \nu RT_2 \ln\dfrac{V_3}{V_2} = 823\text{J}$

3→4 等压过程： $A_{34} = P_3(V_4 - V_3) = -374\text{J}$； $\Delta E_{34} = \nu C_V(T_4 - T_3) = -936\text{J}$；

$Q_{34} = \nu C_P(T_4 - T_3) = -1310\text{J}$ 或 $Q_{34} = \Delta E_{34} + A_{34} = -1310\text{J}\left(其中C_P = \left(\dfrac{i}{2}+1\right)R\right)$

全过程：$A = A_{12} + A_{23} + A_{34} = 449\text{J}$；

$Q = Q_{12} + Q_{23} + Q_{34} = 761\text{J}$；

$\Delta E = Q - A = 312\text{J}$ 或 $\Delta E = \nu C_V(T_4 - T_1) = 312\text{J}$。

6.5 绝热过程

在不与外界交换热量的条件下，系统状态的变化过程称为绝热过程，如图 6.13 所示为绝热过程曲线。因过程绝热，$\text{d}Q = 0$ 或 Q=0。

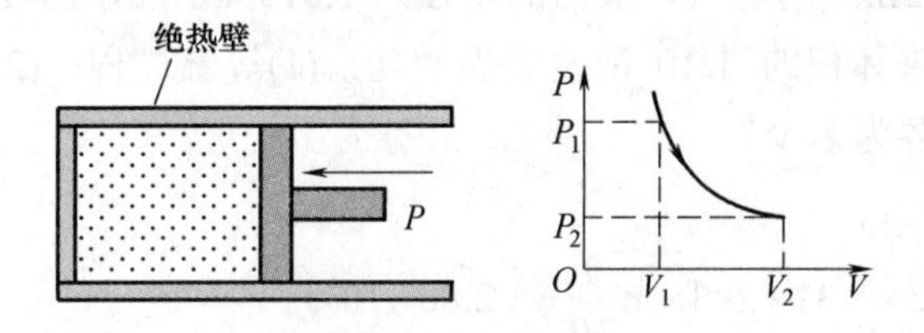

图 6.13　绝热过程

1. 绝热过程的内能变化

由内能的定义得 $\Delta E = \nu C_V(T_2 - T_1)$，只与初、末状态的温度有关。

2. 绝热过程的功

由热力学第一定律可知，做功与内能增量的关系为

$$\text{d}A = P\text{d}V = -\text{d}E = -\nu C_V \text{d}T \tag{6.33}$$

或

$$A = -\Delta E = -\nu C_V(T_2 - T_1) \tag{6.34}$$

3. 绝热过程方程

在绝热过程中，外界对系统所做的功全部转化为系统的内能。绝热过程中物态参量 P、V、T 满足的关系，称为绝热过程方程。现推导如下。

由 $PV=\nu RT$，两边微分：

$$PdV+VdP=\nu RdT$$

由式(6.33)可知：

$$PdV=-dE=-\nu C_V dT$$

则

$$PdV+VdP=-P\frac{R}{C_V}dV$$

移项整理得：

$$P\left(\frac{C_V+R}{C_V}\right)dV+VdP=0$$

即

$$\gamma\frac{dV}{V}+\frac{dP}{P}=0$$

两边积分得

$$\ln P+\gamma\ln V=常量$$

或

$$PV^{\gamma}=常量 \tag{6.35}$$

式(6.35)为绝热过程方程。将物态方程 PV/T=恒量代入式(6.35)可得绝热过程方程的另外两种表达式：

$$V^{\gamma-1}T=常量 \tag{6.36}$$

$$P^{\gamma-1}T^{-\gamma}=常量 \tag{6.37}$$

【讨论】 注意绝热线和等温线的区别，如图 6.14 所示。为何绝热线比等温线要陡些？

【例 6-3】 设有 5mol 的氢气，最初的压强为 1.013×10^5Pa，温度为 20℃。求下列过程中，把氢气压缩为原来体积的 1/10 所需要做的功：(1)等温过程；(2)绝热过程；(3)经这两过程后，气体的压强各为多少？

解：(1) 等温过程：

$$A'_{12}=\nu RT\ln\frac{V'_2}{V_1}=5\times8.31\times293\times\ln\frac{1}{10}=-2.80\times10^4\,\text{J}$$

(2) 绝热过程：$T_2=T_1\left(\frac{V_1}{V_2}\right)^{\gamma-1}=736\text{K}$

$$A_{12}=-\nu C_V(T_2-T_1)=-5\times\frac{5}{2}\times8.31\times(736-293)=-4.60\times10^4\,\text{J}$$

(3) 如图 6.15 所示，此时的压强分别为

$$P'_2=P_1\left(\frac{V_1}{V'_2}\right)=10\text{atm}，\quad P_2=P_1\left(\frac{V_1}{V_2}\right)^{\gamma}=1\times10^{1.4}=25.1\text{atm}$$

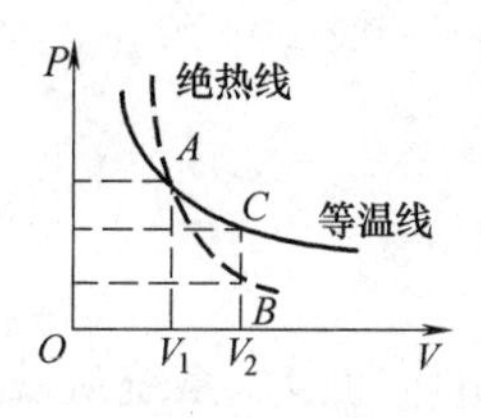

图 6.14　绝热线与等温线比较

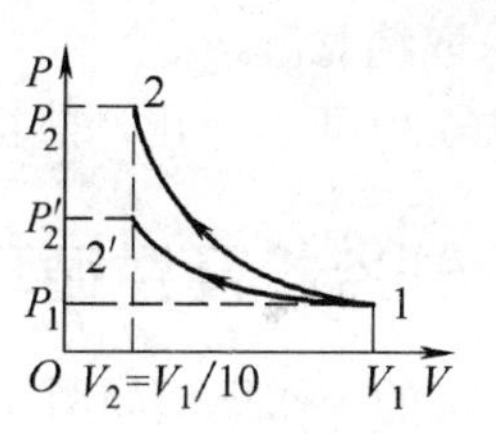

图 6.15　例 6-3 图

6.6　循环过程　卡诺循环

6.6.1　循环过程

由热力学第一定律可知，热功转换的过程要通过物质来完成。这个物质系统称为工作物质(简称工质)，如汽缸中的气体。在实际应用中，往往需要持续不断地把热转换为功，实现这个过程的装置叫热机。如理想气体的等温膨胀过程是最理想的，它能将吸收的热量全部用来对外做功，但这只是一次性的。为了能持续不断地把热转换为功，就需要利用循环过程。系统经过一系列状态变化过程以后，又回到原来状态的过程叫作热力学循环过程，简称循环。若循环的每一阶段都是准静态过程，则此循环过程可用 P-V 图上的一条闭合曲线表示，如图 6.16(a)所示，P-V 图中过程曲线为顺时针闭合曲线的循环过程叫正循环。工作物质做正循环的机器可吸收热量对外做功，称为热机，它是不断把热量转换为机械能的机器。如图 6.16(b)所示，过程曲线为逆时针闭合曲线的循环过程叫逆循环。工作物质做逆循环的机器可以利用外界对系统做功而将热量不断地从低温热源向高温热源处传递，从而获得低温的机器，称为制冷机。

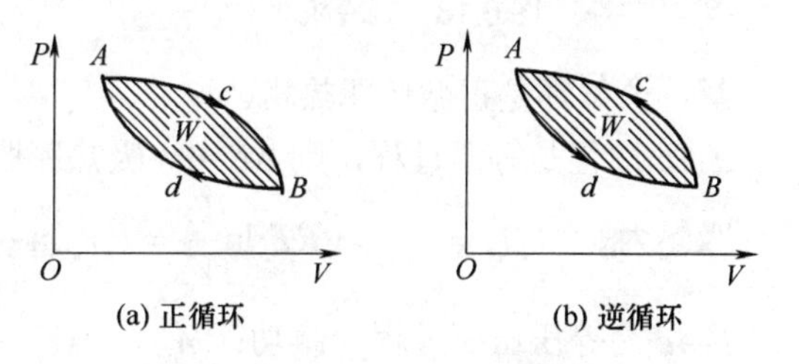

图 6.16　循环过程

循环过程的特点是，全过程的内能不变，$\Delta E=0$。系统对外做的净功 A，从图 6.16 中可以看出，等于循环过程曲线所围的面积。以下只讨论准静态循环过程。

6.6.2　热机及正循环

热机的工作原理如图 6.17 所示，它从高温热库吸收热量 Q_1，一部分用于对外做功，另一部分(同时)向低温热库放热 Q_2。此系统对外做净功(输出功)为

$$A=Q_1-Q_2 \tag{6.38}$$

热机的工作效率为：η = 输出功/吸收的热量

$$=A_{净}/Q_1=\frac{Q_1-Q_2}{Q_1}=1-\frac{Q_2}{Q_1} \tag{6.39}$$

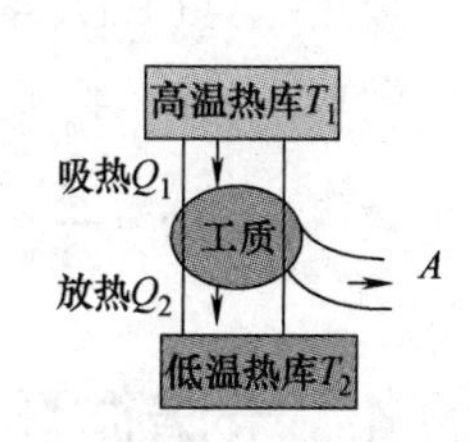

图 6.17　热机

式中，Q_2取绝对值。

由式(6.39)可以看出，热机的效率与工作物质无关。

6.6.3 制冷机及逆循环

制冷机的工作原理如图 6.18 所示，外界对系统做功为 A，系统从低温热源吸收热量 Q_2，向高温热源放热 Q_1，工作物质对外做负功 $A_{净}<0$，即外界对系统做功 $A=Q_1-Q_2$(Q_1、Q_2取绝对值)。

把从低温热源处吸收的热量 Q_2 与外界对工作物质做净功的大小 A 的比值称为制冷机的制冷系数，用e表示。

$$e=\frac{Q_2}{A}=\frac{Q_2}{Q_1-Q_2} \tag{6.40}$$

式(6.40)表明，制冷机的制冷系数也与工作物质无关，如电冰箱就是常见的制冷机。

【例 6-4】 求 1mol 氧气在如图 6.19 所示循环过程中的效率。

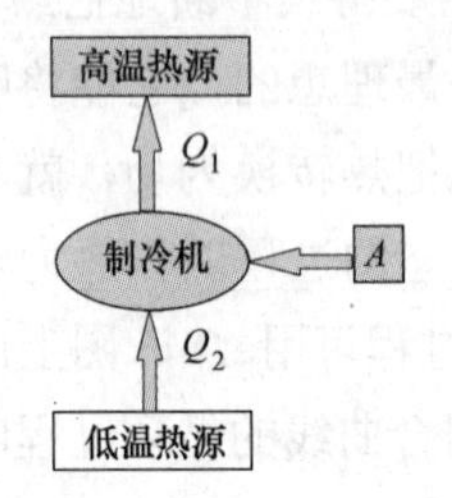

图 6.18 制冷机

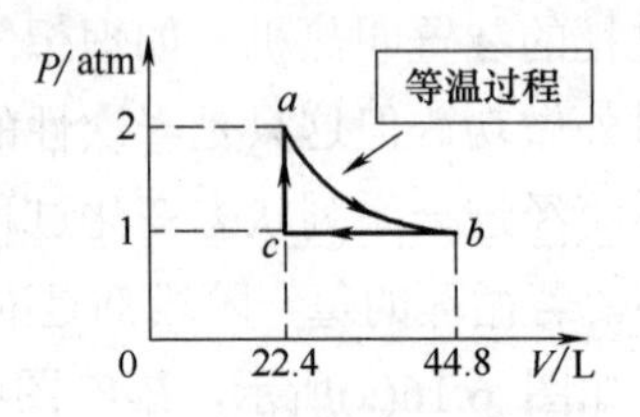

图 6.19 例 6-4 图

解：该循环是正循环即热机。

$a\to b$ 过程是等温过程，则 $\Delta E=0$，吸热膨胀。

吸热为 $Q_{ab}=A_{ab}=\nu RT_a\ln\frac{V_b}{V_a}=P_aV_a\ln\frac{V_b}{V_a}=3.15\times10^3\,\text{J}$

$b\to c$ 为等压压缩过程，做功：$A_{bc}=P_c(V_c-V_b)=-2.27\times10^3\,\text{J}$

放热：$Q_{bc}=\nu C_P(T_c-T_b)=\frac{7}{2}R(T_c-T_b)=\frac{7}{2}(P_cV_c-P_bV_b)=-7.95\times10^3\,\text{J}$

$c\to a$ 为等体升温过程，做功：$A_{ca}=0$

吸热：$Q_{ca}=\Delta E=\nu C_V(T_a-T_c)=\frac{5}{2}(RT_a-RT_c)=\frac{5}{2}(P_aV_a-P_cV_c)=5.675\times10^3\,\text{J}$

则整个循环过程的放热： $Q_2=|Q_{bc}|=7.95\times10^3\,\text{J}$

吸热： $Q_1=Q_{ab}+Q_{ca}=8.825\times10^3\,\text{J}$

做功： $A=A_{ab}+A_{bc}+A_{ca}=0.88\times10^3\,\text{J}$

效率： $\eta=\frac{A}{Q_1}\approx10\%$ 或 $\eta=1-\frac{Q_2}{Q_1}\approx10\%$

6.6.4 卡诺循环

在 18 世纪末和 19 世纪初，蒸汽机的效率是很低的，只有3%～5%。许多科学家和工程师纷纷进行了理论和实验研究，纽卡门和瓦特都对蒸汽机做过重大改进，但都因没有掌握热机中能量转化的基本规律而未能找到理想的方案。后来，法国的年轻工程师卡诺提出了一种理想卡诺热机，从理论上论证了热机效率存在极限和可逆卡诺热机的效率最大，提出了著名的卡诺定理，为改进蒸汽机做出了重大贡献，也为热力学第二定律的建立奠定了基础。

卡诺循环由四个准静态过程组成：两个等温过程，两个绝热过程。卡诺循环对工作物质没有规定，下面讨论以理想气体为工作物质的卡诺循环。

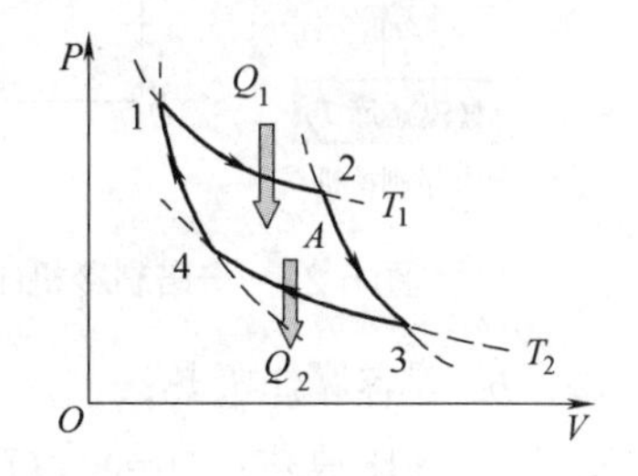

图 6.20　卡诺热机(正循环)

1. 卡诺热机的效率

如图 6.20 所示，设工作物质为理想气体，只和两个恒温热库 T_1 和 T_2 交换热量($T_1>T_2$)，1→2 等温膨胀过程吸热为　$Q_1 = A_1 = \nu RT_1 \ln\dfrac{V_2}{V_1}$

3→4 等温压缩过程放热为　$Q_2 = \nu RT_2 \ln\dfrac{V_3}{V_4}$

2→3、4→1 两次绝热过程 $Q = 0$

卡诺热机循环效率为
$$\eta = 1-\frac{Q_2}{Q_1} = 1-\frac{\nu RT_2 \ln V_3/V_4}{\nu RT_1 \ln V_2/V_1} \tag{6.41}$$

利用绝热过程方程：$\begin{cases} T_1V_2^{\gamma-1} = T_2V_3^{\gamma-1} \\ T_1V_1^{\gamma-1} = T_2V_4^{\gamma-1} \end{cases}$

可得出：
$$\frac{V_2}{V_1} = \frac{V_3}{V_4} \tag{6.42}$$

将式(6.42)代入式(6.41)得　$\dfrac{Q_2}{Q_1} = \dfrac{T_2}{T_1}$

因此式(6.41)卡诺热机的效率为
$$\eta = 1-\frac{Q_2}{Q_1} = 1-\frac{T_2}{T_1} \tag{6.43}$$

式(6.43)表明，卡诺循环的效率只与两热源的温度 T_1、T_2 有关，两热源的温差越大，则卡诺循环的效率越高。卡诺循环的效率与循环的面积无关，与工作物质也无关。

2. 卡诺制冷机的制冷系数

如图 6.21 所示的卡诺制冷循环(逆循环)，等温膨胀时从低温热源吸热 $Q_2 = \nu RT_2 \ln\dfrac{V_3}{V_4}$，等温压缩时向高温热源放热 $Q_1 = \nu RT_1 \ln\dfrac{V_2}{V_1}$。

制冷系数为
$$e = \frac{Q_2}{Q_1 - Q_2} = \frac{T_2}{T_1 - T_2} \tag{6.44}$$

式(6.44)表明，卡诺制冷循环的效率只与两热源的温度 T_1、T_2 有关，与工作物质无关。

【例 6-5】 如图 6.22 所示，空气标准奥托循环为理想四冲程内燃机循环。*ea* 等压吸气，*ab* 绝热压缩，*bc* 等容爆炸，*cd* 绝热做功，*da* 打开排气孔，压强突然降下来(近似等容)，ae 等压排气。求此循环的效率η。

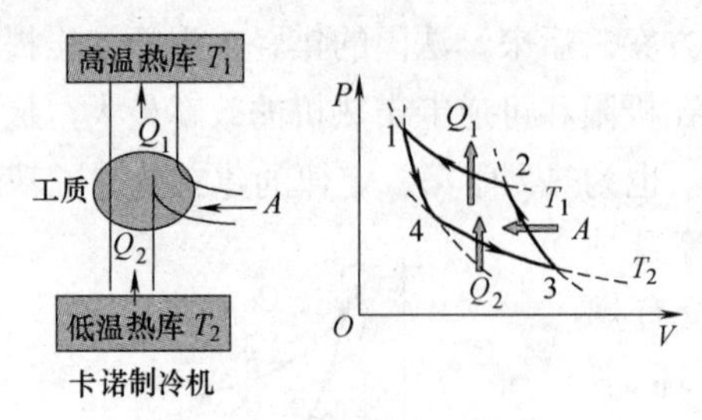

图 6.21　卡诺制冷机(逆循环)

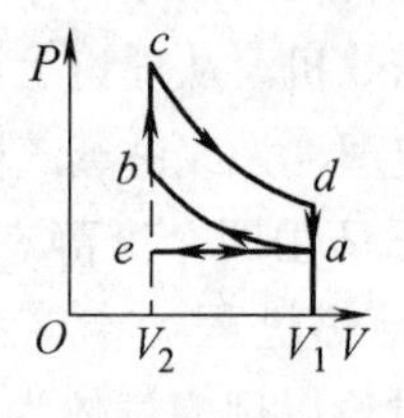

图 6.22　例 6-5 图

解：bc 等容爆炸吸热：　　$Q_1=\nu C_V(T_c-T_b)$

da 等容降压放热：$Q_2=\nu C_V(T_d-T_a)$

$$\eta=1-\frac{Q_2}{Q_1}=1-\frac{T_d-T_a}{T_c-T_b}$$

由绝热过程方程，绝热线 ab：$V_2^{\gamma-1}T_b=V_1^{\gamma-1}T_a$　　①

绝热线 cd：$V_2^{\gamma-1}T_c=V_1^{\gamma-1}T_d$　　②

式②减去式①得　　$V_2^{\gamma-1}(T_c-T_b)=V_1^{\gamma-1}(T_d-T_a)$

移项得　　$$\frac{T_d-T_a}{T_c-T_b}=\left(\frac{V_2}{V_1}\right)^{\gamma-1}$$

故此循环的效率为$\eta=1-\left(\dfrac{V_2}{V_1}\right)^{\gamma-1}$，与体积压缩比有关。

【例 6-6】一台电冰箱(可看作是理想卡诺制冷机)为了制冷从 260K 的冷冻室吸取热量 209kJ，设室温为 300K，问电流做功至少应该是多少？如果此电冰箱能以 $0.209\text{kJ}\cdot\text{s}^{-1}$ 的速率去除热量，问所需电功率至少应该是多少？

解：卡诺循环的制冷系数为　$$e=\frac{Q_2}{Q_1-Q_2}=\frac{T_2}{T_1-T_2}=\frac{260}{300-260}=6.5$$

要从冷冻室吸取热量 209kJ，所需电功至少为$A=\dfrac{Q_2}{e}=\dfrac{209\times10^3}{6.5}=32.2(\text{kJ})$

如果以 $0.209\text{kJ}\cdot\text{s}^{-1}$ 的速率吸取热量，所需电功率至少为

$$P=\frac{0.209\times10^3}{6.5}=32.2(\text{W})$$

【课后思考】 空调在冬天制热和夏天制冷时的温度设置都相同，为 20～26℃，可是为什么会有“制热”和“制冷”模式的不同设置呢？

6.7　热力学第二定律

热力学第一定律说明一切热力学过程都必须满足能量转换与守恒定律，即违背热力学第一定律的过程是不可能发生的。那么，是否符合热力学第一定律的过程就一定能实

现呢？

另外，蒸汽机发明和投入使用后，提高蒸汽机的工作效率的研究一直没停止过。人们设想能否设计这样一种热机，可以把从单一的高温热源吸收的热量全部用来对外做功而使效率达到 100%？

答案是否定的。事实表明，与热现象有关的宏观自然过程都是有方向性的。

6.7.1 可逆过程与不可逆过程

1. 自然过程进行的方向性

热功转换是有方向性的，功可以自动转换为热，但热不能自动转换为功。如放在粗糙斜面上的物体，下滑时摩擦力做功可以自动转换为热，但不能通过给该物体传递足够的热量而让它自动回到斜面上去。它可以再回到斜面上去，但必须有外界做功，即不是自动完成。也就是说，热转化为功是可能的，但不是自动的。如等温膨胀，工作物质是将从外界获得的热量全部变为功，但同时工作物质的体积发生了变化。要使热不断地转化为功，必须浪费一部分热量，即热机的效率不可能达到 100%。

热传导过程也是有方向性的。热量可以自动地由高温物体传向低温物体，但不能自动地由低温物体传向高温物体。热是可以从低温向高温传递，但不是自动的，如制冷机，要通过压缩机做功才能实现。又如，绝热自由膨胀，气体可以自动地从小体积向大范围膨胀，但不可能自动地从大范围向小体积收缩。也就是说，气体向真空中绝热自由膨胀的过程是有方向性的。

2. 可逆过程与不可逆过程

1)　可逆过程

若某热力学过程，其逆过程能使一切恢复原状，该过程称为可逆过程。例如，真空中的单摆运动，无摩擦耗散的准静态过程都是可逆过程。

2)　不可逆过程

若某热力学过程，其逆过程是不能使一切恢复原状的过程。如自然界的一切自发过程都是不可逆的，非准静态过程为不可逆过程。例如，把一块冰放入温水杯里融化的过程、一滴红墨水滴入水中会使整杯水都变红的过程、一切有摩擦和耗散的过程等都是不可逆过程。又如，自然界里房屋的倒塌、树叶的飘落、人的生老病死等都是不可逆过程。热力学过程中，从非平衡态到平衡态的过程是不可逆的。一切与热现象有关的实际宏观过程都是不可逆的，且不可逆过程存在相互依存性，从一种不可逆性可以导出另一种不可逆性。

6.7.2 热力学第二定律

热力学第二定律是描述自然宏观过程进行的方向性的规律。热力学第二定律指出在自然界中任何过程都不可能自动地复原，要使系统从终态回到初态必须借助外界的作用。由此可见，热力学系统所进行的不可逆过程的初态和终态之间有着重大的差异，这种差异决定了过程的方向。热力学第二定律有两种表述。

1. 克劳修斯表述

克劳修斯从热传递的方向性表述了自然过程进行的方向性规律：热不可能自动地从低温物体向高温物体传递，即不可能把热从低温物体传到高温物体而不产生其他影响。虽然卡诺制冷机能把热量从低温物体移至高温物体，但需外界做功且使环境发生变化。

2. 开尔文表述

在研究提高热机效率的过程中，曾有人设想能否制造一种理想的热机，它在循环过程中，把吸收的热量全部用来对外做功而不放出热量，其效率能达到100%。就是说，从单一热源取热使之完全转换为有用的功而不产生其他影响。这样就可以依靠大地、海洋及大气的冷却而获得机械功。曾有人估算，海水每冷却1℃，所获得的功就相当于燃烧10^{14} t煤放出的热量，这是取之不尽、用之不竭的能源。这种理想的热机称为第二类永动机。这种永动机虽然不违背热力学第一定律，但无数次的尝试证明，第二类永动机是不可能实现的。

因此开尔文总结出：不可能制成一循环动作的热机，只从单一热源吸热，使其全部变为有用功而不引起其他变化(从热功转换的方向性)。简单地说，单一热源的热机是不可能制成的，或第二类永动机是不可能实现的。

热力学第二定律表明，遵守热力学第一定律的过程并非都能实现，故它是独立于热力学第一定律的。热力学第二定律的这两种表述具有等价性。

热力学第二定律说明了热力学过程进行的方向具有单向性，是从有序向无序的方向转化，做功(机械运动是有序的)可以自动转换为热(无规则的热运动是无序的)，或者从无序性小向无序性大的方向进行。一切自发进行的热力学过程最终会处于平衡态。

6.7.3 卡诺定理

卡诺循环中的每一个过程都是准静态过程，所以卡诺循环是理想的可逆循环。由可逆循环组成的热机叫可逆热机。但实际的工作物质并不是理想气体，其循环也不是可逆卡诺循环，因此为了解决效率极限问题，卡诺经过深入研究，在1824年提出了著名的卡诺定理。

(1) 在相同高温热源和低温热源之间工作的任意工作物质的可逆机都具有相同的效率。

(2) 工作在相同的高温热源和低温热源之间的一切不可逆机的效率都不可能大于可逆机的效率。

以卡诺机为例，对可逆机有

$$\eta = \frac{T_1 - T_2}{T_1} \tag{6.45}$$

对不可逆机有

$$\eta < \frac{T_1 - T_2}{T_1} \tag{6.46}$$

卡诺定理指明了提高热机效率的方向，一是增大高低温源的温度差，由于热机一般总是以周围环境为低温源，所以实际上只能提高高温源的温度；二是尽可能减少热机循环的不可逆性，即减少摩擦、散热等耗散因素。

【课后思考】 能量的品质的思考？

通过前面的学习我们知道，热力学第一定律说所有的热力学过程都是遵从能量守恒定律的，但第二定律及卡诺定理又说可利用的能量(有用能)是有限的。比如热机在循环过程中从高温热源吸收的热量只有其中一部分用来对外做功，其余的能量耗散在周围的环境中了，被浪费掉了，成为不可利用的能源，也就是说可利用的能源变少了，称为能量的品质降低了。由此可断言，自然界可再生利用的能源会越来越少，从而出现能源危机！

你能根据热力学第二定律说明一些解决世界能源危机的可行性方案吗？

习　题　6

6.1　把一容器用隔板分成相等的两部分，左边装 CO_2，右边装 H_2，两边气体质量相同，温度相同，如果隔板与器壁无摩擦，隔板是否会移动？如果移动，是向什么方向移动？

6.2　如图 6.23 所示，一定量的理想气体，由平衡状态 A 变到平衡状态 $B(P_A=P_B)$，则系统对外做功吗？系统内能如何变化？系统是否吸热？

6.3　1mol 理想气体从 P-V 图上初态 a 分别经历如图 6.24 所示的(1)或(2)过程到达末态 b。已知 $T_a<T_b$，则这两过程中气体吸收的热量 Q_1 和 Q_2 的关系是______。

(A)　$Q_1 > Q_2 > 0$　　(B)　$Q_2 > Q_1 > 0$

(C)　$Q_2 < Q_1 < 0$　　(D)　$Q_1 < Q_2 < 0$

(E)　$Q_1 = Q_2 > 0$

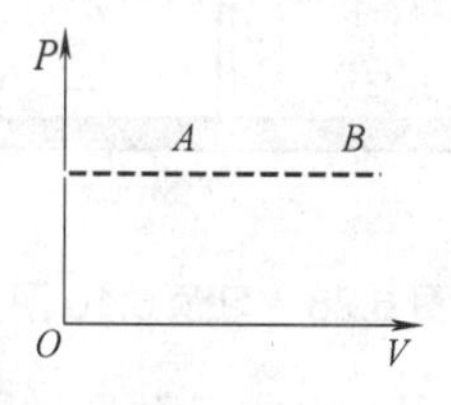

图 6.23　习题 6.2 图

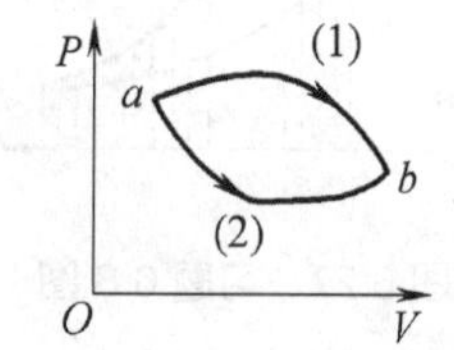

图 6.24　习题 6.3 图

6.4　用公式 $\Delta E=\nu C_V\,\Delta T$(式中 C_V 为定容摩尔热容量，ν为气体摩尔数)计算理想气体内能增量时，此式适用的范围是______________________。

6.5　对一定量的理想气体，下列所述过程中不可能发生的是______。

(A)　从外界吸热，但温度降低　　(B)　对外做功且同时吸热

(C)　吸热且同时体积被压缩　　(D)　等温下的绝热膨胀

6.6　如图 6.25 所示的三个过程中，$a\to c$ 为等温过程，则有 $a\to b$ 过程 ΔE_____0，$a\to d$ 过程 ΔE_____0 (填>，<，=)。

6.7　如图 6.26 所示，Oa、Ob 为一定质量的理想气体的两条等容线，若气体由状态 A 等压地变化到状态 B，则在此过程中有系统做功 A_______0，内能增量ΔE_______0，传热 Q_______0 (填>，<，=)。

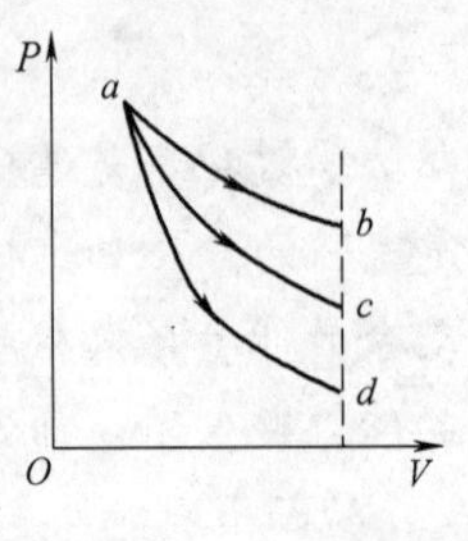

图 6.25 习题 6.6 图

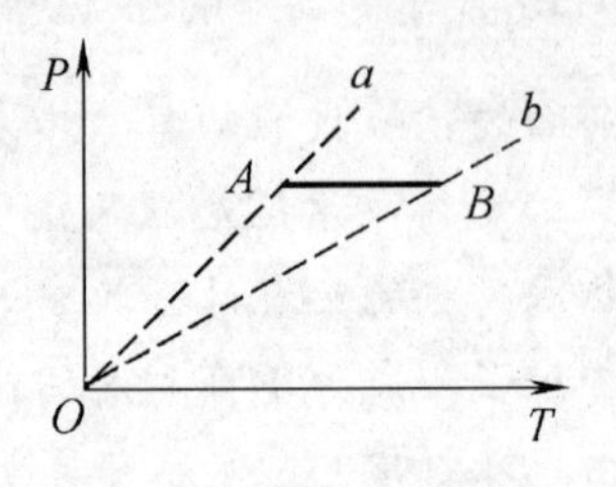

图 6.26 习题 6.7 图

6.8 理想气体卡诺循环过程的两条绝热线下的面积大小(图 6.27 中阴影部分)分别为 S_1 和 S_2，则二者的大小关系是 S_1 ____ S_2 (填>，<，=)。

6.9 根据热力学第二定律，下列说法不正确的有________。

(A) 功可以全部转换为热，但热不能全部转换为功

(B) 热可以从高温物体传到低温物体，但不能从低温物体传到高温物体

(C) 不可逆过程就是不能向相反方向进行的过程

(D) 一切自发过程都是不可逆的

6.10 一绝热密封容器，用隔板分成相等的两部分，左边盛有一定量的理想气体，压强为 p_0，右边为真空，如图 6.28 所示。若将隔板抽去，气体自由膨胀，则气体达到平衡时，气体的压强是多少？

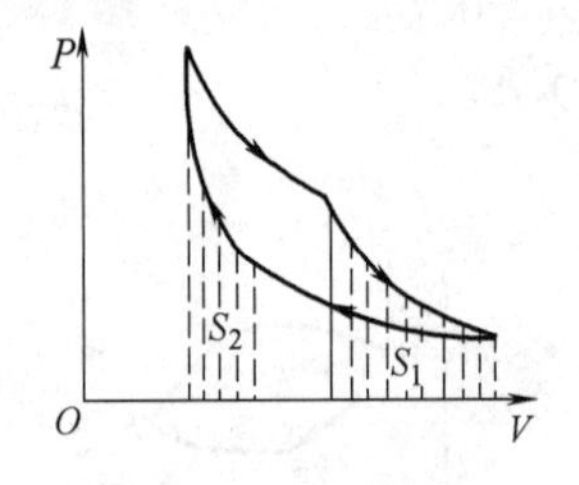

图 6.27 习题 6.8 图

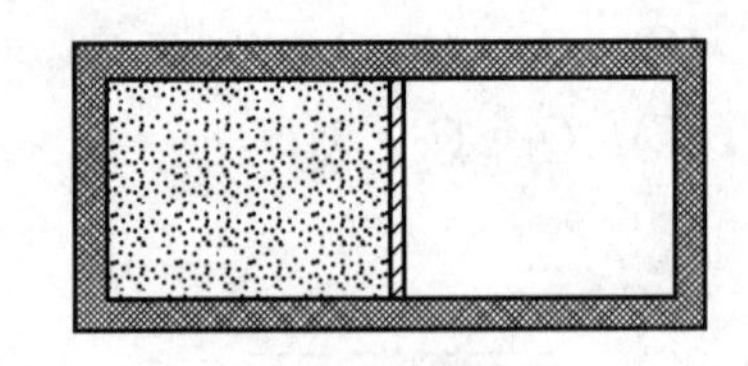

图 6.28 习题 6.10 图

6.11 如图 6.29 所示，工作物质经 a Ⅰ b(直线过程)与 b Ⅱ a 组成一循环过程，已知在过程 a Ⅰ b 中，工作物质与外界交换的净热量为 Q，b Ⅱ a 为绝热过程，在 P-V 图上该循环闭合曲线所包围的面积为 A，则循环的效率为________。

(A) $\eta = A/Q$　　(B) $\eta = 1 - T_2/T_1$

(C) $\eta < A/Q$　　(D) $\eta > A/Q$

6.12 一定量的理想气体处于热动平衡状态时，此热力学系统不随时间变化的三个宏观量是________________，而随时间变化的微观量是__________。

6.13 处于平衡态 A 的热力学系统，若经准静态等容过程变到平衡态 B，将从外界吸热 416J；若经准静态等压过程变到与平衡态 B 有相同温度的平衡态 C，将从外界吸热 582 J。从平衡态 A 变到平衡态 C 的准静态等压过程中系统对外界所做的功为_______。

6.14 一汽缸内储有 10mol 的单原子理想气体，在压缩过程中外界做功 209J，气体温度升高了 1K，则气体内能的增量ΔE =____________，气体吸收热量 Q = ____________，此过程摩尔热容 C = ______________。

6.15　如图 6.30 所示的卡诺循环：①$abcda$，②$dcefd$，③$abefa$。其效率分别为：η_1=＿＿＿＿＿＿＿＿；η_2=＿＿＿＿＿＿＿＿；η_3=＿＿＿＿＿＿＿＿。

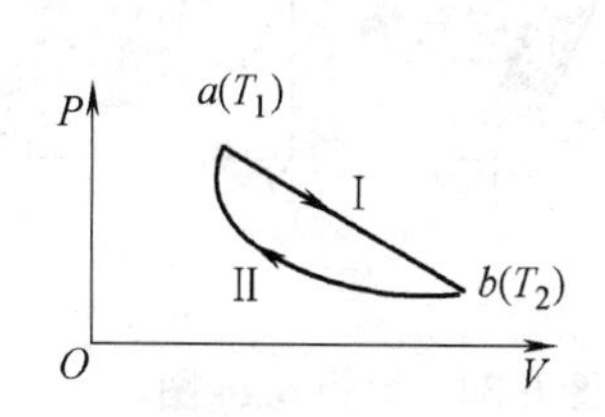

图 6.29　习题 6.11 图

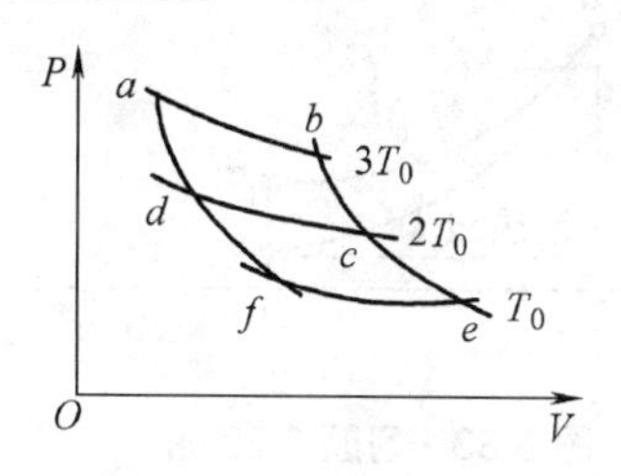

图 6.30　习题 6.15 图

6.16　一容器装有质量为 0.1kg、压强为 1atm、温度为 47℃的氧气，因为漏气，经若干时间后，压强降到原来的 5/8，温度降到 27℃。问：(1)容器的容积多大？(2)漏出了多少氧气？

6.17　一定量的理想气体，其体积和压强依照 $V=a/\sqrt{p}$ 的规律变化，其中 a 为已知常数，试求：(1)气体从体积 V_1 膨胀到 V_2 所做的功；(2)体积为 V_1 时的温度 T_1 与体积为 V_2 时的温度 T_2 之比。

6.18　一卡诺循环热机，高温热源的温度为 400K，每一循环从此热源吸进 100J 的热量并向一低温热源放出 80J 的热量。求：(1)低温热源温度；(2)该循环的热机效率。

6.19　铀原子弹爆炸后约 100ms 时，“火球”是半径约为 15m、温度约为 3×10^5K 的气体。作为粗略估算，把“火球”的扩大过程视为空气的绝热膨胀，当“火球”的温度为 10^3K 时，其半径有多大？

6.20　如图 6.31 所示有三个循环过程，指出每一循环过程所做的功是正的、负的还是零，并说明理由。

6.21　1mol 单原子分子理想气体的循环过程如图 6.32 所示。求：

(1) 作出 P-V 图；(2) 此循环效率。

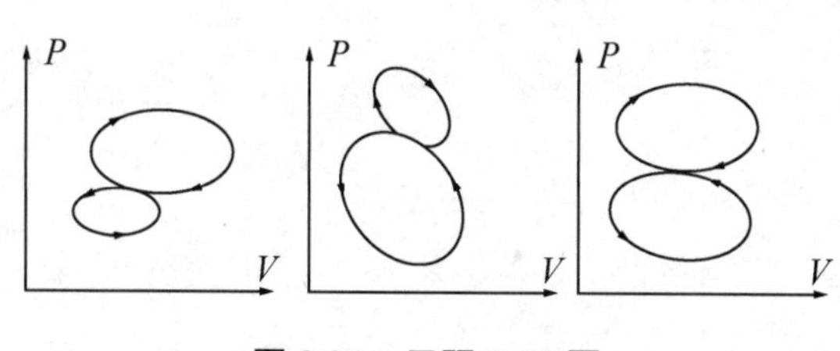

图 6.31　习题 6.20 图

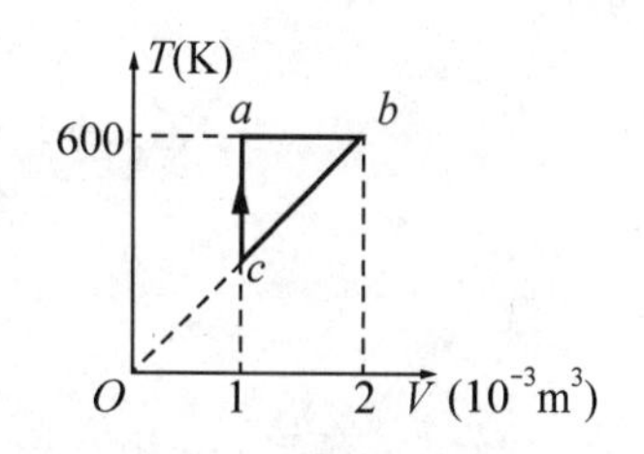

图 6.32　习题 6.21 图

6.22　一柴油机的汽缸容积为 $0.827\times10^{-3}\,\text{m}^3$。压缩前汽缸的空气温度为 320K，压强为 8.4×10^4Pa，当活塞急速推进时可将空气压缩到原体积的 1/17，使压强增大到 4.2×10^6Pa。求这时空气的温度，并以此说明柴油机的点火原理。

6.23　1mol 的 N_2 从 a 开始分别经历了如图 6.33 所示的 ab 绝热过程和 ac 等温过程，已知 $T_a=300\text{K}$，求经历这两个过程分别所做的功。

6.24　试比较图 6.34 中两个卡诺循环的效率大小。

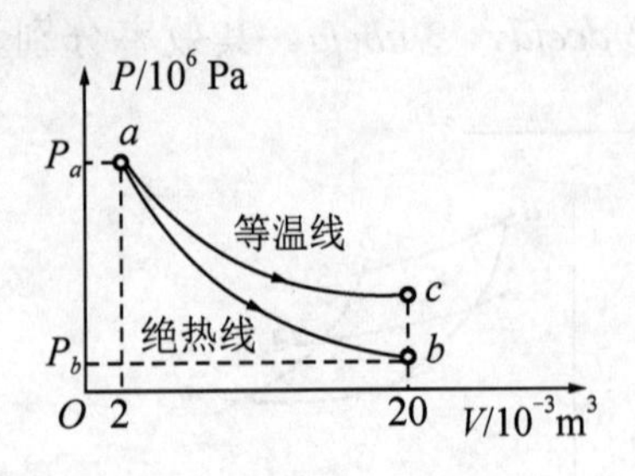

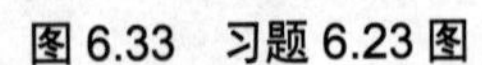
图 6.33　习题 6.23 图

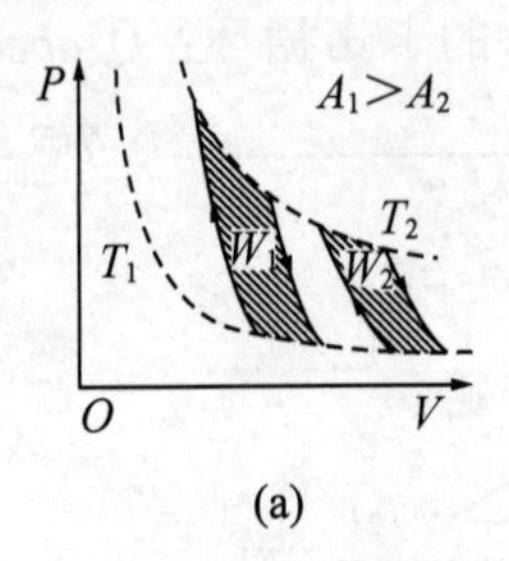

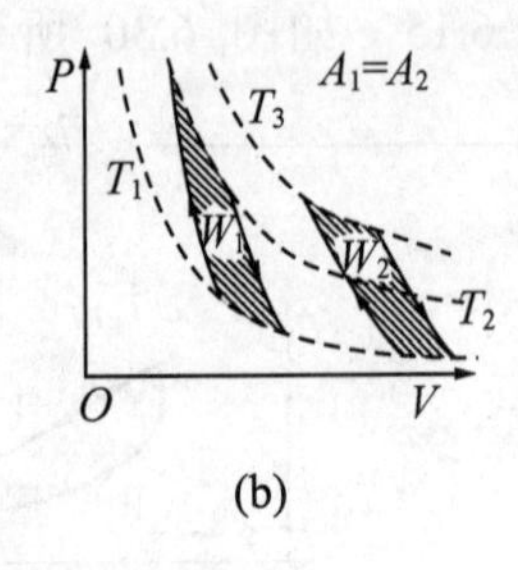

图 6.34　习题 6.24 图

6.25　一热机在 1000K 和 300K 的两热源之间工作。如果(1)高温热源提高到 1100K，(2)低温热源降到 200K，理论上热机的效率各增加了多少？为了提高热机的效率，哪一种方案更好？

6.26　一定质量的理想气体，其$\gamma = 1.40$，若在等压下加热，使其体积增大为原来的 n 倍为止。试求传给气体的热量中，用于对外做功与增加内能的热量之比。

第 7 章　气体动理论基础

第 6 章用宏观法研究了热力学系统和热运动过程的宏观性质和规律，本章将以性质简单的理想气体为研究对象，从构成物质的微观结构出发，应用力学规律和概率统计方法，研究大量气体分子热运动中所遵从的统计规律，揭示热现象的本质，这部分理论称为气体动理论。

本章的主要内容有：物质的微观模型，理想气体的温度和压强的微观本质，能量均分定理，分子的速率及分布，分子平均自由程和平均碰撞频率等。

7.1　分子热运动理论

宏观物体由大量粒子(分子、原子等)组成，粒子之间存在一定的空隙。例如，1cm^3 的空气中包含有 2.7×10^{19} 个分子。组成物质的分子在永不停息地做无序热运动。例如，气体、液体、固体的扩散现象(水和墨水的混合、相互压紧的金属板等)。

分子与分子之间存在相互的吸引或排斥的作用力称分子力，它们是造成固体、液体和封闭气体等许多物理性质的原因。例如，分子间的吸引力能使固体、液体聚集在一起；而分子间的排斥力又使固体、液体较难压缩。分子力 f 与分子之间的距离 r 有关。把分子间相互作用的引力与斥力平衡时的位置称为平衡位置 r_0 ($r_0\approx10^{-10}$ m)。若 $r>r_0$，分子力表现为引力；若 $r<r_0$，分子力表现为斥力，如图 7.1 所示。

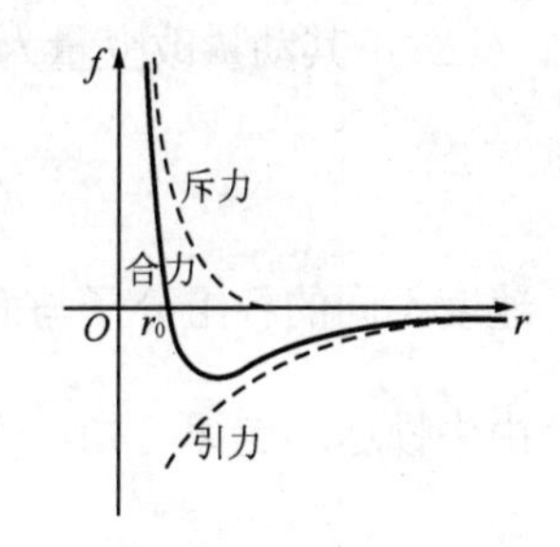

图 7.1　分子力

总之，一切宏观物体都是由大量分子组成的，分子都在永不停息地做无序热运动，分子之间有相互作用的分子力。

7.2　理想气体的压强公式

7.2.1　理想气体的分子模型

从微观角度看，理想气体的微观模型具有以下特征。

(1)　分子本身的线度比起分子间的平均距离可以忽略不计，因此分子可以看作是质点。

(2)　除碰撞外，分子之间的相互作用可忽略不计。

(3)　分子可看成刚性球，分子间的碰撞是完全弹性的。

气体分子的运动遵从牛顿运动定律，即理想气体分子可看成是弹性的自由运动的质点，这是个理想模型。理想气体分子在平衡态下，具有以下统计性质。

(1)　平均而言，沿各个方向运动的分子数相同。

(2) 气体的性质与方向无关，即在各个方向上速率的各种平均值相等，即

$$\overline{v}_x=\overline{v}_y=\overline{v}_z\text{，}\ \overline{v}_x^2=\overline{v}_y^2=\overline{v}_z^2 \tag{7.1}$$

(3) 各部分的分子数密度相同，即不因碰撞而丢失具有某一速度的分子。

7.2.2 理想气体的压强公式

气体对器壁的压强应该是大量分子对容器不断碰撞的统计平均结果。研究一定质量的处于平衡态的某种理想气体，设其体积为 V，总分子数为 N，单个分子质量为 m。考虑一个分子 A，以速度 v_i 奔向某一面元 Δs，与面元碰撞后返回，动量改变量为 $\Delta P_i=2mv_{ix}$。

把所有分子按速度分为若干组，在每一组内的分子速度大小、方向都差不多(统计规律)。设第 i 组分子的速度为 v_i，共有 N_i 个，其分子数密度为 $n_i=N_i/V$。设 Δs 法向为 x 轴，在 Δt 时间内，沿 x 方向平移的距离为 $v_{ix}\Delta t$，体积为 $v_{ix}\Delta t\Delta s$ 的柱体内所有分子都与 Δs 相碰，如图 7.2 所示。

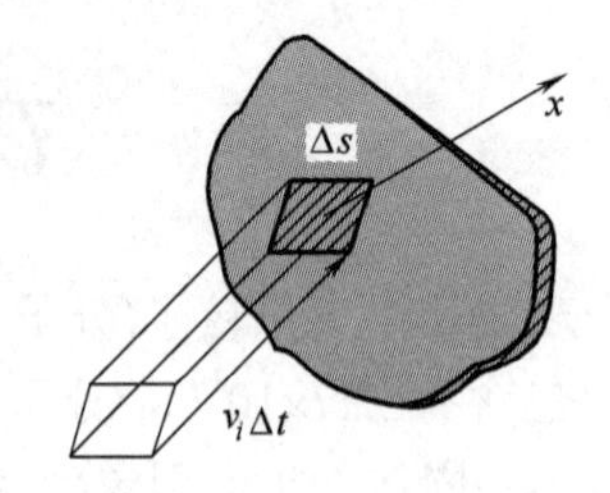

图 7.2　理想气体的压强推导

因为速度为 v_i 的分子中，$v_{ix}>0$ 和 $v_{ix}<0$ 各占 $\frac{1}{2}$，Δt 时间内，与面元 Δs 相碰的速度为 v_i 的分子数应为 $\frac{1}{2}n_iv_{ix}\Delta t\Delta s$，其动量改变量为

$$\Delta P_i=\frac{1}{2}n_iv_{ix}\Delta t\Delta s\cdot 2mv_{ix}=mn_iv_{ix}{}^2\Delta t\Delta s$$

速度不同的各组分子与面元相碰后总的动量改变量为 $\sum\Delta P_i=m\sum n_iv_{ix}{}^2\Delta t\Delta s$

由牛顿运动定律可知，作用在面元 Δs 上的作用力为　$F=\dfrac{\sum\Delta P_i}{\Delta t}$

因此压强为
$$P=\frac{F}{\Delta s}=\frac{\sum\Delta P_i}{\Delta t\Delta s}=m\sum n_iv_{ix}{}^2 \tag{7.2}$$

系统的分子数密度为
$$n=\sum n_i=\frac{N}{V} \tag{7.3}$$

又由统计平均的性质得
$$\overline{v}_x{}^2=\overline{v}_y{}^2=\overline{v}_z{}^2=\frac{1}{3}\overline{v}^2 \tag{7.4}$$

统计平均表达式为
$$\overline{v}_x{}^2=\frac{\sum n_iv_{ix}{}^2}{\sum n_i} \tag{7.5}$$

可推得
$$P=mn\overline{v}_x{}^2=\frac{1}{3}nm\overline{v}^2=\frac{2}{3}n\overline{\varepsilon}_{\mathrm{k}} \tag{7.6}$$

式中，$\overline{\varepsilon}_{\mathrm{k}}=\frac{1}{2}m\overline{v}^2$ 表示分子的平均平动动能。式(7.6)称为理想气体的压强公式，它表明，气体的压强与分子数密度和分子的平均平动动能成正比。它把宏观量压强 P 和微观量分子的平动动能 $\overline{W}$ 联系起来，揭示了压强的微观本质和统计意义。压强是大量分子对容器壁作用的统计结果。离开大量分子，压强就失去意义。好比下雨时我们打开的伞，雨滴对伞面的压强是大量雨滴集体表现的结果，对一滴雨谈压强则无意义。

如用ρ表示分子质量密度，则$\rho = n \cdot m$，式(7.6)可改写为

$$P = \frac{1}{3}\rho\overline{v}^2 \tag{7.7}$$

即理想气体的压强等于气体质量密度与均方速率之积的三分之一。

7.3　温度的微观本质

由理想气体的物态方程式(6.5) $P = nkT$ 及式(7.6) $P = \frac{2}{3}n\overline{\varepsilon}_{\mathrm{k}}$ 可得，分子的平均平动动能

$$\overline{\varepsilon}_{\mathrm{k}} = \frac{1}{2}m\overline{v}^2 = \frac{3}{2}kT \tag{7.8}$$

式(7.8)说明，分子的平均平动动能仅与温度成正比，而与气体的组成成分无关。温度是气体分子平动动能大小的量度，是分子热运动剧烈程度的量度，是大量分子热运动的集体表现，对单个分子而言谈不上什么温度。这就是温度的微观本质，即温度的统计意义。

【例 7-1】在一个具有活塞的容器中盛有一定的气体。如果压缩气体并对它加热，使它的温度从 27℃升到 177℃，体积减小$\frac{1}{2}$。气体压强变化多少？这时气体分子的平均平动动能变化多少？

解：(1)　物态方程为

$$\frac{P_1V_1}{T_1} = \frac{P_2V_2}{T_2}$$

已知 $V_1 = 2V_2$，$T_1 = 273 + 27 = 300\mathrm{K}$，$T_2 = 273 + 177 = 450\mathrm{K}$，则

$$P_2 = \frac{V_1T_2}{V_2T_1}P_1 = \frac{2V_2 \times 450}{V_2 \times 300}P_1 = 3P_1$$

(2)　气体分子的平均平动动能为

$$\overline{\varepsilon}_{\mathrm{k}} = \frac{3}{2}kT$$

分子的平均平动动能的增量：

$$\Delta\overline{\varepsilon}_{\mathrm{k}} = \overline{\varepsilon}_{\mathrm{k2}} - \overline{\varepsilon}_{\mathrm{k1}} = \frac{3}{2}k(T_2 - T_1) = \frac{3}{2} \times 1.38 \times 10^{-23} \times (450 - 300) = 3.11 \times 10^{-21}\,\mathrm{J}$$

【例 7-2】在什么温度下，一个气体分子的平均平动动能等于一个电子由静止通过 1V 电势差的加速电场后所获得的动能？

解：由 $\overline{\varepsilon}_{\mathrm{k}} = \frac{3}{2}kT$=1eV 得

$$T = \frac{2\overline{\varepsilon}_{\mathrm{k}}}{3k} = \frac{2 \times 1.6 \times 10^{-19}}{3 \times 1.38 \times 10^{-23}} = 7.73 \times 10^3\,(\mathrm{K})$$

7.4　能量均分定理　理想气体的内能

7.4.1　分子的自由度

除单原子分子外，一般的分子不能简单地看成是质点。分子的运动实际上不仅有平动，还有转动和分子内原子间的振动。分子热运动的能量应该包括所有形式的能量，为此引入自由度的概念。

确定物体空间位置的独立坐标数称为自由度。如质点做一维运动时的自由度维数为1；在空间运动，3个自由度。对刚体，定质心位置，3个自由度；定转轴方位，2个自由度；定刚体绕转轴转过角度，1个自由度，刚体共6个自由度。

设分子的自由度用i表示，它由平动自由度t、转动自由度r和振动自由度s组成，即

$$i=t+r+s \tag{7.9}$$

一般来说，高温体现平动、转动和振动；常温体现平动和转动，$s=0$；低温只体现平动，$s=0$，$r=0$。

对单原子分子可当作质点处理，自由度为3，如图7.3所示。对刚性双原子分子，可看成是由两质点组成的哑铃模型，如图7.4所示。确定质心C位置要3个自由度，两原子连线的方位要2个自由度，忽略转动，共需5个自由度。

对3个及以上的多原子刚性分子，除和双原子相同的5个自由度外，还需1个自由度说明分子绕转轴的转动情况，因此共6个自由度，如图7.5所示。

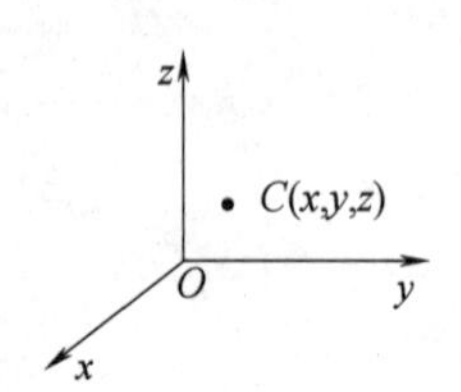

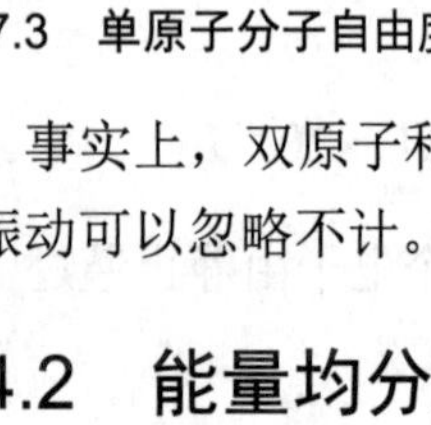

图7.3　单原子分子自由度

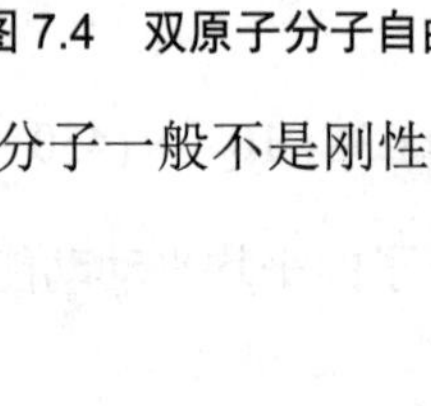

图7.4　双原子分子自由度

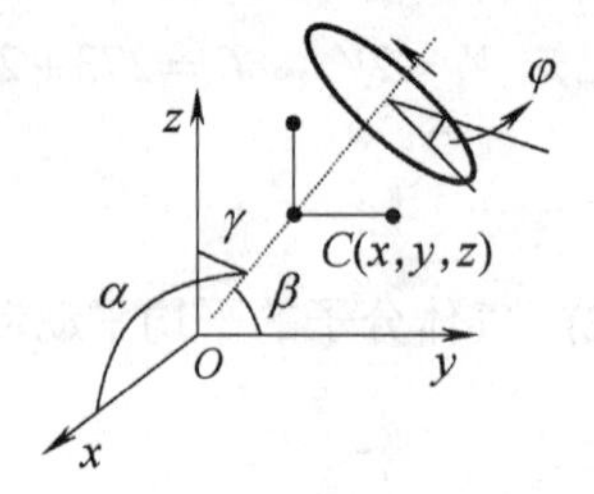

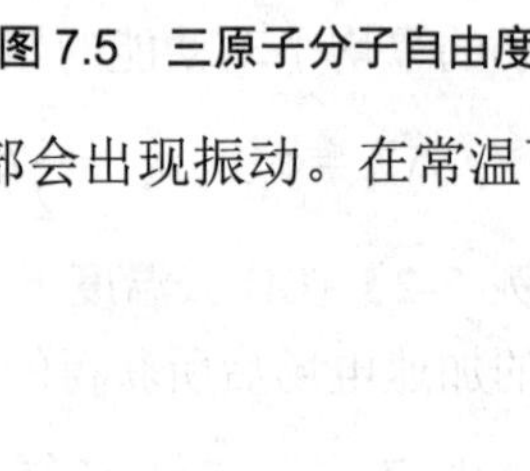

图7.5　三原子分子自由度

事实上，双原子和多原子分子一般不是刚性的，分子内部会出现振动。在常温下分子的振动可以忽略不计。

7.4.2　能量均分定理

单原子分子的运动能量(平动动能)：

$$\bar{\varepsilon}_{\mathrm{k}}=\frac{1}{2}m\bar{v}^2=\frac{1}{2}m\bar{v}_x^2+\frac{1}{2}m\bar{v}_y^2+\frac{1}{2}m\bar{v}_z^2=3\left(\frac{1}{2}kT\right)$$

单原子分子的自由度$i=3$，即每一自由度对应的平均平动动能都相等为$\frac{1}{2}kT$，说明气体分子的平均平动动能可看成是平均分配在每个自由度上，均为$\frac{1}{2}kT$。

对于分子的转动和振动，可以推论，任何一种运动都不比其他运动占优势，而应当是概率均等。因此，对处于平衡态的理想气体而言，每个自由度的平均动能都相等为 $kT/2$，把这个能量分配原则称为能量按自由度的均分定理，简称能量均分定理。

如果气体分子有 i 个自由度，则分子的平均动能为

$$\bar{\varepsilon}_k = \frac{i}{2}kT \tag{7.10}$$

单原子分子 $i=3$，$\bar{\varepsilon}_k = \frac{3}{2}kT$；刚性双原子分子 $i=5$，$\bar{\varepsilon}_k = \frac{5}{2}kT$；刚性多原子分子 $i=6$，$\bar{\varepsilon}_k = \frac{6}{2}kT$。

7.4.3　理想气体的内能

气体分子的动能以及分子与分子之间相互作用的势能构成气体的总能量——内能。

对理想气体而言，不计分子间的相互作用的势能。1mol 理想气体的内能为

$$E = N_A\bar{\varepsilon} = N_A \cdot \frac{i}{2}kT = \frac{i}{2}RT \tag{7.11}$$

质量为 M kg 某种理想气体的内能为　$E = \upsilon \cdot \frac{i}{2}RT = \frac{M}{M_{mol}}\frac{i}{2}RT$　(7.12)

当温度改变，内能改变量为　$\Delta E = \frac{M}{M_{mol}}\frac{i}{2}R\Delta T$　(7.13)

式(7.13)表明，理想气体的内能取决于气体的热力学温度和气体的种类(分子结构)。对给定气体(i 一定)，内能只是热力学温度的单值函数。

【例 7-3】 一氧气瓶的容积为 V，充入氧气后压强为 p_1，用了一段时间后压强降为 p_2，则瓶中所剩氧气的内能与用前氧气的内能比为多少？

解：设用前有 υ_1 mol 氧气，用后有 υ_2 mol 氧气，则

$$E_1 = \frac{i}{2}\upsilon_1 RT_1 = \frac{i}{2}p_1V\text{；}\ E_2 = \frac{i}{2}\upsilon_2 RT_2 = \frac{i}{2}p_2V$$

因此

$$\frac{E_1}{E_2} = \frac{p_1}{p_2}$$

* 7.5　麦克斯韦气体分子速率分布

处于平衡态的气体分子以不同的速率沿各个方向运动着，由于相互碰撞，每个分子的速率也在不停地改变，因此单个分子的运动情况完全是偶然的。然而对大量的分子整体而言，在一定条件下，分子的速率分布遵从一定的统计规律。下面讨论理想气体在某确定温度下的平衡态时分子速率分布规律。

7.5.1　分子运动的图景

分子运动的图景可简要概述如下。

(1) 单个分子速度(v)的大小、方向瞬息万变，是偶然的。

(2) 大量分子某时刻速度(v)的分布成为必然。

(3) 单个分子速度(v)的大小长时间内分布也成为必然。

因此，在某速率区间的分子数占总分子数的比值是必然的；分子速率取某速率区间值的概率必然；分子向各方向运动的概率相等。正是这种统计规律的存在，才使得在一定的宏观条件下，气体表现出一定的压强、体积等性质。

7.5.2 麦克斯韦速率分布律

1. 速率分布函数

下面用统计的方法研究气体分子按速率的分布规律。

对有 N 个分子的某种理想气体系统，讨论某速率区间 $v\sim v+\Delta v$ 的分子数占总分子数的比值，或分子速率取某速率区间 $v\sim v+\Delta v$ 值的概率，从而得出分子数按速率分布的分布情况。所取速率区间 Δv 越小，速率分布情况越精确。当 $\Delta v\to 0$，即 Δv 可表示为 $\mathrm{d}v$ 时，得出的速率分布图就和实际的分布图一致，如图 7.6 所示。

设分子速率为$0\sim\infty$，在速率为$v\sim v+\Delta v$ 时有 ΔN 个分子，则有

$$\Delta N = f(v)N\Delta v \quad 或 \quad f(v)\Delta v = \frac{\Delta N}{N}$$

速率在$v\sim v+\Delta v$ 间的分子数与总分子数之比，当$\Delta v\to 0$，即

$$f(v)=\lim_{\Delta v\to 0}\frac{\Delta N}{N\Delta v}=\frac{\mathrm{d}N}{N\mathrm{d}v}$$

或

$$f(v)\mathrm{d}v=\frac{\mathrm{d}N}{N} \tag{7.14}$$

$f(v)$表示速率在 v 附近单位速率区间的分子数与总分子数的比，称为速率分布函数 $f(v)$，式(7.14)为速率分布律。

速率分布曲线如图 7.7 所示，曲线下所围面积大小代表速率 v 附近 $\mathrm{d}v$ 区间内的分子数占总分子数的比率 $\frac{\mathrm{d}N_v}{N}$。曲线下的总面积代表速率分布在$0\sim\infty$ 的全部分子的和与总分子数的比，应等于 1，即

$$\int_0^\infty f(v)\mathrm{d}v=\frac{\int\mathrm{d}N}{N}=1 \tag{7.15}$$

式(7.15)称为速率分布函数的归一化条件。

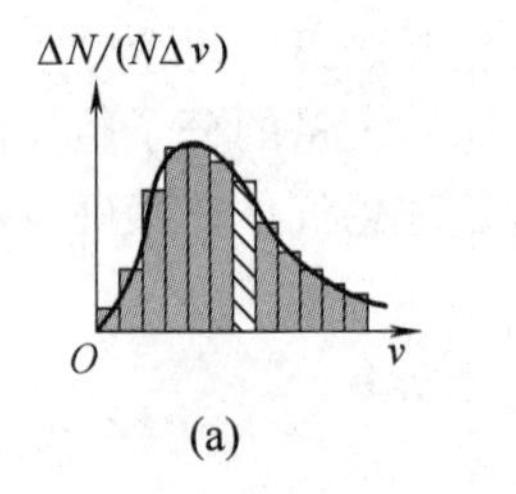

(a)

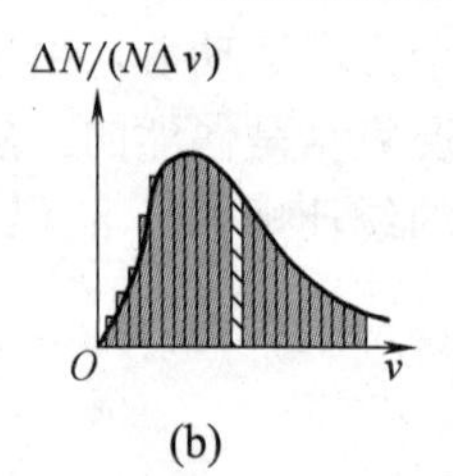

(b)

图 7.6 理想气体分子按速率的分布

图 7.7 理想气体分子按速率的分布曲线

2. 麦克斯韦速率分布律

1859 年，麦克斯韦首先从理论上导出了在平衡态下，理想气体分子的速率分布函数表达式为

$$f(v)=4\pi\left(\frac{m}{2\pi kT}\right)^{3/2}\mathrm{e}^{-\frac{mv^2}{2kT}}v^2 \tag{7.16}$$

式中，T 为气体温度，m 为分子质量，k 为玻耳兹曼常量。

由式(7.16)可得出在任一速率区间 $v\sim v+\mathrm{d}v$ 内的分子数百分比为

$$\frac{\mathrm{d}N}{N}=f(v)\mathrm{d}v=4\pi\left(\frac{m}{2\pi kT}\right)^{3/2}\mathrm{e}^{-\frac{mv^2}{2kT}}v^2\mathrm{d}v \tag{7.17}$$

式(7.17)称为麦克斯韦速率分布规律。通常情况下，实际气体的速率分布曲线与实验给出的相符合。麦克斯韦速率分布曲线如图 7.8 所示。从图 7.8 中可看出麦氏速率分布具有以下特点。

(1) 具有速率很小和很大的分子数很少。

(2) $f(v)$曲线有一极大值，所对应的速率称为最概然速率(最可几速率)。

(3) $f(v)$与温度 T 有关。当 T 增大时，曲线最大值右移，曲线变平坦，如图 7.8(a)所示。

(4) $f(v)$与分子质量有关。当分子质量增加时，曲线最大值左移，如图 7.8(b)所示。

3. 几种统计速率

1)　平均速率(统计平均速率)

由定义：
$$\overline{v}=\frac{\sum v\Delta N}{N}=\frac{\int v\mathrm{d}N}{N}=\int v\frac{\mathrm{d}N}{N}=\int_0^{\infty}vf(v)\mathrm{d}v \tag{7.18}$$

将式(7.16)代入式(7.18)得

$$\overline{v}=\sqrt{\frac{8kT}{\pi m}}=\sqrt{\frac{8RT}{\pi M_{\mathrm{mol}}}}\cong 1.60\sqrt{\frac{RT}{M_{\mathrm{mol}}}} \tag{7.19}$$

2)　方均根速率

$$\overline{v^2}=\int v^2\frac{\mathrm{d}N}{N}=\int_0^{\infty}v^2f(v)\mathrm{d}v \tag{7.20}$$

将式(7.16)代入式(7.20)得　$\overline{v^2}=\dfrac{3kT}{m}$

$$\sqrt{\overline{v^2}}=\sqrt{\frac{3kT}{m}}=\sqrt{\frac{3RT}{M_{\mathrm{mol}}}}=1.73\sqrt{\frac{RT}{M_{\mathrm{mol}}}} \tag{7.21}$$

3)　最概然速率 v_p (最可几速率)

在一定温度下，v_p 附近单位速率间隔内的相对分子数最多，即 v_p 对应曲线 $f(v)$ 的极大值，该速率称为最概然速率 v_p。

由 $\left.\dfrac{\mathrm{d}f(v)}{\mathrm{d}v}\right|_{v=v_p}=0$，将式(7.16)代入得

$$v_p=\sqrt{\frac{2kT}{m}}=\sqrt{\frac{2RT}{M_{\mathrm{mol}}}}=1.41\sqrt{\frac{kT}{m}}=1.41\sqrt{\frac{RT}{M_{\mathrm{mol}}}} \tag{7.22}$$

从上述可知，三种统计速率 v_p、$\overline{v}$、$\sqrt{\overline{v^2}}$ 都与 $\sqrt{T}$ 成正比，与 $\sqrt{m}$ 成反比。其大小关系为 $\sqrt{\overline{v^2}} > \overline{v} > v_p$，如图 7.9 所示。

说明：三种速率用途各不相同，讨论速率的分布规律一般用最概然速率 v_p；讨论分子的平均平动动能用方均速率 $\overline{v^2}$；讨论分子的碰撞、计算平均自由程用平均速率 $\overline{v}$。

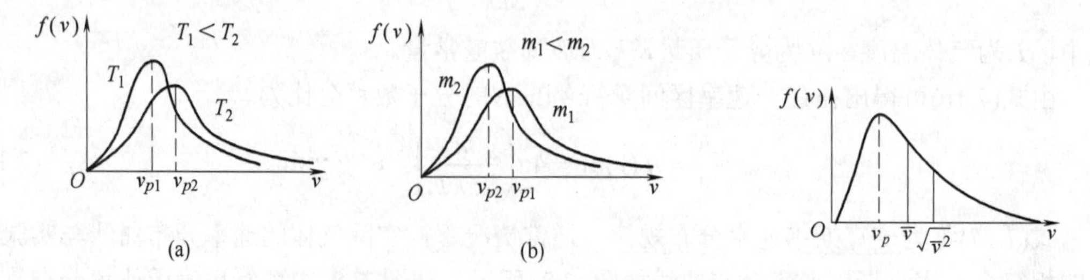

图 7.8　麦克斯韦速率分布曲线　　　　图 7.9　理想气体的三种统计速率

【例 7-4】 计算地球大气中氢、氦、氧的逃逸速度与方均根速率之比。设大气温度为 290K，已知地球质量 $M = 5.98\times10^{24}\,\text{kg}$，地球半径 $R_\text{e} = 6378\text{km}$。

解：求逃逸速度 v_0，由机械能守恒定律可知：$\dfrac{1}{2}mv_0^2 + \left(\dfrac{-GMm}{R_\text{e}}\right) = 0$

得　　$v_0 = \sqrt{\dfrac{2GM}{R_\text{e}}}$

因　　$\sqrt{\overline{v^2}} = \sqrt{\dfrac{3RT}{M_\text{mol}}}$

则　　$v_0 / \sqrt{\overline{v^2}} = \sqrt{\dfrac{2GM}{R_\text{e}}} \bigg/ \sqrt{\dfrac{3RT}{M_\text{mol}}} = \sqrt{\dfrac{2GMM_\text{mol}}{3RR_\text{e}T}} = 132\sqrt{M_\text{mol}}$

氢：　　$M_\text{mol} = 2\times10^{-3}\,\text{kg}$，　$(v_0 / \sqrt{\overline{v^2}})_{\text{氢}}=5.88$

氦：　　$M_\text{mol} = 4\times10^{-3}\,\text{kg}$，　$(v_0 / \sqrt{\overline{v^2}})_{\text{氦}}=8.32$

氧：　　$M_\text{mol} = 16\times10^{-3}\,\text{kg}$，　$(v_0 / \sqrt{\overline{v^2}})_{\text{氧}}=23.5$

$(v_0 / \sqrt{\overline{v^2}})$ 越小，说明分子平动动能越大，它飞离地球的能力越大。

【例 7-5】 设想有 N 个气体分子，其速率分布函数为 $f(v) = \begin{cases} Av(v_0 - v), & 0 \leqslant v \leqslant v_0 \\ 0, & v > v_0 \end{cases}$，试求：(1) 常数 A；(2) 最可几速率、平均速率和方均根速率；(3) 速率介于 $0 \sim v_0/3$ 的分子数。

解：(1) 气体分子的分布曲线如图 7.10 所示。

由归一化条件　$\int_0^\infty f(v)\mathrm{d}v = 1$

得　　$\int_0^{v_0} Av(v_0 - v)\mathrm{d}v = \dfrac{A}{6}v_0^{\,3} = 1$

解得　　$A = \dfrac{6}{v_0^{\,3}}$

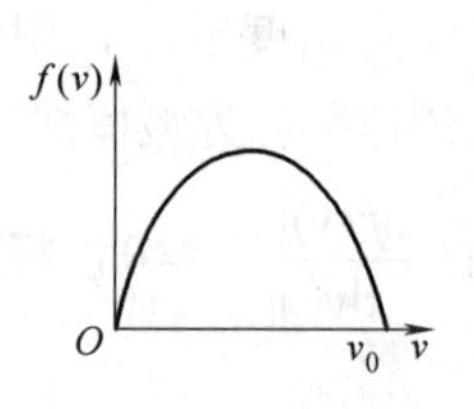

图 7.10　例 7-5 图

(2) 最可几速率由 $\left.\dfrac{\mathrm{d}f(v)}{\mathrm{d}v}\right|_{v_p}=0$

得
$$\left.\frac{\mathrm{d}f(v)}{\mathrm{d}v}\right|_{v_p}=A(v_0-2v)\big|_{v_p}=0$$

解得
$$v_p=\frac{v_0}{2}$$

平均速率
$$\bar{v}=\int_0^\infty vf(v)\mathrm{d}v=\int_0^{v_0}\frac{6}{v_0^3}v^2(v_0-v)\mathrm{d}v=\frac{v_0}{2}$$

方均速率
$$\overline{v^2}=\int_0^\infty v^2f(v)\mathrm{d}v=\int_0^{v_0}\frac{6}{v_0^3}v^3(v_0-v)\mathrm{d}v=\frac{3}{10}v_0^2$$

方均根速率
$$\sqrt{\overline{v^2}}=\sqrt{\frac{3}{10}}v_0$$

(3) 速率介于 $0\sim v_0/3$ 的分子数为

$$\Delta N=\int\mathrm{d}N=\int_0^{\frac{v_0}{3}}Nf(v)\mathrm{d}v=\int_0^{\frac{v_0}{3}}N\frac{6}{v_0^3}v(v_0-v)\mathrm{d}v=\frac{7}{27}N$$

习　题　7

7.1　一个容器内储有 1mol 氢气和 1mol 氦气，若两种气体对器壁产生的压强分别为 p_1 和 p_2，则两者的大小关系是________。

7.2　若理想气体的体积为 V，压强为 p，温度为 T，一个分子的质量为 m，k 为玻耳兹曼常量，R 为摩尔气体常量，则该理想气体的分子数为________。

7.3　关于温度的意义，下列几种说法中正确的是________。

(1) 气体的温度是分子平动动能的量度

(2) 气体的温度是大量气体分子热运动的集体表现，具有统计意义

(3) 温度的高低反映物质内部分子运动剧烈程度的不同

(4) 从微观上看，气体的温度表示每个气体分子的冷热程度

7.4　两容器内分别盛有氢气和氦气，若它们的温度和质量分别相等，它们的平均平动动能是否相等？平均动能是否相等？平均速率是否相等？内能是否相等？

7.5　麦克斯韦速率分布曲线如图 7.11 所示，图中 A、B 两部分面积相等，所表示的物理意义是什么？

(A) v_0 为最可几速率

(B) v_0 为平均速率

(C) v_0 为方均根速率

(D) 速率大于和小于 v_0 的分子数各占 1/2

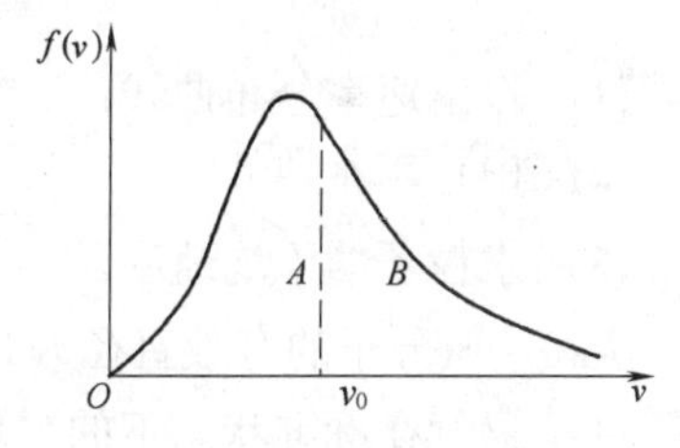

图 7.11　习题 7.5 图

7.6　分子物理学是研究________________________________的学科，它应用的方法是________________方法。

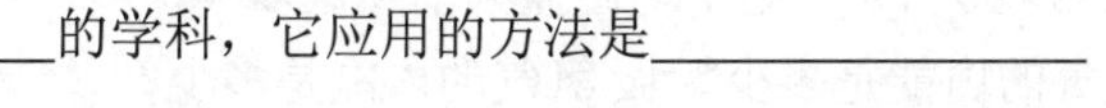

7.7　对于处在平衡态下温度为 T 的理想气体，(1/2)kT(k 为玻耳兹曼常量)的物理意义是____。

7.8　自由度为 i 的一定量刚性分子理想气体，当其体积为 V、压强为 p 时，其内能 E=_______。

7.9　已知 $f(v)$为麦克斯韦速率分布函数，v_p为分子的最可几速率，则 $\int_0^{v_p} f(v)\mathrm{d}v$ 表示____。速率 $v>v_p$ 的分子的平均速率表达式为____。

7.10　一体积为 $1.0\times10^{-3}\,\mathrm{m}^3$ 的容器中，含有 $4.0\times10^{-5}\,\mathrm{kg}$ 的氦气和 $4.0\times10^{-5}\,\mathrm{kg}$ 的氢气，它们的温度为 30℃，则容器中混合气体的压强为____________________。

7.11　阿伏伽德罗定律指出：在温度和压强相同的条件下，相同体积气体中含有的分子数是相等的，与气体种类无关。为什么？(用气体动理论说明)

7.12　若某种气体分子的自由度是 i，能否说每个分子的能量都等于 $\frac{i}{2}kT$ ？

7.13　一瓶氢气和一瓶氧气温度相同，若氢气分子的平均平动动能为 6.21×10^{-21}J。试求：

(1) 氧气分子的平均平动动能和方均根速率；

(2) 氧气的温度。

7.14　当氢气和氦气的压强、体积和温度都相等时，求它们的质量比 $M(\mathrm{H_2})/M(\mathrm{He})$和内能比 $E(\mathrm{H_2})/E(\mathrm{He})$，将氢气视为刚性双原子分子气体。

7.15　自然界的过程都遵守能量守恒定律，那么，作为它的逆定理：“遵守能量守恒定律的过程都可以在自然界中实现”能否成立？为什么？

7.16　由卡诺定理 $\eta\leqslant\frac{T_1-T_2}{T_1}$ 可知，$T_2=0$ 时，可以有 $\eta=100\%$。为什么不能制造出这样的机器？

7.17　道尔顿分压定律指出：在一个容器中，有几种不发生化学反应的气体，当它们处于平衡态时，气体的总压强等于各种气体的压强之和。请用气体动理论解释这个定律。

7.18　铀原子核裂变后的粒子具有 $1.1\times10^{-11}\,\mathrm{J}$ 的平均动能，设想由这些粒子组成的“气体”，其温度的近似值是多少？

7.19　有 N 个粒子，其速率分布函数为 $\begin{cases} f(v)=\dfrac{\mathrm{d}N}{N\mathrm{d}v}=C & (v_0\geqslant v\geqslant 0) \\ f(v)=0 & (v>v_0) \end{cases}$；

(1) 作出速率分布曲线；

(2) 由 v_0 求常数 C；

(3) 求粒子的平均速率。

7.20　氮分子的有效直径为 $10^{-10}\,\mathrm{m}$，求：

(1) 氮气在标准状态下的平均碰撞频率；

(2) 如果温度不变，气压降到 $1.33\times10^{-4}\,\mathrm{Pa}$，则平均碰撞频率又是多少？

7.21　在室温 300K 时，1mol 氢气的内能是多少？1g 氮气的内能是多少？

第 8 章　真空中的静电场

电磁学是物理学的一个重要分支，其发展不仅与人们的日常生活和生产技术有着十分密切的关系，而且也是电工学、无线电电子学、电子计算机技术以及其他新科学、新技术发展的基础。

很早以前人们通过摩擦生电、大自然的雷电和天然磁石的指向等就观察到了电磁现象，如公元前 6 世纪，希腊 Thales 观察到用布摩擦过的琥珀能吸引轻微物体；公元前 4—前 3 世纪，《韩非子》中有关司南勺(见图 8.1)(我国古代四大发明中的指南针)的记载；《吕氏春秋》中关于“慈石召铁”的记载等。但这些均只是人们对电磁现象的直接感知的记录而已，直到 1819 年奥斯特发现了电流的磁效应，1820 年安培发现了磁铁对电流的作用，人们才开始真正认识到电和磁的相互作用。1831 年法拉第发现电磁感应定律，使人类步入了使用电能的新时代。1865 年，麦克斯韦在前人的基础上建立了完整的电磁场理论。在电磁学研究基础上发展起来的电能的生产利用和电信息的传输、微电子技术和电子计算机等，使人类进入了信息时代。

人们对电和磁的认识经过了一个从经验到科学、从实验到理论、从分裂到统一、从定性到定量的过程。

物质的电结构是物质的基本组成形式，电磁运动是物质的基本运动形式之一，电磁场是物质世界的重要组成部分，电磁作用是物质的基本相互作用。电磁学是研究电磁规律及其应用的学科，电磁学的基础理论是电工学、无线电电子学、遥控和自动控制学及通信工程学等学科必备的基础理论。在本章中，仅涉及宏观电磁现象和规律。

图 8.1　司南勺

电磁现象及规律研究中采用了一些物理模型，如“点电荷”“电流元”“电偶极子”等。突出地反映了客观事物的主要矛盾或主要特征，排除次要的、非本质的因素。使抽象的假说和理论形象化，便于想象和研究，既简化了客体，又形象了客体，是科学研究中常用的一种方法。

本章的主要内容有：描述静电场的两个基本物理量——电场强度和电势；静电场的两个基本定律——库仑定律和电场力叠加原理；静电场的两条基本定理——高斯定理和环路定理。

8.1　电荷的基本性质

8.1.1　电荷及相互作用

早在公元 600 年前，人们就发现用毛皮摩擦过的琥珀能吸引羽毛、纸片等轻小物体。

按照物质结构理论，一切宏观物体都是由分子构成的，分子由原子构成，原子内部有一个带正电的原子核，周围是一些围绕原子核运动的带负电的电子。无外界影响时，每个原子中的核外电子数与核内正电荷数相等，物体呈电中性。当物体经受摩擦等作用而造成物体得到或失去一定数量的电子时，原子中的核外电子数与核内正电荷数不再相等，我们说物体带了电(负电或正电)。玻璃棒与丝绸摩擦后所带的电荷为正电荷，橡胶棒与毛皮摩擦后所带的电荷为负电荷。

电荷是使物质之间产生电相互作用的一种属性。大量实验表明，电荷有两种——正电荷和负电荷。物体失去电子时带正电，获得电子时带负电。使物体带电的方式一般有摩擦带电、感应带电和接触带电。电荷间存在相互作用力，同种电荷相互排斥，异种电荷相互吸引。

8.1.2 电荷的量子性

1897年J. J. 汤姆逊发现电子后，在1913年R. A. 密立根终于从实验中得出带电体的电荷是电子电荷 e 的整数倍的结论。

迄今为止的实验都表明：任何电荷都是电子电量的整倍数，$q=\pm ne,(n=1,2,3,\cdots)$。电荷的这种只能取离散的、不连续的量值的特性称为电荷的量子性。因此电荷的基本单元是 e=1.6×10^{-19}C。

【课外阅读】现代物理从理论上预言基本粒子由若干种夸克(Quark)或反夸克组成，每一个夸克或反夸克可能带有 $\pm e/3$ 或 $\pm 2e/3$ 的电量，这是1964年美国科学家盖尔曼提出的基本粒子夸克模型。夸克间的作用力是弱相互作用。但至今在定论中尚未发现单独存在的自由夸克，因此是否有比 e 小的电荷存在，目前尚无定论。即使存在比 e 小的电荷，根据理论，电荷仍然是量子化的，只不过电荷的最小单位比 e 小而已。

8.1.3 电荷守恒定律

在一个系统中的两个呈电中性的物体，由于某种原因，使一些电子移到另一个物体上时，则前者带正电，后者带负电。而该系统中的两物体的电荷的代数和仍为零。即在孤立系统(与外界没有电荷交换)中，任何物理过程中不论电荷如何迁移，电荷的代数和都保持不变。这就是电荷守恒定律，是自然界的基本守恒定律之一。

电荷守恒定律说明电荷不能产生，不能消灭，只能转移、分离、中和；物体带电的过程是物体得到或失去电子的过程，是电荷分离的过程；电荷中和的过程是正负电荷中和的过程。

例如，当一个正电子和一个负电子碰到一起时发生湮没，变为两个方向相反的光子，$e^{+}+e^{-}\rightarrow\gamma+\gamma$。电子和正电子消失了，它们所有的静止质量都转变为能量，湮没前后，它们的净电荷都为零。无论是在宏观领域，还是在原子、原子核等粒子范围内，电荷守恒定律都成立。

8.1.4　电荷的相对论不变性

实验证明，电荷的电量与它的运动状态(速度、加速度)无关，也不因坐标系间的变换关系而改变，即在有相对运动的两个惯性系中测量同一电荷的电量，其量值相等，这就叫电荷的相对论不变性，即电荷是洛伦兹不变量。

【课后思考】在漆黑的夜晚当有直升机降落时，往往会看到飞机的螺旋桨划出一道像闪电一样的圆形亮弧。这是为什么？

8.2　库 仑 定 律

科学家们在探索影响电荷之间相互作用力的因素问题时，经历了很长的研究过程，受牛顿万有引力定律的启发，大胆设想两电荷之间的作用力是否也呈平方反比律？经过了以罗比逊、卡文迪许等为代表的物理学家们的实验研究后，直到 1785 年法国物理学家库仑(C. A. Coulomb，1736—1806)用扭秤实验测定了两个带电体之间相互作用的电力的规律——库仑定律，使电磁学的研究从定性进入定量阶段。电荷的单位库仑以他的姓氏命名，并提出了“点电荷”的抽象模型。

8.2.1　库仑定律的表述

真空中两个静止点电荷间的作用力与这两个电荷所带电量的乘积成正比，与它们之间距离的平方成反比，作用力方向是沿着这两个点电荷的连线方向。

如图 8.2 所示，两点电荷的电量分别为 q_1、q_2，$\boldsymbol{e}_r$ 为从电荷 q_1 指向 q_2 的单位矢量，则 q_1 对 q_2 的作用力为

$$\boldsymbol{F}_{12}=\frac{1}{4\pi\varepsilon_0}\frac{q_1q_2}{r^2}\boldsymbol{e}_r \tag{8.1}$$

由牛顿第三定律可知，电荷 q_2 对 q_1 的作用力为

$$\boldsymbol{F}_{21}=-\frac{1}{4\pi\varepsilon_0}\frac{q_1q_2}{r^2}\boldsymbol{e}_r \tag{8.2}$$

图 8.2　库仑定律

方向：沿二者连线方向，q_1 与 q_2 同号时相斥，异号时相吸。

式(8.2)中 ε_0 是真空的电容率，在国际单位制(SI)中，$\varepsilon_0=8.85\times10^{-12}\,\mathrm{C^2/N\cdot m^2}$，是电学中常用的基本物理常量之一。

【注意】　由库仑定律可知：当 $r\to0$ 时，$F\to\infty$，说明库仑定律只适用于点电荷；当 $r\to0$ 时，任何带电体已不能看作是点电荷了。那么，任意形状的两个带电体之间的作用力该如何计算呢？

在微观领域中，万有引力比库仑力小得多，通常可忽略不计，粒子间的作用力主要是电磁力。

【例 8-1】 设原子核中的两个质子相距 4.0×10^{-15}m，求这两个质子之间的静电力。

解：质子质量 $m_p=1.67\times10^{-27}\,\text{kg}$，电量 $e=1.6\times10^{-19}\,\text{C}$。

由库仑定律得

$$f=\frac{1}{4\pi\varepsilon_0}\frac{q_1q_2}{r^2}=\frac{1}{4\times3.14\times8.85\times10^{-12}}\times\frac{(1.6\times10^{-19})^2}{(4.0\times10^{-15})^2}=14.4(\text{N})$$

可见在原子核中质子之间的排斥力是很大的。质子之所以能结合在一起组成原子核，是由于核内除了这种排斥力以外还存在远比它更强的引力——核力的缘故。

8.2.2 电场力的叠加原理

库仑定律说明了两个点电荷间的相互作用力，当考虑多个点电荷间的作用力时，就用到另一个实验事实：两点电荷间的相互作用力不因第三个点电荷的存在而有所改变，这称为电场力的独立作用原理。所以当空间有两个以上的点电荷时，作用于某一个点电荷的作用力等于其他各点电荷单独存在时作用于该点电荷的静电力的矢量和，这个结论称为电场力的叠加原理。

设有 n 个点电荷 q_1、q_2、q_3、…、q_n 组成的系统，它们单独存在时对另一个点电荷的作用力分别为 F_1、F_2、F_3、…、F_n，则点电荷 q_i 受系统中其他电荷的静电力为

$$\boldsymbol{F}_i=\boldsymbol{F}_{i1}+\boldsymbol{F}_{i2}+\boldsymbol{F}_{i3}+\cdots+\boldsymbol{F}_{in}=\sum_{j=1}^{n}\boldsymbol{F}_{ij}=\frac{1}{4\pi\varepsilon_0}\sum_{j=1}^{n}\frac{q_iq_j}{r_{ij}^2}\boldsymbol{e}_{r_{ij}}\qquad(i\neq j)\tag{8.3}$$

即第 i 个电荷所受到的静电力，等于除 i 外所有其他点电荷单独作用的静电力的矢量和。

【课外思考】库仑定律的建立，是大胆地设想将两点电荷间的相互作用力类比力学中的两个质点间的万有引力，获得了成功。麦克斯韦对类比法的论述："为了不用物理理论而得到物理思想，我们必须熟悉物理类比的存在。所谓物理类比，我指的是一种科学定律与另一种科学定律之间的部分相似性。它使得这两种科学可以相互说明。"请问你还能找出用"类比法"获得成功的其他案例吗？

8.3 电场 电场强度

8.3.1 静电场

库仑定律说明了电荷之间有相互作用力，那么这种作用是如何传递的呢？对此历史上曾有不同的看法。一种观点是所谓的"超距作用"观点，17 世纪英国的牛顿提出"力可以通过一无所有的空间以无限大的速率传递"，即电荷间相互作用不需要时间，是超越时空直接、瞬间进行的。另一种观点是"近距作用"，法国笛卡尔提出"力靠充满空间的以太以涡旋运动和弹性形变传递"。

到了 19 世纪 30 年代，法拉第第一次提出了"场"的观点，认为任何电荷在其周围都

将激发电场，带电体之间的相互作用是通过“电场”来传递、实现的。近代物理理论和实验已完全证明了场的观点的正确性。场是一种特殊形态的物质，具有能量、动量和质量。任何带电体都会激发电场，而电场又对处于场中的电荷有力的作用，在电场中移动电荷时电场力要做功……静电场存在于静止电荷的周围，并分布在其周围的空间。

8.3.2　电场强度及叠加原理

1．电场强度的定义

为了表述电场对电荷的作用力的性质，我们研究把一个试验电荷$+q_0$(试验电荷是指电量和本身的大小都足够小，对原电场分布几乎无影响的点电荷)放入电场中不同的位置时所受的电场力，如图 8.3 所示。发现把试验电荷 q_0 放入电场中 A、B、C 不同点时，该电荷受到的电场力 $\boldsymbol{F}$ 大小和方向都不同。这说明电场中不同点电场的强弱和方向都不同。但就某一点而言，试验电荷 q_0 在该处受到的电场力 $\boldsymbol{F}$ 与 q_0 的大小有关，而 $\boldsymbol{F}$ 与 q_0 的比值却与 q_0 无关，只与 q_0 在电场中的位置有关。可见，$\boldsymbol{F}$ 与 q_0 的比值这个矢量反映了该点电场本身的性质，因此可以用 $\boldsymbol{F}$ 与 q_0 的比值来描述电场的性质，称该矢量为**电场强度**，用符号 $\boldsymbol{E}$ 表示，即

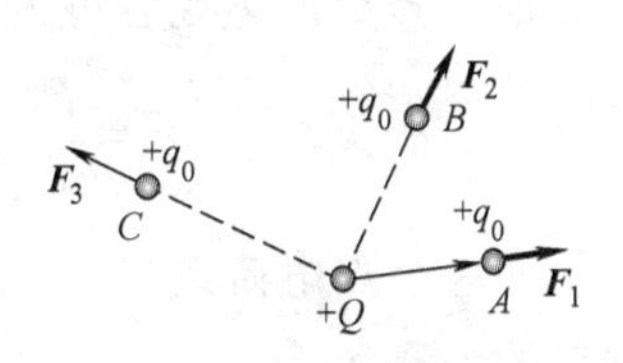

图 8.3　点电荷的电场

$$\boldsymbol{E}=\frac{\boldsymbol{F}}{q_0}\quad (比值) \tag{8.4}$$

式(8.4)表明，电场中某点处的电场强度 $\boldsymbol{E}$ 等于单位正试验电荷在该点所受的电场力。在国际单位制中，电场强度的单位是牛顿每库仑($\mathrm{N\cdot C^{-1}}$)，或伏特每米($\mathrm{V\cdot m^{-1}}$)。由式(8.4)可得，一电荷 q 在电场中某点受的电场力为

$$\boldsymbol{F}=q\boldsymbol{E} \tag{8.5}$$

2．点电荷电场强度

如图 8.4 所示，在点电荷 Q 激发的电场中 A 处，试验电荷受力为$\boldsymbol{F}=\dfrac{1}{4\pi\varepsilon_0}\dfrac{Qq_0}{r^2}\boldsymbol{e}_r$。

由场强定义，即

$$\boldsymbol{E}=\frac{\boldsymbol{F}}{q_0}=\frac{1}{4\pi\varepsilon_0}\frac{Q}{r^2}\boldsymbol{e}_r \tag{8.6}$$

点电荷的电场强度 $\boldsymbol{E}$ 与场源电荷的电量 Q 成正比，与距离的平方成反比，与试验电荷 q_0 无关。

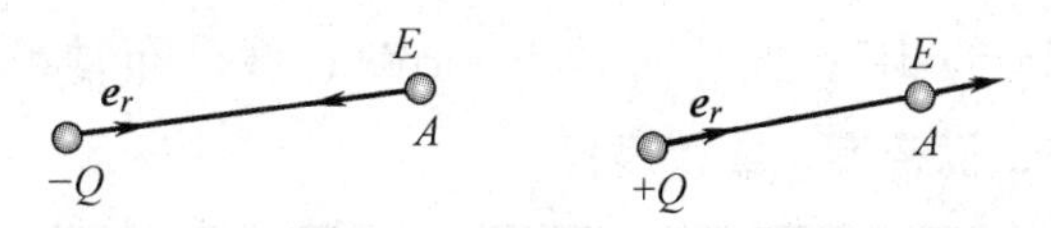

图 8.4　点电荷电场强度

【讨论】　在点电荷的电场中，当 $r\to 0$ 时，$E\to\infty$ 吗？为什么？

3. 电场强度的叠加原理

如果空间同时存在多个点电荷组成的系统，那么点电荷系统的电场强度如何？以三个点电荷的系统为例，如图 8.5 所示。设各点电荷的电量分别为 q_1、q_2、q_3，到任意点 P 的矢径为 $\boldsymbol{r}_1$、$\boldsymbol{r}_2$、$\boldsymbol{r}_3$，各点电荷在 P 点处激发的场强分别为 $\boldsymbol{E}_1$、$\boldsymbol{E}_2$、$\boldsymbol{E}_3$。

由力的叠加原理可知，P 点处试验电荷 q_0 受力为

$$\boldsymbol{F}=\sum_i \boldsymbol{F}_i=\frac{1}{4\pi\varepsilon_0}\left(\frac{q_0 q_1}{\boldsymbol{r}_1^2}\boldsymbol{e}_1+\frac{q_0 q_2}{\boldsymbol{r}_2^2}\boldsymbol{e}_2+\frac{q_0 q_3}{\boldsymbol{r}_3^2}\boldsymbol{e}_3\right) \tag{8.7}$$

则 P 点处的电场强度为

$$\boldsymbol{E}=\frac{\boldsymbol{F}}{q_0}=\sum_i \frac{\boldsymbol{F}_i}{q_0}=\frac{1}{4\pi\varepsilon_0}\left(\frac{q_1}{\boldsymbol{r}_1^2}\boldsymbol{e}_1+\frac{q_2}{\boldsymbol{r}_2^2}\boldsymbol{e}_2+\frac{q_3}{\boldsymbol{r}_3^2}\boldsymbol{e}_3\right)=\boldsymbol{E}_1+\boldsymbol{E}_2+\boldsymbol{E}_3 \tag{8.8}$$

即三个点电荷系在 P 处产生的电场强度等于各个点电荷单独存在时在该处产生的电场强度的矢量和。

将此结论推广到真空中有 n 个点电荷 q_1、q_2、q_3、…、q_n 的系统，点电荷系在 P 处产生的电场强度等于各个点电荷单独存在时在该处产生的电场强度的矢量和。这就是电场强度的叠加原理，即

$$\boldsymbol{E}=\sum_i \boldsymbol{E}_i \tag{8.9}$$

若是电荷连续分布的带电体，式(8.9)电场强度的叠加原理可写为

$$\boldsymbol{E}=\int \mathrm{d}\boldsymbol{E} \tag{8.10}$$

如图 8.6 所示，在带电体上取任一电荷元，其体积为 dV，带电量为 dq，该电荷元在 P 处产生的电场强度为

$$\mathrm{d}\boldsymbol{E}=\frac{1}{4\pi\varepsilon_0}\frac{\mathrm{d}q}{\boldsymbol{r}^2}\boldsymbol{e}_r \tag{8.11}$$

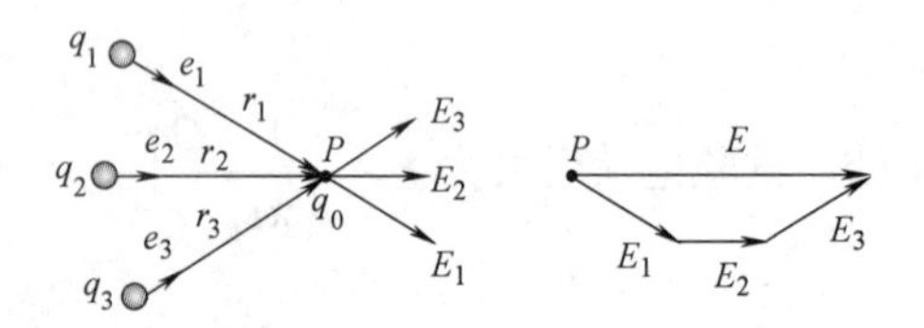

图 8.5　点电荷系的场强

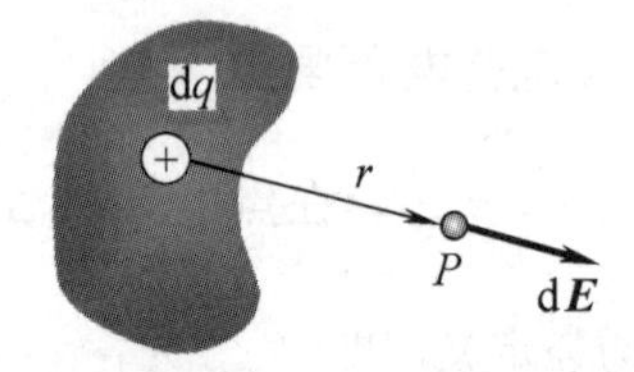

图 8.6　电荷连续分布的带电体的场强

由电场强度的叠加原理可知，电荷连续分布的带电体在 P 处的电场强度为

$$\boldsymbol{E}=\int \mathrm{d}\boldsymbol{E}=\int \frac{1}{4\pi\varepsilon_0}\frac{\mathrm{d}q}{\boldsymbol{r}^2}\boldsymbol{e}_r \tag{8.12}$$

当电荷呈体分布时 $\mathrm{d}q=\rho\mathrm{d}V$；面分布时 $\mathrm{d}q=\sigma\mathrm{d}s$；线分布时 $\mathrm{d}q=\lambda\mathrm{d}l$ (ρ、σ、λ 分别表示电荷分布的体密度、面密度、线密度)。

【注意】矢量积分的一般方法(以求 $\boldsymbol{E}$ 为例)如下。

(1) 写出电荷元的电场强度 $\mathrm{d}\boldsymbol{E}=\frac{1}{4\pi\varepsilon_0}\frac{\mathrm{d}q}{\boldsymbol{r}^2}\boldsymbol{e}_r$。

(2) 建立坐标系，求 $\mathrm{d}\boldsymbol{E}$ 的分量 $\mathrm{d}E_x$、$\mathrm{d}E_y$、$\mathrm{d}E_z$。

(3) 统一积分变量，积分求出 $E_x=\int\mathrm{d}E_x$、$E_y=\int\mathrm{d}E_y$、$E_z=\int\mathrm{d}E_z$。

(4) 电场强度的矢量表达式为 $\boldsymbol{E}=E_x\boldsymbol{i}+E_y\boldsymbol{j}+E_z\boldsymbol{k}$。

其大小：$E=\sqrt{E_x^2+E_y^2+E_z^2}$，方向：$\cos\alpha=\dfrac{E_x}{E}$，$\cos\varphi=\dfrac{E_y}{E}$，$\cos\gamma=\dfrac{E_z}{E}$。

α，φ，γ 分别是电场强度矢量与 x、y、z 轴正方向的夹角。

8.3.3 电偶极子的电场强度

电偶极子是个很重要的物理模型，在研究电介质的极化、电磁波的发射与接收时都要用到。

一对等量异号点电荷±q，间距为 r_0，若 $r_0\ll$ 场点到这等量异号点电荷连线中点的距离，则该点电荷系统称为电偶极子，如图 8.7 所示。若用矢量 $\boldsymbol{r}_0$ 表示从负电荷指向正电荷的矢径，称为电偶极子的轴。电量 q 与 $\boldsymbol{r}_0$ 的乘积叫作电偶极子的电偶极矩，简称电矩，用 $\boldsymbol{p}$ 表示，即

$$\boldsymbol{p}=q\boldsymbol{r}_0 \tag{8.13}$$

式中，$\boldsymbol{p}$ 是矢量，其方向是从负电荷指向正电荷。下面讨论电偶极子的电场分布。

1. 电偶极子轴线延长线上一点的电场强度

如图 8.8 所示，以电偶极子轴线的中点为坐标原点，沿极轴的延长线为 Ox 轴建立坐标。

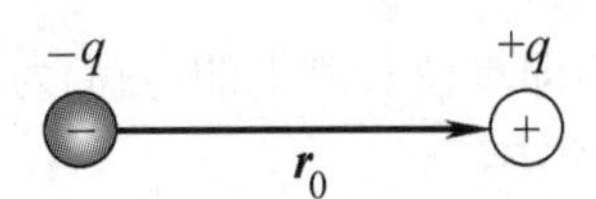

图 8.7 电偶极子的电场

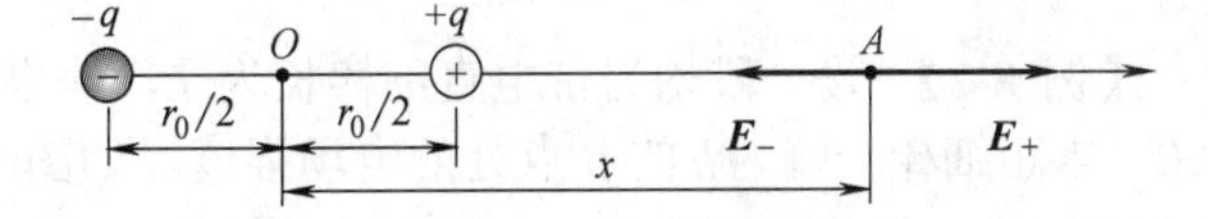

图 8.8 电偶极子延长线上的场强

设电偶极子的轴为 $\boldsymbol{r}_0$，由点电荷的电场强度式(8.6)可知，正电荷在 A 点处的电场强度为

$$\boldsymbol{E}_+=\frac{1}{4\pi\varepsilon_0}\frac{q}{(x-r_0/2)^2}\boldsymbol{i}$$

负电荷在 A 点处的电场强度为

$$\boldsymbol{E}_-=-\frac{1}{4\pi\varepsilon_0}\frac{q}{(x+r_0/2)^2}\boldsymbol{i}$$

由电场强度的叠加原理，电偶极子在 A 点的电场强度为

$$\boldsymbol{E}=\boldsymbol{E}_++\boldsymbol{E}_-=\frac{q}{4\pi\varepsilon_0}\left[\frac{2xr_0}{(x^2-r_0^2/4)^2}\right]\boldsymbol{i}$$

当场点离电偶极子很远时，$x>>r_0$，即

$$\boldsymbol{E}=\frac{1}{4\pi\varepsilon_0}\frac{2r_0q}{x^3}\boldsymbol{i}=\frac{1}{4\pi\varepsilon_0}\frac{2\boldsymbol{p}}{x^3} \tag{8.14}$$

式(8.14)表明，电偶极子延长线上某点的电场强度 $\boldsymbol{E}$ 的大小与电偶极子的电矩 $\boldsymbol{p}$ 的大

小成正比，与电偶极子中点到该点的距离 x 的三次方成反比；电场强度 $\boldsymbol{E}$ 的方向与电矩 $\boldsymbol{p}$ 的方向相同。

2．电偶极子在外电场中的运动

电偶极子在均匀外电场中时，正负点电荷各受外电场力如图 8.9 所示，大小相等、方向相反。

$\boldsymbol{F}_+ = q\boldsymbol{E}$ ，$\boldsymbol{F}_- = -q\boldsymbol{E}$ ，合力为零。但它们构成一对力偶，对 O 点的力矩为

$$M = F_+ \cdot \frac{1}{2} l\sin\theta + F_- \cdot \frac{1}{2} l\sin\theta = qlE\sin\theta \tag{8.15}$$

矢量式为

$$\boldsymbol{M} = q\boldsymbol{l} \times \boldsymbol{E} = \boldsymbol{P} \times \boldsymbol{E} \tag{8.16}$$

可见电偶极子在均匀外电场中所受力矩可表示为电偶极矩矢量与外电场强度矢量的叉积。因此电偶极子受力矩作用而旋转，使其电偶极矩转向外电场方向。

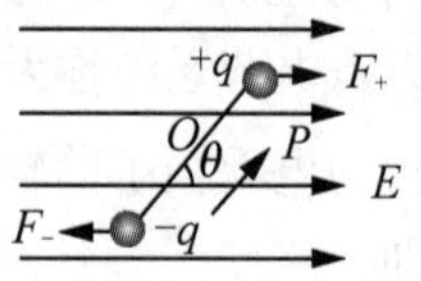

图 8.9　均匀电场中的电偶极子

讨论：(1) $\theta = \dfrac{\pi}{2}$ 时，力偶矩最大；

(2) $\theta = 0$ 时，力偶矩为零，电偶极子处于稳定平衡；

(3) $\theta = \pi$ 时，力偶矩为零，电偶极子处于非稳定平衡。

如果外电场不均匀，电偶极子受合外力不为零，由牛顿第二定律可知，电偶极子会产生一个平动的加速度，同时在力矩作用下转动。

电偶极子是电磁介质理论和原子物理学的重要模型，在电介质的极化、磁介质的磁化、电磁波的辐射以及人体生物电活动中有广泛的应用。

【例 8-2】 设一段均匀带电直细棒长为 L，线电荷密度(即单位长度上的电荷)为λ，设 $\lambda>0$，求距细棒一端为 h 的 p 点处的电场强度，如图 8.10(a)所示。

解：以 p 点为坐标原点 O，沿棒的延长线方向为 x 轴正方向建立坐标，如图 8.10(b)所示。在细棒上取线元长 dx 的电荷元，电量为 $\mathrm{d}q = \lambda\mathrm{d}x$ 。

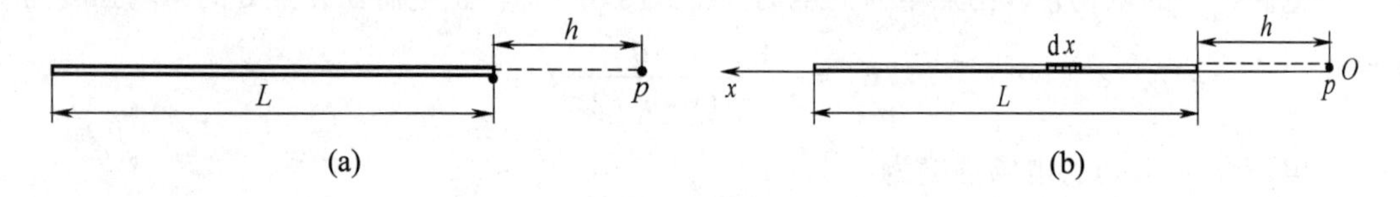

图 8.10　例 8-2 图

电荷元在 p 点的电场强度大小 $\mathrm{d}E = \dfrac{1}{4\pi\varepsilon_0}\dfrac{\lambda\mathrm{d}x}{x^2}$，方向沿 x 轴正方向。

由电场的叠加原理，细棒在 p 点的电场强度大小为

$$E = \int \mathrm{d}E = \int_h^{h+L} \frac{1}{4\pi\varepsilon_0}\frac{\lambda\mathrm{d}x}{x^2} = \frac{\lambda L}{4\pi\varepsilon_0 h(h+L)}$$

方向沿 x 轴正方向。

矢量表达式为
$$\boldsymbol{E}=\frac{\lambda L}{4\pi\varepsilon_0 h(h+L)}\boldsymbol{i}$$

【例 8-3】 如图 8.11(a)所示，正电荷 q 均匀分布在半径为 R 的圆环上。计算通过环心 O 点并垂直圆环平面的轴线上任一点 P 处的电场强度。

解： 以环心为原点、沿垂直圆环平面的轴线为 x 轴建立坐标，如图 8.11(b)所示，圆环的电荷线密度为 $\lambda=\dfrac{q}{2\pi R}$。在环上取弧线电荷元 $\mathrm{d}q=\lambda\mathrm{d}l$，它在 P 点处激发的电场强度大小为 $\mathrm{d}E=\dfrac{1}{4\pi\varepsilon_0}\dfrac{\lambda\mathrm{d}l}{r^2}$，方向如图 8.11(b)所示。

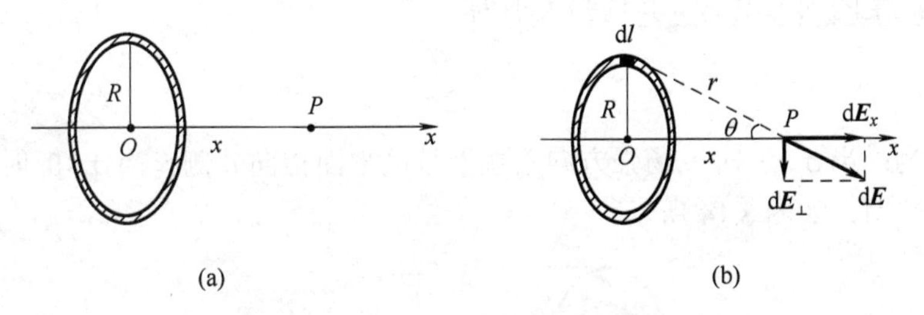

图 8.11　例 8-3 图

设 $\mathrm{d}\boldsymbol{E}$ 沿轴向的分量为 $\mathrm{d}\boldsymbol{E}_x$，垂直于轴向的分量为 $\mathrm{d}\boldsymbol{E}_\perp$，则
$$\mathrm{d}\boldsymbol{E}=\mathrm{d}\boldsymbol{E}_x+\mathrm{d}\boldsymbol{E}_\perp$$

由电荷分布的对称性得：$E_\perp=\int_l \mathrm{d}E_\perp=0$，则

$$E=\int_l \mathrm{d}E_x=\int_l \mathrm{d}E\cos\theta=\int\frac{\lambda \mathrm{d}l}{4\pi\varepsilon_0 r^2}\cdot\frac{x}{r}=\frac{\lambda x}{4\pi\varepsilon_0 r^3}\int_0^{2\pi R}\mathrm{d}l=\frac{qx}{4\pi\varepsilon_0(x^2+R^2)^{3/2}} \tag{8.17}$$

方向沿 x 轴，且 $q>0$ 时，电场强度方向沿轴线背离圆环面；$q<0$ 时，电场强度方向沿轴线指向圆环面。

【讨论】

(1) 场点 P 无限远时，$x>>R$，此时圆环可看成是点电荷，有 $E\approx\dfrac{q}{4\pi\varepsilon_0 x^2}$。

(2) 在环心处，$x\approx 0$，$E_0\approx 0$。

(3) 轴线上电场强度极大的位置。

用数学求极值的方法，令 $\dfrac{\mathrm{d}E}{\mathrm{d}x}=0$，解得 $x=\pm\dfrac{\sqrt{2}}{2}R$。即轴线上距环心 $\pm\dfrac{\sqrt{2}}{2}R$ 处的场强值最大，其 $\boldsymbol{E}(x)$ 分布如图 8.12 所示。

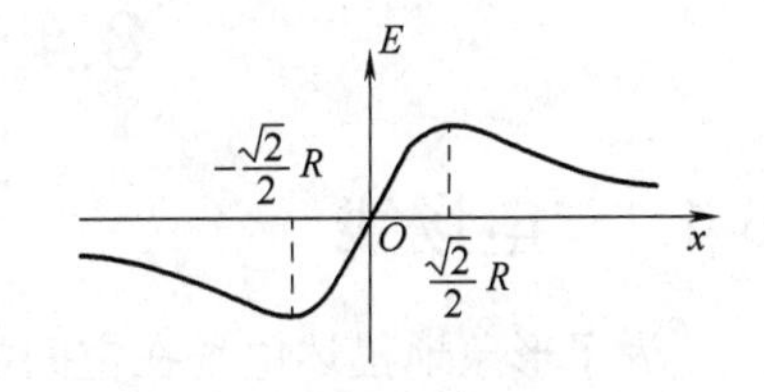

图 8.12　圆环轴线上 $E(x)$ 分布图

【例 8-4】 有一半径为 R，电荷均匀分布的薄圆盘，其电荷面密度为 σ。求通过盘心且垂直盘面的轴线上任意一点处的电场强度，如图 8.13(a)所示。

解： 如图 8.13(b)所示，均匀带电薄圆盘轴线上的电场强度可看成是半径不同的圆环在该点电场叠加的结果。在圆盘上取半径为 r，宽为 $\mathrm{d}r$ 的圆环带，其电量为 $\mathrm{d}q=\sigma 2\pi r\mathrm{d}r$。

该圆环带在轴线上 P 点的电场强度，由例 8-3 结论得

$$dE = dE_x = \frac{dq \cdot x}{4\pi\varepsilon_0 (x^2 + r^2)^{3/2}} = \frac{\sigma}{2\varepsilon_0} \frac{xrdr}{(x^2 + r^2)^{3/2}}$$

由场强叠加原理，圆盘轴线上的电场强度为

$$E = \int dE_x = \frac{\sigma x}{2\varepsilon_0} \int_0^R \frac{rdr}{(x^2 + r^2)^{3/2}} = \frac{\sigma x}{2\varepsilon_0} \left(\frac{1}{\sqrt{x^2}} - \frac{1}{\sqrt{x^2 + R^2}} \right) \tag{8.18}$$

方向沿 x 轴。

【讨论】

(1) 场点 P 离圆盘很近时，$x << R$，此时，圆盘可看成是无限大均匀带电平面，即无限大带电平面产生的均匀电场，其场强大小为

$$E \approx \frac{\sigma}{2\varepsilon_0} \tag{8.19}$$

场强方向为：当 $\sigma > 0$ 时，场强方向垂直于带电平面指向外侧；当 $\sigma < 0$ 时，场强方向垂直指向带电平面，如图 8.14 所示。

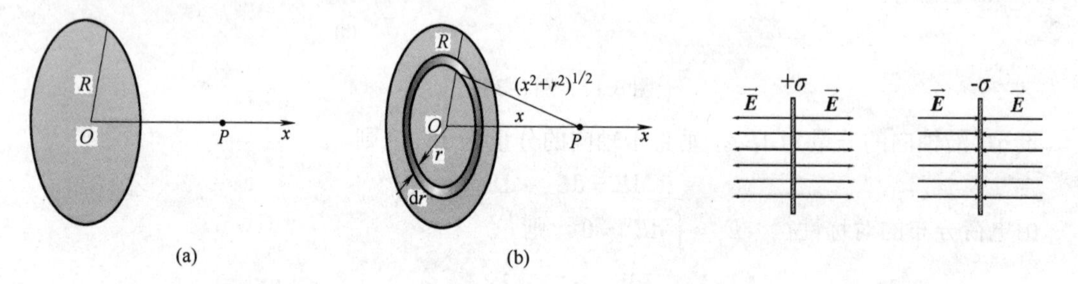

图 8.13 例 8-4 图　　图 8.14 无限大带电平面的场强方向

(2) 场点 P 离圆盘很远时，$x >> R$，由 $\left(1 + \frac{R^2}{x^2}\right)^{-\frac{1}{2}} \approx 1 - \frac{1}{2} \cdot \frac{R^2}{x^2} + \cdots$ 得 $E \approx \frac{q}{4\pi\varepsilon_0 x^2}$，此时，圆盘可看成是点电荷。

由此说明，带电体能否看成是点电荷是相对的，要具体情况具体分析。

8.4 电通量 高斯定理

8.4.1 电场线

为了形象地描述电场在空间的分布，法拉第首先提出用电场线来直观地表现电场，如图 8.15 所示。曲线上每一点的切线方向表示该点场强的方向；曲线的疏密程度表示场强的大小，即该点附近垂直于电场方向的单位面积上穿过的电场线数目等于该点的场强大小。因此，场强的大小等于电场线密度大小。

如图 8.16 所示，垂直于电场线方向取面元 $\Delta S_\perp$，设垂直通过该面元的电场线数为 ΔN 条，则有

$$E = \frac{\Delta N}{\Delta S_{\perp}} = \text{电场线密度} \tag{8.20}$$

垂直通过面元 $\Delta S_{\perp}$ 的电场线条数为　$\Delta N = E\Delta S_{\perp}$　(8.21)

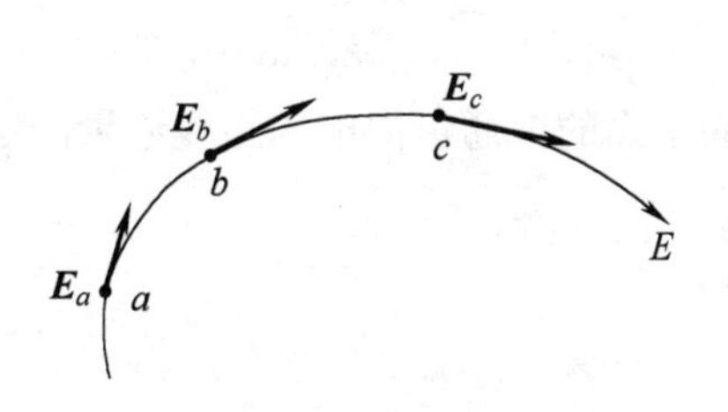

图 8.15　电场线

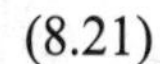

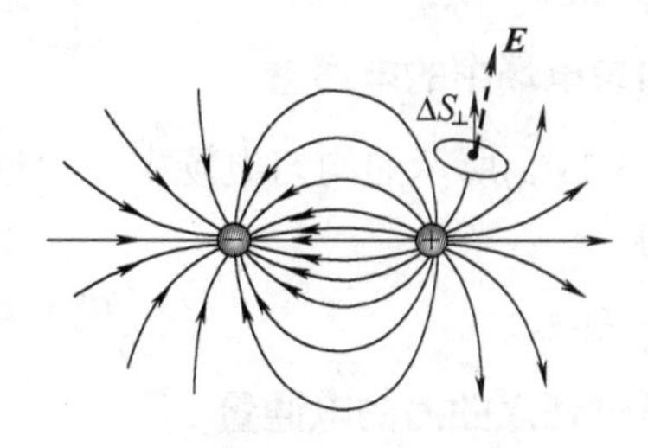

图 8.16　电场线密度

常见电荷的电场线如图 8.17 所示。静电场的电场线具有以下性质。

(1) 在无电荷分布处，任何两条电场线不会相交(若相交，则交点有两个切线方向，导致该点场强有两个方向)。

(2) 电场线是连续的非闭合曲线，源于正电荷(或无穷远)，止于负电荷(或无穷远)。

(3) 电场线分布密集处电场强，电场线分布稀疏处电场弱。

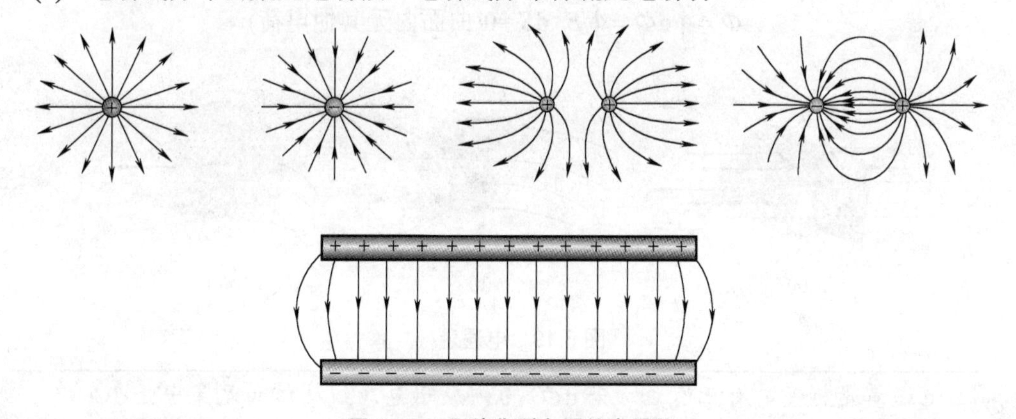

图 8.17　几种典型电场的电场线

8.4.2　电通量

“通量”是所有矢量场都具有的一个概念，是描述矢量场性质的特征量。把垂直通过电场中某一个面 S 的电场线条数称为通过这个面的电通量。设电场强度为 $\boldsymbol{E}$ 的电场中，在曲面 S 上任取一无限小矢量面积元 $\mathrm{d}\boldsymbol{S}$，其大小为 $\mathrm{d}S$(S 由无数小面元 $\mathrm{d}S$ 所构成)，方向沿该面积元的法线方向(用单位法向矢量 $\boldsymbol{e}_n$ 或 $\boldsymbol{n}$ 表示)，如图 8.18 所示。设该面积元的法线方向与电场线的夹角为 θ，则通过该面积元的电通量 $\mathrm{d}\Phi_e$ 由式(8.21)得

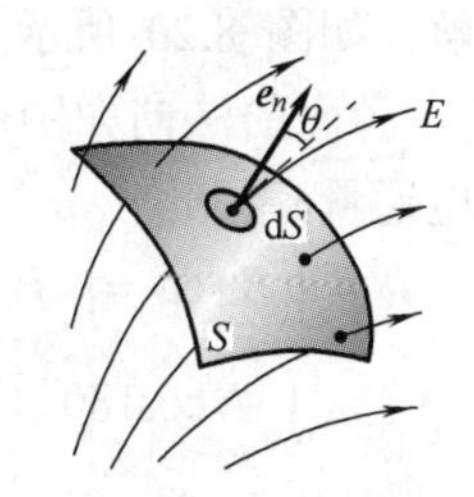

图 8.18　曲面的法向

$$\mathrm{d}\Phi_e = E\mathrm{d}S_{\perp} = E\mathrm{d}S\cos\theta = \boldsymbol{E}\cdot\mathrm{d}\boldsymbol{S} \tag{8.22}$$

将曲面 S 分成无数个这样的小面元，每一个面元内通过的电场线之和为通过曲面 S 的总电通量，用 Φ_e 表示，即

$$\Phi_e = \int \mathrm{d}\Phi_e = \int \boldsymbol{E} \cdot \mathrm{d}\boldsymbol{S} = \int E \mathrm{d}S \cos\theta \tag{8.23}$$

正法线方向规定：对于开放曲面，一般规定由曲面的凹侧指向凸侧的方向为正法线方向；对于闭合曲面，一般规定由曲面内指向曲面外的方向为正法线方向。

1. 均匀电场中的电通量

如图8.19(a)所示的均匀电场中，穿过面积为 S 的平面的电通量由电场强度通量的定义式(8.23)得

$$\Phi_e = ES\cos\theta = \boldsymbol{E} \cdot \boldsymbol{S}$$

2. 通过任意曲面的电通量

如图8.19(b)所示的非均匀电场中，穿过面积为 S 的任意曲面的电通量为：先计算面元 $\mathrm{d}\boldsymbol{S}$ 的电通量 $\mathrm{d}\Phi = E\mathrm{d}S_{\perp} = E\mathrm{d}S\cos\theta$，再对所有面元的电通量求和。则曲面 S 的电通量为

$$\Phi_e = \int \boldsymbol{E} \cdot \mathrm{d}\boldsymbol{S} = \int E\mathrm{d}S\cos\theta$$

3. 通过闭合面的电通量

如图8.19(c)所示的电场，对任意闭合曲面的电通量为

$$\Phi = \oint_S \mathrm{d}\Phi = \oint_S \boldsymbol{E} \cdot \mathrm{d}\boldsymbol{S} = 0 (\text{曲面内无其他电荷})$$

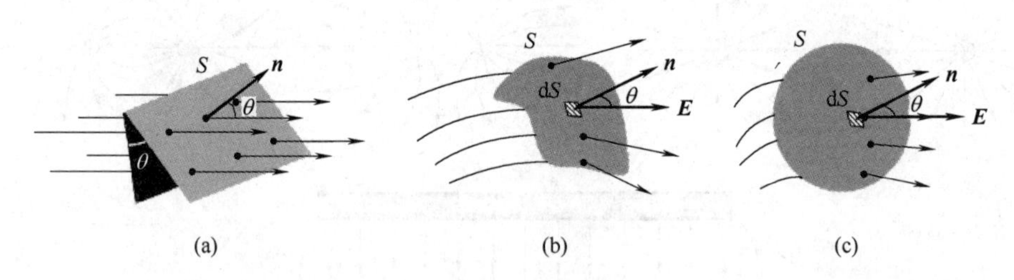

图8.19　电通量

【说明】电通量是标量，有正有负，若 $\mathrm{d}\Phi > 0$，表示电场线从该面元穿出；$\mathrm{d}\Phi < 0$，表示电场线从该面元穿入。

【例8-5】 计算均匀电场中一圆柱面的电通量，已知电场强度 $\boldsymbol{E}$ 及柱面半径 R。

解：如图8.20所示，将闭合柱面分成两底面 S_1、S_3 和侧面 S_2，各面的法向如图所示，这三个面的电通量之和就是柱面的电通量，因此

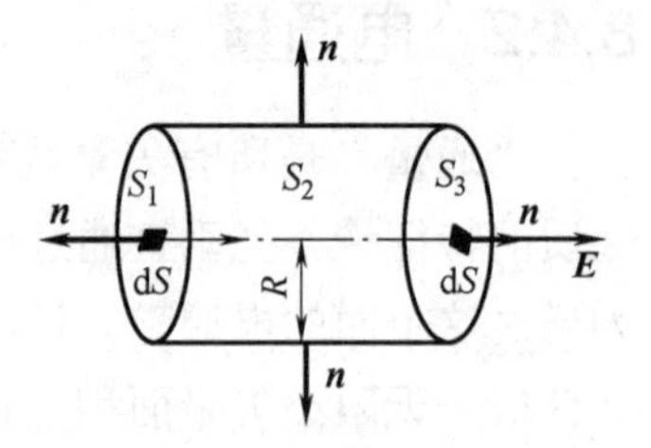

图8.20　例8-5图

$$\begin{aligned}\Phi_e &= \oint \boldsymbol{E} \cdot \mathrm{d}\boldsymbol{S} = \int_{S_1} \boldsymbol{E} \cdot \mathrm{d}\boldsymbol{S} + \int_{S_2} \boldsymbol{E} \cdot \mathrm{d}\boldsymbol{S} + \int_{S_3} \boldsymbol{E} \cdot \mathrm{d}\boldsymbol{S} \\ &= \int_{S_1} E\cos180^\circ \mathrm{d}S + \int_{S_2} E\cos90^\circ \mathrm{d}S + \int_{S_3} E\cos0^\circ \mathrm{d}S \\ &= -E\pi R^2 + 0 + \pi R^2 E = 0\end{aligned}$$

即均匀电场中，通过一闭合圆柱面的电通量为零，即穿入柱面的电场线全部从柱面的另一侧穿出。

8.4.3　高斯定理

高斯定理(Gauss Theorem)是由德国物理学家和数学家 C.F. 高斯(见图 8.21)导出的，是电磁学的一条重要定理。

图 8.21　高斯
(C. F. Gauss 1777—1855)

高斯是德国数学家、天文学家和物理学家，有“数学王子”之美称，他与韦伯制成了第一台有线电报机并建立了地磁观测台，高斯还创立了电磁量的绝对单位制。

静电场由静止电荷激发，那么，通过电场空间某一给定闭合曲面的电场强度通量与激发电场的场源电荷间有什么联系呢？我们以真空中点电荷的电场为例进行研究。

1. 点电荷激发电场的电通量

在点电荷$+q$ 激发的电场中，以点电荷$+q$ 为球心作半径为 $\boldsymbol{r}$ 的闭合球面，如图 8.22(a)所示。球面上场强大小$\left(E=\dfrac{q}{4\pi\varepsilon_0 r^2}\right)$处处相等。该面上任意一矢量面积元 d$\boldsymbol{S}$ 均与该处的电场强度同方向，即 $\cos\theta=\cos0°=1$。由电通量的定义可得

$$\Phi=\oint_S \boldsymbol{E}\cdot \mathrm{d}\boldsymbol{S}=\oint_S E\cos\theta \mathrm{d}S=\frac{q}{4\pi\varepsilon_0 r^2}\oint_S \mathrm{d}S=\frac{q}{4\pi\varepsilon_0 r^2}4\pi r^2=\frac{q}{\varepsilon_0} \tag{8.24}$$

结果表明，通过球面的电通量与半径无关，只与点电荷的电量有关。即电量一定的点电荷 q 在真空中发出的电场线条数为定值 q/ε_0。

因此 q 在球面内任意位置穿过闭合面的电场线条数均相同，即电通量相同。也就是说，在点电荷 q 产生的电场中，通过包围点电荷 q 的任意闭合曲面(称为高斯面)的电通量均为 q/ε_0。如图 8.22(b)所示，与电荷 q 在曲面内的位置无关，与曲面的形状无关。

当所作闭合曲面(高斯面)不包围点电荷 q 时，如图 8.22(c)所示，电通量为零，$\Phi_e=0$。这是因为电场线的连续性，穿入曲面与穿出曲面的电场线条数相同，代数和为零。

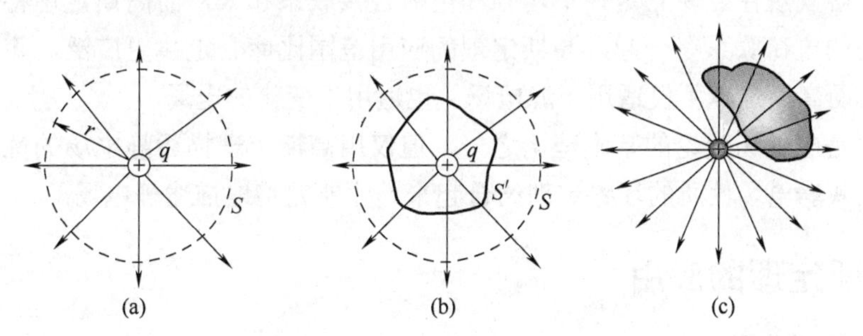

图 8.22　点电荷激发电场的电通量

2. 点电荷系激发电场的电通量

在多个点电荷 q_1、q_2、q_3、…、q_n 的系统激发的电场 $\boldsymbol{E}$ 中，通过任意曲面 S 的电通量，如图 8.23 所示，由电通量定义

$$\Phi=\oint_S \boldsymbol{E}\cdot \mathrm{d}\boldsymbol{S}=\oint_S(\boldsymbol{E}_1+\boldsymbol{E}_2+\cdots+\boldsymbol{E}_n)\cdot \mathrm{d}\boldsymbol{S}=\oint_S \boldsymbol{E}_1\cdot \mathrm{d}\boldsymbol{S}+\oint_S \boldsymbol{E}_2\cdot \mathrm{d}\boldsymbol{S}+\cdots+\oint_S \boldsymbol{E}_n\cdot \mathrm{d}\boldsymbol{S}$$
$$=\frac{q_1}{\varepsilon_0}+\frac{q_2}{\varepsilon_0}+\cdots+\frac{q_n}{\varepsilon_0}=\frac{1}{\varepsilon_0}\sum_{i=1}^{n}q_i \tag{8.25}$$

式中，$\boldsymbol{E}_1$、$\boldsymbol{E}_2$、…、$\boldsymbol{E}_n$ 表示点电荷 q_1、q_2、q_3、…、q_n 单独存在时激发的电场的场强，$\sum_i q_i$ 是对高斯面内所包围的电荷求代数和。

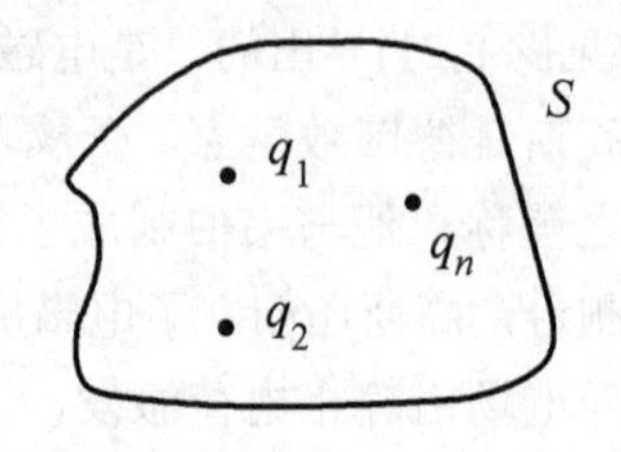

图 8.23　点电荷系电场的电通量

将上述点电荷电场的通量结论式(8.24)、式(8.25)推广到任意带电体激发的电场，均有：各种带电系统在真空中激发电场的场强 $\boldsymbol{E}$ 通过任意闭合曲面的电通量，等于这个闭合曲面所包围的电荷的代数和除以ε_0，与曲面外的电荷无关。这就是真空中的高斯定理，数学表达式为

$$\Phi_e=\oint_S \boldsymbol{E}\cdot \mathrm{d}\boldsymbol{S}=\frac{1}{\varepsilon_0}\sum q_i \tag{8.26}$$

对电荷连续分布的任意带电体，设电荷分布体密度为ρ，将带电体看成是由若干点电荷元$\mathrm{d}q$组成的，该点电荷元的体积为$\mathrm{d}V$，则电量为$\mathrm{d}q=\rho\mathrm{d}V$，因此得出电荷连续分布的任意带电体激发的电场强度的通量表示为

$$\oint_S \boldsymbol{E}\cdot \mathrm{d}\boldsymbol{S}=\frac{1}{\varepsilon_0}\int_V \rho \mathrm{d}V \tag{8.26a}$$

高斯定理中的“闭合曲面”常称为高斯面。在理解高斯定理时应注意以下几点。

(1)　高斯面上各点的场强 $\boldsymbol{E}$ 是由全部电荷(包括高斯面内、外)共同产生的合场强。

(2)　通过任一封闭曲面的总通量 Φ_e 仅与面内包围的净电荷量有关，与面外的电荷无关。

(3)　高斯定理说明静电场是有源场，这是静电场的基本性质之一。

(4)　高斯定理与库仑定律并不是互相独立的规律，而是用不同形式表示的电场与源电荷关系的同一客观规律。库仑定律把场强和电荷直接联系起来，而高斯定理将场强的通量和某一区域内的电荷联系在一起。高斯定理的应用范围比库仑定律更广泛，库仑定律只适用于静电场，而高斯定理不仅适用于静电场，也适用于变化的电场。

高斯定理是电磁场理论的基本理论之一，但仅用高斯定理描述静电场的性质是不完备的，必须和反映静电场性质的环路定理结合起来，才能完整地描述静电场。

8.4.4　高斯定理的应用

1. 用于求电荷分布

在高斯定理 $\Phi_e=\oint_S \boldsymbol{E}\cdot \mathrm{d}\boldsymbol{S}=\frac{1}{\varepsilon_0}\sum q_i$ 中，高斯面具有任意性。因此，若在某区域内场强分布已知，利用高斯定理可求出此区域内的电荷及分布。

2．求电场分布

当电场分布具有对称性时，它产生的电场也将具有某种对称性。在这种情况下，可以运用高斯定理很方便地求出场强分布，一般方法和步骤如下。

(1) 根据电荷分布的对称性分析电场分布的对称性。

(2) 在待求区域选取合适的封闭积分曲面(高斯面)。

(3) 应用高斯定理求解出场强 $\boldsymbol{E}$ 的大小，并说明方向。

在解决具体问题时应注意以下几个方面。

(1) 高斯面必须通过待求场强的点，曲面要简单易计算面积。

(2) 高斯面上或某部分曲面上各点的场强大小相等(电场分布的对称性)。

(3) 高斯面上或某部分曲面上各点的法线与该处的场强 $\boldsymbol{E}$ 方向尽量一致或垂直或是成恒定角度，以便于计算。如点电荷、均匀带电球(体、面) 激发的电场分布具有球对称性，高斯面选球面；无限长均匀带电直线(柱面、柱体) 激发的电场分布具有柱(轴)对称性，高斯面应选柱面；无限大均匀带电平面激发的电场分布具有面对称性，高斯面一般选柱面(柱面的两底面平行于带电平面)。

【例 8-6】 求均匀带电球体的电场分布。已知球体半径为 R，所带电量为 q(设 $q>0$)。

解： 因为电荷分布具有球对称性，所以高斯面选同心球面。

(1) 球体外的场强($r>R$)。

过球外任意一点作半径为 r 的球面高斯面，如图 8.24 所示。

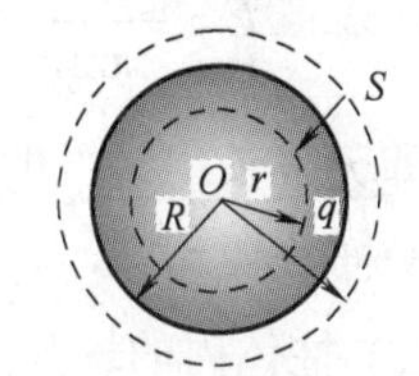

图 8.24　例 8-6 图

由高斯定理得

$$\oint_S \boldsymbol{E}\cdot \mathrm{d}\boldsymbol{S}=E\oint_S \mathrm{d}S=E4\pi r^2=\frac{q}{\varepsilon_0}$$

所以

$$E=\frac{q}{4\pi\varepsilon_0 r^2}\qquad (r>R)$$

可见，均匀带电球体在球面外产生的电场，与球体的电荷全部集中在球心时的点电荷的电场分布规律相同。

(2) 球体内的场强($r<R$)。

同理过球内任意一点作半径为 r 的同心高斯球面，如图 8.24 所示。由高斯定理得

$$\oint_S \boldsymbol{E}\cdot \mathrm{d}\boldsymbol{S}=E\oint_S \mathrm{d}S=E4\pi r^2=\frac{1}{\varepsilon_0}\frac{q}{\frac{4}{3}\pi R^3}\frac{4}{3}\pi r^3$$

所以

$$E=\frac{qr}{4\pi\varepsilon_0 R^3}\tag{8.27}$$

设球体电荷分布体密度为 ρ，将 $\rho=\dfrac{q}{4\pi R^3/3}$ 代入式(8.27)得

$$E=\frac{\rho r}{3\varepsilon_0}\qquad (r<R)\tag{8.27a}$$

由式(8.27)、式(8.27a)可见，均匀带电球体内的电场强度大小与场点到球心的距离成正比。其电场分布曲线如图 8.25 所示。场强的方向沿球体径向，

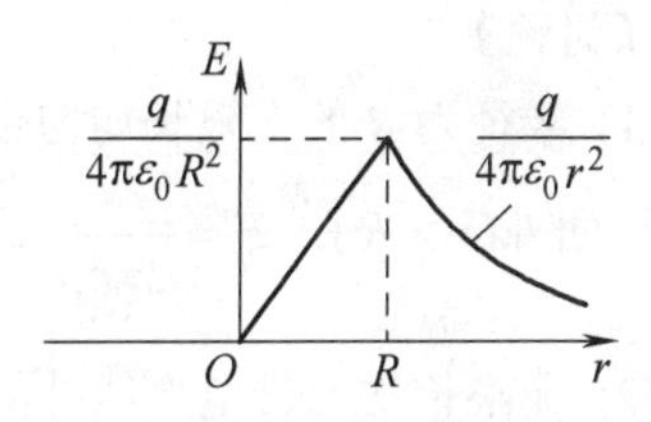

图 8.25　均匀带电球体的场强分布

$Q>0$ 时向外，$Q<0$ 时向内。

【讨论】均匀带电球面的电场(请同学们自己证明)，并与球体的电场比较。不难得出：球面外任意一点(与球心的距离为 $r>R$)的电场强度大小为 $E=\dfrac{q}{4\pi\varepsilon_0 r^2}$。

球面内任意一点(与球心的距离为 $r<R$)的电场强度大小为 $E=0$ (球面内无电荷)。

【例 8-7】 求半径为 R 的无限长均匀带电柱体的电场分布。已知带电柱体的线电荷密度为 λ (设 $\lambda>0$)。

解：因为电荷分布具有柱面对称性，所以高斯面选柱面。电场的分布如图 8.26 所示。

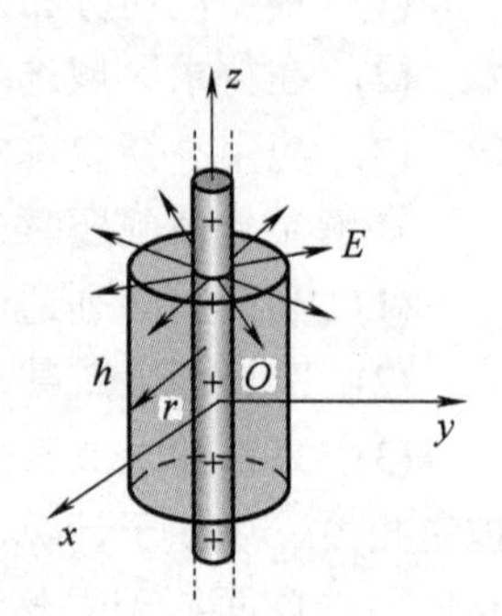

图 8.26　例 8-7 图

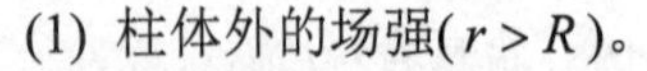
(1) 柱体外的场强($r>R$)。

过柱体外任意一点作半径为 r 的同轴高斯柱面，由高斯定理得：

$$\oint_S \boldsymbol{E}\cdot \mathrm{d}\boldsymbol{S}=\left(\int_{上底}+\int_{下底}+\int_{侧面}\right)\boldsymbol{E}\cdot \mathrm{d}\boldsymbol{S}=E\cdot 2\pi rh=\frac{\lambda h}{\varepsilon_0}$$

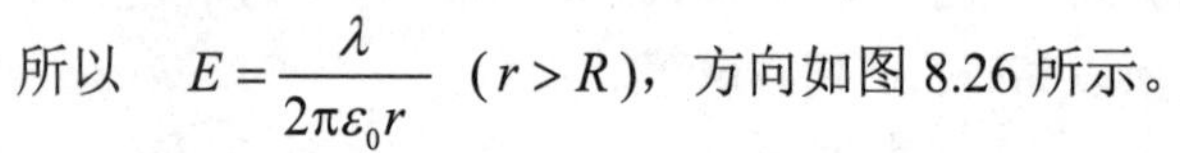
所以　$E=\dfrac{\lambda}{2\pi\varepsilon_0 r}$　($r>R$)，方向如图 8.26 所示。

即无限长均匀带电柱体外的电场与场点到轴心的距离成反比。(与无限长直带电导线的电场分布规律相同)

(2) 柱体内的场强($r<R$)。

同理，过柱体内任意一点作半径为 r 的同轴高斯柱面，由高斯定理得

$$\oint_S \boldsymbol{E}\cdot \mathrm{d}\boldsymbol{S}=\left(\int_{上底}+\int_{下底}+\int_{侧面}\right)\boldsymbol{E}\cdot \mathrm{d}\boldsymbol{S}=E\cdot 2\pi rh=\frac{1}{\varepsilon_0}\left(\lambda h\frac{\pi r^2}{\pi R^2}\right)$$

所以
$$E=\frac{\lambda r}{2\pi\varepsilon_0 R^2}\quad (r<R) \tag{8.28}$$

设带电柱体的体电荷密度为 ρ，将 $\lambda=\rho\pi R^2$ 代入式(8.28)得

$$E=\frac{\lambda r}{2\pi\varepsilon_0 R^2}=\frac{\rho r}{2\varepsilon_0}\quad (r<R) \tag{8.28a}$$

即无限长均匀带电柱体内部的电场与场点到柱体轴线的距离成正比。

注意：将均匀带电球体内的电场(8.27a)与均匀带电柱体内的电场(8.28a)比较可看出，它们内部的场强大小都与到场点的距离 r 成正比(读者可对比学习和记忆)。

【讨论】

(1) 半径为 R 的无限长均匀带电柱面的电场(请同学们自己证明)。不难得出以下结论。

柱面外($r>R$)：$E=\dfrac{\lambda}{2\pi\varepsilon_0 r}$；柱面内($r<R$)：$E=0$。

(2) 无限长均匀带电直线外的电场：$E=\dfrac{\lambda}{2\pi\varepsilon_0 r}$。

无限长均匀带电柱体、柱面的电场分布曲线如图 8.27 所示，请读者注意比较$\left(\text{尤其注意柱面上点的场强特征，柱面内为零，在柱面的表面处突变为} E=\dfrac{\lambda}{2\pi\varepsilon_0 R}\right)$。

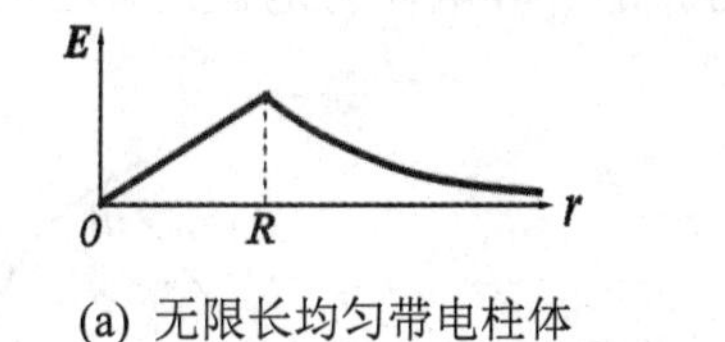

(a) 无限长均匀带电柱体

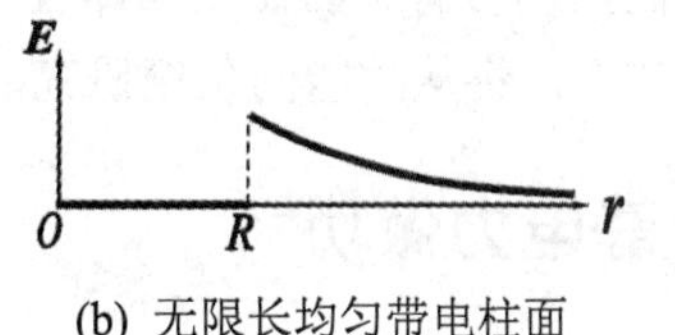

(b) 无限长均匀带电柱面

图 8.27　电场分布曲线

【例 8-8】 求电荷面密度为σ (设$\sigma>0$)的无限大均匀带电平面的电场分布。

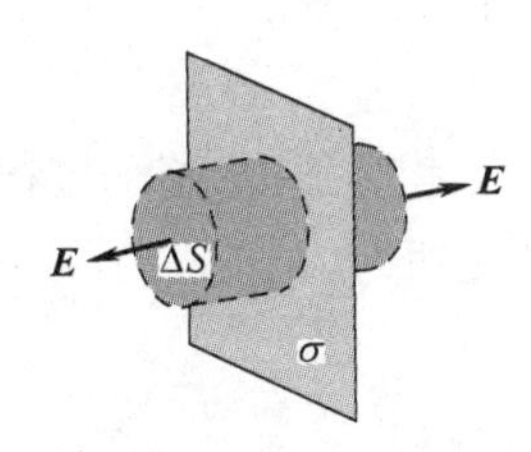

图 8.28　例 8-8 图

解：无限大均匀带电平面可看成无限多根无限长均匀带电直线排列而成，由对称性分析，平面两侧等距离处场强大小相等，方向均垂直平面。因此作高斯面为高 $2r$、轴垂直带电平面、两底面平行于带电平面且关于带电平面对称的圆柱面，如图 8.28 所示。则通过高斯面的电通量为

$$\Phi_e=\oint_S \boldsymbol{E}\cdot\mathrm{d}\boldsymbol{S}=\int_{\text{底面}}\boldsymbol{E}\cdot\mathrm{d}\boldsymbol{S}+\int_{\text{侧面}}\boldsymbol{E}\cdot\mathrm{d}\boldsymbol{S}=2E\Delta S$$

S 内包围的电荷为　　$\sum q_i=\sigma\cdot\Delta S$

由高斯定理得　　$2E\Delta S=\dfrac{1}{\varepsilon_0}\sigma\Delta S$

故

$$E=\frac{\sigma}{2\varepsilon_0} \tag{8.29}$$

即无限大均匀带电平面激发的电场是均匀场，大小与电荷面密度成正比，方向如图 8.14 所示。当$\sigma>0$时，$\boldsymbol{E}$ 的方向垂直离开平面；当$\sigma<0$时，$\boldsymbol{E}$ 的方向垂直指向平面。

如果有两无限大均匀带电薄板平行放置，它们激发的电场分布如何呢？如图 8.29 所示，由电场的叠加原理得出：当两无限大均匀带电平面带等量同号电荷时，两板外的场强大小为σ/ε_0，方向垂直于两平面向外，两板间的场强为零；若带等量异号电荷$\pm\sigma$，两板外的场强为零，两板间的场强大小为σ/ε_0，方向由正极板垂直指向负极板。

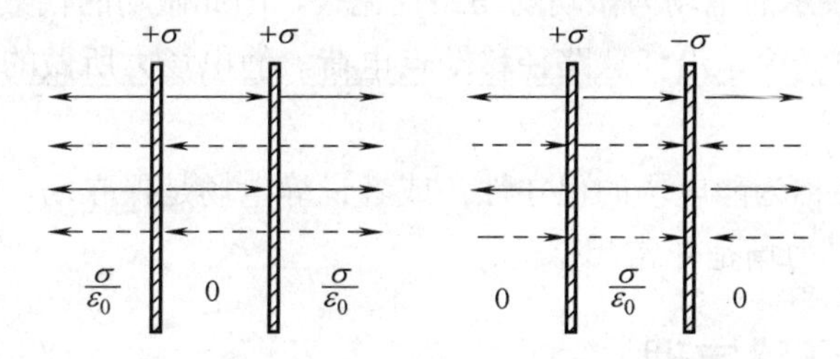

图 8.29　两平行无限大均匀带电平面的电场

8.5 静电场的环路定理

高斯定理说明了静电场是有源场。静电场的库仑定律与万有引力定律的表示形式完全相同，我们知道万有引力做功与路径无关，是保守力。那么静电场力是否也有相同的性质呢？在本节中，将从功能的角度研究静电场的另一性质。

8.5.1 静电力做功

首先以点电荷的电场为例分析。如图 8.30 所示，考虑在静止点电荷 q 产生的电场中，移动另一点电荷 q_0 由 A 点沿任一路径 l 到 B 点时，静电场力是变力，所做的功要积分。

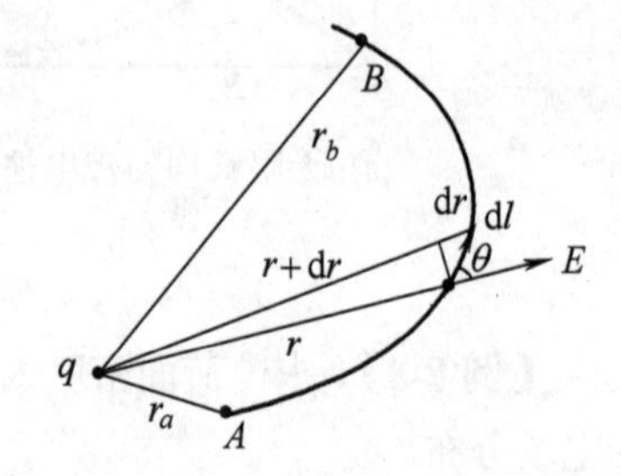

图 8.30 静电力做功

考察在 q_0 移动过程中，经过微小位移元 $\mathrm{d}\boldsymbol{l}$ 时电场力做元功为

$$\mathrm{d}W = q_0\boldsymbol{E}\cdot\mathrm{d}\boldsymbol{l} = \frac{qq_0}{4\pi\varepsilon_0 r^3}\boldsymbol{r}\cdot\mathrm{d}\boldsymbol{l} \tag{8.30}$$

从图 8.30 可看出

$$\boldsymbol{r}\cdot\mathrm{d}\boldsymbol{l} = r\mathrm{d}l\cos\theta = r\mathrm{d}r \tag{8.31}$$

式(8.30)变为

$$\mathrm{d}W = \frac{qq_0}{4\pi\varepsilon_0 r^2}\mathrm{d}r \tag{8.32}$$

q_0 由 A 点到 B 点移动的全过程中，电场力做的功由叠加原理可知，应等于各段微位移过程电场力做元功的代数和，即

$$W = \int\mathrm{d}W = \frac{qq_0}{4\pi\varepsilon_0}\int_{r_A}^{r_B}\frac{\mathrm{d}r}{r^2} = \frac{qq_0}{4\pi\varepsilon_0}\left(\frac{1}{r_A}-\frac{1}{r_B}\right) \tag{8.33}$$

由此得出，静电力做功与电荷移动的路径无关，仅与 q_0 的始末位置有关。

由电场强度叠加原理可知，对点电荷系有 $\boldsymbol{E}=\sum_i \boldsymbol{E}_i$，因此任意带电体(视为无限多点电荷元组合的点电荷系)电场中电场力做功，等于各点电荷的电场力所做功的代数和，即

$$W = q_0\int_l \boldsymbol{E}\cdot\mathrm{d}\boldsymbol{l} = q_0\int_l\sum_i\boldsymbol{E}_i\cdot\mathrm{d}\boldsymbol{l} = \sum_i q_0\int_l\boldsymbol{E}\cdot\mathrm{d}\boldsymbol{l} \tag{8.34}$$

式(8.34)中每一项表示的电场力做功均与路径无关，因此做功的代数和也与路径无关。由此得出结论：在静电场中，沿任意路径移动点电荷，静电场力所做的功与路径无关，仅与始末位置有关。

静电场的这一特性称为静电场的保守性，或者说静电场是保守场，静电力是保守力，静电场的这一特性与引力场是非常相似的。

8.5.2 静电场的环路定理

设想静电力移动电荷沿任何一条闭合路径 $ABCDA$，如图 8.31 所示，即始末位置重

合，静电力做功又为多少呢？用静电场的保守性可以判断，其结果一定为零，即

$$W = q\oint_l \boldsymbol{E}\cdot \mathrm{d}\boldsymbol{l} = 0$$

上式除以 q 得场强 $\boldsymbol{E}$ 的闭合路径线积分：

$$\oint_l \boldsymbol{E}\cdot \mathrm{d}\boldsymbol{l} = 0 \tag{8.35}$$

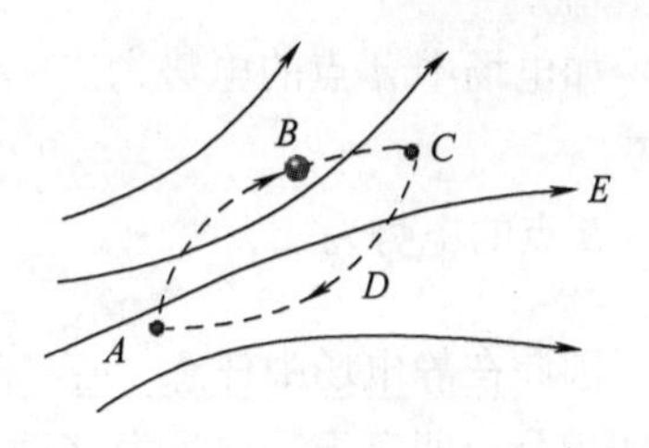

图 8.31　静电力沿闭合路径做功

即在静电场中，场强沿任意闭合路径的线积分等于零。这个称作**静电场的环流定理**，它反映了静电场的保守性，静电力是保守力，因此在静电场中可引入电势能和电势。

8.6　电势能　电势

8.6.1　电势能

由 8.5 节内容可知，静电场是保守场，静电场力是保守力。保守力的功在量值上等于相应的保守场势能增量的负值。因此和引力场性质相似，静电场力所做的功就等于电荷电势能增量的负值。

设 E_{pA}、E_{pB} 分别表示试验电荷 q_0 在电场中 A 点和 B 点处的电势能。那么，试验电荷 q_0 从 A 移动到 B 时，电场力做功为

$$W_{A\to B} = \int_{AB} q_0\boldsymbol{E}\cdot \mathrm{d}\boldsymbol{l} = -(E_{pB} - E_{pA}) = E_{pA} - E_{pB} \tag{8.36}$$

令 B 为零势能参考点，即 $E_{pB} = 0$，得 A 点的电势能为

$$E_{pA} = \int_A^{(0)} q_0\boldsymbol{E}\cdot \mathrm{d}\boldsymbol{l} \tag{8.37}$$

试验电荷在电场中某点的电势能，在数值上就等于把它从该点移到零电势能处静电场力所做的功。电势能的大小是相对的，取决于零电势能参考点的选择。

对有限带电体，常规定无限远处的电势能为零，$E_{p\infty} = 0$，则电场中某点 A 的电势能为

$$E_{pA} = \int_A^{\infty} q_0\boldsymbol{E}\cdot \mathrm{d}\boldsymbol{l} \tag{8.38}$$

在国际单位制中，电势能的单位是焦耳(J)。值得注意的是，电势能是属于试验电荷 q_0 和产生电场 $\boldsymbol{E}$ 的电荷体系的。因此，电势能又常称为相互作用能。

8.6.2　电势

电势是描述静电场性质的另一个重要物理量。因电势能的大小与试验电荷的电量有关，所以并不能直接用来描述给定点的电场性质。但由式(8.38)可见，电荷 q_0 在电场中某点 A 的电势能与其电量的比值 $\dfrac{E_{pA}}{q_0} = \int_A^{(0)} \boldsymbol{E}\cdot \mathrm{d}\boldsymbol{l}$ 与试验电荷的电量无关，只与场点的位置有关，这个比值能反映电场中各点的性质，我们称之为电势。

单位正电荷在静电场中某点的电势能就等于该点的电势，用 V 表示。

如电场中 A 点的电势为 $$V_A=\frac{E_{pA}}{q_0}=\int_A^{(0)}\boldsymbol{E}\cdot d\boldsymbol{l}$$

B 点的电势为 $$V_B=\frac{E_{pB}}{q_0}=\int_B^{(0)}\boldsymbol{E}\cdot d\boldsymbol{l}$$

因此在静电场中任意一点 M 的电势等于电场强度 $\boldsymbol{E}$ 沿任一路径由 M 点到零电势能点的线积分，即等于静电场力移动单位正点电荷经任意路径由 M 点到零电势能点所做的功。

$$V_M=\frac{E_{pM}}{q_0}=\int_M^{(0)}\boldsymbol{E}\cdot d\boldsymbol{l} \tag{8.39}$$

电势的单位为伏特或焦耳·库仑$^{-1}$ ($J\cdot C^{-1}$)。

【注意】(1) 电势是标量，且一般是空间位置的函数，即 $V=V(x,y,z)$。
(2) 因做功与路径无关，所以积分可沿最简单的路径进行。
(3) 电势具有相对意义，某点电势与电势零点的选取有关。

通常，有限带电体选无限远处为电势零点；“无限大”带电体，在场内选一个适当位置作为电势零点(一般不能选无限远)。实际应用中，常取地球的电势为零，在电子仪器仪表中，常取机壳或公共地线的电势为零。

8.6.3 电势差

电场中某两点 A、B 间电势的差值称为电势差(或电位差)用 V_{AB} 表示。由式(8.39)得

$$V_{AB}=V_A-V_B=\frac{E_{pA}}{q_0}-\frac{E_{pB}}{q_0}=\int_{AB}\boldsymbol{E}\cdot d\boldsymbol{l}$$

即 $$V_{AB}=\int_{AB}\boldsymbol{E}\cdot d\boldsymbol{l} \tag{8.40}$$

说明静电场中 A、B 两点的电势差 U_{AB}，在数值上等于把单位正试验电荷从 A 点移到 B 点时静电场力所做的功，或从 A 点到 B 点场强的线积分。

因此，任一电荷 q 在电场中从 A 点移到 B 点时，电场力做的功为

$$W_{AB}=qV_{AB} \tag{8.41}$$

电势的数值与电势零点的选取有关，而电势差与电势零点的选取无关。

8.6.4 电势的计算

1. 电势叠加原理

设各点电荷分别激发的电场强度为 $\boldsymbol{E}_1$、$\boldsymbol{E}_2$、$\boldsymbol{E}_3$、…、$\boldsymbol{E}_n$，由场强的叠加原理可知，系统的总场强为 $\boldsymbol{E}=\boldsymbol{E}_1+\boldsymbol{E}_2+\cdots+\boldsymbol{E}_n$。所以，由电势的定义得电场中某点 A 的电势为

$$V_A=\int_A^{\infty}\boldsymbol{E}\cdot d\boldsymbol{l}=\int_A^{\infty}\boldsymbol{E}_1\cdot d\boldsymbol{l}+\int_A^{\infty}\boldsymbol{E}_2\cdot d\boldsymbol{l}+\cdots+\int_A^{\infty}\boldsymbol{E}_n\cdot d\boldsymbol{l}$$

即 $$V_A=V_1+V_2+\cdots+V_n \tag{8.42}$$

其中 V_1、V_2、V_3、…、V_n 为每个带电体单独存在时激发的电场中该点的电势。

即一个电荷系统的电场中任一点的电势等于每一个带电体单独存在时在该点产生的电

势的代数和，这就是电势叠加原理。

2. 点电荷电场中的电势

已知点电荷的电场强度 $\boldsymbol{E}=\dfrac{q}{4\pi\varepsilon_0 r^2}\boldsymbol{e}_r$，由电势的定义得点电荷电场中某点 P 的电势为

$$V_P=\int_P^{\infty}\boldsymbol{E}\cdot\mathrm{d}\boldsymbol{l}=\int_r^{\infty}\frac{q}{4\pi\varepsilon_0 r^2}\boldsymbol{e}_r\cdot\mathrm{d}\boldsymbol{r}=\int_r^{\infty}\frac{q}{4\pi\varepsilon_0 r^2}\mathrm{d}r=\frac{q}{4\pi\varepsilon_0 r} \tag{8.43}$$

式中，r 为场点 P 到场源电荷的距离。式(8.43)表明，点电荷电场中的电势呈球对称分布。$q>0$ 时，电场中各点的电势均为正值；$q<0$ 时，电场中各点的电势均为负值。

3. 点电荷系电场中的电势

设电场由 n 个点电荷 q_1、q_2、q_3、…、q_n 产生，则每个电荷 q_i 在 P 点的电势 V_i，由式(8.43)得

$$V_i=\frac{q_i}{4\pi\varepsilon_0 r}$$

由电势的叠加原理式(8.42)得点电荷系在 P 点的电势为

$$V_P=\sum_{i=1}^{n}\frac{q_i}{4\pi\varepsilon_0 r_i} \tag{8.44}$$

4. 电荷连续分布带电体电场中的电势

将电荷连续分布的带电体分割成许多微小电荷元 $\mathrm{d}q$(可看成点电荷)，由电势的叠加原理，则式(8.44)中的求和可变为积分，得该带电体的电势为

$$V_P=\int\frac{\mathrm{d}q}{4\pi\varepsilon_0 r} \tag{8.44a}$$

积分范围遍及整个带电体，式中 r 为电荷元 $\mathrm{d}q$ 到场点的距离。

综上所述，讨论电场中各点电势的分布，可有以下两种方法。

① 从点电荷电场的电势出发，利用电势的叠加原理计算(最基本的方法，理论上可解决一切带电体电场中电势的分布)。

② 已知电场 $\boldsymbol{E}_{(r)}$ 的分布时，由电势的定义 $V_P=\int_P^{(0)}\boldsymbol{E}\cdot\mathrm{d}\boldsymbol{l}$ 计算。

下面举例讨论几种典型电场的电势分布。

【例 8-9】 如图 8.32 所示，求半径为 R、电荷为 Q 的带电圆环圆心处的电势。

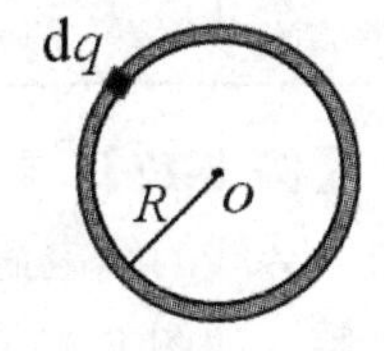

图 8.32　例 8-9 图

解：在圆环上任取一小段电荷元 $\mathrm{d}q$，如图 8.32 所示，由点电荷的电势式(8.43)知，$\mathrm{d}q$ 在圆心处的电势为

$$\mathrm{d}U=\frac{\mathrm{d}q}{4\pi\varepsilon_0 R}$$

由电势叠加原理，圆环在圆心处的电势为

$$U=\int\mathrm{d}U=\frac{1}{4\pi\varepsilon_0 R}\int\mathrm{d}q=\frac{Q}{4\pi\varepsilon_0 R} \tag{8.45}$$

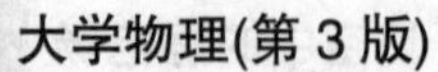

【讨论】带电圆环圆心处的电势与电荷是否均匀分布有关吗?

【例 8-10】 求均匀带电圆盘在圆心处的电势，设电荷面密度为σ，如图 8.33 所示。

解：均匀带电圆盘的电势可看成是半径不同的带电圆环在圆心处电势叠加的结果。

在均匀带电圆盘面上选取半径为r、宽度为$\mathrm{d}r$的细圆环，如图 8.33 所示，其电量为$\mathrm{d}q=\sigma 2\pi r\mathrm{d}r$，由例 8-9 的结论可知，圆环在圆心的电势为 $\mathrm{d}U=\dfrac{\mathrm{d}q}{4\pi\varepsilon_0 r}$。

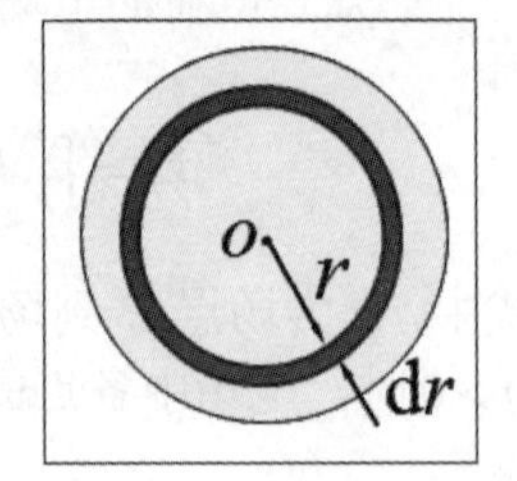

图 8.33　例 8-10 图

由电势叠加原理，圆盘在圆心处的电势为

$$U=\int \mathrm{d}U=\int\frac{\mathrm{d}q}{4\pi\varepsilon_0 r}=\int_0^R\frac{\sigma 2\pi r\mathrm{d}r}{4\pi\varepsilon_0 r}=\frac{\sigma}{2\varepsilon_0}R$$

例8-9和例8-10均是由电势的叠加原理解答电场的电势分布问题。下面再结合实例介绍第二种方法。

【例 8-11】 求均匀带电球面的电势分布。设球面半径为R，总电量为q。

解：由高斯定理可知，均匀带电球面的电场分布为

球面外：$E_1=\dfrac{q}{4\pi\varepsilon_0 r^2}\quad (r>R)$

球面内：$E_2=0\quad (r<R)$

其中r为场点到球心的距离。

所以，由电势的定义可知，球面外任一点($r>R$)的电势为

$$V=\int_r^{\infty}\boldsymbol{E}_1\cdot\mathrm{d}\boldsymbol{l}=\int_r^{\infty}\frac{q}{4\pi\varepsilon_0 r^2}\mathrm{d}r=\frac{q}{4\pi\varepsilon_0 r}$$

球面内任意一点的电势为

$$V=\int_r^{\infty}\boldsymbol{E}\cdot\mathrm{d}\boldsymbol{l}=\int_r^{R}\boldsymbol{E}_2\cdot\mathrm{d}\boldsymbol{l}+\int_R^{\infty}\boldsymbol{E}_1\cdot\mathrm{d}\boldsymbol{l}=\int_R^{\infty}\frac{q}{4\pi\varepsilon_0 r^2}\mathrm{d}r=\frac{q}{4\pi\varepsilon_0 R}\tag{8.46}$$

式(8.46)说明均匀带电球面内是一个等电势的空间。

【注意】 从$r\to\infty$积分时电场的分布是分段分布的，因此积分要分段进行。

【例 8-12】 求无限长均匀带电直导线外任一点 P 的电势，导线的线电荷密度为λ。

解：如图 8.34 所示，设P点到直导线的距离为r，取场中任一点 b(距导线为 r_0)为电势零点，即$V_{b(r=r_0)}=0$，则任一点P的电势为

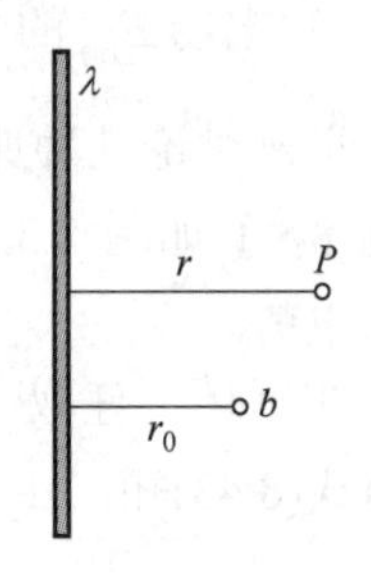

图 8.34　例 8-12 图

$$V=\int_r^{r_0}\boldsymbol{E}\cdot\mathrm{d}\boldsymbol{l}$$

由高斯定理可知，直导线的场强为 $E=\dfrac{\lambda}{2\pi\varepsilon_0 r}$

则 P 点的电势为

$$V=\int_r^{r_0}\boldsymbol{E}\cdot\mathrm{d}\boldsymbol{l}=\int_r^{r_0}\frac{\lambda}{2\pi\varepsilon_0 r}\mathrm{d}\boldsymbol{l}=\frac{\lambda}{2\pi\varepsilon_0}\ln r\,|_r^{r_0}=\frac{\lambda}{2\pi\varepsilon_0}\ln\frac{r_0}{r}$$

显然，当选择 r_0=1m 时，P 点电势有最简单的形式，且 $V=-\dfrac{\lambda}{2\pi\varepsilon_0}\ln r$。

【讨论】 本题能否选择无限远处为零电势的参考点？为什么？

计算表明，电势零点选取不同，电势的定量表达式不同；但任意两点的电势之差与电势零点选择无关；选择电势零点的原则是尽量使电势表达式范围为最简单形式。

附：大气电场

在寻常的日子里，平坦的原野或海洋上，若从地面垂直向上，电势将每米增加约 100V，就是说在空气中就有一个竖直向下的场强为 100V·m^{-1} 的电场，地球表面单位面积上所带的电荷为 $\sigma=\varepsilon_0 E\approx -9\times10^{-10}\,\mathrm{C\cdot m^{-2}}$。

由此可计算出整个地球表面带的负电荷约为 5×10^{5}C。当人站在旷野中时，人的头顶与脚之间的电势差可达 200V。所幸的是，人体是一个良导体，当脚与地面接触时，人和地面形成一个等势面，大地表面的部分负电荷会转移到你的头部，人的头、脚之间的电势差接近零，头部的负电荷有些会被空气中的离子放电，这种电流是极其微弱和短暂的。空气是不良导体，它其中的离子是因部分空气被宇宙射线、太阳紫外辐射以及放射性物质的射线等电离产生的。

地球表面和电离层都是良导体，它们是两个等势面，它们之间的电势差平均约为 3×10^{5}V，且由于它们之间的电阻大部分集中在稠密的大气低层，因此大气电场随高度的分布具有这样的特点：大气电场强度随高度增加而减小，在 10km 高处的电场强度约为地面值的 3%；电势随高度增加而升高，在低层大气中升高得最快。到 20km 的大气中，电势几乎保持不变，平均约为 3×10^{5}V。在大气电场的作用下，空气中的正离子向下运动，负离子向上运动形成电流，即大气电流。那么为什么能维持大地带有约 5×10^{5}C 的负电荷呢？确实，若没有电荷补充，地球表面的负电荷将在几分钟内被中和完。这说明大气中存在着一个电荷分布再生的机制，它是通过雷雨和闪电(简称雷暴)实现的。

整个大地每天约有 300 次雷电，正是这些雷电经常以平均 1800A 的电流给地球补充负电荷，然后在晴好的区域把它逐渐放了电。测试发现，晴天大气电场在一天内还随时间变化，且变化与地点、时间无关，即全球大气电场的变化是同步发生的。一天之内，大约在格林尼治时间 18:00 左右出现极大值，这主要是由于亚马孙河盆地的中午雷暴和非洲的热带雷雨产生的大气电荷形成的。大气电场的峰值时间与全球雷暴高潮时间的吻合，说明了雷暴是地球表面电荷的来源。

习 题 8

8.1 下列说法正确的是______。

(A) 电场强度为零的点电势也一定为零

(B) 电场强度不为零的点电势也一定不为零

(C) 电势为零的点电场强度也一定为零

(D) 电势在某一区域内为常量，则电场强度在该区域内必定为零

8.2 关于电场强度定义式 $\boldsymbol{E}=\boldsymbol{F}/q_0$，下列说法中正确的是______。

(A) 场强 $\boldsymbol{E}$ 的大小与试探电荷 q_0 的大小成反比

(B) 对场中某点，试探电荷受力 $\boldsymbol{F}$ 与 q_0 的比值不因 q_0 而变化

(C) 试探电荷受力 $\boldsymbol{F}$ 的方向就是场强 $\boldsymbol{E}$ 的方向

(D) 若场中某点不放试探电荷 q_0，则 $\boldsymbol{F}=0$，从而 $\boldsymbol{E}=0$

8.3 1964 年，盖尔曼等人提出基本粒子是由更基本的夸克组成的，中子就是由一个带 $\dfrac{2}{3}e$ 的上夸克和两个带 $-\dfrac{1}{3}e$ 的下夸克构成。若将夸克作为经典粒子处理，中子内的两个下夸克间距为 $2.60\times10^{-15}\,\mathrm{m}$，则它们间的相互作用力为______。

8.4 边长为 a 的正方形的四个顶点上放置如图 8.35 所示的点电荷，则中心 O 处场强大小为______，方向为______。

8.5 在点电荷 $q=2.0\times10^{-8}\,\mathrm{C}$ 的电场中，有 a、b 两点分别与点电荷的距离为 1.0m 和 2.0m，则这两点的电势差为______。

8.6 如图 8.36 所示，有一电场强度为 $\boldsymbol{E}$ 且平行于 x 轴正向的均匀电场，则通过图中一半径为 R 的封闭半球面的电场强度通量为______。

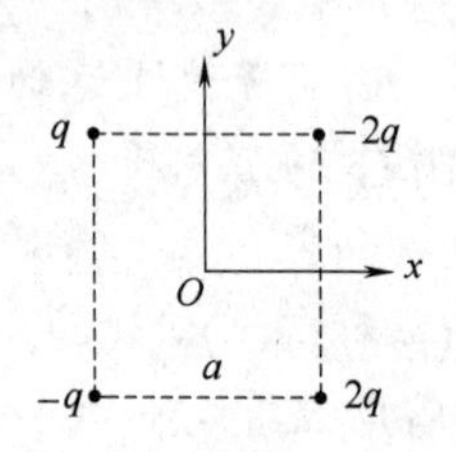

图 8.35 习题 8.4 图

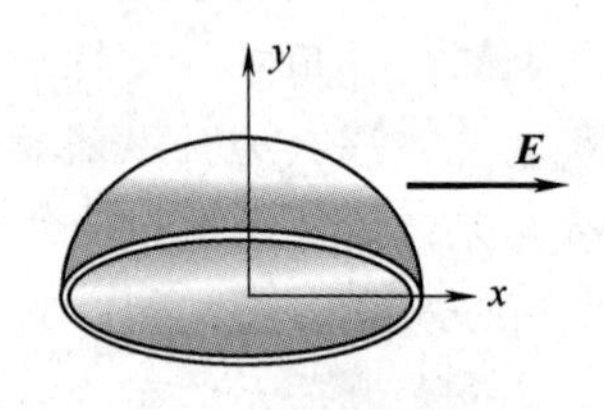

图 8.36 习题 8.6 图

8.7 关于高斯定理，以下说法正确的是______。

(A) 高斯定理是普遍适用的，但用它计算电场强度时要求电荷分布具有某种对称性

(B) 高斯定理对非对称性的电场是不正确的

(C) 高斯定理一定可以用于计算电荷分布具有对称性的电场的电场强度

(D) 高斯定理一定不可以用于计算非对称性电荷分布的电场的电场强度

8.8 一个带电粒子在电场中从静止开始运动，它的运动路线是否是一条电场线？它的

电势能如何变化？为什么？

8.9　一电量 $q=1.0\times10^{-6}$C 的电偶极子相距 0.2cm，将它放在场强为 1.0×10^{5}N·C^{-1} 的外电场中，求它受到的最大力矩。

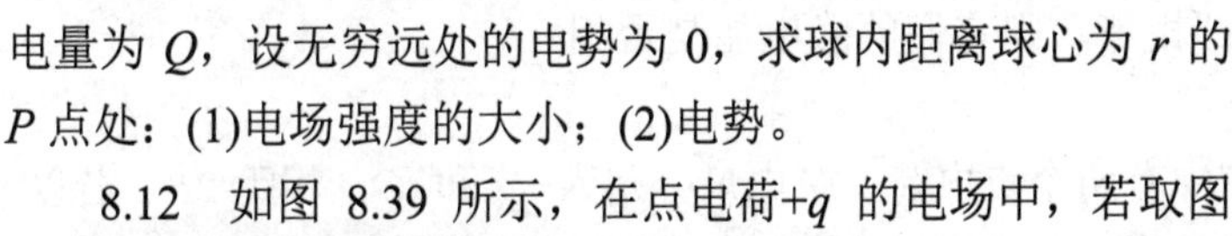

8.10　如图 8.37 所示，一个带电量为 q 的点电荷位于一边长为 l 的正方形 $abcd$ 的中心线上且垂直距离为 $l/2$，则通过该正方形的电场强度通量大小是多少？

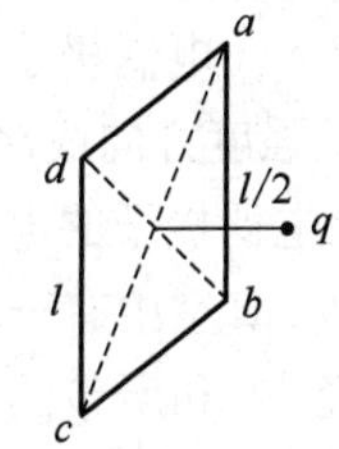

图 8.37　习题 8.10 图

8.11　如图 8.38 所示，半径为 R 的均匀带电球面，总电量为 Q，设无穷远处的电势为 0，求球内距离球心为 r 的 P 点处：(1)电场强度的大小；(2)电势。

8.12　如图 8.39 所示，在点电荷$+q$ 的电场中，若取图中 M 点作为电势零点，则 P 点的电势为______。

8.13　一电量为 q 的点电荷位于圆心 O 处，A 是圆内一点，B、C、D 为同一圆周上的三点，如图 8.40 所示。现将一试验电荷从 A 点分别移动到 B、C、D 各点，则电场力做功大小关系是 W_{AB}_______W_{AC}______W_{AD}______(填“>，< 或 =”)。

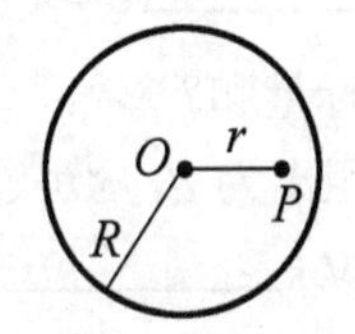

图 8.38　习题 8.11 图

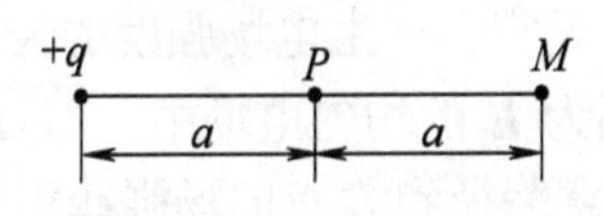

图 8.39　习题 8.12 图

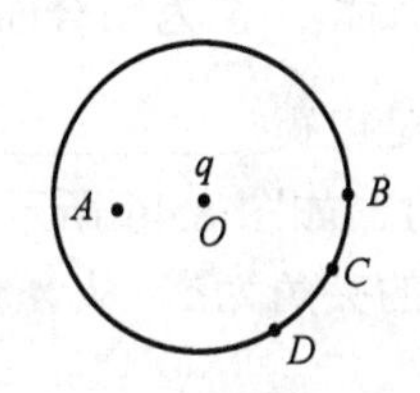

图 8.40　习题 8.13 图

8.14　一“无限大”带负电荷的平面，若设平面所在处为电势零点，取 x 轴垂直带电平面，原点在带电平面处，则其周围空间各点电势 U 随坐标 x 的关系曲线为图 8.41 中的______。

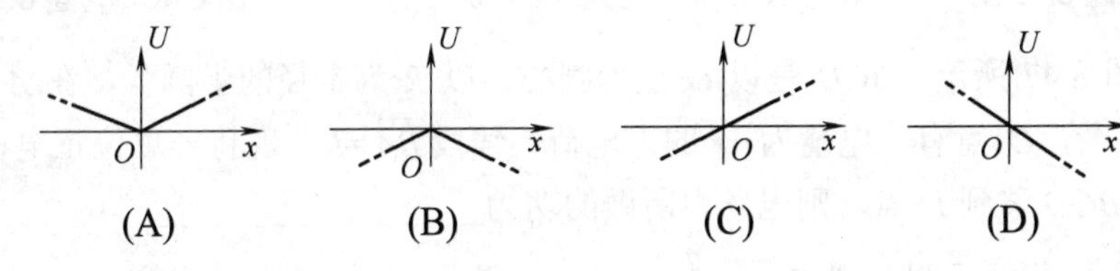

图 8.41　题 8.14 图

8.15　一个带正电荷的质点，在电场力作用下从 A 点出发，经 C 点运动到 B 点，其运动轨迹如图 8.42 所示，已知质点运动的速率是递减的，关于 C 点场强方向的四个图中正确的是______。

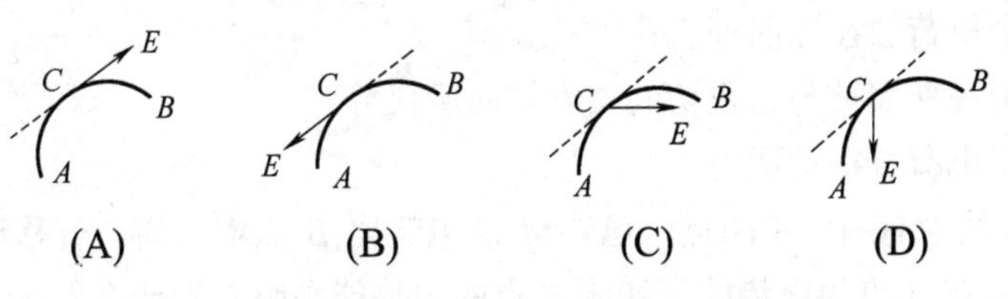

图 8.42　习题 8.15 图

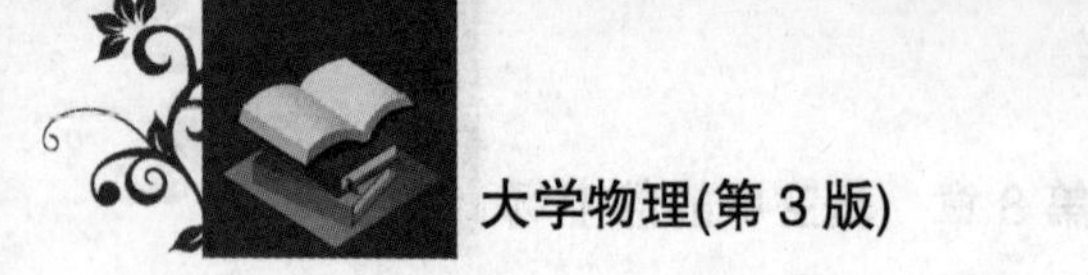

8.16　空间有一非均匀电场，其电场线如图 8.43 所示。若在电场中取一半径为 R 的球面，已知通过球面上ΔS 面积的电通量为$\Delta\Phi_e$，则通过其余部分球面的电通量为________。

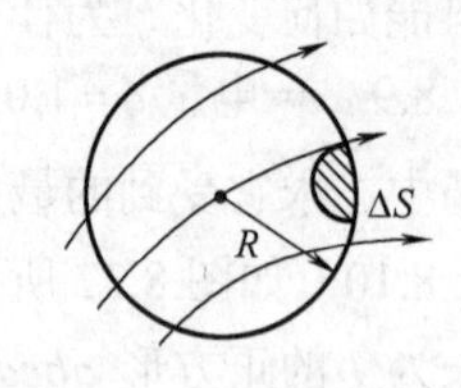

图 8.43　习题 8.16 图

8.17　一电偶极子放在场强为 $\boldsymbol{E}$ 的匀强电场中，电矩的方向与电场强度方向成θ角。已知作用在电偶极子上的力矩大小为 M，则此电偶极子的电矩大小为________。

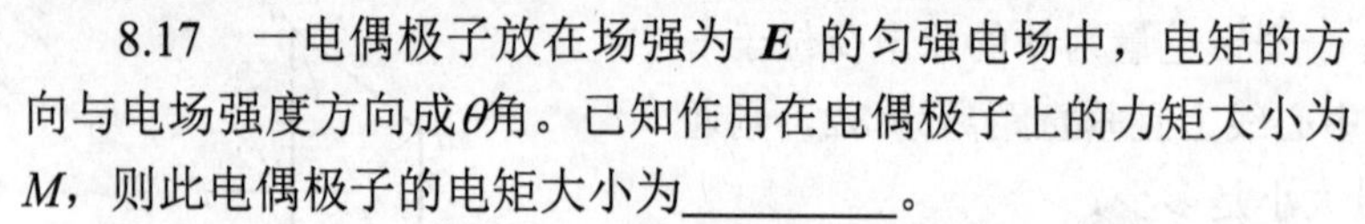

8.18　真空中有一均匀带电球体和一均匀带电球面，如果它们的半径 R 和所带的电量 Q 都相等，则它们的静电能是否相等？为什么？

8.19　如图 8.44 所示，真空中有两个点电荷，带电量分别为$+Q$ 和$-Q$，相距 $2R$。若以负电荷所在处 O 点为中心，以 R 为半径作高斯球面 S，则通过该球面的电场强度通量 $\Phi=$________；若以 $\boldsymbol{r}_0$ 表示高斯面外法线方向的单位矢量，则高斯面上 a、b 两点的电场强度分别为________。

8.20　电荷 q_1、q_2、q_3 和 q_4 在真空中的分布如图 8.45 所示，其中 q_2 是半径为 R 的均匀带电球体，　S 为闭合曲面，则通过闭合曲面 S 的电通量$\oint_S \boldsymbol{E}\cdot \mathrm{d}\boldsymbol{S}=$________，式中电场强度 $\boldsymbol{E}$ 是电荷________产生的。是它们产生电场强度的矢量和还是标量和？

8.21　如图 8.46 所示，在场强为 $\boldsymbol{E}$ 的均匀电场中，A、B 两点间距离为 d，AB 连线方向与 $\boldsymbol{E}$ 的夹角为α。从 A 点经过任意路径到 B 点的场强线积分$\int_{AB}\boldsymbol{E}\cdot \mathrm{d}\boldsymbol{l}=$________。

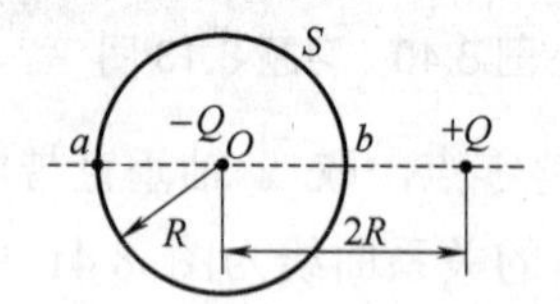

图 8.44　习题 8.19 图

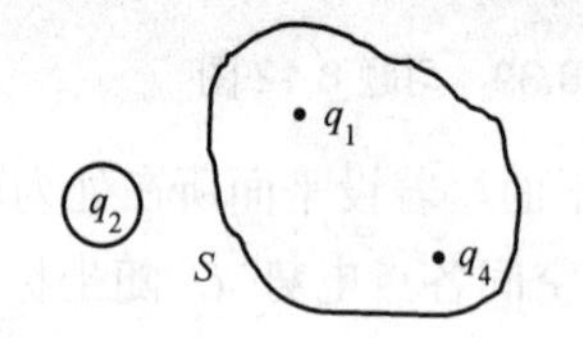

图 8.45　习题 8.20 图

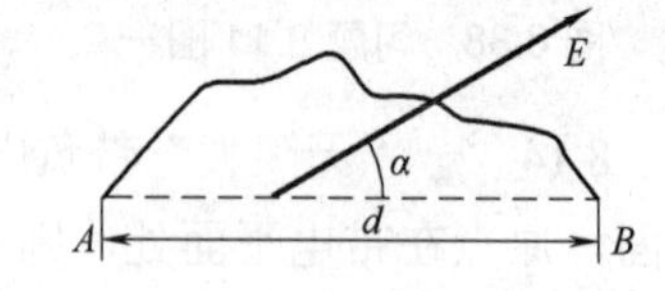

图 8.46　习题 8.21 图

8.22　如图 8.47 所示，BCD 是以 O 点为圆心，以 R 为半径的半圆弧，在 A 点有一电量为$-q$ 的点电荷，O 点有一电量为$+q$ 的点电荷，线段$\overline{BA}=R$。现将一单位正电荷从 B 点沿半圆弧轨道 BCD 移到 D 点，则电场力所做的功为________。

8.23　在点电荷的场强公式$E=\dfrac{q}{4\pi\varepsilon_0 r^2}$中，如果$r\to 0$，则电场强度$E\to\infty$。对吗？如何解释？

8.24　一点电荷放在球形高斯面的球心，下列几种情况下电场强度通量是否变化？

(1)　点电荷离开球心但仍在球内。

(2)　有另一个电荷放在球面外。

(3)　若此球形高斯面被与它正切的立方体面所代替。

(4)　有另一个电荷放在球面内。

8.25　在一电场中有 A、B 两点，已知 A 点电势比 B 点电势高，若移动一电荷 q 从 A 点到 B 点，问电荷在 A 点的电势能可能比 B 点的电势能小吗？为什么？

8.26　电偶极子在非均匀的电场中将如何运动？

8.27　如图 8.48 所示是用绝缘细线弯成的半圆环，半径为 R，其上均匀地带有正电荷 Q，试求圆心 O 处的电场强度。

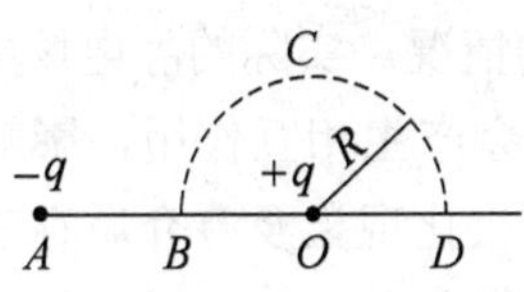

图 8.47　习题 8.22 图

图 8.48　习题 8.27 图

8.28　一对无限长的同轴直圆筒面均匀带电，沿轴线单位长度的电量分别为 λ_1 和 λ_2，半径分别为 R_1 和 R_2，求空间各部分的电场强度大小。

8.29　如图 8.49 所示，在一半径为 R，带电量为 Q 的均匀带电圆环上开一小口，宽为 $a(a \ll R)$。求圆心处的场强。

8.30　两个均匀带有电量 Q_1、Q_2 的同心球面的半径分别为 R_1、R_2 $(R_1 < R_2)$，求：

(1)　各区域的场强分布。

(2)　各区域的电势分布，并画出电势分布曲线。

(3)　两球面间的电势差是多少？

*8.31　如图 8.50 所示，一个均匀带电的球层，其电量为 Q，球层内表面半径为 R_1，外表面半径为 R_2。设无穷远处为电势零点，求空腔内任一点($r<R_1$)的电势。

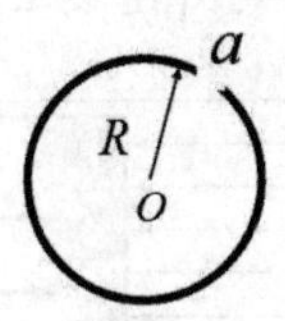

图 8.49　习题 8.29 图

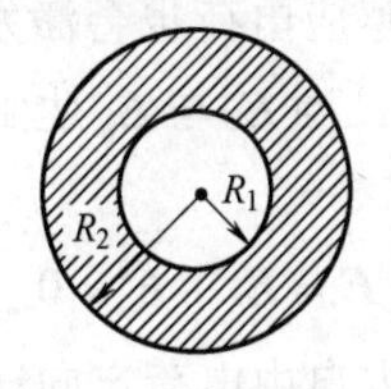

图 8.50　习题 8.31 图

8.32　一半径为 R 的球体内均匀分布着体电荷密度为 $\rho = kr$ 的电荷，其中 r 是径向距离，k 是常量。求各部分空间的电场强度分布。

第9章　静电场中的导体与电介质

在第 8 章我们讨论了真空中的静电场，是一种理想的情况。实际的静电场中总有导体或电介质(也叫绝缘体)存在，导体或电介质与静电场之间会产生相互作用，影响原电场的分布。本章主要研究静电场中导体的电学性质、电介质的极化现象及有介质存在时的高斯定理，电容、电容器和电场的能量等，使我们对电场有更深入的认识，以便更好地应用于生产和科技的各个方面。

9.1　静电场中的导体

9.1.1　导体的静电感应　静电平衡

从物质的电结构看，导体中存在大量可以自由移动的电荷，导电性很强，其电阻率为 $\rho = 10^{-8} \sim 10^{-6} \Omega \cdot \mathrm{m}$，导体不受外电场作用时呈电中性。当导体处在电场强度为 $\boldsymbol{E}_0$ 的外电场中时，如图 9.1 所示，导体内的自由电荷受外电场力的作用，将发生定向迁移，导体内等量异号电荷分别向相反方向定向移动到导体的两端面，打破原导体上处处电中性的状态，出现电荷的重新分布。这种导体在外电场中其自由电荷重新分布的现象叫静电感应现象，这些重新分布的电荷叫感应电荷。

导体内的感应电荷也会激发电场，其场强用 $\boldsymbol{E}'$ 表示，显然与外电场 $\boldsymbol{E}_0$ 的方向相反，如图 9.1 所示。当 $\boldsymbol{E}'$ 与 $\boldsymbol{E}_0$ 达到平衡时，导体内的总场强为

$$\boldsymbol{E} = \boldsymbol{E}_0 + \boldsymbol{E}' = 0 \tag{9.1}$$

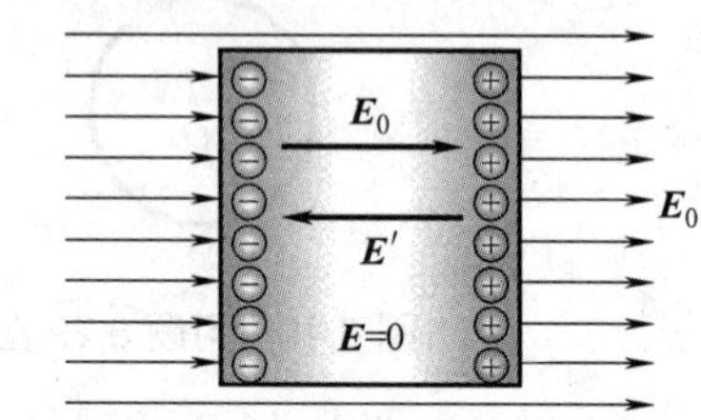

图 9.1　导体在电场中的静电平衡

此时导体内自由电荷定向迁移停止，迅速达到新的静电平衡，就称为静电感应平衡。此感应过程仅持续很短暂的时间(对于铜约为 10^{-19} s)。因此导体达到静电平衡时的特征为：导体内部及表面没有电荷的宏观定向移动。

由此可总结出导体静电平衡的条件如下。

(1)　静电平衡时的导体内部任一点的场强都等于零。

由于导体内部任一点的场强都等于零，那么在导体内或导体面上任意两点 ab 间移动电荷，电场力做功为

$$W = q\int_a^b \boldsymbol{E} \cdot \mathrm{d}\boldsymbol{l} = q(V_a - V_b) = 0 \tag{9.2}$$

式(9.2)说明 $V_a = V_b$，即任意两点间的电势相等。

(2)　静电平衡时的导体是等势体，导体表面是等势面。

静电平衡时，如图 9.2 所示，导体表面附近的场强和该处表面垂直。如果场强不垂直

于表面，沿导体的表面就会有分量，这样沿导体的表面移动电荷电场力就要做功，导体的表面上就会有电荷的定向移动，这就不是导体的静电平衡状态了。

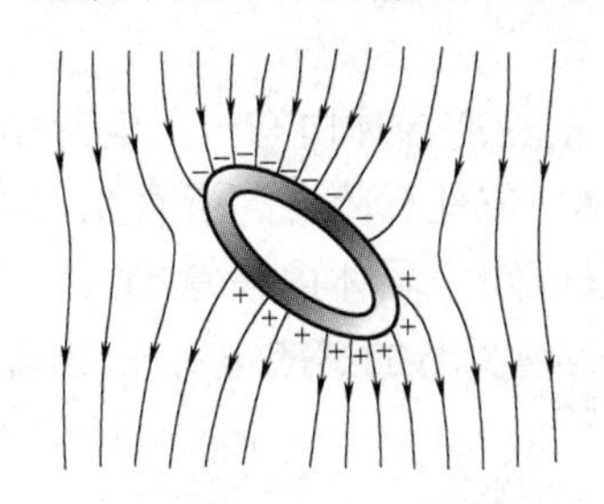

图 9.2　静电平衡时导体表面的场强方向

9.1.2　静电平衡时导体上电荷的分布

处于静电平衡时的导体内部无净电荷，电荷只分布在导体表面。静电平衡时的导体上电荷的分布特征可用高斯定理讨论，下面分两种情况分别说明。

1．实心导体

如图 9.3 所示，有一带电量为 Q 的实心导体，在实心导体内作任意高斯面 S，由高斯定理 $\oint_S \boldsymbol{E}\cdot \mathrm{d}S=\frac{1}{\varepsilon_0}\sum q_i$ 可知，因静电平衡时导体内的场强 $\boldsymbol{E}=0$，则高斯面内的电荷代数和应为零，即导体内部没有净电荷，故电荷只能分布在实心导体的表面。

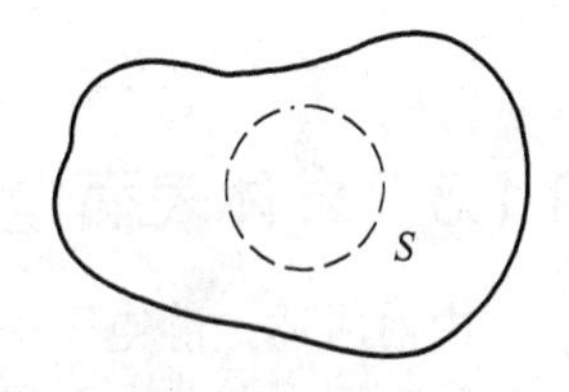

图 9.3　实心导体

2．空腔导体

1)　空腔内无其他带电体

如图 9.4(a)所示的空腔导体，在导体内作任意高斯面 S，由高斯定理，因 $\boldsymbol{E}=0$，所以高斯面 S 内的电荷量 $\sum q_i=0$，即导体内部无净电荷。那么，内表面上是否会有等量异号的电荷分布呢？设想如果有，就会激发如图 9.4(b)所示的电场，其电场线由正电荷出发终止于负电荷。这样 A、B 两点的电势差 $U_{AB}=\int_{AB}\boldsymbol{E}\cdot \mathrm{d}\boldsymbol{l}\neq 0$，此结论与静电平衡时的导体是等势体相矛盾。因此，导体内表面不会有等量异号的电荷分布，即导体的内表面无净电荷存在。

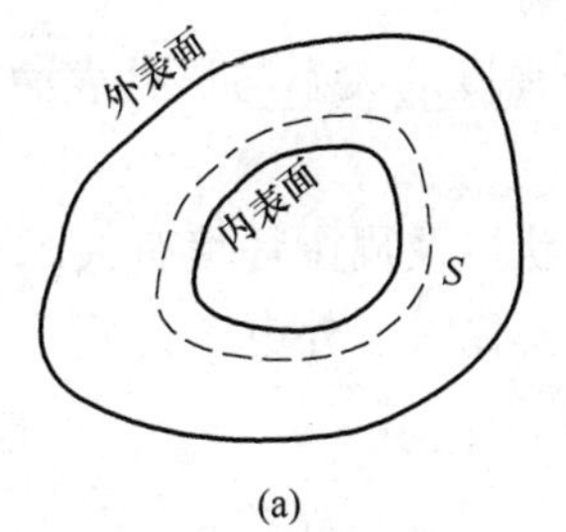

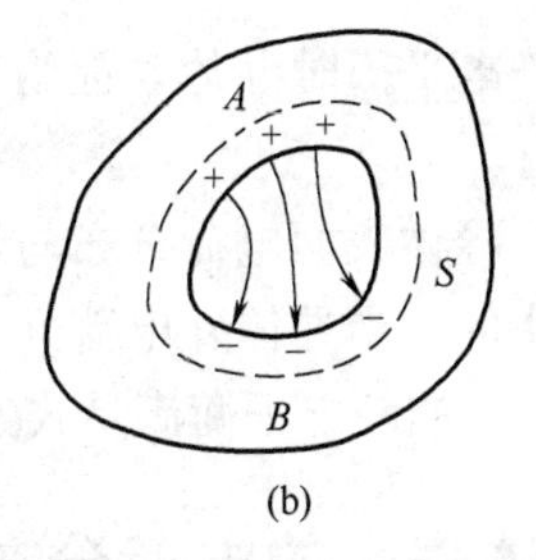

图 9.4　空腔导体电荷分布

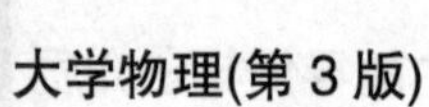

所以对空腔内无电荷的带电导体静电平衡时，空腔内表面无电荷分布，电荷只能分布在空腔导体的外表面。

2) 空腔内有其他带电体

如图 9.5(a)所示带电量为 Q 的空腔导体内有一正电荷$+q$，由于静电感应，导体的电荷重新分布如图 9.5(b)所示。在导体内取任意闭合高斯面 S，由于静电平衡时导体内的电场强度处处为零，同理，由高斯定理可知，导体内任意闭合曲面所包围的电荷的代数和应为零。说明空腔导体内表面必定有等量异号的感应电荷$-q$ 出现，而导体外表面的电荷由电荷守恒定律可知为 $Q+q$。

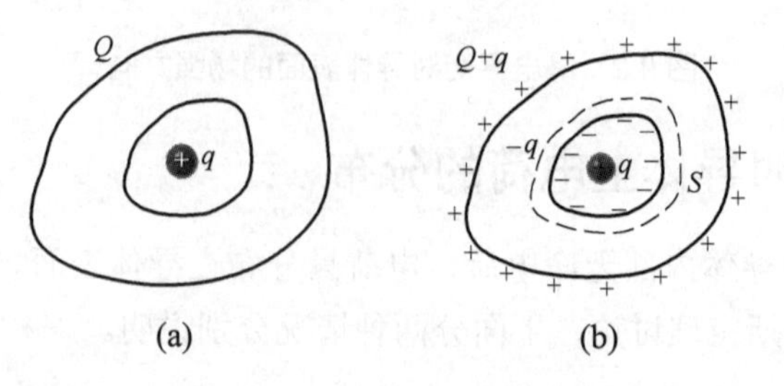

图 9.5 空腔导体内有电荷

9.1.3 导体表面电场强度

由前所述，静电平衡时的导体，其电荷只分布在导体的外表面上。那么，导体表面的场强与表面电荷分布面密度间关系如何？

如图 9.6 所示，设静电平衡时的导体表面处的场强为 $\boldsymbol{E}$，方向与该处表面垂直。在紧贴导体表面处作一扁柱形高斯面 S，底面积为ΔS(此面元足够小，使该处的电荷分布面密度可看成是均匀的)，设该处的电荷面密度为σ。

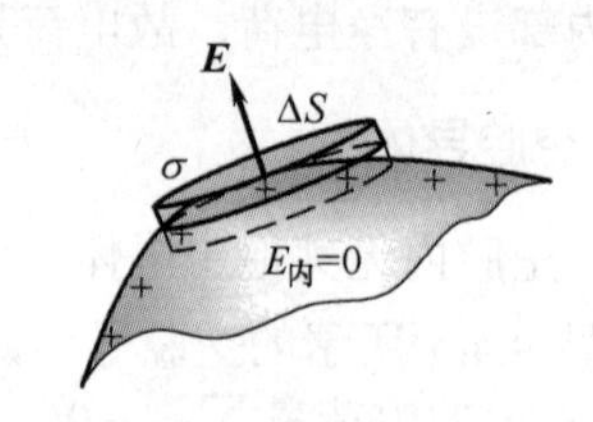

图 9.6 静电平衡时导体表面的电场分布

由高斯定理可知，$\oint_S E \cdot \mathrm{d}S = \dfrac{\sigma \Delta S}{\varepsilon_0}$，即 $E \cdot \Delta S = \dfrac{\sigma \Delta S}{\varepsilon_0}$，则得

$$E = \frac{\sigma}{\varepsilon_0} \tag{9.3}$$

式(9.3)表明，静电平衡时导体表面附近电场强度的大小与该处表面电荷面密度σ成正比，方向与表面垂直。

值得注意的是，导体表面电荷分布与导体形状以及周围环境有关。式(9.3)表示的场强为空间所有电荷产生的。当导体外电荷分布发生变化时，外电场会变，导体上电荷分布也发生变化，直到达到新的静电平衡满足式(9.3)为止。

9.1.4 孤立导体表面的电荷分布

当一个导体周围不存在其他导体、电介质和带电体时，该导体称为孤立导体。孤立导

体表面的电荷分布面密度与导体表面的曲率有关。孤立导体表面尖锐而突出的地方曲率大，电荷面密度较大；表面平坦的地方曲率小，电荷面密度也较小，如图 9.7 所示。

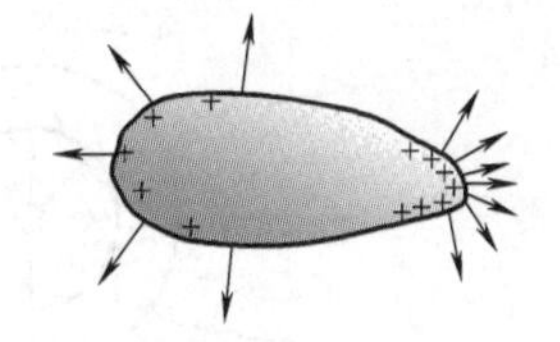

图 9.7　孤立导体表面电荷分布

由于带电导体尖端处表面曲率大，电荷面密度 σ 也大，由式(9.3)可知它周围的电场强度 $\boldsymbol{E}$ 就很强。当尖端上的电荷聚集过多，其周围的电场强度就过大，以致使附近空气分子在此强电场作用下迅速电离，从而产生大量的带电离子而成为导体。与尖端上的电荷异号的带电离子就受尖端电荷的吸引而飞向尖端，并与尖端上的电荷迅速发生中和而放电。在电场不过分强的情况下，此放电过程是较平稳地、无声息地进行的；但在电场很强的情况下，放电就会以暴烈的火花放电形式出现，并在短暂的时间内释放出大量的能量，形成所谓的尖端放电现象，如图 9.8 所示。

图 9.8　尖端放电与避雷针

例如，潮湿阴雨天气时常在高压输电线表面附近看到淡蓝色辉光的电晕，就是一种平稳的简单放电现象。避雷针是简单放电的重要应用，当避雷针尖端的电场强度大到超过空气的击穿场强时，空气被电离形成放电通道，使云层和大地间电荷通过这一通道而中和，从而避免雷击。图 9.8 所示是各种高层建筑物上的避雷针，既可以使造型美观，又保护了建筑物免受雷击。在高压设备中，所有金属元件都尽量避免带有尖棱，最好做成圆形，并尽量使表面光滑而平坦，这都是为了避免尖端放电的产生。

9.1.5　静电屏蔽

若把一空腔导体放在静电场中，达到静电平衡时，导体内和空腔中的场强处处为零，即电场线将终止于导体的外表面而不能穿过导体的内表面进入空腔，如图 9.9 所示。

我们可以利用空腔导体这一特征来屏蔽外电场，使空腔内的物体不受外电场的影响。不论封闭导体壳是否接地，内部电场不受壳外电场影响。这时，整个空腔导体和腔内的电势也必处处相等，构成一等势体。

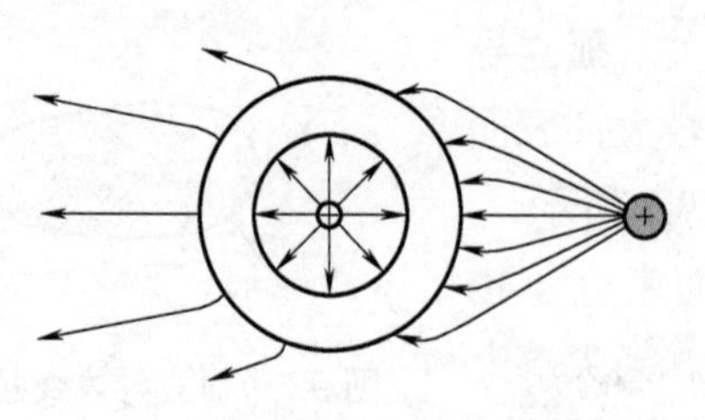

(a) 空腔内有电场的屏蔽

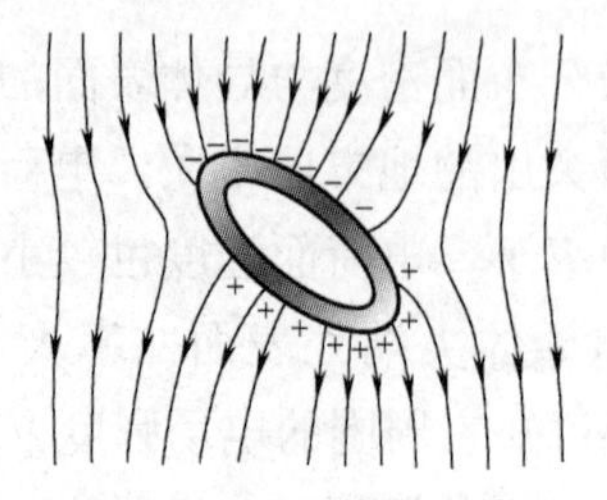

(b) 空腔内无电场的屏蔽

图 9.9　空腔导体屏蔽外电场

我们还可以利用空腔导体防止放在其中的带电体对导体外物体产生影响。如图 9.10(a)所示，当导体空腔内有带电体时，空腔内表面将感应产生等量异号电荷，空腔外表面也会出现感应电荷，使导体外产生电场。若将导体壳接地，如图 9.10(b)所示，则导体外表面的感应电荷因接地而被中和，空腔导体外相应的电场也随之消失。这样，接地的空腔导体内部电荷激发的电场对导体外的物体就不会产生任何影响了。

综上所述，空腔导体(不论接地与否)将使空腔内电场不受外电场的影响，而接地的空腔导体将使外部空间不受空腔内电场的影响。这种利用导体的静电平衡特征使局部空间不受外电场影响的现象叫作静电屏蔽。

静电屏蔽原理应用十分广泛。例如，为避免外电场对精密电磁测量仪器的干扰，仪器的外壳常用金属制成；传输微弱电信号的同轴电缆外层也加有一层金属丝编制的网，以屏蔽外电场的干扰；高压输电线路的带电检修也利用了静电屏蔽的原理。工作人员带电作业时，穿上用细铜丝或导电纤维编制成的工作服(屏蔽服、均压服)，使之形成一导体网罩，相当于把人体置于空腔导体内，使电场不能到达人体，对人体起到静电屏蔽的作用，保证工作人员的安全，如图 9.11 所示。

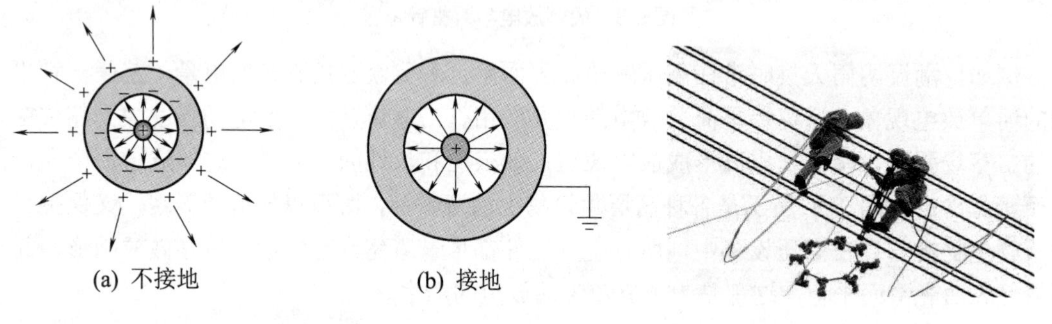

(a) 不接地　　(b) 接地

图 9.10　接地空腔导体屏蔽内电场

图 9.11　高压带电作业

9.1.6　有导体存在时的静电场分布

当静电场中有导体存在时，电场会影响导体上电荷的分布，同时导体上电荷的重新分布也会影响原电场的分布。这种相互作用一直到达到静电平衡时为止，这时导体上的电荷及周围电场的分布将不再改变。电荷及电场的分布要根据静电场的基本规律、电荷守恒定律及导体的静电平衡条件综合分析解决。下面举例说明。

【例 9-1】 原来不带电的导体球附近有一长 l、电量为 q 的带电直线，与球心相距 $d(d>R)$，如图 9.12 所示。求：(1)导体球的电势；(2)若将球接地，求球上的总感应电量。

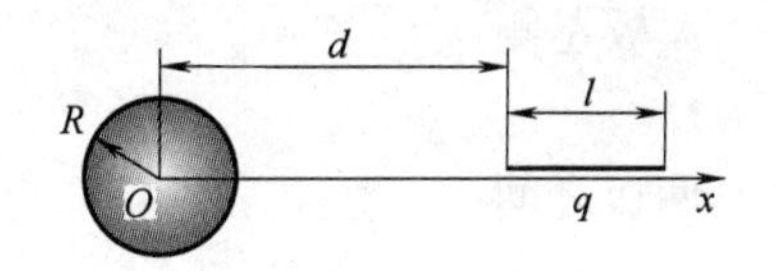

图 9.12　例 9-1 图

解： 静电平衡时的导体球是等势体，导体球的电势可用球心的电势表示，建立坐标如图 9.12 所示。

(1) 因静电感应，设导体球上的感应电量为 q'，由电势叠加原理可知，球体的电势等于带电直线激发电场的电势 V_{qO} 与球体上感应电荷激发电场的电势 $V_{q'O}$ 的叠加。即

$$V_{球}=V_O=V_{qO}+V_{q'O}=\int_l \frac{\mathrm{d}q}{4\pi\varepsilon_0 x}+\int_s \frac{\mathrm{d}q'}{4\pi\varepsilon_0 R}=\int_d^{d+l}\frac{\lambda \mathrm{d}x}{4\pi\varepsilon_0 x}+\frac{1}{4\pi\varepsilon_0 R}\int \mathrm{d}q'$$

$$=\frac{\lambda}{4\pi\varepsilon_0}\ln\frac{d+l}{d},\ \left(\lambda=\frac{q}{l}，由电荷守恒q'=0\right)$$

(2) 若将导体球接地，球上的感应电量为 q'，球的电势为零，$V_{球}=V_O=0$，同理

$$V_O=V_q+V_{q'}=\frac{\lambda}{4\pi\varepsilon_0}\ln\frac{d+l}{d}+\frac{q'}{4\pi\varepsilon_0 R}=0$$

得
$$q'=-\lambda R\ln\frac{d+l}{d}=-\frac{qR}{l}\ln\frac{d+l}{d}(负号表示与棒的电量q异号)$$

【例 9-2】 两面积相等且平行放置的导体平板 A、B，其中 A 带电量 Q，B 不带电。平板的面积比两板间距和板的厚度大很多。静电平衡时，求：(1)A、B 板上的电荷分布及空间的电场分布；(2)若将 B 板接地，其电荷及电场分布又如何？

解： (1) 由题意知，两导体平板可看成是两“无限大”的带电平板。设导体板面积为 S，静电平衡时各板面电荷分布面密度分别为 σ_1、σ_2、σ_3、σ_4，如图 9.13 所示。

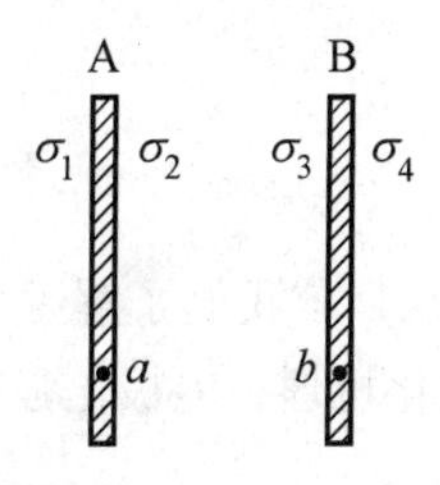

图 9.13　例 9-2 图

静电平衡时两板内任一点的场强均为零。在导体板 A 内任取一点 a，其场强由场强的叠加原理可知，应是四个面的电荷 σ_1、σ_2、σ_3、σ_4 在 a 处激发电场的合场强。

设各面电荷密度均为正(若解出的 σ 为负，说明与假设的电性相反)，取向右的电场方向为正向，得

$$E_a=\frac{\sigma_1}{2\varepsilon_0}-\frac{\sigma_2}{2\varepsilon_0}-\frac{\sigma_3}{2\varepsilon_0}-\frac{\sigma_4}{2\varepsilon_0}=0 \qquad ①$$

同理对导体板 B 内任一点 b 场强

$$E_b=\frac{\sigma_1}{2\varepsilon_0}+\frac{\sigma_2}{2\varepsilon_0}+\frac{\sigma_3}{2\varepsilon_0}-\frac{\sigma_4}{2\varepsilon_0}=0 \qquad ②$$

又由电荷守恒定律得

$$\sigma_1 S+\sigma_2 S=Q \qquad ③$$

$$\sigma_3 S+\sigma_4 S=0 \qquad ④$$

解方程①～④得　$\sigma_1=\sigma_4=\dfrac{Q}{2S}$，　$\sigma_2=-\sigma_3=\dfrac{Q}{2S}$

各区域场强大小分布，由无限大带电平面的场强叠加原理可得出以下结论。

A 板左侧：
$$E=\frac{\sigma_1}{\varepsilon_0}=\frac{Q}{2\varepsilon_0 S}$$

两板之间：
$$E=\frac{\sigma_2}{\varepsilon_0}=\frac{\sigma_3}{\varepsilon_0}=\frac{Q}{2\varepsilon_0 S}$$

B 板右侧：
$$E=\frac{\sigma_4}{\varepsilon_0}=\frac{Q}{2\varepsilon_0 S}$$

(2) 将 B 板接地时， $\sigma_4=0$

同理得 a 点
$$E_a=\frac{\sigma_1}{2\varepsilon_0}-\frac{\sigma_2}{2\varepsilon_0}-\frac{\sigma_3}{2\varepsilon_0}=0 \quad ⑤$$

b 点
$$E_b=\frac{\sigma_1}{2\varepsilon_0}+\frac{\sigma_2}{2\varepsilon_0}+\frac{\sigma_3}{2\varepsilon_0}=0 \quad ⑥$$

由电荷守恒得
$$\sigma_1 S+\sigma_2 S=Q \quad ⑦$$

解方程⑤～⑦得电荷分布 $\sigma_1=0$，$\sigma_2=-\sigma_3=\frac{Q}{S}$

场强分布为：两板之间 $E=\frac{Q}{\varepsilon_0 S}$；两板之外 $E=0$。

由此可得一般性的结论：两“无限大”平行带电导体板达到静电平衡时，相对两面电荷面密度等值异号；相背两面电荷面密度等值同号。

【课外思考】 飞机上装有避雷针吗？飞机为什么不能在雷雨天气飞行？飞机在高空飞行时是如何防静电的？

*9.2 静电场中的电介质

9.1 节我们了解了导体对静电场的影响。本节讨论电介质对电场的影响，分析电介质的极化机理、电极化强度的概念以及极化电荷与自由电荷的关系等基本规律。

9.2.1 电介质及其极化

静电场中的导体由于静电感应会带上感应电荷。电介质不同于导体，电介质分子中的电子受所属原子的原子核很强的束缚，无自由电子存在，即使在外电场作用下也只能沿电场方向相对于原子核做一微观位移，无自由电荷的宏观运动。

电介质中每个分子都是一个复杂的带电系统，有正电荷和负电荷，它们分布在一个线度为 10^{-10} m 的极小范围内，而不是集中在一点。一般情况下，我们近似地认为其中的电荷集中于一点，该点叫电荷的“中心”。在讨论电场与电介质的相互作用时，通常把电介质分子简化为“电偶极子”模型，电介质就可看成是由大量微小的电偶极子组成的。

1. 电介质的分类

电介质在无外电场作用下，从分子的线度看电介质的电结构，可将电介质分成两类：

一类是电介质分子正负电荷中心重合的称为**无极分子**。如甲烷分子CH_4、氢、聚丙乙烯、石蜡等，如图 9.14(a)所示。无极分子的电偶极矩 $\boldsymbol{P}_e=0$，无固有电偶极矩。另一类是电介质分子正负电荷中心不重合的称为**有极分子**。如水分子H_2O、环氧树脂、陶瓷等，如图 9.14(b)所示。有极分子的电偶极矩 $\boldsymbol{P}=q\boldsymbol{l}\neq 0$，有一固定的分子电偶极矩。

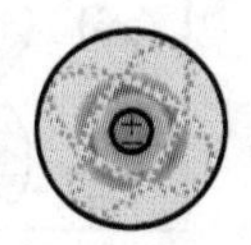
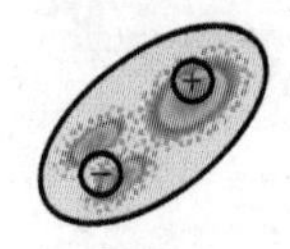
(a) 无极分子　(b) 有极分子

图 9.14　电介质分子结构

2. 电介质的极化

电介质分子因其电结构的不同，在有外电场作用时，电介质的极化机理也不同。

1)　无极分子的位移极化

无极分子在无外电场作用时，正负电荷中心是重合的，电偶极矩为零，电介质呈电中性。当处在外电场中时，在外电场力的作用下，无极分子中的正负电荷将受相反方向的电场力作用，发生一微小相对位移 $\boldsymbol{l}$，形成电偶极子，每个分子的电偶极矩不再为零，它们的等效电偶极矩 $\boldsymbol{P}$ 的方向都将沿着外电场的方向，如图 9.15 所示。这种现象称为电介质的**位移极化**。

对于整块均匀的电介质，在它内部处处仍然保持电中性，但是在电介质的两个和外电场相垂直的端面上，将分别出现等量异号的电荷，如图 9.15(b)所示，这些电荷不能脱离电介质分子核引力的束缚，因此不能在电介质中移动。把这种电荷称为**极化电荷**(也叫束缚电荷)。

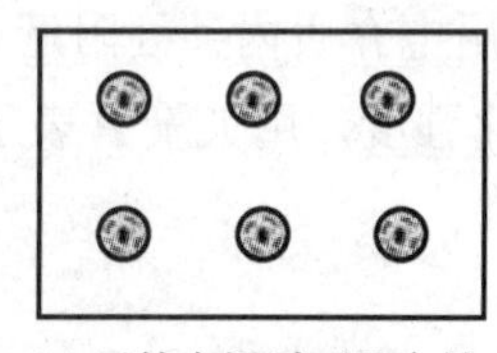
(a) 无外电场时不呈电性

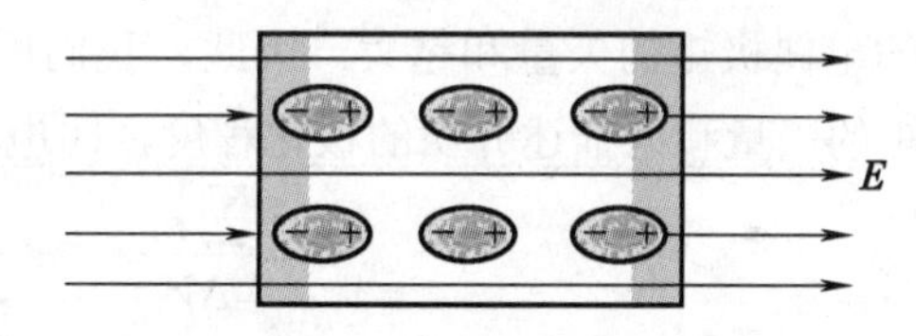

(b) 有外电场时的位移极化

图 9.15　无极分子的极化

2)　有极分子的转向极化

有极分子电介质，分子的正负电荷中心等效于一个电偶极子，每个电偶极子都有其固定的电矩。无外电场时，无规则的热运动使无极分子的电矩方向排列杂乱无章，整个电介质中分子的电矩矢量和为零，电介质宏观上不呈电性，如图 9.16(a)所示。但有极分子在外电场作用下，将受到力矩的作用发生转动，每个电偶极子的电矩 $\boldsymbol{P}$ 方向趋向外电场 $\boldsymbol{E}$ 方向，使电偶极子较为规则排列，导致介质与外电场垂直的两端面出现等量异号的束缚电荷(**极化电荷**)，如图 9.16(b)所示，称为电介质的**转向(取向)极化**。

一般来说，分子在转向极化的同时，也存在位移极化。虽然两种电介质受外电场作用的微观机制不同，但宏观效果是相同的。我们把在外电场作用下，电介质表面出现极化电荷的现象称为电介质的极化。

电介质的极化现象中出现的极化电荷也会激发电场，影响原电场的分布。

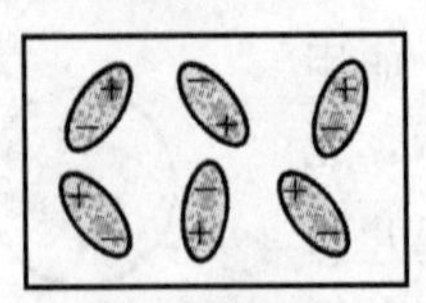

(a) 无外电场时无极分子宏观上不呈电性

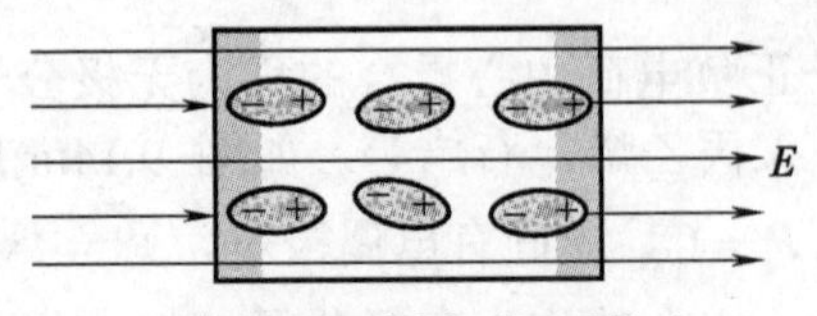

(b) 有外电场时有极分子受转动力矩作用发生转向极化

图 9.16　有极分子的转向(取向)极化

3. 电介质极化后的场强

从电介质的极化结果看，在介质与外电场垂直的两端面出现的等量正负极化电荷(束缚电荷)产生的附加场强 $\boldsymbol{E}'$ 是与外电场 $\boldsymbol{E}_0$ 反向的，如图 9.15 和图 9.16 所示。

介质内的合场强为

$$\boldsymbol{E}=\boldsymbol{E}_0+\boldsymbol{E}' \tag{9.4}$$

式中，$\boldsymbol{E}_0$ 表示自由电荷产生的场强；$\boldsymbol{E}'$ 表示极化电荷产生的场强。介质内的合场强 $\boldsymbol{E}$ 比真空时场强 $\boldsymbol{E}_0$ 弱，但不为零(**与导体静电平衡截然不同**)。

9.2.2　电极化强度

电介质被极化后电偶极子排列的有序程度反映了介质被极化的程度，排列越有序，说明极化越强烈。不论是无极分子还是有极分子电介质，在未极化时，所有分子电偶极矩的矢量和为零。当外电场存在时，电介质被极化，分子的电偶极矩的矢量和不再为零。外电场越强，分子的电偶极矩的矢量和越大。因此，我们可以用电介质内某处附近单位体积内分子的电偶极矩的矢量和来描述介质的极化程度，叫电极化强度，用矢量 $\boldsymbol{P}$ 表示。即

$$\boldsymbol{P}=\frac{\sum \boldsymbol{p}_i}{\Delta V} \tag{9.5}$$

式中，$\boldsymbol{p}_i$ 为分子电偶极矩；$\boldsymbol{P}$ 为电极化强度，单位为库仑·米^{2}($\mathrm{C\cdot m^{-2}}$)。

若电介质的电极化强度大小和方向相同，称为均匀极化；否则，称为非均匀极化。

设电介质极化后的极化电荷面密度为 σ'，电介质极化的程度越高，即电极化强度 $\boldsymbol{P}$ 越大，σ' 也应该越大。下面仍以电荷面密度为 $\pm\sigma_0$ 的平行板电容器为例讨论。

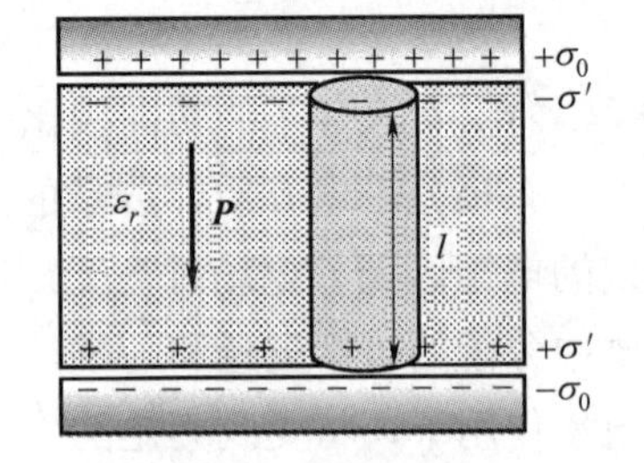

图 9.17　电极化强度

如图 9.17 所示，在电介质中取一长为 l、底面积为 ΔS 的柱体，柱体两底面的极化电荷面密度分别为$-\sigma'$和$+\sigma'$，电极化强度的大小为

$$P=\frac{\sum p_i}{\Delta V}=\frac{\sigma'\Delta Sl}{\Delta Sl}=\sigma' \tag{9.6}$$

式(9.6)表明，平板电容器中的均匀电介质，其电极化强度的大小等于极化电荷面密度值。

9.2.3　电介质中的电场强度　极化电荷与自由电荷的关系

电介质极化后，极化电荷与自由电荷的分布如图 9.18 所示。

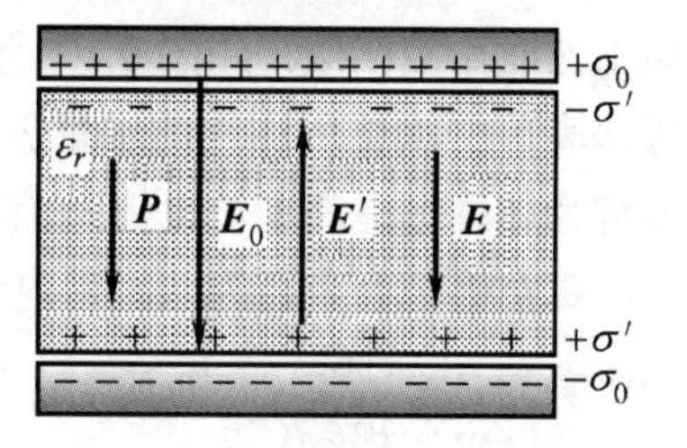

图 9.18　极化电荷与自由电荷

1. 电介质中的电场强度

$$\boldsymbol{E}=\boldsymbol{E}_0+\boldsymbol{E}' \tag{9.7}$$

大小为
$$E=E_0-E'=\frac{E_0}{\varepsilon_r} \tag{9.8}$$

即介质中的场强是真空中的 $\dfrac{1}{\varepsilon_r}$ 倍。

其中
$$E_0=\sigma_0/\varepsilon_0,\qquad E'=\sigma'/\varepsilon_0 \tag{9.9}$$

*2. 极化电荷与自由电荷的关系

由
$$E=\frac{\sigma_0}{\varepsilon_0}-\frac{\sigma'}{\varepsilon_0}=\frac{1}{\varepsilon_0}(\sigma_0-\sigma') \tag{9.10}$$

及式(9.8)、式(9.9)可得
$$\sigma'=\frac{\varepsilon_r-1}{\varepsilon_r}\sigma_0 \tag{9.11}$$

因　$Q'=\sigma'S$，$Q_0=\sigma_0 S$，式(9.11)也可写为

$$Q'=\frac{\varepsilon_r-1}{\varepsilon_r}Q_0 \tag{9.12}$$

由式(9.6)、式(9.8)、式(9.9)可得

$$\boldsymbol{P}=(\varepsilon_r-1)\varepsilon_0\boldsymbol{E} \tag{9.13}$$

在实验中，常用 χ 表示电介质的电极化率，在各向同性线性电介质中它是一个常数，且

$$\chi=\varepsilon_r-1 \tag{9.14}$$

则

$$\boldsymbol{P}=\chi\varepsilon_0\boldsymbol{E} \tag{9.15}$$

在高频条件下，电介质的相对电容率和外电场的频率有关。

9.3　电容　电容器

电容是表征导体储存电能的本领的物理量，是一个很重要的电学量，是导体普遍共有的性质，如同水容器具有储水能力一样。

9.3.1　孤立导体的电容

孤立导体是指其他导体或带电体都离它足够远，以至于其他导体或带电体对它的影响可以忽略不计的导体。

孤立导体所带的电量与其电势的比值叫作孤立导体的电容，表达式为

$$C=\frac{Q}{V} \tag{9.16}$$

一般导体形状不同，电容 C 就不同，这和水容器储水性能非常相似。如图 9.19 所示，不同口径的水容器每提高单位水位所注入的水量就不同。因此电容也可以理解为导体每提高单位电势所储存的电量。

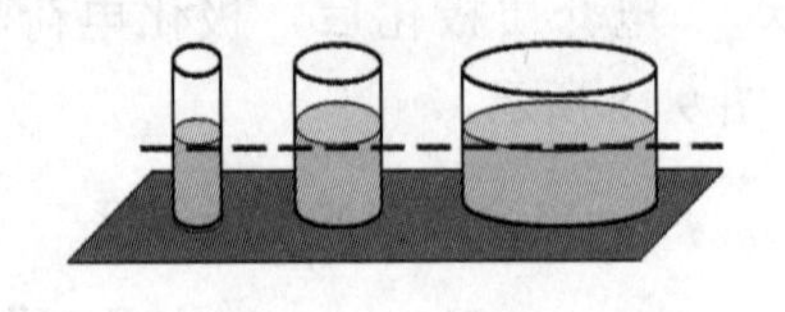

图 9.19　水容量

真空中一个半径为 R、带电量为 Q 的孤立球形导体的电势为$V=\frac{Q}{4\pi\varepsilon_0 R}$，则其电容为

$$C=\frac{Q}{V}=4\pi\varepsilon_0 R \tag{9.17}$$

即真空中的孤立导体球的电容是一个常量，与其带电量和电势无关，只与导体球的形状(半径 R)有关。

地球半径为$R_{\mathrm{E}}=6.4\times10^6\ \mathrm{m}$，其电容约为 $C_{\mathrm{E}}\approx7\times10^{-4}\ \mathrm{F}$。

国际单位制中，电容的单位为法拉(F)=库仑·伏特$^{-1}$ (1F=1C·V^{-1})。此外常用的还有微法 1μF=10^{-6}F，皮法 1pF=10^{-12}F。

电容是导体的一种性质，它是反映导体储存电能能力的物理量，只与导体本身的性质和尺寸及周围的介质有关，与导体是否带电无关。

9.3.2　电容器

1．电容器的定义

电容器是一种能储存电能的元件，由电介质隔开的两个任意形状的导体组成。

2．电容器的电容

实际上孤立的电容器是不存在的，周围总会有其他导体或电介质，会影响该导体的电容。因此实际应用中，是设计一种导体组合，即两个距离很近又相互绝缘的导体所组成的系统，称为电容器。距离很近的两导体分别叫电容器的两极板，符号表示如图 9.20 所示，设导体 A 带电$+q$，导体 B 内表面带电$-q$，它们的电势分别为 V_A、V_B，腔内场强为 $\boldsymbol{E}$，两导体 AB 间电势差：

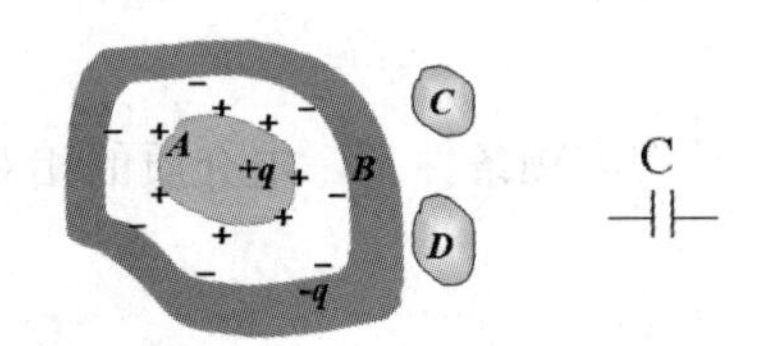

图 9.20　电容器

$$U_{AB}=V_A-V_B=\int_{AB}\boldsymbol{E}\cdot \mathrm{d}\boldsymbol{l}$$

则电容器的电容为一个极板所带的电量与两极板间的电势差之比，即

$$C=\frac{q}{U_{AB}}=\frac{q}{V_A-V_B} \tag{9.18}$$

前面讨论到的孤立导体的电容，实际上是它与地球组成的电容器的电容(取地球的电势

为零)。

3．电容器的分类

电容器的类别，根据不同的分类方式分别如下。

- 按可调分类：可调电容器、微调电容器、双连电容器、固定电容器。
- 按介质分类：空气电容器、云母电容器、陶瓷电容器、纸质电容器、电解电容器。
- 按体积分类：大型电容器、小型电容器、微型电容器。
- 按形状分类：平板电容器、圆柱形电容器、球形电容器等。

如图 9.21 所示为常见的电容器。

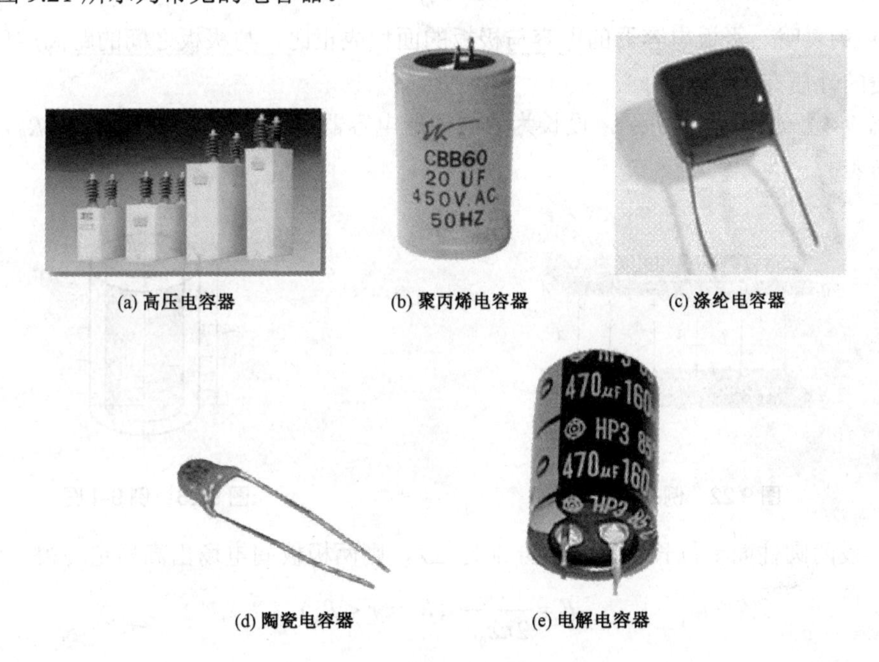

(a) 高压电容器　(b) 聚丙烯电容器　(c) 涤纶电容器

(d) 陶瓷电容器　(e) 电解电容器

图 9.21　常见的电容器

4．电容器的作用

电容器在电路中能通交流、隔直流；实现滤波、移相、旁路、耦合等；与其他元件可以组成振荡器、时间延迟电路等；能储存电能；在真空器件中建立各种电场；各种电子仪器、仪表等的应用。

5．电容器电容的计算(一般步骤)

(1) 设电容器的两极板带有等量异号电荷$\pm Q$，求出两极板之间的电场强度$\boldsymbol{E}$的分布。

(2) 计算两极板之间的电势差$U=\int_{AB}\boldsymbol{E}\cdot \mathrm{d}\boldsymbol{l}$。

(3) 根据电容器电容的定义求得电容$C=Q/U$。

【例 9-3】 求平行板电容器的电容，设极板面积为S，两板的距离为d，如图 9.22 所示(d很小，S很大)。

解：(1) 设电容器两极板分别带电量为 $\pm q$。

(2) 板间电场如图 9.22 所示，是均匀场，其大小为

$$E=\frac{\sigma}{\varepsilon_0}=\frac{q}{\varepsilon_0 S}$$

(3) 电容器两板间电势差为

$$U_{AB}=E\cdot d=\frac{qd}{\varepsilon_0 S}$$

(4) 由电容的定义，平板电容器的电容为

$$C=\frac{q}{U_{AB}}=\frac{\varepsilon_0 S}{d} \tag{9.19}$$

式(9.19)表明，平板电容器的电容与极板的面积成正比，与极板之间的距离成反比，还与电介质的性质有关。

【例 9-4】如图 9.23 所示，设长为 l 的柱形电容器的内外半径分别为 R_A、R_B，求该电容器的电容。

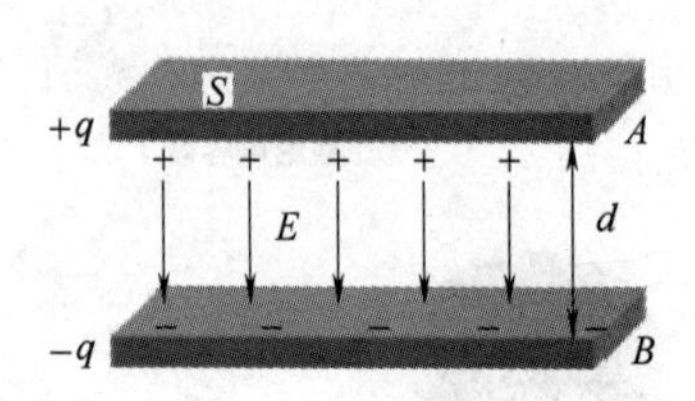

图 9.22 例 9-3 图

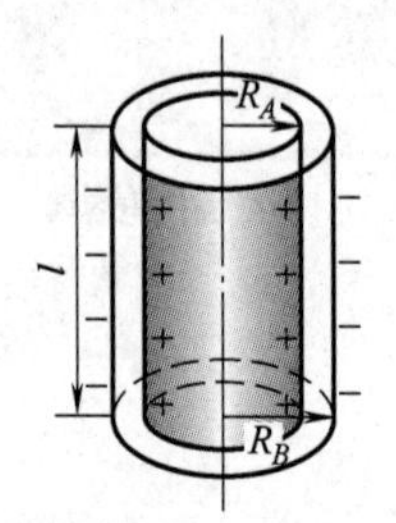

图 9.23 例 9-4 图

解：设两圆柱面单位长度上带电分别为 $\pm\lambda$，则两极板间电场由高斯定理得

$$E=\frac{\lambda}{2\pi\varepsilon_0 r}\quad (R_A<r<R_B)$$

两极板间电势差为 $$U=\int_{R_A}^{R_B}\frac{\lambda \mathrm{d}r}{2\pi\varepsilon_0 r}=\frac{Q}{2\pi\varepsilon_0 l}\ln\frac{R_B}{R_A}$$

因此电容为 $$C=\frac{Q}{U}=\frac{2\pi\varepsilon_0 l}{\ln\frac{R_B}{R_A}} \tag{9.20}$$

式(9.20)表明，圆柱电容器越长，电容越大；两圆柱之间的间隙越小，电容越大。

【讨论】 若两圆柱间距很小，$d=R_B-R_A\ll R_A$，式(9.20)中

$$\ln\frac{R_B}{R_A}=\ln\frac{R_A+d}{R_A}=\ln\left(1+\frac{d}{R_A}\right)\approx\frac{d}{R_A}$$

因此式(9.20)可写为

$$C\approx\frac{2\pi\varepsilon_0 l R_A}{d}=\frac{\varepsilon_0 S}{d} \tag{9.21}$$

从式(9.21)可以看出：此时的柱形电容器可近似地看成是“无限大”平行板电容器了。

【例 9-5】 球形电容器由半径分别为 R_1、R_2 的两个同心球面组成，如图 9.24 所示。

可用与例 9-4 相同的方法得出球形电容器的电容为

$$C=\frac{4\pi\varepsilon_0 R_1 R_2}{R_2-R_1}\quad \text{(请读者自己证明)} \tag{9.22}$$

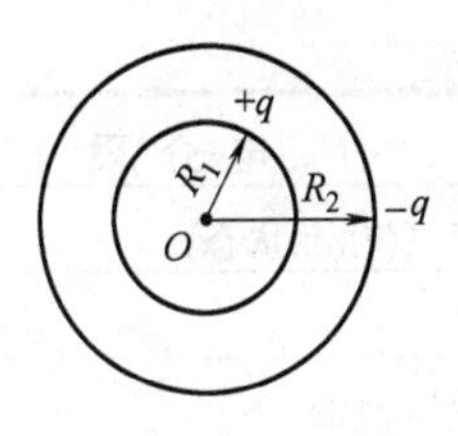

图 9.24　例 9-5 图

综上各例表明，电容器的电容都只与电容器自身的因素有关，即与极板的形状、大小、相对位置以及两极板间的电介质的性质相关，而与电容器是否带电、两极板间的电势差无关。

【课外阅读与思考】1. 电容式传感器

由式 $C=\frac{\varepsilon_0 S}{d}$ 可以看出，改变该式右端中任何一项，如极板面积、板间距离等，都将引起电容的相应变化。利用这个特性，可以构成“电容式传感器”，它可以把非电量物理量的变化转换成电容器电容的变化。若将此电容器接在一个电路的桥路中或是接在一个振荡回路中，就可以把电容的变化转换成电量的变化。经过一定的放大处理，就可实现对原非电物理量的检测或控制。

2. 装有心脏起搏器的病人在外出乘坐火车或飞机时过安检是一个难题。为什么？

9.3.3　电介质对电容的影响——相对电容率

以平行板电容器为例，如图 9.25 所示，设真空中两极板带电量 q 时，加在两板间的电压为 U_0，当两板间填充了相对电容率为 ε_r 的电介质后，保持两极板带电量 q 不变，此时电容器两极板间所加的电压为 U，实验表明 $\frac{U_0}{U}=\varepsilon_r>1$。

图 9.25　电介质对电容的影响

比值 ε_r 与电介质性质有关，称为相对电容率。

由电容器电容的普遍定义得

$$C=\frac{q}{U}=\frac{q}{U_0/\varepsilon_r}=\varepsilon_r\frac{q}{U_0}=\varepsilon_r C_0 \tag{9.23}$$

式(9.23)表明，电容器中充满相对电容率为 ε_r 的均匀介质时的电容是真空中电容的 ε_r 倍。即填充介质后会使电容器的电容增大，此结论具有普遍性。

9.3.4　电介质的击穿

电介质在一般情况下是不导电的，但在很强的电场中它们的绝缘性能可能被破坏。即介质在很强的电场中，介质中的电子有可能脱离原子核的束缚，并碰击分子使其电离，称为自由电子而引起自由电子倍增效应，介质失去极化特性而变成导电体，称为电介质的击穿。

一种介质材料所能承受的最大场强称为该电介质的介电强度，或称**击穿场强**。此时，两极板间的电压称为**击穿电压** U_b。几种常见介质的击穿场强如表 9.1 所示。

表 9.1　常见介质的击穿场强

电 介 质	相对电容率	击穿场强/(kV·mm^{-1})
空气(标准状态)	1.0005	3
纸	3.5	16
变压器油	4.5	14
陶瓷	5.7～6.8	6～20
云母	3.7～7.5	80～200
电木	5.0～7.6	10～20
玻璃	5.0～10	10～15

因此增强电容器耐压能力的关键是提高填充电介质的击穿场强。多数电介质材料的介电强度高于空气，因此它们对提高电容器的耐压能力是有利的。

* 9.4　电介质中的高斯定理　电位移

9.4.1　电介质中的高斯定理

在有电介质的电场中，高斯定理式(8.26)仍然成立。但高斯定理中的$\sum q_i$ 即“高斯面内电荷量的代数和”既包括自由电荷q_0，也包括极化电荷(束缚电荷)q'，如图 9.26 所示。因此，在有电介质的电场中，高斯定理的表达式(8.26)可表示为

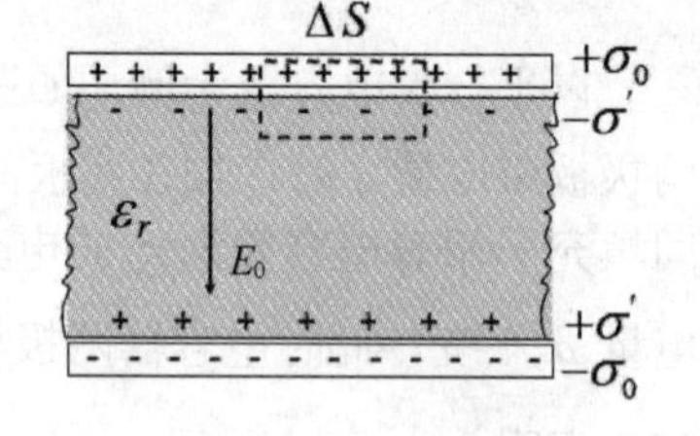

图 9.26　电介质中的高斯定理

$$\Phi_e=\oint_S \boldsymbol{E}\cdot \mathrm{d}\boldsymbol{S}=\frac{1}{\varepsilon_0}(\sum q_0+\sum q') \tag{9.24}$$

式中，$\sum q_0$、$\sum q'$ 分别表示自由电荷、极化电荷的代数和。

设自由电荷、极化电荷面密度分别为σ_0、σ'，且自由电荷与极化电荷电性异号，则

$$\sum q_0+\sum q'=(\sigma_0-\sigma')\Delta S$$

将式(9.11)　$\sigma'=\dfrac{\varepsilon_r-1}{\varepsilon_r}\sigma_0$ 代入上式得

$$\sum q_0+\sum q'=\sigma_0\left(1-\frac{\varepsilon_r-1}{\varepsilon_r}\right)\Delta S=\frac{1}{\varepsilon_r}\sigma_0\Delta S$$

其中，$\sigma_0\Delta S$ 表示高斯面内包围的自由电荷，代入式(9.24)得

$$\Phi_e=\oint_S \boldsymbol{E}\cdot \mathrm{d}\boldsymbol{S}=\frac{1}{\varepsilon_0\varepsilon_r}\sum q_0=\frac{1}{\varepsilon}\sum q_0 \tag{9.24a}$$

引入辅助矢量——电位移 $\boldsymbol{D}=\varepsilon_0\varepsilon_r\boldsymbol{E}=\varepsilon\boldsymbol{E}$，式(9.24a)变为

$$\Phi_D=\oint_S \boldsymbol{D}\cdot \mathrm{d}\boldsymbol{S}=\sum q_0 \tag{9.24b}$$

式(9.24b)就是电介质中的高斯定理，说明通过电介质中任一闭合曲面的**电位移通量**等于该曲面包围的自由电荷的代数和，与极化电荷(束缚电荷)无关。 此结论虽然是在特殊情况下(有电介质的平行板电容器的场中)得出的，但是它是普遍适用的静电场的基本定理。

9.4.2　电位移

电位移是在电介质的电场中引入的一个辅助矢量

$$\boldsymbol{D} = \varepsilon_0 \varepsilon_r \boldsymbol{E} = \varepsilon \boldsymbol{E} \tag{9.25}$$

由式(9.25)可知，电位移矢量 $\boldsymbol{D}$ 与电场强度矢量 $\boldsymbol{E}$ 方向相同。引入电位移矢量的优点在于计算有电介质存在时的电场分布时，可以方便地先计算出电位移矢量 $\boldsymbol{D}$(电位移矢量 $\boldsymbol{D}$ 的通量只与曲面包围的自由电荷有关，而巧妙地避开了复杂的极化电荷的麻烦)，然后由式(9.25)得出电场强度 $\boldsymbol{E}$。这样，可以在不知道极化电荷分布的情况下，求解电介质中电场的分布。式(9.25)也常被称为各向同性电介质的性质方程。

【注意】 电位移矢量 $\boldsymbol{D}$ 的通量只与曲面包围的自由电荷有关，而电位移 $\boldsymbol{D}$ 是由自由电荷与极化电荷共同决定的，和场强 $\boldsymbol{E}$ 一样。

9.5　静电场的能量

在电场中移动一个电荷，电场力要做功，说明电场是具有能量的，电场是电能的携带者，而且场的能量能以电磁波的形式在空间传播。

9.5.1　电容器储存的电能

电容器的基本性能之一就是储存电能。如果把一个电容器充电到两极间的电势差很高后，再用导线连接两极板放电就能产生放电火花。利用放电火花产生的强大热能可以熔焊金属等，这说明充电后的电容器具有能量，即电能。

电容器充电时，是在外电场(电源)作用下不断地把正电荷从电容器的负极板移到正极板的过程，也就是不断地把正电荷从电势低处移到电势高处的过程，因此电源必须克服静电力做功，不断地转化成储存在电容器中的电能。如图 9.27 所示，设在某时刻两极板之间的电势差为 U，此时若把电荷$+\mathrm{d}q$ 从电容器的负极板移送到正极板，电源所做的元功为

图 9.27　平行板电容器的电场能量

$$\mathrm{d}W = U\mathrm{d}q = \frac{q}{C}\mathrm{d}q$$

电容器在整个充电过程中，极板的电量由 0 到$\pm Q$，电源所做的总功为

$$W = \int \mathrm{d}W = \frac{1}{C}\int_0^Q q\mathrm{d}q = \frac{Q^2}{2C} \tag{9.26}$$

将 $C = Q/U$ 代入得电容器两极板间存储的电场能为

$$W_e=\frac{Q^2}{2C}=\frac{1}{2}QU=\frac{1}{2}CU^2 \tag{9.27}$$

式(9.27)对于各种电容器均成立。

9.5.2 静电场的能量　能量密度

无数事实说明，电能是定域在电场中的。仍以平行板电容器为例，平行板电容器的体积就是电场存在空间的体积。

设平行板电容器极板面积为 S、极板间距为 d、充满电容率为ε的各向同性均匀介质，极板上自由电荷为$\pm Q_0$。电容器储存的电能由式(9.27)求得

$$W_e=\frac{1}{2}CU^2=\frac{1}{2}\frac{\varepsilon S}{d}(Ed)^2=\frac{1}{2}\varepsilon E^2Sd \tag{9.28}$$

其中 $Sd=V$ 为电场存在空间的体积。于是可得单位体积内电场的能量，称为电场能量密度，用 w_e 表示为

$$w_e=\frac{W_e}{V}=\frac{1}{2}\varepsilon E^2=\frac{1}{2}ED=\frac{1}{2}\boldsymbol{E}\cdot\boldsymbol{D} \tag{9.29}$$

式(9.29)具有普遍性，表明静电场的能量密度等于场强与电位移乘积的一半。当电场不均匀时，电场空间所存储的总能量为

$$W_e=\int_V w_e\mathrm{d}V=\int_V\frac{1}{2}\varepsilon E^2\mathrm{d}V \tag{9.30}$$

式(9.30)中的积分区域 V 应遍布整个电场空间。从式(9.30)可以看出，电场的能量与场强 $\boldsymbol{E}$ 密切相关，从带电体系的电荷分布能确定电场的分布，从而求得电场的能量。

【例 9-6】 如图 9.28 所示，球形电容器的内、外半径分别为 R_1 和 R_2，所带电荷为$\pm Q$。若在两球壳间充以电容率为 ε 的电介质，问：此电容器储存的电场能量为多少？

解：首先由高斯定理可确定介质中电场为　$E=\dfrac{1}{4\pi\varepsilon}\dfrac{Q}{r^2}$

电场能量密度由式(9.29)得　$w_e=\dfrac{1}{2}\varepsilon E^2=\dfrac{Q^2}{32\pi^2\varepsilon r^4}$

在介质中取同球心的体积元，内外半径分别为r、$r+\mathrm{d}r$，体积为$\mathrm{d}V=4\pi r^2\mathrm{d}r$。

该体积元储存的电场能量为　$\mathrm{d}W_e=w_e\mathrm{d}V=\dfrac{Q^2}{8\pi\varepsilon r^2}\mathrm{d}r$

则介质中储存的电场能量为　$W_e=\int\mathrm{d}W_e=\dfrac{Q^2}{8\pi\varepsilon}\int_{R_1}^{R_2}\dfrac{\mathrm{d}r}{r^2}=\dfrac{Q^2}{8\pi\varepsilon}\left(\dfrac{1}{R_1}-\dfrac{1}{R_2}\right)$

【例 9-7】 圆柱形空气电容器中，空气的击穿场强是 $E_b=3\times10^6\ \mathrm{V\cdot m^{-1}}$，设导体圆筒的外半径 $R_2=10^{-2}\mathrm{m}$，如图 9.29 所示。在空气不被击穿的情况下，长圆柱导体的半径 R_1 取多大值可使电容器存储能量最多？

解：圆柱形空气电容器中的场强为　$E=\dfrac{\lambda}{2\pi\varepsilon_0 r}(R_1<r<R_2)$

则击穿场强为　$E_b=\dfrac{\lambda_{\max}}{2\pi\varepsilon_0 R_1}$

两极间的电势差为
$$U=\int_{R_1}^{R_2}E\cdot \mathrm{d}r=\frac{\lambda}{2\pi\varepsilon_0}\int_{R_1}^{R_2}\frac{\mathrm{d}r}{r}=\frac{\lambda}{2\pi\varepsilon_0}\ln\frac{R_2}{R_1}$$

单位长度的电场能量
$$W_e=\frac{1}{2}\lambda U=\frac{\lambda^2}{4\pi\varepsilon_0}\ln\frac{R_2}{R_1}$$
$$\lambda=\lambda_{\max}=2\pi\varepsilon_0 E_b R_1$$
$$W_e=\pi\varepsilon_0 E_b^2 R_1^2\ln\frac{R_2}{R_1}$$

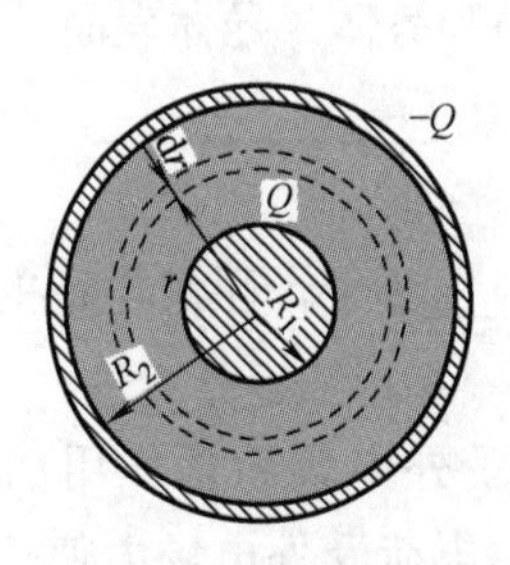

图 9.28　例 9-6 图

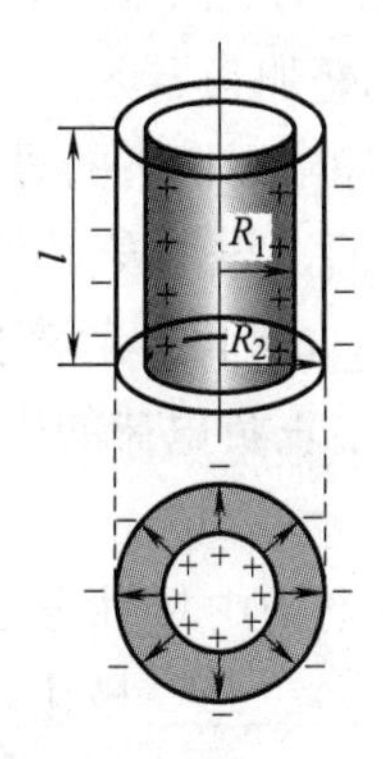

图 9.29　例 9-7 图

求电能最大时的 R_1。

由数学求极值的方法得
$$\frac{\mathrm{d}W_e}{\mathrm{d}R_1}=\pi\varepsilon_0 E_b^2 R_1\left(2\ln\frac{R_2}{R_1}-1\right)=0$$

解得
$$R_1=\frac{R_2}{\sqrt{\mathrm{e}}}\approx 6.07\times10^{-3}\ \mathrm{m}$$

两极间的最大电势差为
$$U_{\max}=E_b R_1\ln\frac{R_2}{R_1}=\frac{E_b R_2}{2\sqrt{\mathrm{e}}}=9.10\times10^{3}\ \mathrm{V}$$

其中：$E_b=3\times10^6\mathrm{V\cdot m^{-1}}$，$R_2=10^{-2}\mathrm{m}$。

对于一个由若干带电体组成的系统，带电体系在组成的过程中，外力要克服电场力做功，带电体系也因此具有能量。我们把这个能量称为自能。而带电体之间的相互作用能称为互能。因此，一个带电体系的电场能量应等于各个带电体的自能与它们之间的互能的总和。

习　题　9

9.1　A、B 是两块不带电的导体，放在一带正电导体的电场中，如图 9.30 所示。设无限远处为电势零点，则 A、B 两端的电势哪端高？

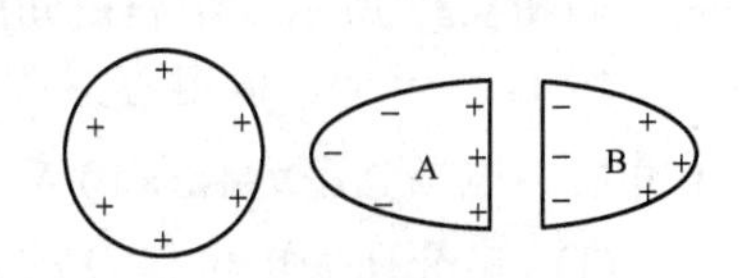

图 9.30　习题 9.1 图

9.2　半径分别为 R 和 r 的两个金属球，相距很远。用一根长导线将两球连接，并使它们带电。在忽略导线影响的情况下，两球表面的电荷面密度之比σ_R/σ_r为_____。

*9.3　一空气平行板电容器，接电源充电后电容器中储存的能量为 W_0，在保持电源接通的条件下，在两极间充满相对电容率为 ε_r 的各向同性均匀电介质，则该电容器中储存的能量 W 为_____。

9.4　真空中半径为R_1和R_2的两个导体球相距很远，则两球的电容之比C_1/C_2为_____。

9.5　任意带电体在导体体内(不是空腔导体的腔内)_____(填会或不会)产生电场，处于静电平衡下的导体，空间所有电荷(含感应电荷)在导体体内产生电场的__________(填矢量或标量)叠加为零。

9.6　处于静电平衡下的导体________(填是或不是)等势体，导体表面________(填是或不是)等势面，导体表面附近的电场线与导体表面相互________，导体体内的电势________(填大于、等于或小于)导体表面的电势。

9.7　分子中正负电荷的中心重合的分子称________分子，正负电荷的中心不重合的分子称________分子。

9.8　在静电场中极性分子的极化是分子固有电矩受外电场力矩作用而沿外场方向而产生的，称_______极化。非极性分子极化是分子中电荷受外电场力使正负电荷中心发生_______从而产生附加磁矩(感应磁矩)，称_______极化。

9.9　如图 9.31 所示，置于静电场中的一个导体，在静电平衡后，导体表面出现正、负感应电荷。试用静电场的环路定理证明，图中从导体上的正感应电荷出发，终止于同一导体上的负感应电荷的电场线不能存在。

9.10　如图 9.32 所示，面积均为 S=0.1m^2 的两金属平板 A、B 平行对称放置，间距为 d=1mm，现给 A、B 两板分别带电 $Q_1=3.54\times10^{-9}$C，$Q_2=1.77\times10^{-9}$C。忽略边缘效应，求：

(1) 两板共四个表面的面电荷密度σ_1、σ_2、σ_3、σ_4；(2) 两板间的电势差 U_A-U_B。

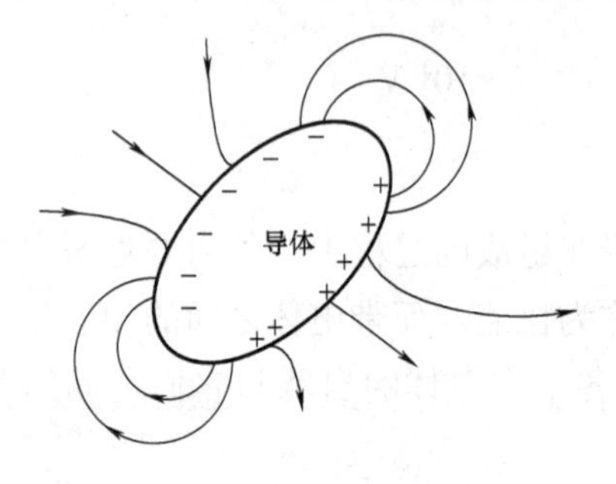

图 9.31　习题 9.9 图

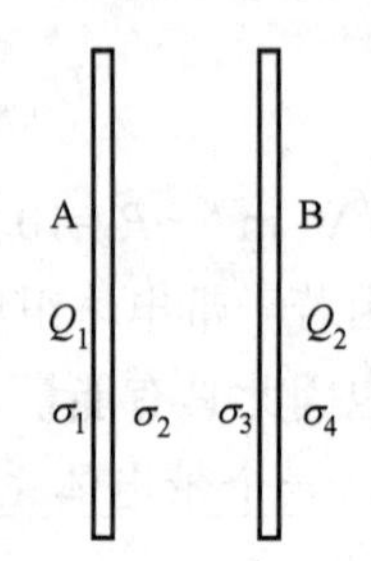

图 9.32　习题 9.10 图

9.11　两块平行的金属板相距为d，用一电源充电，两极板间的电势差为Δu，将电源断开，在两板间平行地插入一块厚度为l的金属板($l<d$ 且不与极板接触)，忽略边缘效应，如图 9.33 所示。金属板间的电势差改变多少？插入的金属板位置对结果有无影响？

*9.12　一平行板电容器的两极上带有等量异号电荷，极板间充满$\varepsilon_r=3.0$的电介质，电介质中电场强度为$1.0\times10^6\,\mathrm{V\cdot m^{-1}}$，不计边沿效应，如图 9.34 所示。试求：

(1)　电介质中电位移 $\boldsymbol{D}$ 的大小和方向。

(2)　极板电荷的面密度。

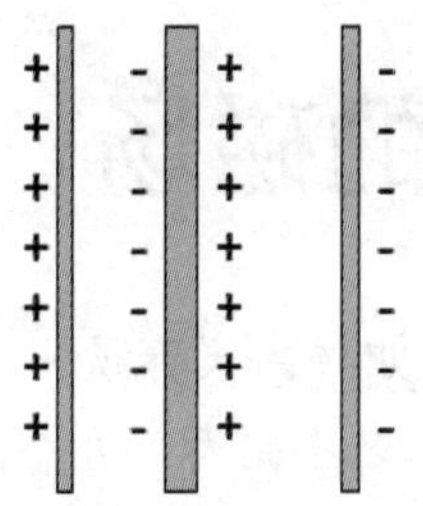

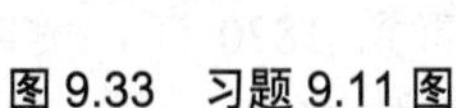

图 9.33 习题 9.11 图

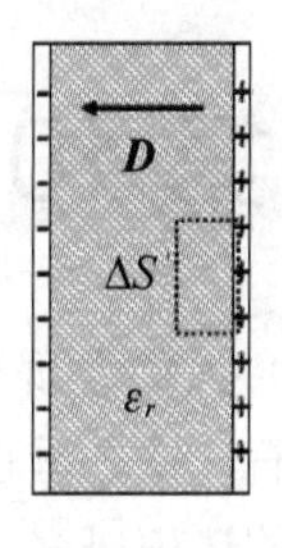

图 9.34 习题 9.12 图

9.13 如图 9.35 所示，一导体球半径为 R_1，电量为 q，外罩一个半径为 R_2 的同心薄导体球壳，外球壳所带电量为 Q。求此系统的电场和电势分布。

9.14 两块“无限大”带电导体平板如图 9.36 所示放置，试证明：

(1) 相对两面电荷密度等值异号 $\sigma_2 = -\sigma_3$。

(2) 相背两面电荷密度等值同号 $\sigma_1 = \sigma_4$。

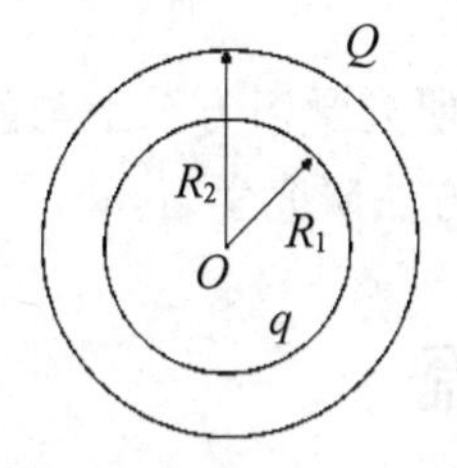

图 9.35 习题 9.13 图

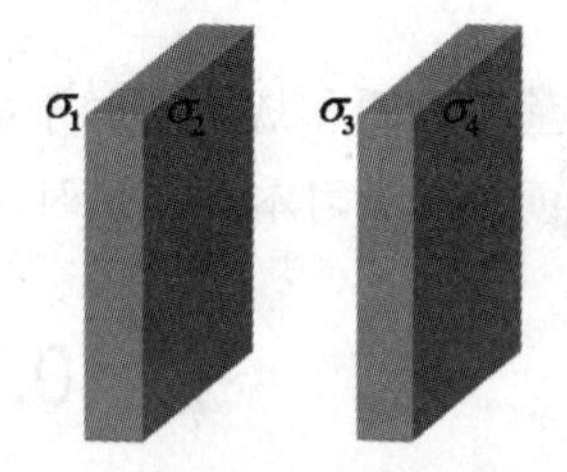

图 9.36 习题 9.14 图

*9.15 如图 9.37 所示，在半径为 R、电量为 Q 的金属球外包有一个同心电介质均匀金属球壳，外半径为 a，电介质的相对电容率为 ε_r。求电介质内外的电场分布和外层的电势。

9.16 有两个电容器 C_1=200 pF、耐压值 500V，C_2=300 pF、耐压值 900V。将两电容器串联后加端电压 1000V，则电容器是否会被击穿？

9.17 用两面夹有铝箔的厚度为 5.0×10^{-2} mm、相对电容率为 2.3 的聚乙烯膜做一电容器，如果电容器的电容为 3.0 μF，则膜的面积有多大？

9.18 为什么高压电器设备上金属部件的表面要尽可能地不带棱角？

9.19 电介质的极化现象和导体的静电感应现象有哪些区别？

9.20 如图 9.38 所示，一球型导体带电荷量为 q，置于一任意形状的空腔导体内。当用导线将两者连接后，与未连接前相比，系统的静电场能量将增大还是减小？为什么？

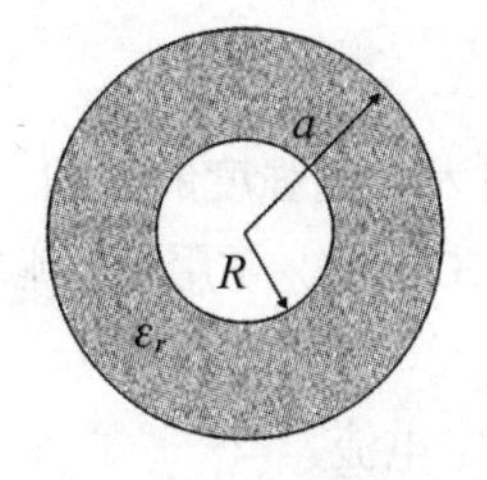

图 9.37 习题 9.15 图

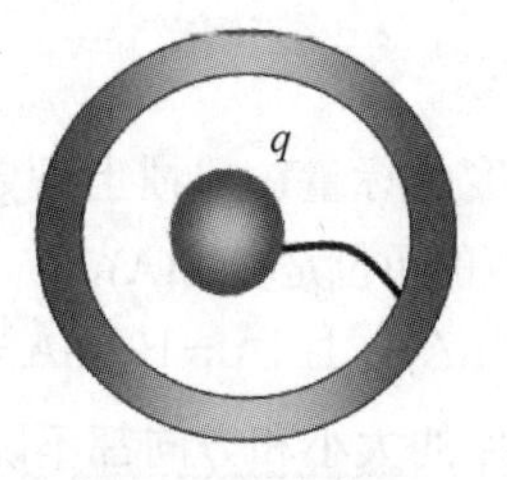

图 9.38 习题 9.20 图

第 10 章　恒定电流的磁场

据有关记载，人类发现磁现象要比电现象早许多年。如《吕氏春秋·季秋纪·精通篇》就写道："石，铁之母也。以有磁石，故能吸其子。石之不磁者，亦不能吸也。"但对磁现象的本质的认识研究，持续了相当长的一段时间。直到 1820 年，奥斯特发现了电流的磁效应，后来安培用"分子电流"理论揭示了磁现象的电本质。

静止的电荷在其周围激发电场，在静电场中即使放入导体，当达到静电平衡时，导体内是没有电荷做定向运动的。如果在导体内的任意两点间维持恒定的电势差，使导体内形成一个稳定的电场，那么导体内的电荷就要做定向运动，从而形成电流。这样，运动电荷的周围不仅存在电场，同时还存在磁场。磁性是运动电荷的固有属性。本章从场的观点出发，讨论导体中电流的形成、真空中的恒定磁场的规律和性质、恒定磁场对电流和运动电荷的作用等。

磁场的基本性质和规律不同于静电场，但恒定磁场在研究学习方法上与静电场非常相似，因此请读者在学习本章知识时，注意用与电场对比的方法研究学习。

10.1　恒 定 电 流

10.1.1　电流　电流密度

电流是电荷的宏观定向移动形成的。形成电流的带电粒子称为载流子，它们可以是自由电子、离子或带电物体等。金属导体中的载流子是自由电子，在半导体中载流子有电子或空穴，在电解质溶液中是离子。由自由电子或离子的定向运动形成的电流称为传导电流，由带电物体的机械运动形成的电流称为运流电流，还有介质磁化时形成的束缚电流等。本节只讨论导体中的传导电流。

1. 电流强度

当导体两端维持恒定的电势差时，导体内就形成一个稳定的电场，此时导体内的自由电荷就在电场的作用下定向移动形成电流。电流的强弱用电流强度 I 描述，定义为单位时间内通过导体任一横截面的电量。其数学表达式为

$$I = \lim_{\Delta t \to 0} \frac{\Delta q}{\Delta t} = \frac{\mathrm{d}q}{\mathrm{d}t} \tag{10.1}$$

电流强度是标量，习惯上规定正电荷定向移动的方向为电流强度的方向。国际单位制中，电流强度的单位是安培(A)，1 安培 =1 库仑·秒$^{-1}$ ($1\mathrm{A} = 1\mathrm{C}\cdot\mathrm{s}^{-1}$)。常用的电流单位还有毫安(mA)、微安(μA)，且 $1\mathrm{A} = 10^3\,\mathrm{mA} = 10^6\,\mu\mathrm{A}$ 。

电流强度的大小和方向都不随时间变化的电流称为恒定电流。

2. 电流密度

当通过导体任意截面的电量不均匀时，用电流强度来描述就不够用了，有必要引入一个描述空间不同点电流大小和方向的物理量——**电流密度矢量** $\boldsymbol{j}$。

空间某点处电流密度矢量 $\boldsymbol{j}$ 的方向为该点处电流的方向，它的大小等于单位时间内该点附近垂直于电荷运动方向的单位截面上所通过的电量。

若在导体内任取一垂直于该点电流方向的截面元面积 $\mathrm{d}S_{\perp}$，通过该面元的电流为 $\mathrm{d}I$，则该处电流密度大小为

$$j=\frac{\mathrm{d}I}{\mathrm{d}S_{\perp}} \tag{10.2}$$

国际单位制中，$\boldsymbol{j}$ 的单位是安培·米$^{-2}$($\mathrm{A\cdot m^{-2}}$)。

当导体在外电场 $\boldsymbol{E}$ 中，电子除了杂乱无章地做热运动外，还有一个沿场强反方向的定向漂移运动。设 n 为单位体积内电子数(电子数密度)，电子电量为 e，定向漂移速度大小为 v_d。在导体内任取一截面面元矢量 $\mathrm{d}\boldsymbol{S}$，其方向与电流方向(或电流密度 $\boldsymbol{j}$ 的方向)的夹角为α，如图 10.1 所示，每秒通过面元矢量 $\mathrm{d}\boldsymbol{S}$ 的电子数为 $nv_d\mathrm{d}S_{\perp}$。

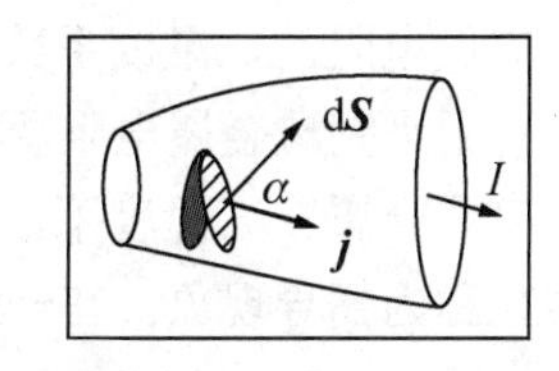

图 10.1　电流密度与电流强度

那么通过面元 $\mathrm{d}\boldsymbol{S}$ 的电流强度为　$\mathrm{d}I=env_d\mathrm{d}S_{\perp}$

因此电流密度大小为

$$j=\frac{\mathrm{d}I}{\mathrm{d}S_{\perp}}=env_d \tag{10.3}$$

考虑到电流密度是矢量，由式(10.3)可知，过面元 $\mathrm{d}\boldsymbol{S}$ 的电流强度为

$$\mathrm{d}I=j\mathrm{d}S\cos\alpha=\boldsymbol{j}\cdot\mathrm{d}\boldsymbol{S} \tag{10.4}$$

因此通过导体任一截面 S 的电流为

$$I=\int\mathrm{d}I=\int_S\boldsymbol{j}\cdot\mathrm{d}\boldsymbol{S} \tag{10.5}$$

即通过一个曲面的电流强度就是电流密度对该曲面的通量。

10.1.2　电阻定律　欧姆定律的微分形式

德国物理学家欧姆从 1825 年开始研究导电学问题，他利用电流的磁效应来测定通过导线的电流，并采用验电器来测定电势差，在 1827 年发现了以他名字命名的欧姆定律。

1. 电阻定律

我们知道，对一段均匀导体电路，由欧姆定律有

$$I=\frac{U}{R} \tag{10.6}$$

实验表明，对于粗细均匀的导体，当导体的材料与温度一定时，导体的电阻与它的长度 l 成正比，与它的横截面积 S 成反比，即

$$R = \rho \frac{l}{S} \tag{10.7}$$

ρ 为电阻率，单位是欧姆·米($\Omega \cdot \text{m}$)，它与电导率γ 的关系为

$$\gamma = \frac{1}{\rho} \tag{10.8}$$

电导率的单位是西门子(S)。

实验表明，金属导体的电阻率随温度的关系为

$$\rho_2 = \rho_1[1 + \alpha(T_2 - T_1)] \tag{10.9}$$

式(10.9)中 α 为电阻的温度系数，单位为 K^{-1}，与导体的材料有关。纯金属的电阻率约为 $10^{-8}\Omega \cdot \text{m}$，合金电阻率约为 $10^{-6}\Omega \cdot \text{m}$，半导体为 $10^{-8} \sim 10^{-6}\Omega \cdot \text{m}$，绝缘体为 $10^{8} \sim 10^{17}\Omega \cdot \text{m}$。在实际电工工程技术中，电阻率 ρ 小的材料可用来做导线，电阻率 ρ 大的材料可用来做电阻丝，温度系数 α 小的材料可用来制造电工仪表和标准电阻，温度系数 α 大的材料可用来制造金属电阻温度计。

有些金属在某温度下，电阻突变为零成为超导体，这个温度称为超导的转变温度，上述现象称为超导现象。在一定温度下能产生零电阻现象的物质称为超导体。

2．欧姆定律的微分形式

如图 10.2 所示，在导体中取一长为 dl、横截面积为 dS 的小圆柱体，圆柱体的轴线与电流流向平行。设小圆柱体两端面上的电势分别为 V 和 V+dV。

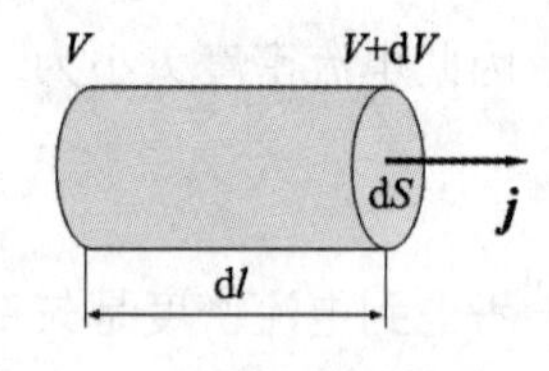

图 10.2　部分电路的欧姆定律

根据欧姆定律，通过柱体元端面 dS 的电流 dI 为

$$\mathrm{d}I = \frac{V - (V + \mathrm{d}V)}{R} = -\frac{\mathrm{d}V}{R} \tag{10.10}$$

由电阻定律 $R = \rho \dfrac{\mathrm{d}l}{\mathrm{d}S}$ 代入上式得

$$\mathrm{d}I = -\mathrm{d}V \Big/ \left(\rho \frac{\mathrm{d}l}{\mathrm{d}S}\right) = -\frac{1}{\rho} \frac{\mathrm{d}V}{\mathrm{d}l} \mathrm{d}S$$

即

$$\frac{\mathrm{d}I}{\mathrm{d}S} = -\frac{1}{\rho} \frac{\mathrm{d}V}{\mathrm{d}l} \tag{10.11}$$

将场强与电势的微分关系 $E = -\dfrac{\mathrm{d}V}{\mathrm{d}l}$ 及电流密度的定义 $j = \dfrac{\mathrm{d}I}{\mathrm{d}S}$ 代入式(10.11)得

$$j = \frac{1}{\rho} E = \gamma E \tag{10.12}$$

写成矢量形式为

$$\boldsymbol{j} = \frac{1}{\rho} \boldsymbol{E} = \gamma \boldsymbol{E} \tag{10.12a}$$

式(10.12)和式(10.12a)为欧姆定律的微分形式，揭示了电流与电场的关系。

值得注意的是，一般金属或电解液，欧姆定律在相当大的电压范围内是成立的。但对于许多半导体，欧姆定律不成立，这种非欧姆导电特性有很大的实际意义，在电子技术、电子计算机技术等现代技术中有着重要作用。

10.1.3　稳恒电场的建立

为了在导体内部形成恒定电流，必须在导体内建立一个稳恒电场。如图 10.3(a)所示的独立带电电容器，只在静电力作用下通过外电路放电，不能维持恒定电流，其放电过程如图 10.3(b)所示。因此必须靠外来的非静电力维持恒定电流。

1. 非静电力　电源

如图 10.3(a)所示，用一根导线将电容器的两极连接，则在刚连接的瞬间，电荷在静电场力的作用下沿导线流动，但瞬间电流也就停止了。因此，单靠静电场不能在导体中维持稳恒的电流，必须有非静电力把正电荷从负极板源源不断地移到正极板才能在导体两端维持有恒定的电势差，在导体中维持恒定的电场及产生恒定的电流。若将图 10.3(a)中的独立电容器放置在电解液中，如图 10.3(c)所示，电解液与极板物质的相互作用产生一种非静电力，使到达负极板上的正电荷源源不断地移送到正极板上，使导体中能维持恒定的电流。这种提供非静电力的装置就是电源，如化学电池、硅(硒)太阳能电池、光电池(光电效应)、发电机(磁场对运动电荷的作用)等。实际上电源是把其他形式的能量转换为电能的装置。

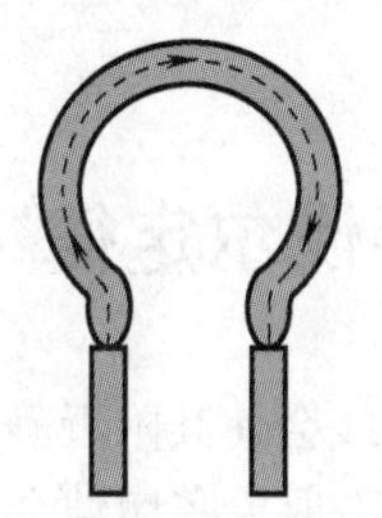

(a) 电容器两极直接相连

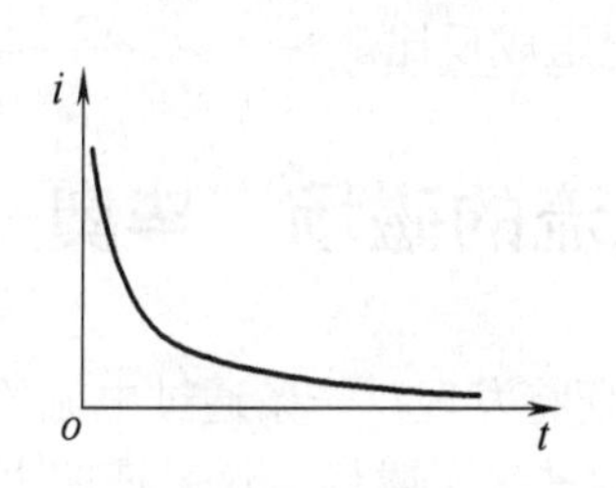

(b) 电容器放电 i-t 图

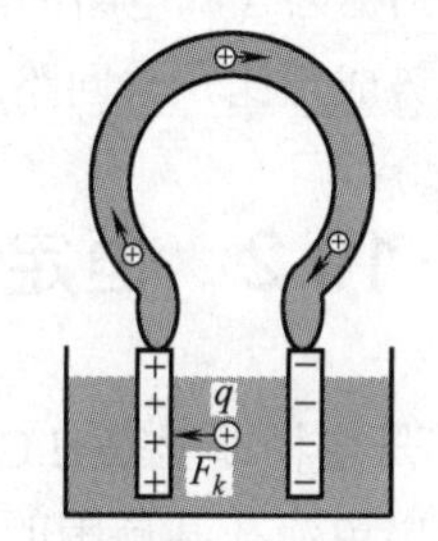

(c) 电解液提供非静电力

图 10.3　静电力与非静电力

电源内部电流从负极板流向正极板的电路叫内电路，电源外部电流从正极板流向负极板的电路叫外电路。

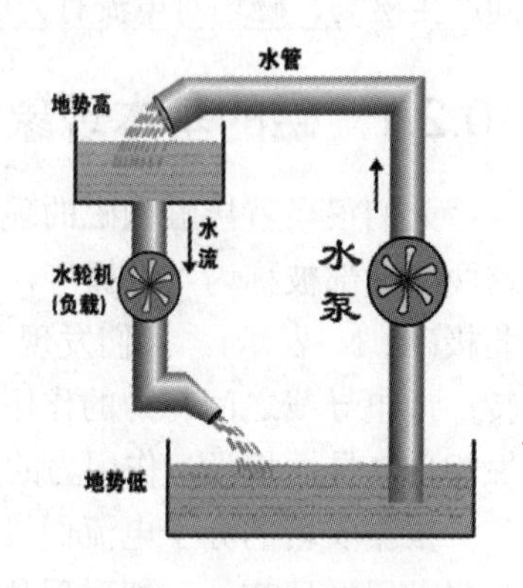

图 10.4　水泵的工作原理

2. 电动势

电源电动势是描述电源非静电力做功能力大小的物理量。我们将电源非静电力作用当作一种**非静电场**，其场强用 $\boldsymbol{E_k}$ 表示。电源的电动势就是把单位正电荷从负极板经内电路移至正极板，非静电场力所做的功 (好比水泵把水从低位抽到高处要做功，如图 10.4 所示)。电动势的表达式为

$$\varepsilon = \int_{(-)}^{(+)} \boldsymbol{E}_{\mathrm{k}} \cdot \mathrm{d}\boldsymbol{l} \tag{10.13}$$

ε 越大，表示电源将其他形式能量转换为电能的本领越大。电动势是标量，为了便于计算，规定电动势ε的方向由负极板(低电势端)经内电路指向正极板(高电势端)。电动势的单位是伏特(V)，$1\ \mathrm{V}=1\ \mathrm{J\cdot C^{-1}}$。

有些情况下，非静电力存在于整个电路之中(如感生电动势)，此时回路的总电动势为非静电场场强 $\boldsymbol{E}_{\mathrm{k}}$ 沿闭合电路上的环流

$$\varepsilon=\oint \boldsymbol{E}_{\mathrm{k}}\cdot\mathrm{d}\boldsymbol{l} \tag{10.13a}$$

这是电动势的又一种表示法。

考虑含有电源的闭合电路，电路中各部分电势降落的总和应为零。

$$\oint \mathrm{d}U+\oint_{l}\boldsymbol{E}_{\mathrm{k}}\cdot\mathrm{d}\boldsymbol{l}=0 \tag{10.14}$$

即在恒定电流电路中沿闭合电路一周，各部分电势降落的代数和为零。此结论称为基尔霍夫第二定律，也叫回路电压定律，由此可导出闭合电路欧姆定律。

如图 10.5 所示，设外电路电阻为 R，内电路电阻为 r，电源电动势为 ε。

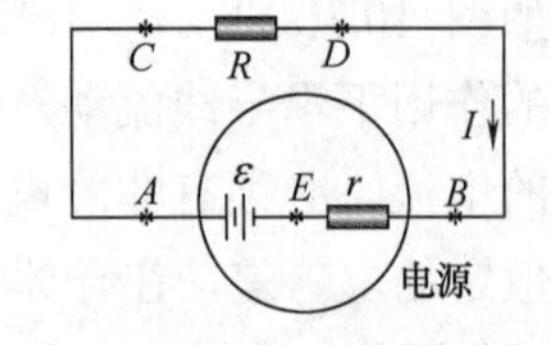

图 10.5　含源电路的欧姆定律

式(10.14)可表示为

$$\varepsilon-IR-Ir=0$$

闭合电路的电流为

$$I=\frac{\varepsilon}{R+r} \tag{10.15}$$

式(10.15)称为含源电路的欧姆定律，也叫全电路的欧姆定律，表明含源电路中的电流强度与电动势成正比，与回路总电阻成反比。

10.2　恒定电流的磁场　毕奥-萨伐尔定律

1820 年丹麦物理学家 H.C.奥斯特发现，一条通过电流的导线会使其附近静悬着的磁针偏转，显示出电流在其周围的空间产生了磁场。这是证明电和磁现象密切结合的第一个实验结果。紧接着，法国物理学家安德烈·玛丽·安培等的实验和理论分析阐明了载有电流的线圈所产生的磁场以及电流线圈间相互作用着的磁力。大量的实验指出：电流在其周围空间产生磁场，磁场对电流有力的作用。本节及以后研究稳恒电流所产生磁场的性质和规律。

10.2.1　磁的基本现象

人们很早就接触到磁的现象，并知道磁棒两端的磁性最强，而中部则无磁性。磁棒的这两个端部被称为“磁极”，指向地球南极的一端叫作南极(用 S 表示)，指北的一端叫作北极(用 N 表示)。人们发现天然磁石能吸引铁、钴、镍等物质；通电导线能使小磁针偏转；通电导线之间有力的作用；运动电荷受到磁力的作用等。不论是电荷还是磁极都是同性相斥，异性相吸，作用力的方向在电荷之间或磁极之间的连接线上。

根据安培的分子电流假设，磁现象的本质都是由运动的带电粒子所产生的。实验和理论也都已经证实，一切磁现象都起源于电荷的运动，而磁力则是运动电荷之间相互作用的结果。

10.2.2　磁场　磁感应强度

近代的物理学家为了解释电荷之间和永磁体之间的相互作用力而引入了“场”的概

念：在一个磁体周围的空间中存在着一个磁场，使处于这个空间中任何位置的另一磁体受到磁场所施加力的作用。同时第二个磁体所产生的磁场也对第一个磁体施加着反作用力。因为力是矢量，所以磁场是矢量场。许多实验事实都证明，磁场是真实存在的。磁场对磁场中的其他运动电荷或载流导体有磁力的作用，说明磁场具有动量；磁场对磁场中的其他运动电荷或载流导体能做功，说明磁场具有能量。现代物理学中，场的概念已经远远超出了电磁学的范围，成为物质的一种基本的、普遍的存在形式。

我们知道，运动电荷(含传导电流和磁体)在其周围产生磁场，位于磁场中的运动电荷要受磁力作用。类似于电场强度的引入，我们也从力的角度出发给出表征磁场性质的重要物理量——磁感应强度 $\boldsymbol{B}$。

实验表明：①正电荷 $+q$ 在磁场中某点运动，它不受磁力时，其速度方向定义为磁感应强度 $\boldsymbol{B}$ 的方向(磁场中小磁针 N 极的方向)；②正电荷运动的速度 $\boldsymbol{v}$ 与磁感应强度 $\boldsymbol{B}$ 的方向垂直时，所受磁力最大为 $\boldsymbol{F}_{\max}$。

磁感应强度 $\boldsymbol{B}$ 的大小定义为：运动电荷在磁场中某点所受的最大磁力 $\boldsymbol{F}_{\max}$ 与 qv 的比值。

$$B = \frac{F_{\max}}{qv} \tag{10.16}$$

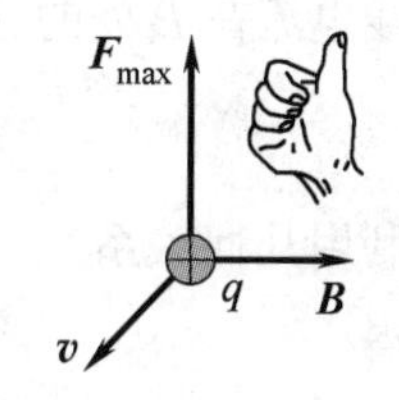

图 10.6　磁感应强度的方向

正电荷运动速度 $\boldsymbol{v}$ 的方向、磁感应强度 $\boldsymbol{B}$ 的方向与磁力 $\boldsymbol{F}$ 的方向之间的关系满足图 10.6 所示的右手螺旋法则，即

$$\boldsymbol{F} = q\boldsymbol{v} \times \boldsymbol{B}$$

国际单位制中，磁感应强度的单位为特斯拉(T)，且 $1\text{T} = 1\text{N}\cdot\text{A}^{-1}\cdot\text{m}^{-1}$。其他常用的单位有高斯(G)，$1\text{G} = 10^{-4}\,\text{T}$。

10.2.3　毕奥-萨伐尔定律

根据对称性理论，法国物理学家毕奥和萨伐尔认为：任意形状的载流导线在场点 P 处产生的磁场是由导线各个小段贡献的，所以也可以像分析带电体在空间产生的电场那样，根据一小段电流元的磁场的基本公式，再通过对各电流元产生的磁场的叠加来计算整个电流的磁场，这个基本公式就是毕奥-萨伐尔定律。

如图 10.7 所示，将载流导线看成由无数无限小连续分布的电流元 $I\mathrm{d}\boldsymbol{l}$ 构成，每个电流元单独在场点 P 处产生的磁感应强度 $\mathrm{d}\boldsymbol{B}$ 表述如下。

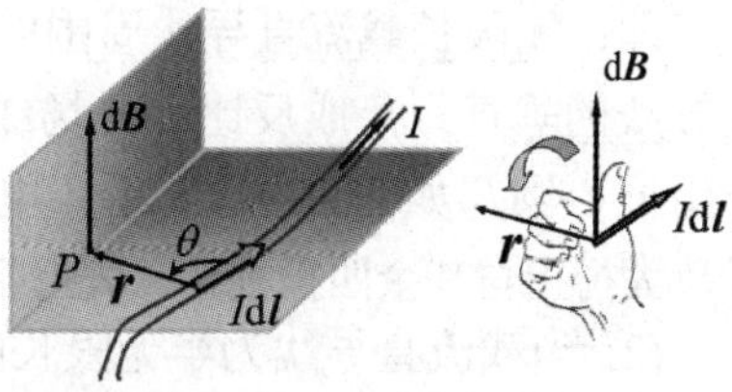

图 10.7　毕奥-萨伐尔定律

电流元 $I\mathrm{d}\boldsymbol{l}$ 在空间某点 P 处产生的磁感应强度 $\mathrm{d}\boldsymbol{B}$ 的大小与电流元 $I\mathrm{d}\boldsymbol{l}$ 的大小成正比，与电流元 $I\mathrm{d}\boldsymbol{l}$ 到 P 点的矢径 $\boldsymbol{r}$ 和电流元 $I\mathrm{d}\boldsymbol{l}$ 间的夹角 θ 的正弦成正比，与电流元 $I\mathrm{d}\boldsymbol{l}$ 到 P 点的距离 r 的平方成反比。其数学表达式为

$$\mathrm{d}B = \frac{\mu_0}{4\pi}\frac{I\mathrm{d}l\sin\theta}{r^2} \tag{10.17}$$

矢量式为
$$\mathrm{d}\boldsymbol{B}=\frac{\mu_0}{4\pi}\frac{I\mathrm{d}\boldsymbol{l}\times\boldsymbol{r}}{r^3}\tag{10.18}$$

$\mathrm{d}\boldsymbol{B}$ 的方向如图 10.7 所示，垂直于 $I\mathrm{d}\boldsymbol{l}$ 与 $\boldsymbol{r}$ 组成的平面，由 $I\mathrm{d}\boldsymbol{l}\times\boldsymbol{r}$ 确定，遵从右手螺旋法则。式(10.18)中 $\mu_0=4\pi\times10^{-7}\,\mathrm{N\cdot A^{-2}}$ 为真空磁导率。

由式(10.18)可知，整个任意载流导线在 P 点处的磁感应强度为
$$\boldsymbol{B}=\int\mathrm{d}\boldsymbol{B}=\int\frac{\mu_0}{4\pi}\frac{I\mathrm{d}\boldsymbol{l}\times\boldsymbol{r}}{r^3}\tag{10.19}$$

积分沿整个导线进行。理论上，对于任意形状的载流导线产生的磁场都可由式(10.19)求出。下面举例说明毕奥-萨伐尔定律(以下简称 b-s 定律)的应用。

【例 10-1】图 10.8(a)中的直导线通有恒定电流 I，计算该有限长导线周围空间任一点 P 的磁感应强度。设 P 点到直导线的垂直距离为 r_0。

解：首先建立如图 10.8(b)所示的坐标，将长直载流导线分成许多的电流元 $I\mathrm{d}z$。由 b-s 定律可知，任一电流元 $I\mathrm{d}z$ 在 P 处的磁感应强度 $\mathrm{d}\boldsymbol{B}$ 的大小为 $\mathrm{d}B=\dfrac{\mu_0}{4\pi}\dfrac{I\mathrm{d}z\sin\theta}{r^2}$。

所有电流元在 P 处的磁感应强度 $\mathrm{d}\boldsymbol{B}$ 的方向都垂直于纸面向里，沿 x 轴的负方向。因此直线电流在 P 处的总磁感应强度大小为
$$B=\int\mathrm{d}B=\frac{\mu_0}{4\pi}\int_{CD}\frac{I\mathrm{d}z\sin\theta}{r^2}\qquad①$$

利用几何关系
$$z=-r_0\cot\theta,\quad r=r_0/\sin\theta\qquad②$$

得
$$\mathrm{d}z=r_0\mathrm{d}\theta/\sin^2\theta\qquad③$$

将式②、式③代入式①得
$$B=\frac{\mu_0 I}{4\pi r_0}\int_{\theta_1}^{\theta_2}\sin\theta\mathrm{d}\theta=\frac{\mu_0 I}{4\pi r_0}(\cos\theta_1-\cos\theta_2)\qquad④$$

$\boldsymbol{B}$ 的方向沿 x 轴的负方向。

式④为有限长直电流的磁场分布式，注意式中 θ_1、θ_2 的取值。

【讨论】

(1) 当载流直导线为无限长时，$\theta_1\to0$，$\theta_2\to\pi$，由式④得
$$B=\frac{\mu_0 I}{2\pi r_0}\tag{10.20}$$

即：无限长载流直导线周围的磁感应强度大小与导线中电流强度 I 成正比，与场点到直导线的垂直距离成反比。磁场线的方向是沿垂直于直电流的平面内、以直导线为圆心的一组同心圆，如图 10.9 所示。电流方向与其磁场方向满足右手螺旋法则：右手握住直导线，大拇指与其余四指垂直，大拇指指向电流方向，则弯曲四指的绕向为磁感应强度的方向。

(2) 当载流直导线为半无限长时，$\theta_1\to0$，$\theta_2\to\pi/2$，由式④得
$$B=\frac{\mu_0 I}{4\pi r_0}\tag{10.21}$$

(3) 直导线延长线上的点：$\theta=0$，$B=0$。

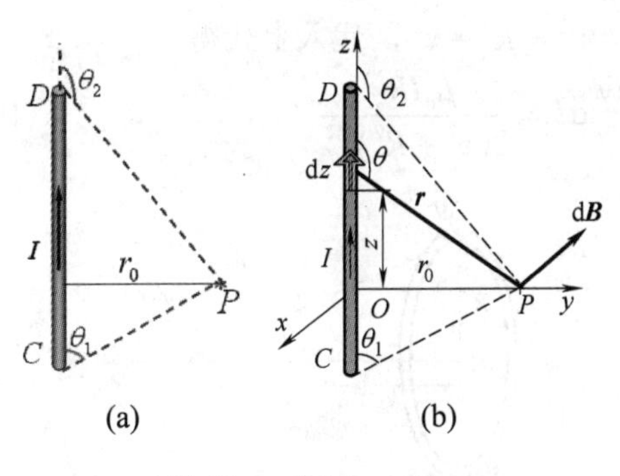

图 10.8　例 10-1 图

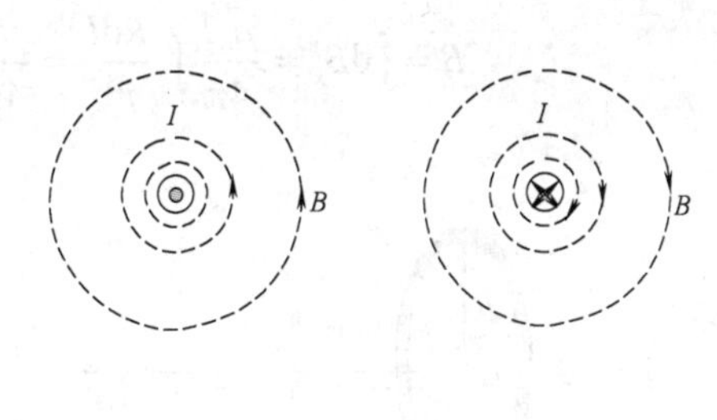

图 10.9　无线长直线电流的磁场方向

【例 10-2】如图 10.10 所示，有一宽度为 b 的无限长通有电流 I 的扁平铜片，厚度不计，电流在铜片上均匀分布。求：在铜片外与铜片共面且近边距离为 r 的 P 点处的磁感应强度。

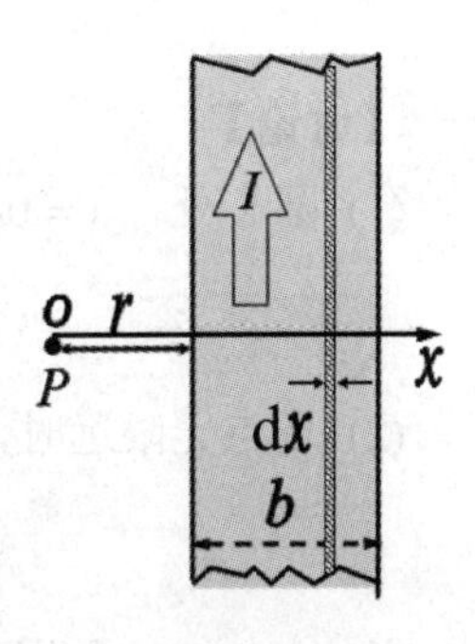

图 10.10　例 10-2 图

解：将铜片电流分解成许多无限长细长条电流，则 P 点的磁场是这些无限长线电流磁场的叠加。

以 P 点为原点建立如图 10.10 所示的坐标，在铜片上取宽为 dx 的细长电流 $\mathrm{d}I=\dfrac{I}{b}\mathrm{d}x$，其在 P 点处的磁感应强度大小为

$$\mathrm{d}B=\frac{\mu_0\mathrm{d}I}{2\pi x}$$

方向垂直于纸面向外。

铜片上所有这样的细长电流在 P 点处的磁感应强度方向均相同为垂直于纸面向外。

$$B=\int\mathrm{d}B=\int_r^{r+b}\frac{\mu_0 I}{2\pi bx}\mathrm{d}x=\frac{\mu_0 I}{2\pi b}\ln\frac{r+b}{r}$$

方向垂直于纸面向外。

【例 10-3】圆电流轴线上的磁场。设真空中有半径为 R 的载流导线，通有电流 I，称为圆电流，如图 10.11(a)所示。求其轴线上一点 P 的磁感应强度的大小和方向。

解：取圆电流的圆心为原点，沿轴线为 x 轴，在圆电流上任取一电流元 $I\mathrm{d}\boldsymbol{l}$，该电流元到轴线上 P 点的矢径为 $\boldsymbol{r}$，由图 10.11(b)可知，$I\mathrm{d}\boldsymbol{l}$ 垂直于 $\boldsymbol{r}$。

由 b-s 定律可知，电流元在该点的磁感应强度大小为 $\mathrm{d}B=\dfrac{\mu_0}{4\pi}\dfrac{I\mathrm{d}l}{r^2}$，方向由 $I\mathrm{d}\boldsymbol{l}\times\boldsymbol{r}$ 确定。显然，各电流元在 P 点的磁感应强度方向不同。但由电流分布的轴对称性可知，将 d$\boldsymbol{B}$ 分解为平行于轴向的分量 $\mathrm{d}B_x$ 和垂直于轴向的分量 $\mathrm{d}B_\perp$，且所有电流元的垂直分量合成时相互抵消，即总的垂直分量为零。因此 P 点的磁感应强度大小就是沿轴向(x 轴)分量的和，即

$$B=B_x=\int\mathrm{d}B\cos\alpha$$

由图 10.11 可知：

$$\mathrm{d}B_x=\mathrm{d}B\cos\alpha=\frac{\mu_0}{4\pi}\frac{I\cos\alpha\mathrm{d}l}{r^2}$$

式中，α 表示 d$\boldsymbol{B}$ 与轴向的夹角，且 $\cos\alpha = R/r$，$r^2 = R^2 + x^2$，代入上式得

$$B = \int \mathrm{d}B_x = \frac{\mu_0 I}{4\pi}\int_l \frac{R\mathrm{d}l}{r^3} = \frac{\mu_0 IR}{4\pi r^3}\int_0^{2\pi R}\mathrm{d}l = \frac{\mu_0 IR^2}{2(x^2+R^2)^{3/2}} \tag{10.22}$$

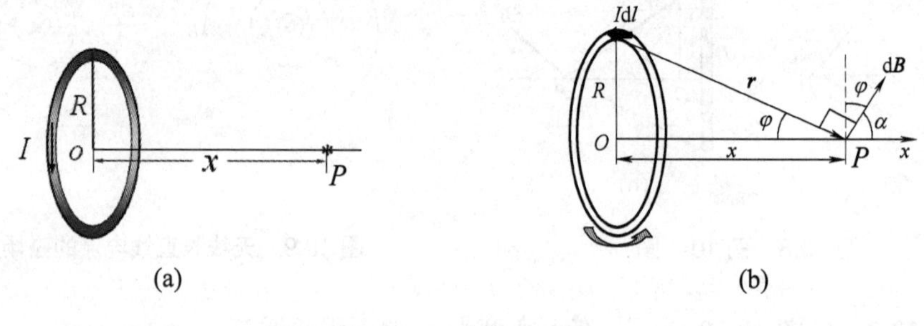

图 10.11　例 10-3 图

【讨论】

(1) 圆心处，$x=0$，式(10.22)可改写为

$$B = \frac{\mu_0 I}{2R} \tag{10.23}$$

(2) 场点无限远时，$x >> R$，式(10.22)近似为

$$B = \frac{\mu_0 IR^2}{2x^3} = \frac{\mu_0 IS}{2\pi x^3} \tag{10.24}$$

其中：$S = \pi R^2$ 为圆电流所包围的面积。

【课堂讨论】一段弧心角为 θ 的圆弧形电流 I 在圆心的磁感应强度大小是多少？方向如何？

10.2.4　载流线圈的磁矩

对于载流线圈，可用磁矩来描述它的性质。如图 10.12 所示，设各种线圈中的电流为 I，线圈所围面积为 S，线圈平面的法向单位矢量为 $\boldsymbol{e}_\mathrm{n}$ 或 $\boldsymbol{n}$，则线圈的磁矩用 $\boldsymbol{m}$ 表示为

$$\boldsymbol{m} = IS\boldsymbol{e}_\mathrm{n} \tag{10.25}$$

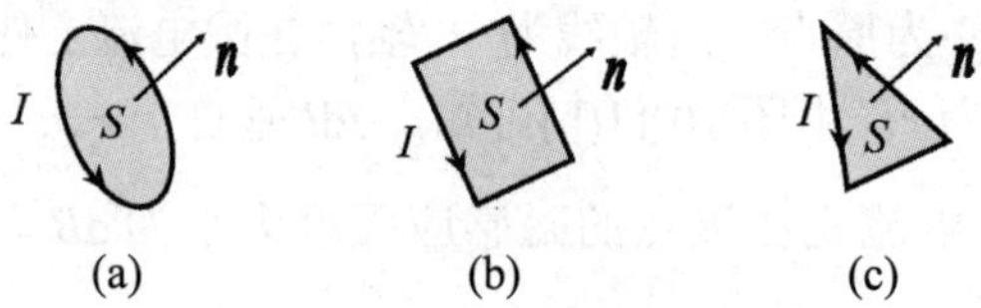

图 10.12　载流线圈的磁矩

磁矩 $\boldsymbol{m}$ 是矢量，其大小为线圈中的电流 I 与线圈所围面积 S 的乘积(与导体回路形状无关)，其方向与电流的流向符合右手螺旋法则，即右手弯曲的四指指向线圈中电流的方向，那么与四指垂直的大拇指的指向就是磁矩的方向。

因此，式(10.24)中圆电流磁感应强度 $B = \dfrac{\mu_0 IR^2}{2x^3}$ 也可用磁矩表示成

$$\boldsymbol{B} = \frac{\mu_0 \boldsymbol{m}}{2\pi x^3} = \frac{\mu_0 m}{2\pi x^3}\boldsymbol{e}_\mathrm{n} \tag{10.26}$$

【说明】 1. 当圆形电流的面积 S 很小，或场点距圆电流很远时，可把圆电流叫作"磁偶极子"。
2. 请读者将"磁偶极子"与"电偶极子"进行比较学习。

10.2.5　运动电荷的磁场

导体中的电流产生磁场，实际上是导体内的电荷运动所产生的磁效应。下面我们由毕奥-萨伐尔定律推导出运动电荷产生的磁场。

如图 10.13 所示，在导体内截取一段电流元 $I\mathrm{d}\boldsymbol{l}$，其截面积为 S。设此导体内每单位体积内有 n 个做定向运动的载流子，每个载流子的电量为 q，定向运动的速度为 v。

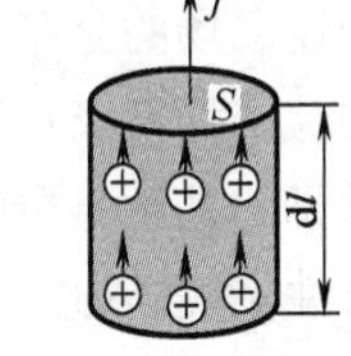

图 10.13　运动电荷的磁场

由式(10.3)可知 $I\mathrm{d}\boldsymbol{l} = \boldsymbol{j}S\mathrm{d}l = nq\boldsymbol{v}S\mathrm{d}l$，该电流元中的载流子总数为 $\mathrm{d}N = nS\mathrm{d}l$。

由 b-s 定律得出该电流元(含 dN 个载流子)产生的磁场为

$$\mathrm{d}\boldsymbol{B} = \frac{\mu_0}{4\pi}\frac{nq\boldsymbol{v}S\mathrm{d}l \times \boldsymbol{r}}{r^3}$$

因此每个运动电荷的磁场为

$$\boldsymbol{B} = \frac{\mathrm{d}\boldsymbol{B}}{\mathrm{d}N} = \frac{\mu_0}{4\pi}\frac{q\boldsymbol{v} \times \boldsymbol{r}}{r^3} \tag{10.27}$$

$\boldsymbol{B}$ 的方向垂直于 $\boldsymbol{v}$ 与 $\boldsymbol{r}$ 组成的平面，对正电荷，$\boldsymbol{B}$ 的方向与矢积 $\boldsymbol{v}\times\boldsymbol{r}$ 的方向相同；对负电荷，$\boldsymbol{B}$ 的方向与矢积 $\boldsymbol{v}\times\boldsymbol{r}$ 的方向相反，如图 10.14 所示。

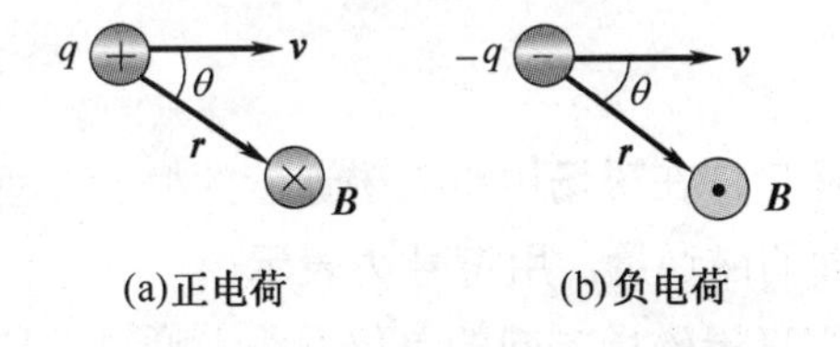

(a)正电荷　　(b)负电荷

图 10.14　运动电荷的磁场方向

直电流、圆电流、螺线管电流等产生的磁场是一些典型的基本磁场，这些结论可与磁场的叠加原理结合应用，原则上可进一步求出其他载流体的磁场分布。

【小结】用毕奥-萨伐尔定律解关于磁场的分布时，一般方法和步骤如下。

(1)　由毕奥-萨伐尔定律写出磁场的大小为 $\mathrm{d}B = \frac{\mu_0}{4\pi}\frac{I\mathrm{d}l\sin\theta}{r^2}$。

(2)　建立坐标系，求分量 $\mathrm{d}B_x$、$\mathrm{d}B_y$、$\mathrm{d}B_z$。

(3)　利用几何关系统一积分变量，积分求出各分量的和 B_x、B_y、B_z。

(4)　求大小 $B = \sqrt{B_x^2 + B_y^2 + B_z^2}$，并判断其方向。

10.3 磁场的高斯定理

10.3.1 磁通量

1. 磁感应线

为形象地描述磁场的分布，和在电场中引入电场线的方法一样，在磁场中引入磁感应线来描述磁场的分布。规定：曲线上每一点的切线方向就是该点的磁感应强度 $\boldsymbol{B}$ 的方向，曲线的疏密程度表示该点的磁感应强度 $\boldsymbol{B}$ 的大小。

常见的几种典型的磁场的磁感应线分布特征如图 10.15 所示，可以看出磁感应线具有以下特性(注意与电场线的区别)。

① 磁感应线是环绕电流的无头无尾的闭合曲线，无起点无终点。

② 任意两条磁感应线不相交。

③ 磁感应线的方向与电流方向遵从右手螺旋法则。

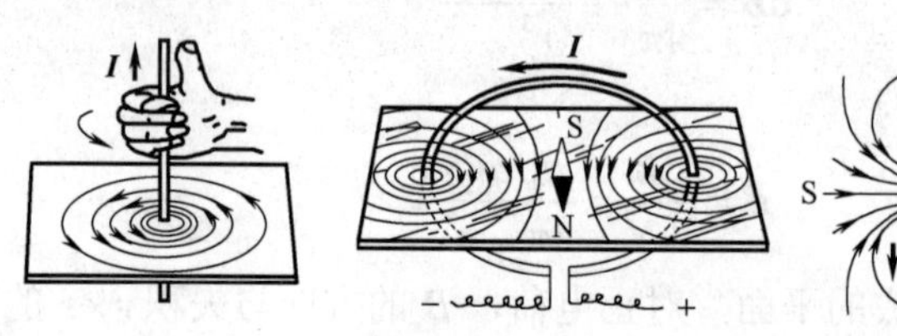

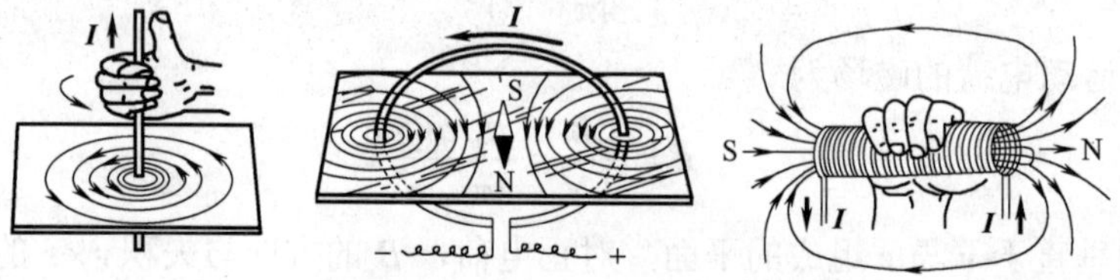

图 10.15 常见磁场的磁感应线

2. 磁通量

类似于静电场中的电通量，在磁场中引入磁通量的概念。垂直通过磁场中某一曲面的磁感应线条数为通过此曲面的磁通量，用符号 $\varPhi$ 表示。

规定：磁场中某点处垂直于磁场方向的单位面积上通过的磁感应线数目等于该点磁感应强度 $\boldsymbol{B}$ 的大小。如图 10.16 所示，过任意曲面面元 $\mathrm{d}\boldsymbol{S}$ 的磁通量为

$$\mathrm{d}\varPhi = \boldsymbol{B}\cdot\mathrm{d}\boldsymbol{S} = B\mathrm{d}S\cos\theta \qquad (10.28)$$

式中，θ 是磁场方向与面元法向的夹角。

若 $\mathrm{d}\varPhi = \boldsymbol{B}\cdot\mathrm{d}\boldsymbol{S} > 0$，表示有磁场线穿出该曲面；若 $\mathrm{d}\varPhi = \boldsymbol{B}\cdot\mathrm{d}\boldsymbol{S} < 0$，表示有磁场线穿入该曲面。

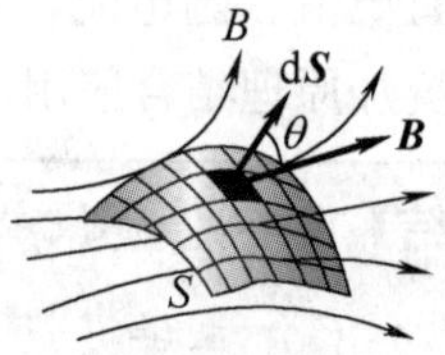

通过整个曲面的磁通量为

$$\varPhi = \int_S \boldsymbol{B}\cdot\mathrm{d}\boldsymbol{S} = \int_S B\mathrm{d}S\cos\theta \qquad (10.29)$$

图 10.16 任意曲面的磁通量

磁通量 $\varPhi$ 的单位是韦伯(Wb)，$1\mathrm{Wb}=1\mathrm{T}\cdot\mathrm{m}^2$。

10.3.2 磁场的高斯定理

静电场中的高斯定理反映了穿过闭合曲面的电通量与它所包围的电荷之间的定量关系。那么在恒定电流的磁场中，穿过任意闭合曲面的磁通量与哪些因素有关呢？

式(10.29)中，若曲面是闭合的，由磁感应线的特性可知，穿入该闭合曲面的磁场线必定全数从闭合曲面的另一侧穿出，如图 10.17 所示，则有

$$\oint_S \boldsymbol{B} \cdot \mathrm{d}\boldsymbol{S} = 0 \tag{10.30}$$

式(10.30)表明，通过任意闭合曲面的磁通量必等于零。此结论称为磁场的高斯定理。高斯定理是表明磁场性质的重要定理之一，揭示磁场是无源场，磁感应线是无头无尾的闭合曲线，又叫磁通连续原理。

磁通量是很重要的物理量，尤其在电磁感应中磁通量的计算是解决问题的根本，因此掌握磁通量的计算方法是十分必要的。

【例 10-4】 如图 10.18(a)所示，矩形回路与电流为 I 的长直载流导线共面，试求通过矩形回路所围面积的磁通量。

解： 按如图 10.18(b)所示建立坐标，载流长直导线周围的磁场为非均匀场，求磁通量时要用积分法。距导线为 x 处的磁感应强度大小为 $B=\dfrac{\mu_0 I}{2\pi x}$，方向垂直于纸面向里。取线框平面的正法向与磁场方向相同。

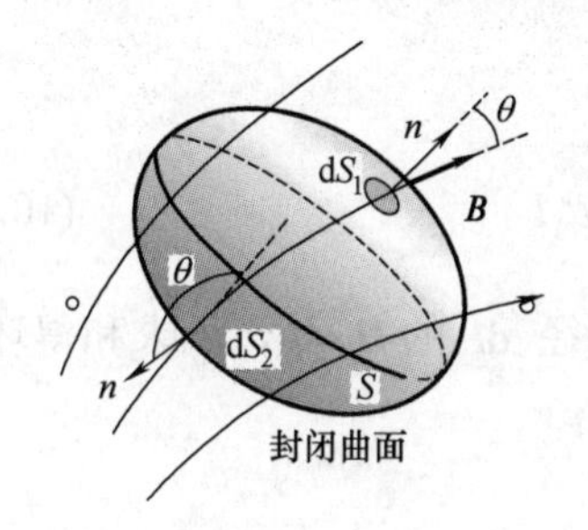

图 10.17　闭合曲面的磁通量

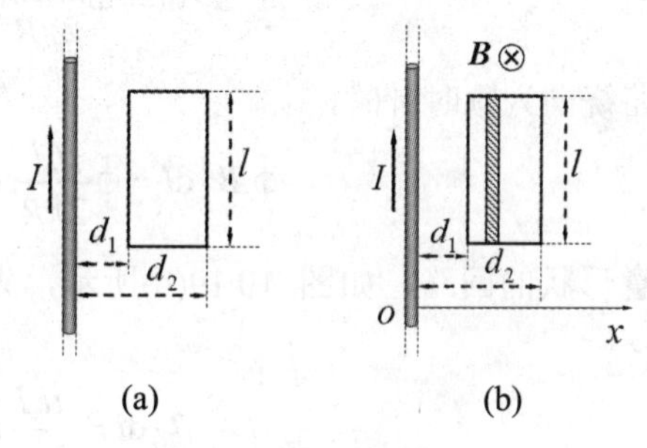

图 10.18　例 10-4 图

在矩形回路面积上取一平行于直电流的窄条面元 dS，长为 l，宽为 dx，穿过此面元的磁通量为

$$\mathrm{d}\Phi = B\mathrm{d}S = \frac{\mu_0 I}{2\pi x} l\mathrm{d}x$$

则通过矩形回路所围面积的总磁通量为

$$\Phi = \int_S B\mathrm{d}S = \frac{\mu_0 Il}{2\pi}\int_{d_1}^{d_2}\frac{\mathrm{d}x}{x} = \frac{\mu_0 Il}{2\pi}\ln\frac{d_2}{d_1}$$

10.4　磁场的安培环路定理

在静电场中，电场强度沿任一闭合路径的线积分为零，即 $\oint_l \boldsymbol{E}\cdot\mathrm{d}\boldsymbol{l}=0$，表明了静电场是保守场。那么在恒定磁场中，磁感应强度 $\boldsymbol{B}$ 沿闭合路径的线积分(环流) $\oint_l \boldsymbol{B}\cdot\mathrm{d}\boldsymbol{l}$ 又如何呢？与哪些因素有关？

10.4.1 安培环路定理

安培环路定理是关于稳恒磁场性质的一个基本定理，可以由 b-s 定律导出。它反映了稳恒磁场的磁感应线和载流导线相互套连的性质。利用这一定理，可直接计算某些对称分布电流的磁场。

以无限长载流直导线为例，设导线中恒定电流为 I，在与直电流垂直的平面内作半径为 R、以交点为圆心的圆。此圆周上各点磁感应强度大小相等，方向沿圆周的切线方向(满足右手螺旋法则)，如图 10.19(a)所示。该无限长直载流导线在周围产生的磁感应强度大小为

$$B=\frac{\mu_0 I}{2\pi R}$$

取回路 l 绕向为逆时针，与电流 I 方向成右手螺旋，则磁感应强度 $\boldsymbol{B}$ 沿此圆周的环流为

$$\oint_l \boldsymbol{B}\cdot \mathrm{d}\boldsymbol{l}=\oint \frac{\mu_0 I}{2\pi R}\cos 0^\circ\ \mathrm{d}l=\mu_0 I \tag{10.31}$$

若回路绕向为顺时针时，

$$\oint_l \boldsymbol{B}\cdot \mathrm{d}\boldsymbol{l}=\oint \frac{\mu_0 I}{2\pi R}\cos 180^\circ\ \mathrm{d}l=-\mu_0 I \tag{10.32}$$

对任意形状的回路，如图 10.19(b)所示，先计算一段路径 $\mathrm{d}l$ 的 $\boldsymbol{B}\cdot\mathrm{d}\boldsymbol{l}$，再求和得环路积分，即

$$\boldsymbol{B}\cdot \mathrm{d}\boldsymbol{l}=\frac{\mu_0 I}{2\pi r}r\mathrm{d}\phi=\frac{\mu_0 I}{2\pi}\mathrm{d}\phi$$

$$\oint \boldsymbol{B}\cdot \mathrm{d}\boldsymbol{l}=\oint \frac{\mu_0 I}{2\pi r}r\mathrm{d}\phi=\frac{\mu_0 I}{2\pi}\oint \mathrm{d}\phi=\mu_0 I \tag{10.33}$$

若电流在回路之外，如图 10.20 所示，在任意闭合回路上取与电流 I 等张角 $\mathrm{d}\phi$ 的两段积分路径元 $\mathrm{d}\boldsymbol{l}_1$、$\mathrm{d}\boldsymbol{l}_2$，这两处的磁感应强度大小分别为 $B_1=\frac{\mu_0 I}{2\pi r_1}$，$B_2=\frac{\mu_0 I}{2\pi r_2}$，方向如图 10.20 所示。

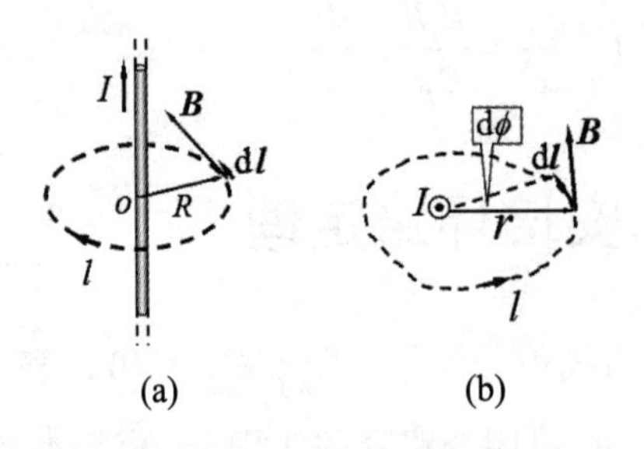

图 10.19　安培环路定理(环路包围电流)

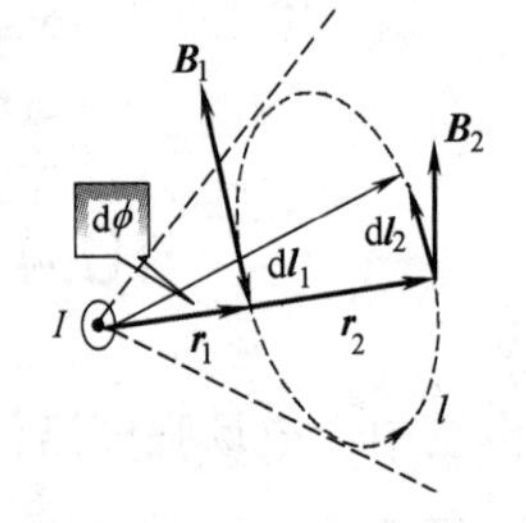

图 10.20　环路不包围电流

由于
$$\boldsymbol{B}_1\cdot \mathrm{d}\boldsymbol{l}_1=-\boldsymbol{B}_2\cdot \mathrm{d}\boldsymbol{l}_2=-\frac{\mu_0 I}{2\pi}\mathrm{d}\phi$$

因此
$$\boldsymbol{B}_1\cdot \mathrm{d}\boldsymbol{l}_1+\boldsymbol{B}_2\cdot \mathrm{d}\boldsymbol{l}_2=0$$

由此得

$$\oint_l \boldsymbol{B}\cdot \mathrm{d}\boldsymbol{l} = 0 \tag{10.34}$$

由式(10.31)～式(10.34)说明，磁感应强度的环路积分只与环路包围的电流有关，与环路的形状无关。

当闭合路径包围多个电流时，如图 10.21 所示，空间的总磁场由各电流的磁场叠加，$\boldsymbol{B}=\boldsymbol{B}_1+\boldsymbol{B}_2+\cdots$，因此

$$\oint_l \boldsymbol{B}\cdot \mathrm{d}\boldsymbol{l} = \oint_l (\boldsymbol{B}_1+\boldsymbol{B}_2+\boldsymbol{B}_3)\cdot \mathrm{d}\boldsymbol{l} = \mu_0(I_2-I_3)=\mu_0\sum I_i \tag{10.35}$$

综合式(10.31)～式(10.35)得出，在恒定磁场中，磁感应强度 $\boldsymbol{B}$ 沿任意闭合路径的线积分($\boldsymbol{B}$ 的环流)，等于闭合路径所包围的电流的代数和与真空磁导率μ_0 的乘积。以上结果对任意形状的闭合电流(伸向无限远的电流)均成立，称为磁场的安培环路定理。其表达式为

$$\oint \boldsymbol{B}\cdot \mathrm{d}\boldsymbol{l} = \mu_0\sum_{i=1}^{n} I_i \tag{10.35a}$$

其中电流的正负号规定为：当回路绕行方向与所包围电流方向服从右手螺旋法则时，电流为正($I>0$)；反之为负($I<0$)，如图 10.22 所示。

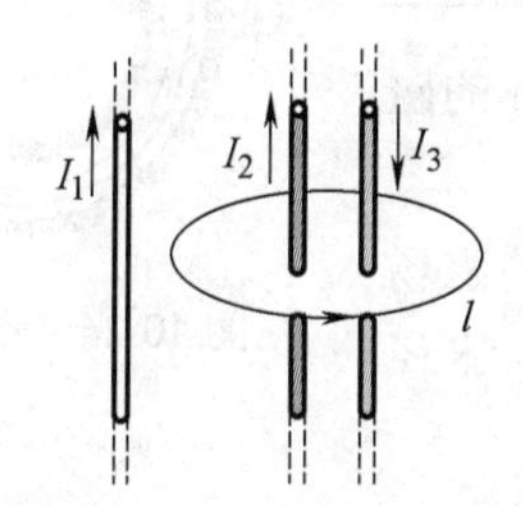

图 10.21　闭合路径包围多个电流

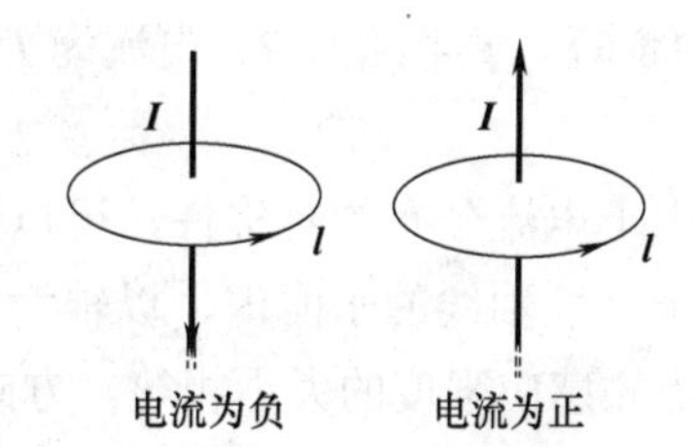

图 10.22　电流正负的规定

安培环路定理在电磁场理论中占有重要地位，它说明恒定电流的磁场不是保守场。

10.4.2　安培环路定理的应用举例

在恒定磁场中，当电流分布具有对称性时，可方便地利用安培环路定理计算磁感应强度，一般方法和步骤如下。

(1)　分析磁场的对称性(根据电流的分布来分析)。

(2)　过场点选取合适的闭合积分路径。

(3)　选好积分回路的取向，确定回路内电流的正负。

(4)　由安培环路定理求出磁感应强度 $\boldsymbol{B}$ 的大小，并分析方向。

【例 10-5】　一无限长密绕直螺线管，单位长度上有 n 匝线圈，电流为 I，求螺线管内的磁感应强度。

解：由电流分布对称性知螺旋管内为均匀场，方向沿轴向，外部磁感应强度趋于零，如图 10.23(a)所示。在长密绕直螺线管上任取一小段，如图 10.23(b)所示，过管内任一点作一矩形闭合回路 $MNOPM$ 为积分路径 L，则

$$\oint_L \boldsymbol{B}\cdot \mathrm{d}\boldsymbol{l} = \int_{MN} \boldsymbol{B}\cdot \mathrm{d}\boldsymbol{l} + \int_{NO} \boldsymbol{B}\cdot \mathrm{d}\boldsymbol{l} + \int_{OP} \boldsymbol{B}\cdot \mathrm{d}\boldsymbol{l} + \int_{PM} \boldsymbol{B}\cdot \mathrm{d}\boldsymbol{l} = B\cdot \overline{MN}$$

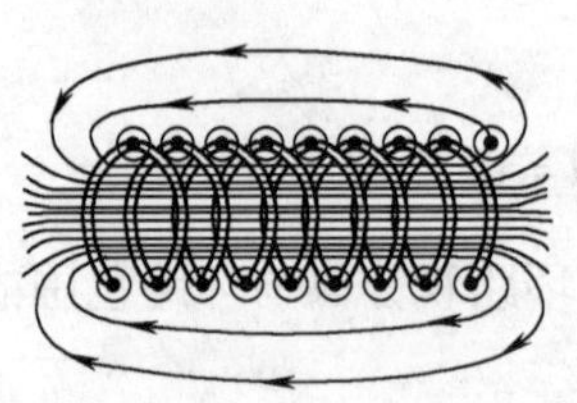

(a) 长直密绕螺线管内磁场分布

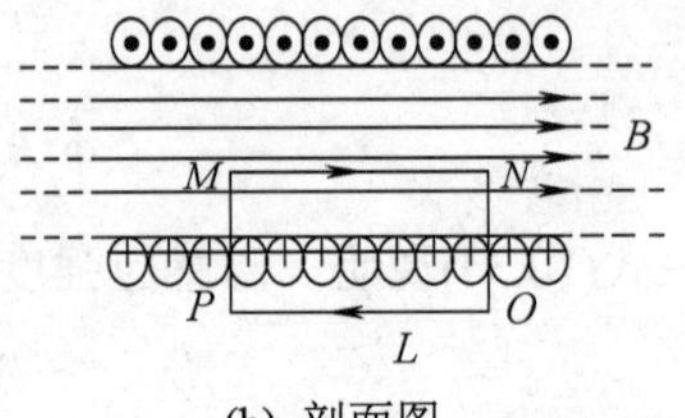

(b) 剖面图

图 10.23　例 10-5 图

由安培环路定理得　　$B\cdot\overline{MN}=\mu_0 n\overline{MN}I$

即　　$B=\mu_0 nI$　　(10.36)

式(10.36)说明，无限长载流螺线管内部磁场处处相等，磁感应强度的大小与管中电流强度 I、线圈的匝数密度 n 成正比，外部磁场近似为零。

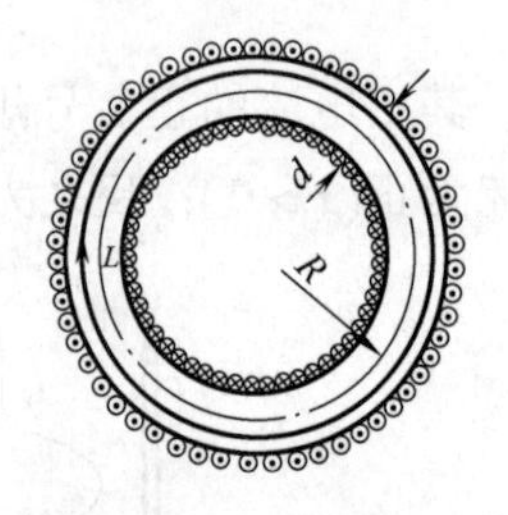

图 10.24　螺绕环的磁场

【课堂思考】　均匀密绕的螺绕环内的磁场如何分布？参照图 10.24 所示。

【例 10-6】　求半径为 R、电流为 I 的无限长圆柱体的磁场分布。

解：由于电流分布的对称性，可以判定柱体电流的磁场是在垂直于圆柱轴线的平面内、以轴为中心的同心圆，半径相同的各点磁感应强度的大小相等，方向沿圆周的切向。

选积分回路 L 如图 10.25 所示，由安培环路定理得

场点在柱体外时($r>R$)，$\oint_L \boldsymbol{B}\cdot\mathrm{d}\boldsymbol{l}=\mu_0 I$

即　　$2\pi rB=\mu_0 I$

解得　　$B=\dfrac{\mu_0 I}{2\pi r}\quad(r>R)$　　(10.37)

式(10.37)说明，无限长载流圆柱体外部的磁场，其磁感应强度的大小与电流强度成正比，与场点到轴线的距离 r 成反比。这和无限长载流导线的磁场分布规律完全相同。

场点在柱体内时($0<r<R$)，$\oint_L \boldsymbol{B}\cdot\mathrm{d}\boldsymbol{l}=\mu_0\dfrac{\pi r^2}{\pi R^2}I$

即　　$2\pi rB=\dfrac{\mu_0 r^2}{R^2}I$

得　　$B=\dfrac{\mu_0 Ir}{2\pi R^2}$　　(10.38)

将电流密度 $j=\dfrac{I}{\pi R^2}$ 代入式(10.38)得

$$B=\frac{\mu_0 j}{2}r\qquad(10.39)$$

式(10.39)说明，无限长载流圆柱体内部点的磁场，其磁感应强度的大小与电流密度 j、场点到轴线的距离 r 成正比。

式(10.39)的矢量表达式由 b-s 定律得 $\boldsymbol{B}=\dfrac{\mu_0}{2}\boldsymbol{j}\times\boldsymbol{r}$ (10.39a)

无限长载流圆柱体的磁场分布如图 10.26 所示。

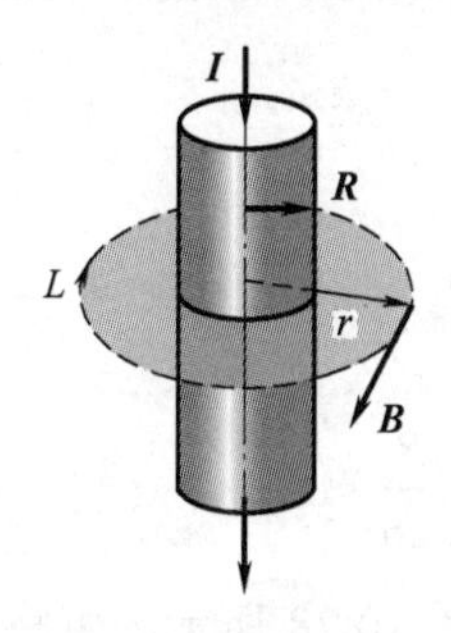

图 10.25　例 10-6 图

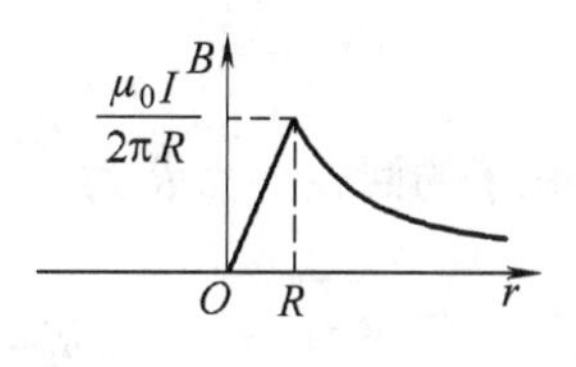

图 10.26　柱体电流磁场 *B*-*r* 曲线

【特例】 无限长载流圆柱面的磁场分布。

柱面外的点$(r>R)$：　$B_1=\dfrac{\mu_0 I}{2\pi r}$

柱面内的点$(0<r<R)$：　$B_2=0$。

【注意】 将无限长载流圆柱体(面)的磁场与无限长带电圆柱体(面)的电场比较，相关规律和结论是完全相似的！这常被称为物理学中电与磁的完美对称。

10.5　带电粒子在磁场中的运动

10.5.1　带电粒子在电场和磁场中所受的力

实验证明，带电粒子在磁场中会受到磁力的作用(在定义磁感应强度时叙述过)，把这个力称为**洛伦兹力**。

设电荷的电量为 q，运动速度为 $\boldsymbol{v}$，磁场的磁感应强度为 $\boldsymbol{B}$，则洛伦兹力定义为

$$\boldsymbol{F}_{\mathrm{m}}=q\boldsymbol{v}\times\boldsymbol{B} \tag{10.40}$$

洛伦兹力的方向为垂直于 $\boldsymbol{v}$ 与 $\boldsymbol{B}$ 组成的平面，指向由右手螺旋法则确定。若 $\boldsymbol{v}$ 与 $\boldsymbol{B}$ 的夹角为θ，则洛伦兹力的大小为

$$F_{\mathrm{m}}=qvB\sin\theta \tag{10.41}$$

洛伦兹力不仅对于宏观点电荷成立，对于微观元电荷也同样成立。

因此，带电粒子在既有电场又有磁场的区域运动时，同时受电场力和洛伦兹力的作用，其合力为

$$\boldsymbol{F}=q\boldsymbol{E}+q\boldsymbol{v}\times\boldsymbol{B} \tag{10.42}$$

10.5.2　带电粒子在磁场中的运动

设有一带电粒子质量为 m，电量为 q，以初速 $\boldsymbol{v}_0$ 进入磁感应强度为 $\boldsymbol{B}$ 的磁场中，如图 10.27 所示，其运动情况讨论如下。

(1) 初速 $\boldsymbol{v}_0$ 与磁感应强度 $\boldsymbol{B}$ 方向平行时，由式(10.41)可知，带电粒子受洛伦兹力为零，带电粒子以原有速度做匀速直线运动。

(2) 初速 $\boldsymbol{v}_0$ 与磁感应强度 $\boldsymbol{B}$ 方向垂直时，洛伦兹力提供向心力，使带电粒子做匀速率圆周运动，如图 10.27 所示。由牛顿运动定律可得

$$qv_0B = m\frac{v_0^2}{R} \tag{10.43}$$

则带电粒子的回旋半径 R 为

$$R = \frac{mv_0}{qB} \tag{10.44}$$

回旋周期和频率为

$$T = \frac{2\pi R}{v_0} = \frac{2\pi m}{qB}，\ f = \frac{1}{T} = \frac{qB}{2\pi m} \tag{10.45}$$

(3) 初速 $\boldsymbol{v}_0$ 与磁感应强度 $\boldsymbol{B}$ 方向成任意夹角 θ 时，如图 10.28 所示，可将 $\boldsymbol{v}_0$ 分解为平行和垂直于磁场 $\boldsymbol{B}$ 的分量 $v_{/\!/}$、$v_\perp$，则带电粒子的运动是沿磁场方向的匀速直线运动与垂直于磁场方向的圆周运动的合运动——螺旋运动。

$$v_{/\!/} = v_0\cos\theta，\ v_\perp = v_0\sin\theta$$

螺旋运动的周期为

$$T = \frac{2\pi m}{qB} \quad (\text{与圆运动周期相同})$$

螺旋运动的半径为

$$R = \frac{mv_\perp}{qB} = \frac{mv_0}{qB}\sin\theta \tag{10.46}$$

螺旋运动的螺距：在一个周期内螺旋运动的距离，为

$$d = v_{/\!/}T = v_0\cos\theta\frac{2\pi m}{qB} \tag{10.47}$$

利用上述结论可以实现**磁聚焦**。如图 10.29 所示，在均匀磁场中某点发射出一束很窄的带电粒子流，这些粒子的初速大小和方向可能不同，但由式(10.47)可知，只要这些粒子的 $v_0\cos\theta$ 相同，这些粒子的螺距就是相同的。因此，这些粒子经过一个螺距的运动距离后又会重新汇聚在同一点的现象叫磁聚焦。磁聚焦广泛应用于电子光学、电子显微镜等。

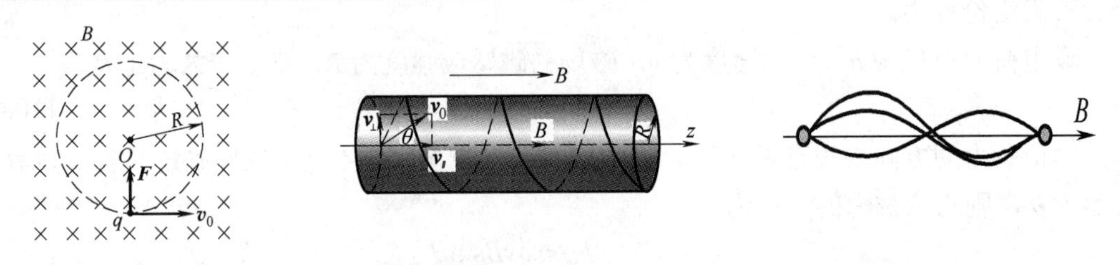

图 10.27 洛伦兹力　　图 10.28 螺旋运动　　图 10.29 磁聚焦

研究带电粒子在电场和磁场中的运动规律有非常重要的意义。如测量电子的比荷、回旋加速器的加速原理、质谱仪、非均匀磁场中带电粒子的磁约束——磁镜效应在热核反应中的应用、利用霍尔效应进行磁力发电等。

*10.5.3 霍尔效应与霍尔电压

1. 霍尔效应

早在 1879 年，霍尔(A.H.Hall)就观察到，把一块载流导体薄板放在外磁场中时，导体

薄板在垂直于电流和磁场方向的两端面会产生一个电势差，如图 10.30 所示，这种现象称为霍尔效应，出现的电势差 U_H 称为霍尔电压。

如图 10.30(a)所示，给导体通电，无外磁场时，以带正电的载流子为例，这些正电荷定向移动的方向就是导体中的电流方向。当加入垂直于电流方向的外磁场时，如图 10.30(b)所示，导体中的自由电荷就会在洛伦兹力 $\boldsymbol{F}_m$ 作用下，正负电荷分别向相反方向移动而聚集在导体两侧的端面，这样在导体内部形成了一个附加电场 $\boldsymbol{E}_H$，称为霍尔电场。$\boldsymbol{E}_H$ 对载流子的作用力 $\boldsymbol{F}_e$ 与洛伦兹力 $\boldsymbol{F}_m$ 是反向的。当二力平衡时，导体内的载流子不再做横向宏观运动，导体两侧的端面就形成了稳定的电势差 U_H。

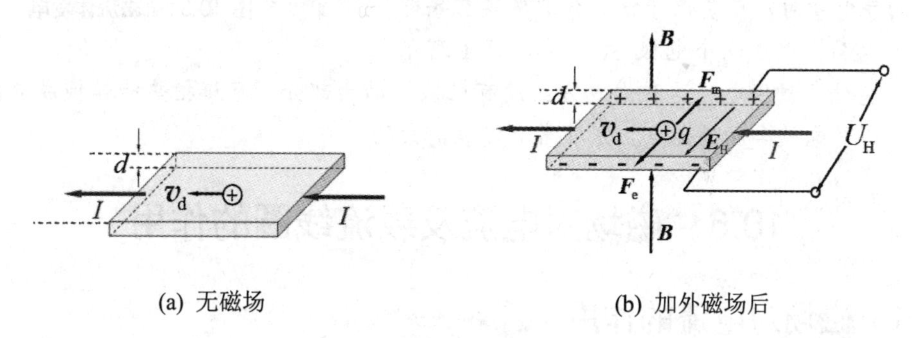

(a) 无磁场　　(b) 加外磁场后

图 10.30　霍尔效应

2. 霍尔电压

理论推导和实验都证明，霍尔电压的大小与导体中的电流强度 I、磁场的磁感应强度 B 成正比，与导体沿磁场方向的厚度 d 成反比，即

$$U_H = R_H \frac{IB}{d} \tag{10.48}$$

式中，$R_H = \frac{1}{nq}$，n 为单位体积内的载流子数，也称载流子浓度；q 为载流子的电量，则 R_H 是一与导体的材料有关的常数，称为霍尔系数。

对于金属导体，自由电子的密度 n 很大，其霍尔系数很小，相应的霍尔电压很小；而对于半导体，载流子浓度 n 小得多，半导体的霍尔系数比金属导体大得多，所以半导体能产生很强的霍尔效应。因此常用半导体材料制成各种霍尔效应传感器，用来测量磁感应强度、电流等。

【课外阅读与应用】

霍尔效应的应用

在自动控制和计算技术等方面，霍尔效应都有着广泛的应用，现举例简单说明如下。

(1) 判断半导体的类型。如图 10.30(b)所示的霍尔电压，说明载流子是带正电的。如果这是半导体材料，则说明一定是 P 型半导体(带正电的空穴导电)；如果测得的霍尔电压反向，则说明该半导体是 N 型半导体(电子导电)。

(2) 测量磁场。对已知霍尔系数 R_H、材料厚度 d 的霍尔元件通电，电流为 I，测得霍尔电压为 U_H，则外加磁场的磁感应强度为 $B=\frac{U_H d}{IR_H}$。

(3) 测载流子密度为 $n=\frac{BI}{U_H \cdot q \cdot d}$。

(4) 磁流体发电。在导电流体中也会产生霍尔效应，这是磁流体发电的基本原理。如图10.31所示，经高温电离的气体分子(等离子)通过耐高温材料制成的导电管时，正负离子就会分别聚集在导电管的两个端面，形成两个电极 A_1、A_2，产生霍尔电势差，能对负载供电。这种发电方式没有机械转动的部分，直接把热能转换成电能，具有能耗小、发电效率高的优点，是非常有发展前景的。

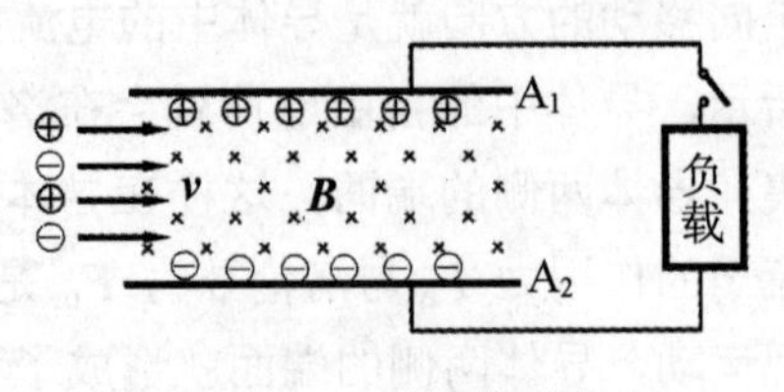

图10.31　磁流体发电

10.6　磁场对电流及载流线圈的作用

10.6.1　磁场对电流的作用

电流元在磁场中受到的磁力可以看成是洛伦兹力的宏观表现，此作用力称为安培力。如图10.32所示，在载流导体上任取一段电流元 $I\mathrm{d}\boldsymbol{l}$，其所在处的磁感应强度为 $\boldsymbol{B}$，设导线的截面积为 S，单位体积内有 n 个载流子，每个载流子的电量为 q，运动速度为 $\boldsymbol{v}$，则每个载流子受到的洛伦兹力为 $\boldsymbol{f}=q\boldsymbol{v}\times\boldsymbol{B}$。

在电流元 $I\mathrm{d}\boldsymbol{l}$ 中的载流子数为 $\mathrm{d}N=nS\mathrm{d}l$，这些载流子受洛伦兹力的总和 $\mathrm{d}\boldsymbol{F}$ 就是电流元受的安培力，即

$$\mathrm{d}\boldsymbol{F}=\mathrm{d}N(q\boldsymbol{v}\times\boldsymbol{B})=nSqv(\mathrm{d}\boldsymbol{l}\times\boldsymbol{B}) \tag{10.49}$$

式中，$nSqv$ 表示单位时间内通过导体截面的电量即电流强度 I，故式(10.49)变为

$$\mathrm{d}\boldsymbol{F}=I\mathrm{d}\boldsymbol{l}\times\boldsymbol{B} \tag{10.50}$$

式(10.50)表明，磁场对电流元的作用力即安培力的大小等于电流元 $I\mathrm{d}\boldsymbol{l}$ 的大小、磁感应强度 $\boldsymbol{B}$ 的大小、电流元与磁场方向夹角 φ 的正弦的乘积。

$$\mathrm{d}F=I\mathrm{d}lB\sin\varphi \tag{10.51}$$

安培力的方向由矢积 $I\mathrm{d}\boldsymbol{l}\times\boldsymbol{B}$ 确定，垂直于 $I\mathrm{d}\boldsymbol{l}$ 和 $\boldsymbol{B}$ 所组成的平面，如图10.33所示。任意一段有限长载流导线所受的安培力等于各段电流元受安培力的矢量和，即

$$\boldsymbol{F}=\int_l \mathrm{d}\boldsymbol{F}=\int_l I\mathrm{d}\boldsymbol{l}\times\boldsymbol{B} \tag{10.52}$$

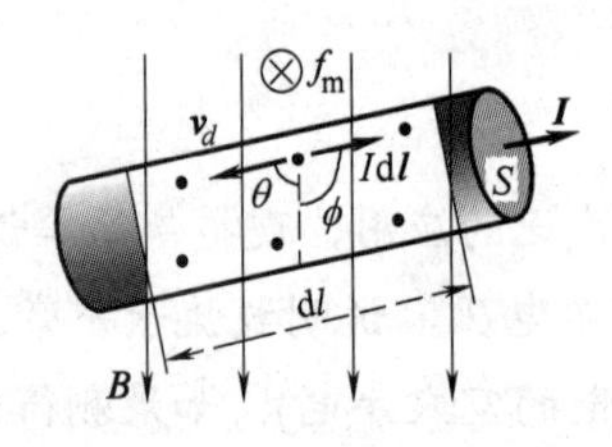

图10.32　安培力

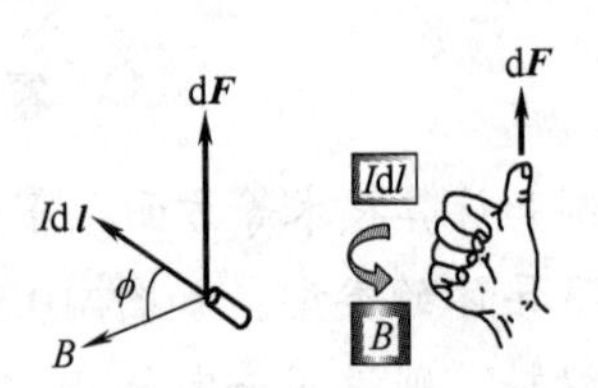

图10.33　安培力的方向

【例 10-7】 求如图 10.34(a)所示不规则的平面载流导线在均匀磁场中所受的力。已知均匀磁场的磁感应强度为 $\boldsymbol{B}$，导线首尾端的距离为 l。求整段导线受的安培力。

解：建立如图 10.34(b)所示的坐标，在载流导线上任取一段电流元 $I\mathrm{d}\boldsymbol{l}$，它受安培力为

$$\mathrm{d}\boldsymbol{F} = I\mathrm{d}\boldsymbol{l} \times \boldsymbol{B}$$

其分量为 $\mathrm{d}F_x = \mathrm{d}F\sin\theta = BI\mathrm{d}l\sin\theta$，$\mathrm{d}F_y = \mathrm{d}F\cos\theta = BI\mathrm{d}l\cos\theta$　①

其中 $\mathrm{d}l\cos\theta = \mathrm{d}x$，　$\mathrm{d}l\sin\theta = \mathrm{d}y$ 代入式①，则

$$\left.\begin{aligned} F_x &= \int \mathrm{d}F_x = BI\int_0^0 \mathrm{d}y = 0 \\ F_y &= \int \mathrm{d}F_y = BI\int_0^l \mathrm{d}x = BIl \end{aligned}\right\} \quad ②$$

因此，整段导线受的安培力为　　$\boldsymbol{F} = \boldsymbol{F}_y = BIl\boldsymbol{j}$

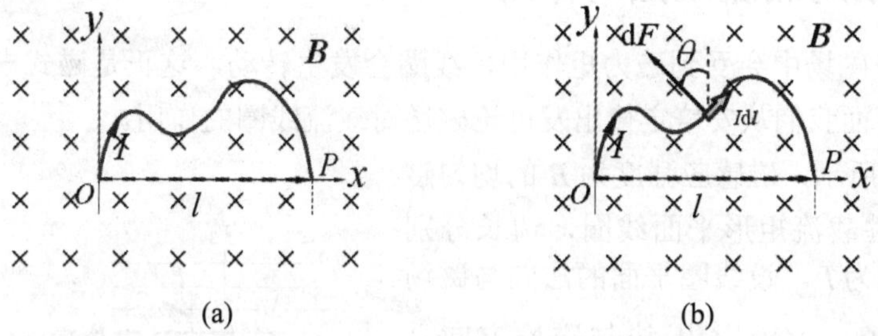

(a)　　(b)

图 10.34　例 10-7 图

结果表明，如果从曲线电流的起点 O 到终点 P 直接连接直线电流 I，曲线中电流受安培力与直线电流 OP 所受安培力相等。即：任意平面载流导线在均匀磁场中所受的力，与其始点和终点相同的载流直导线所受的磁场力相同。

10.6.2　两无限长平行载流直导线间的相互作用　电流单位“安培”的定义

设有两无限长平行载流直导线，分别通以电流 I_1、I_2，相距为 d，如图 10.35 所示。计算两导线间的相互作用力，即电流 I_1 产生的磁场 $\boldsymbol{B}_1$ 对电流 I_2 的作用力和电流 I_2 产生的磁场 $\boldsymbol{B}_2$ 对电流 I_1 的作用力。

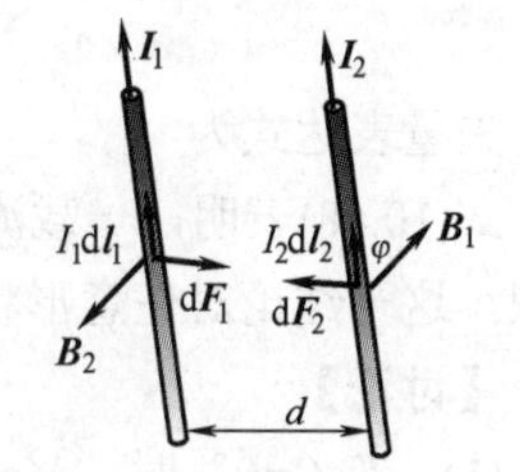

图 10.35　两导线间的相互作用

已知电流 I_1 在导线 2 处产生的磁场为 $B_1 = \dfrac{\mu_0 I_1}{2\pi d}$，电流 I_2 在导线 1 处产生的磁场为 $B_2 = \dfrac{\mu_0 I_2}{2\pi d}$，因此导线 2 上任一电流元 $I_2\mathrm{d}l_2$ 受的安培力大小为

$$\mathrm{d}F_2 = B_1 I_2 \mathrm{d}l_2 \sin\varphi = \frac{\mu_0 I_1 I_2 \mathrm{d}l_2}{2\pi d} \tag{10.53}$$

同理，导线 1 上任一电流元 $I_1\mathrm{d}l_1$ 受的安培力大小为

$$\mathrm{d}F_1 = B_2 I_1 \mathrm{d}l_1 \sin\varphi = \frac{\mu_0 I_1 I_2 \mathrm{d}l_1}{2\pi d} \tag{10.54}$$

单位长度平行载流直导线间的相互作用力大小为

$$\frac{dF_2}{dl_2}=\frac{dF_1}{dl_1}=\frac{\mu_0 I_1 I_2}{2\pi d} \tag{10.55}$$

相互作用力的方向可以判定：电流同向时相吸，电流反向时相斥。

由式(10.55)表明：两平行载流直导线间每单位长度的相互作用力大小是相等的。由此得国际单位制中电流单位“安培”的定义：在真空中两平行长直导线相距 1m，通有大小相等、方向相同的电流，当两导线每单位长度上的吸引力为 $2\times10^{-7}\mathrm{N\cdot m^{-1}}$ 时，规定这时的电流为 1 安培(A)。

因此可得真空的磁导率为 $\mu_0=4\pi\times10^{-7}\mathrm{N\cdot A^{-2}}=4\pi\times10^{-7}\mathrm{H\cdot m^{-1}}$ 。

10.6.3 磁场对载流线圈的作用

载流线圈在磁场中会受到磁力矩作用，线圈会发生转动，这正是磁式电流计和电动机的基本原理。下面我们从安培定律出发讨论磁场对载流线圈的作用。

如图 10.36 所示，磁感应强度为 $\boldsymbol{B}$ 的均匀磁场中，有一刚性载流矩形平面线圈，边长分别为 l_1、l_2，电流为 I。设线圈平面的法向与磁场方向的夹角为 θ，MN、OP 边与磁场方向垂直，PM、NO 边与磁场方向的夹角为 φ。由安培定律，线圈的各边分别受力为：MN 受力 $F_1=BIl_2$，OP 受力 $F_2=BIl_2$，PM 受力 $F_3=BIl_1\sin\varphi$，NO 受力 $F_4=BIl_1\sin\varphi$。方向如图 10.36 所示，可知线圈各边受合力为零，$\sum \boldsymbol{F}=0$。但力矩不为零，即 F_1、F_2 构成一对力偶，产生力矩大小为

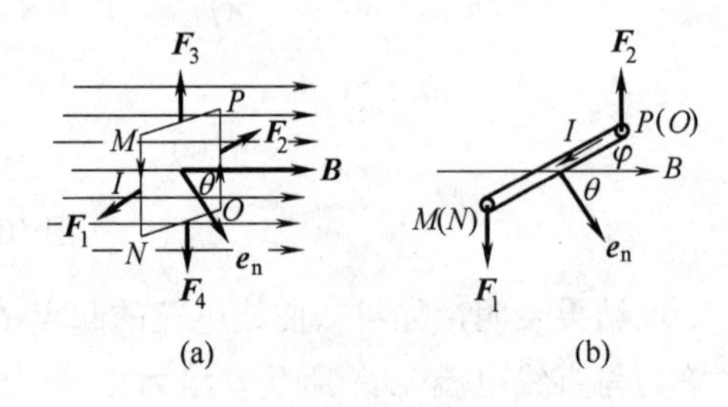

图 10.36　磁场对载流线圈的作用

$$M=F_1l_1\cos\varphi=BIl_2l_1\sin\theta=BIS\sin\theta \tag{10.56}$$

利用载流线圈磁矩的定义式(10.25)，式(10.56)可改写为

$$M=Bm\sin\theta \tag{10.57}$$

矢量表达式为

$$\boldsymbol{M}=\boldsymbol{m}\times\boldsymbol{B} \tag{10.58}$$

式(10.58)表明，一载流线圈在磁场中受到的磁力矩为线圈的磁矩 $\boldsymbol{m}$ 与磁感应强度 $\boldsymbol{B}$ 的矢积。这一结论对任意形状的平面线圈同样成立，甚至对带电粒子做圆周运动也成立。

【讨论】

(1) 当 $\theta=0°$ 时，$M=0$，线圈处于稳定平衡状态。

(2) 当 $\theta=90°$ 时，$M=BIS$，线圈受磁力矩最大。

(3) 当 $\theta=180°$ 时，$M=0$，线圈处于非稳定平衡状态，稍有偏转，线圈就会转向稳定平衡状态。

习　题　10

10.1　如图 10.37 所示，弧心角为θ的圆弧形线圈中通有电流 I，则在圆心 O 点产生的磁感强度大小为________，方向为 ______。

10.2　如图 10.38 所示，电流 I 由长直导线 1 沿对角线 AC 方向经 A 点流入一电阻均匀分布的正方形导线框，再由 D 点沿对角线 BD 方向流出，经长直导线 2 返回电源。则 O 点磁感强度的大小为____________。

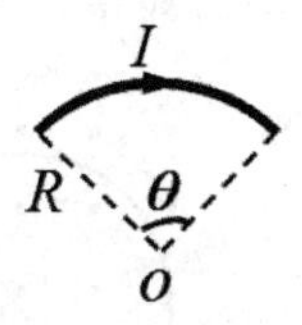

图 10.37　习题 10.1 图

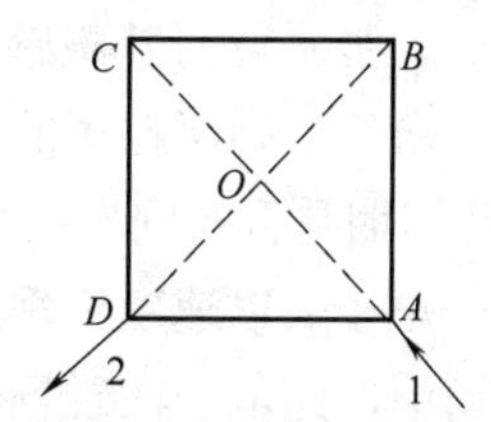

图 10.38　习题 10.2 图

10.3　如图 10.39 所示，无限长直导线在 P 处弯成半径为 R 的圆，当通以电流 I 时，则在圆心 O 点的磁感应强度大小等于______________，方向为________。

10.4　一匝数为 N 的圆形线圈半径为 a，通有电流 I，则圆心处的磁感应强度大小为______________。

10.5　在磁感强度为 $\boldsymbol{B}$ 的均匀磁场中作一半径为 r 的半球面 S，S 边线所在平面的法线方向单位矢量 $\boldsymbol{n}$ 与 $\boldsymbol{B}$ 的夹角为θ，如图 10.40 所示。则通过半球面 S 的磁通量为________。

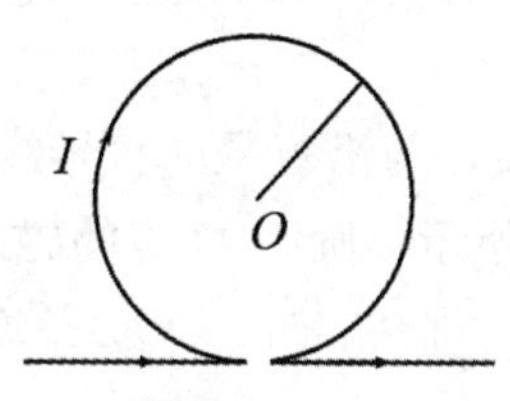

图 10.39　习题 10.3 图

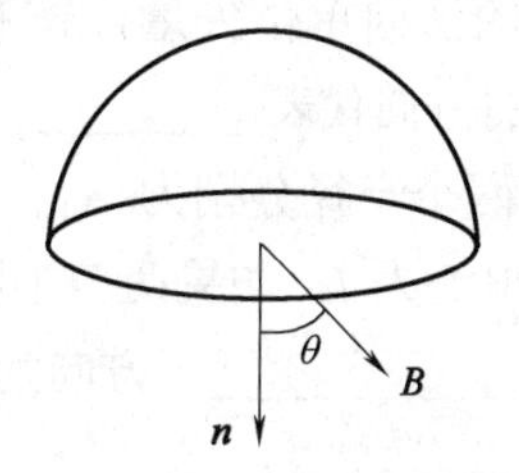

图 10.40　习题 10.5 图

10.6　如图 10.41 所示，在均匀电场中有一电子枪可发射出速率分别为 v 和 $2v$ 的两个电子 e_A、e_B，且它们的运动方向相同并与磁场垂直。这两个电子运动的周期分别是多少？

10.7　有一半径为 R 的单匝圆线圈，通以电流 I。若将该导线弯成匝数 N =2 的平面圆线圈，导线长度不变，并通以同样的电流，则线圈中心的磁感强度和线圈的磁矩分别是原来的________倍和_________倍。

10.8　一无限长直电流折成如图 10.42 所示的直角，则 A 点的磁感应强度大小为______________，方向为______________。

10.9　如图 10.43 所示，两根直导线 ab 和 cd 沿半径方向被接到一个截面处处相等的铁环上，恒定电流 I 从 a 端流入，而从 d 端流出，则磁感应强度 $\boldsymbol{B}$ 沿图中闭合路径的积分 $\oint_L \boldsymbol{B}\cdot \mathrm{d}\boldsymbol{l}$ 等于______________ 。

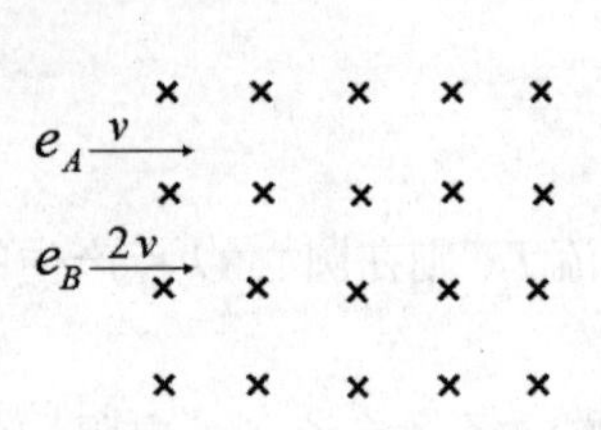

图 10.41　习题 10.6 图

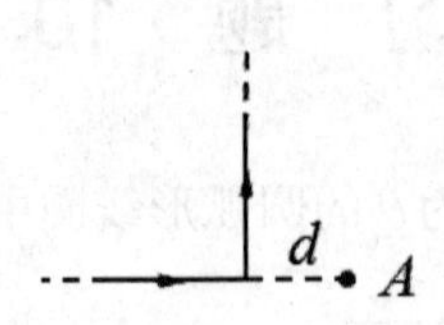

图 10.42　习题 10.8 图

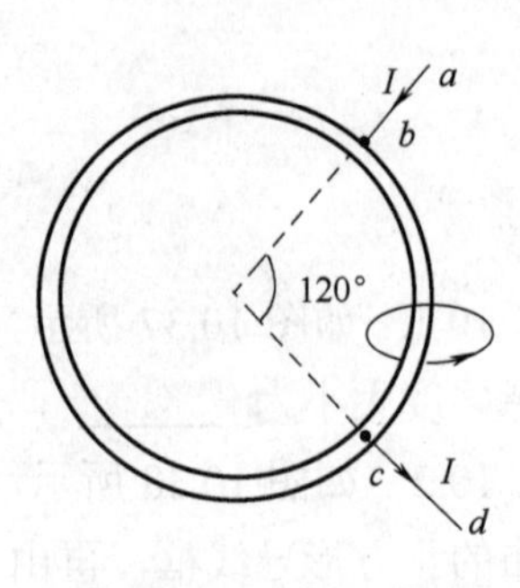

图 10.43　习题 10.9 图

10.10　一匀强磁场，其磁感应强度方向垂直于纸面，两带电粒子在该磁场中的运动轨迹如图 10.44 所示，则两粒子的电荷是同号还是异号？两粒子的运动周期是否相同？两粒子的动量是否相同？

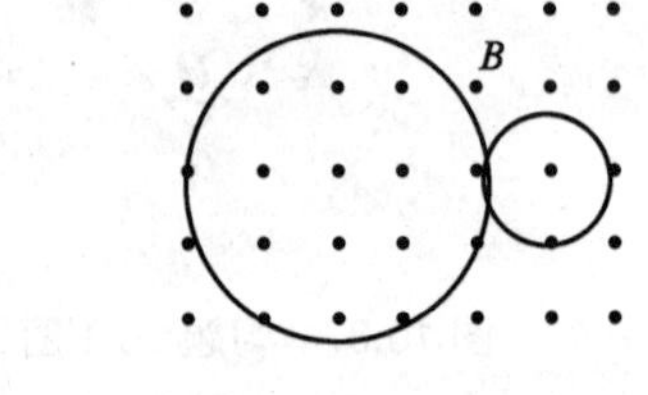

图 10.44　习题 10.10 图

10.11　一电子 e 以速度 $\boldsymbol{v}$ 垂直地进入磁感应强度为 $\boldsymbol{B}$ 的均匀磁场中，此电子在磁场中运动的轨道所围的面积内的磁通量等于__________。

10.12　如图 10.45 所示，质量为 m 的质子以速度 $\boldsymbol{v}$ 进入磁感应强度为 $\boldsymbol{B}$ 的磁场中，二者方向夹角为 θ，则该质子做螺旋运动的螺距为________。

10.13　如图 10.46 所示，通有电流 I 的无限长直导线中有一弯曲成半径为 R 的四分之一圆弧，则该电流在圆弧圆心 O 点产生的磁感应强度大小为________，方向为________。

10.14　平面线圈的磁矩为 $\boldsymbol{m}=IS\boldsymbol{n}$，其中 S 是电流为 I 的平面线圈____________，$\boldsymbol{n}$ 是平面线圈的法向单位矢量，按右手螺旋法则，当四指的方向代表____________方向时，大拇指的方向代表____________方向。

10.15　两个半径分别为 R_1、R_2 的同心半圆形导线，与沿直径的直导线连接成同一回路，回路中电流为 I。如果两个半圆共面，如图 10.47 所示，圆心 O 点的磁感强度 $\boldsymbol{B}_0$ 的大小为______________，方向为________________。

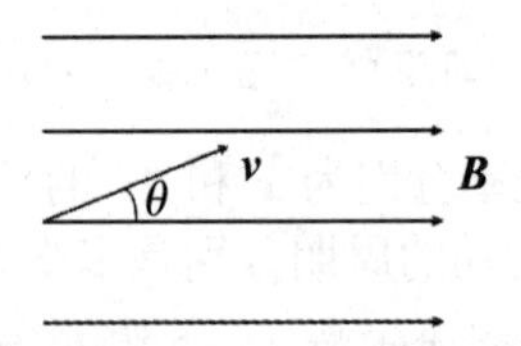

图 10.45　习题 10.12 图

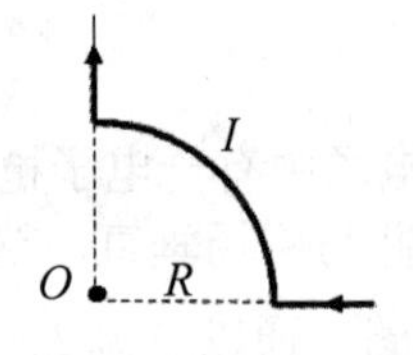

图 10.46　习题 10.13 图

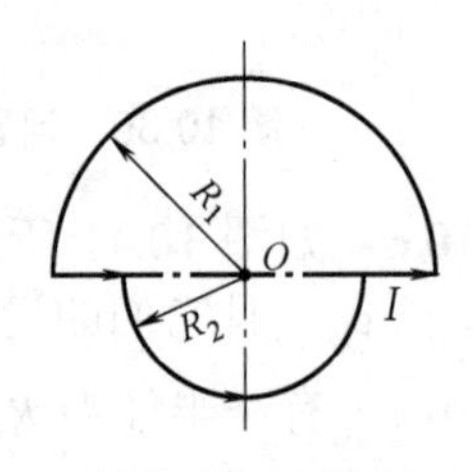

图 10.47　习题 10.15 图

10.16　一直径为 2m 的圆线圈，共 10 匝，当通有 10A 的电流时，它的磁矩是_____；若线圈在磁感应强度为 0.5T 的均匀磁场中，则线圈受到的最大磁力矩是__________。

10.17　两根长直导线通有电流 I，如图 10.48 所示有 3 种环路。对于环路 a，$\oint_{L_a} \boldsymbol{B}\cdot \mathrm{d}\boldsymbol{l}=$______________；对于环路 b，$\oint_{L_b} \boldsymbol{B}\cdot \mathrm{d}\boldsymbol{l}=$______________；对于环路 c，$\oint_{L_c} \boldsymbol{B}\cdot \mathrm{d}\boldsymbol{l}=$______________。

10.18　如图 10.49 所示，在真空中有一半径为 R 的 3/4 圆弧形的导线，其中通以稳恒电流 I，导线置于均匀外磁场中，且 $\boldsymbol{B}$ 与导线所在平面垂直，则该载流导线所受安培力的大小为____________。

10.19　如图 10.50 所示，将半径为 R 的无限长导体薄壁管(厚度忽略)沿轴向割去一宽度为 $h(h \ll R)$的无限长狭缝后，再沿轴向均匀地流有电流，其面电流的线密度为 i，则管轴线上磁感强度的大小是___________。

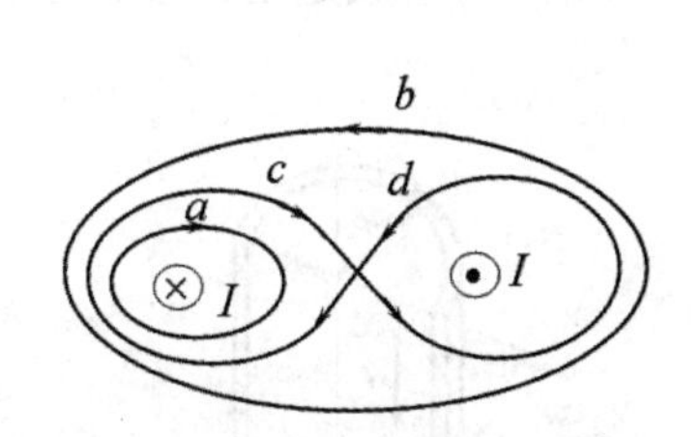

图 10.48　习题 10.17 图

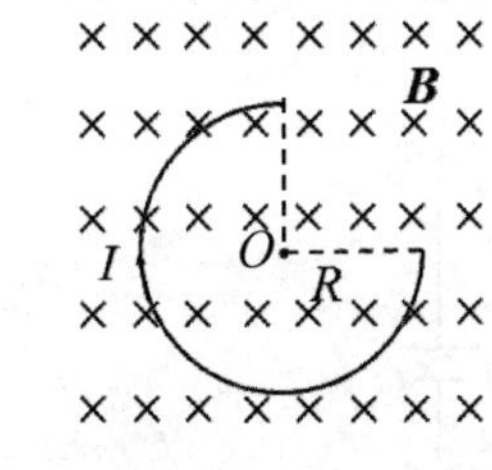

图 10.49　习题 10.18 图

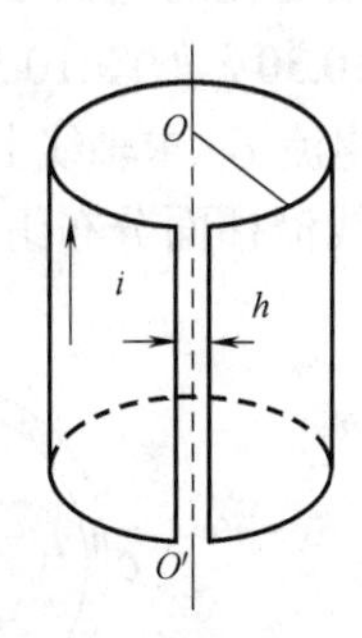

图 10.50　习题 10.19 图

10.20　有一根金属导线长 0.6m，质量为 10g，用两根柔软的细导线悬挂在磁感应强度为 0.40T 的磁场中，如图 10.51 所示。问：金属导线中的电流大小和方向如何才能使悬线中的张力为零？

10.21　设有两“无限大”平行载流平面，它们的电流密度均为 $\boldsymbol{j}$，电流流向相反。试用安培环路定理求：(1) 载流平面之间的磁感应强度；(2) 两面之外空间的磁感应强度。

10.22　如图 10.52 所示，一根半径为 R 的无限长载流直导体，其中电流 I 沿轴向流过，并均匀分布在横截面上。现在导体上有一半径为 a 的同轴圆柱形空腔，试求此电流的磁感应强度。

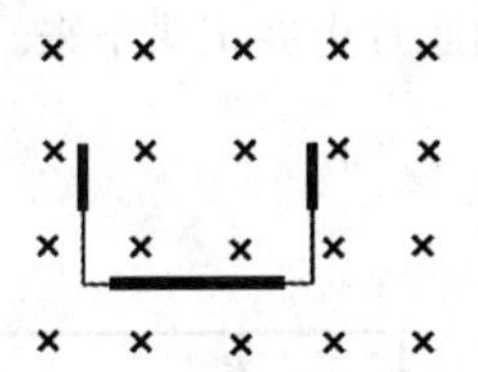

图 10.51　习题 10.20 图

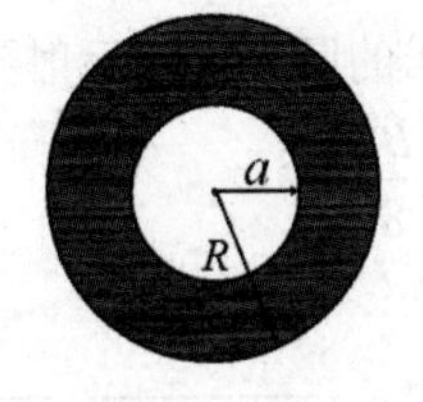

图 10.52　习题 10.22 图

10.23　一铜线表面涂有银层，若在导线两端加上给定的电压，此时铜线和银层中的电场强度、电流密度，以及电流强度是否相等？为什么？

10.24　在下面三种情况下，能否用安培环路定理来求磁感应强度？为什么？

(1)　有限长载流直导线产生的磁场。

(2)　圆电流的磁场。

(3)　两无限长同轴载流圆柱面之间的磁场。

10.25　如果一个电子在通过空间某区域时，电子运动的径迹不发生偏转。能否说在这个区域内没有磁场？为什么？请举例说明。

10.26　在均匀磁场中，有两个面积相等、通有相同电流的线圈，一个是三角形，另一个是矩形。这两个线圈所受的最大磁力矩是否相等？磁力的合力是否相等？

10.27　为什么装指南针的盒子不用铁而用胶木等材料做成？

10.28　在工厂里搬运烧红的钢锭，为什么不能用电磁铁的起重机？

10.29　如图 10.53 所示，有两根导线沿半径方向接触粗细均匀的铁环上 a、b 两点，并与很远处的电源相接。求环心 O 处的磁感应强度。

10.30　如图 10.54 所示，一无限长半径为 R 的半圆筒形金属薄片，自上而下通有均匀分布的电流 I，求轴线上一点 O 的磁感应强度。(提示：该金属薄片可看成是由许多无限长载流直导线沿柱面分布组合而成的)

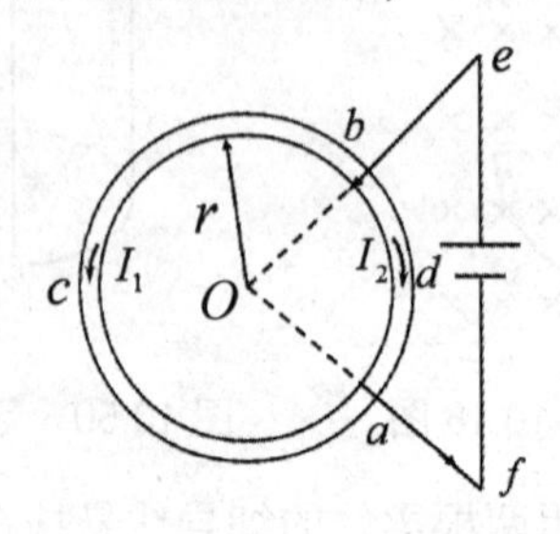

图 10.53　习题 10.29 图

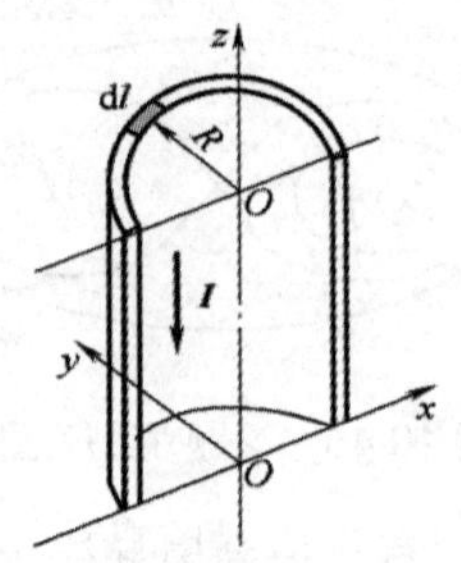

图 10.54　习题 10.30 图

10.31　一半径为 R 的半圆形闭合线圈，通有电流 I，线圈放在均匀外磁场 $\boldsymbol{B}$ 中，$\boldsymbol{B}$ 的方向与线圈平面成 30° 角，如图 10.55 所示。设线圈有 N 匝，求：

(1)　线圈的磁矩是多少？

(2)　此时线圈所受力矩的大小和方向？

10.32　如图 10.56 所示的质谱仪，是德姆斯特测定离子质量的装置。粒子源产生一个质量为 m、电量为 $+q$ 的离子，经电势差为 V 的电场加速后垂直进入磁场中，然后在磁场中做半径为 R 的圆周运动后射到离入口距离为 x 处的照相底片上并记录下来。试证明离子的质量为 $m=\dfrac{B^2q}{8V}x^2$。

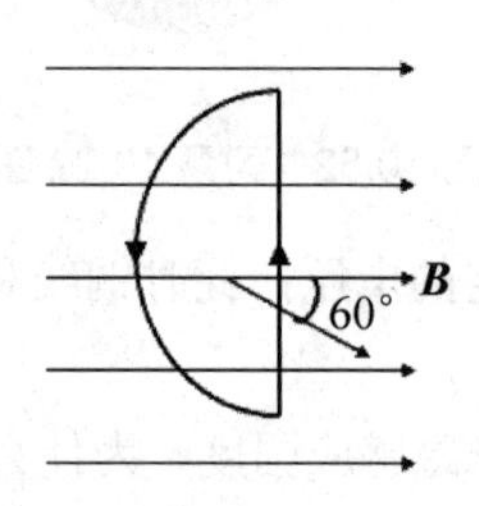

图 10.55　习题 10.31 图

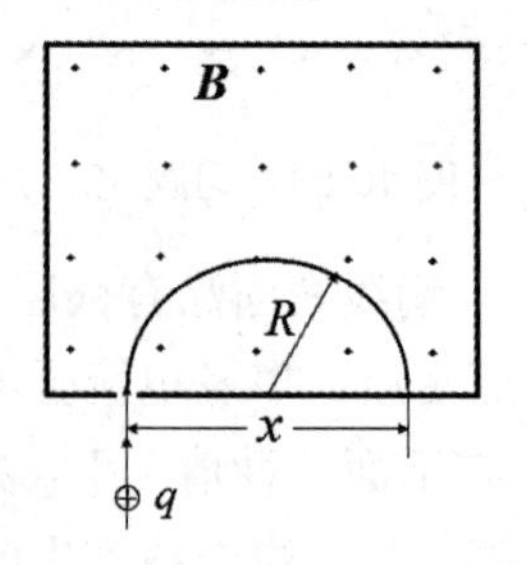

图 10.56　习题 10.32 图

第 11 章　磁场中的磁介质

前面讨论了真空中的恒定磁场的性质，然而在实际的磁场中常存在着各种各样的物质，磁场对这些物质会产生作用，使其内部状态发生变化，称为磁化。磁化后的物质反过来又要对原来的磁场产生影响。这种在磁场作用下，能够磁化并反过来影响磁场分布的物质称为磁介质。电脑用的磁盘就是一种采用磁介质的数据存储设备。本章主要研究磁场与磁介质的相互作用规律，采用与电介质极化同样的方法进行讨论。

11.1　磁介质的磁化　磁化强度

1. 磁介质的微观结构

我们知道，在静电场中的电介质要被极化，同时极化后的电介质又会反过来影响原电场的分布。同理，磁场中的磁介质会被磁化，磁化后的磁介质将激发一个附加磁场，从而使磁介质中的磁场与原真空中的磁场不同。

1)　分子圆电流

组成物质的分子中原子核外的电子一方面绕核做圆周运动，同时做自旋运动。这两种运动都可等效于环形电流，产生磁矩，如图 11.1 所示。不过值得注意的是，分子电流与导体中导电的传导电流是有区别的，分子电流只做绕核运动，它们不是自由电子，因此不能在导体内流动。

2)　磁介质的分类

设真空中的磁场为 $\boldsymbol{B}_0$，介质磁化后产生的附加磁场为 $\boldsymbol{B}'$，则介质中的总磁感应强度为

$$\boldsymbol{B} = \boldsymbol{B}_0 + \boldsymbol{B}' \tag{11.1}$$

在介质均匀充满磁场的情况下，实验表明，磁介质中的磁场强度是真空中的 μ_r 倍。将 $\mu_r = \dfrac{B}{B_0}$ 称为介质的相对磁导率，是一个无量纲的量，与磁介质的种类有关。按 μ_r 的大小不同，磁介质可分为以下三类。

①　$\mu_r > 1$ 的磁介质称为顺磁质，如氧、铝、铬、锰、铂等。

②　$\mu_r < 1$ 的磁介质称为抗磁质，如金、银、铜、锌、铅等。

③　$\mu_r >> 1$ 的磁介质称为铁磁质，是顺磁质的一种，如铁、钴、镍等。

顺磁质和抗磁质所产生的附加磁场较小，对原磁场的影响较弱，因此也常称为弱磁质，而把铁磁质称为强磁质。

2. 磁介质的磁化机理

不同种类的磁介质，其磁化的机理不同。下面用分子电流理论简要说明顺磁质和抗磁质的磁化机理。

1) 顺磁质的磁化

在顺磁质中，每个分子环流的磁矩不为零，称为固有磁矩。在无外磁场时，分子的热运动使每个分子磁矩的取向杂乱无章，故整个介质内所有磁介质分子磁矩的矢量和为零，对外不显磁性，如图 11.2(a)所示。

有外磁场时，分子磁矩要受到外磁场的磁力矩的作用$\boldsymbol{M}=\boldsymbol{m}\times\boldsymbol{B}_0$，使分子磁矩转向外磁场的方向，如图 11.2(b)所示，此时所有分子磁矩的矢量和不为零，磁矩方向沿外磁场方向，产生一沿外磁场方向的附加磁场$\boldsymbol{B}'$，使介质中的总磁场大小为$\boldsymbol{B}=\boldsymbol{B}_0+\boldsymbol{B}'$，使磁场增强。

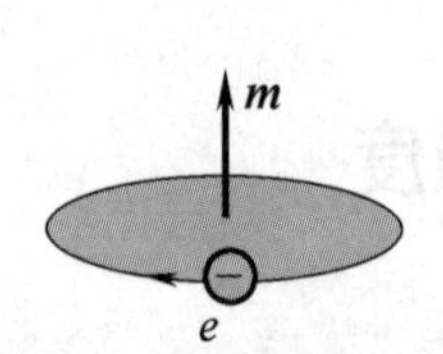

图 11.1 分子电流与分子磁矩

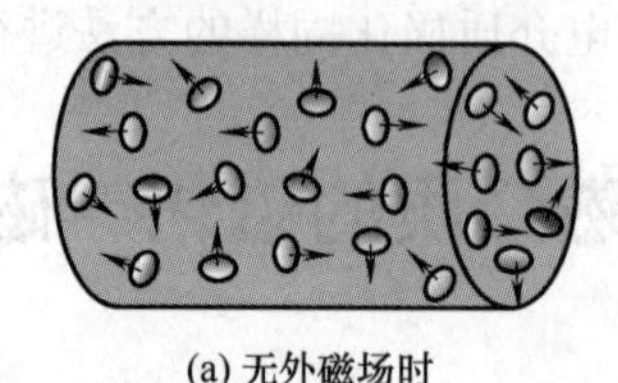
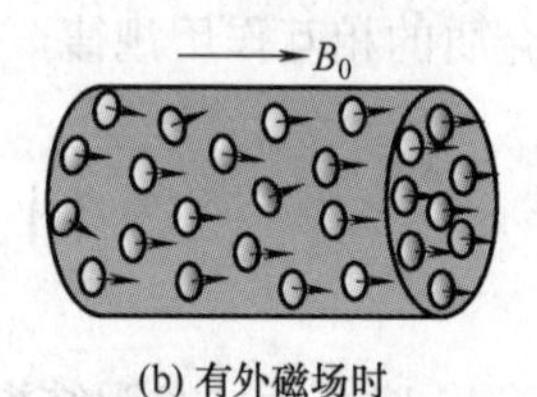

(a) 无外磁场时　(b) 有外磁场时

图 11.2 顺磁质的磁化

2) 抗磁质的磁化

抗磁质的分子结构与顺磁质不同，抗磁质分子的固有磁矩为零（分子中各电子的磁效应相互抵消)，在无外磁场时，对外不显磁性。但在外磁场$\boldsymbol{B}_0$的作用下，介质分子中的电子受洛伦兹力作用会做圆运动，形成圆电流，产生的附加磁矩方向和外磁场方向相反，附加磁场$\boldsymbol{B}'$和外磁场$\boldsymbol{B}_0$反向，如图 11.3 所示，所以抗磁质磁化结果使介质内部的磁场削弱。

3. 磁化强度与磁化电流

1) 磁化强度

磁介质磁化后的分子总磁矩越大，则显示磁化程度越高。因此，可用磁介质中单位体积内分子磁矩的矢量和来描述磁介质的磁化程度，称为磁化强度，用$\boldsymbol{M}$表示。设磁介质中某体积元ΔV内的分子总磁矩为$\sum\boldsymbol{m}$，则该处的磁化强度为

$$\boldsymbol{M}=\frac{\sum\boldsymbol{m}}{\Delta V} \tag{11.2}$$

国际单位制中，$\boldsymbol{M}$的单位是安培/米$(\mathrm{A\cdot m^{-1}})$。

当磁介质中各处磁化强度$\boldsymbol{M}$相同时，称为磁介质的均匀磁化。

2) 磁化电流

以螺线管内充满均匀顺磁介质为例，设螺线管中电流为 I，管内的均匀磁场使磁介质均匀磁化，此时介质中各个分子的磁矩将沿外磁场的方向排列，如图 11.4 所示。在介质内部任一点处，相邻分子圆电流总是成对反向的，产生的磁效应相互抵消，而在横截面的边缘上，单个圆电流的磁效应不会被抵消掉，这些圆电流彼此首尾相连，从总的效果来看，相当于在介质表面出现了一个沿横截面边缘的圆电流。螺线管每一截面上都有这样的分布在介质表面的圆电流，称为磁化电流，用I_s表示。

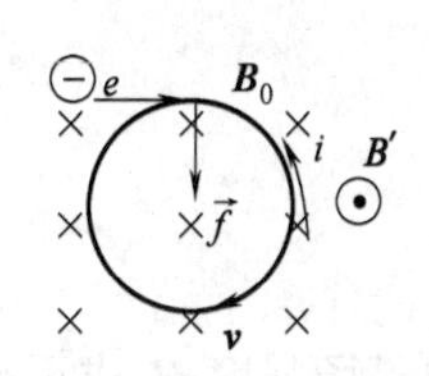

图 11.3　抗磁质磁化时产生的附加磁场

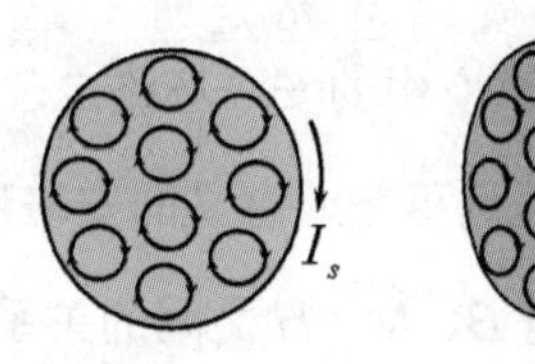

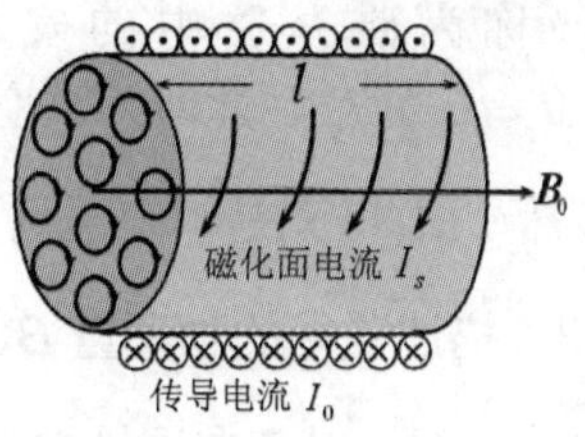

图 11.4　磁化面电流

磁化电流是分布在介质表面的圆电流，是束缚电流，它与传导电流不同，不能在介质中流动。设螺线管内的传导电流为 I，则顺磁质、铁磁质中，磁化电流 I_s 与传导电流 I 同方向；在抗磁质中，磁化电流 I_s 与传导电流 I 反向。

*3) 磁化强度与磁化电流的关系

在如图 11.4 所示的通电螺线管上取长 dl 的一段，设螺线管的横截面积为 S，这段长 dl 的螺线管横截面上的磁化电流为 dI_s，则介质的磁化强度大小由定义式(11.2)得

$$M=\frac{\sum m}{\Delta V}=\frac{\mathrm{d}I_s\cdot S}{S\cdot \mathrm{d}l}=j_s \tag{11.3}$$

式中，j_s 表示磁介质表面的磁化面电流密度的大小，它等于该处的磁化强度值。

因此得磁化面电流强度与磁化强度之间的关系为

$$I_s=\oint \mathrm{d}I_s=\oint_L \boldsymbol{M}\cdot \mathrm{d}\boldsymbol{l} \tag{11.4}$$

即：磁介质中磁化强度沿任一曲面 S 的边线 L 的积分等于该闭合路径所包围的磁化面电流的代数和。

11.2　磁介质中的安培环路定理

1．磁介质中的安培环路定理表达式

将真空中的安培环路定理应用到磁介质中得

$$\oint_L \boldsymbol{B}\cdot \mathrm{d}\boldsymbol{l}=\mu_0\left(\sum I_0+\sum I_s\right) \tag{11.5}$$

将式(11.4)代入式(11.5)　$\oint_L \boldsymbol{B}\cdot \mathrm{d}\boldsymbol{l}=\mu_0\sum I_0+\mu_0\oint_L \boldsymbol{M}\cdot \mathrm{d}\boldsymbol{l}$

得

$$\oint_L\left(\frac{\boldsymbol{B}}{\mu_0}-\boldsymbol{M}\right)\cdot \mathrm{d}\boldsymbol{l}=\sum I_0 \tag{11.6}$$

令

$$\boldsymbol{H}=\frac{\boldsymbol{B}}{\mu_0}-\boldsymbol{M} \tag{11.7}$$

得

$$\oint_L \boldsymbol{H}\cdot \mathrm{d}\boldsymbol{l}=\sum I_0 \tag{11.8}$$

式中，$\boldsymbol{H}$ 称为磁场强度，是矢量，方向与磁场方向相同。国际单位制中的单位是安培/米(A/m)。

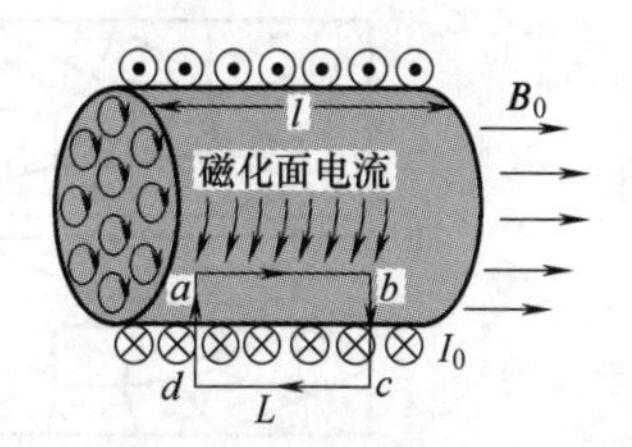

图 11.5　磁介质中的安培环路定理

式(11.8)表明，磁场强度 $\boldsymbol{H}$ 沿任意闭合路径 L 的线积分，等于该闭合路径所包围的传导电流的代数和。如图 11.5

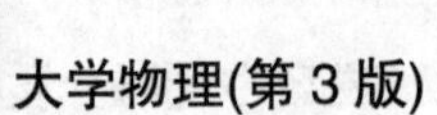

所示，称为磁介质中的安培环路定理。当无磁介质时，$\boldsymbol{M}=0$，式(11.6)变为$\oint_L \boldsymbol{B}_0 \cdot \mathrm{d}\boldsymbol{l}=\mu_0 \sum I_0$，此即为真空中的安培环路定理。

显然，式(11.8)是恒定磁场更普遍意义的安培环路定理。

***2. 描述磁场的物理量 B、M、H 之间的关系**

实验表明，对各向同性非铁磁质，其中某处的磁化强度 $\boldsymbol{M}$ 与磁场强度 $\boldsymbol{H}$ 成正比。

$$\boldsymbol{M}=\chi_m \boldsymbol{H} \tag{11.9}$$

χ_m 叫磁化率，是无量纲的量，它随磁介质的性质而异。将式(11.9)代入式(11.7)，得

$$\boldsymbol{H}=\frac{\boldsymbol{B}}{\mu_0}-\boldsymbol{M}=\frac{\boldsymbol{B}}{\mu_0}-\chi_m \boldsymbol{H} \tag{11.10}$$

或

$$\boldsymbol{B}=\mu_0(1+\chi_m)\boldsymbol{H}=\mu_0\mu_r\boldsymbol{H}=\mu\boldsymbol{H} \tag{11.11}$$

式中，$\mu=\mu_0\mu_r=\mu_0(1+\chi_m)$，$\mu_r=1+\chi_m$，$\mu$ 称为介质的磁导率，μ_r 称为介质的相对磁导率。式(11.11)也称为各向同性磁介质的性质方程。

11.3 铁 磁 质

铁磁质是一种特殊的顺磁质，它所具有的许多特殊的磁性，使其在机电工程、自动化控制、无线电技术等领域都应用十分广泛。

1. 铁磁质的磁化机制

铁磁质的磁导率 μ_r 很大，磁化时由于铁磁质内部存在着分区自发磁化的小区域，称为磁畴。未磁化的磁介质中，由于热运动，各磁畴自发磁化的方向不同，磁畴排列无序，宏观上对外不显磁性，如图 11.6 所示。

有外磁场时，各磁畴的磁矩趋于沿外磁场排列，饱和时的磁化强度很大，因此磁性很强。且实验表明，当铁磁质磁化时的温度超过某临界温度时，剧烈的分子热运动将破坏自发磁化区域，即磁畴瓦解，铁磁质将变为一般的顺磁质，此临界温度称为居里温度，如铁的居里温度是 1043K。

2. 磁化曲线

铁磁质的磁化规律可用 B-H 曲线来描述，该曲线叫磁化曲线。实验得出各种介质的磁化曲线如图 11.7 所示。对铁磁质，其磁导率 μ 随外磁场 $\boldsymbol{H}$ 变化而变化，即不满足 $\boldsymbol{B}=\mu\boldsymbol{H}$，$\mu$ 不是常量，因此 $\boldsymbol{B}$ 与 $\boldsymbol{H}$ 的关系非线性。

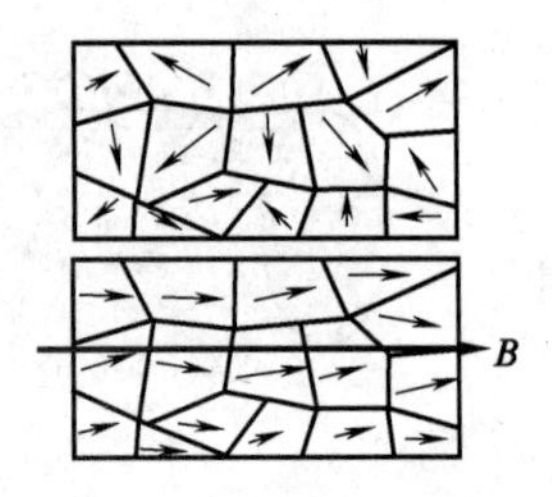

图 11.6 铁磁质的磁化

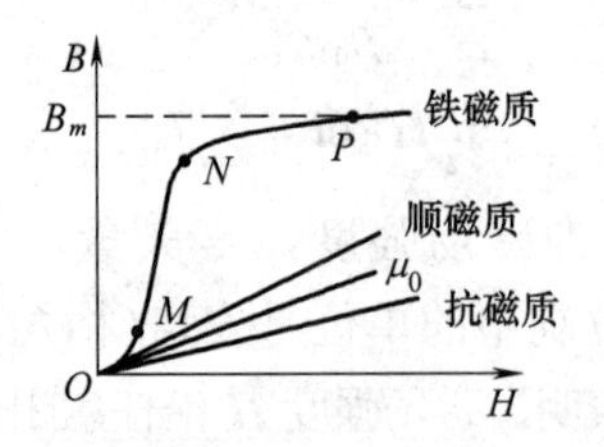

图 11.7 各种介质的磁化曲线

从图 11.7 可见，铁磁质开始磁化时，*OM* 段，$\boldsymbol{B}$ 随 $\boldsymbol{H}$ 的增加而缓慢增加；*MN* 段，$\boldsymbol{B}$ 随 $\boldsymbol{H}$ 的增加而迅速增加；*NP* 段，$\boldsymbol{B}$ 随 $\boldsymbol{H}$ 的增加而缓慢增加，最后到饱和点 *P*，此时对应的磁感应强度 $\boldsymbol{B}$ 称为饱和磁感应强度。

3. 磁滞回线

在实际应用中，铁磁介质常处于交变电磁场中，磁场将做周期性变化，铁磁质的磁化曲线如图 11.8 所示。实验表明，当外场 $\boldsymbol{H}$ 由零增加时，磁介质内 $\boldsymbol{B}$ 由零非线性增加到 *P*；当 $\boldsymbol{H}$ 变小时，$\boldsymbol{B}$ 并不原路返回，而是沿 *PQP′* 变化。这种 $\boldsymbol{B}$ 的变化落后于 $\boldsymbol{H}$ 变化的现象叫磁滞现象；当 $\boldsymbol{H}$ 减小到零时的磁感应强度 $B=B_r$ 不为零，这种撤去外磁场后铁磁质内仍保留的磁化状态叫剩磁；当 $\boldsymbol{H}$ 反向又增加到 H_c 时，$\boldsymbol{B}$ 才为零，此时的磁场强度 H_c 叫矫顽力，表示铁磁质抵抗去磁的能力。

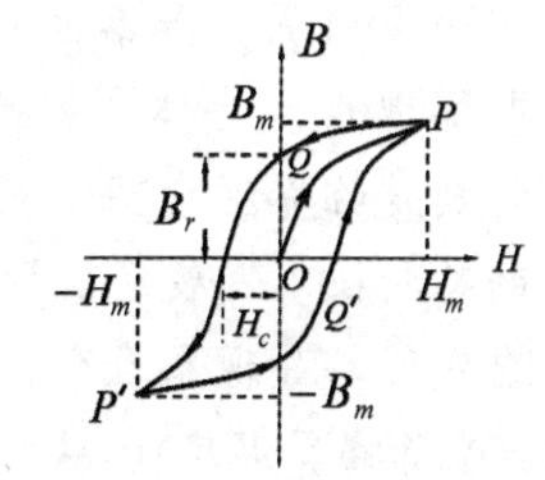

图 11.8　磁滞回线

当 $\boldsymbol{H}$ 再从 $-H_m$ 增加到 $+H_m$ 时，曲线为 *P′Q′P*。这样 $\boldsymbol{B}$-$\boldsymbol{H}$ 曲线就形成了一个闭合曲线，称为磁滞回线。铁磁质的这种效应常称为磁滞效应。铁磁质在交变磁场中反复磁化的过程是要损耗能量的，称为磁滞损耗。

4. 铁磁性材料

实验得出，不同铁磁质的磁滞回线有很大的区别，按各种铁磁质矫顽力的大小把铁磁质分为软磁材料、硬磁材料和矩磁材料。如图 11.9 所示，这是各类铁磁质的磁滞回线。它们的特性及用途分述如下。

软磁材料的特点：磁导率大，矫顽力小，磁滞回线窄。软磁材料在磁场中很容易被磁化，也容易去磁(因矫顽力小)。常用于硅钢片，作变压器、电磁铁、交流发电机等的铁芯，铁氧体(非金属)作高频线圈的磁芯材料。

硬磁材料的特点：剩余磁感应强度大，矫顽力大，磁滞回线宽，磁滞特性非常显著。一旦被磁化后很难消磁，常应用于永久磁铁、永磁喇叭等。

矩磁材料的特点：剩余磁感应强度大，接近饱和磁感应强度，矫顽力大，磁滞回线接近于矩形。如铁氧体材料，常应用于计算机中的记忆元件。

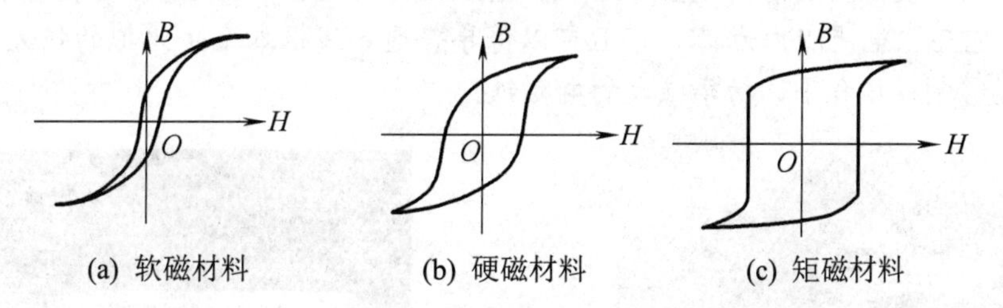

图 11.9　各类铁磁质的磁滞回线

在实际工程技术应用中，由于磁介质在外磁场中会磁化，因此常用磁导率很大的软磁材料做成磁罩，使罩内空腔中免受外界磁场的干扰，称为磁屏蔽。

*【课外阅读与应用】

超导与磁悬浮列车

1. 超导电性

许多金属、合金、化合物在温度低于某一临界温度时，电阻完全消失。物质的这种零电阻现象称为超导电性，具有超导电性的材料称为超导体。

1986年4月，苏黎世IBM实验室的贝德诺兹(J. G. Bednorz)和缪勒(K. A. Müller)发现了高临界温度超导体，因此而获得了1987年诺贝尔物理学奖。高临界温度超导体的发现，特别是临界温度高于液氮沸点的高临界温度超导体的发现，大大扩展了以超导电性为基础的高新技术发展的前景。

自发现超导现象至今，超导的研究和超导材料的研制已得到迅速发展，超导的转变温度 T_c(或称临界温度)已从几开尔文到几十甚至一百多开尔文。超导体的物质结构已逐渐研究清楚，以液态氮温度中的超导体的实用化为目标的开发研究正在稳步进行中，其应用范围已涉及医疗、电子输送、运输等多项领域。超导体具有零电阻率、迈斯纳效应、约瑟夫森效应(即超导隧道效应)和磁通量量子化等性质。超导现象已超出了经典理论的范围，是一种宏观的量子现象。BCS理论较成功地解释了超导电性。

2. 磁悬浮列车

轮轨火车运行时，轮轨间的摩擦力会影响火车速度的提高，且随着车速增大，空气阻力也剧增。于是人们想尽办法，改进车轮、轨道的材料性能，改良车体外形等以提高车速。

受电动机工作原理的启发，如果把定子展开后铺放在铁轨上，通电后就产生了顺着铁轨走的旋转磁场，与固定在车体上的磁场(或磁铁)发生电磁作用，火车就会像电动机的转子一样被推动着沿铁轨前进。这样火车与轮轨间不直接接触，不存在摩擦力，只有电磁力作用，火车速度可极大限度地提高，这就是磁悬浮列车，是一种没有车轮的陆上无接触式有轨交通工具，创造了近乎“零高度”空间飞行的奇迹。超导磁悬浮列车(见图 11.10)的研制代表了超导(特别是高温超导)技术日趋成熟。超导磁悬浮列车的最主要特征就是其超导元件在相当低的温度下所具有的完全导电性和完全抗磁性。超导磁铁是由超导材料制成的超导线圈构成，它不仅电流阻力为零，而且可以传导普通导线根本无法比拟的强大电流，这种特性使其能够制成体积小、功率强大的电磁铁。

图 11.10　超导磁悬浮列车

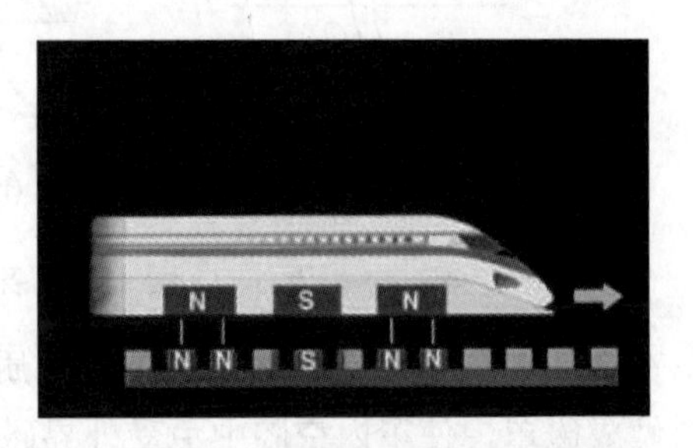

图 11.11　磁悬浮原理图

(1) 悬浮原理。当今世界上的推斥式磁悬浮列车，是利用两个磁铁同极性相对而产生的排斥力，使列车悬浮起来。这种磁悬浮列车车厢的两侧安装有磁场强大的超导电磁铁。车辆运行时，这种电磁铁的磁场切割轨道两侧安装的铝环，致使其中产生感应电流，同时产生一个同极性反磁场，并使车辆推离轨面在空中悬浮起来。在车体内安装有超导磁体或线圈，轨道上分布有按一定规则排列的线圈。由电磁感应定律可知，通电后感应电流的磁场与车体上强磁场两者总是相互排斥，从而产生上浮的斥力，如图 11.11 所示，且速度越大，超导磁体或线圈励磁效应越强，斥力就越大。

(2) 牵引原理。轨道两侧的线圈里通以交流电时，线圈变为电磁体。如图 11.12(a)所示，列车头部的电磁体 N 极被轨道上靠前一点的 S 极所吸引，并且同时又被稍后一点的 N 极所排斥。当列车到达图 11.12(b)所示的位置时，在线圈里流动的交流电就反向了，原来那个 S 极现在变为 N 极了，反之亦然。结果这一“推”一“拉”，周而复始，就使列车前进了。

(3) 磁悬浮技术的展望。磁悬浮列车具有运行速度快、平稳、舒适、无噪声、安全性高等突出优点，有着广泛的应用前景。磁悬浮列车的车厢下端像伸出了两排弯曲的“胳膊”，将路轨紧紧抱住，绝对不可能脱轨(见图 11.12)；列车运行时同一区域内的电磁流强度相同，运行方向和速度相同，不会发生列车追尾或相撞现象；无电机噪声、滚动噪声、空气动力噪声等污染；土地资源占用小；无废气排放，是低碳经济倡导的理想运输工具。

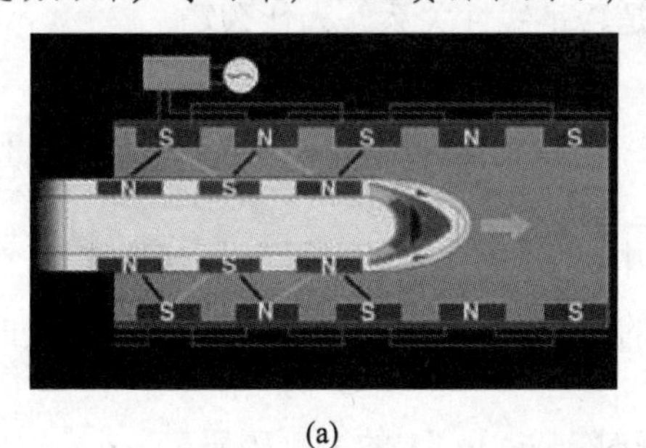

(a)

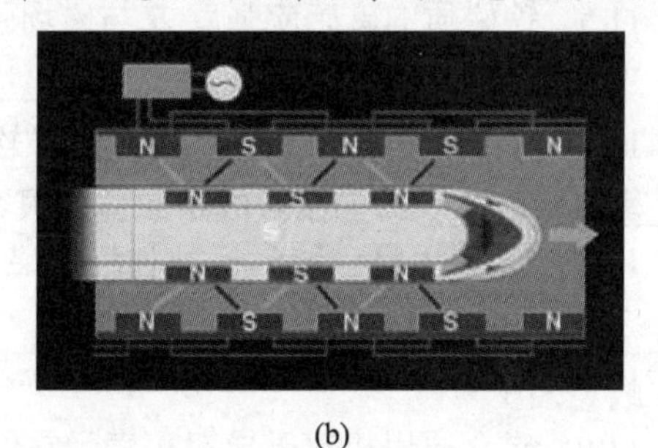

(b)

图 11.12　磁悬浮的牵引原理

如今的磁悬浮技术正朝着超导磁悬浮列车和真空隧道磁悬浮飞车方向发展。人们正在规划高速奔驰在管式隧道中的“飞行列车”，将隧道气压压低到几乎接近真空，列车行驶中的阻力就非常小，时速可大大提高，节约大量的能源。

高温超导应用前景很广阔，除了铁路，将在汽车、船舶、航空、医疗、电力输送等领域得到广泛的应用。

习　题　11

11.1　如图 11.13 所示，一个磁导率为μ_1的无限长均匀磁介质圆柱体，半径为R_1，其中均匀地通过电流I。在它外面还有一半径为R_2的无限长同轴圆柱面，其上通有与前者方向相反的电流I，两者之间充满磁导率为μ_2的均匀磁介质，则在$R_1 < r < R_2$的空间磁场强度

的大小 H 为_______，磁感应强度的大小 B 为_______。

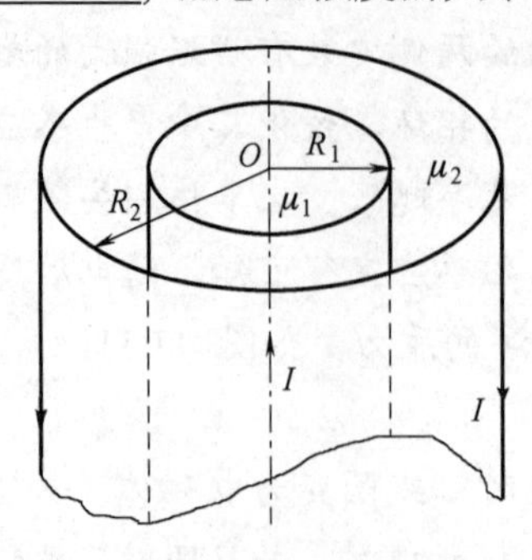

图 11.13　习题 11.1 图

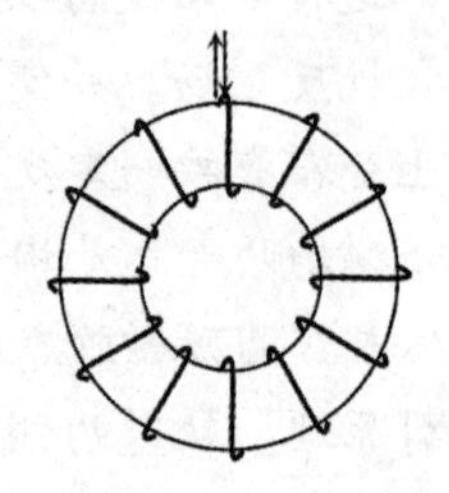

图 11.14　习题 11.2 图

11.2　如图 11.14 所示为一细螺绕环，它是由表面绝缘的导线在铁环上密绕而成，每厘米绕 10 匝线圈。当导线中的电流 I=2.0A 时，测得铁环内的磁感强度的大小 B=1.0T，则可求得铁环的磁导率 μ 为 ________。

11.3　用细导线均匀密绕成长为 l、半径为 a($l \gg a$)、总匝数为 N 的螺线管，管内充满相对磁导率为 μ_r 的均匀磁介质。若线圈中载有恒定电流 I，则管中任意一点磁感应强度的大小 B=_______，磁场强度的大小 H=_______。

11.4　什么是顺磁质？什么是抗磁质？它们的磁化机理有何不同？

11.5　铁磁质的磁感应强度 $\boldsymbol{B}$ 与磁场强度 $\boldsymbol{H}$ 是否呈线性关系？为什么？

11.6　硬磁材料的特点是________________，适用于制造________________。

11.7　有很大的剩余磁化强度的软磁材料不能做成永磁体，是因为软磁材料的_____________；如果做成永磁体，很容易___________。

11.8　如图 11.15 所示各种材料的磁化曲线中，μ_0 是真空的磁导率，则直线 a 代表______介质的 B-H 曲线，直线 b 代表______介质的 B-H 曲线，曲线 c 代表______介质的 B-H 曲线。

11.9　磁介质用相对磁导率 μ_r 表示它们的特征时，μ_r____1 的为顺磁质，μ_r____1 的为抗磁质，μ_r____1 的为铁磁质(填 >、<、≫、≪)。

*11.10　如图 11.16 所示的一根长直同轴电缆，由内半径 R_1、外半径 R_2 的同轴圆筒组成。中间充满磁导率为 μ 的各向同性非铁磁质材料。稳恒电流 I 沿轴向上流去再由外筒流回，在它们的截面上电流是均匀分配的。求该同轴电缆的磁感应强度大小的分布。

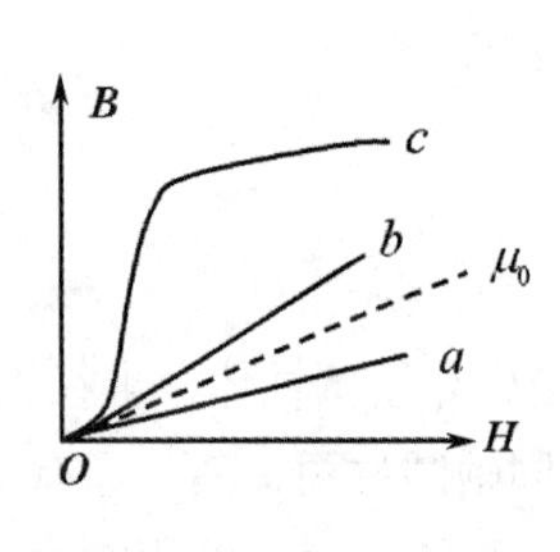

图 11.15　习题 11.8 图

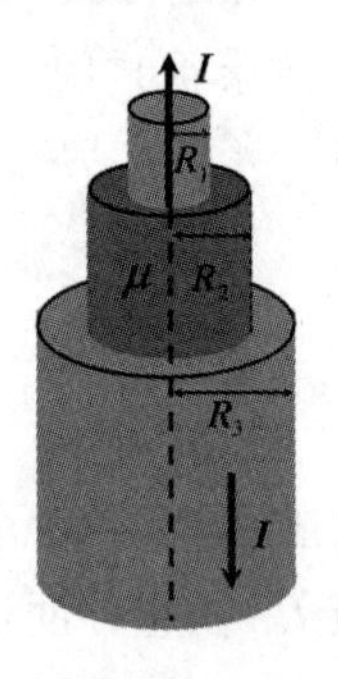

图 11.16　习题 11.10 图

第 12 章　电磁感应及电磁波

1820 年，丹麦物理学家奥斯特发现了电流的磁效应，揭示了长期以来一直认为是彼此独立的电和磁之间的联系。法拉第历经十余年的艰苦努力，终于发现了电磁感应现象，并总结出电磁感应定律，为电磁理论的发展、电能的广泛应用奠定了基础。

电磁理论的建立过程符合认识规律，库仑定律是第一次飞跃，奥斯特的电流磁效应是第二次飞跃，法拉第电磁感应现象为第三次飞跃，麦克斯韦电磁理论实现了第四次飞跃。

本章主要在电磁感应现象的基础上介绍感应电动势、自感和互感、磁场的能量，以及麦克斯韦关于有旋电场和位移电流的假设，电磁场理论的基本知识。在本章的学习中我们将欣赏到电场和磁场是完美对称的——物理学的对称美！

12.1　电磁感应现象　法拉第电磁感应定律

12.1.1　电磁感应现象

1820 年奥斯特发现电流的磁效应，由对称性人们会问：磁是否会有电效应?

电磁感应现象从实验上回答了这个问题，反映了物质世界的对称美，法拉第电磁感应定律从场的角度说明磁场的电效应。

如图 12.1(a)所示，实验一中的线圈与电流计组成闭合回路，当条形磁铁插入或抽出线圈时，电流计指针会发生偏转，说明此回路中有电流产生；实验二中，导体 *ab* 是闭合回路的可动部分，当 *ab* 沿 U 形导体框切割磁场线移动时，回路中也产生了电流；实验三中，让闭合的矩形线圈在磁场中旋转，发现线圈回路中也有电流产生。

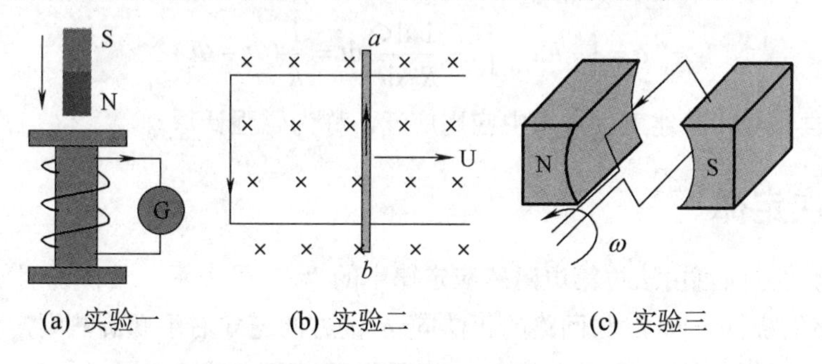

图 12.1　电磁感应现象

综合分析上述三个实验不难发现它们的共同特征：所有回路内的磁通量都发生了变化。图 12.1(a)的实验一是穿过线圈的磁场本身在变化；图 12.1(b)的实验二是回路所围面积在变化；图 12.1(c)的实验三是线圈平面的法向与磁场方向的夹角在变化。总之是回路内的磁通量发生了变化。

因此可得出结论：当穿过一个导体回路所围面积的磁通量发生变化时，不管这种变化是由于什么问题引起的，回路中就有电流产生，这种现象叫作电磁感应现象。

回路中所出现的电流叫作感应电流，回路中有电流产生说明有电动势存在，这个电动势叫作感应电动势。

12.1.2 法拉第电磁感应定律

法拉第在大量实验事实的基础上总结出：当穿过闭合回路所围面积的磁通量发生变化时，回路中都会建立起感应电动势，且此感应电动势正比于磁通量对时间的变化率的负值。其数学表达式为

$$\varepsilon_i = -k\frac{\mathrm{d}\Phi}{\mathrm{d}t} \tag{12.1}$$

在国际单位制中，比例系数取 $k=1$。如果回路由 N 匝密绕线圈组成，且穿过每匝线圈的磁通量都等于 Φ，把通过所有线圈的总磁通量称为磁通匝数(也称磁链)，用 Ψ 表示，则

$$\Psi = N\cdot\Phi \tag{12.2}$$

则回路中产生的感应电动势为

$$\varepsilon_i = -\frac{\mathrm{d}\Psi}{\mathrm{d}t} = -N\frac{\mathrm{d}\Phi}{\mathrm{d}t} \tag{12.3}$$

将磁通量的定义式(10.29)代入式(12.3)得

$$\varepsilon_i = -\frac{\mathrm{d}\Psi}{\mathrm{d}t} = -N\frac{\mathrm{d}}{\mathrm{d}t}\left(\int_S \boldsymbol{B}\cdot\mathrm{d}\boldsymbol{S}\right) \tag{12.4}$$

式中负号表示电动势的方向。

设回路的总电阻为 R，由欧姆定律得回路中的感应电流为

$$i = \frac{\varepsilon_i}{R} = -\frac{\mathrm{d}\Phi}{R\mathrm{d}t} = -\frac{1}{R}\frac{\mathrm{d}\Phi}{\mathrm{d}t} \tag{12.5}$$

由于流过回路的电流强度 $I=\frac{\mathrm{d}q}{\mathrm{d}t}$，所以在时间 t_1 到 t_2 内，流过回路的感应电荷电量为

$$q = \int_{t_1}^{t_2} I\mathrm{d}t = \int_{t_1}^{t_2} -\frac{1}{R}\frac{\mathrm{d}\Phi}{\mathrm{d}t}\mathrm{d}t = \frac{1}{R}(\Phi_1 - \Phi_2) \tag{12.6}$$

式(12.6)在地质学领域和其他工程技术中应用广泛，称为磁强计原理。

12.1.3 楞次定律

感应电动势的方向可由法拉第电磁感应定律中的“-”号表示，具体说明如下。

首先取回路的绕行方向 L 与回路的正法向 $\boldsymbol{n}$ 的方向遵守右手螺旋法则，如图 12.2 所示；然后确定磁通量 Φ 的正负($\boldsymbol{B}$ 与法矢 $\boldsymbol{n}$ 相同取正)，再判定 $\mathrm{d}\Phi$ 的正负；最后由法拉第定律 $\varepsilon_i = -\frac{\mathrm{d}\Phi}{\mathrm{d}t}$ 确定 ε_i 的正负。

若 $\varepsilon_i > 0$ 时，表示 ε_i 的方向与回路 L 绕行方向相同；反之 $\varepsilon_i < 0$ 时，表示 ε_i 的方向与回路 L 绕行方向相反。

如图 12.3 所示，规定回路 L 绕行方向与正法向后，磁通量 $\Phi > 0$，条形磁铁向左靠近线圈运动时，通过回路内的磁通量增大，即 $\mathrm{d}\Phi>0$，则由法拉第电磁感应定律得 $\varepsilon_i < 0$，说

明此时回路中产生的感应电动势的方向与规定的回路 L 绕行方向相反。

从上述可见，闭合回路中的感应电流的方向，总是企图使感应电流本身所产生的通过回路面积的磁通量，去抵偿引起感应电流的磁通量的改变。此结论称为楞次定律。楞次定律是在 1833 年 11 月由俄国物理学家楞次提出的。法拉第电磁感应定律中的“-”号就是反映这种“抵抗”的，且楞次定律是能量守恒定律的一种表现。

作为法拉第电磁感应定律应用的重要实例，交流发电机的工作原理简述如下。

如图 12.4 所示，在均匀磁场 $\boldsymbol{B}$ 中有面积为 S、匝数为 N 的矩形平面线圈，以匀角速度 ω 绕垂直于 $\boldsymbol{B}$ 的轴 OO' 转动。设 $t=0$ 时，线圈法向 $\boldsymbol{n}$ 与磁场 $\boldsymbol{B}$ 方向相同。在 t 时刻，线圈法向 $\boldsymbol{n}$ 与磁场 $\boldsymbol{B}$ 方向的夹角 $\theta=\omega t$，穿过 N 匝线圈的磁链 $\Psi=N\Phi=NBS\cos\omega t$。

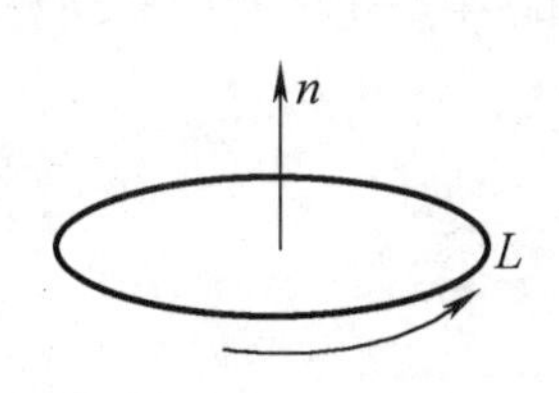

图 12.2　回路绕向与法向

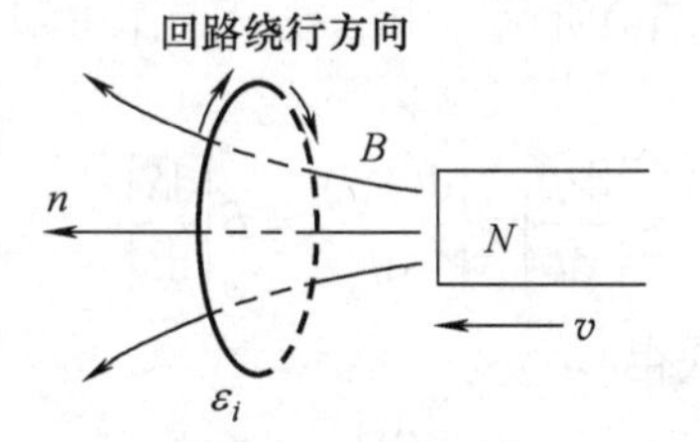

图 12.3　楞次定律

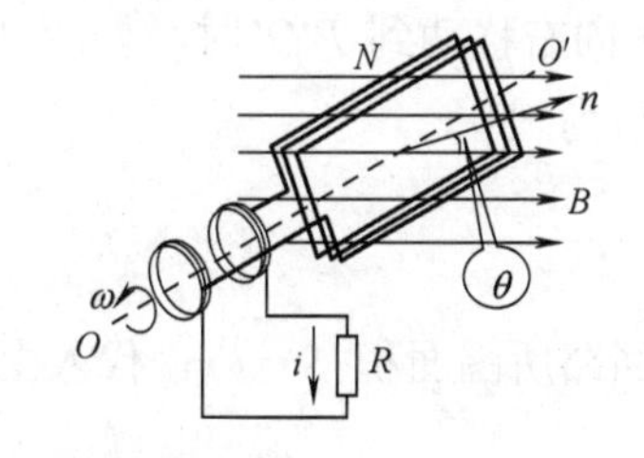

图 12.4　正弦交流发电原理图

由法拉第电磁感应定律，线圈中的感应电动势为

$$\varepsilon=-\frac{\mathrm{d}\Psi}{\mathrm{d}t}=NBS\omega\sin\omega t \tag{12.7}$$

令 $\varepsilon_m=NBS\omega$，则式(12.7)为　$\varepsilon=\varepsilon_m\sin\omega t$　(12.8)

则线圈中的感应电流为 $I=\dfrac{\varepsilon}{R}=\dfrac{\varepsilon_m}{R}\sin\omega t=I_m\sin\omega t$　(12.9)

可见，感应电动势(电流)是随时间按正弦函数周期性变化的，因此称为正弦交流电，如图 12.5 所示。

【例 12-1】 如图 12.6 所示，有两个共面放置的同心圆环，半径分别为 r_1、r_2，且 $r_1<<r_2$，大圆环中通有电流 I。当小圆环绕直径以角速度 ω 旋转时，求小圆环中的感应电动势。

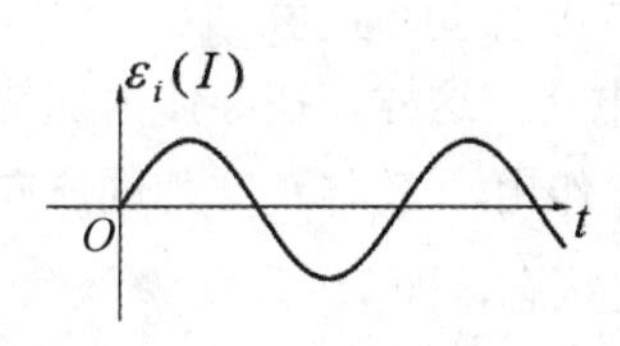

图 12.5　正弦交流电

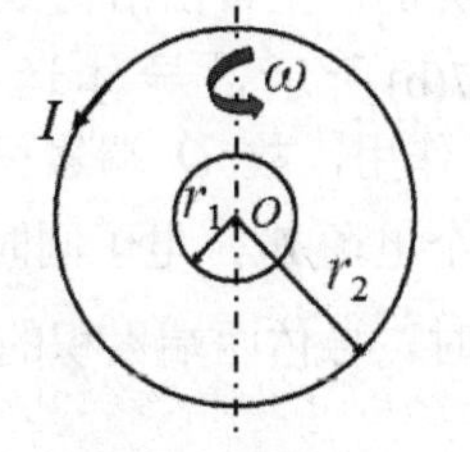

图 12.6　例 12-1 图

解：大圆环在圆心处产生的磁场 $B=\dfrac{\mu_0 I}{2r_2}$　$(r_1\ll r_2)$

通过小线圈的磁通量　$\Phi=BS\cos\theta=\dfrac{\mu_0 I}{2r_2}\pi r_1^2\cos\omega t$　($t=0$ 时，$\theta=0$)

感应电动势为 $\varepsilon=-\dfrac{\mathrm{d}\Phi}{\mathrm{d}t}=\dfrac{\mu_0 I\omega}{2r_2}\pi r_1^2\sin\omega t$

12.2　动生电动势

在电磁感应现象中，使回路内的磁通量发生变化的原因有多种，基本分为两类：一类是由于磁感强度变化引起的感应电动势，叫感生电动势；另一类是由于回路所围面积的变化或面积取向变化而引起的感应电动势，叫动生电动势。本节先讨论动生电动势。

在图 12.1(b)所示的电磁感应实验二中，设 PO 是闭合回路的可动部分，长度为 l，当 PO 向右移动到 $P'O'$ 时，如图 12.7(a)所示，由法拉第定律可知，回路中产生的感应电动势大小为

$$\varepsilon_i=\left|\frac{\mathrm{d}\Phi}{\mathrm{d}t}\right|=\left|\frac{\mathrm{d}(BS)}{\mathrm{d}t}\right|=B\left|\frac{\mathrm{d}S}{\mathrm{d}t}\right|$$

而回路所围面积 $S=l\,x$，代入上式得

$$\varepsilon_i=Bl\left|\frac{\mathrm{d}x}{\mathrm{d}t}\right|=Bl|v| \tag{12.10}$$

式(12.10)表明，直导体垂直于磁场方向运动时，导体中产生的动生电动势等于磁感应强度 $\boldsymbol{B}$ 的大小与导体垂直磁场运动方向的长度 l 及导体运动的速度大小 v 的乘积。

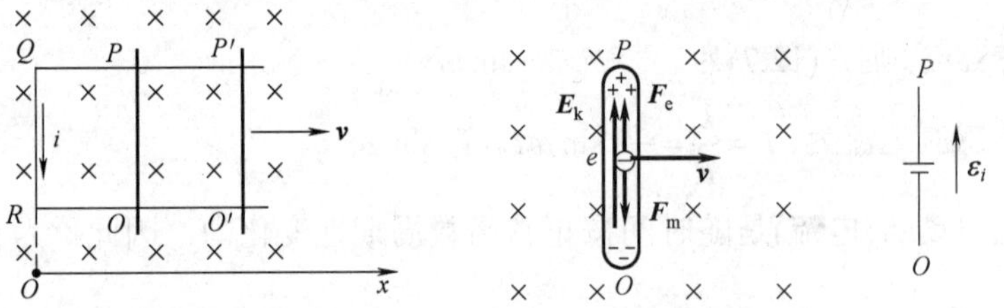

(a) 动生电动势的产生　　(b) 产生动生电动势的非静电力

图 12.7　动生电动势

动生电动势的产生可由洛伦兹力给出解释。

如图 12.7(b)所示，导体运动时，导体内的电子以速度 $\boldsymbol{v}$ 运动，受洛伦兹力 $\boldsymbol{F}_\mathrm{m}=(-e)\boldsymbol{v}\times\boldsymbol{B}$ 作用，故 O 端累积负电荷，P 端累积正电荷。这样，在导体内部就由洛伦兹力建立了一个电场 $\boldsymbol{E}_\mathrm{k}$，电子同时又受电场 $\boldsymbol{E}_\mathrm{k}$ 的电力 $\boldsymbol{F}_\mathrm{e}$ 作用，$\boldsymbol{F}_\mathrm{m}$与$\boldsymbol{F}_\mathrm{e}$ 二力的方向相反。电子受力平衡时，导体两端累积的等量异号电荷达到稳定状态，即

$$\boldsymbol{F}_\mathrm{m}+\boldsymbol{F}_\mathrm{e}=0$$

洛伦兹力 $\boldsymbol{F}_\mathrm{m}$ 为非静电力，所产生的电场为非静电场，用 $\boldsymbol{E}_\mathrm{k}$ 表示，则有

$$\boldsymbol{E}_\mathrm{k}=\boldsymbol{v}\times\boldsymbol{B} \tag{12.11}$$

由电动势的定义可知，导体中的动生电动势由非静电场 $\boldsymbol{E}_\mathrm{k}$ 产生，其表达式为

$$\varepsilon_i=\int_-^+\boldsymbol{E}_\mathrm{k}\cdot\mathrm{d}\boldsymbol{l}=\int_-^+(\boldsymbol{v}\times\boldsymbol{B})\cdot\mathrm{d}\boldsymbol{l} \tag{12.12a}$$

对任意形状的导线在磁场中运动时产生的动生电动势 ε_i 可表示为

$$\varepsilon_i = \int_l \boldsymbol{E}_{\mathrm{k}} \cdot \mathrm{d}\boldsymbol{l} = \int_l (\boldsymbol{v} \times \boldsymbol{B}) \cdot \mathrm{d}\boldsymbol{l} \tag{12.12b}$$

如长为 L 的直导线垂直于磁场运动时，有 $\varepsilon_i = \int_0^l vB\mathrm{d}l = vBl$，与式(12.10)的结论一致。

【例 12-2】 有一半径为 R 的半圆形金属导线在匀强磁场 $\boldsymbol{B}$ 中以速度 $\boldsymbol{v}$ 做切割磁场线运动，如图 12.8(a)所示，求导线中的动生电动势。

解：方法一

在半圆形导线上取线元 $\mathrm{d}\boldsymbol{l}$，如图 12.8(b)所示，由式(12.12)得该线元的动生电动势为

$$\mathrm{d}\varepsilon = (\boldsymbol{v} \times \boldsymbol{B}) \cdot \mathrm{d}\boldsymbol{l} = vB\sin 90^\circ \mathrm{d}l \cos\theta$$

将 $\mathrm{d}l = R\mathrm{d}\theta$ 代入上式，得 $\varepsilon = vBR\int_{-\pi/2}^{\pi/2} \cos\theta \mathrm{d}\theta = vB2R$。

电动势的方向为 $a \to b$。

方法二

作连接 ab 的辅助直导线与半圆形金属导线组成闭合回路，由法拉第电磁感应定律可知，闭合回路中的总电动势为零，即 $\varepsilon_i = 0$。也就是说，半圆形导线中的电动势与直导线 ab 中产生的电动势之代数和为零。

所以，半圆形导线中的电动势大小为 $\varepsilon = \left|\varepsilon_{\overline{ab}}\right| = 2RBv$，方向为 $a \to b$。

【例 12-3】 如图 12.9(a)所示，矩形导线框的平面与磁感应强度为 $\boldsymbol{B}$ 的均匀磁场相垂直。此矩形框与一质量为 m、长为 l 的可移动的细导体棒 MN 和一个电阻 R 组成闭合回路(R 其值较之导线的电阻值要大得多)。若开始时(即 t=0)，细导体棒以初速度 v_0 运动，试求棒的速率随时间变化的函数关系。

解：建立如图 12.9(b)所示坐标系，则棒中的动生电动势为 $\varepsilon_i = Blv$，方向由棒的 M 端指向 N 端，故线框中感应电流为逆时针方向，且电流大小为 $I = \dfrac{\varepsilon_i}{R} = \dfrac{Blv}{R}$。

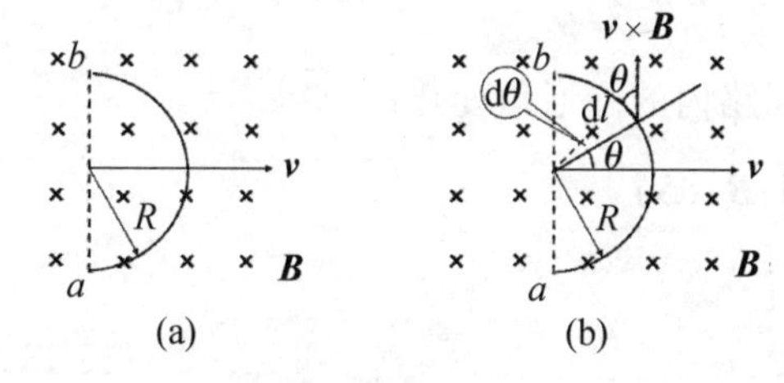

图 12.8　例 12-2 图

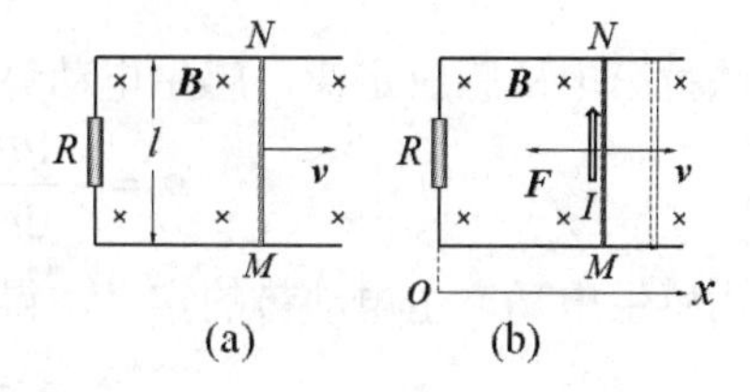

图 12.9　例 12-3 图

线框中产生了感应电流后，棒就同时受磁场的安培力为：$F = IBl = B^2l^2v/R$，方向向左，与导线运动初速度方向相反，阻碍导体的运动。

由牛顿第二定律可知，棒的运动方程为

$$m\frac{\mathrm{d}v}{\mathrm{d}t} = -\frac{B^2l^2v}{R}$$

分离变量并两边积分为

$$\int_{v_0}^{v} \frac{\mathrm{d}v}{v} = \int_0^t -\frac{B^2l^2}{mR}\mathrm{d}t$$

得
$$\ln\frac{v}{v_0}=-\frac{B^2l^2}{mR}t$$
棒在时刻 t 的速率为 $v=v_0\mathrm{e}^{-(B^2l^2/mR)t}$。

【课后思考】 该导体棒最终的运动情况如何?

12.3 感生电动势 感生电场

12.2 节讨论了因导体或回路的运动而产生的动生电动势，使其产生的原因是非静电力——洛伦兹力。那么，当导体不动时，由磁感应强度 $\boldsymbol{B}$ 的变化引起的感生电动势又是怎么产生的？产生这个感生电动势的非静电力又是什么？

12.3.1 感生电场

麦克斯韦提出，变化的磁场在其周围空间激发一种电场，这个电场叫感生电场(又叫涡旋电场)，用 $\boldsymbol{E}_\mathrm{k}$ 表示。当导体处于该电场 $\boldsymbol{E}_\mathrm{k}$ 中时，感生电场对导体内的电荷有力的作用，使导体中产生电动势。因此，感生电动势中的非静电力就是感生电场力，感生电场比感生电动势更本质。即无论是否有导体回路，只要存在变化的磁场，就一定有感生电场存在。

感生电场 $\boldsymbol{E}_\mathrm{k}$ 与静电场 $\boldsymbol{E}$ 相比较，其相同点是两者都对电荷有力的作用，有能量。不同点表现如下。

(1) 静电场是由电荷激发的，感生电场是由变化的磁场激发的。

(2) 静电场线始于正电荷、止于负电荷，是不闭合的；感生电场线是闭合的(有旋电场)。

(3) 感生电场不是保守场，不能引入势的概念。

12.3.2 感生电动势

由法拉第电磁感应定律，感生电动势是因为回路内的磁通量变化：
$$\varepsilon_i=-\frac{\mathrm{d}\Phi}{\mathrm{d}t}=-\frac{\mathrm{d}}{\mathrm{d}t}(\int_S\boldsymbol{B}\cdot\mathrm{d}\boldsymbol{S}) \tag{12.13}$$
又由感生电场产生电动势的定义，得
$$\varepsilon_i=\oint_l\boldsymbol{E}_\mathrm{k}\cdot\mathrm{d}\boldsymbol{l} \tag{12.13a}$$
由式(12.13)、式(12.13a)得感生电动势为
$$\varepsilon_i=\oint_l\boldsymbol{E}_\mathrm{k}\cdot\mathrm{d}\boldsymbol{l}=-\left(\int_S\frac{\partial\boldsymbol{B}}{\partial t}\cdot\mathrm{d}\boldsymbol{S}\right) \tag{12.13b}$$
式(12.13b)给出了变化的磁场 $\frac{\partial\boldsymbol{B}}{\partial t}$ 与它激发的感生电场 $\boldsymbol{E}_\mathrm{k}$ 之间的关系，是电磁场的基本方程之一。

可见，感生电场的环流不等于零，为非保守场。说明感生电场的电场线是无头无尾的

闭合曲线，因此感生电场也叫涡旋电场，是由变化的磁场激发的。其方向与$-\dfrac{\partial \boldsymbol{B}}{\partial t}$成右手螺旋关系，即用右手大拇指指向$-\dfrac{\partial \boldsymbol{B}}{\partial t}$的方向，与大拇指垂直的四指弯曲环绕的方向就是感生电场$\boldsymbol{E}_\mathrm{k}$的方向，如图 12.10 所示。

值得说明的是，在很多实际问题中，往往既有动生电动势产生，又有感生电动势产生，故法拉第电磁感应定律可写为

$$\varepsilon_i = -\left(\int_S \frac{\partial \boldsymbol{B}}{\partial t} \cdot \mathrm{d}\boldsymbol{S}\right) + \int_L (\boldsymbol{v} \times \boldsymbol{B}) \cdot \mathrm{d}\boldsymbol{l} \tag{12.14}$$

【例 12-4】 有一变化的匀强磁场分布在一圆柱形区域内，方向如图 12.11(a)所示。求感生电场分布。

解： 由场的对称性知，该变化的磁场产生的感生电场$\boldsymbol{E}_\mathrm{k}$为与柱形区域同轴心的同心圆，如图 12.11(b)所示，$\boldsymbol{E}_\mathrm{k}$处处与圆相切，且同一圆上的$\boldsymbol{E}_\mathrm{k}$大小都相等。

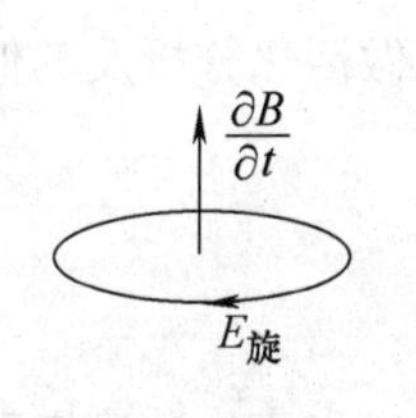

图 12.10　涡旋电场的方向

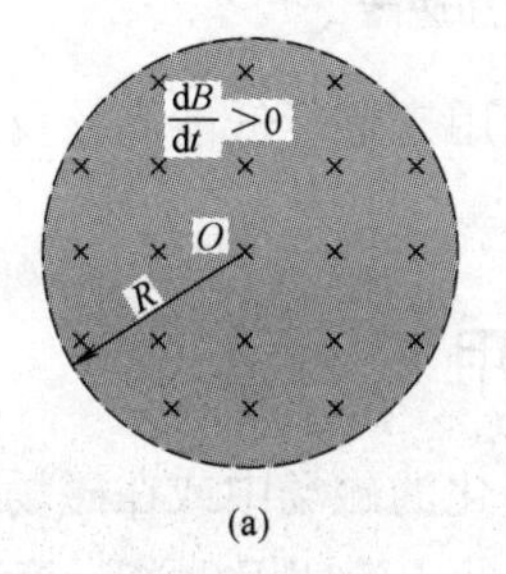

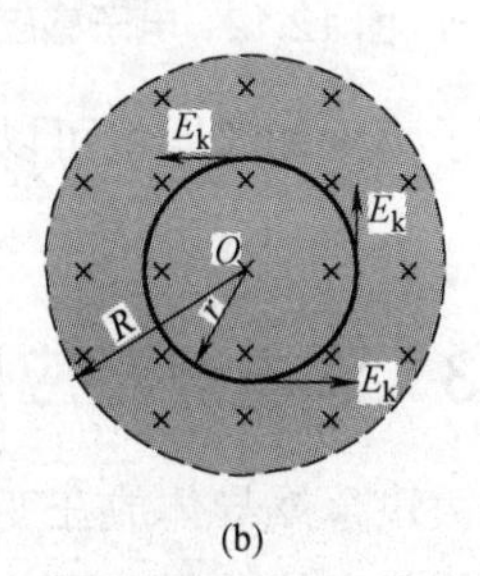

图 12.11　例 12-4 图

取同心圆积分回路路径，由式(12.13b)得

$$\oint_l \boldsymbol{E}_\mathbf{k} \cdot \mathrm{d}\boldsymbol{l} = -\left(\int_S \frac{\partial \boldsymbol{B}}{\partial t} \cdot \mathrm{d}\boldsymbol{S}\right)$$

(1) $r<R$ 时，$E_\mathrm{k} \cdot 2\pi r = -\dfrac{\partial B}{\partial t} \cdot \pi r^2$，得

$$E_\mathrm{k} = -\frac{r}{2}\frac{\partial B}{\partial t} \tag{12.15}$$

(2) $r>R$ 时，$E_\mathrm{k} \cdot 2\pi r = -\dfrac{\partial B}{\partial t} \cdot \pi R^2$，得

$$E_\mathrm{k} = -\frac{R^2}{2r}\frac{\partial B}{\partial t} \tag{12.16}$$

即柱形区域内外的感生电场分布不同。式中的负号表示感生电场$\boldsymbol{E}_\mathrm{k}$的方向，即$\boldsymbol{E}_\mathrm{k}$的方向与$-\dfrac{\partial \boldsymbol{B}}{\partial t}$满足右手螺旋。

利用这种涡旋的感生电场可以使带电粒子不断被加速，这就是电子感应加速器的原理。

如图 12.12 所示，在长直螺线管中通以交变电流，在管内激发变化的磁场，若在管内柱状区垂直于磁场方向放置用优质玻璃或陶瓷材料做成的环形真空盒，用电子枪沿电场线

方向将电子注入真空盒内，那么这些电子将在感生涡旋电场 $\boldsymbol{E}_{k}$ 作用下得到加速，并在洛伦兹力的作用下，沿圆形轨道盒加速运动。电子感应加速器具有容易制造、便于调整使用、价格较便宜等优点，因此用途广泛。如用于工业γ射线探伤和医疗上(见图 12.13)射线治疗癌症(利用电子或γ射线)等。

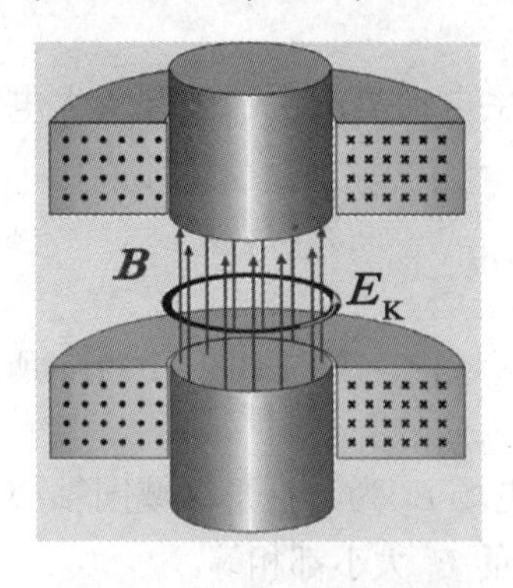

图 12.12　电子感应加速器

图 12.13　医用电子感应加速器

电子感应加速器也可以用来进行低能光核反应的研究，并可做活化分析及其他方面的辐射源。

12.3.3　涡电流及应用

当大块金属导体放在变化的磁场中或在磁场中运动时，导体内也产生感应电动势，并产生自行闭合的感应电流，此电流叫涡电流，简称涡流，如图 12.14(a)所示。

大块金属的电阻很小，形成的涡流很大，能产生巨大的热量以资利用。如工频感应炉，待冶炼的金属块中的涡流使金属块熔化。涡电流的优点在于，能使物料内部各处同时加热，可以在真空中加热避免氧化，并且只加热导体等。如家用电磁灶就是利用这一原理工作的，如图 12.14(b)和图 12.14(c)所示。电磁炉的热效率极高，煮食安全、洁净，无烟无火、无废气，不怕风吹，不会爆炸或气体中毒等。炉面不发热，不会有被烧伤或烫伤的危险。

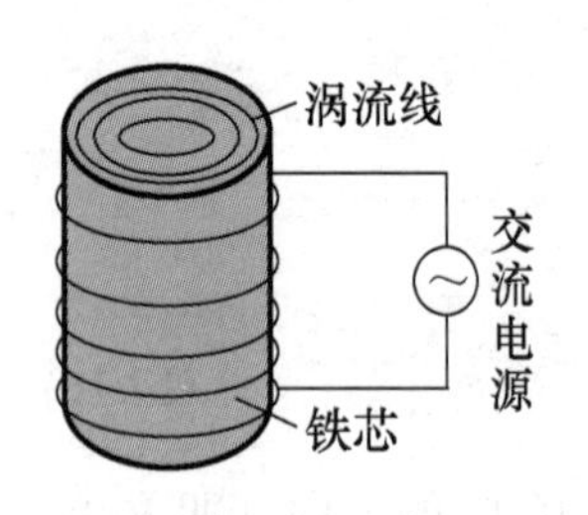

(a) 涡流

(b) 电磁炉底板图

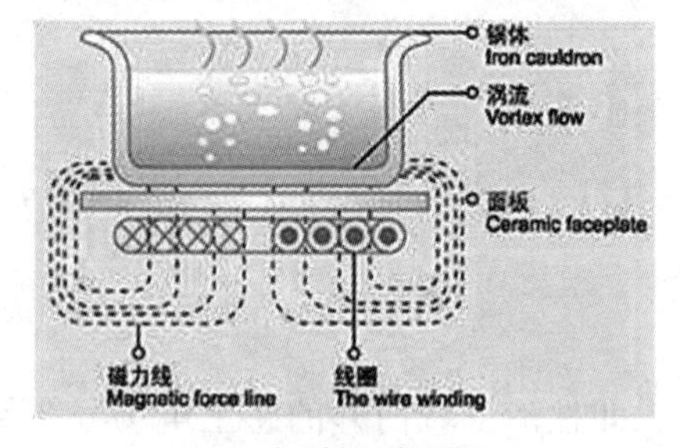

(c) 电磁炉原理图

图 12.14　涡流及应用

同理，当金属板在磁场中运动时也产生涡流，而涡流同时又受到磁场的安培力的作用，阻碍其相对运动，这是涡流的阻尼效应。该原理被广泛应用于电磁仪表中指针的定位、电度表中的制动铝盘等。

变压器和电机中的铁芯等处在交变磁场中产生的涡流，既浪费能源，又容易损坏设备。因此对于高频器件，如收音机中的磁性天线、中频变压器等，采用半导体磁性材料做磁芯，能降低能耗。常用的减少涡流的途径有：选择高阻值材料(电机变压器的铁芯材料是硅钢而非铁)，多片铁芯组合等。

利用涡流产生的强大电磁作用力制造的新概念武器——电磁炮，如图 12.15 所示，是一种先进动能杀伤武器，以其隐蔽性好、经济环保、杀伤力强等特点，在未来武器的发展计划中会备受青睐。与传统大炮将火药燃气压力作用于弹丸不同，电磁炮是利用电磁系统中电磁场的作用力，其作用时间长，可大大提高弹丸的速度和射程。电磁炮因初速度极高，可用于摧毁低轨道卫星和导弹，也可以用来拦截军舰发射的导弹(反导系统)。电磁炮可代替高射武器和防空导弹，穿甲能力极强，成为反坦克利器。还有人曾设想，未来的宇宙飞船可用电磁炮发射。

(a) 电磁炮发射轨道

(b) 飞行中的电磁炮

(c) 命中目标瞬间

图 12.15　电磁炮

【课后思考】 在地质勘探中有一种电磁勘探技术可发现具有导电性的矿石。如图 12.16 所示，A 是通有高频电流的初级线圈，B 为连有电流计的次级线圈。从次级线圈中的电流变化可检测其磁场的变化。从而断定附近有导电矿石存在。请读者说明理由。

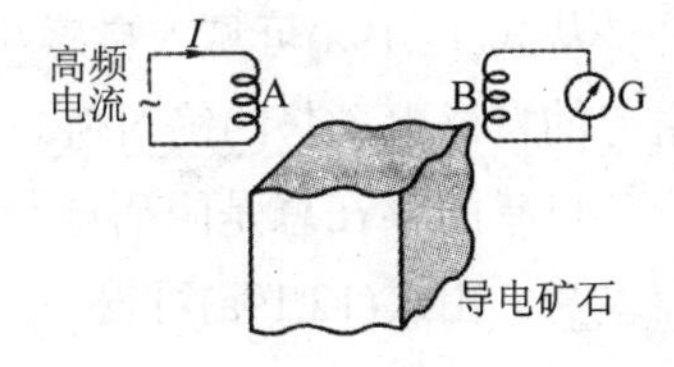

图 12.16　电磁勘探

12.4　自感和互感

法拉第电磁感应定律告诉我们，无论以什么方式使闭合回路的磁通量 Φ 发生变化，此闭合回路内就一定会有感应电动势出现。本节研究在电工和无线电技术中应用非常广泛的两个特例——自感应和互感应。

12.4.1　自感电动势　自感

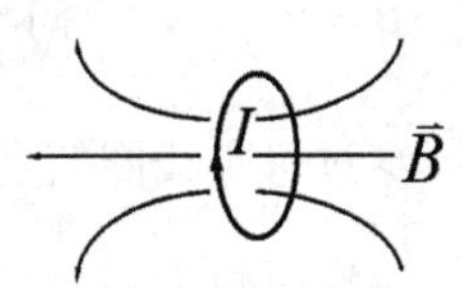

图 12.17　自感

如图 12.17 所示的线圈中，如果电流 I 是变化的，则激发的磁场也是变化的，穿过线圈自身回路的磁通量也是变化的，因此在自身回路里也会产生电磁感应现象，这种仅由回路自身电流 I

的变化而引起磁通量的变化，从而在自身回路中产生的感应电动势叫自感电动势，用ε_L表示，这种现象叫自感应。

1. **自感系数**

设回路中的电流为 I，则通过回路的磁通为 Φ，回路几何形状、尺寸不变，周围无铁磁性物质。实验表明 $\Phi \propto I$，引入比例系数L，则

$$\Phi = LI \tag{12.17}$$

式中，L为自感系数，简称自感。

实验表明：自感 L 与回路的形状、大小以及周围介质的磁导率有关。当回路有 N 匝线圈时，总磁通用磁链ψ表示，式(12.17)变为

$$\psi = N\Phi = LI \tag{12.18}$$

从式(12.18)可见：自感在数值上等于回路中的电流为 1 个单位时，穿过此线圈的磁通链数。国际单位制中，自感的单位是亨利(H)。

2. **自感电动势**

将式(12.17)代入法拉第电磁感应定律中，得

$$\varepsilon_L = -\frac{\mathrm{d}\Phi}{\mathrm{d}t} = -\left(L\frac{\mathrm{d}I}{\mathrm{d}t} + I\frac{\mathrm{d}L}{\mathrm{d}t}\right) \tag{12.19}$$

一般情况下，当线圈参数不变，周围无铁磁质时，自感 L 为一与电流无关的常量，故

$$\varepsilon_L = -L\frac{\mathrm{d}I}{\mathrm{d}t} \tag{12.19a}$$

从式(12.19a)可见：自感在数值上等于回路中的电流变化率为 1 个单位时，在回路中所引起的自感电动势的绝对值。

自感的存在总是阻碍电流的变化，所以自感电动势是反抗电流的变化，而不是反抗电流本身。由式(12.19a)可得

$$L = -\frac{\varepsilon_L}{\mathrm{d}I/\mathrm{d}t} \tag{12.20}$$

式(12.20)提供了一个用实验测量自感 L 的依据。

【例 12-5】 如图 12.18 所示为一长直螺线管，设其匝数为 N，横截面积为 S，长度为 l，管中介质的磁导率为μ，试计算其自感。

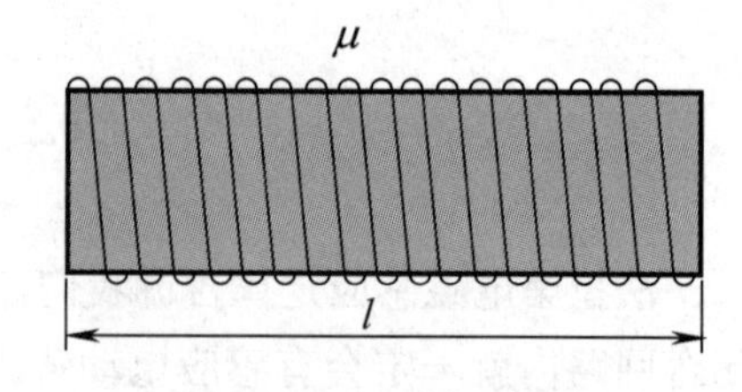

图 12.18　例 12-5 图

解：设长直螺线管中通有电流 I，管内磁场是均匀的，磁感应强度的大小为

$B = \mu\frac{N}{l}I$，方向与螺线管的轴线平行。

穿过每匝线圈的磁通为　$\Phi_1 = BS = \mu\frac{N}{l}IS$

磁通匝数为　$\Psi = N\Phi_1$

自感为　　$L=\frac{N\Phi_1}{I}=\mu\frac{N^2}{l}S$

若螺线管单位长度的匝数为n，则$n=N/l$，螺线管的体积为$V=Sl$，上式可改写为

$$L=\mu n^2V$$

可见该螺线管的自感只与自身的因素和介质有关。欲增大螺线管的自感，须增加单位长度上的匝数，并选取较大磁导率的磁介质填充在螺线管内。

12.4.2　互感电动势　互感

如图 12.19 所示，有两个通电线圈，由回路 1 中变化的电流I_1 激发的磁场穿过线圈 2，会使线圈 2 回路中产生感应电动势ε_2；同理，由回路 2 中变化的电流I_2激发的磁场穿过线圈 1，使线圈 1 回路中产生感应电动势ε_1，这种现象叫互感应。

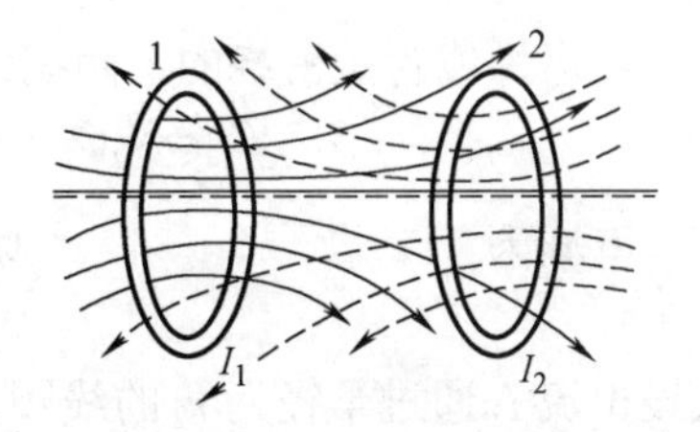

图 12.19　互感

1. 互感现象及互感系数

设两线圈 1、2 靠近时，线圈 1 中电流I_1所激发的磁场穿过线圈 2 的磁通量为Φ_2。若两回路几何形状、尺寸及相对位置不变，周围无铁磁性物质。

如果I_1变化，则Φ_2变化，实验表明$\Phi_2\propto I_1$，或者

$$\Phi_2=M_2I_1 \tag{12.21}$$

式中，M_2是比例系数。

同理，线圈 2 中电流I_2所激发的磁场穿过线圈 1 的磁通Φ_1为

$$\Phi_1=M_1I_2 \tag{12.22}$$

式中，M_1是比例系数。

理论和实验都表明：　　$M_1=M_2=M$

所以　　$\Phi_2=MI_1$，$\Phi_1=MI_2$

定义

$$M=\frac{\Phi_2}{I_1}=\frac{\Phi_1}{I_2} \tag{12.23}$$

M 叫互感系数，简称互感。互感系数在数值上等于当第二个回路电流变化率为每秒 1 安培时，在第一个回路中所产生的互感电动势的大小。国际单位制中，互感的单位为亨利(H)。

实验表明：互感 M 只由两线圈的形状、大小、匝数、相对位置以及周围磁介质的磁导率决定。

2. 互感电动势

由法拉第电磁感应定律可知，两线圈中产生的电动势称为互感电动势，分别为

$$\varepsilon_2=-\frac{\mathrm{d}\Phi_2}{\mathrm{d}t}=-M\frac{\mathrm{d}I_1}{\mathrm{d}t} \tag{12.24}$$

$$\varepsilon_1=-\frac{\mathrm{d}\Phi_1}{\mathrm{d}t}=-M\frac{\mathrm{d}I_2}{\mathrm{d}t} \tag{12.25}$$

式中，负号表示在一个线圈中所引起的互感电动势，要反抗另一线圈中电流的变化。

【例 12-6】 有两个长度均为 l，半径分别为 r_1 和 r_2 (且 $r_1<r_2$)，匝数分别为 N_1 和 N_2 的同轴密绕螺线管，如图 12.20 所示。试计算它们的互感。

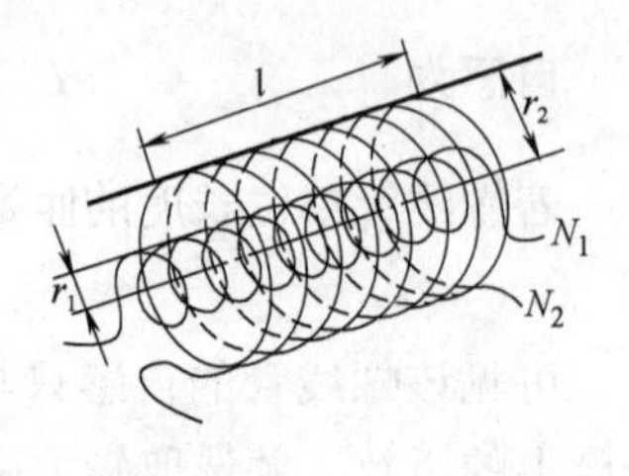

图 12.20　例 12-6 图

解：设电流 I_1 通过半径为 r_1 的螺线管，此螺线管内的磁感应强度为

$$B_1=\mu_0\frac{N_1}{l}I_1=\mu_0 n_1 I_1$$

考虑螺线管是密绕的，两螺线管间 $\boldsymbol{B}=0$，穿过半径为 r_2 的螺线管内的磁通匝数为

$$\Psi_2=N_2\Phi_2=N_2B_1(\pi r_1^2)=n_2lB_1(\pi r_1^2)=n_2l\mu_0n_1I_1(\pi r_1^2)$$

可得互感为

$$M_2=\frac{N_2\Phi_2}{I_1}=\mu_0n_1n_2l(\pi r_1^2)$$

或设电流 I_2 通过半径为 r_2 的线圈，产生的磁感强度为 $B_2=\mu_0\frac{N_2}{l}I_2=\mu_0n_1I_2$

穿过半径为 r_1 的螺线管内的磁通匝数为

$$\Psi_1=N_1\Phi_1=N_1B_2(\pi r_1^2)=n_1lB_2(\pi r_1^2)=n_1l\mu_0n_2I_2(\pi r_1^2)$$

互感为

$$M_1=\frac{N_1\Phi_1}{I_2}=\mu_0n_1n_2l(\pi r_1^2)$$

可见　$M_1=M_2=M$

【求自感、互感方法小结】

(1) 先假定一导线(或线圈)通有电流 I。

(2) 计算由此电流激发的磁场穿过另一回路的磁通。

(3) 由自感或互感定义求出自感或互感。

12.5　磁场的能量

在静电场中我们已经知道，充电的电容器具有能量，其能量实际上是储存在两极板之间的电场中，其大小为 $W_e=\frac{1}{2}QU=\frac{1}{2}CU^2=\frac{1}{2}\frac{Q^2}{C}$。

同理，磁场也具有能量，下面以自感线圈为例展开讨论。

12.5.1　自感的储能

实验表明，一个通电的线圈也具有能量，如图 12.21 所示，当开关 K 闭合时，在 L 中有自感电动势

$$\varepsilon_L=-L\frac{\mathrm{d}I}{\mathrm{d}t}$$

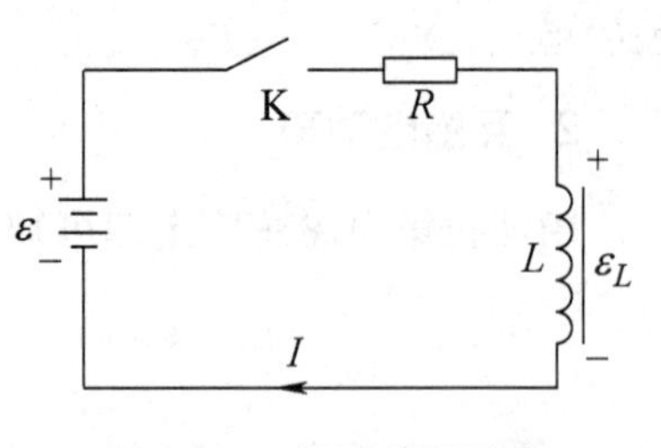

图 12.21　自感线圈储能

由回路的欧姆定律　　$\varepsilon+\left(-L\frac{\mathrm{d}I}{\mathrm{d}t}\right)=RI$

即　　$$\varepsilon I\mathrm{d}t-LI\mathrm{d}I=RI^2\mathrm{d}t \tag{12.26}$$

若 $t=0$ 时，$I=0$。在 t 时刻，电流增长到 I，对式(12.26)积分可得

$$\int_0^t \varepsilon I\mathrm{d}t=\int_0^I LI\mathrm{d}I+\int_0^t RI^2\mathrm{d}t=\frac{1}{2}LI^2+\int_0^t RI^2\mathrm{d}t$$

即　　$$\int_0^t \varepsilon I\mathrm{d}t=\frac{1}{2}LI^2+\int_0^t RI^2\mathrm{d}t \tag{12.27}$$

式中，$\int_0^t \varepsilon I\mathrm{d}t$ 为电源在 0 到 t 这段时间内提供给电路的能量；$\int_0^t RI^2\mathrm{d}t$ 为导体消耗的能量(释放的焦耳热)；$\frac{1}{2}LI^2$ 为电源反抗自感电动势而做的功，它作为磁能被储存，或说转化为磁场的能量。磁能的建立过程满足能量转换与守恒定律。因此，对自感为 L 的线圈，其中储存的磁能为

$$W_m=\frac{1}{2}LI^2 \tag{12.28}$$

式(12.28)表明，自感线圈中储存的磁能与自感系数和通过的电流有关。

12.5.2　磁场能量密度

由式(12.28)知道，当线圈的电流变化时，磁场也随之变化，磁场能量也相应变化。

以体积为 V 的长直通电螺线管为例，当电流为 I 时，管中的磁感应强度大小为 $B=\mu nI$，其自感为 $L=\mu n^2V$，则管内的磁场能量，由式(12.28)得

$$W_m=\frac{1}{2}LI^2=\frac{1}{2}\mu n^2V\left(\frac{B}{\mu n}\right)^2=\frac{1}{2}\frac{B^2}{\mu}V \tag{12.29}$$

引入**磁场能量密度**表示单位体积内磁场的能量，用符号 w_m 表示，则

$$w_m=\frac{W_m}{V}=\frac{1}{2}\frac{B^2}{\mu} \tag{12.30}$$

对各向同性均匀介质，利用 $B=\mu H$ 得

$$w_m=\frac{1}{2}\mu H^2=\frac{B^2}{2\mu}=\frac{1}{2}BH=\frac{1}{2}\boldsymbol{B}\cdot\boldsymbol{H} \tag{12.31}$$

此结论对任意形状线圈都成立，磁场的能量存在于整个磁场中。

若磁场是非均匀场，磁能密度是位置的函数，则

$$w_m=\frac{\mathrm{d}W_m}{\mathrm{d}V}$$

则整个磁场的能量为

$$W_m=\int_V w_m\mathrm{d}V=\int_V\frac{1}{2}BH\mathrm{d}V \tag{12.32}$$

式中积分遍布整个磁场分布空间。

【**例 12-7**】　如图 12.22(a)所示，同轴电缆中金属芯线的半径为 R_1，共轴金属圆筒的半

径为 R_2，中间充以磁导率为μ的磁介质。若芯线与圆筒分别和电池两极相连接，芯线与圆筒上的电流大小相同，方向相反。设可略去金属芯线内的磁场，求此同轴电缆芯线与圆筒之间单位长度上的磁能和自感。

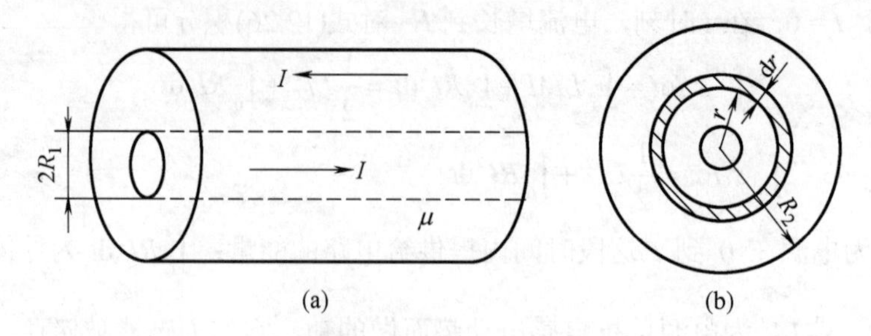

图 12.22　例 12-7 图

解：由磁场的环路定理知，芯线内磁场可视为零，电缆外部磁场亦为零。芯线与圆筒之间任一点 r 处的磁场强度为　$H=\dfrac{I}{2\pi r}$

r 处的磁能密度为 $w_m=\dfrac{1}{2}\mu H^2=\dfrac{\mu}{2}\left(\dfrac{I}{2\pi r}\right)^2=\dfrac{\mu I^2}{8\pi^2 r^2}$

磁场的总能量为

$$W_m=\int_V w_m \mathrm{d}V=\frac{\mu I^2}{8\pi^2}\int_V \frac{1}{r^2}\mathrm{d}V$$

对单位长度的电缆，取一薄层圆筒形体积元 $\mathrm{d}V$，截面如图 12.22(b)所示，则

$$\mathrm{d}V=2\pi r\mathrm{d}r$$

得单位长度的磁能为

$$W_m=\frac{\mu I^2}{8\pi^2}\int_{R_1}^{R_2}\frac{2\pi r\mathrm{d}r}{r^2}=\frac{\mu I^2}{4\pi}\ln\frac{R_2}{R_1}$$

由磁能公式

$$W_m=\frac{1}{2}LI^2$$

自感为

$$L=\frac{2W_m}{I^2}=\frac{\mu}{2\pi}\ln\frac{R_2}{R_1}$$

即自感可由定义解出外，还可以由磁能得出。

综上所述，可归纳总结出计算自感系数的三种方法。

(1)　静态法：$\Phi_m=LI$ (也叫定义法)。

(2)　动态法：$\varepsilon_L=-L\dfrac{\mathrm{d}I}{\mathrm{d}t}$ (也叫实验法)。

(3)　能量法：$\int_V \dfrac{1}{2}BH\mathrm{d}V=\dfrac{1}{2}LI^2$。

12.6　Maxwell 电磁场理论简介

我们在学习了静电场、恒定磁场、电磁感应等一系列知识后，本节是对电磁理论的总结，介绍 Maxwell 对电磁理论的总结，即 Maxwell 电磁方程组。

12.6.1　位移电流和全电流

1. 问题的提出

(1) 我们知道变化的磁场能产生涡旋电场，那么变化的电场能否也产生磁场呢？

(2) 恒定磁场的安培环路定理 $\oint_l \boldsymbol{H}\cdot \mathrm{d}\boldsymbol{l}=I=\int_S \boldsymbol{j}\cdot \mathrm{d}\boldsymbol{S}$ 在非稳恒电流的情况下是否适用？

下面以如图 12.23 所示的含电容器的电路为例分析。

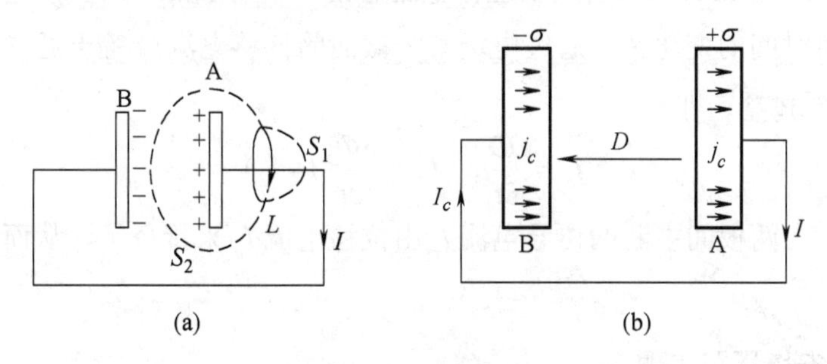

图 12.23　位移电流

图 12.23 中以 L 为边界有两个曲面 S_1、S_2，其安培环路定理的表达式分别如下。

对曲面 S_1：
$$\oint_l \boldsymbol{H}\cdot \mathrm{d}\boldsymbol{l}=\int_{S_1} \boldsymbol{j}\cdot \mathrm{d}\boldsymbol{S}=I \tag{12.33}$$

对曲面 S_2：
$$\oint_l \boldsymbol{H}\cdot \mathrm{d}\boldsymbol{l}=\int_{S_2} \boldsymbol{j}\cdot \mathrm{d}\boldsymbol{S}=0 \tag{12.34}$$

显然两结论相矛盾，即 $\boldsymbol{H}$ 沿 L 的环流与曲面有关。为解决这一矛盾，一是要建立新理论；二是修正安培环路定理。Maxwell 在 1864 年提出了一个重要的假设——**位移电流**，圆满地解决了这一矛盾。

2. 位移电流假设

分析平行板电容器的充放电过程，导体中的传导电流在两极板间中断，使回路中电流不连续(非稳恒电流情况)。以如图 12.23(b)所示的放电过程为例，极板面积为 S，电荷面密度为 σ。设某时刻 A 板上有正电荷 $+q=+\sigma S$，B 板上有负电荷 $-q=-\sigma S$。

当电容器放电时，沿导线流动的传导电流 I_c 为

$$I_c=\frac{\mathrm{d}q}{\mathrm{d}t}=\frac{\mathrm{d}(S\sigma)}{\mathrm{d}t}=S\frac{\mathrm{d}\sigma}{\mathrm{d}t}=Sj_c \tag{12.35}$$

式中，j_c 为传导电流密度，且 $j_c=\dfrac{\mathrm{d}\sigma}{\mathrm{d}t}$。　(12.36)

对两板间变化的电场，考察电位移矢量 $\boldsymbol{D}$ 大小为　$D=\sigma$。

极板间电位移矢量的通量为　$\varPhi_D=DS=\sigma S$

其随时间的变化率为

$$\frac{\mathrm{d}\varPhi_D}{\mathrm{d}t}=S\frac{\mathrm{d}D}{\mathrm{d}t}=S\frac{\mathrm{d}\sigma}{\mathrm{d}t} \tag{12.37}$$

由式(12.35)、式(12.36)和式(12.37)变为

$$\frac{\mathrm{d}\Phi_D}{\mathrm{d}t}=Sj_c=I_c \tag{12.38}$$

即电容器两极板间**电位移**的通量随时间的变化率大小等于导线中的传导电流值。

再看方向，电容器放电时，两极板间电场减弱，$\frac{\mathrm{d}\boldsymbol{D}}{\mathrm{d}t}$ 与 $\boldsymbol{D}$ 反向，与回路中的传导电流的方向相同；电容器充电时，两极板间电场增强，$\frac{\mathrm{d}\boldsymbol{D}}{\mathrm{d}t}$ 与 $\boldsymbol{D}$ 同向，与回路中的传导电流的方向也是相同的。因此 Maxwell 引入了**位移电流假设**：电场中某一点位移电流密度 j_d 等于该点电位移矢量对时间的变化率；通过电场某一截面的位移电流 I_d 等于通过该截面电位移通量 Φ_D 对时间的变化率，即

$$\boldsymbol{j}_d=\frac{\partial \boldsymbol{D}}{\partial t},\quad I_d=\frac{\mathrm{d}\Phi_D}{\mathrm{d}t}(=I_c) \tag{12.39}$$

因此可认为，在两板间中断的传导电流 I_c 由位移电流 I_d 来接替了，从而使整个回路的电流连续。

3．全电流的安培环路定理

若电路中同时存在传导电流 I_c 和位移电流 I_d，此时电路中的总电流为二者之和，称为全电流，表示为 I_s，则

$$I_s=I_c+I_d \tag{12.40}$$

因此，电流非恒定时的安培环路定理可推广为

$$\oint_L \boldsymbol{H}\cdot\mathrm{d}\boldsymbol{l}=I_s=I_c+\frac{\mathrm{d}\Phi_D}{\mathrm{d}t}=\int_S\left(\boldsymbol{j}_c+\frac{\partial \boldsymbol{D}}{\partial t}\right)\cdot\mathrm{d}\boldsymbol{S} \tag{12.41}$$

等式(12.41)右边第一项为传导电流对磁场环流的贡献；第二项为位移电流对磁场环流的贡献。即磁场强度沿任意闭合回路的环流等于穿过此闭合回路所围曲面的全电流——全电流安培环路定理。

位移电流激发的磁场方向与回路中 $\frac{\partial \boldsymbol{D}}{\partial t}$ 的方向(即位移电流 I_d 的方向)也都满足右手螺旋关系，如图 12.24 所示，右手大拇指代表 $\frac{\partial \boldsymbol{D}}{\partial t}$ 的方向，弯曲的四指代表 $\boldsymbol{H}$ 的方向。

4．传导电流与位移电流的比较

传导电流与位移电流的比较如下。

(1) 在对磁场环流的贡献上，两者等效。

(2) 传导电流意味着电荷的流动、电场的变化；位移电流本质上是变化的电场，并无电荷在空间的运动。

(3) 传导电流通过导体时放出焦耳热，位移电流不产生焦耳热。

(4) 通常电介质内主要是位移电流，导体中主要是传导电流。

理论和实践都证明，导体内的变化电场所产生的位移电流几乎为零，完全可以忽略不计。

至此我们知道了变化的磁场能产生感生电场$\oint_l \boldsymbol{E}_i \cdot \mathrm{d}\boldsymbol{l} = -\int_S \frac{\partial \boldsymbol{B}}{\partial t} \cdot \mathrm{d}\boldsymbol{S}$，变化的电场也能产生磁场 $\oint_L \boldsymbol{H}_d \cdot \mathrm{d}\boldsymbol{l} = \int_S \frac{\partial \boldsymbol{D}}{\partial t} \cdot \mathrm{d}\boldsymbol{S}$，且它们的方向关系如图 12.24 所示，因此充分体现了物理学的对称美。

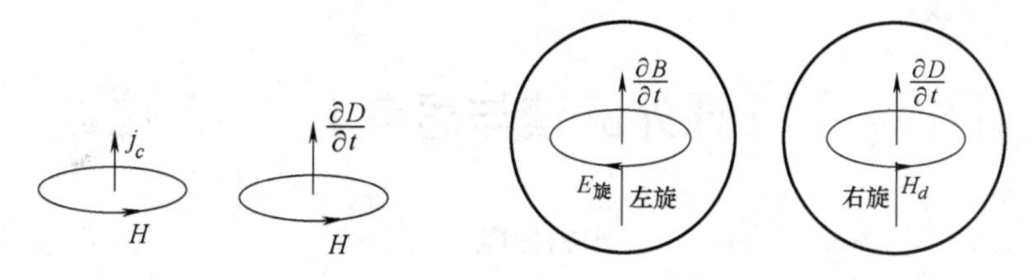

图 12.24　变化的电磁场方向关系

12.6.2　电磁场、Maxwell 电磁场方程组

回顾总结我们学过的静电场和恒定磁场的基本性质和规律，有以下四个重要定理。

(1)　静电场的高斯定理：　$\oint_S \boldsymbol{D} \cdot \mathrm{d}\boldsymbol{S} = \int_V \rho \mathrm{d}V = q$ (有源场)。

(2)　静电场的环流定理：　$\oint_l \boldsymbol{E} \cdot \mathrm{d}\boldsymbol{l} = 0$ (保守场，无旋场)。

(3)　磁场的高斯定理：　$\oint_S \boldsymbol{B} \cdot \mathrm{d}\boldsymbol{S} = 0$ (非保守场，有旋场)。

(4)　安培环路定理：　$\oint_l \boldsymbol{H} \cdot \mathrm{d}\boldsymbol{l} = \int_S \boldsymbol{j}_c \cdot \mathrm{d}\boldsymbol{S} = I_c$ (传导电流激发场)。

Maxwell 电磁场理论引入感生电场概念，变化的磁场能产生感生电场，电场环流定理式(2)修改为

(2′) 电场的环流定理

$$\oint_l \boldsymbol{E} \cdot \mathrm{d}\boldsymbol{l} = -\frac{\mathrm{d}\Phi}{\mathrm{d}t} = -\int_S \frac{\partial \boldsymbol{B}}{\partial t} \cdot \mathrm{d}\boldsymbol{S} \tag{12.42}$$

Maxwell 引入位移电流概念，变化的电场能产生磁场，安培环路定理式(4)修改为

(4′) 安培环路定理

$$\oint_l \boldsymbol{H} \cdot \mathrm{d}\boldsymbol{l} = I_c + I_d = \int_S \left(\boldsymbol{j}_c + \frac{\partial \boldsymbol{D}}{\partial t} \right) \cdot \mathrm{d}\boldsymbol{S} \tag{12.43}$$

因此反映电磁场性质和规律的四个基本方程为

$$\left.\begin{aligned}
&\oint_S \boldsymbol{D} \cdot \mathrm{d}\boldsymbol{S} = \int_V \rho \mathrm{d}V = q \\
&\oint_l \boldsymbol{E} \cdot \mathrm{d}\boldsymbol{l} = -\int_S \frac{\partial \boldsymbol{B}}{\partial t} \cdot \mathrm{d}\boldsymbol{S} \\
&\oint_S \boldsymbol{B} \cdot \mathrm{d}\boldsymbol{S} = 0 \\
&\oint_l \boldsymbol{H} \cdot \mathrm{d}\boldsymbol{l} = I_c + I_d = \int_S \left(\boldsymbol{j}_c + \frac{\partial \boldsymbol{D}}{\partial t} \right) \cdot \mathrm{d}\boldsymbol{S}
\end{aligned}\right\} \tag{12.44}$$

式(12.44)所述四个方程构成 Maxwell 方程组的积分形式，它是对电磁场基本规律所做的总结性、统一性的简明而完美的描述，是电磁运动普遍规律的精髓，是经典电磁场理论的基石。Maxwell 电磁场理论是物理学上一次重大的突破，预言了电磁波的存在。爱因斯坦说：“这是继牛顿以来物理学所经历的最深刻和最有成果的一项真正观念上的变革。”

需要指出的是，Maxwell 电磁场理论是从宏观电磁理论总结出来的，适用于各种宏观电磁现象。而在分子、原子等微观领域的电磁现象，则要用更普遍的量子电动力学来解释。

Maxwell 电磁场理论表明，由于变化的电磁场互相激发，并在空间由近及远地传播出去，就形成了电磁波。

【课外阅读与思考】

水力发电

世界著名的葛洲坝水利工程(见图 12.25)具有发电、改善航道等综合效益。尤其是它巨大的发电量，年发电量达 157 亿千瓦时，装机容量 271.5 万千瓦，相当于每年节约原煤 1020 万吨，对改变华中地区能源结构，减轻煤炭、石油供应压力，提高华中、华东电网安全运行保证度都起了非常重要作用。水力发电站是利用水位差产生的强大势能进行发电的电站，将机械能转换为电能的工业企业。具有不用燃料、成本低、不污染环境、机电设备制造简单、操作灵活等优点。同时可与防洪、灌溉、给水、航运、养殖等事业结合，实行水利资源综合利用。

图 12.25　葛洲坝水力发电站

除此之外，还可以利用风力、潮汐发电。例如，我国新疆达坂城的风力发电站，如图 12.26 所示，一台单机容量为 1000 千瓦的风机与同容量火电装机相比，每年可减排二氧化碳 2000 吨、二氧化硫 10 吨、二氧化氮 6 吨。

图 12.26　风力、潮汐发电

图 12.27　安检器

思考：(1)　图 12.27 是火车站、机场等安检时使用的金属探测器，你能说明它检测的原理吗？

(2)　我们去 KTV 时用的动圈式无线话筒，其结构和原理图如图 12.28 所示，你能说明它的工作原理吗？

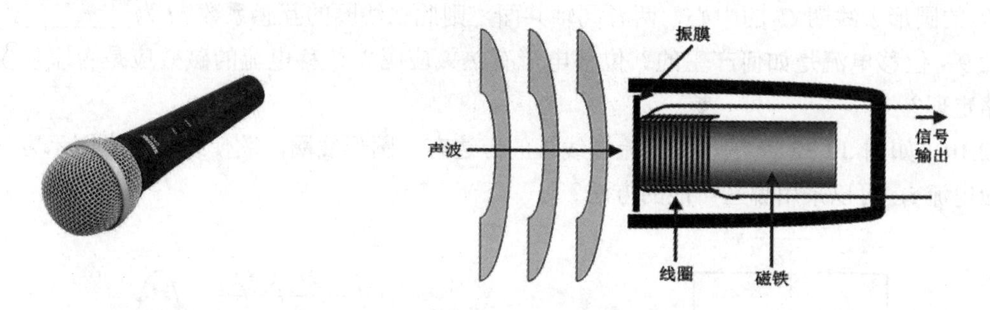

图 12.28　动圈式话筒

习　题　12

12.1　尺寸相同的铁环与铜环所包围的面积中，通以相同变化率的磁通量，则环中感应电动势____________，感应电流____________。(填“相同”“不同”)

12.2　在一通有电流 I 的无限长直导线所在平面内，有一半径为 r、电阻为 R 的导线环，环中心距直导线为 a，如图 12.29 所示，且 $a>r$。当直导线的电流被切断后，沿导线环流过的电量约为____________。

12.3　一块铜板放在磁感应强度正在增大的磁场中时，铜板中出现的涡流(感应电流)将__________铜板中磁场的变化。

12.4　如图 12.30 所示，一长直导线载有交变电流 $I=I_0\sin\omega t$，旁边有一矩形线圈 $ABCD$(与长直导线共面)长为 l_1、宽为 l_2，长边与长直导线平行，AD 边与导线相距为 a，线圈共 N 匝。求此时线圈中的感应电动势大小。

图 12.29　习题 12.2 图　　　　图 12.30　习题 12.4 图

12.5　自感为 0.25H 的线圈中，当电流在 1/16s 内由 2A 均匀减小到 0 时，线圈中自感电动势的大小为____________。

12.6　匝数为 N 的矩形线圈长为 a，宽为 b，置于均匀磁场 $\boldsymbol{B}$ 中。线圈以角速度ω旋转，如图 12.31 所示，当 t=0 时线圈平面处于纸面，且 AC 边向外，DE 边向里。设回路正

向 $ACDEA$，则任一时刻线圈内感应电动势为___________。

12.7　两个通有电流的平面圆线圈相距不远，如果要使其互感系数近似为零，则应如何调整线圈的取向？

12.8　一圆形线圈 C_1 有 N_1 匝，线圈半径为 r，将此线圈放在另一半径为 $R(R>>r)$，匝数为 N_2 的圆形大线圈 C_2 的中心，两者同轴共面，则此二线圈的互感系数 M 为________。

12.9　位移电流是如何产生的？位移电流有热效应吗？位移电流的磁效应是否服从安培环路定理？

12.10　如图 12.32 所示，一载流螺线管的旁边有一圆形线圈，欲使线圈产生图示方向的感应电流 i，可以采用哪些可能的方法？

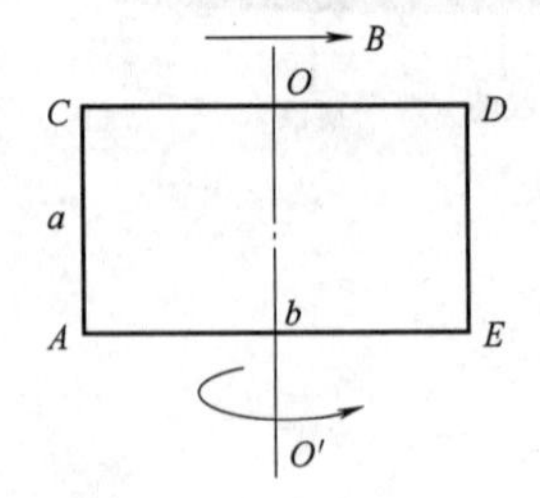

图 12.31　习题 12.6 图

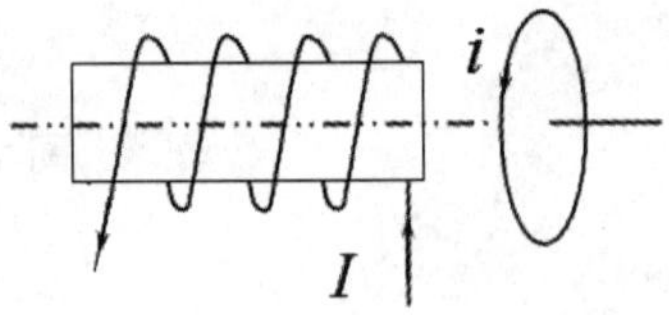

图 12.32　习题 12.10 图

12.11　如图 12.33 所示，导体棒 AB 在均匀磁场中绕通过 C 点的垂直于棒长且沿磁场方向的轴 OO'转动(角速度$\boldsymbol{\omega}$与 $\boldsymbol{B}$ 同方向)，BC 的长度为棒长的 1/3，则 A、B 两点哪点电势高？导体棒 AB 中有电流吗？

12.12　对于线圈，其自感系数的定义式为 $L=\Phi_m/I$。当线圈的几何形状、大小及周围磁介质分布不变，且无铁磁性物质时，若线圈中的电流变小，则线圈的自感系数 L 将_____(填“变大”“变小”或“不变”)。

12.13　有些电阻元件是由电阻丝绕成的，为了使它只有电阻而没有电感，常采用双绕法，如图 12.34 所示，这是因为____。

12.14　如图 12.35 所示，长直导线中通有电流 I，有一与长直导线共面且垂直于导线的细金属棒 AB，以速度 $\boldsymbol{v}$ 平行于长直导线做匀速运动。

(1)　金属棒 AB 两端的电势 U_A _____ U_B (填 >、<、=)。

(2)　若将电流 I 反向，AB 两端的电势 U_A _____ U_B (填 >、<、=)。

(3)　若将金属棒与导线平行放置，AB 两端的电势 U_A______ U_B (填 >、<、=)。

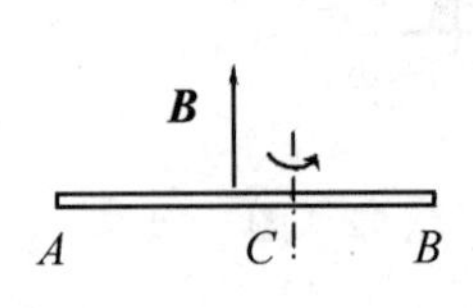

图 12.33　习题 12.11 图

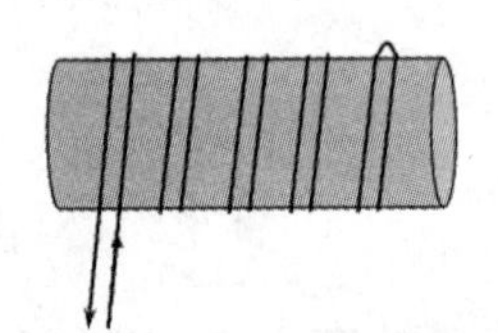

图 12.34　习题 12.13 图

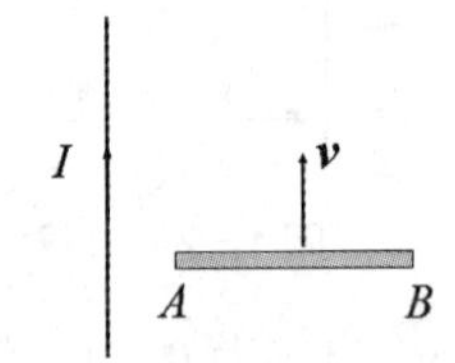

图 12.35　习题 12.14 图

12.15　如图 12.36 所示，半径为 r_1 的小导线环，置于半径为 r_2 的大导线环中心，二者

在同一平面内，且 $r_1 \ll r_2$。在大导线环中通有正弦电流 $I=I_0\sin(\omega t)$，其中ω、I_0 为常数，t 为时间，则任一时刻小导线环中感应电动势的大小为__________。设小导线环的电阻为 R，则在 $t=0$ 到 $t=\pi/(2\omega)$时间内，通过小导线环某截面的感应电量为 $q=$__________。

12.16　半径为 R 的金属圆板在均匀磁场中以角速度ω 绕中心轴旋转，均匀磁场的方向平行于转轴，如图 12.37 所示。这时板中由中心至同一边缘点的不同曲线上总感应电动势的大小为__________，方向为__________。

12.17　如图 12.38 所示，有一根无限长直导线绝缘地紧贴在矩形线圈的中心轴 OO' 上，则直导线与矩形线圈间的互感系数为__________。

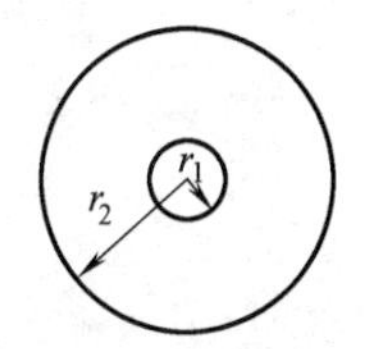

图 12.36　习题 12.15 图

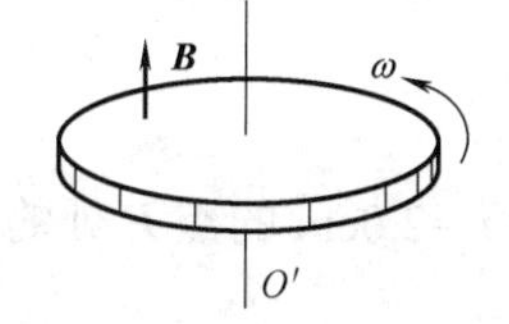

图 12.37　习题 12.16 图

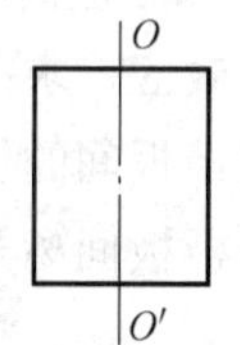

图 12.38　习题 12.17 图

12.18　反映电磁场基本性质和规律的 Maxwell 方程组的积分形式为

$$\oint_S \boldsymbol{D}\cdot \mathrm{d}\boldsymbol{S}=\int_V \rho_0 \mathrm{d}V \quad ①\qquad \oint_l \boldsymbol{E}\cdot \mathrm{d}\boldsymbol{l}=-\int_S (\partial \boldsymbol{B}/\partial t)\cdot \mathrm{d}\boldsymbol{S} \quad ②$$

$$\oint_S \boldsymbol{B}\cdot \mathrm{d}\boldsymbol{S}=0 \quad ③\qquad \oint_l \boldsymbol{H}\cdot \mathrm{d}\boldsymbol{l}=\int_S (\boldsymbol{j}+\partial \boldsymbol{D}/\partial t)\cdot \mathrm{d}\boldsymbol{S} \quad ④$$

则表示变化的磁场一定伴随有电场的是方程_____；表示磁感应线是无头无尾的是方程_____；说明电荷总伴随有电场的是方程_____；方程④表示的物理意义是__________。

12.19　在半径为 R 的圆柱形空间中存在着均匀磁场 $\boldsymbol{B}$，$\boldsymbol{B}$ 的方向与柱的轴线平行。有一长为 $2R$ 的金属棒放在磁场外且与圆柱形均匀磁场相切，切点为金属棒的中点，金属棒与磁场 $\boldsymbol{B}$ 的轴线垂直，如图 12.39 所示。设 $\boldsymbol{B}$ 随时间的变化率 $\mathrm{d}B/\mathrm{d}t$ 为大于 0 的常量。求棒上感应电动势的大小，并指出哪一个端点的电势高。

12.20　如图 12.40 所示，一半径为 a 的很小的金属圆环，在初始时刻与一半径为 $b(b\gg a)$的大金属圆环共面且同心。求下列情况下小金属圆环中 t 时刻的感应电动势。

(1)　大金属圆环中电流 I 恒定，小金属圆环以匀角速度ω 绕一直径转动；

(2)　大金属圆环中电流以 $I=I_0\sin(\omega t)$变化，小金属圆环不动。

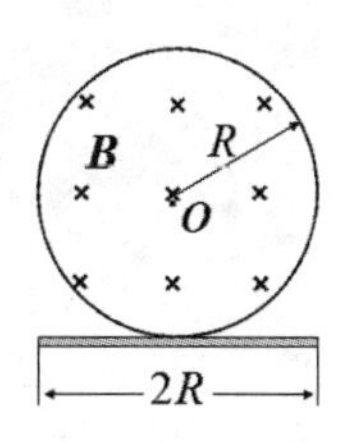

图 12.39　习题 12.19 图

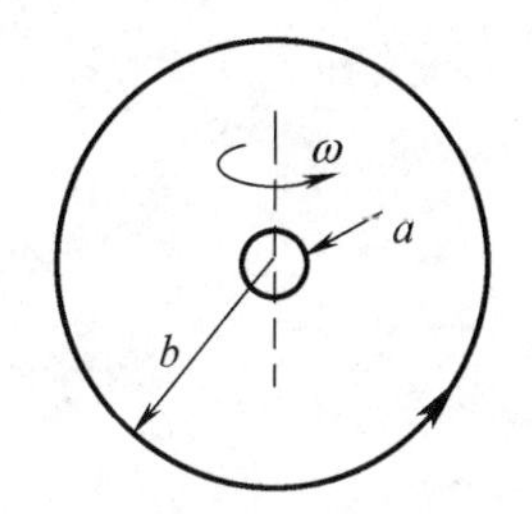

图 12.40　习题 12.20 图

12.21　如图 12.41 所示，一根硬导线弯成半径为 r 的一个半圆，然后使这根导线在磁感应强度为 $\boldsymbol{B}$ 的磁场中以角速度 ω 匀角速旋转。设全电路的电阻为 R，求电路中产生的感

应电流的表达式和最大值。

*12.22　如图 12.42 所示，长直导线中通有电流 I，一共面矩形线圈宽为 a，长为 b，以速度 v 向右运动，求当线圈距离直导线为 d 时线圈中的感应电动势大小。

12.23　一电子在电子感应加速器中沿半径为 1m 的轨道做圆周运动，如果电子每转一周动能增加 700eV，则轨道内磁通量的变化率是多少？

12.24　在磁场变化的空间里，如果没有导体，在这个空间是否存在电场？是否存在感应电动势？

*12.25 有一半径 R=3.0m 的圆形平行板空气电容器如图 12.43 所示。现对该电容器充电，使极板上的电量随时间的变化率，即充电电路上的传导电流 $I_c = \mathrm{d}Q/\mathrm{d}t$ =2.5A。若略去电容器的边缘效应，求：

(1)　两极板间的位移电流分布。

(2)　两极板间离开轴线的距离为 r =2.0cm 的点 P 处的磁感强度。

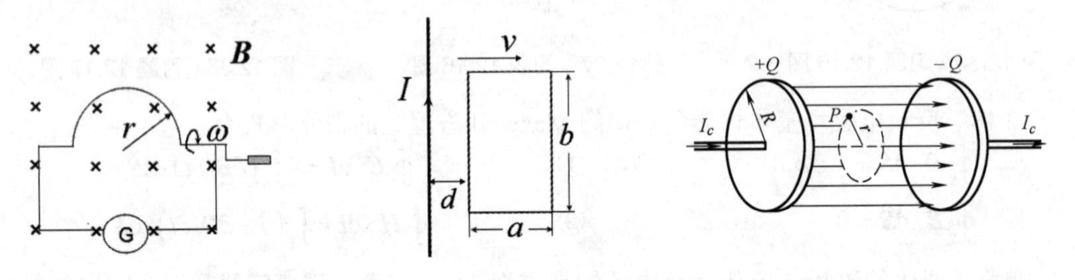

图 12.41　习题 12.21 图　　图 12.42　习题 12.22 图　　图 12.43　习题 12.25 图

12.26 试证明平行板电容器中的位移电流可写为 $I_d = C\dfrac{\mathrm{d}U}{\mathrm{d}t}$。式中 C 为电容器的电容，U 是两极间的电势差。

第 13 章　波动光学基础

光与我们的日常生活密切相关，比如我们常常能看到的海市蜃楼、日晕、彩虹和阳光下一些昆虫翅膀上呈现的彩色条纹、摄影摄像机镜头添加的滤光镜、防伪产品的激光全息防伪标志等。光学是一门不断发展的学科，主要研究光的发射、传播、接收等规律；光与物质的相互作用；光的本性(光是粒子还是波？)；光在生产和社会生活中的应用。

以研究的对象和方法把光学分为用光线、光束、物点和像点等概念研究光的传播规律的叫几何光学。是以光的直线传播规律为基础，主要研究各种成像规律和光学仪器应用的理论；以光的波动性质为基础，研究光的电磁理论和传播规律的叫波动光学。主要研究光的干涉、衍射、偏振的理论及在各项工程技术中的应用；以光和物质相互作用时显示的粒子性为基础，以光的量子理论研究光与物质相互作用规律的叫量子光学。现代光学则以激光问世为标志，与许多科学技术领域紧密结合，派生了许多新的分支学科，对提高人类生活品质、加速科学技术及经济发展起着非常重要的作用。

本章主要介绍波动光学的基础知识，掌握光的干涉、衍射和偏振特性。

13.1　光的微粒说与波动说简介

光学的发展经历了十分漫长的历程。大致可分为公元前 500—1550 年的光学萌芽时期；1550—1660 年的几何光学时期；1660—1888 年的波动光学时期；1887—1925 年的量子光学时期，以及后来的近代光学时期。早在公元前 400 多年，我国的《墨经》里就已经有关于影的生成、光与影的关系、光的直进性、平凹凸面镜反射等规律的定性研究。这是历史上有关记载的最早文献。唐代孔颖达(574—648)对虹做了正确解释：“若薄云漏日，日照雨滴则虹生。”

13.1.1　光的微粒学说

光的微粒说由牛顿提出，他认为：“光是一种细微的、大小不同的而又迅速运动的粒子。”光微粒模型可表述如下。

(1) 光粒子体积极小，分布稀疏。

(2) 光粒子间彼此不相互作用。

(3) 光粒子速率极高。

(4) 光粒子为完全弹性体，与物体的碰撞为完全弹性碰撞。

(5) 光粒子质量极小，但仍受重力和邻近分子的引力作用。

光的微粒说可以解释许多光学现象，如光的微粒说可以解释光的直线传播现象、光的反射定律及光的折射定律。如图 13.1(a)所示，用光的微粒说解释反射现象。

设入射光以入射角 θ 射到介质分界面上后反射，反射角为 θ'，光粒子射到反射面时与

反射面作完全弹性碰撞，由于平行于界面方向光粒子不受力，因此由动能守恒、平行于界面的动量分量守恒得

$$\begin{cases}\dfrac{1}{2}mv^2=\dfrac{1}{2}mv'^2\\ v\sin\theta=v'\sin\theta'\end{cases}\Rightarrow\begin{cases}v=v'\\ \theta=\theta'\end{cases}$$

上式说明：反射角θ'与入射角θ相等。

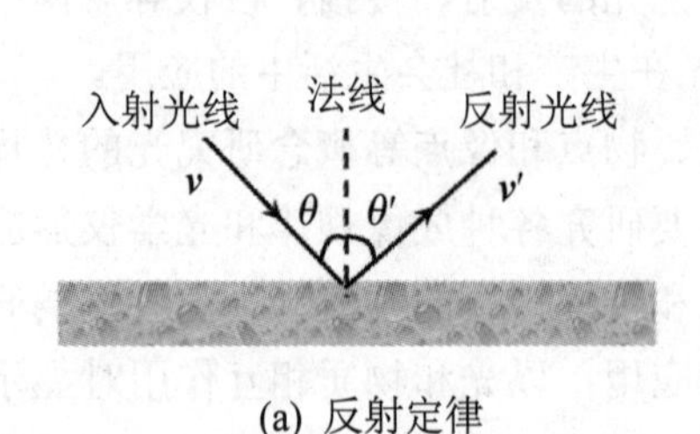

(a) 反射定律

入射光线 法线 c θ_i θ_r v 折射光线

(b) 折射定律

图 13.1 光的微粒说解释

同理可以用微粒说解释光的折射现象。如图 13.1(b)所示，当光粒子自真空中以速率 c 射向一介质表面并穿入介质内以速率 v 继续行进时，设入射角为θ_i，折射角为θ_r，由于平行于界面方向光粒子不受力，则沿界面方向的动量分量守恒，得

$$c\sin\theta_i=v\sin\theta_r$$

即

$$\frac{\sin\theta_i}{\sin\theta_r}=\frac{v}{c}=\text{定值}$$

在垂直于界面方向，光粒子受介质分子的引力，使得速率增大，即$v>c$，则得$\theta_r<\theta_i$。

光的微粒说虽然很好地解释了光的反射和折射定律，但在很多其他光的特性问题上遇到了困难。如无法解释介质界面产生的部分反射与折射现象；虽解释了光的折射现象，但预测了在介质中的光速较真空中大，后经实验证实错误；无法解释光的干涉和衍射现象等。牛顿的微粒说曾在近百年里一直统治着人们，直到托马斯·杨用双缝干涉实验证明了光具有波动性。

13.1.2 光的波动学说的崛起

光的波动学说最早由惠更斯提出，光是利用被称为“以太”的介质传播的波动。其传播方向可以用惠更斯原理说明：即波动的波前上每一点皆可视为一个新的点(子)波源，以各新点(子)波源为中心各自发出子波球面波，所有子波的包络面形成新的波前。如前 5.3 节所述，在此不再赘述。惠更斯第一个提出了子波相干的思想。

利用光的波动学说可解释许多常见的光学现象，如光的直线传播现象、光的反射定律、光的折射定律、光的部分反射与部分折射、介质中的光速比在真空中小、光的干涉与衍射现象、光的偏振现象等。

在光的波动说的建立和崛起过程中，关于光的波动说的著名实验有：1801 年杨氏双缝

实验；1801 年夫琅禾费研究光的衍射现象；1864 年麦克斯韦建立了电磁波理论，并推算出在真空中电磁波速度与真空中光速相等，推论光为电磁波的一种；1887 年赫兹证实电磁波的存在，并证明电磁波具有反射、折射、偏振等光的现象。因此，人们对光的本性认识到，光具有波粒二象性。

13.1.3　光的波动说的困难

1881 年美国迈克耳孙与莫雷用实验证明“以太”不存在；光的波动说无法解释光电效应和康普顿效应等。因此，需要有新的理论来解释这些现象，于是诞生了量子物理学理论，这部分知识将在第 15 章介绍。下面我们先讨论光的干涉现象。

13.2　光源　光的相干性

13.2.1　光源

光是一种电磁波。能发射光波的物体统称为光源。在光波中，产生感光作用与生理作用的主要是电场强度 $\boldsymbol{E}$，因此 $\boldsymbol{E}$ 常被称为光矢量，$\boldsymbol{E}$ 的振动称为光振动。

由电磁理论知光在真空中的速度

$$c=\frac{1}{\sqrt{\varepsilon_0\mu_0}}$$

在介质中的速度 u 大小为

$$u=\frac{1}{\sqrt{\varepsilon\mu}}=\frac{1}{\sqrt{\varepsilon_0\varepsilon_r\mu_0\mu_r}}=\frac{c}{\sqrt{\varepsilon_r\mu_r}}=\frac{c}{n} \tag{13.1}$$

式中，$n=\sqrt{\varepsilon_r\mu_r}$ 为介质的折射率；ε_0、μ_0 分别为真空的电容率和磁导率；ε_r、μ_r 分别为介质的相对电容率和相对磁导率。

光的颜色由光的频率决定，频率一般只由光源决定，而与介质无关。光学中常用波长反映光的颜色。可见光的波长范围没严格的界限，真空中波长 600μm>λ >760nm 范围叫红外线，在 760nm>λ >390nm 范围叫可见光，390nm>λ >5nm 范围叫紫外线，5nm>λ >0.04nm 范围叫 X 射线，λ<0.04nm 叫γ 射线。

只含单一波长的光叫单色光，不同波长的单色光的混合称复色光。白光是复色光，太阳光就是一种波长连续分布的白光。

常见的发光光源按发光机理的不同，可分为下面几类。

(1)　热辐射发光：任何温度的物体都向外辐射电磁波。

(2)　电致发光：利用电激发引起的电致发光，如闪电、霓虹灯、半导体发光二极管等。

(3)　光致发光：利用光激发引起的光致发光，如日光灯等。

(4)　化学发光：利用化学反应发光的叫化学发光，如燃烧过程发光等。

普通的发光是处于激发态的原子自发能级跃迁时发出的波长分布一定的线状光谱。单个原子发光，发出的光是间断、频率一定、振动方向一定、长度有限的波列；大量原子发光是偏振态各异的大量波列组成的连续光。

13.2.2 相干光

我们在机械波一章中讨论过波的叠加原理，与机械波相同，两束光在空间相遇要发生叠加。光波的叠加是两光波在相遇点所引起的光矢量的振动叠加。若满足相干条件，将发生干涉，在空间的某些位置处，叠加后的合振幅最大，另一些位置处叠加后的合振幅为最小，表现为在空间形成稳定的明暗相间的干涉条纹。

由机械波中的相干波条件可得两列光波的相干条件为：同频率、同振动方向、位相差恒定。实验室常用激光作为相干光的光源。

相干光的获得方法常有以下两种。

(1) 分波阵面法。从同一波阵面上取两子波源作为相干波源，如图 13.2 左图所示。

(2) 分振幅法。利用光的反射和折射将同一光束分割成振幅较小的两束相干光，如图 13.2 右图所示。

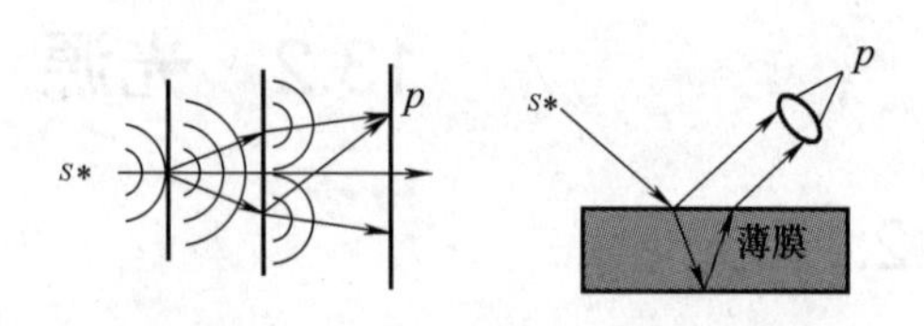

图 13.2 相干光的获得

13.2.3 光程和光程差

1. 光程

设光在折射率为 n 的透明介质中传播，所经过的路程为 r_0，所用的时间为 Δt，则在相同的时间内，光在真空中所走的距离 r 为多少？

由 $\Delta t = r_0 / u = r / c$，又由 $u = c / n$，得

$$r = c\Delta t = nr_0 \tag{13.2}$$

式(13.2)说明，光在折射率为 n 的透明介质中传播经过的路程若为 r_0，则相当于在真空中走过了 nr_0 的距离。

由此引入光程的概念：光波在折射率为 n 的媒质中，在某段时间内所经历的路程 x 与该媒质的折射率 n 的乘积 nx 称为光程。

2. 光程差与相位差的关系

设两束相干光分别在折射率为 n_1 的均匀媒质中传播了距离 r_1，折射率为 n_2 的均匀媒质中传播了距离 r_2，在 P 处相遇时产生光的干涉现象，如图 13.3 所示，则这两束相干光在 P 处相遇时的光程之差称为光程差，用 δ 表示

$$\delta = n_1 r_1 - n_2 r_2 \tag{13.3}$$

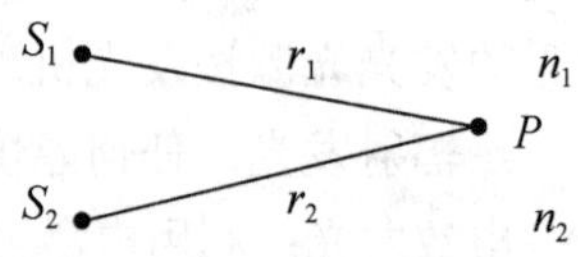

图 13.3 光程与光程差

相干光干涉现象的条纹光强分布是取决于两束相干光的位相差 $\Delta\varphi$ 的。

设这两束相干光源 S_1 、S_2 的初相相同，则它们相遇时的相位差为

$$\Delta\varphi=\frac{2\pi}{\lambda}(n_1r_1-n_2r_2) \tag{13.4}$$

将式(13.3)光程差 $\delta=n_1r_1-n_2r_2$ 代入得

$$\Delta\varphi=\frac{2\pi}{\lambda}\delta \tag{13.5}$$

由式(13.5)可知相位差取决于光程差，其中λ是光在真空中的波长。

由于光在真空中的折射率 $n=1$，光程 nx 实际上是把光在折射率为 n 的媒质中，在某段时间内通过的路程 x 折合成在同样一段时间内光在真空中的路程。这样折合的好处是可以统一地用光在真空中的波长λ来计算光的相位变化。

与机械波相同，光的干涉极大和极小的条件如下：

$\Delta\varphi=\pm 2k\pi$　　　　$k=0, 1, 2, \cdots$干涉极大(明纹)

$\Delta\varphi=\pm(2k+1)\pi$　　　　$k=0, 1, 2, \cdots$干涉极小(暗纹)

所以由式(13.5)得：

$\delta=\pm k\lambda$　　　　$k=0, 1, 2, \cdots$干涉极大(明纹)　　　　(13.6)

$\delta=\pm(2k+1)\lambda/2$　　　　$k=0, 1, 2, \cdots$干涉极小(暗纹)

式(13.6)表明，两相干光叠加时光程差等于波长整数倍(或半波长的偶数倍)的各点，光强最大；光程差等于半波长奇数倍的各点，光强最小。因此，干涉明、暗条纹位置的计算归结为光程差的计算。

【例 13-1】 如图 13.4 所示，设折射率为 n_1 的均匀介质中有两个同相的相干点光源 S_1 和 S_2，发出波长为λ的光，经不同的路径 r_1、r_2 在空间 P 处相遇。若在 S_2 与 P 之间插入厚度为 d、折射率为 n 的薄玻璃片，则两光源发出的光在 P 点的相差$\Delta\varphi$是多少？写出 P 点为明条纹的条件。

解：两光源的光程差为

$$\delta=[n_1(r_2-d)+nd]-n_1r_1$$
$$=n_1(r_2-r_1)+(n-n_1)d$$

式中，$n_1(r_2-r_1)$ 为不加玻璃片时的光程差，$(n-n_1)d$ 为加入玻璃片后与之前比较的附加光程差。

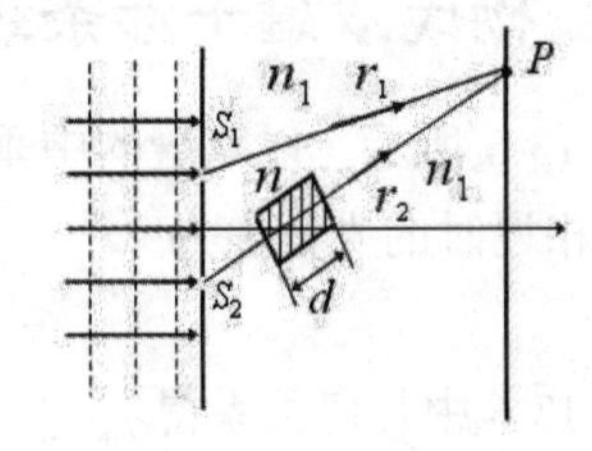

图 13.4　例 13-1 图

两光源在 P 点的相位差为

$$\Delta\varphi=\frac{2\pi}{\lambda}\delta=\frac{2\pi}{\lambda}[n_1(r_2-r_1)+(n-n_1)d]$$

由干涉加强条件式(13.6)得

$\delta=n_1(r_2-r_1)+(n-n_1)d=\pm k\lambda\ (k=0,1,2,\cdots)$时，在 P 点处产生干涉明纹。

3. 薄透镜的等光程性

不同光线通过透镜要改变传播方向，会不会引起附加光程差呢？

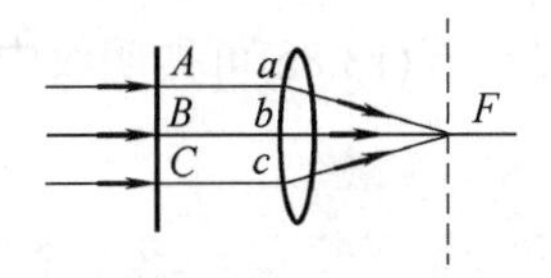

图 13.5　透镜不产生附加光程差

如图 13.5 所示，几条不同光线经透镜后在 F 点会

聚。因 A、B、C 的位相相同，它们在 F 点会聚时，互相加强(成清晰的像)，则 A、B、C 各点到 F 点的光程都相等，即使用透镜不会引起各相干光之间的附加光程差。

13.3 杨氏双缝干涉

13.3.1 杨氏双缝干涉实验

1801 年，英国科学家托马斯·杨用极简单的装置和巧妙的构思实现了光的干涉实验，首次把光的波动学说建立在坚实的实验基础上，肯定了光的波动性。这也是人类历史上第一次由实验精确测定了光的波长，因此杨氏双缝干涉实验被称为“十大最美的物理实验之一”。

杨氏双缝实验的光路图如图 13.6 所示，实验室中采用分波阵面法在普通单色光源(如钠光灯)的同一波阵面上取同相位的两点 S_1 和 S_2(双狭缝)就是相干光源，它们在其后的观察屏幕上会聚产生干涉条纹。

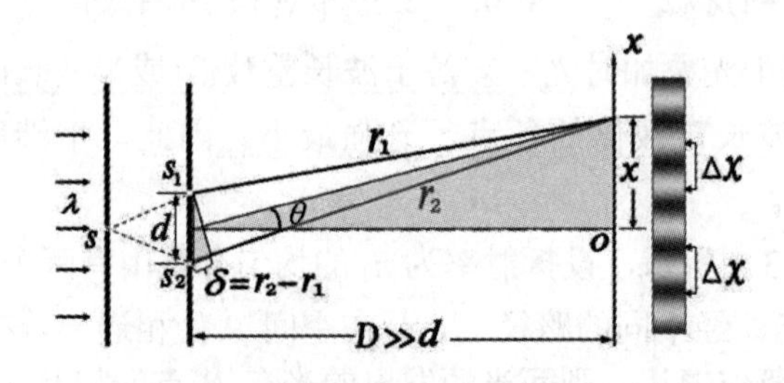

图 13.6 杨氏双缝干涉

13.3.2 杨氏双缝干涉条纹特征

如图 13.6 所示，以双缝的中垂线与观察屏的交点为坐标原点，沿屏方向为 x 轴建立坐标，两光相遇时的光程差为

$$\delta = n(r_2 - r_1) \tag{13.7}$$

由图 13.6 中几何关系得

$$\delta \approx nd\sin\theta \approx nd\tan\theta = nd\frac{x}{D} \tag{13.8}$$

在实验室中，空气的折射率 n=1，得

$$\delta = d\frac{x}{D} \tag{13.8a}$$

由干涉加强条件，得 $\delta = \pm k\lambda \quad (k=0,1,2,\cdots)$

结合式(13.8a)可得明纹中心的位置坐标为

$$d\frac{x}{D} = \pm k\lambda \tag{13.9}$$

即

$$x = \pm\frac{D}{d}k\lambda$$

当 k=0 时，δ=0，x=0，即中央位置是明纹，称零级明纹；当 $k\neq0$ 时，$x\neq0$，在中央明纹两侧对称分布的是 k 级明纹。

同理，由相干减弱条件

$$\delta=\pm(2k+1)\frac{\lambda}{2}$$

得各级暗纹中心的位置坐标

$$d\frac{x}{D}=\pm(2k+1)\frac{\lambda}{2}$$

$$x=\pm\frac{D}{d}(2k+1)\frac{\lambda}{2}\quad(k=1,2,\cdots)\tag{13.10}$$

干涉条纹的宽度或条纹间隔，是指两相邻明纹或相邻暗纹中心间的距离 Δx。

由式(13.9)、式(13.10)得

$$\Delta x=x_{k+1}-x_k=\frac{D}{d}\lambda\tag{13.11}$$

即：相邻明纹、暗纹是等间距分布的。

杨氏双缝干涉现象总结如下。

(1) 干涉条纹是以中央明纹对称的明暗相间的等间隔条纹。

(2) 条纹宽度正比于 D，λ；反比于 d、n。

(3) 用白光入射，当 δ =0 时，k =0，故零级中央明纹为白光条纹，两侧对称分布的是从紫到红排列的彩色条纹，称为“光谱”。当 k 增大条纹分辨不清(有重叠现象)，如图 13.7 所示。

【例 13-2】 如图 13.8 所示，两同相的相干点光源 S_1 和 S_2，A 是其连线中垂线上一点，若在 S_1 与 A 之间插入厚度为 e 折射率为 n=1.5 的玻璃片。所用光波波长 λ=500nm 时 A 恰为第 4 级明纹中心。求：(1)两光源在点 A 相遇时的相位差；(2)玻璃片厚度。

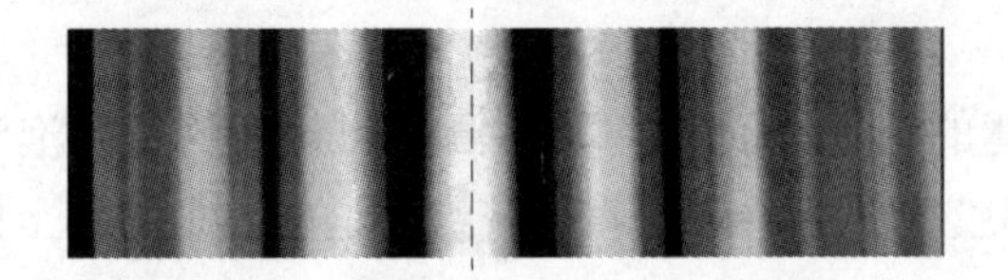

图 13.7　白光的杨氏双缝干涉图样

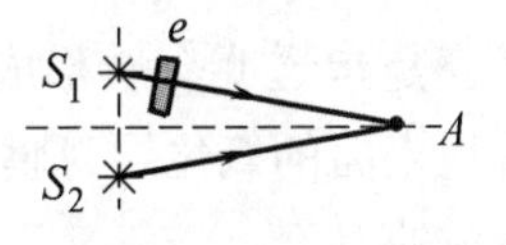

图 13.8　例 13-2 图

解：(1) 两光在点 A 的光程差为

$$\delta=[(r_1-e)+ne]-r_2=(n-1)e$$

两光在点 A 的相位差为

$$\Delta\varphi=2\pi\delta/\lambda=2\pi(n-1)e/\lambda$$

(2) 由干涉明纹条件及题意得

$$\delta=(n-1)e=4\lambda$$

解得

$$e=4\lambda/(n-1)=4\times10^3\text{nm}$$

该题说明了一种利用杨氏双缝干涉实验测透明介质薄片厚度的方法。

【思考】 若薄片的厚度已知，如何测定薄片的折射率？

【例 13-3】 射电信号的接收。如图 13.9 所示，湖面上 h=0.5m 处有一电磁波接收器位于 C 处。当一射电星从地平面渐渐升起时，接收器断续地测到一系列极大值。已知射电星所发射的电磁波的波长为 20.0cm，求第一次测到极大值时，射电星的方位与湖面所成的角度。

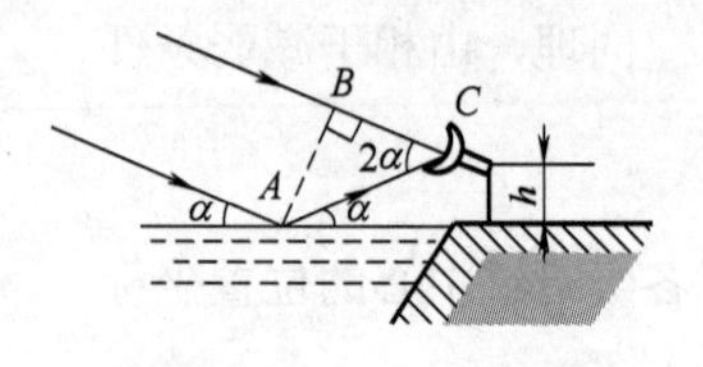

图 13.9 例 13-3 图

解：接收器检测到的信号是射电星发射的电磁波直接到达接收器的 B 波与经水面反射后到达接收器的 A 波的相干叠加。设射电星的方位与湖面所成的角度为 α，且经水面反射的波有半波损失。A、B 两列波的波程差为

$$\delta = AC - BC + \frac{\lambda}{2} = AC(1-\cos 2\alpha) + \frac{\lambda}{2} = \frac{h}{\sin\alpha}(1-\cos 2\alpha) + \frac{\lambda}{2} \quad ①$$

出现极大值时，为干涉加强，即

$$\delta = k\lambda \quad ②$$

联立式①、式②得

$$\frac{h}{\sin\alpha}(1-\cos 2\alpha) + \frac{\lambda}{2} = k\lambda \qquad (k=1,2,\cdots)$$

解得

$$\sin\alpha = \frac{(2k-1)\lambda}{4h}$$

第一次测到极大值时取 k=1，$\alpha = \arcsin\dfrac{\lambda}{4h} = 5.74°$。

接收器断续地测到一系列极大值时，就可以预知该射电星在不同时刻所处的方位。

13.4 薄膜的等倾干涉

13.4.1 薄膜等倾干涉的光路

薄膜是指透明介质形成的厚度很薄的一层介质膜，如在日光照射下的肥皂泡沫、油膜、金属表面的氧化层薄膜等，这些薄膜表面上会出现彩色花纹，这些就是薄膜上的干涉现象形成的。

薄膜干涉是分振幅干涉法，光路如图 13.10 所示。

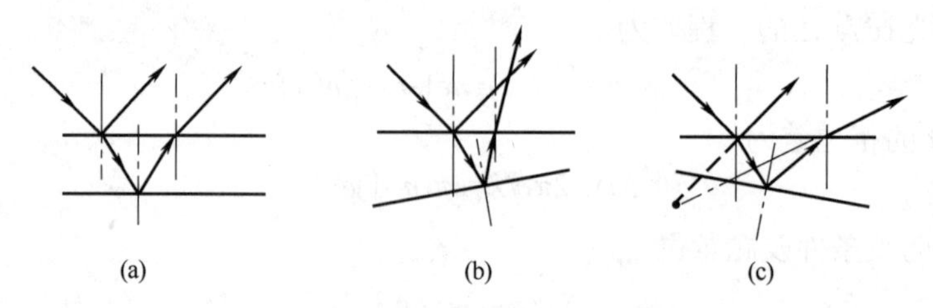

图 13.10 薄膜等倾干涉的光路图

(1) 薄膜两表面平行。如图 13.10 (a)所示，两表面的反射光平行，两光在无限远相遇，产生干涉。

(2) 薄膜两表面不平行。如图 13.10(b)所示，两表面反射光不平行，两光在薄膜附近相遇(实会聚)，如图 13.10 (c)所示是虚会聚，产生干涉。

当薄膜两表面的夹角极小(分或秒的数量级)时就等效于两表面平行。

13.4.2 薄膜干涉特征

如图 13.11 所示，以平行薄膜(折射率为 n_2)两表面反射光①、②的干涉为例，且设各部分介质的折射率大小关系为 $n_1<n_2$。

设薄膜厚为 e、入射光波长为λ、入射角为 i、折射角为γ。薄膜上表面的反射光①是从光疏到光密介质有半波损失，光②在下表面反射无半波损失。利用光的折射定律、几何关系等，可计算出反射光的光程差

$$\delta = 2e\sqrt{n_2^2 - n_1^2 \sin^2 i} + \lambda / 2 \tag{13.12}$$

或

$$\delta = 2n_2 e\cos\gamma + \frac{\lambda}{2} \tag{13.13}$$

干涉明纹满足　$\delta = 2e\sqrt{n_2^2 - n_1^2 \sin^2 i} + \lambda / 2 = k\lambda$　　$(k = 1,2,3,\cdots)$

干涉暗纹满足　$\delta = 2e\sqrt{n_2^2 - n_1^2 \sin^2 i} + \lambda / 2 = (2k+1)\lambda / 2$　　$(k = 0,1,2,3,\cdots)$

由此可见，膜厚一定时，以相同入射角 i 入射的光线，经薄膜上下表面反射后产生的相干光的光程差相同，将在同一级干涉条纹上，这种干涉称为等倾干涉。如图 13.12 所示等倾干涉纹为一组同心圆。且入射角 i 小，光程差δ大，则条纹级次 k 大，故等倾干涉纹中心级次(k)高，外围级次(k)低。

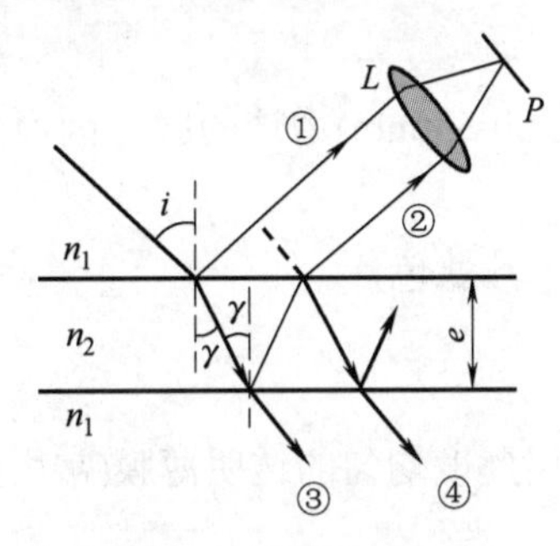

图 13.11　薄膜干涉

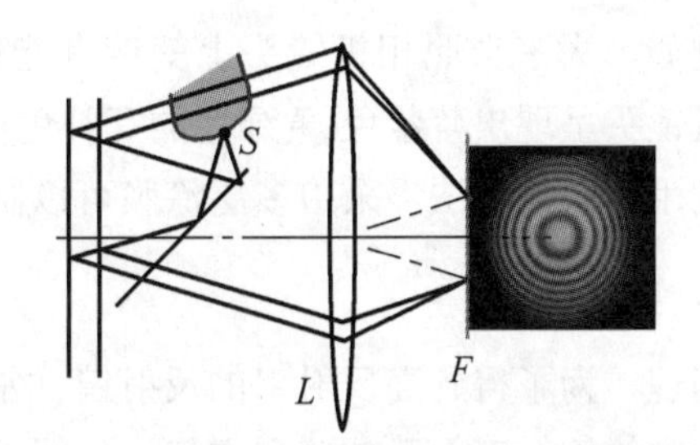

图 13.12　等倾干涉图纹

当膜厚 e=0 时的条纹特征由式(13.13)可知，$\delta = \lambda/2$，是各波长光均相干减弱的暗纹。如肥皂泡的干涉属薄膜反射光的干涉，各处膜厚度不同，入射光角度不同，在太阳光下呈彩色；肥皂泡快破裂时，有些地方膜的厚度趋近于零，显示为暗纹时，该泡就要破了。

同理，透射光③、④会聚时也产生干涉现象。

值得注意的是，反射光的光程差与透射光的光程差是“互补”的，即对同样的入射光来说，当反射光干涉加强时，透射光就干涉减弱，符合能量守恒定律。

13.4.3 相邻条纹对应薄膜厚度差

由式(13.13)可知，对 k 级明纹，$\delta_k = 2n_2 e_k \cos\gamma + \dfrac{\lambda}{2} = k\lambda$

对 k+1 级明纹，$\delta_{k+1}=2n_2e_{k+1}\cos\gamma+\frac{\lambda}{2}=(k+1)\lambda$

两式相减并整理得 $$\Delta e=e_{k+1}-e_k=\frac{\lambda}{2n_2\cos\gamma}$$

当光垂直入射时，$\cos\gamma=1$，得

$$\Delta e=\frac{\lambda}{2n_2}=\frac{\lambda_{n_2}}{2} \tag{13.14}$$

即光垂直入射时，相邻条纹对应膜厚差为光在此介质中波长 λ_{n_2} 的 $\frac{1}{2}$。此结论有非常重要和广泛的实用意义，常用来测介质的折射率、微小长度的改变量、薄膜厚度等。

13.4.4 薄膜等倾干涉的应用

利用薄膜等倾干涉可以提高光学器件的透光率和反射率。

1. 增透膜

在现代光学仪器中，为了减少入射光线能量在透镜等元件的玻璃表面上反射时所引起的损失，常在镜面镀一层厚度均匀的透明薄膜(如氟化镁 MgF_2，它的折射率介于玻璃与空气之间)，通过干涉的办法使反射光干涉相消，从而增加透射光强。这种使透射光增强的薄膜就是增透膜。设光垂直透镜表面入射，其波长为λ，如图 13.13 所示。

可求得增透膜的最小厚度为

$$e=\lambda/(4n_2) \tag{13.15}$$

例如，大多数照相机镜头上就镀有能使黄绿光(波长λ=550nm)增透的膜，因而一般的照相机镜头呈现出蓝紫色(黄绿色的互补色)。

利用类似的方法，采用多层涂膜可以制成透射式的干涉滤色片。

2. 增反膜

同理，为了得到高反射率的反射镜，常在镜面镀一层厚度均匀的透明薄膜(常用硫化锌 ZnS)，它的折射率大于玻璃和空气，如图 13.14 所示。

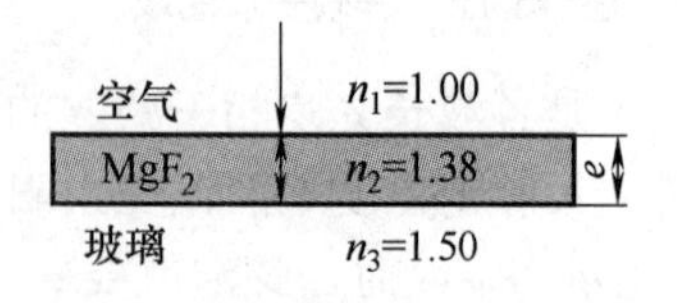

图 13.13 增透膜

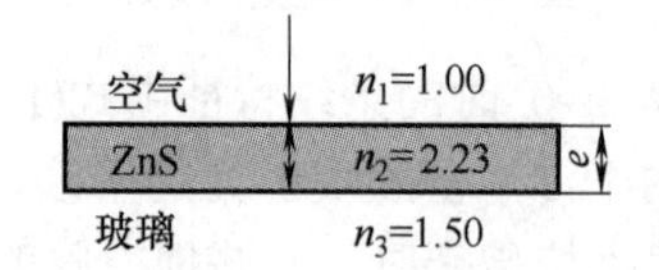

图 13.14 增反膜

类同增透膜的分析，当膜厚为 $e=\lambda/(4n_2)$ 时，波长为λ的单色光在膜的两个表面上的反射光因干涉而加强，出现均匀的一片亮。用这种方法可以制成反射本领高达 99%的反射表面，即增反膜。如制作珠宝时，为使人造水晶(n=1.5)具有强反射本领，就在其表面镀一层一氧化硅(n=2.0)膜，产生强反射，提高珠宝的光泽度。

【例 13-4】 一油轮漏出的油(n_1=1.20)污染了某海域，在海水(n_2=1.30)表面形成一层薄

的油污。如果太阳正位于海域上空，问：

(1) 一直升机的驾驶员从机上垂直向下观察，设油层厚度为 d=460nm，驾驶员看到的油膜呈什么颜色？

(2) 如果一潜水员潜入该区域水下，又将观察到油层呈什么颜色？

解：(1) 飞机上观察的是垂直入射油膜的反射光干涉条纹，油膜上下表面的反射光均有半波损失，其光程差为 $\delta=2n_1d$。

由干涉加强条件 $\delta=k\lambda$ 得 $\lambda=\dfrac{2n_1d}{k}$

$k=1$ 时，$\lambda_1=2n_1d=1104\text{nm}$(不可见)。

$k=2$ 时，$\lambda_2=n_1d=552\text{nm}$(可见，绿光)。

$k=3$ 时，$\lambda_3=\dfrac{2}{3}n_1d=368\text{nm}$ (不可见)。

人眼可见光范围内是绿光，因此飞行员看见的油膜呈绿色。

(2) 潜水员观察的是油膜的透射光干涉加强。

油膜下表面的反射光有半波损失，透射光的光程差为

$$\delta_t=2n_1d+\frac{\lambda}{2}$$

由干涉加强条件 $\delta=k\lambda$，得

$$\lambda=\frac{2n_1d}{k-\dfrac{1}{2}}$$

则 $k=1,\quad \lambda_1=\dfrac{2n_1d}{1-0.5}=2208\text{nm}$ (不可见)

同理：$k=2$，$\lambda_2=736\text{nm}$(可见，红色)。

$k=3$，$\lambda_3=441.6\text{nm}$(可见，紫色)。

$k=4$，$\lambda_4=315.4\text{nm}$(不可见)。

人眼可见光范围内观察到的是红光和紫光的混合色，即紫红色。

13.5 薄膜的等厚干涉

13.5.1 劈尖干涉

劈尖是指一个放在空气中的劈尖形状的介质薄片或膜，它的两个表面是平面，其间有一个很小的夹角 θ，称为(介质)劈尖；或两块平板玻璃以非常小的夹角叠放在一起，形成的(空气)劈尖，如图 13.15(a)所示。

1. 劈尖等厚干涉条纹特征

以介质劈尖为例，讨论当光线近似于垂直地入射在劈尖上，实验光路图如图 13.15(b)所示，在劈尖表面上产生的反射光干涉现象。如图 13.15(a)所示，光线到达劈尖表面时，一部分在表面直接反射形成光线 1；另一部分折射入介质内部，经过劈尖膜厚 e，到达下

表面并在下表面再反射出来形成光线2。下面分析这两束相干光的干涉结果。

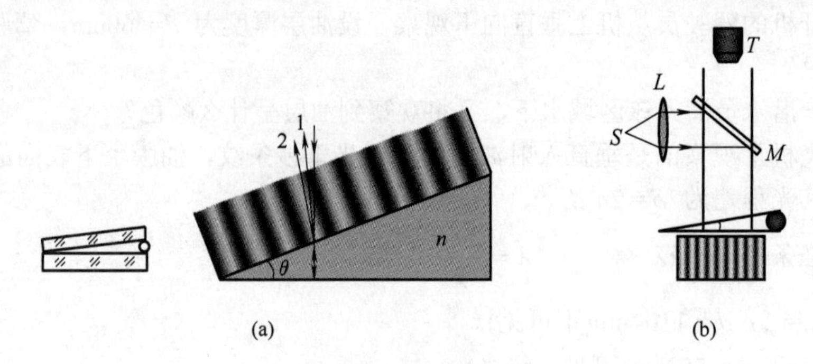

图 13.15　劈尖干涉

由13.4节知识可知，两束反射光线的光程差为

$$\delta = 2ne + \lambda/2 \tag{13.16}$$

由于劈尖各处的膜厚 e 是不相同的，对应光程差也不同，因而会产生干涉明纹或暗纹(注意判断两次反射时是否存在半波损失)。

由干涉明、暗纹的条件，可得到劈尖上的明、暗纹所对应的膜层厚度如下。

明纹：$\delta = 2ne + \lambda/2 = k\lambda \Rightarrow e_k = (2k-1)\dfrac{\lambda}{4n}$　　$(k=1,2,3,\cdots)$

暗纹：$\delta = 2ne + \lambda/2 = (2k+1)\lambda/2 \Rightarrow e_k = k\dfrac{\lambda}{2n}$　　$(k=0,1,2,3,\cdots)$

$k=0$ 表示在棱边处由于半波损失为暗纹。

由于每一级明纹或暗纹都对应一定的膜厚 e，因此劈尖干涉称为等厚干涉。即每一级明纹或暗纹具有相同的膜厚，条纹形状与等厚点的轨迹相同。由于劈尖中膜厚相同的点是平行于棱边的直线，因此，劈尖的等厚干涉条纹是平行于棱边的一组平行直条纹，如图13.15(a)所示。

以 ΔL 表示相邻两条明纹或暗纹在表面上的距离，Δe 为相邻两条明纹或暗纹对应的膜厚度差，如图13.16所示，利用几何关系可求得

$$\Delta e = e_{k+1} - e_k = \frac{\lambda}{2n} = \frac{\lambda_n}{2} \tag{13.17}$$

$$\Delta L = \frac{\Delta e}{\sin\theta} \approx \frac{\Delta e}{\theta} = \frac{\lambda}{2n\theta} \tag{13.18}$$

劈尖干涉形成的干涉条纹是等间距的，条纹间距与劈尖角 θ 成反比，且相邻明纹或暗纹对应的劈尖膜层厚度为劈尖介质层中波长的一半。

【思考】 若把空气劈尖放入透明介质(如水、油、空气等)形成劈尖薄膜时，条纹将发生什么变化？可如何利用这些现象？

2．劈尖等厚干涉的应用

(1)　测微小长度。

【例 13-5】 已知金属丝和棱边间距离为 D=28.880mm，用波长λ=589.3nm 的钠黄光

垂直照射，测得 N=30 条明条纹之间的总距离 H 为 4.295mm，求金属丝的直径 d，如图 13.17 所示。

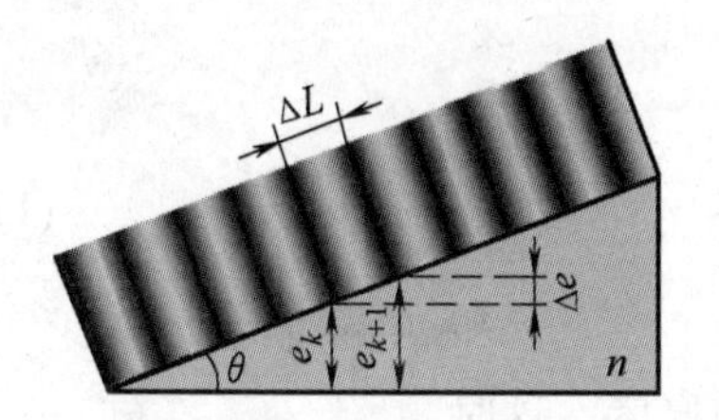

图 13.16　劈尖干涉条纹

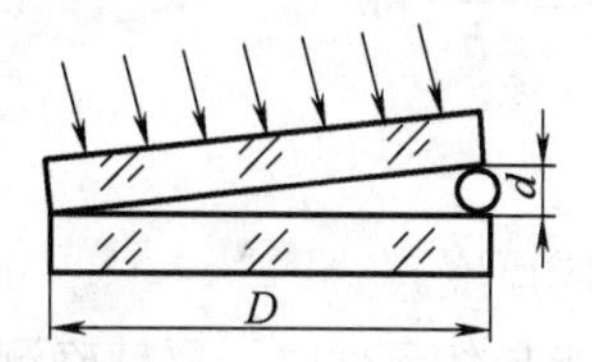

图 13.17　例 13-5 图

解：因劈尖角 θ 很小，因此有 $d = D\tan\theta \approx D\sin\theta \approx D\cdot\theta$　　①

由式(13.18)相邻明纹间距为　　$\Delta L = \dfrac{\lambda}{2n\theta}$　　②

因劈尖处是暗纹，由题意知　　$H = (N-1)\Delta L$　　③

联立式①～式③解得　　$d = D\dfrac{\lambda}{2H/(N-1)} = 0.05746\text{mm}$

通过本例学习利用劈尖等厚干涉条纹的分布，进行微小量的测定方法。

【思考】 利用劈尖等厚干涉，如何测量微小长度的变化？如图 13.18 所示(干涉膨胀仪原理)。

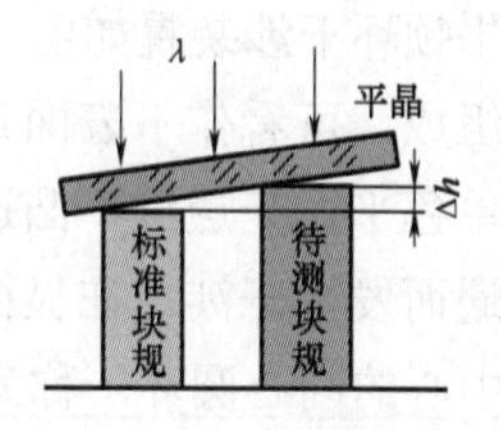

图 13.18　干涉膨胀仪

(2) 测微小夹角。

由式(13.18)得

$$\theta = \frac{\lambda}{2n\Delta L} \tag{13.19}$$

利用劈尖等厚干涉，只要测出相邻条纹的间距 ΔL，就能由已知光波的波长、介质的折射率得出微小夹角。

(3) 测折射率。

由式(13.18)得

$$n = \frac{\lambda}{2\theta\Delta L} = \frac{d\lambda}{2D\Delta L} \tag{13.20}$$

(4) 测波长。

$$\lambda = \frac{2nD\Delta L}{d} \tag{13.21}$$

(5) 检测平面的平整度。

如图 13.19 所示，使待测件与标准件间成一劈尖，利用劈尖的等厚干涉，各条纹对应空气膜厚度相同，如待测件表面平整，观测到的干涉纹应是一组平行直线。而如图 13.19(a)中，左条纹比右条纹对应空气膜厚度薄，干涉纹向左弯曲，只有为凹槽时才能与右边平整处有相同空气膜厚而出现在同一级干涉条纹上，故不平处为凹槽。同理，得图 13.19(b)中为待

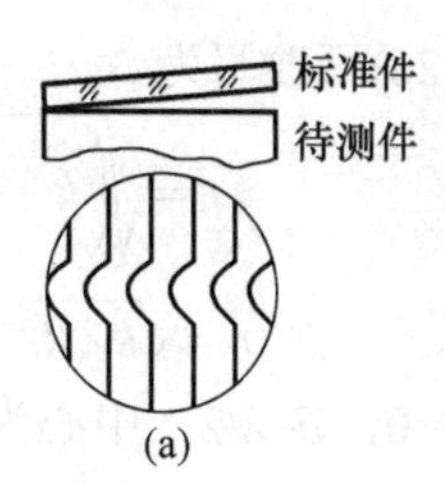

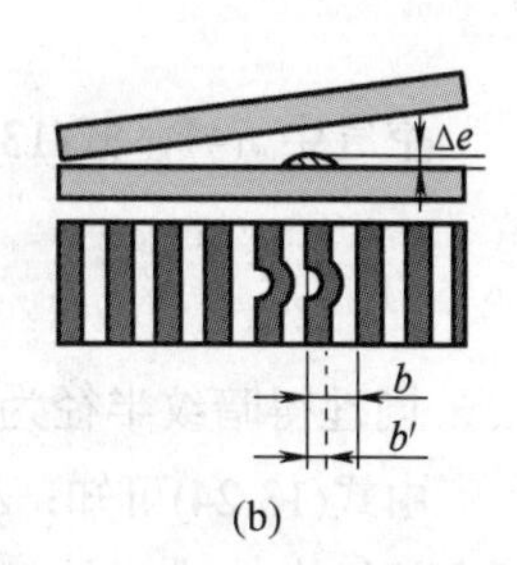

图 13.19　检测平面平整度

测件表面有凸起的情况，且可由条纹间距 b 及条纹凸、凹的高度 b' 计算出待测件表面凸、凹部分的高(深)度 Δe。

由 $\dfrac{\Delta e}{b'}=\dfrac{\lambda/2}{b}$ 得

$$\Delta e=\frac{b'}{b}\frac{\lambda}{2} \tag{13.22}$$

(6) 测膜厚度。

如制造半导体元件时，要精确测量二氧化硅膜的厚度。这时可将二氧化硅膜的一部分腐蚀掉，使其成劈尖，如图 13.20 所示，利用劈尖的等厚条纹测厚度。设二氧化硅折射率为 $n_{SiO_2}=1.5=n_1$，硅的折射率为 $n_{Si}=3.42=n_2$，入射光波长为 λ，共观察到 N 条暗纹，则该膜的厚度为

$$e=N\frac{\lambda}{2n_1} \tag{13.23}$$

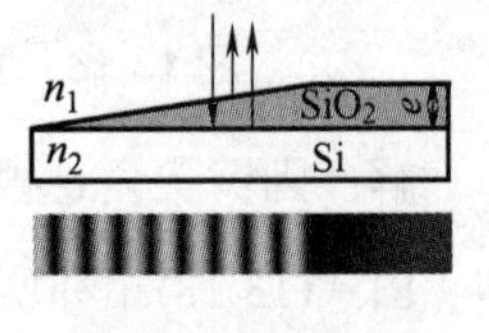

图 13.20 测膜厚

13.5.2 牛顿环

牛顿环干涉装置如图 13.21 所示，由一块平板玻璃上放置一曲率半径很大为 R 的平凸透镜组成，可看作下表面是一个平面，上表面是球面的类似于劈尖的空气薄膜。当垂直入射的单色平行光透过平凸透镜后，在空气膜层的上下表面发生反射，形成两束向上的相干光相遇而发生干涉。在显微镜中可以观察到在透镜下表面出现的一组干涉条纹是以接触点 O 为中心的同心圆环，称为牛顿环。

设某反射点条纹半径为 r 处的空气膜厚为 e，则两反射相干光的光程差为

$$\delta=2ne+\lambda/2 \quad (\text{下表面反射有半波损失}) \tag{13.24}$$

因 $R\gg e$，得

$$r^2=R^2-(R-e)^2=2Re-e^2\approx 2Re$$

将 $2e=r^2/R$，代入式(13.24)得

$$\delta=2ne+\frac{\lambda}{2}=\frac{n}{R}r^2+\frac{\lambda}{2} \tag{13.25}$$

由此得明纹半径为 $\dfrac{n}{R}r^2+\dfrac{\lambda}{2}=k\lambda$，即

$$r=\sqrt{\left(k-\frac{1}{2}\right)\frac{\lambda R}{n}} \quad (k=1,2,\cdots) \tag{13.26}$$

空气中 $n=1$，式(13.26)可改写为

$$r=\sqrt{\left(k-\frac{1}{2}\right)\lambda R} \quad (k=1,2,\cdots) \tag{13.27}$$

同理得暗纹半径为 $\quad r=\sqrt{k\lambda R} \quad (k=0,1,2,\cdots) \qquad (13.28)$

由式(13.24)可知：$e=0$，$\delta=\lambda/2$，中心为暗斑；e 增大时，条纹级次 k 也变大，即牛顿环内部级次 k 小，外部级次 k 大；由于半径 r 与环的级次的平方根成正比，越向外环纹分

布越密集。

在实验室常用牛顿环测平凸透镜的曲率半径、测透明介质折射率、测光波的波长；在工业生产中，用牛顿环检测球面不平度、透镜的质量。如图 13.22 所示，如待测透镜曲面不标准，则牛顿环图样不是规则的圆。

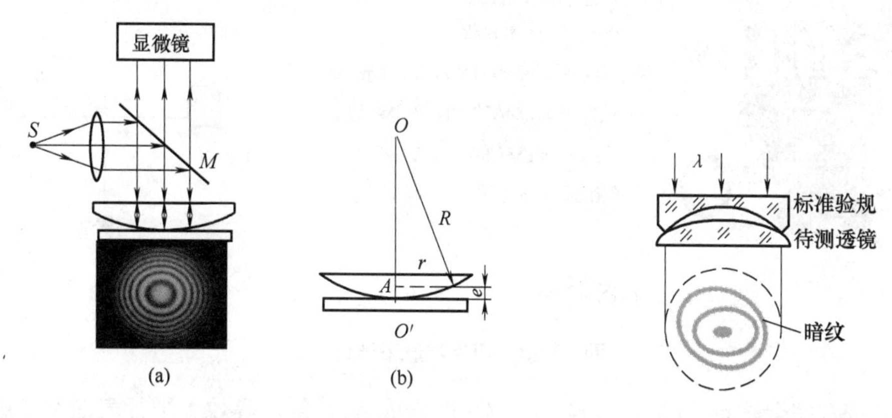

图 13.21　牛顿环　　　　图 13.22　检测透镜质量

【例 13-6】 用单色光观察牛顿环，测得某明纹直径 3.00mm，它外面第 5 个明纹直径 4.60mm，平凸透镜曲率半径为 1.03m，求此单色光波长。

解：设某明纹的级次为 k，它外面第 m 条明纹级次为 $k+m$，因反射光干涉的明纹半径为 $r=\sqrt{\left(k-\frac{1}{2}\right)\lambda R}$，得

$$r_k^2=(k-1/2)\lambda R$$

$$r_{k+m}^2=(k+m-1/2)\lambda R$$

两式相减，得

$$r_{k+m}^2-r_k^2=m\lambda R$$

$$\lambda=(r_{k+m}^2-r_k^2)/(mR)=590.3\text{nm}$$

【说明】 实验室牛顿环实验一般用测相差 m 级的两个明(暗)环直径从而计算λ、R、n 的。因中心接触点有形变，不易确定条纹的具体级次。

13.5.3　迈克尔逊干涉仪

迈克尔逊干涉仪是于 1881 年，为了研究光速问题而精心设计的，是实验室中常使用的光干涉设备。迈克尔逊干涉仪的结构如图 13.23(a)所示，光路图如图 13.23(b)所示。面光源 S 发出的光，射向分光板(也叫分束板)G_1(板后面贴有一层半透半反膜)经分光后形成两束光。反射光束 1 射向平面镜 M_1，经 M_1 反射后再次透过 G_1 射向观察者 E 处；透射光束 2 通过另一块与 G_1 完全相同而且平行的补偿板 G_2 射向平面镜 M_2，经 M_2 反射后又再次通过 G_2、G_1 的半反射膜也反射到观察者 E 处。这两束光是相干光，因此在 E 处能观察到这两束光的干涉图样。玻璃板 G_2(补偿板)所起的作用是使这两束光都同样三次通过玻璃板，因而计算这两束光的光程差时可以不考虑玻璃板中的光程。分光板 G_1 后表面的半反射膜，在 E 处看来，使 M_2 在 M_1 附近形成一虚像 M'_2，使从 M_2 反射回的光束如同从 M'_2 反射的一

样。因而干涉所产生的图样就如同 M'_2 和 M_1 之间的空气膜产生的一样，等效于空气薄膜干涉。用迈克尔逊干涉仪可观察到等厚干涉和等倾干涉现象。

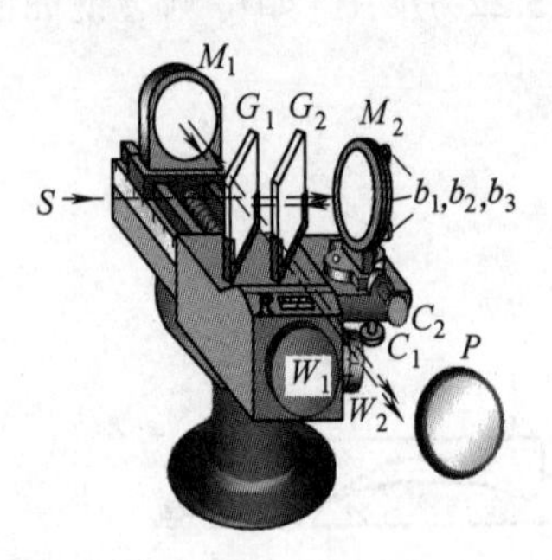

M_1,M_2 平面反射镜
G_1分束板　G_2补偿板
W_1,W_2 平面镜M_1的平移微动手轮
b_1,b_2,b_3 平面镜M_2的方位调节螺丝
C_1,C_2 平面镜M_2的方位微调螺丝
R 读数窗　P 观察屏　S 光源

(a) 结构图

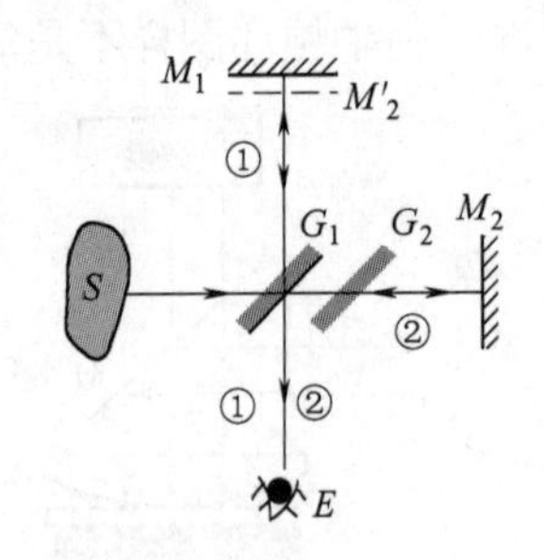

(b) 光路图

图 13.23　迈克尔逊干涉仪

当 M_1、M_2 完全垂直，G_1、G_2 与 M_1、M_2 严格成 45° 角，等效于平行表面空气膜的等倾干涉，条纹为同心圆条纹。

设“膜”厚为e，若调整动镜 M_1，移动距离为$\Delta e=\lambda/2$时，将观察到移动了一条干涉条纹(明纹或暗纹)。若条纹移动了 N 条，则动镜移动的距离为

$$\Delta e = N\lambda/2 \tag{13.29}$$

由上式可得测入射光波波长的方法。若已知波长，可测透明介质的长度(厚度)。

当 M_1、M_2 不完全垂直，或 G_1、G_2 与 M_1、M_2 不严格成 45° 角，等效于劈尖空气膜的等厚干涉，条纹为平行等厚条纹。同理当条纹相对某基准点移动一个条纹时，动镜移动半个波长，同样可用来测入射光波的波长。

迈克尔逊干涉仪可用来研究许多物理因素：除用它测单色光的波长外，还用来研究温度、压强、电场、磁场等对光传播的影响；光源和滤光片的相干长度及透明介质的折射率等。

【例 13-7】在迈克尔逊干涉仪的两臂中分别引入 10cm 长的玻璃管 A、B，其中一个抽成真空，另一个在充以一个大气压空气的过程中观察到 107.2 条条纹移动，所用光波波长为 546nm。求空气的折射率是多少？

解：设空气的折射率为 n，玻璃管长 l，两光的光程差为

$$\delta = 2nl - 2l = 2(n-1)l$$

条纹每移动一条时，对应光程差的变化为一个波长。当观察到 107.2 条移过时，光程差的改变量满足

$$2(n-1)l = 107.2\lambda$$

解得　　n=1.00029

13.6　光 的 衍 射

衍射和干涉一样，是波动的基本特征。本节简要介绍光的衍射现象，重点讨论单缝衍射和圆孔衍射的特点和规律，了解光学仪器的分辨本领及应用。

13.6.1　光的衍射

我们知道水波和声波都能绕过障碍物继续向前传播。光具有波动性，把光绕过障碍物到达直线传播不能到达的区域，并形成明暗相间条纹的现象，称为光的衍射。一束平行光通过宽度可调节的狭缝时，若缝宽比光的波长大很多，则屏上呈现出与缝等宽且边界清晰的亮斑，两侧是阴影，即光是沿直线传播的，如图 13.24(a)所示。若缝宽逐渐变小时，可见光将进入阴影区，并在中央亮斑两侧对称出现明暗相间的条纹，如图 13.24(b)所示，即光的衍射现象，且缝越小，衍射现象就越明显。

光经过小圆孔、圆屏等障碍物时，也能发生衍射现象，如图 13.24(c)所示的圆孔衍射。

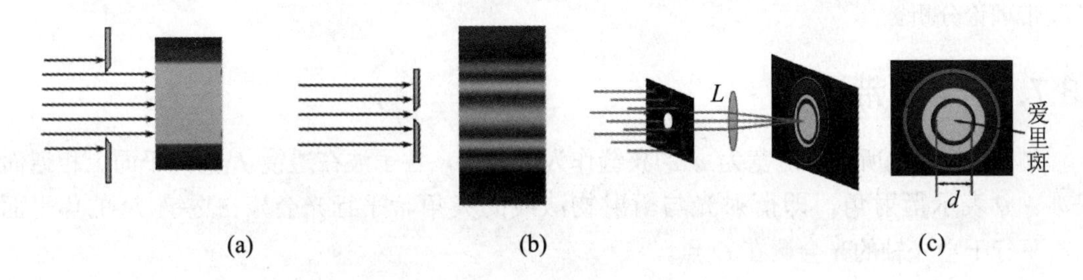

图 13.24　单缝的衍射

13.6.2　惠更斯-菲涅耳原理

在机械波中，我们知道用惠更斯原理的子波假设，可以解释波的传播方向，但不能解释波的强弱分布，即没有涉及子波的强度和相位，所以无法解释衍射现象形成的光强不均匀的现象。菲涅耳在惠更斯原理的基础上提出了子波相干叠加的假设：同一波阵面上的各点发出的子波经传播在空间各点相遇时叠加而产生干涉现象，新的波阵面就是这些子波干涉的结果。从而建立了反映光的衍射规律的惠更斯-菲涅耳原理。

13.6.3　衍射分类

依据光源、障碍物(衍射物)、观察屏之间的相对距离，把衍射分为以下两类。

1. 菲涅耳衍射(近场衍射)

当光源、观察屏与障碍物之间的相对距离为有限远时产生的衍射，称为菲涅耳衍射，也叫近场衍射，如图 13.25(a)所示。

2. 夫琅禾费衍射(远场衍射)

当光源、观察屏与障碍物之间的相对距离为无限远时产生的衍射，称为夫琅禾费衍

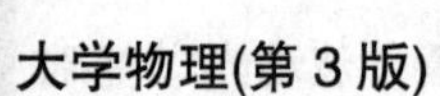

射，也叫远场衍射，如图13.25(b)所示。下面主要分析讨论夫琅禾费衍射。

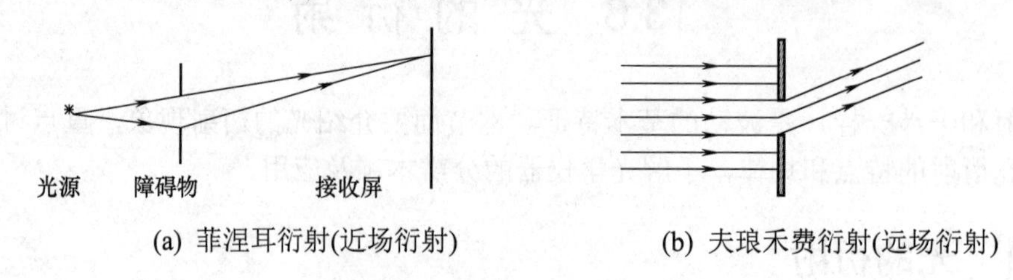

(a) 菲涅耳衍射(近场衍射)　　(b) 夫琅禾费衍射(远场衍射)

图13.25　近场和远场衍射

13.7　单缝的夫琅禾费衍射

实验室中实现单缝的夫琅禾费衍射的光路如图13.26(a)所示，单色平行光垂直入射到单缝上，由缝平面上各点发出的平行光束经透镜会聚到观察屏上，形成一组衍射条纹，中央明纹最宽、最亮，其他明纹的光强随级次增大而迅速减小。对衍射条纹的特征用菲涅耳半波带理论分析。

13.7.1　半波带法

如图13.26(b)所示，缝宽为 a 的狭缝作为子波源，各子波在透镜 L 的焦平面上相遇而干涉。θ 表示衍射角，即衍射光与衍射物法线的夹角。平行光会聚在透镜 L 的焦平面上，平行于主光轴的光会聚在 O 点。

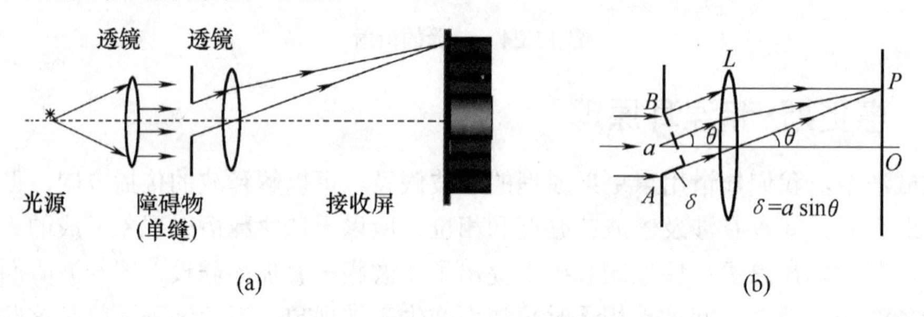

(a)　　(b)

图13.26　单缝的夫琅禾费衍射

因各子波在 O 点会聚时光程相同，光程差 $\delta=0$，故 O 点为亮条纹，称中央明纹。

其他各点条纹的分布特征用菲涅耳半波带法分析如下。

狭缝边缘的光在屏上 P 处会聚时的光程差为

$$\delta = a\sin\theta \tag{13.30}$$

对应某方向的衍射光，将透过狭缝的光的波阵面分成面积相等的若干条带，两相邻条带对应点的衍射光到屏上会聚点的光程差均为半个波长。这些面积相等的条带称为半波带(或同一条带边缘衍射光到屏上会聚点的光程差为半个波长)。

例如，当 $a\sin\theta=\lambda$ 时，可将狭缝分为2个“半波带”，如图13.27(a)所示，这两个“半波带”上对应部分发出的光在 P 处会聚干涉时，因光程差为 $\lambda/2$ 而干涉相消，形成暗纹。

当$a\sin\theta=\frac{3}{2}\lambda$时，可将狭缝分成 3 个“半波带”；当$a\sin\theta=2\lambda$ 时，可将狭缝分成 4 个“半波带”，如图 13.27(b)所示。以此类推，设半波带的数目为 N，当 N 为偶数时，屏上为暗纹；当 N 为奇数时，屏上为明纹；当 N 介于奇数和偶数之间时，屏上对应于明纹和暗纹的过渡区域。

半波带的数目 N 表示为：

$$N=a\sin\theta/(\lambda/2) \tag{13.31}$$

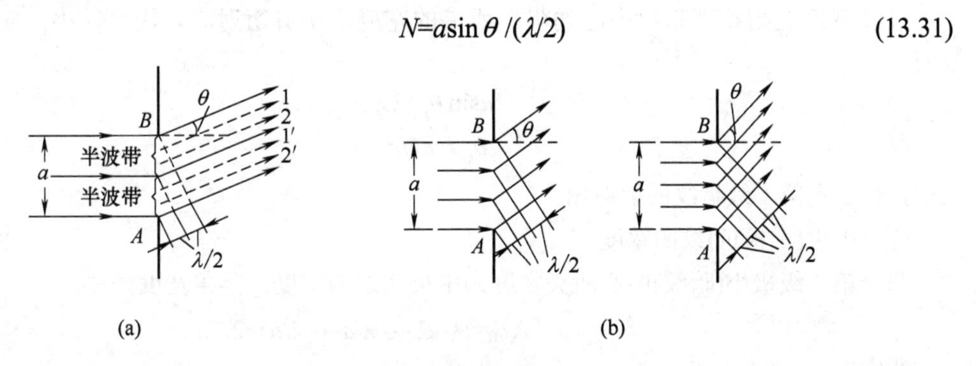

图 13.27　菲涅耳半波带

由式(13.31)可知，N 与狭缝宽度 a 成正比，与衍射角 θ 正弦成正比，与波长λ成反比。在 a、λ一定的条件下，半波带数取决于衍射角 θ。

13.7.2　单缝衍射条纹特征

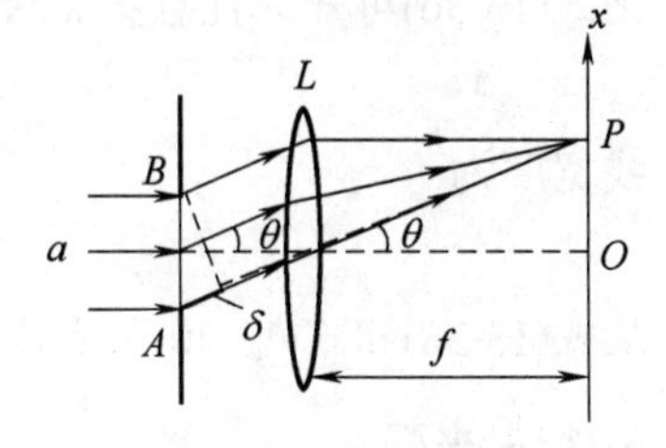

图 13.28　单缝衍射光路图

单缝的夫琅禾费衍射特征由半波带法分析。

1. 中央明纹位置

如图 13.28 所示，对中央 O 点 $x=0$，$\theta=0$，$\delta=0$，所有衍射光在透镜焦面上相干加强形成中央明纹。

2. 其他明纹位置

由半波带理论可知，当θ使得半波带数 N 为奇数$(2k+1)$时，该衍射方向的光两两相消后总有一个半波带的光在屏上没有被相消，出现明纹，即

$$a\sin\theta=\pm(2k+1)\lambda/2 \tag{13.32}$$

明纹中心的坐标为　$x=f\tan\theta\approx f\sin\theta$

将式(13.32)代入得　$x=\pm(2k+1)f\lambda/(2a)$　$(k=1,2,3,\cdots)$　(13.33)

3. 暗纹中心坐标

由半波带理论可知，θ使得半波带数 N 为偶数时，得

$$a\sin\theta=\pm2k\lambda/2=\pm k\lambda \tag{13.34}$$

该衍射方向的光在透镜焦面上会聚，全部两两相互抵消，屏上呈暗纹。

同上理，得暗纹中心坐标为

$$x=\pm kf\lambda/a \quad (k=1,2,3,\cdots) \tag{13.35}$$

当θ使得半波带数 N 介于奇偶数之间时，该衍射方向半波带的光相互抵消后，还剩下不足一个半波带的光，为明暗纹过渡部分。

4. 条纹宽度

条纹宽度是指相邻暗纹中心的坐标所夹的宽度。单缝衍射时，因θ很小，对 k 级暗纹有

$$a\sin\theta_k=k\lambda$$

得

$$\theta_k\approx k\lambda/a \tag{13.36}$$

式中，θ_k表示第 k 级暗纹的衍射角。

(1) 中央(零极)明纹的宽度。

两个第一级极小(暗纹)中心所夹宽度为中央明纹的宽度。其角宽度为

$$\Delta\theta_0=\theta_1-\theta_{-1}\approx\lambda/a-(-\lambda/a)=2\lambda/a \tag{13.37}$$

线宽度为

$$\Delta x_0=f(\tan\theta_1-\tan\theta_{-1})\approx 2f\lambda/a \tag{13.38}$$

(2) 其他明纹的宽度。

由式(13.36)可知，任意第 k 级极小(暗纹)与第 k+1 级极小(暗纹)条纹的角宽度为

$$\Delta\theta_k=\theta_{k+1}-\theta_k\approx(k+1)\lambda/a-k\lambda/a=\lambda/a \tag{13.39}$$

线宽度为

$$\Delta x_k=f(\tan\theta_{k+1}-\tan\theta_k)\approx f\lambda/a \tag{13.40}$$

从式(13.38)和式(13.40)可看出，单缝衍射中央明纹宽度是其他明纹宽度的 2 倍。

5. 衍射光强

实验观察到的衍射图样是中央明纹光强最强，其他明纹级次越高，条纹光强越弱。这是因为衍射角θ越大，半波带数就越多，每个半波带分的光能越少，在透镜焦面上会聚后抵消得越多，剩下的那一个半波带的光强就越弱。因此从中央明纹向两侧，明纹级次越高，条纹光强越弱。光强分布如图 13.29 所示。

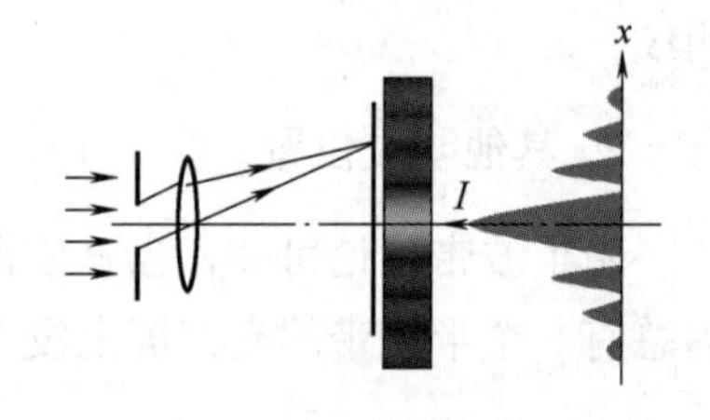

图 13.29 单缝衍射的光强分布

当入射光是白光时，由上述分析方法可知，中央零级明纹是所有光的零级衍射角为零，相干加强为明纹(白光)。其他级明纹是对称分布在两侧的彩色条纹，同一 k 值明纹的衍射角由紫到红地增大，条纹由紫到红地顺序排开。k 大时，高级次短波长的光与低级次大波长的光会发生重叠，会分辨不清。

由式(13.37)、式(13.38)可得缝宽变化对条纹的影响。当 a 变小时，中央明纹宽度变小。若$a\ll\lambda$，$\sin\theta=\dfrac{\lambda}{a}\to\infty$，$\theta\to\pm90^\circ$，屏上为全亮区，衍射现象非常明显。

若$a \gg \lambda$，$\sin\theta = \dfrac{\lambda}{a} \to 0$，$\theta \to 0°$，各级衍射条纹向中央靠拢，密集得以致无法分辨，只显出单一的明条纹——狭缝的几何像，即光的直线传播现象，是光的波长较透光孔或缝(或障碍物)的线度小很多时，衍射现象不显著的情形。因此可以说几何光学是波动光学在$\lambda/a \to 0$时的极限情形。

【例 13-8】 一单色平行光垂直入射一单缝，其衍射第 3 级明纹恰与波长 600nm 单色光垂直入射该单缝时衍射第 2 级明纹重合，求该单色光波长。

解：由单缝衍射明纹条件得　$a\sin\theta=(2k+1)\lambda/2$

依题意有

$$(2k_1+1)\lambda_1/2=(2k_2+1)\lambda_2/2$$

$$\lambda_2=(2k_1+1)\lambda_1/(2k_2+1)$$

将 $k_1=2$，$\lambda_1=600\text{nm}$，$k_2=3$ 代入得

$$\lambda_2=428.6\text{nm}$$

13.8　圆孔衍射　光学仪器的分辨本领

13.8.1　圆孔衍射

将单缝衍射屏换为圆孔衍射屏，在后面的幕上将得到夫琅禾费圆孔衍射的图样，如图 13.30(a)所示。在光学成像系统中，由于大多数光学元件呈圆形，因此讨论夫琅禾费圆孔衍射问题对分析成像的质量是必不可少的。

与单缝类似，圆孔衍射场中的绝大部分能量也集中在零级衍射斑内，其光强分布如图 13.30(b)所示。圆孔的零级衍射斑称为爱里斑，其中心是几何光学像中心。

对直径为 D 的圆孔的夫琅禾费衍射，爱里斑的半角宽度为衍射斑的中心到第一级极小(暗纹)的角距离。第一级极小(暗纹)的角位置为

$$\sin\theta=1.22\lambda/D \tag{13.41}$$

θ角很小时，爱里斑的半角宽度(也叫角半径) $\Delta\theta=\theta$

$$\Delta\theta\approx\sin\theta=1.22\lambda/D \tag{13.42}$$

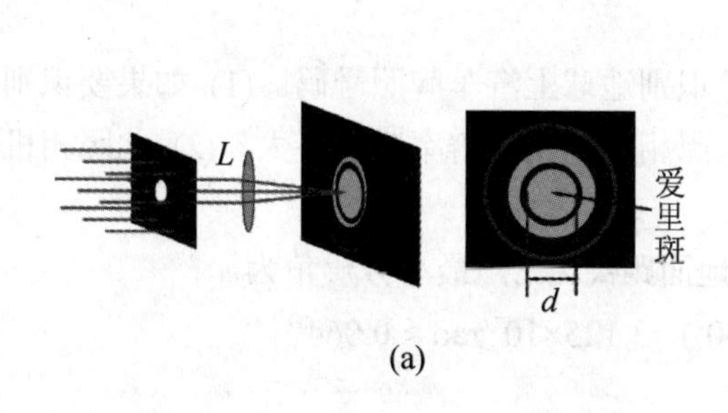

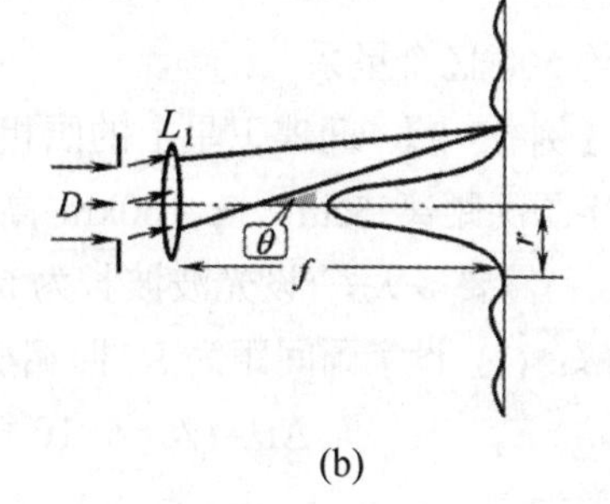

图 13.30　圆孔衍射

设透镜的焦距为f，爱里斑线半径 r 为　$r=f\tan\theta$

当$\lambda \ll D$时，得角半径为

$$\theta=1.22\lambda/D \tag{13.43}$$

线半径为

$$r=1.22f\lambda/D \tag{13.44}$$

13.8.2 光学仪器的分辨本领

以用望远镜观察太空中的一对双星为例，它们的像是两个圆形衍射斑，即爱里斑。当一个爱里斑的中心刚好落在另一个爱里斑的边缘上时，就认为两个像刚刚能够被分辨，如图 13.31(b)所示。即一物点衍射像中央极大，恰与另一物点衍射像第一个极小重合，则认为这两个点物恰能被该光学仪器所分辨，这称为瑞利判据。

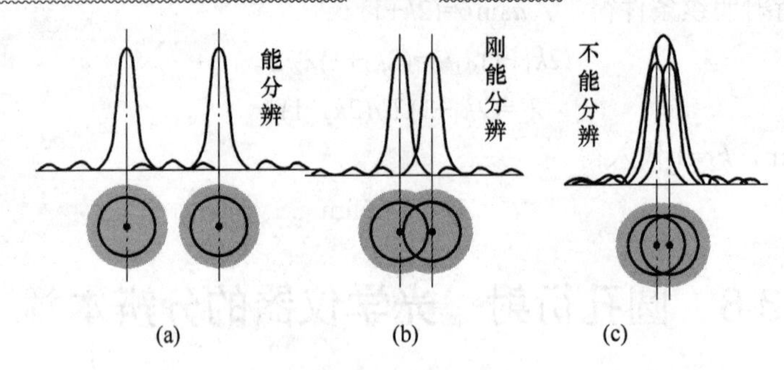

图 13.31　最小分辨角

光学仪器的最小分辨角(瑞利判据)就等于爱里斑的半角宽度，$\Delta\theta=1.22(\lambda/D)$。

在光学中，常将光学仪器的最小分辨角的倒数称为这仪器的分辨率，用 R 表示

$$R=\frac{1}{\Delta\theta}=\frac{D}{1.22\lambda} \tag{13.45}$$

从式(13.45)可以看出，分辨率的大小与仪器的孔径 D 和光波波长 λ 有关。大口径的物镜对提高望远镜的分辨率有利，因此天文望远镜常用口径很大的物镜，以便观察到更遥远的星球。电子显微镜则采用极短波长的波以获得高分辨率。电子具有波动性，当加速电压达几十万伏时，其波长只有千分之几纳米(参见第 15 章式(15.13))，所以电子显微镜可获得极高的分辨率。电子显微镜为研究分子、原子结构提供了有力工具。

如图 13.32 所示，1990 年发射的哈勃太空望远镜的凹面物镜的直径为 2.4m，最小分辨角 $\theta_0=0.1''$，在大气层外 615km 高空绕地球运行，可观察 130 亿光年远的太空深处，共发现了约 500 亿个星系。

【例 13-9】 间谍卫星上的照相机能清楚识别地球上汽车牌照号码。(1) 如果要识别牌照上字画间距离 5cm，在 160km 高空卫星上照相机的角分辨率应为多大？(2) 此照相机孔径(直径)需要多大？(设光波波长为 500nm)

解：(1) 设字画间距为 l，照相机镜头与地面距离为 L，最小分辨角为

$$\Delta\theta=l/L=5\times10^{-2}\,/\,(160\times10^{3})=3.125\times10^{-7}\text{rad}\approx0.064''$$

分辨率为

$$R=1/\Delta\theta=L/l=3.2\times10^{6}$$

(2) 由　$\Delta\theta=1.22\lambda/D=l/L$，得

$$D=1.22\lambda L/l=1.22\times500\times10^{-9}\times160\times10^{3}\div(5\times10^{-2})=1.952\approx2\text{m}$$

【例 13-10】 在通常的亮度下，人眼瞳孔的直径约为 3mm，人眼的最小分辨角为多大？如果黑板上有两根相距 2mm 的平行直线，问离黑板多远恰能分辨？(设人眼最灵敏的波长为 550nm)。

解： 已知人眼最灵敏的波长为 550nm，最小分辨角为

$$\delta\theta = 1.22\frac{\lambda}{D} = 1.22\times\frac{5.5\times10^{-7}}{3\times10^{-3}} = 2.2\times10^{-4}\,\text{rad} \approx 0.8'$$

则人离黑板的距离为　$d = \dfrac{l}{\delta\theta} = \dfrac{2\times10^{-3}}{2.2\times10^{-4}} = 9.1\text{m}$，如图 13.33 所示。

图 13.32　哈勃太空望远镜

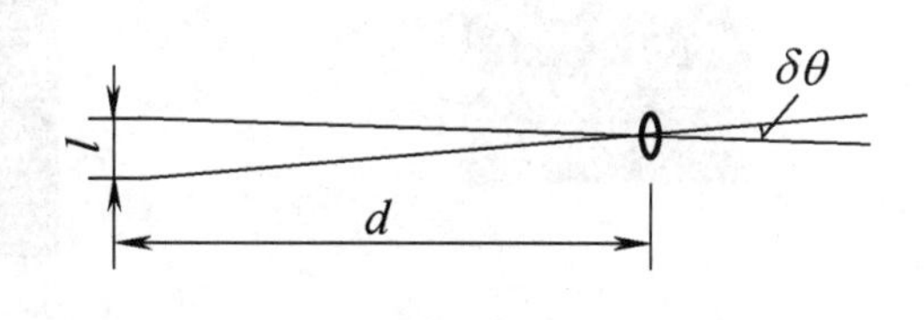

图 13.33　例 13-10 图

【课外阅读与应用】

通信技术与激光技术的应用

激光(Laser)意为“受激辐射的光放大”，是原子受激辐射跃迁发出的光子和引起它辐射的光子一起从原子中射出来，在宏观上表现为光的强度被放大、被加强了。

激光技术是 20 世纪 60 年代初发展起来的一门高新技术，使人类对光的认识、掌握和利用进入了一个崭新的时代。激光以其亮度高、颜色纯、射程远、会聚性好等突出优点，已在工业、农业、医疗卫生、信息工程、通信和军事等方面得到了广泛的应用，给社会经济带来了巨大的效益，还有待开发出更广阔的应用前景。

1. 激光刀

激光的会聚性超强，经透镜聚焦后形成一个圆锥形的光束，其光束可以聚集在 0.1mm～0.1μm 的微细光点上，这种微细的高能激光束犹如一把锋利的“尖刀”，其刀尖所向之处，可以产生核爆炸般的威力，形成成千上万摄氏度的高温和数百个大气压的巨大压力，高速穿透或切割各种材料。同时，由于激光的方向性好，射程远，所以它的刀尖可以触到几千米乃至几十千米远处。而且采用不同焦距的透镜，可以非常灵活地调节刀尖的大小，因此在医学、生物、工业、农业等领域得到了日益广泛的应用。

(1)　激光手术刀。

激光手术刀作用到生物体上时会产生热、压力、电磁和光化四种效应。激光手术刀(见图 13.34)作用到人体组织的表皮上时，热效应使得在作用点上的温度在千分之几秒内从一般体温急剧上升到 200～1000℃，表皮内层部分的水分迅速蒸发、汽化，致使皮层下部

的气压迅速升高，造成表皮层凸起，进而形成一个封闭气泡。气压的骤升使气泡顿时破裂，于是表皮被切开。这就是激光手术刀的压力效应。皮层切开后，激光手术刀继续深入内部组织，使内部组织不断被加热，温度继续上升，水分不断被蒸发掉，使得人体内部组织不断收缩，甚至被局部炭化。通过这种方式，便可以将患部的病灶“烧”掉或切除。

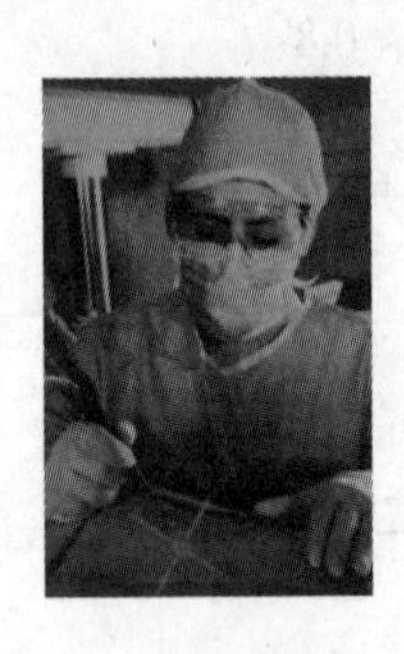

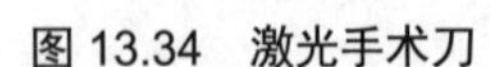
图 13.34　激光手术刀

图 13.35　眼内激光手术

与此同时，因为激光本身就是高频电磁波，所以在激光刀中存在电磁场。当激光刀的功率密度增加时，作用区内的电场强度增大，有时可以产生高达 10 万伏的强电场，足以使得人体组织产生电离和分解，甚至连非常坚硬的骨头，也可以被击穿或汽化。

光化效应是指在激光手术刀作用下所产生的一些化学变化。药物血卟啉衍生物对光特别敏感，当受到激光的照射时，由于光化效应，会发出一种红色的荧光。利用这种现象不但可以用来探测癌细胞，还可以治疗癌症，将癌细胞杀死，给癌症患者带来了福音。

激光手术刀具有不出血和精细的特点，非常适宜于各种手术，如眼科激光手术(见图 13.35)。常见的眼科疾病有近视、远视、散光、青光眼、白内障和各种视网膜损伤等，重则可能导致完全失明。人眼近似为一球体，直径约 25mm，是一个非常复杂和精密的光学系统，如图 13.36 所示。当光束进入眼睛时，通过角膜(对光束起会聚作用的主要部分)、前房液、晶状体，在视网膜上聚焦成像，使人可以清楚地看到物体。

对近视患者，要么角膜过度凸起而具有太强的会聚作用；要么眼球太长，使入射光线被聚焦在视网膜之前，导致视物不清。从原理上讲，只要把角膜中央“刮平”一些，让入射光线聚焦在视网膜上就行了。然而，由于需要刮掉部分的厚度只有细胞直径的量级，对于传统手术来说这简直难于上青天，但对擅长“微细加工”的激光来说，做到这一点就很简单了，如图 13.37 所示。

远视眼是角膜中央过于平坦，或是眼球太短，导致进入人眼的光被聚焦在视网膜之后。而用激光治疗的方法则是适当去除角膜周边组织，使角膜中央部分变得凸出一些，聚光能力得到增强，同样可以让入射光线聚焦在视网膜上。

视网膜的好坏直接影响到人眼的视力，视网膜发炎、出血或者是从眼睛的色素表皮层上剥落下来，就会造成视力的严重衰退，甚至失明。通常采用氩离子激光经由瞳孔穿过眼球中的玻璃体，直接作用到眼底的视网膜上进行治疗。如果眼底视网膜破裂出血，在激光的热效应作用下，可以使破裂的血管重新凝结复原。

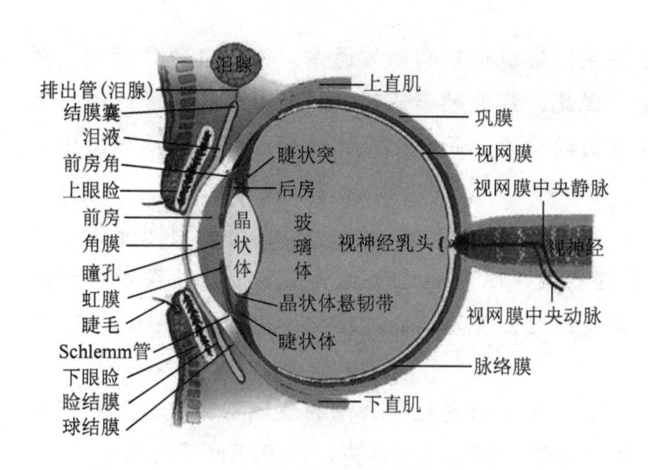

图 13.36　人眼结构图

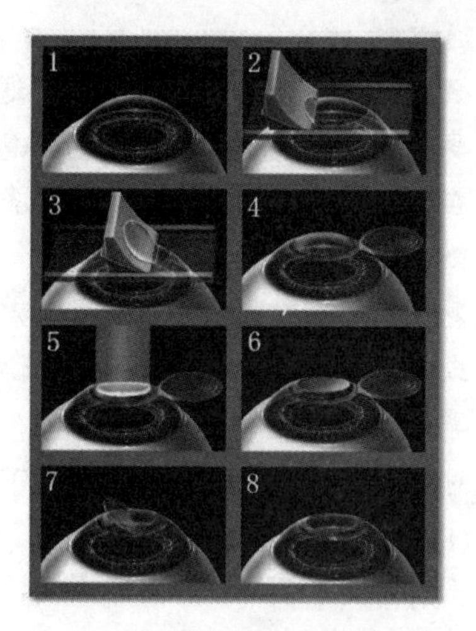

图 13.37　准分子激光手术治疗近视

(2)　万能加工刀。

在工业加工领域，将激光刀(见图 13.38)应用在雕刻艺术中能实现传统雕刻方式所不能达到的精细度，而且刀口不会磨损和钝化，雕刻出的线条均匀、精细，线条宽度可以小到0.05mm，这是普通雕刻刀望尘莫及的。

在现代社会化大生产中，为了提供商品的有关信息，电工和电子工业中已大量采用激光标记的方法来防伪防盗(见图 13.39)；集成电路中硅片上的小芯片，是采用激光画片的方法对集成电路进行画片加工的。

图 13.38　激光加工刀

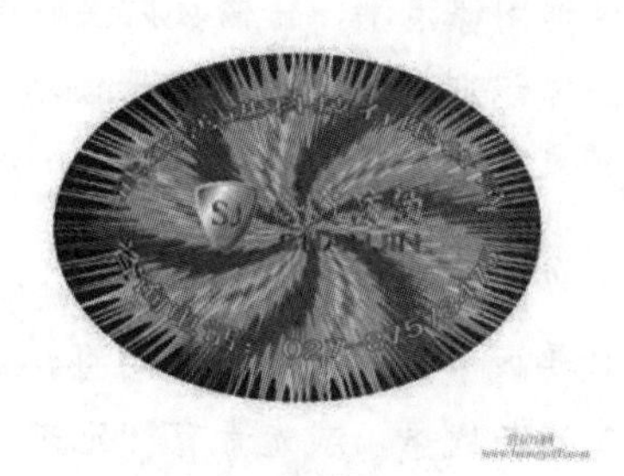

图 13.39　激光防伪标签

2. 激光与通信工程

人类的文明，社会的发展，离不开信息的传递，今天的人类生活在一个信息化时代。信息涉及的领域十分广阔，它包括信息的产生、发送、传输、处理、探测、存储、显示等许多方面。

微波通信和光纤通信是常用的通信方式。微波是通常所说的无线电波中波长最短，也就是频率最高的部分。微波按其波长大体上可以分为三个波段：分米波(UHF)的波长为0.1～1m，频率为300～3000MHz；厘米波(SHF)的波长为1～10cm，频率为3～30GHz；毫米波(EHF)的波长为1～10mm，频率为30～300GHz。微波波段频率很高，可以容纳大量的通信通道。

微波可以穿透电离层，借助于通信卫星，实现全球的微波通信。无线电通信时载波频段需要的频宽取决于所要传送的信息量。因此，载波频率高的波段可以容纳较多的通信频道，在通常的电磁波范围内微波是条件最好的波段。而可见光作为载波可以容纳的通信频道比微波要多得多。

现代光纤通信则采用激光作为载波，将声音、图像、数据等各种信息通过激光传送出去，或者通过激光将信息存储在光学存储器里，以及通过激光将信息进行处理或显示出来，等等。如“光学图像信息处理”，就是把对焦不准的各种干扰图像信号滤去，剩下的就是对焦准确的图像了。其特点如下。

(1) 容量巨大。激光电视、电话，通过一根像头发丝那样细的玻璃丝“通道”就能使远隔千里的两个城市的千百万人同时互相打电话，不仅能闻其声，而且还能见其人。

(2) 保密性好。激光由于方向性好，发散角很小，稍微偏离其传播方向就接收不到信号，要想截获它，犹如大海捞针。可见，激光通信具有“天然”的保密性。

(3) 抗干扰性强、通信质量好。激光的频率高得出奇，光束极细、方向性又好，使普通的电磁波望尘莫及，无法相碰，难以干扰。因此通信稳定，可以将声像信号高保真地从一处携带到另一处。

激光能够在几十千米长的光纤中传播，是利用了光的全反射原理。激光从光纤的一端以恰当的入射角进入纤芯后，在包层和纤芯的界面上不断发生全反射，如图 13.40 所示，曲折地在纤芯中传播，从而沿着光纤约束好的路径向前传播，而且能量损耗很小。光纤通信是网络通信的基础。它不受大气中的云、雾、雨、雪等自然条件所左右，因此通信质量好，传递图像清晰，传输数据误码率低。

图像识别技术不仅应用于侦察卫星、资源卫星拍摄的照片判读这类尖端技术中，而且也开始应用于普通生产过程中，如汉字检索排字、公安破案指纹鉴别等。

3. 激光与军事

只要战争或战争的威胁尚存，每当一种新技术出现，人们总会情不自禁地想到将其应用于武器与战争，激光素有“死光”之称，自然更不例外。

现代战争中，激光用于军事测距、目标指示与跟踪；同时在激光雷达、激光制导等武器辅助系统或火控系统中应用，使常规武器犹如猛虎插翅、蛟龙添翼，威力大大增强；激光作为从致人眼盲到烧伤皮肤、从破坏武器上的光电传感到拦截并摧毁洲际弹道导弹的直接杀伤武器也得到了迅速发展。

(1) 激光测距机。

适时而准确地知道目标与武器系统之间的距离，是有效而高概率地击中目标的前提条件之一。

以激光为光源制成的测距机，较以往的光学测距机和无线电测距机，具有测量精准、反应迅速的优点。用来测量人造地球卫星距离的激光测距机，测量精度更高，测量 8000km 远的目标，误差仅 2cm 左右。图 13.41 是诺斯罗普·格鲁曼公司为美国陆军生产

的 AN/PEN-1 轻型激光指示测距机。这种测距机利用人眼安全激光器测定目标距离，并利用其内置 GPS、海拔和测角功能来计算坐标值，精准定位目标。

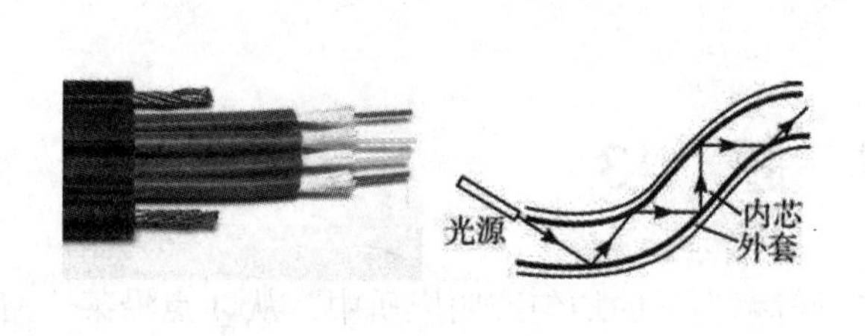

图 13.40　光纤及光纤全反射

图 13.41　激光测距机

现在使用的激光测距机大多数采用掺钕钇铝石榴石激光器或半导体激光器。这两种激光器输出的波长在近红外波段，受大气中的烟雾尘粒散射而损失的能量比较大，穿透烟和雾的能力较弱，而在实际的战场中往往又都是硝烟弥漫的。二氧化碳激光器输出的波长为 10.6μm，波长较长，因此受粒子散射而损失的能量小；另外大气对 10.6μm 波长附近的光辐射能量吸收很微小，所以用二氧化碳激光器做成的激光测距机，更适合于在战场中使用。

现在，以激光为光源制成的用来测量人造地球卫星距离的激光测距机(见图 13.41)测量精度高，测量 8000km 远的目标，误差仅 2cm。激光测距快、操作简单。激光器发射的激光穿过大气到达目标并反射回测距机上的探测器，光敏脉冲器就能精准测出从激光发射到反射被接收所经历的时间，已知光速，即可得出距离。

(2) 激光制导。

战斗机中的飞行员把显示屏中的“十字线”对准地面目标，“轰”目标随即被摧毁。“十字线”对准的方位，即激光器的瞄准点，这就是激光制导炸弹。其原理是制导装置将发散性非常小的激光束投射到目标上，激光束会在目标上发生漫反射。这样，即使制导的接收装置位置不十分准确，也总能接收到部分反射的激光。这些反射光与发射光一起通过控制系统进行换算，用于控制飞行舵调整炸弹航向，直至精确命中目标。

(3) 激光钻井技术。

激光钻井(见图 13.42)相对于目前运用最广的旋转钻井具有以下七大优点：①地表到井底通过光缆连接，因此可运用井下电视或其他形式传感器迅速准确地将井底信息传到地面；②由于激光是直线传播的，从而能有效地控制井眼轨迹；③不需要钻头、套管等旋转钻井必不可少的构件和器材，从而大大减少了钻井成本；④从地表连续钻进至目的层，免去起下钻柱、更换钻头、打捞卡钻管段、注水泥的施工用时，并且钻进过程中，在井壁形成坚固的陶质层，从而免

图 13.42　海上激光钻井和监控

去了下金属套管的时间；⑤更易穿透岩石，大大增加钻进速度；⑥形成的陶质层井壁阻碍了地层流体流入井内，在一定程度上防止了井喷；⑦由于陶瓷井壁的存在，井内流体不能渗入地层污染周围环境或水源。实践表明，激光钻井 10 小时的钻井进度，相当于常规钻井约 10 天的钻井进度。

习 题 13

13.1 真空中波长为λ的单色光，在折射率为 n 的均匀透明媒质中，从 A 点沿某一路径传播到 B 点，路径的长度为 l，A、B 两点光振动位相差记为$\Delta\varphi$，则有_______。

(A) 当 $l=3\lambda/2$，有$\Delta\varphi=3\pi$　　(B) 当 $l=3\lambda/(2n)$，有$\Delta\varphi=3n\pi$

(C) 当 $l=3\lambda/(2n)$，有$\Delta\varphi=3\pi$　　(D) 当 $l=3n\lambda/2$ ，有$\Delta\varphi=3n\pi$

13.2 在折射率为 n 的透明介质中，真空中波长为λ的单色光从 A 传播到 B，若 AB 两点间的相位差为π，则 AB 间的光程差为_______。

13.3 在双缝干涉中，两缝间距离为 d，双缝与屏幕之间的距离为 D ($D>>d$)，波长为λ的平行单色光垂直照射到双缝上，屏幕上干涉条纹中相邻暗纹之间的距离是_______。

13.4 汞弧灯发出的光通过一绿色滤光片后射到相距 0.60mm 的双缝上，在距缝 2.5m 处的屏上出现干涉纹。实验测得两相邻明纹中心的距离为 2.27mm，则入射光的波长为_______。

13.5 一束波长为 λ 的单色光由空气垂直入射到折射率为 n 的透明薄膜上，透明薄膜放在空气中，要使反射光得到干涉加强，则薄膜最小的厚度为_______。

13.6 用劈尖干涉法可检测工件表面缺陷，当波长为λ的单色平行光垂直入射时，若观察到的干涉条纹如图 13.43 所示，每一条纹弯曲部分的顶点恰好与其左边条纹的直线部分的连线相切，则工件表面与条纹弯曲处对应的部分是凸起还是凹陷_______？且高度或深度为_______？

13.7 某照相机物镜的直径 $D=5.0$cm，焦距 $f=17.5$cm，对 550nm 的光，最小分辨角为(　　)rad。

13.8 在单缝夫琅禾费衍射实验中，波长为λ的单色光垂直入射到宽度为 $a=4\lambda$的单缝上，对应于衍射角 30° 的方向，单缝处波阵面可分成的半波带数目为_______。

13.9 用白光光源进行双缝实验，若用一个纯红色的滤光片遮盖一条缝，用一个纯蓝色的滤光片遮盖另一条缝，则观测屏上会不会出现干涉纹？_______

13.10 在空气中有一劈尖形透明物，劈尖角$\theta=1.0\times10^{-4}$rad，在波长λ=700nm 的单色光垂直照射下，测得两相邻干涉条纹间距 l=0.25cm，此透明材料的折射率 n=_______。

13.11 如图 13.44 所示的干涉膨胀仪中，用波长 540nm 的光测某固体材料的线胀系数，当观察到干涉条纹移动了 200 条时，固体的线膨胀量为_______ m。

13.12 用波长为 589.3nm 的钠黄光观察牛顿环，测得某一明环的半径为 1.0×10^{-3}m，其外第 4 个明环的半径为 3.0×10^{-3}m，则平凸透镜凸面的曲率半径为________ m。

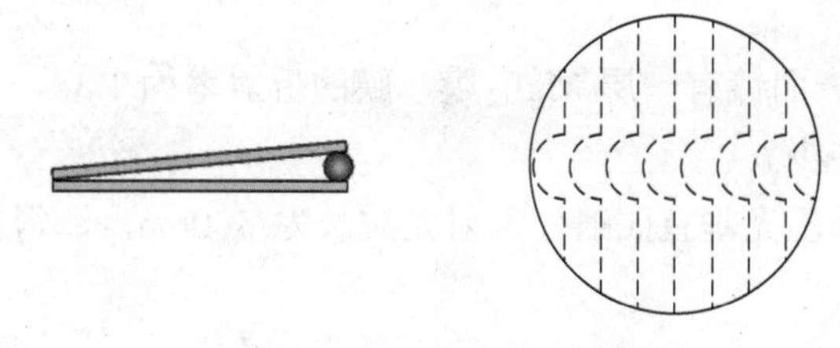

图 13.43　习题 13.6 图

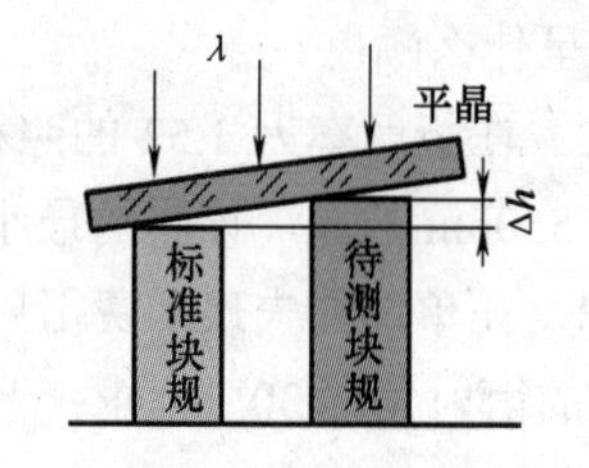

图 13.44　习题 13.11 图

13.13　在日常生活中，为什么声波的衍射比光波的衍射显现更加显著？

13.14　太阳光下的肥皂泡呈彩色图样，当彩色图样变暗时，肥皂泡就要破了，为什么？

13.15　工业上常用牛顿环来检测透镜表面质量，如图 13.45 所示，观察反射光的干涉图样，如果是不规则的圆，则说明透镜表面不合规格，是次品，请说明理由。

13.16　如图 13.46 所示，用紫光观察牛顿环时，测得第 k 级暗环的半径是 4mm，第 $(k+5)$环的半径是 6mm，所用平凸透镜的曲率半径为 10m，求紫光的波长。

13.17　用 550nm 的光垂直照射杨氏双缝，并在其中一条缝上覆盖厚度为6.64×10^{-6}m 的云母薄片，此时屏上的零级明纹移到原来的第七级明纹的位置处，试求云母片的折射率。

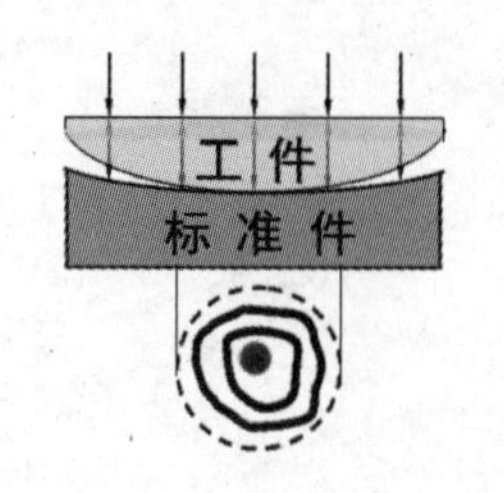

图 13.45　习题 13.15 图

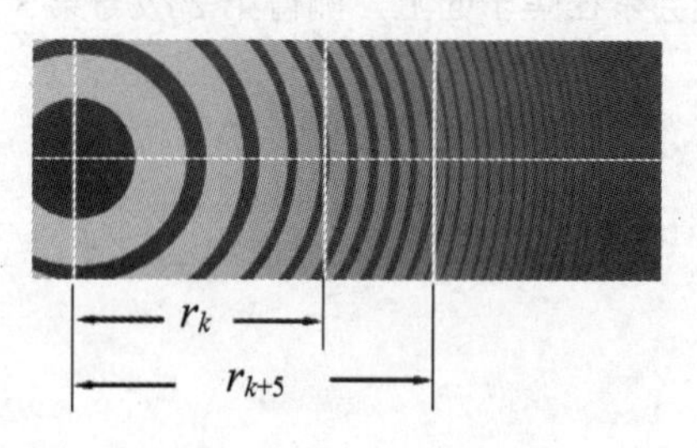

图 13.46　习题 13.16 图

13.18　在迎面驶来的汽车上，两盏前灯相距 120cm，设夜间人眼瞳孔平均直径为 5.0mm，人在离汽车多远的地方恰好能分辨这两盏灯？如图 13.47 所示，设入射光波长以 550nm 计算。

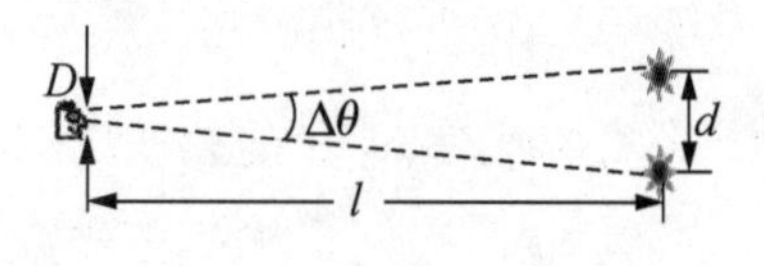

图 13.47　习题 13.18 图

13.19　汞弧灯发出的光通过一个绿色滤光片后射到相距 0.60mm 的双缝上，在离双缝 2.5m 处的屏幕上出现干涉条纹。现测得两相邻明纹中心的距离为 2.50mm，求入射光的波长。

13.20　氦氖激光器发出波长为 632.8nm 的单色光，垂直照射在两块平面玻璃片上，两玻璃片一边相互接触，另一边夹着一云母片，形成一空气劈尖。测得 51 条暗纹间的距离为 6.500mm，劈尖到云母片的距离为 30.300mm，求该云母片的厚度。

13.21　用白光垂直照射空气中一厚度为 380nm、折射率为 1.33 的肥皂水膜上，该水膜表面会呈什么颜色？

13.22　在折射率为 1.52 的照相机镜头表面镀有一层 MgF_2 膜，膜的折射率为 1.38，对于波长为 550nm 的光，该膜的最小厚度为多少？

13.23　在单缝的夫琅禾费衍射中，用单色光垂直照射，入射光波长为 500nm，测得第一级暗纹的衍射角为 30°，求：

(1) 此单缝的缝宽。

(2) 此单缝面能分得的半波带数是多少？

13.24　波长为 600nm 的平行单色光，垂直入射到缝宽为 0.6mm 的单缝上，缝后有一焦距为 60cm 的透镜，在透镜的焦平面上形成衍射图样，求：

(1) 中央条纹的宽度。

(2) 两个第三级暗纹之间的距离。

13.25　一单色平行光垂直照射在宽为 1.0mm 的单缝上，在缝后放一焦距为 2.0m 的会聚透镜，已知位于透镜焦平面处的屏幕上中央明纹宽度为 2.5mm，求入射光的波长。

13.26　用波长 λ=632.8nm 的平行光垂直照射单缝，缝宽 a=0.15mm，缝后用凸透镜把衍射光会聚在焦平面上，测得第 2 级与第 3 级暗条纹之间的距离为 1.7mm，求此透镜的焦距。

第 14 章　狭义相对论基础

我们看到的现象和对事物的描述，随观测的角度而异，比如看风景，“横看成岭侧成峰，远近高低各不同”(苏轼《题西林壁》)。现代物理学不是被动地去协调不同参考系中的观测数据，而是自觉地去探索不同参考系中物理量、物理规律之间的变换关系(相对性原理)以及变换中的不变量(对称性)，以便超越自我认识上的局限性，去把握物理世界中更深层次的奥秘。超越从个别角度(参考系)的局限性，寻求不同参考系内各观测量之间的变换关系，以及变换过程中那些不变性。

相对论的创建是 20 世纪物理学最伟大的成就之一。1905 年爱因斯坦建立了基于惯性参考系的时间、空间、运动及其相互关系的物理新理论——狭义相对论。1915 年爱因斯坦又将狭义相对论原理向非惯性系进行推广，建立了广义相对论，进一步揭示了时间、空间、物质、运动和引力之间的统一性质。

本章将简要介绍爱因斯坦狭义相对论的基本原理、洛伦兹变换、相对论时空观及相对论动力学的主要结论。

14.1　经典时空观　伽利略变换

14.1.1　牛顿力学的时空观

时空观是指物体的广延性和物体活动的延续。用牛顿的话来说：“绝对的、真实的数学空间，就其本质而言，是永远均匀地流逝着，与任何外界事物无关。”“绝对空间就其本质而言是与任何外界事物无关的，它从不运动，并且永远不变。”这表明在经典力学中认为：空间的延伸和时间的流逝是绝对的。即长度、时间及质量的测量都和运动无关，与惯性系的选择无关，是一个不变量，彼此无关联。这被称为绝对时空观。实践已证明，绝对时空观是不正确的。

14.1.2　伽利略变换

在力学中我们知道，物体的运动是绝对的，而运动的描述是相对的。设想你处在一个完全密封的匀速行驶的车中，你能用实验证明所处的参考系是运动的还是静止的吗？也就是说相对于不同的惯性参考系，经典力学规律的形式是否一样呢？

设有两惯性系 $S(Oxyz)$和 $S'(O'x'y'z')$，它们的对应坐标轴相互平行，且 S'系相对 S 系以速度 v 沿 Ox 轴的正方向运动，如图 14.1 所示。

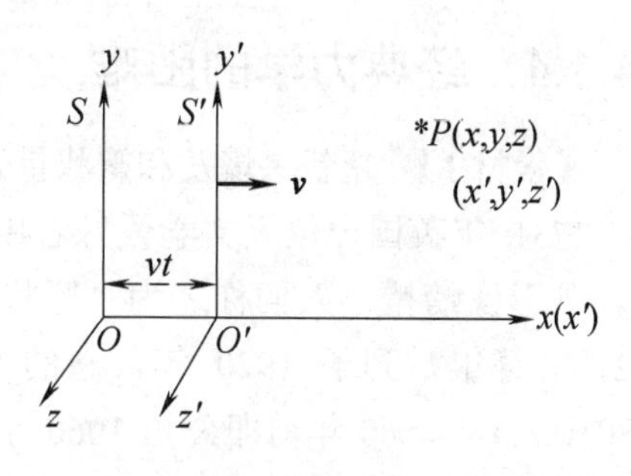

图 14.1　伽利略变换

设$t=t'=0$时，坐标原点 O 与 O' 重合。t 时刻，S'沿 Ox 轴的正方向运动了 vt 距离，若认为同一事件在两惯性系中经历的时间相同，点 P 的时空位置描述在两坐标系中的关系为

$$\left.\begin{aligned}x'&=x-vt\\y'&=y\\z'&=z\\t'&=t\end{aligned}\right\}\tag{14.1}$$

式(14.1)称为伽利略坐标变换式。

由速度定义有：
$$\boldsymbol{v}=\frac{\mathrm{d}\boldsymbol{r}}{\mathrm{d}t}=\frac{\mathrm{d}x}{\mathrm{d}t}\boldsymbol{i}+\frac{\mathrm{d}y}{\mathrm{d}t}\boldsymbol{j}+\frac{\mathrm{d}z}{\mathrm{d}t}\boldsymbol{k}$$

式(14.1)两边求导得
$$\left.\begin{aligned}u'_x&=u_x-v\\u'_y&=u_y\\u'_z&=u_z\end{aligned}\right\}\tag{14.2}$$

式(14.2)称为伽利略速度变换式。

又由加速度定义$\boldsymbol{a}=\dfrac{\mathrm{d}\boldsymbol{u}}{\mathrm{d}t}$，式(14.2)两边求导得

$$\left.\begin{aligned}a'_x&=a_x\\a'_y&=a_y\\a'_z&=a_z\end{aligned}\right\}\Rightarrow\quad \boldsymbol{a}=\boldsymbol{a}'\tag{14.3}$$

式(14.3)为伽利略加速度变换公式，说明两惯性系中的加速度是相等的，两惯性系中的受力情况也完全相同，即两惯性系中的力学规律也完全相同。说明我们无法借助任何力学实验的手段确定惯性系自身的运动状态(即绝对运动或绝对静止的参考系是无意义的)。

14.1.3　经典力学的相对性原理

式(14.3)表明，对于任何惯性参照系，牛顿力学的规律都具有相同的形式，或者说力学规律对所有惯性系而言是等价的、平权的。这就是经典力学的相对性原理。

在宏观物体做低速运动的范围内，这一相对性原理是与实验结果相一致的。

【思考】对于不同的惯性系，电磁现象基本规律的形式是一样的吗？光速满足伽利略变换吗？

14.1.4　经典力学的困难

【素材 1】 超新星爆发和蟹状星云

1731 年英国一位天文学爱好者用望远镜在南方夜空的金牛座发现了一团云雾状的东西，外形像螃蟹，人们称之为“蟹状星云”。观测发现这只螃蟹在膨胀，膨胀的速率为 0.21″／每年，到了 1920 年，它的半径达到180″。按此推算，其膨胀开始的时刻是在(180÷0.21)年≈860 年前即公元 1060 年左右。人们认为，蟹状星云是 1060 年左右的一次超新星爆发后留下的残骸。这一点在我国北宋天文学家的史籍中也得到了证实。《宋会要》

记载：“嘉祐元年三月(公元 1056 年)，司天监言，客星没，客去之兆也。初，至和元年(公元 1054 年)五月晨出东方，守天关，昼见如太白，芒角四射，色赤白，凡见二十三日。”

该现象用经典物理的速度合成律无法解释。

当一颗恒星在发生超新星爆发时，它的外围物质向四面八方飞散，即有些抛射物向着地球运动，如图 14.2 所示。研究 A、B 两处抛射物，设超新星到地球的平均距离 l =5000 光年，飞散物的速率为 1500km·s^{-1}，按伽利略变换，A 点光线到达地球所需时间为 $t_A=\dfrac{l}{c+v}$，B 点光线到达地球所需时间为 $t_B=\dfrac{l}{c}$。

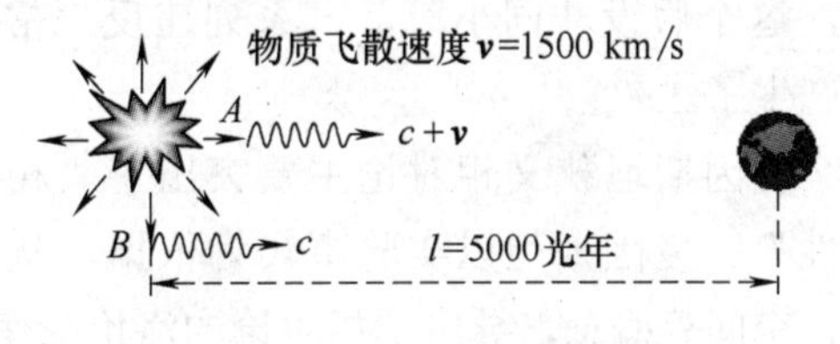

图 14.2　超新星爆发

理论计算观察到超新星爆发的强光时间持续约 $\Delta t=t_B-t_A\approx 25$年。

即应该在 25 年里都能持续看到超新星爆发时发出的强光，和历史记载的严重不符。这该怎么解释？

【素材 2】　迈克耳逊-莫雷实验及结果

为寻找和证明宇宙间有“绝对静止”的“以太参考系”，迈克耳逊和莫雷利用迈克耳逊干涉仪做了测量两垂直光在同一方向上光速差值的实验。

如果存在“以太”，假设太阳静止在“以太系”中，则根据伽利略变换，光速应该与其所在的参照系有关。由于地球在围绕太阳公转，相对于“以太”具有一个速度 v，因此如果在地球上测量光速，在不同的方向上测得的数值应该是不同的，最大为 $c+v$，最小为 $c-v$。

实验结果显示，不同方向上的光速没有差异，即光速在不同惯性系和不同方向上都是相同的(这就是爱因斯坦的光速不变原理)。绝对静止的“以太”不存在，伽利略变换不适用于高速运动的光子，经典力学的绝对时空观有缺陷，必须有新的理论来解决这一问题。

于是洛伦兹在伽利略变换的基础上，根据爱因斯坦提出的光速不变原理，提出了新的相对论时空变换关系——洛伦兹时空变换式，系统性地提出了一个全新的物理理论，并划时代地提出时间相对性的概念，在物理学发展史上是重大转折点，实现了物理学的一场革命。下面我们来介绍爱因斯坦狭义相对论的基本知识。

14.2　狭义相对论的基本原理

14.2.1　狭义相对论的基本假设

爱因斯坦(见图 14.3)相信宇宙的对称与和谐，在分析了各种实验、各派理论之后提出了著名的爱因斯坦狭义相对论的两个基本假设如下。

(1)　爱因斯坦相对性原理：一切物理规律在所有惯性参考系中是等价的。爱因斯坦认

为惯性系不止对力学运动情有独钟，而是所有的运动都和机械运动一样，都遵从相对性原理。爱因斯坦的相对性原理与伽利略的思想基本上一致。

(2) 光速不变原理：真空中的光速是常量，它与光源或观察者的运动无关，即不依赖于惯性系的选择。爱因斯坦提出这个假设是非常大胆的。下面我们即将看到，这个假设非同小可，一系列违反“常识”的结论就此产生了。

图 14.3　阿尔伯特·爱因斯坦

爱因斯坦狭义相对论主要突出了“相对性”和“不变性”。爱因斯坦以实验事实为依据，从两条基本原理出发，着眼于研究修改运动、时间、空间等概念，导出了相对论的洛伦兹变换。

14.2.2　洛伦兹变换式

洛伦兹变换是狭义相对论中联系任意两个惯性参考系之间时空坐标的变换关系式。

首先，洛伦兹变换式必须满足狭义相对论的两个基本假设；其次，时间和空间具有均匀性，变换性质应为线性变换，其存在相互依赖的可能性。

设两惯性系 S、S' 在 $t=t'=0$ 时，O、O' 重合；事件 P 的时空坐标如图 14.1 所示。

由线性变换，应有
$$x'=\gamma(x-vt) \tag{14.4}$$

由相对性原理有
$$x=\gamma(x'+vt') \tag{14.5}$$

由光速不变原理有
$$x=ct \tag{14.6}$$
$$x'=ct' \tag{14.7}$$

求出待定线性系数 γ 即可，其中 γ 称为相对论因子。

由式(14.5)、式(14.6)得
$$ct=\gamma(x'+vt') \tag{14.8}$$

由式(14.4)、式(14.7)得
$$ct'=\gamma(x-vt) \tag{14.9}$$

式(14.8)和式(14.9)相乘得
$$c^2tt'=\gamma^2(ct'+vt')(ct-vt)$$

可解出
$$\gamma=1\Big/\sqrt{1-\beta^2}\quad,\ (\beta=v/c)$$

因此得洛伦兹变换为
$$\left.\begin{aligned} x'&=\frac{x-vt}{\sqrt{1-\beta^2}}=\gamma(x-vt)\\ y'&=y\\ z'&=z\\ t'&=\frac{t-\dfrac{v}{c^2}x}{\sqrt{1-\beta^2}}=\gamma\left(t-\frac{v}{c^2}x\right)\end{aligned}\right\} \tag{14.10}$$

式(14.10)称为洛伦兹正变换。从式中可以看出，光速在任何惯性系中均为同一常量，利用它将时间测量与距离测量联系起来；时间不独立，不是绝对的，时间 t 和空间 x 变换相互交叉。当 $v\ll c$ 时，洛伦兹变换式(14.10)退回到伽利略变换式(14.1)。

基本的物理定律应该在洛伦兹变换下保持不变，这种不变显示出物理定律对匀速直线

运动的对称性，即相对论对称性。

14.2.3　狭义相对论的时空观

1. 同时的相对性

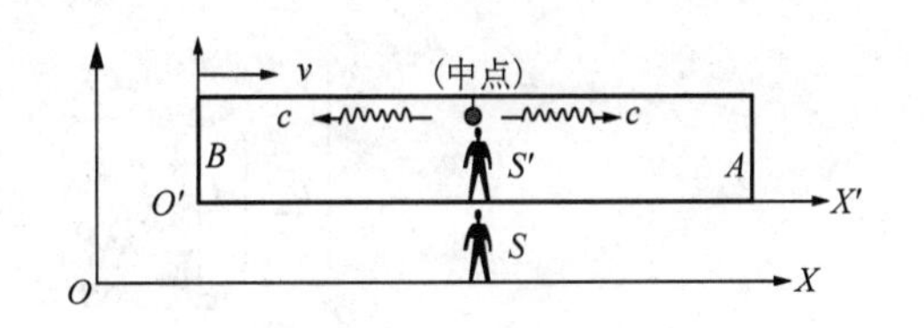

图 14.4　同时性的相对性

同时指两事件发生在同一时刻，先看如图 14.4 所示的实验。一火车 S' 系相对地面 S 系以速度 $\boldsymbol{v}$ 做匀速直线运动，从火车上 AB 的中点发出一闪光。地面上和火车上的观察者均站在 AB 的中点观察，S' 系中观察者看到闪光同时到达 A、B；而 S 系中观察者看到闪光先到达 B，后到达 A。即 S' 系中看到闪光是同时到达 A、B 的，而 S 系中看到闪光是不同时到达 A、B 的。即“同时”具有相对性，说明时间的量度是相对的，与参考系有关。下面用相对论的洛伦兹变换进行说明。

设车头和车尾 A、B 接收信号两事件的位置和时刻在 S 、 S' 系分别表示为 (x_1,t_1) 、 (x_2,t_2) 、 (x_1',t_1') 、 (x_2',t_2') 。

在 S 系观察两事件同时发生，有 $t_1=t_2$ ，即 $\Delta t=0$ 。

S' 系观察到两事件发生的时刻由洛伦兹变换式(14.10)得

$$t_1'=\frac{t_1-\dfrac{v}{c^2}x_1}{\sqrt{1-v^2/c^2}} \tag{14.11}$$

$$t_2'=\frac{t_2-\dfrac{v}{c^2}x_2}{\sqrt{1-v^2/c^2}} \tag{14.12}$$

时间间隔为

$$\Delta t'=\left[(t_2-t_1)-\frac{v}{c^2}(x_2-x_1)\right]\Bigg/\sqrt{1-\frac{v^2}{c^2}} \tag{14.13}$$

如果 $x_1=x_2$ ，则 $t_1'=t_2'$ 。即在 S 系中是同时同地发生的两事件，在 S' 系中也是同时发生的。反之亦然。

结论：同地的同时性是绝对的。或同地同时发生的两事件，同时性不随坐标系(参照系)变化。

如果 $x_1\neq x_2$ ，则 $t_1'\neq t_2'$ 。即在 S 系中是同时不同地发生的两事件，在 S' 系中是不同时发生的。即不同地的同时性是相对的。

综上所述，沿两个惯性系运动方向，不同地点发生的两个事件，在其中一个惯性系中观察是同时的，在另一个惯性系中观察则不同时，所以同时具有相对意义；只有在同一地点、同一时刻发生的两个事件，在其他惯性系中观察才是同时的。

2. 时间延缓效应

通常把在某惯性系中同一地点发生的先后两个事件的时间间隔称为固有时间或原时或同地时(相对于参考系静止的钟测得的时间)，用 τ_0 表示，如图 14.5 所示，匀速行驶的小车(S' 系)中固定一时钟，从车底部 B 点向车顶部垂直发出一光信号记为事件 $1\,(x_1',t_1')$ ，经顶部反射后回到 B 点记为事件 $2\,(x_2',t_2')$ ，即在同一地点 B $(x_1'=x_2')$发生的两事件的时间间隔为$\Delta t'$是固有时τ_0(同地时)。

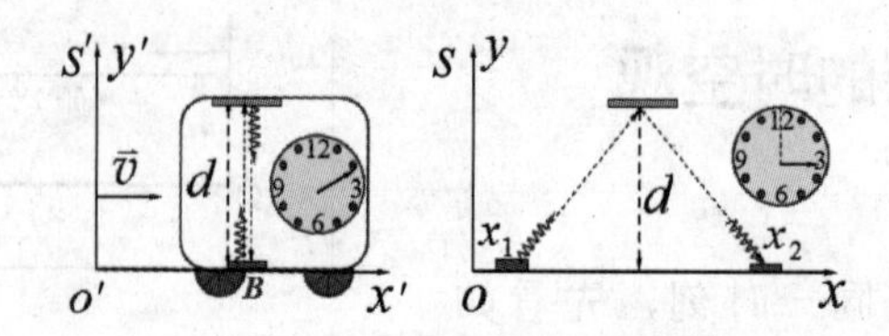

图 14.5　动钟变慢效应

而在地面参考系 S 中测得的发出光信号和接收光信号同样两个事件所经历的时间为异地时($x_1 \neq x_2$)Δt，用τ表示，由洛伦兹逆变换得：

$$\tau = \frac{\tau_0}{\sqrt{1-\frac{v^2}{c^2}}} \tag{14.14}$$

式(14.14)表示时间间隔具有相对性，显然$\tau > \tau_0$，即固有时间最短。如果用同步的钟走的快慢来描述，就是那个相对于观察者运动着的钟走慢了。因此把这种效应称为时间延缓或动钟变慢效应，也叫时间膨胀。即时间的量度是与惯性参考系的选择有关的，具有相对意义。

当$v \ll c$时，$\tau \approx \tau_0$，即低速运动的物体其时间是绝对的(无相对论效应)。

3. 长度缩短效应

按相对论的观点，同时性是相对的，那么物体长度的测量是否也是相对的？

长度的测量和同时性概念密切相关。如图 14.6 所示，在 S'中静止的棒，长度为 l_0，称为固有长度，也叫原长。在 S'系中同时测得棒两端坐标x_1'、x_2'，其固有长度为 $l_0 = x_2' - x_1'$。

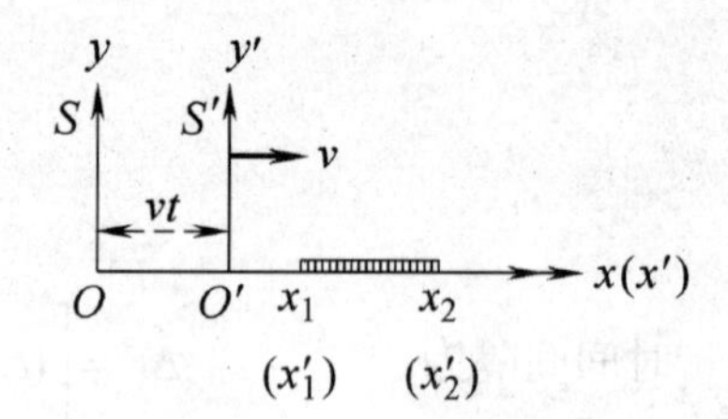

图 14.6　长度收缩效应

在 S 系中测量，棒相对于测量者是运动着的，在某时刻 t 同时测得棒两端坐标为 x_1、x_2，则 S 系中测得棒的长度为　　$l = x_2 - x_1$

由洛伦兹变换：　　$x' = \gamma(x - vt)$

在 S 系中测 x_1、x_2 应为同时，即 $t_1 = t_2$，因此得

$$x_2' - x_1' = \gamma(x_2 - x_1)$$

即

$$l_0 = \gamma l$$

$$l = \frac{l_0}{\gamma} = l_0\sqrt{1-\frac{v^2}{c^2}} \tag{14.15}$$

即 $l < l_0$，说明相对于 S 系运动着的棒长度缩短了，称为相对论的长度收缩效应。式中v表示物体相对观察者的运动速度。由此可总结得出：物体相对观察者静止时，其长度的测量值最大；当它运动时，在运动方向上物体的长度要缩短。

长度缩短是时空的属性，与物体的材质无关。长度缩短只在运动方向上发生，与运动方向垂直的方向上不会产生长度缩短变化。

4. 狭义相对论的时空观

狭义相对论指出了时间和空间的量度都与惯性参考系的选择有关，时间与空间是相互联系的，并与物质有着不可分割的联系。不存在孤立的时间，也不存在孤立的空间。

【例 14-1】 一扇门的宽度为 a，现有一固有长度为 L_0 ($L_0 > a$) 的水平细杆，在门外贴近门的平面沿其宽度方向匀速运动，若站在门外的观察者认为此杆的两端可同时拉进此门，则该杆相对门的运动速度至少是多少？

解：由相对论长度收缩效应可知，观察者认为此杆的两端可同时拉进此门时，杆的长度应不超过门宽度 a。设杆的最小速度为 v，则有

$$L_0\sqrt{1-\left(\frac{v}{c}\right)^2}=a$$

解得

$$v=\frac{c}{L_0}\sqrt{L_0^2-a^2}$$

【例 14-2】 如图 14.7 所示，有一辆火车以速度 v 运动，某时刻遇到雷击。在地面上的观察者 S 看到雷电同时击中车头和车尾。问：在火车上的观察者 S'看到的雷电先击中火车的哪部分？

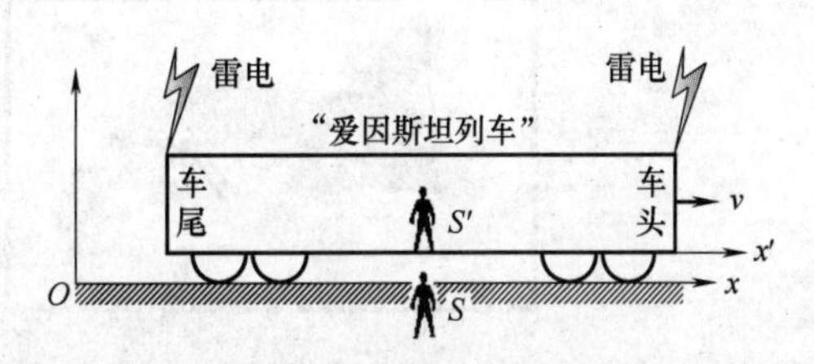

图 14.7　例 14-2 图

解：设雷电击中车头为事件 1，击中车尾为事件 2，建立如图 14.6 所示的坐标。

S 观察的两事件发生的地点和时刻分别表示为车头 (x_1,t_1) 、车尾 (x_2,t_2) 。

S' 观察的两事件发生的地点和时刻分别表示为车头 (x_1',t_1') 、车尾 (x_2',t_2') 。

由题意可知　　$t_1=t_2$， $\Delta x=x_2-x_1<0$

由式(14.13)得

$$\Delta t'=\frac{\left[(t_2-t_1)-\frac{v}{c^2}(x_2-x_1)\right]}{\sqrt{1-\frac{v^2}{c^2}}}$$

得 $\Delta t'>0$，即 $t_2'>t_1'$，表示 S' 观察者看到的是事件 1 先发生，即雷电先击中车头。

【例 14-3】 体育课上 100m 短跑测验时，若甲同学以 10s 的时间跑到终点。在与甲同方向运动(设为 x 轴正方向)并飞行速度为 $0.6c$ 的飞船中的观测者来看，这个选手跑了多长时间和多长距离？

解：设地面为 S 系，飞船为 S'系，则有

$$\Delta t=10\text{s}\ ,\quad \Delta x=100\text{m}\ ,\quad u=0.6c$$

在飞船 S'系

$$\Delta x'=\frac{\Delta x-u\Delta t}{\sqrt{1-\beta^2}}=-2.25\times10^9\ \text{m}$$

$$\Delta t'=\frac{\Delta t-u\Delta x/c^2}{\sqrt{1-\beta^2}}=12.5\ \text{s}$$

甲同学跑的速度为：$v = \dfrac{\Delta x'}{\Delta t'} = -0.6c$

即飞船上测得甲同学跑的距离为2.25×10^9 m，时间是 12.5s，沿 x 轴负方向运动。

【课后讨论 1】由相对论观点，在两个不同的惯性系中观察事件发生的先后时序可能会颠倒。那么有因果关系的事件的时序也会颠倒吗？例如，子弹出枪膛与击中目标、人的出生和死亡时序会改变吗？

【课后讨论 2】有人说：“去做宇宙旅行就能够青春不老。”你认为这观点对吗？为什么？设想：一对风华正茂的孪生兄弟，某一天哥哥告别弟弟，登上访问牛郎织女星的旅程……哥哥归来时仍是风度翩翩一少年，而迎接他的胞弟却是白发苍苍一老翁了，真是：“天上方七日，地上已千年。”这样的现象能够发生吗？(史上称为“双生子佯谬”)

(提示：地球是惯性系，宇宙飞船在开始与返回时是非惯性系，所以由此得到的结论为真。)

14.3 狭义相对论的动力学基础

14.3.1 相对论力学的基本方程

$\boldsymbol{F}=m\boldsymbol{a}$ 是牛顿力学中的基本方程，当外力 $\boldsymbol{F}$ 一定时，在伽利略变换下，物体产生恒定的加速度。同时，经典力学中认为物体的质量是一恒量，与运动速度无关。这样，若物体运动时间无限延长，最终其速度将超过光速！这显然与相对论观点背离。因此狭义相对论认为，随着物体运动速度的增大，物体的质量也增大，物体的加速度应该减小。因此相对论力学的基本方程必须满足两个要求。

(1) 公式的形式在洛伦兹变换下是不变的。

(2) 在 $v \ll c$ 时，与牛顿第二定律相符。

1. 相对论的质量公式

从动量守恒定律出发，应用相对论的洛伦兹变换，可导出运动物体的质量与速率的关系式为

$$m_{(v)} = \frac{m_0}{\sqrt{1-(v/c)^2}} = \gamma\, m_0 \tag{14.16}$$

式中，γ 是相对论因子；m_0 是当 $v=0$ 时的质量，称为静止质量，是一恒量；m 表示物体的运动质量，也叫相对论性质量，它揭示了物质与运动的不可分割性。

2. 相对论的动力学方程

在相对论中动量的形式与牛顿力学的形式相似，同样定义为物体的质量与速度的乘积。

$$\boldsymbol{p}=m\boldsymbol{v}=\frac{m_0}{\sqrt{1-\frac{v^2}{c^2}}}\boldsymbol{v} \tag{14.17}$$

根据牛顿力学的形式得

$$\boldsymbol{F}=\frac{\mathrm{d}\boldsymbol{p}}{\mathrm{d}t}=\frac{\mathrm{d}}{\mathrm{d}t}(m\boldsymbol{v})=\frac{\mathrm{d}}{\mathrm{d}t}\left(\frac{m_0\boldsymbol{v}}{\sqrt{1-\frac{v^2}{c^2}}}\right) \tag{14.18}$$

这是相对论动力学的基本方程。

14.3.2　质量-能量关系式

以一维运动为例，由动能定理可知，物体在外力 $\boldsymbol{F}$ 作用下，获得的动能 E_k 为

$$E_\mathrm{k}=\int F_x\mathrm{d}x=\int\frac{\mathrm{d}p}{\mathrm{d}t}\mathrm{d}x=\int v\mathrm{d}p \tag{14.19}$$

由于

$$\mathrm{d}(pv)=p\mathrm{d}v+v\mathrm{d}p \tag{14.20}$$

将式(14.20)代入式(14.19)得

$$\begin{aligned}E_\mathrm{k}&=pv-\int_0^v p\mathrm{d}v=\frac{m_0v^2}{\sqrt{1-v^2/c^2}}-\int_0^v\frac{m_0v}{\sqrt{1-v^2/c^2}}\mathrm{d}v\\&=\frac{m_0v^2}{\sqrt{1-v^2/c^2}}+m_0c^2\sqrt{1-v^2/c^2}-m_0c^2\\&=mc^2-m_0c^2\end{aligned}$$

即相对论动能为

$$E_\mathrm{k}=mc^2-m_0c^2 \tag{14.21}$$

相对性动能表达式与经典力学中的动能表达式完全不同。当 $v\ll c$ 时，由数学推导可得 $E_\mathrm{k}\approx\frac{1}{2}m_0v^2$，即为牛顿力学中的动能表达式。

因为式(14.21)的左端是相对论中的动能，所以右端也应该是能量相减，而且 mc^2 应该是末态量、m_0c^2 是初态量。所以 mc^2 和 m_0c^2 具有能量的含义，即

$$mc^2=E_\mathrm{k}+m_0c^2 \tag{14.21a}$$

$E=mc^2$ 为物体运动时的总能；$E_0=m_0c^2$ 为物体静止时的总能，包含组成该物质的微观动能和分子势能，也可以称为内能。

式(14.21a)表明，物体的总能量等于物体的动能与其静能量之和。

因此得质量和能量的关系为

$$E = mc^2 \tag{14.21b}$$

即物体的能量等于物体的质量与光速平方的乘积。它揭示了物质的基本属性——质量和能量之间的内在联系，物体的质量和能量不可分割，一定的质量总是对应地联系着一定的能量，即使物体静止也具有能量。相对论能量和质量守恒是一个统一的物理规律。物体质量发生变化Δm，则能量也发生变化$\Delta E = \Delta mc^2$。比如计算在核反应中释放的能量时，只要测出核反应前后静质量之差，即质量亏损Δm，就能确定释放的巨大的核能，反之亦然。在原子核的裂变反应中，1g 铀-235 裂变时释放的能量就约为$8.5\times10^{10}\,\text{J}$。

相对论指出了静止物体本身蕴藏着巨大的能量，已被近代原子能的利用得到证实。相对论的质能关系为核能的开发和利用奠定了理论基础，是一个具有划时代意义的公式。

【例 14-4】静止质量为 1kg 的物体，其能量是多少？此能量如果是给某 100 栋大楼供电，设每栋楼有 200 套房，每套房用电功率为 10kW，总功率就是$2\times10^8\,\text{W}$，每天用电 10 小时，年耗电量$2.63\times10^{15}\,\text{J}$。可供电多少年？

解：$E_0 = m_0c^2 = 9\times10^{16}\,\text{J}$

$$\frac{E_0}{2.63\times10^{15}} \doteq 34\text{年}$$

即该能量若是给这样的大楼供电可供 34 年。

14.3.3　相对论动量和能量关系式

由相对论质量关系式$m_{(v)} = \dfrac{m_0}{\sqrt{1-\dfrac{v^2}{c^2}}}$，两边平方得

$$m^2 = \frac{m_0^2c^2}{c^2-v^2}$$

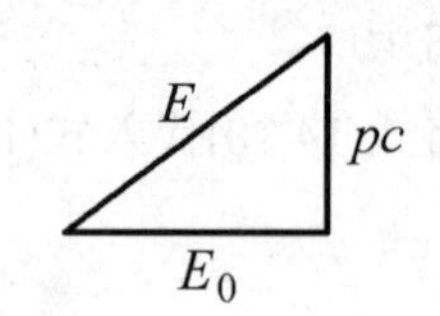

图 14.8　能量三角形

再两边乘$c^2(c^2-v^2)$得：　$m^2c^4 - m^2v^2c^2 = m_0^2c^4$

式中，　$m^2c^4 = E^2$，　$m^2v^2c^2 = p^2c^2$，$(m_0c^2)^2 = E_0^2$，因此得

$$E^2 = E_0^2 + p^2c^2 \tag{14.22}$$

式(14.22)称为相对论动能与能量的关系式。类似于数学中的勾股定理，可用能量三角形表示上述关系，如图 14.8 所示。

对于光子，$m_0 = 0$，故有

$$E = pc \tag{14.23}$$

式(14.23)将在后面学习德布罗意波长时讨论。

又光子能量为　$E = h\nu$

因此光子动量又可表示为

$$p = \frac{E}{c} = \frac{h\nu}{c} = \frac{h}{\lambda} \tag{14.24}$$

【例 14-5】 快速运动的介子的能量及静能量分别为3000MeV和100MeV，若这种介子的寿命为2×10^{-6} s。求介子运动的距离。

解：这里的寿命应该是静止时的寿命，即固有时间τ_0(因为如非固有时间，则运动情况

不同，运动的寿命就不同，所以是固有时间)。

因为 $$m=\frac{m_0}{\sqrt{1-v^2/c^2}}=\gamma m_0$$

所以 $$mc^2=\gamma m_0 c^2$$

即 $$E=\gamma E_0$$

则 $$\gamma=\frac{E}{E_0}=30$$

则介子的运动时间为 $$\Delta t=\frac{\tau_0}{\sqrt{1-v^2/c^2}}=\gamma\tau_0=30\times2\times10^{-6}=6\times10^{-5}\,\mathrm{s}$$

又由 $$\gamma=\frac{1}{\sqrt{1-v^2/c^2}}=30$$

解得　$v=2.998\times10^8\,\mathrm{m/s}$

所以介子运动距离 $l=v\cdot\Delta t=2.998\times10^8\times6\times10^{-5}=1.799\times10^4\,\mathrm{m}$。

【课外阅读与应用】

核能

“核能”起源于将核子(中子与质子)保持在原子核中的一种很强的作用力——核力。根据爱因斯坦的质能关系 $E=mc^2$ 说明原子核内蕴藏着巨大的能量，1 克铀-235 的原子核全部裂变时所释放的能量可达 8.5×10^{10} 焦耳。铀-235 原子核在吸收一个中子后能分裂成两个新的原子核，同时放出 2 个中子并释放出巨大的能量——核能，远大于化学反应所释放的能量。核能的获得途径主要有两种，即重核裂变与轻核聚变。核聚变要比核裂变释放出更多的能量。例如，1kg 氢燃料发生聚变反应放出的热量，相当于 4kg 铀燃料发生裂变反应或 1 万吨优质煤燃烧放出的热量。原子弹、核电站、核反应堆等都利用了核裂变的原理。

据估计，在世界上核裂变的主要燃料铀和钍的储量分别约为 490 万吨和 275 万吨。这些裂变燃料足可以用到聚变能时代。轻核聚变的燃料是氘和锂，1 升海水能提取 30 毫克氘，在聚变反应中能产生约等于 300 升汽油的能量，即“1 升海水约等于 300 升汽油”，地球上海水中有 40 多万亿吨氘，足够人类使用百亿年。地球上的锂储量有 2000 多亿吨，锂可用来制造氚。以目前世界能源消费的水平来计算，地球上能够用于核聚变的氘和氚的数量，可供人类使用上千亿年。因此，如果解决了核聚变技术，那么人类将能从根本上解决能源问题。

轻核聚变是指在高温下(温度超过 10^8K)，两个质量较小的原子核结合成质量较大的新核并放出大量能量的过程。由于原子核间有很强的静电排斥力，因此在一般的温度和压力下，很难发生聚变反应。核聚变反应必须在极高的压力和温度下进行，故称为“热核聚变反应”。

控热核聚变的最有希望的途径是利用磁约束。即利用磁场将高温高密等离子体约束在一定的容积内，且维持足够长时间，使其达到“点火”条件。磁压缩装置种类很多。其中最有希望的是环流器，又称托卡马克装置，比如我国合肥的全超导托卡马克 EAST(HT-7U)核聚变实验装置(又称“人造太阳”)。这种环形装置以及螺旋形磁场，不仅使约束的等离子体没有直线形装置中的终端损失(逃逸出去)，而且有利于克服放电柱的不稳定性以及粒子横越磁场的漂移而引起的碰壁损失。

目前核能源主要用于核能发电、核潜艇、核武器等。

习　题　14

14.1　静止参考系 S 中沿 x 方向固定有一尺子，运动参考系 S'沿 x 轴运动，S、S'的坐标轴平行。在 S、S'系测量尺子的长度时必须同时去测量尺子两端的坐标吗？________。

14.2　下列几种说法正确的有__________。

(1) 所有惯性系对一切物理规律都是等价的；

(2) 真空中，光的速度与光的频率、光源的运动状态无关；

(3) 在任何惯性系中，光在真空中沿任何方向的传播速度都相同。

14.3　一观察者测得运动着的米尺长为 0.5m，则该米尺接近观察者的速度为______。

14.4　在某地发生两件事，静止位于该地的甲测得时间间隔为 6s，则相对甲以 $4c/5$(c 表示真空中光速)的速率做匀速直线运动的乙测得时间间隔为__________。

14.5　边长为 a 的正方形薄板静止于惯性系 S 的 xOy 平面内，且两边分别与 x 轴、y 轴平行，现有惯性系 S'以 $0.8c$(c 为真空中光速)的速度相对于 S 系沿 x 轴做匀速直线运动，则从 S'系测得薄板的面积为__________。

14.6　狭义相对论的两条基本假设是________________________________原理和______________________________原理。

14.7　有一速度为 u 的宇宙飞船沿 x 轴的正方向飞行，飞船头尾各有一个脉冲光源在工作，处于船尾的观察者测得船头光源发出的光脉冲的传播速度大小为____________；处于船头的观察者测得船尾光源发出的光脉冲的传播速度大小为____________。

14.8　从地球上测得，地球到最近的恒星半人马座 α 星的距离为 4.3×10^{16}m。某宇宙飞船以速度 $v=0.99c$ 从地球向该星飞行，飞船上的观察者将测得地球与该星间的距离是______________。

14.9　如果一个粒子的质量是它的静止质量的 10 倍，该粒子运动的速率为________。

14.10　可以把物体加速到光速吗？有人说光速是运动物体的极限速率，为什么？

14.11　在宇宙飞船上有人拿着一个立方体物体。若飞船正以接近光速的速度飞离地球，则分别从地球和飞船看该物体的形状是一样的吗？为什么？

14.12　一个在实验室中以 $0.8c$ 的速率运动的粒子，飞行 3m 后衰变。实验室中的观察者测量的该粒子存在了多长时间？如果由一个与粒子一起运动的观察者来测量，该粒子衰

变前存在了多长时间？

14.13　在约定系统中发生的两个事件，若 S 系测得其时间间隔为 4s，在同一地点发生；S'系测得其时间间隔为 6s，则 S'相对于 S 的运动速度大小为多少？

14.14　某人测得一静止棒长 l，质量 m，可得此棒的质量密度为 $\rho = m/l$。假定此棒以很快的速度 v 沿棒长方向运动，测得棒的质量密度为多少？若棒沿垂直长度方向上运动，测得棒的质量密度又是多少？

14.15　一物体的速度使其质量增加 10%，此物在其运动方向上的长度缩短了多少？

14.16　若一电子的总能量为5.0MeV，求该电子的静能、动能、动量和速率。

14.17　把一个静止质量为 m_0 的粒子，由静止加速到 v=0.6c(c 为真空中的光速)，需做多少功？

第 15 章　量子物理基础

量子力学是 20 世纪初建立起来的另一个具有深刻意义的物理理论，近年来发展十分迅速，它的建立标志着人类对微观领域基本规律的认识和掌握进入了一个新阶段。1900 年，普朗克首先提出了能量量子化的假设，成功地解释了黑体辐射的实验，为量子理论奠定了基础。1905 年，爱因斯坦提出了光量子假说，进一步发展了普朗克的能量量子化的思想。1913 年，波尔创造性地把量子化理论应用到原子模型，建立了氢原子理论，解释了氢原子光谱的规律。德布罗意提出了实物粒子也具有波动性，为量子论开辟了一条新的路径。薛定谔在德布罗意思想的基础上，引入了描述微观粒子运动状态的态函数，建立了波函数所满足的微分方程——薛定谔方程。

本章主要介绍量子物理的基本概念，包括量子力学创立的有关实验基础、量子理论的建立和发展，以及量子力学的基本原理。

15.1　黑体辐射　普朗克的量子假说

15.1.1　黑体辐射

1. 热辐射

物体在任何温度下都在向外辐射各种波长的电磁波，我们把这种由于物体内的分子、原子受到热激发而发射电磁波的现象叫热辐射，是一种自发辐射。

物体在一定时间内辐射能量的多少及能量按波长的分布都与物体的温度有关，故称电磁辐射为热辐射(温度辐射)，如炉子、酒精灯等。如果物体辐射的能量等于在同一时间所吸收的能量，称为平衡热辐射，此时物体处于温度一定的热平衡状态。

2. 量子力学描述热辐射的物理量

为了研究物体热辐射按波长(或频率)分布的规律，特引入以下概念。

(1)　单色辐出度。

单位时间内，从温度为 T 的物体单位表面积发出的频率在 ν 附近单位频率区间(或波长在 λ 附近单位波长区间)的电磁波的能量，叫单色辐出度，用 $M(\nu,T)$ 或 $M(\lambda,T)$ 表示。

单色辐出度的单位是瓦特·(米$^{-3}$·赫兹$^{-1}$)，即 W·(m^{-3}·Hz^{-1})。

(2)　辐射出射度。

单位时间内从物体单位表面发出的各种波长(或频率)的电磁波的总能量，叫辐射出射度，简称辐出度，用 $M(T)$表示。

由定义可知，单色辐出度 $M(\lambda,T)$与辐射出射度 $M(T)$之间的关系为

$$M_{(T)} = \int_0^{\infty} M_{(\nu,T)} \mathrm{d}\nu \tag{15.1}$$

或
$$M_{(T)} = \int_0^{\infty} M_{(\lambda,T)} \mathrm{d}\lambda \tag{15.2}$$

国际单位制中，辐出度的单位为瓦特·米$^{-2}$($\mathrm{W \cdot m^{-2}}$)。

实验证明，$M(\lambda,T)$或 $M(\nu,T)$与表面性质、材料有关，且辐射能力越强的物体，其吸收能力也越强。如图 15.1 所示为钨丝和太阳的单色辐出度曲线图。

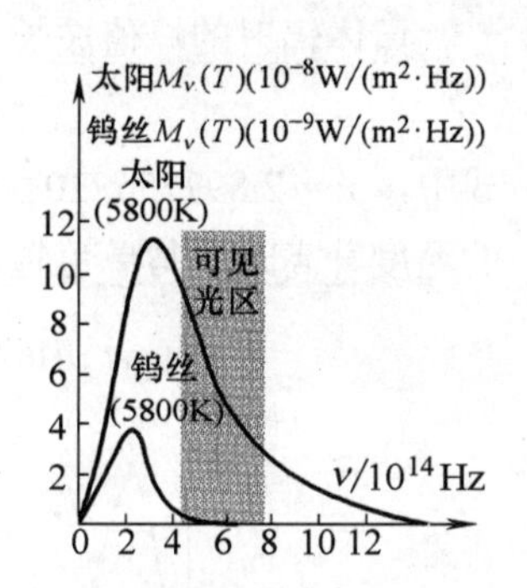

图 15.1　钨丝和太阳的单色辐出度

(3)　物质吸收比、透射比、反射比。

被物体吸收的能量与入射能量之比，称为吸收比。用$\alpha(\nu,T)$或$\alpha(\lambda,T)$表示。

物体透射的能量与入射能量之比称为透射比，用$\beta(\nu,T)$或$\beta(\lambda,T)$表示。

被物体反射的能量与入射能量之比称为反射比，用$\gamma(\nu,T)$或$\gamma(\lambda,T)$表示。

一般情况下，$\alpha+\beta+\gamma=1$，对不透明物体有$\alpha+\gamma=1$。

15.1.2　黑体辐射的基本规律

1. 绝对黑体

为描述不同温度下不同物质吸收电磁辐射的性能，我们引入绝对黑体的模型。能完全吸收照射到它上面的各种频率的电磁辐射的物体称为绝对黑体，简称黑体。黑体是理想模型，其吸收比$\alpha=1$，其单色辐出度 M_λ最大，且只与温度有关，而和材料及表面无关。维恩设计的黑体模型如空腔小孔可近似地看作黑体。

2. 辐出度 $M(T)$与吸收比 α 的关系

在相同温度下，各种不同物体对相同波长λ_0(频率)的单色辐出度与单色吸收比的比值都相同，且等于该温度下黑体对同一波长(频率)的单色辐出度，即

$$\frac{M_{1(\lambda,T)}}{\alpha_{1(\lambda,T)}} = \frac{M_{2(\lambda,T)}}{\alpha_{2(\lambda,T)}} = \cdots = M(\lambda_0,T) \tag{15.3}$$

式中，$M(\lambda_0,T)$ 表示黑体的单色辐出度。式(15.3)表明，辐射强的物体其吸收也强，符合能量守恒定律。

3. 黑体辐射的实验定律

黑体的单色辐出度与温度变化关系的实验曲线如图 15.2 所示。根据实验结果总结出两条黑体辐射定律。

(1)　斯特藩-玻耳兹曼定律。

黑体的辐出度与黑体温度的四次方成正比，即

$$M(T) = \int_0^{\infty} M_\lambda(T) \mathrm{d}\lambda = \sigma T^4 \tag{15.4}$$

式中，$\sigma = 5.67\times10^{-8}\ \mathrm{W \cdot m^{-2} \cdot K^{-4}}$，称为斯特藩-玻耳兹曼常数。式(15.4)表明，黑体的辐射

能量随温度的升高而急剧地增大。

(2) 维恩位移定律。

黑体辐射的峰值波长与其温度成反比：

$$\lambda_m T = b \tag{15.5}$$

式中，$b = 2.897756\times10^{-3}$ m·K，由实验确定，是与温度无关的常量。式(15.5)表明，当黑体的温度升高时，与单色辐出度 M_λ 的峰值对应的波长 λ_m 向短波方向移动，如图 15.3 所示。

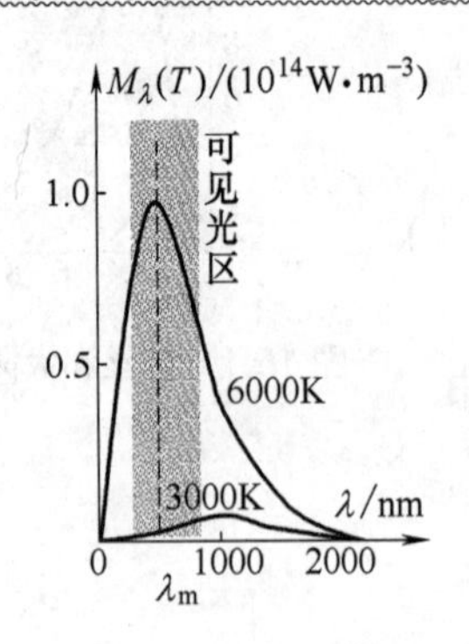

图 15.2 黑体辐射实验曲线

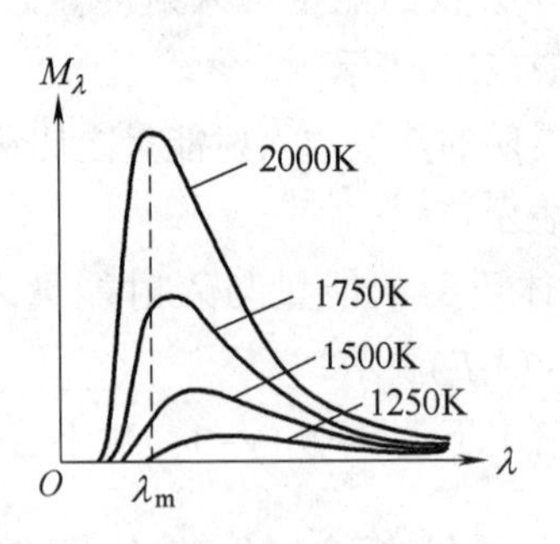

图 15.3 维恩位移定律

式(15.5)也可改写成

$$\nu_m = C_\nu \cdot T \tag{15.5a}$$

式中，C_ν 也是由实验确定的常量。即当黑体的温度升高时，与单色辐出度 M_ν 的峰值对应的频率 ν_m 增大。

【例 15-1】 (1) 温度为 20℃的黑体，其单色辐出度的峰值所对应的波长是多少？

(2) 若使一黑体单色辐出度的峰值所对应的波长在红色谱线范围内，其温度应为多少？

(3) 以上两辐出度的比为多少？

解：(1) T=293K，由维恩位移定律

$$\lambda_m = \frac{b}{T} = \frac{2.898\times10^{-3}}{293} = 9890\text{nm}\ (\text{是红外谱线})$$

(2) 取红光谱线的波长为 6.50×10^{-7}m，则

$$T = \frac{b}{\lambda_m} = \frac{2.898\times10^{-3}}{6.50\times10^{-7}} = 4.46\times10^3\text{K}$$

(3) 由斯特藩-玻耳兹曼定律

$$\frac{M(T_2)}{M(T_1)} = \left(\frac{T_2}{T_1}\right)^4 = \left(\frac{4.46\times10^3}{293}\right)^4 = 5.37\times10^4$$

【例 15-2】 实验测得太阳辐射光谱的 λ_m=490nm，若把太阳视为黑体，试计算太阳每单位表面积上所发射的功率，并估算太阳表面的温度。已知太阳半径 $R_S=6.96\times10^8$m，地球半径 $R_E=6.37\times10^6$m，地球与太阳的平均距离 $d=1.496\times10^{11}$m。

解：把太阳背景视为黑体，太阳可视为黑体中的小孔。

(1) 太阳每单位表面积上所发射的功率 P_0 即辐出度

$$P_0 = M(\lambda_m, T) \tag{①}$$

由斯特藩-玻耳兹曼定律　　$M(\lambda_m, T)=\sigma T^4$　　②

由维恩位移定律　　$\lambda_m T = b$　　③

联立式①～式③解得：　　$P_0 = \sigma\left(\frac{b}{\lambda_m}\right)^4$

代入数据得　$P_0 = 6.87\times10^7\,\mathrm{W\cdot m^{-2}}$

(2) 太阳表面温度的估算如下：

由 $P_0 = M(\lambda_m, T) = \sigma T^4$ 得　　$T = \sqrt[4]{\frac{P_0}{\sigma}} \doteq 5880\mathrm{K}$

并由此也可估算宇宙中其他发光星体的表面温度。

【说明】(1) 太阳不是绝对黑体，所以按黑体计算出的表面温度低于太阳的实际温度；理论计算的辐出度高于实际辐出度。

(2) 利用此光测高温原理可制成辐射高温计。

4. 黑体辐射的研究发展简介

1900 年，瑞利(Reilly)和金斯(Jeans)根据热力学统计物理中粒子能量均分定理，利用经典的电磁场理论，黑体辐射的电磁波中光子是玻色子，粒子分布满足玻色分布，推出黑体辐射的瑞利-金斯公式

$$M_\nu(T)\mathrm{d}\nu = \frac{2\pi\nu^2}{c^2}kT\mathrm{d}\nu \tag{15.6}$$

式中，c 为光速，k 为玻耳兹曼常量。由图 15.4 可见，式(15.6)得出的黑体辐射的曲线在长波段与实验结果相符，但在短波段与实验结果严重不符，尤其是当波长很小时，即频率很大(趋于紫外)时，黑体的辐出度 $M_\nu(T)$ 将趋于无穷大，这显然是不合理的，这在物理学史上被称为**“紫外灾难”**。

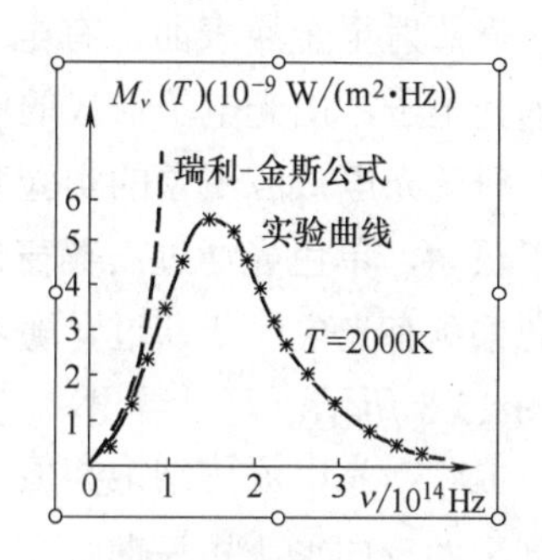

图 15.4　瑞利-金斯公式与实验曲线的比较

1896 年，维恩按粒子分布满足玻耳兹曼-麦克斯韦分布，同理推出了黑体辐射规律的另一表达式——**维恩公式**。但维恩公式在短波段与实验相符，而长波段有明显的偏离。至此，经典物理面临空前的困境，面临新的挑战，必须有一套全新的理论来解救这场“灾难”，从而诞生了普朗克(Plank)的能量子假说。

15.1.3　普朗克假设和普朗克黑体辐射公式

普朗克深入地研究了黑体辐射，在 1900 年发表了能量子假说：辐射物质中具有带电的线性谐振子，这些谐振子与经典物理中所说的不同，只可能处于某些特殊的状态，在这些状态中，相应的能量是某一最小能量 ε 的整数倍，即 $\varepsilon, 2\varepsilon, \cdots, n\varepsilon\cdots$，$\varepsilon$ 叫能量子，整数 n 称为量子数，对频率为 ν 的谐振子来说，最小能量为 $\varepsilon = h\nu$。h 是一普适常量，称为普朗

克常量，量值为 $h=(6.626176\pm0.000036)\times10^{-34}\text{J}\cdot\text{s}$，在辐射或吸收能量时，振子从这些状态中的一个状态跃迁到其他的另一状态。

普朗克从他的能量子假说出发，应用玻耳兹曼统计规律和有关黑体辐射理论，推导出了黑体热平衡时的辐射规律：

$$M_\nu(T)=\frac{2\pi\nu^2}{c^2}\frac{h\nu}{\mathrm{e}^{h\nu/kT}-1} \tag{15.7}$$

式(15.7)称为普朗克黑体辐射公式。普朗克理论与实验符合得很好。如图 15.4 所示，实线为普朗克黑体辐射理论曲线，“*”标示的是实验曲线。

普朗克获得了 1918 年诺贝尔物理学奖，被誉为“量子力学之父”。

热辐射的规律是高温测量遥感、红外追踪、天体物理等科学技术的物理基础，在现代科学技术中有着广泛的应用。

15.2 光电效应 康普顿效应

长期以来，光的波动说一直占据统治地位。到 19 世纪末，出现了一些新的实验事实，如光电效应和康普顿散射实验，不能用光的波动说来解释。通过本节的学习，我们能对光的粒子性及光的波粒二象性有更深刻的理解和认识。

15.2.1 光电效应实验的规律

光照射至金属表面，有电子从金属表面逸出的现象叫光电效应。从金属中逸出的电子称为光电子，由光电子形成的电流称为光电流。

研究光电效应现象的实验装置如图 15.5 所示，真空玻璃管内装有两个电极——阴极 K 和阳极 A，单色光通过石英窗口照射到金属阴极时，在两极间加一电压 U，则由检流计 G 可观察到有光电流 I 通过，随着电压 U 的变化，光电流 I 也变化。实验测出伏安特性曲线如图 15.6 所示。可以看出，光电流随外加电压 U 的增加而非线性增加，当电压 U 增加到一定值时，光电流达到饱和值 i_m，这表明从阴极逸出的光电子全部到达阳极。当电压 U 减小到零并反向增大电压时，尽管此时外加电场阻碍光电子的运动，但仍有部分光电子到达阳极，直到反向电压增大到某一定值 U_0 时，光电流才停止，该电压 U_0 称为遏止电压或遏止电势差。如图 15.6 所示，不同的光强 I_1 和 I_2 对应相同的遏止电压 U_0，说明遏止电压与光强无关。

实验表明：

(1) 只有当入射光频率 ν 大于一定的频率 ν_0 时，才会产生光电流。ν_0 叫截止频率(也称红限频率)，截止频率与材料有关，与光强无关。常见的几种纯金属的截止频率如表 15.1 所示。

由遏止电势差可以确定电子的最大初动能为 $eU_0=E_\mathrm{kmax}$。

(2) 遏止电压 U_0 与入射光频率呈线性关系，如图 15.7 所示，与入射光强无关。

表 15.1　几种常见金属的截止频率

金属名称	铯	钠	锌	铱	铂
截止频率 $\nu_0/10^{14}$Hz	4.545	5.50	8.065	11.53	19.29

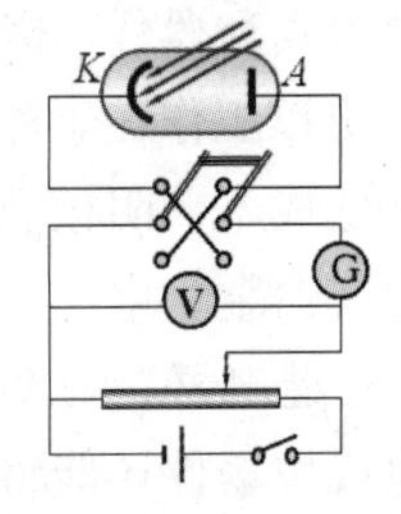

图 15.5　光电效应实验

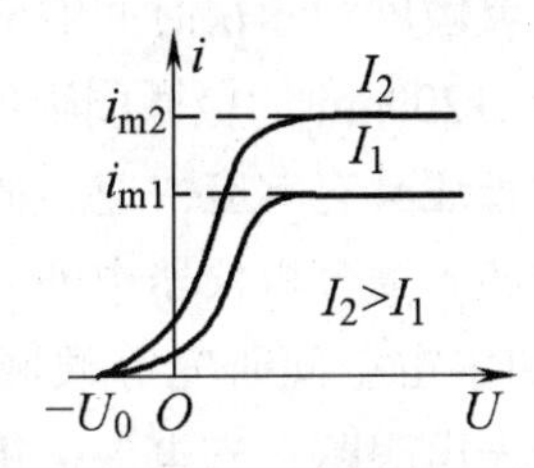

图 15.6　光电效应伏安曲线

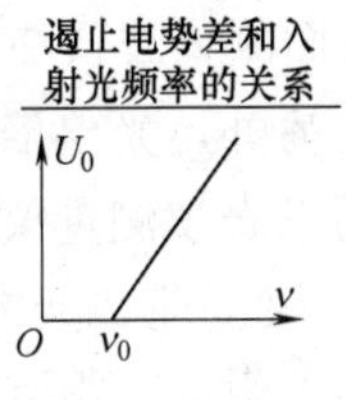

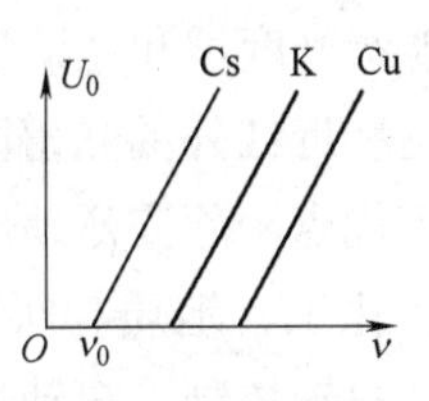

图 15.7　遏止电压 U_0 与入射光频率

(3) 只要入射光频率 $\nu > \nu_0$，光电效应立即产生，与光强无关，但饱和光电流强度与入射光强成正比。

光电效应用经典理论是无法解释的。

- 红限问题：按经典理论，无论何种频率的入射光，只要光强度足够大，就能使电子获得足够的能量逸出金属表面，与频率无关。这与实验结果不符。
- 瞬时性问题：按经典理论，电子逸出金属所需的能量，需要有一定的时间来积累，一直积累到足以使电子逸出金属表面为止。不可能在瞬时发生，这也与实验结果不符。

15.2.2　爱因斯坦的光量子论

普朗克的能量子观点只涉及光的发射或吸收，未涉及辐射在空间的传播问题。为解释光电效应现象，爱因斯坦于 1905 年提出了“光量子”假设。

一束光是以光速 c 运动的粒子流，这种粒子称为光子。光子的能量为 $\varepsilon = h\nu$。金属中的自由电子吸收一个光子能量 $h\nu$ 以后，一部分用于电子从金属表面逸出所需的逸出功 W，一部分转化为光电子的动能，由能量守恒定律得

$$h\nu = \frac{1}{2}mv^2 + W \tag{15.8}$$

式中，$h\nu$ 为入射光子的能量，$\frac{1}{2}mv^2$ 为光电子初动能，W 为金属逸出功。

式(15.8)称为爱因斯坦光电效应方程。可见，对同一种金属，逸出功 W 一定，电子初动能正比于频率 $E_k \propto \nu$，与光强无关，这就解释了红限问题。几种常见金属的逸出功如表 15.2 所示。

表 15.2　几种金属的逸出功

金属名称	钠	铝	锌	铜	银	铂
逸出功 W(eV)	2.28	4.08	4.31	4.70	4.73	6.35

由爱因斯坦的光量子理论可知，当入射光强增大时，照到金属表面的光子数增多，单位时间内产生光电子数就增多，因此光电流大；光子射至金属表面，一个光子携带的能量$h\nu$将一次性被一个电子吸收，若$\nu > \nu_0$，电子立即逸出，无须时间积累(光电效应的瞬时性)。

根据光电效应原理可制成光电管和光电倍增管，如图15.8所示。光电倍增管是能方便地将微弱光信号转换成电信号，具有极高灵敏度和超快时间响应的光敏电真空器件，能在低能级光度学和光谱学方面测量波长200～1200nm的极微弱辐射功率，可以工作在紫外、可见和近红外的光谱区。另外，光电倍增管还具有响应快速、低噪声、低成本、阴极面积大等优点，除广泛地应用于光学测量仪器和光谱分析仪器中外，还应用在冶金、电子、机械、化工、地质、医疗、核工业、天文和宇宙空间研究等领域，如光控继电器、自动报警、自动控制、自动计数、电影、电视、光电跟踪、光电保护等。光电成像器件还能将可见或不可见的辐射图像转换或增强成为可观察记录、传输、储存的图像。

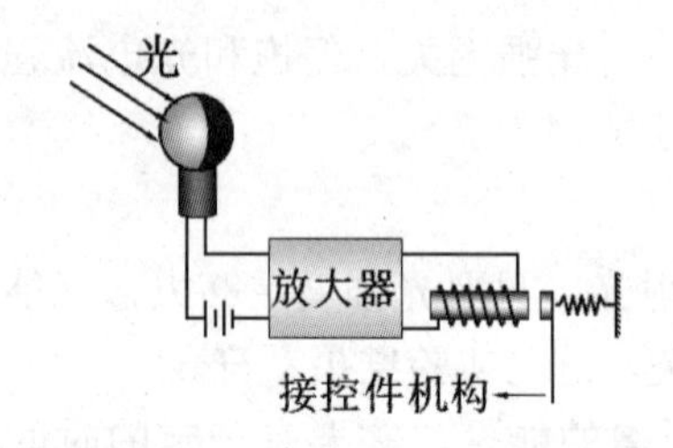

图15.8　光控继电器示意图(左)和光电倍增管(右)

【例15-3】波长为450nm的单色光射到纯钠的表面上。求：(1)这种光的光子能量和动量；(2)光电子逸出钠表面时的动能；(3)若光子的能量为2.40eV，其波长为多少？

解：(1) 光子能量 $E = h\nu = \dfrac{hc}{\lambda} = 4.42\times10^{-19}\,\text{J} = 2.76\text{eV}$

动量　$p = \dfrac{h}{\lambda} = \dfrac{E}{c} = 1.47\times10^{-27}\,\text{kg}\cdot\text{m}\cdot\text{s}^{-1}$

(2) 光电子逸出时的动能　$E_\text{k} = E - W = (2.76 - 2.28)\text{eV} = 0.48\text{eV}$

(3) 波长　$\lambda = \dfrac{hc}{E} = \dfrac{6.63\times10^{-34}\times3\times10^{8}}{2.40\times1.6\times10^{-19}} = 5.18\times10^{-7}\,\text{m} = 518\text{nm}$

15.2.3　康普顿效应

除光电效应外，光量子理论的另一重要实验证据是康普顿效应。1923年康普顿发现，经过金属散射后的X射线包含两种不同频率的成分：一种频率不变，另一种频率变小(即波长变大)，频率的改变量与散射角有关。这种波长变长的散射称为康普顿散射。

观察康普顿散射的实验装置如图15.9所示，X光管发出的一束单色X射线经过光阑D_1、D_2射出后为某种散射物质所散射。散射线的波长用布喇格晶体的反射来测量，散射线的强度用检测器来测

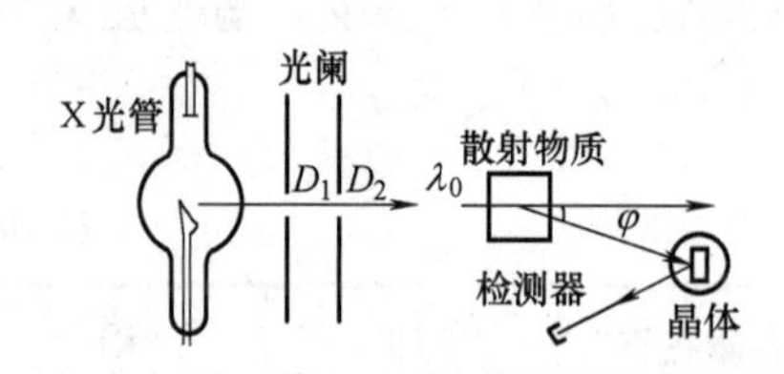

图15.9　康普顿散射实验装置

量。实验结果如下。

(1)　设入射线的波长为λ_0，沿不同方向的散射线中，除原波长外还出现了波长$\lambda>\lambda_0$ 的谱线。

(2)　波长差 $\Delta\lambda=\lambda-\lambda_0$ 随散射角φ的增加而增加；原波长λ_0 谱线的强度随φ的增加而减小，波长为λ的谱线强度随φ的增加而增加。

(3)　若用不同元素作为散射物质，则 $\Delta\lambda$与散射物质无关；原波长λ_0 谱线的强度随散射物质原子序数的增加而增加，波长为λ的谱线强度随原子序数增加而减小。

以上实验结果称为康普顿效应。按照经典电磁理论，当电磁波通过物体时，将引起物体内带电粒子的受迫振动，每个振动着的带电粒子将向四周辐射电磁波，这就是散射光。由波动理论可知，带电粒子做受迫振动的频率等于入射光的频率，辐射出的光的频率也应与入射光的频率相同。因此，光的波动理论不能解释康普顿效应中散射光波长λ可以大于入射光波长λ_0的实验结果。

根据光子理论，X 射线的散射是单个光子和单个电子发生弹性碰撞的结果。在碰撞过程中，一个自由电子吸收一个入射光子能量后，发射一个散射光子，当光子向某一方向散射时，电子受到反冲而获得一定的动量和能量。在整个碰撞过程中，系统的动量守恒，能量守恒。

当入射光子和电子碰撞时，把一部分能量传给了电子，因而散射光子能量减少，频率降低，波长变长，即$\lambda>\lambda_0$。

如果光子与原子中束缚得很紧的电子碰撞，因原子的质量比光子大得多，因而散射光的频率不会显著地改变，这就是散射线中λ_0的成分。碰撞后，电子具有很高的速度，要考虑相对论效应。

设入射光的波长为λ_0，电子的静质量为m_0，散射光子的波长为λ，散射角(入射光方向与散射光方向的夹角)为φ。

由系统的动量守恒、能量守恒定律可推导出散射波长的偏移量为

$$\Delta\lambda=\lambda-\lambda_0=\frac{h}{m_0c}(1-\cos\varphi)=\lambda_C(1-\cos\varphi) \tag{15.9}$$

式中，$\lambda_C=\dfrac{h}{m_0c}=\dfrac{6.63\times10^{-34}}{9.11\times10^{-31}\times3\times10^{8}}=2.43\times10^{-3}\text{nm}$，称为电子的康普顿波长。

最后要指出，康普顿效应发生在光子具有较高能量(X 射线)的情况下。光子将主要与自由电子发生弹性碰撞，损失一部分能量，造成波长变大的散射效应。由于光子能量较高，这种弹性碰撞应该用相对论的动量守恒与能量守恒定律处理，这与光电效应的情况不同。在光电效应中，入射光子的能量较低，处于可见光和紫外光频率范围内；入射光子主要与束缚态的电子发生完全非弹性碰撞，能量全部被电子吸收，吸收了光子能量的电子从金属中逃逸出来形成光电流。由于光电效应发生在较低能量情况下，可以忽略相对论效应，因此在光电效应中可用非相对论近似下的能量守恒定律来处理。

15.2.4 光的波粒二象性

爱因斯坦的光量子假说不仅成功地解释了光电效应等实验，而且加深了人们对光的本质的认识。波动光学已指出，光是一种电磁波，具有干涉、衍射和偏振等波动特性。现在我们认识到光是粒子流，即光子流，具有粒子性。可见，光既具有波动性又具有粒子性，统称为光的波粒二象性。

光是粒子，由相对论质能关系，光子的质量为

$$m=\frac{\varepsilon}{c^2}=\frac{h\nu}{c^2} \tag{15.10}$$

由相对论的能量与动量的关系得

$$p=\frac{h\nu}{c}=\frac{h}{\lambda} \tag{15.11}$$

可见，普朗克常量 h 把描述光的粒子性(能量、质量、动量)和波动性(波长、频率)联系起来了。在有些情况下，光突出地表现出粒子性，如光电效应和康普顿散射等实验；在另一些情况下，光突出地显示出波动性，如光的干涉和衍射实验。

15.3 德布罗意波 实物粒子的二象性

法国物理学家德布罗意(De. Broglie)在深入研究了光量子理论后，于 1924 年提出了“物质波”的概念，如图 15.10 所示。他认为，“整个世纪以来(指 19 世纪)在光学中比起波动的研究方法来，如果说是过于忽视了粒子的研究方法的话，那么在实物的理论中，是否发生了相反的错误呢？是不是我们把粒子的图像想得太多，而过分忽略了波的图像呢？”因此，德布罗意提出假设：一个质量为 m、以速率 v 运动的实物粒子具有波动性，其波称为物质波。物质波的波长 λ 和频率 ν 与粒子的能量 E 和动量 p 满足以下关系：

德布罗意

Louis Victor de Broglie

1892—1987，获 1929 年

诺贝尔物理学奖

图 15.10 德布罗意

$$E=h\nu \qquad p=\frac{h}{\lambda}$$

德布罗意物质波的波长为

$$\lambda=\frac{h}{p}=\frac{h}{mv} \tag{15.12}$$

频率为

$$\nu=\frac{E}{h}=\frac{mc^2}{h} \tag{15.12a}$$

【注意】(1) 若 $v\ll c$，则 $m=m_0$；若 $v\to c$，$m=\gamma m_0$ (考虑相对论效应)。

(2) 宏观物体的德布罗意波长小到实验难以测量的程度，因此宏观物体仅表现出粒子性。

例如，电子经电势差为 U 的电场加速，在 $v << c$ 下， 因为 $E_k = \frac{1}{2}m_0v^2 = eU$ ，所以

$$v = \sqrt{\frac{2eU}{m_0}} \tag{15.12b}$$

由式(15.12b)得此电子的德布罗意波长为

$$\lambda = \frac{h}{m_0 v} = \frac{h}{\sqrt{2em_0U}} = \frac{h}{\sqrt{2em_0}}\frac{1}{\sqrt{U}} \approx \frac{1.22}{\sqrt{U}}\text{nm} \tag{15.13}$$

设 U=200V，则 $\lambda = \frac{1.22}{\sqrt{200}}\text{nm} = 8.63\times10^{-2}\text{nm}$ ；如 U=150V，则λ=0.1nm。此波长与 X 射线同数量级。因此德布罗意波的波长很短。

那么实物粒子波的干涉、衍射等特性如何用实验来证明呢？1927 年，戴维孙-革末电子衍射实验、G.P.汤姆孙电子衍射实验都得到了证明。而宏观物体的德布罗意波长很小，小到实验难以测量的程度，因此宏观物体仅表现出粒子性。

由于电子的德布罗意波长远小于可见光波长，因此可利用电子的波动性代替可见光制成显微镜，以得到更高的分辨率。1932 年德国人鲁斯卡成功研制了世界上第一台电子显微镜，1981 年德国人宾尼希和瑞士人罗雷尔制成了利用量子理论中的隧道效应探测物质表面结构的仪器——扫描隧道显微镜(STM)，具有原子级高分辨率，可达 0.01nm，能让科学家观察和定位单个原子，并且能在低温下利用探针尖端精确操纵原子，因此它在纳米科技领域既是重要的测量工具又是加工工具，近年来在生命科学研究中的应用也越来越广泛。

【例 15-4】 试计算温度为 25℃时慢中子的德布罗意波长。

解： $T = 25 + 273 = 298\text{K}$

在热平衡状态时，按照能量均分定理，慢中子的平均平动动能可表示为

$$\bar{\varepsilon} = \frac{1}{2}m_n v^2 = \frac{3}{2}kT = 3.85\times10^{-2}\,\text{eV}$$

慢中子的质量为　$m_n = 1.67\times10^{-27}\,\text{kg}$

慢中子的动量为　$p = m_n v = \sqrt{2m_n\bar{\varepsilon}} = 4.54\times10^{-24}\,\text{kg}\cdot\text{m}\cdot\text{s}^{-1}$

慢中子的德布罗意波长为 $\lambda = \frac{h}{p} = 0.146\text{nm}$，也与 X 射线同数量级，波动性很明显。

*15.4　不确定关系

测量宏观物体的坐标，若误差小于其本身线度的 1%，就被认为是相当“精确”了。同理，速度(动量)的“精确测定”也是被这样认可的。如果人们可以这样“精确”地测得物体的位置(运动轨迹)及速度(或动量)，那么就可以把它看成为粒子。

但对电子或光子应用粒子的概念，会发现它们的图像并不清楚。

在电子的单缝衍射或双缝衍射实验中，我们不知道从狭缝出来的电子是如何到达屏上的，只观察到电子落在屏上各处有不同的可能性(概率)。大量的电子同时通过狭缝射到屏上的分布图，与单个电子依次通过狭缝射到屏上的分布图完全相同。这表明单个电子落到屏上的位置也是不确定的，存在一个概率分布。

海森伯于 1927 年提出不确定原理：如果测量一个粒子的位置的不确定范围是Δx，则同时测量其动量也有一个不确定范围Δp_x，两者的乘积不可能小于h。

表示为

$$\left.\begin{aligned}\Delta x\Delta p_x \geqslant h\\ \Delta y\Delta p_y \geqslant h\\ \Delta z\Delta p_z \geqslant h\end{aligned}\right\}\text{不确定关系}\qquad(15.14)$$

式(15.14)表明，对于微观粒子不能同时用确定的位置和确定的动量来描述。

不确定现象仅在微观世界方可观测到。对宏观粒子，因 h 很小，所以$\Delta x\Delta p_x \to 0$，可视为位置和动量能同时准确测量。

不确定关系是微观客体具有波粒二象性的反映，是物理学中一个重要的基本规律，在微观世界的各个领域中应用广泛。也通常用来做数量级的估算。

【例 15-5】 试比较电子和质量为 10g 的子弹位置的不确定量范围(设它们的速率为 200 $\text{m}\cdot\text{s}^{-1}$，动量的不确定范围为 0.01%)。

解：由 $\Delta x\,\Delta p = h$，对子弹：

$$\Delta p = 10\times10^{-3}\times200\times0.01\times10^{-2} = 2.0\times10^{-4}\,\text{kg}\cdot\text{m}\cdot\text{s}^{-1}$$

$$\Delta x = \frac{h}{\Delta p} = \frac{6.63\times10^{-34}}{2\times10^{-4}} = 3.3\times10^{-30}\,\text{m}$$

由于子弹的大小为 $R = 10^{-2}$m，$R>>\Delta x$，子弹可做经典粒子处理，忽略波动性。

对电子

$$\Delta p = (0.01\%)p = (0.01\%)mv = 1\times10^{-4}\times9.1\times10^{-31}\times200 = 1.8\times10^{-32}\,\text{kg}\cdot\text{m}\cdot\text{s}^{-1}$$

$\Delta x = \dfrac{h}{\Delta p} = \dfrac{6.63\times10^{-34}}{1.8\times10^{-32}}\,\text{m} = 3.7\times10^{-2}\,\text{m}$ 远大于电子的线度，波动性很强不能做经典粒子处理。

【思考】 (1) 宏观粒子的动量及坐标能否同时确定？

(2) 微观粒子的动量及坐标是否永远不能同时确定？

【例 15-6】 电子在电视显像管中时如何处理？设电子运动速率 $v=10^5\ \text{m}\cdot\text{s}^{-1}$，速率的不确定范围 $\Delta v=10\ \text{m}\cdot\text{s}^{-1}$。

解：已知 $p = mv = 9.1\times10^{-31}\times10^5 >> m\Delta v = \Delta p$，而

$$\Delta x = \frac{h}{m\Delta v} = \frac{6.63\times10^{-34}}{9.1\times10^{-31}\times10} = 7.3\times10^{-5}\,\text{m}$$

电子运动范围(显像管尺寸)　$L \approx 0.1\text{m}$。

可见　$p \gg \Delta p$，$L \gg \Delta x$ 或 $p \gg \Delta p$，$L \gg \lambda$　$\left(\lambda = \dfrac{h}{p} = 7.3\text{nm}\right)$

此时的电子可做经典粒子处理。

【思考】 电子在原子中的情况呢？电子运动范围(原子的大小)$L \approx 10^{-10}$m，不满足 $L >> \Delta x$，此时电子只能做微观粒子处理。即同是电子，是作为微观粒子处理还是作为经典粒子处理要具体问题具体分析。

【讨论】原子中电子运动不存在"轨道"。设电子的动能 E_k=10eV，电子运动速度 $v=\sqrt{\frac{2E_k}{m}}=10^6\,\mathrm{m\cdot s^{-1}}$。

速度的不确定：$\Delta v=\frac{\Delta p}{m}\geqslant\frac{h}{m\Delta x}\approx 10^6\,\mathrm{m\cdot s^{-1}}$。

Δv 与 v 同数量级，轨道概念不适用，即此时电子的波动性十分显著。描述电子的运动只能用电子在原子内空间的概率分布——电子云图说明。例如，威尔逊云室(可看到一条白亮的带状的痕迹——粒子的径迹)。

【课外阅读与应用】

光电效应与太阳能

1. 内光电效应：当光照射到半导体等材料表面，由于材料原子能级结构的特殊性，虽然有时不产生逸出的光电子，但材料内部的电子能量、载流子浓度、分布及内部场的情况可能随光照发生较大的变化。

2. PN 结光伏效应的应用——太阳能电池

当物体受到光照时，物体内的电荷分布状态发生变化，使不均匀半导体或半导体与金属组合的不同部位之间产生电位差，叫作光生电压，使 PN 结短路，就会产生电流。这种现象后来被称为"光生伏特效应"，简称"光伏效应"。

1954 年，美国科学家恰宾和皮尔松在美国贝尔实验室首次制成了实用的单晶硅太阳电池，诞生了将太阳光能转换为电能的实用光伏发电技术。太阳电池工作原理的基础是半导体 PN 结的光生伏特效应，光伏发电是利用半导体界面的光生伏特效应而将光能直接转变为电能的一种技术。这种技术的关键元件是太阳能电池，即直接将太阳辐射能转换成电能的装置。太阳能电池经过串联后进行封装保护可形成大面积的太阳电池组件(太阳能方阵)，再配合上功率控制器等部件就形成了光伏发电装置，如图 15.11 所示的太阳能汽车、飞机和房屋太阳能发电板阵。光伏发电的优点是具有永久性、清洁性和灵活性。较少受地域限制，太阳能电池寿命长，只要太阳存在，太阳能电池就可以一次投资而长期使用；与火力发电、核能发电相比，具有安全可靠、无噪声、无环境污染、无须消耗燃料和架设输电线路即可就地发电供电及建设周期短的优点。

太阳电池的基本结构是：把一个大面积 PN 结做好上下电极的接触引线，就构成一个太阳电池。制造太阳电池的材料主要有硅(Si)、硫化镉(CdS)和砷化镓(GaAs)等。目前，太阳电池的应用已十分广泛。它已成为宇宙飞船、人造卫星、空间站的重要长期电源。例如，航空运输——飞机、机场灯标、航空障碍灯、地对空无线电通信，宇宙开发——观测用人造卫星、宇宙飞船、通信用人造卫星等，通信设备——无线电通信机、步谈机、电视广播中继站等，气象观测——无人气象站、积雪测量计、水位观测计、地震遥测仪等；航线识别——航标灯、浮子障碍灯、灯塔、潮流计等，日常生活方面——照相机、手表、野营车、游艇、手提式电视机、闪光灯等。还有石油、水利领域——石油管道和水库闸门阴

极保护太阳能电源系统、石油钻井平台生活及应急电源、海洋检测设备等。

现在有人设想利用太阳能驱动飞船，即太阳帆飞船。太阳帆飞船的工作原理是：光是由没有静态质量但有动量的光子构成的，当光子撞击到光滑的平面上时，可以像从墙上反弹回来的乒乓球一样改变运动方向，并给撞击物体以相应的作用力。虽然单个光子所产生的推力极其微小，但如果太阳帆面积很大，则太阳帆飞船可以获得很大的速度。太阳帆飞船正是利用光子的撞击力来获得运动速度的宇宙飞行器。

(a) 太阳能汽车

(b) 太阳能飞机

(c) 屋顶的太阳能发电板

图 15.11

习　题　15

15.1　什么是黑体？为什么山洞从远处看总是黑的？

15.2　所有物体都能发射电磁辐射，为什么肉眼看不见黑暗中的物体呢？用什么样的设备才能看见黑暗中的物体？

15.3　请用黑体辐射规律解释：为什么铁被加热后，开始呈暗红色，随着温度的升高，铁开始变得越来越亮，后来又呈蓝色？

15.4　波长是 0.33μm 的光子的能量是________。

15.5　有人在表述光子的性质时认为：

(1)　不论在真空中或介质中的光速都是 c；　　(2)　它的静止质量为零；

(3)　它的动量为 $h\nu/c^2$；　　(4)　它的动能就是它的总能量；

(5)　它有动量和能量，但没有质量。

你认为以上观点正确的有________。

15.6　某种金属在光的照射下产生光电效应，要想使饱和光电流增大以及增大光电子的初动能，应分别增大照射光的________和________。

15.7　用频率为 ν 的单色光照射某种金属时，逸出光电子的最大动能为 E_k，若改用频率为 2ν 的单色光照射此种金属，则逸出光电子的最大动能为________。

15.8　光子能量为 0.5MeV 的 X 射线，入射到某种物质上而发生康普顿散射。若反冲电子的动能为 0.1MeV，则散射光波长的改变量 $\Delta\lambda$ 与入射光波长 λ_0 之比值为________。

15.9　电子显微镜中的电子从静止开始通过电势差为 250V 的静电场加速后，其德布罗意波长是________nm。

15.10　不确定关系的表达式为________，其物理意义为________________________。

*15.11　波长λ =500nm 的光沿 x 轴正向传播，若光的波长的不确定量 $\Delta\lambda=10^{-4}$nm, 则利用不确定关系式$\Delta x\Delta p_x \geqslant h$ 可得光子的坐标的不确定量至少为_________。

15.12　已知地球与金星的大小差不多，金星的平均温度约为 773K，地球的平均温度约为 293K。若把它们看作是理想黑体，则金星与地球向空间辐射的能量之比是_____。

15.13　在加热黑体过程中，其最大单色辐出度对应的波长由 0.8μm 变到 0.4μm，则其辐射出射度增大为原来的_____。

15.14　半径为 250mm 的球，表面涂有黑烟，在表面温度为 1500K 时辐射功率为____________kW。

15.15　已知单色光照射在钠表面上，测得光子的最大动能是 1.2eV，而钠的红限波长为 540nm，则入射光的波长应是____________nm。

15.16　在康普顿效应中，波长为λ_0的入射光子与静止的自由电子碰撞后反向弹回，设散射光子的波长为λ，则反冲电子获得的动能为____________。

15.17　为了获得德布罗意波长为 0.1nm 的电子，按非相对论效应计算，需要________的加速电压。

15.18　在天体物理中，一条重要辐射线的波长为 21cm，则这条辐射线相应的光子能量等于__________________。

15.19　电子的康普顿波长为$\lambda_C=h/(m_e c)$(其中 m_e 为电子静止质量，c 为光速，h 为普朗克恒量)。当电子的动能等于它的静止能量时，它的德布罗意波长λ=____________λ_C。

15.20　质量为 m =40g，速度为 v=100m·s^{-1} 的运动小球的德布罗意波长是_________。

15.21　钨的逸出功是 4.52eV，钡的逸出功是 2.50eV，则钨和钡的截止频率分别是________、_______。在可见光范围内(频率为 0.395×10^{15}～0.75×10^{15}Hz)可用作光电管阴极材料的是______。

15.22　黑体的温度升高一倍，它的辐射出射度(总发射本领)增大______倍。

15.23　光电效应和康普顿效应都是光子与电子的相互作用。如何区别它们？

15.24　地球卫星测得太阳单色辐射出射度的峰值在 500nm 处，若把太阳看成黑体，求：(1) 太阳表面的温度；(2) 太阳辐射的总功率；(3) 垂直射到地球表面每单位面积的日光功率(地球与太阳的平均距离为 1.5×10^{8}km，太阳的半径为 6.67×10^{5}km)。

15.25　从钼中移出一个电子需要 4.2eV 的能量，用波长为 200nm 的紫外光照射到钼的表面，求：(1) 光电子的最大初动能；(2) 遏止电压；(3) 钼的红限波长。

15.26　用波长λ_0=0.1nm 的光子做康普顿实验。问：

(1) 散射角$\varphi = 90^\circ$ 的康普顿散射波长是多少？

(2) 分配给反冲电子的动能有多大？

15.27　在我们的日常生活中，为何觉察不到粒子的波动性和电磁辐射的粒子性呢？

参 考 文 献

[1] 马文蔚. 物理学[M]. 6 版. 北京：高等教育出版社，2014.
[2] 严导淦. 物理学[M]. 5 版. 北京：高等教育出版社，2010.
[3] 张三慧. 大学物理学[M]. 3 版. 北京：清华大学出版社，2009.
[4] 赵近芳. 大学物理学[M]. 北京：北京邮电大学出版社，2008.
[5] 吴百诗. 大学物理基础[M]. 北京：科学出版社，2007.
[6] 倪光炯. 改变世界的物理学[M]. 3 版. 上海：复旦大学出版社，2007.
[7] 马文蔚等. 物理学原理在工程技术中的应用[M]. 4 版. 北京：高等教育出版社，2015.